WiSo-KURZLEHRBÜCHER
Reihe Volkswirtschaft

Koester
Grundzüge der landwirtschaftlichen Marktlehre

Grundzüge der landwirtschaftlichen Marktlehre

von

Dr. Dr. h. c. Ulrich Koester

Professor für Agrarökonomie
an der Christian-Albrechts-Universität zu Kiel

3., völlig neubearbeitete und wesentlich erweiterte Auflage

Verlag Franz Vahlen München

VERLAG
VAHLEN
MÜNCHEN
www.vahlen.de

ISBN 3 8006 3127 X

Wilhelmstraße 9, 80801 München
Satz: DTP-Vorlagen des Autors
Druck und Bindung:
Druckhaus Nomos, In den Lissen 12, 76547 Sinzheim

Gedruckt auf säurefreiem, alterungsbeständigem Papier
(hergestellt aus chlorfrei gebleichtem Zellstoff)

Vorwort zur dritten Auflage

Seit dem Erscheinen der zweiten Auflage sind mehr als zehn Jahre vergangen. In dieser Zeit hat sich nicht nur in der EU-Agrarmarktpolitik, sondern auch in der wissenschaftlichen Erkenntnis über die Funktionsfähigkeit von Märkten viel geändert. Es ist daher einleuchtend, dass diese Auflage erheblich von der ersten und zweiten Auflage abweicht. Leider konnte ich nicht den weisen Rat eines älteren Fachkollegen umsetzen. Nach ihm sollte eine weitere Auflage immer kürzer sein als die vorhergehende, da der Autor mit zunehmender Lehrerfahrung die Fähigkeit erworben haben sollte, Wichtiges von weniger Wichtigem zu trennen. Eine Beschränkung auf das Wichtige sollte daher im Interesse der Studierenden möglich sein. Auch wenn der Rat mich bei meinem Schreiben und der Auswahl der Lehrgebiete häufig leitete, ist die Neuauflage erheblich umfangreicher als die vorherigen Auflagen. Weitestgehende Vermeidung von Lesewiderständen und eine annähernd umfassende Darstellung des Lehrstoffes erfordert eine gewisse Seitenzahl.

Die Zweiteilung des Buches wurde beibehalten. In den ersten vier Kapiteln werden die Grundlagen für das Verständnis der Preisbildung auf Agrarmärkten gelegt. Im Unterschied zu der ersten und zweiten Auflage wird größere Bedeutung auf Besonderheiten bei der Nachfrage und dem Angebot von Lebensmitteln gelegt. Es wird daher z.B. nicht nur die Nachfrage nach Suchgütern dargestellt, sondern auch nach Erfahrungs- und Vertrauensgütern. Auch werden Transaktionskosten sowohl bei Nachfragern, bei Produzenten als auch bei der Preisbildung verstärkt in die Analyse aufgenommen. Im Unterschied zu den vorhergehenden Auflagen wird bereits in den Grundlagenkapiteln verstärkt der Bezug zu Politikproblemen aufgezeigt.

Mit dem fünften Kapitel „Agrarmärkte als Problem der Politik“ soll auch den Lesern, die weitgehend Grundkenntnisse von einführenden Vorlesungen zur Volkswirtschaftslehre haben und sich vornehmlich für Politikprobleme interessieren, der Einstieg in die Analyse von Agrarmarktpolitik ermöglicht werden.

Die ersten fünf Kapitel haben Grundlagencharakter und sind daher nicht EU spezifisch. In den Kapiteln 6 bis 9 wird dagegen verstärkt die Agrarmarktpolitik der EU analysiert. Sehr stark ausgeweitet wurde Kapitel 7 „Instrumente der EU-Agrarmarktpolitik“. Der erste Teil des Kapitels beginnt mit einem ökonomischen Bewertungsrahmen. Dieser Teil wurde sehr stark erweitert. Persönliche Erfahrung in Politikberatung und Lehre haben den Autor überzeugt, dass die Bewertung von Politikmaßnahmen nicht eindimensional zu erfolgen hat. Wohlfahrtstheoretische Analysen sind sicherlich wichtig, doch können sie zu einer unzureichenden Bewertung führen, wenn sich z.B. Implementierungskosten erheblich unterscheiden. Es wurde daher auch diesem Aspekt größere Bedeutung beigemessen.

Mit Kapitel 8 „Zur politischen Ökonomie der EU-Agrarmarktpolitik: Warum ist die Politik wie sie ist?“ wurde ein weiterer neuer Teil aufgenommen. Solche Fragen werden zwar in der Regel nicht in einführenden Lehrveranstaltungen gelehrt, stoßen aber bei Studierenden und an der Agrarmarktpolitik interessierten Lesern auf großes Interesse. Das Kapitel ist daher so geschrieben, dass auch Leser, die nicht alle Kapitel gelesen haben, aus der Lektüre Gewinn ziehen können. Es war daher nicht zu vermeiden, dass in diesem Kapitel einige Aspekte und Deduktionen erscheinen, die auch schon in den Kapiteln zuvor angesprochen wurden.

Auch in dieser Auflage wird auf die Beschreibung der Märkte und die Vermittlung von Fakten weitgehend verzichtet. Es mag sich daher für die Lehre anbieten, den Studierenden Zugang zu aktuellen Informationsmaterialen zu verschaffen, wie z.B. die AID-Informationen, die Veröffentlichungen der IMA, Agrimente und Agrilexikon, einzelne Veröffentlichungen des Bundesministeriums für Verbraucherschutz, Ernährung und Landwirtschaft, des Deutschen Bauernverbandes und der EU-Kommission. Fakten sind weitgehend über das Internet schnell zu erhalten. Fakten ändern sich schnell und sollten daher nur begrenzt in einführenden Lehrtexten enthalten sein; es sei denn, sie dienen dazu, ökonomische Argumente zu veranschaulichen.

Aus dem Umfang des Lehrbuches folgt, dass der Stoff kaum in einer vierstündigen Veranstaltung (einem Modul) bewältigt werden kann. Doch dürfte es für Studierende mit guten Vorkenntnissen aus einführenden Lehrveranstaltungen der Volkswirtschaftslehre möglich sein, die ersten vier Kapitel sehr kurz zu behandeln. Wird weiterhin der Lehrinhalt von Kapitel 8 auf weiter führende Lehrveranstaltungen verlagert, könnte der Lehrstoff doch Grundlage für eine vierstündige Vorlesung geben. Weiterhin könnten Kapitel 5 bis 8 auch zu einer eigenständigen Lehrveranstaltung ein Baustein sein.

Zwar ist das Buch als Lehrtext geschrieben und richtet sich vornehmlich an Studierende, doch dürfte insbesondere der zweite Teil für einen größeren Leserkreis von Interesse sein. Der Verfasser würde sich freuen, wenn sich auch Politiker mit dem Text befassen würden. Vielleicht könnte dadurch zukünftig ein fruchtbarerer Dialog zwischen Wissenschaftlern und Politikern einsetzen, als es in der Vergangenheit der Fall war.

Fortschritte in der Textverarbeitung haben einerseits das Erstellen eines Buches erleichtert, aber es hat auch zu einer Verlagerung in der Arbeitsteilung zwischen Verlag und Autor geführt. Während der Verlag den Text der ersten beiden Auflagen setzte und auch auf Korrekturfehler überprüfte, ist diese Arbeit nun in das Büro der Autoren verlagert. Das fertige Produkt ist daher zwar weiterhin das Ergebnis einer arbeitsteiligen Zusammenarbeit, aber die Zusammensetzung hat sich geändert. Viele Helfer haben bei der Fertigstellung des Buches mitgewirkt, einigen soll auch an dieser Stelle persönlich mein Dank ausgesprochen werden. Frau *Elwira Fey* hat bei dieser Auflage wie auch bei den vorhergehenden die Hauptlast getragen. Sie hat immer wieder neue Fassungen angefertigt und viele sprachliche Unebenheiten und nicht ganz exakte grafische Darstellungen beseitigt oder Verbesserungen angemahnt. Dafür gebührt ihr sehr großer Dank. Frau *Dr. Konstanze Ameskamp, geb. Hallmann*, hat eine frühe Fassung des Manuskriptes gelesen und eine Reihe von Verbesserungsvorschlägen eingebracht. Frau *Anna Struve, geb. von Pfeil, MSc*, hat die vorletzte Fassung nochmals gründlich durchgesehen, eine Reihe von Unschärfen beseitigt, Querverweise eingefügt und auch das Stichwortverzeichnis erstellt. Frau *Birthe Wollni, BSc*, übernahm die Aufgabe eines repräsentativen Lesers aus Sicht der Studierenden. Auch sie hat zur Eliminierung von Lesewiderständen erheblich beigetragen. Die vorletzte Version wurde nochmals vollständig von Herrn *Dr. Thomas Herzfeld* gelesen und verbessert. Herr *Heinrich Mumme, BSc*, und Herr *Christoph Rathmann, MSc*, waren sehr sorgfältig bei der Zeichnung und Überarbeitung der Schaubilder. Ich bin allen Helfern zu großem Dank verpflichtet.

Kiel, im Juli 2005 *Ulrich Koester*

Inhaltsverzeichnis

Kapitel 4: Agrarpreisbildung

Teil II: Markt- und Preispolitik

Kapitel 5: Agrarmärkte als Problem der Politik

Kapitel 1: Einführung

1.1 Begriff, Abgrenzung und Aufgabenstellung der "landwirtschaftlichen Marktlehre"

Das Lehr- und Forschungsgebiet der landwirtschaftlichen Marktlehre hat sich als eigenständige Disziplin nach einer unterbrochenen Anlaufphase in den 20er und frühen 30er Jahren des 20. Jahrhunderts erst nach dem Zweiten Weltkrieg an deutschen Universitäten etabliert. Die im Zeitablauf zunehmende Wechselbeziehung zwischen der Landwirtschaft und den übrigen Teilen der Volkswirtschaft führt zu einer steigenden Bedeutung der Entwicklung auf den Agrarmärkten für die Landwirtschaft einerseits und für die Volkswirtschaft andererseits. Es ist daher verständlich, dass der erhöhte Bedarf an Informationen über die landwirtschaftlichen Märkte einhergeht mit steigenden Forschungsaktivitäten. Das Lehr- und Forschungsgebiet der landwirtschaftlichen Marktlehre ist daher – zunächst als Teildisziplin des Faches Agrarpolitik – seit den 50er Jahren als selbständiges Fach an den deutschen agrarwissenschaftlichen Fakultäten vertreten.

Die historische Entwicklung hat zu einer speziellen Ausprägung des Faches beigetragen. Während die Marktlehre in der Form des Marketings an den Wirtschafts- und Sozialwissenschaftlichen Fakultäten mehr betriebswirtschaftlich ausgerichtet ist, dominiert in der landwirtschaftlichen Marktlehre die Makrosicht. Die Ergebnisse der betrieblichen Marktlehre zielen vornehmlich auf Entscheidungshilfen für einzelne Unternehmer hin; Forschungsergebnisse der landwirtschaftlichen Marktlehre dienen dagegen verstärkt den politischen Entscheidungsträgern. Allerdings sind sie für den landwirtschaftlichen Unternehmer auch wichtig, da sie ihm Informationen über den ökonomischen Datenkranz, z.B. über die zu erwartende Entwicklung der Preise, geben und ihm aufzeigen können, wie durch kollektive Aktivitäten möglicherweise das Marktergebnis für sie selbst und häufig auch für die Volkswirtschaft insgesamt verbessert werden kann. Das Fach "landwirtschaftliche Marktlehre" wäre überflüssig, wenn Agrarmärkte stets vollkommen funktionieren würden. Es würde dann weder für den einzelnen Landwirt ein Bedarf an Information geben, noch gäbe es für den Politiker einen Grund, in die Märkte einzugreifen. Die Erfahrung hat aber gezeigt, dass Märkte – und insbesondere einzelne landwirtschaftliche Produkt- und Faktormärkte – nicht stets zufrieden stellend funktionieren, ja mitunter sich gar nicht herausbilden. Es ist daher eine der wichtigen Aufgaben des Forschungsgebietes der landwirtschaftlichen Marktlehre aufzuzeigen, wie die Funktionsweise der Märkte verbessert werden kann.

Im Gegensatz zum angelsächsischen Sprachraum hat sich in Deutschland der einzelbetriebliche Bereich der landwirtschaftlichen Marktforschung zeitlich später entwickelt und hat erst durch die Zunahme der Bedeutung der Direktvermarktung, insbesondere auch von ökologisch produzierten Lebensmitteln, an Dynamik gewonnen. Einzelne landwirtschaftliche Unternehmer betreiben sehr viel weniger selbständige Absatzpolitiken als Unternehmer im gewerblichen Bereich. In der Regel betrachten landwirtschaftliche Unternehmer in unserer Volkswirtschaft Marktdaten als für sie gegeben, da sie aufgrund des geringen einzelbetrieblichen Marktanteils kaum Möglichkeiten der Marktbeeinflussung sehen. Einzelbetriebliche Forschungsansätze im Bereich der landwirtschaftlichen Marktlehre konzentrieren sich daher zunächst vornehmlich auf die Ernährungsindustrie und weniger auf den Bereich der landwirtschaftlichen Urproduktion, wie es die makroökonomisch orientierte landwirtschaftliche Marktforschung tut. Doch hat die Änderung der Nachfrage nach Lebensmitteln in Richtung ökologischer Produkte zu Produkten bestimmter regionaler Herkunft und auch zu Produkten, die mit bestimmten Produktionsverfahren oder aus bestimmter Tierhaltung stammen, geführt; hierdurch sind Marktnischen entstanden, und damit hat die Bedeutung einzelbetrieblicher Marketingforschung zugenommen.

Da die landwirtschaftliche Marktlehre im Zuge der wissenschaftlichen Arbeitsteilung aus dem Fach Agrarpolitik ausgegliedert wurde, untersucht sie weitgehend das gleiche Forschungsobjekt wie die Agrarpolitik. Die Beziehung zwischen den beiden Gebieten "Agrarpolitik" und "Marktlehre" lässt sich am besten aufzeigen, wenn zunächst geklärt wird, was unter wissenschaftlicher Agrarpolitik zu verstehen ist.

Die wissenschaftliche Agrarpolitik hat die praktische Agrarpolitik zum Forschungsobjekt. Die Aufgabe der praktischen Agrarpolitik können wir in enger Anlehnung an *H. Giersch* wie folgt definieren: Agrarpolitik ist die Gesamtheit aller Bestrebungen, Handlungen und Maßnahmen, die darauf abzielen, den Ablauf des Wirtschaftsgeschehens im Agrarsektor zu ordnen, zu beeinflussen oder unmittelbar festzulegen. Agrarpolitische Aktivitäten versuchen damit, Aufstellung und Vollzug von privaten Wirtschaftsplänen dergestalt zu verändern, dass das Ergebnis der einzelwirtschaftlichen Aktivitäten zu einer gewünschten gesamtwirtschaftlichen Situation (Sollsituation) führt.

Die praktische Agrarpolitik hat somit mehrere charakteristische Merkmale (nach *M. Streit*):

- Sie ist ein Teilbereich der praktischen Politik und setzt damit Macht im Rahmen eines Systems sozialer Beziehungen bei denjenigen, die erfolgreich praktische Agrarpolitik betreiben, voraus.

- Sie ist darauf gerichtet, Ziele zu erreichen, die sich in der Regel auf wirtschaftliche Sachverhalte beziehen und auf Oberziele zurückgeführt werden können.
- Sie basiert auf mehr oder weniger gesicherten Vermutungen über ökonomische Wirkungszusammenhänge, die zwischen Zielen und Mitteln bestehen.
- Sie ist das Ergebnis politischer Willensbildungsprozesse, die ihre Eigengesetzlichkeiten haben können.

Der Erkenntnisgegenstand praktischer Agrarpolitik stellt der wissenschaftlichen Agrarpolitik folgende Aufgaben:

Im Rahmen der wissenschaftlichen Agrarpolitik wird versucht, das Objekt zu beschreiben und zu erklären (**positive Analyse**). In der ersten Phase kann somit aufgezeigt werden, wer in einem gegebenen Raum zu bestimmter Zeit Agrarpolitik betreibt (d.h. agrarpolitischer Träger ist), welche Entscheidungen gefällt werden und welche Ergebnisse sich einstellen. In der folgenden Phase kann erklärt werden, warum sich bestimmte Träger herausbilden und warum bestimmte Entscheidungen fallen. Es ist verständlich, dass diese Aufgabe von der wissenschaftlichen Agrarpolitik nicht nur allein mit Kenntnis ökonomischer Gesetzmäßigkeiten gelöst werden kann. Oben wurde bereits darauf hingedeutet, dass die praktische Agrarpolitik einen Teilbereich der allgemeinen Politik darstellt. Daraus folgt bereits, dass eine Erklärung agrarpolitischer Aktivitäten nur dann möglich ist, wenn man die allgemeinen politischen Zusammenhänge berücksichtigt.

Die wissenschaftliche Agrarpolitik kann sich zur Aufgabe setzen, die Ziele der praktischen Agrarpolitik einer Analyse zu unterziehen (**normative Analyse**). Welchen Beitrag der Wissenschaftler in dieser Hinsicht leisten kann, wird weiter unten in diesem Kapitel, wenn zur Werturteilsproblematik und zur allgemeinen Aufgabe der Wissenschaftler Stellung genommen wird, zu diskutieren sein.

Die wissenschaftliche Agrarpolitik kann bei vorgegebenen Zielen untersuchen, ob eine gegebene Situation mit den Zielen im Einklang steht. Dieser Bereich wird zur agrarpolitischen Diagnose gerechnet. Eine wissenschaftliche agrarpolitische Diagnose (Vergleich von Wunsch- mit Ist-Situation) kann sich aber in der Regel nicht nur auf die gegenwärtige Situation beschränken. Agrarpolitische Aktivitäten sind grundsätzlich zukunftsgerichtet. Zwischen dem Einsatz einer Aktivität und deren Wirkung wird in der Regel eine Zeitdifferenz auftreten, so dass stets geprüft werden muss, welche Situation sich zukünftig einstellen wird und ob diese Situation ohne agrarpolitische Aktivitäten der Wunschsituation entsprechen wird (Status quo-Prognose).

Die wissenschaftliche Agrarpolitik kann darüber hinaus erforschen, mit welchem Instrumenteneinsatz die Realsituation der Wunschsituation am besten angepasst werden kann. Diese Aufgabe des wissenschaftlichen Agrarpolitikers ist vergleichbar mit der Aufgabe eines Mediziners, der eine Therapie empfiehlt (Wirkungsprognose eines Instrumenteneinsatzes).

Die enge Verzahnung von Agrarpolitik und Marktlehre wird deutlich, wenn wir an obige Definition der praktischen Agrarpolitik anknüpfen. Es wurde gesagt, dass durch die praktische Agrarpolitik Aufstellung und Vollzug von Wirtschaftsplänen im Agrarsektor beeinflusst werden sollen. Der Vollzug der Wirtschaftspläne zeigt Wirkungen auf den Agrarmärkten. Die Agrarmärkte sind aber der Erkenntnisgegenstand der landwirtschaftlichen Marktlehre. Daraus folgt, dass die landwirtschaftliche Marktlehre Probleme untersucht, die auch zum Erkenntnisgegenstand der wissenschaftlichen Agrarpolitik gehören. Die landwirtschaftliche Marktlehre ist daher weitgehend als eine Teilmenge der wissenschaftlichen Agrarpolitik zu betrachten. Die enge Verbindung zwischen diesen beiden Disziplinen soll durch die Umschreibung der Arbeitsgebiete der landwirtschaftlichen Marktlehre verdeutlicht werden.

Im Bereich der makroökonomisch orientierten landwirtschaftlichen Marktlehre lassen sich analog zur wissenschaftlichen Agrarpolitik Forschungsbereiche der positiven oder normativen Analyse umreißen.

(1) Die landwirtschaftliche Marktkunde: Es wird beschrieben, was sich zu bestimmten Zeiten und an bestimmten Orten auf den Märkten ereignet. Die landwirtschaftliche Marktkunde vermittelt in erster Linie Informationen über das Marktgeschehen.

(2) Grundlagen der landwirtschaftlichen Marktlehre oder Theorie der landwirtschaftlichen Marktlehre: Hier wird versucht, die Realsituation zu erklären. Fragestellung ist also nicht, was auf den Märkten ist, sondern warum sich eine gegebene Situation eingestellt hat. Zu dieser Aufgabenstellung gehört auch die Beantwortung der Frage, warum sich bestimmte Märkte nicht herausgebildet haben (z.B.: Warum gibt es in Deutschland keinen Markt für Ernteversicherungen?).

Die Arbeitsgebiete 1 und 2 sind zum Bereich der positiven Analyse landwirtschaftlicher Märkte zu rechnen.

(3) Agrarmarktpolitik: Fragen der Agrarmarktpolitik werden dem Bereich der normativen Analyse landwirtschaftlicher Märkte zugeordnet. Analog zu dem, was für die Agrarpolitik aufgezeigt wurde, werden in der Agrarmarktpolitik die marktpolitischen Ziele einer Analyse unterzogen sowie die Eignung marktpolitischer Instrumente zur Erreichung bestimmter Ziele untersucht. Im Bereich der Agrarmarktpolitik kann aber auch eine positive Analyse vorgenommen werden. Hier wird untersucht, warum bestimmte Politiken gewählt werden, welchen Einfluss Interessengruppen haben und welche politischen Einflussfaktoren zu einer Änderung der Marktpolitik in bestimmter Richtung führen könnten.

Ein Vergleich der Arbeitsgebiete der "landwirtschaftlichen Marktlehre" und "Agrarpolitik" zeigt nicht nur eine Gleichartigkeit der Fragestellung, sondern darüber hinaus auch die enge Verzahnung der Arbeitsgebiete: Der wissenschaftliche Agrarpolitiker benötigt die Ergebnisse der positiven Analyse der Märkte nicht nur bei der Erstellung einer agrarpolitischen Diagnose, sondern auch bei der Prognose der Wirkungen einzelner agrarpolitischer Instrumente. Zwischen der Agrarmarktpolitik und der Agrarpolitik besteht somit eine wechselseitige Beziehung: Die Verwirklichung agrarpolitischer Ziele und die Wirkung agrarpolitischer Instrumente kann einerseits weitgehend von der Ausgestaltung des agrarmarktpolitischen Instrumenteneinsatzes beeinflusst werden; andererseits wird die Wirkung des agrarmarktpolitischen Instrumenteneinsatzes von der agrarpolitischen Rahmensetzung abhängen.

Die kurze Darstellung der Forschungsgebiete der makroökonomisch orientierten "landwirtschaftlichen Marktlehre" und "Agrarpolitik" dürfte überzeugend gezeigt haben, dass es wohl kaum möglich und auch nicht sinnvoll sein kann, eine eindeutige Trennung der beiden Disziplinen vorzunehmen.

Einfacher fällt allerdings die Abgrenzung des mikroökonomisch orientierten Forschungsgebietes der landwirtschaftlichen Marktlehre, der einzelbetrieblichen Absatzlehre. Die Erkenntnisse dieses Forschungsgebietes gehen zwar auch teilweise in agrarpolitische Analysen ein, sind aber nicht selbst Gegenstand der wissenschaftlichen Agrarpolitik. Somit zeigt sich, dass dieser Teilbereich der landwirtschaftlichen Marktforschung nicht als Teilmenge der wissenschaftlichen Agrarpolitik bezeichnet werden kann.

Standort und wissenschaftliche Methode der "landwirtschaftlichen Marktlehre"

Mit der Kennzeichnung der Aufgaben der landwirtschaftlichen Marktlehre dürfte bereits deutlich geworden sein, dass dieses Lehr- und Forschungsgebiet als eine Teildisziplin der Wirtschaftswissenschaften zu betrachten ist. Die landwirtschaftliche Marktlehre ist somit zu den "empirischen Wissenschaften" zu zählen.

Die Einordnung der landwirtschaftlichen Marktlehre in die Systematik der Wissenschaften ist eindeutig. Problematisch erscheint dagegen die Forschungsmethode, die in diesem Bereich eingeschlagen werden sollte. Da es hierfür keine eindeutigen Kriterien geben kann und somit mehr oder weniger der einzelne Wissenschaftler subjektiv über die Methodik entscheidet, sollen kurz mögliche Vorgehensweisen aufgezeigt und gleichzeitig die eigene Position präzisiert werden.

Induktives versus deduktives Vorgehen

Die methodische Vorgehensweise bei der Erarbeitung wissenschaftlicher Erkenntnisse im Bereich der empirischen Wissenschaften war lange Zeit umstritten. Es gab einen länger andauernden Methodenstreit über die Zweckmäßigkeit induktiver oder deduktiver Vorgehensweise. Nach der **induktiven Methode** wird durch Beobachtung von Einzelphänomenen versucht, allgemeine Gesetzmäßigkeiten abzuleiten (*Übersicht 1.1*).

Die **deduktive Vorgehensweise** dagegen versucht, allgemeine Gesetzmäßigkeiten lediglich in Form von Theorien, d.h. Aussagesystemen, die **Hypothesen** (= vermutete Beziehungen zwischen Ursache und Wirkung) enthalten, abzuleiten. Die Einzelbeobachtungen werden dann lediglich benötigt, um die Theorien zu überprüfen.

Übersicht 1.1: Induktives Vorgehen

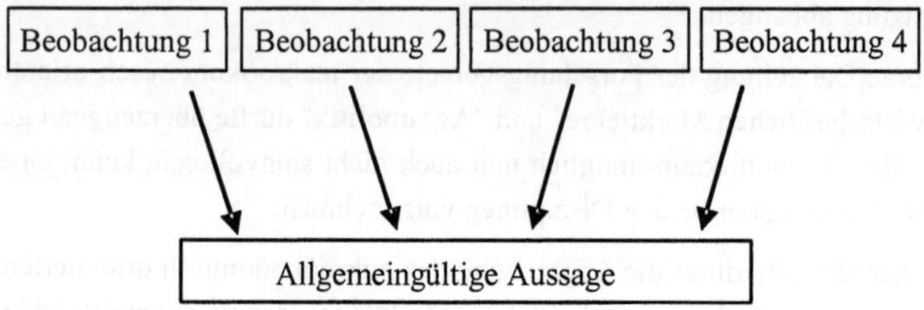

In der *Übersicht 1.2* wird eine zur *Übersicht 1.1* vergleichbare Darstellung gezeigt, um den Unterschied der beiden Vorgehensweisen zu veranschaulichen. Aus dem Zusammenwirken einer Vielzahl von Hypothesen, die vermutete Beziehung zwischen Ursache und Wirkung beinhalten, ergibt sich durch logische Deduktion eine abgeleitete Aussage. Natürlich kann die abgeleitete Aussage keinen allgemeinen Wahrheitsanspruch haben. Da sie auf Vermutungen aufbaut, bleibt auch sie nur eine Vermutung.

Übersicht 1.2: Deduktives Vorgehen

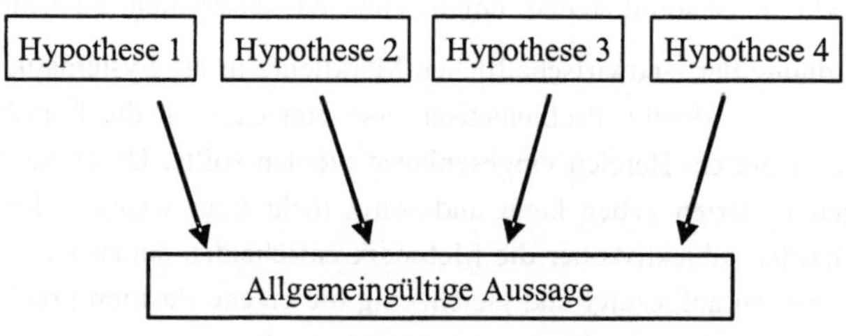

Nicht zuletzt aufgrund der Arbeit von *K. Popper* dürfte der Methodenstreit heute weitgehend zugunsten der deduktiven Methode entschieden sein. Es wird überwiegend anerkannt, dass es erkenntnistheoretisch nicht möglich ist, aufgrund von Einzelbeobachtungen allgemeine Gesetze oder Regeln abzuleiten. Dieses gilt selbstverständlich nicht nur für die Wirtschaftswissenschaften, sondern für jede empirische Wissenschaft, wie auch die Naturwissenschaften. Nach den grundlegenden Ausführungen von *Popper* wird heute allgemein mit Hilfe der deduktiven Methode gearbeitet und das im Folgenden dargestellte Vorgehen akzeptiert.

Inhalt und Aussagefähigkeit ökonomischer Theorien

Es werden von der Theorie Aussagen über die erfahrbare Welt erarbeitet. Diese Aussagen stellen lediglich vermutete Beziehungen über die Zusammenhänge dar. Es ist deshalb grundsätzlich nicht möglich, absolut "wahre" Aussagen aufzustellen. In den empirischen Wissenschaften, wie in der landwirtschaftlichen Marktlehre, fordert man darüber hinaus, dass die Aussagen der Theorie anhand von Fakten überprüft werden können. Es sollen somit empirisch gehaltvolle Theorien gebildet werden. Anhand der Empirie (Fakten) ist es jedoch nicht möglich, die Theorie zu verifizieren, d.h. als "wahr" zu bestätigen. Da Theorien grundsätzlich raum- und zeitlose, allgemeingültige Aussagen treffen wollen, die Fakten aber stets raum- und zeitgebunden sind, kann man aufgrund der Fakten niemals endgültig eine Theorie als "wahr" bestätigen. Man kann lediglich feststellen, ob die Fakten mit den Aussagen der Theorie im Einklang stehen oder ihr widersprechen. Im ersten Fall wird die Theorie weiterhin als brauchbar erachtet, im zweiten Fall wird sie als falsifiziert angesehen.

Abgeleitete Aussagen sind auch der Inhalt von Theorien. Wie *Übersicht 1.3* zeigt, geht man bei der Theorieaufstellung von Prämissen aus, in denen Hypothesen und Definitionen enthalten sind. Eine Theorie ist demnach eine Menge logisch miteinander verbundener Hypothesen.

In den **Prämissen** sind zum einen Definitionen von Begriffen enthalten, die bei der Theoriebildung benötigt werden, und zum anderen Hypothesen. Die Theoriebildung besteht in der Entfaltung der Prämissen. Wir können daher auch sagen, dass die Aussage der Theorie, die auf den Prämissen aufbaut, keine anderen Aussagen enthalten kann als in den Prämissen bereits enthalten sind. Wenn dennoch ein Unterschied zwischen Hypothesen und Theorien getroffen wird, dann deshalb, weil in die Aussagen der Theorien möglicherweise mehrere Hypothesen eingehen und eine Entfaltung dieser Hypothesen notwendig ist, um das Zusammenspiel der Vielzahl von Hypothesen transparent zu machen.

Wissenschaftliche Erkenntnis sollte sich allerdings nicht auf die Äußerungen von reinen Vermutungen beschränken. Im Folgenden wird aufgezeigt, wie wissenschaftliche Theorien überprüft werden können.

Die Überprüfung der Theorie kann (a) auf ihre logische Konsistenz erfolgen. Es wird geprüft, ob tatsächlich aufgrund der in den Prämissen enthaltenen Definitionen und Hypothesen die theoretische Aussage folgt. Stellt sich ein logischer Mangel heraus, so ist die Theorie umzuformen; das kann durch eine Änderung der Elemente der Prämissen oder auch durch eine Änderung der abgeleiteten Hypothese, der Konklusion, erfolgen. Stellt sich die theoretische Aussage als konsistent mit den zugrunde gelegten Hypothesen heraus, so kann die Theorie (b) einem empirischen Test unterworfen werden. Hierbei könnte man so vorgehen, dass man im Einzelnen die in den Prämissen enthaltenen Hypothesen auf ih-

Übersicht 1.3: Entstehung und Überprüfung von Theorien[1)]

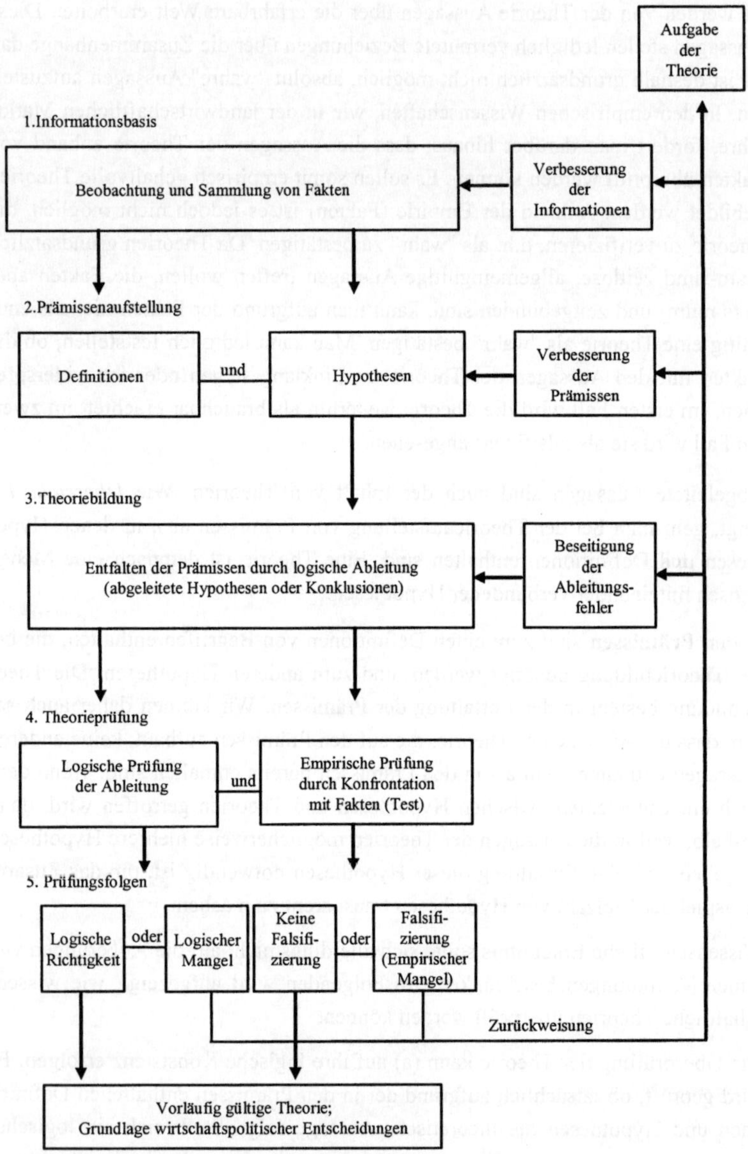

[1] In Anlehnung an *Woll, A.*, Allgemeine Volkswirtschaftslehre. 13. Aufl., München 2000, S.14.

re Realitätsnähe, d.h. auf ihre Übereinstimmung mit den Fakten überprüft. Im Allgemeinen wird ein solches Vorgehen jedoch nicht eingeschlagen und auch nicht für notwendig erachtet. Da die in den Prämissen enthaltenen Hypothesen ohnehin auch in den abgeleiteten Hypothesen oder **Konklusionen** enthalten sind, genügt es, wenn die abgeleiteten Hypothesen einem empirischen Test unterworfen werden. Ergibt sich keine **Falsifizierung**, so wird die Theorie als vorläufig gültig erachtet. Sie kann dann als Grundlage der Erklärung der Realität verwendet werden. Ergibt sich eine Falsifizierung, d.h. eine Nichtübereinstimmung der Aussage der Theorie mit den Fakten, so muss die Aussage der Theorie zurückgewiesen werden. Dies kann eine Erweiterung der Prämissen erfordern und damit die Bildung einer neuen Theorie.

Aus den Möglichkeiten der Überprüfung von Theorien kann man bereits ableiten, welche Merkmale "gute" Theorien in den Sozialwissenschaften haben sollten:

- Sozialökonomische Theorien sollten Aussagen über die Realität machen.
- Sozialökonomische Theorien sollten Gesetzmäßigkeiten zum Ausdruck bringen.
- Sozialökonomische Theorien sollten logisch widerspruchsfreie Aussagen enthalten.
- Sozialökonomischen Aussagen sollten zu Folgerungen führen, die getestet werden können.

Diese Forderungen sind notgedrungen normativ (ausgedrückt durch das Wort 'sollen'), da es keine Möglichkeit gibt, objektiv Kriterien festzulegen. Anhänger der induktiven Methode oder z.B. Forscher im Fach der Theologie würden einen solchen Forderungskatalog wahrscheinlich ablehnen. Daher wurde bewusst von 'sozialökonomischen Theorien' gesprochen.

Akzeptiert man diese Überlegungen, so kann man folgern, dass jeder wissenschaftliche Fortschritt das Ergebnis theoretischer und empirischer Forschung darstellt. Vorbedingung wissenschaftlichen Fortschritts ist somit die kritische Grundhaltung des Wissenschaftlers. Nur hierdurch kann erreicht werden, dass durch kritische Überprüfung bekannter Theorien entweder ein logischer Mangel in den Theorien festgestellt oder durch Überprüfung mit den Fakten die Suche nach neuen Theorien angeregt wird.

Wissenschaftliche Forschung in den empirischen Wissenschaften ist somit stets auf Erklärung der Erfahrungswelt angelegt. Daraus folgt, dass die Theoriebildung in der Regel nicht losgelöst von Fakten vorgenommen wird. Da die Forschung auf Erkenntnisgewinnung abzielt, wird sie grundsätzlich nur dann Erkenntnisse gewinnen können, wenn sie nach der Erklärung bestimmter Probleme sucht. In der Regel wird daher am Anfang der wissenschaftlichen Forschung die Problemformulierung stehen. Damit soll allerdings nicht gesagt werden, dass das

Ergebnis der Forschung dann auch stets in der Erkenntnisgewinnung bezüglich des zu Beginn formulierten Problems liegt. Es kann durchaus eintreten, dass im Zuge der wissenschaftlichen Arbeit eine Umformulierung der Problemstellung stattfindet.

Es dürfte nahe liegend sein, dass sich die Problemformulierung in der Regel durch die Beobachtung der Realität ergeben wird. Der Wissenschaftler wird daher im Bereich der empirischen Wissenschaften in zweifacher Hinsicht mit Fakten zu tun haben: Zum einen wird er durch die Beobachtung und Sammlung von Fakten zur Problemformulierung sowie zur Formulierung bestimmter Hypothesen gelangen. Zum anderen sollen die Fakten, wie bereits oben angegeben, den Falsifizierungsversuch einer Theorie ermöglichen.

Aus der Tatsache, dass bereits die Beobachtung und Sammlung von Fakten in die Problemformulierung und in die Prämissenaufstellung eingehen, darf nicht gefolgert werden, dass somit doch eine induktive Vorgehensweise in empirischen Wissenschaften notwendig ist. Durch die Beobachtung und Sammlung von Fakten wird nicht, wie mit dem induktiven Vorgehen impliziert wird, von Einzelbeobachtungen auf allgemeine Gesetzmäßigkeiten gefolgert. Die Fakten sollen lediglich helfen,

(a) Probleme zu formulieren, d.h. aufzuzeigen, wo eine Gewinnung an Erkenntnissen notwendig erscheint,
(b) realitätsnahe Hypothesen aufzustellen sowie
(c) Hypothesen und Theorien zu falsifizieren.

Nach diesen Ausführungen über die Vorgehensweise in den empirischen Wissenschaften scheint es notwendig, einige Anmerkungen zur Frage der Objektivität wissenschaftlicher Forschung zu machen.

Zur Objektivität wissenschaftlicher Forschung

In Anlehnung an *K. Popper* sind wissenschaftliche Sätze objektiv, wenn sie intersubjektiv nachprüfbar sind. Überprüft man die oben skizzierte wissenschaftliche Vorgehensweise im Hinblick auf diese Definition, so kann festgestellt werden, dass sowohl die Problemauswahl als auch die Prämissenaufstellung intersubjektiv nicht nachvollziehbar sind. Für die Auswahl der Forschungsgebiete sind neben der Neigung des Wissenschaftlers für die Bearbeitung bestimmter Probleme auch die persönliche Erfahrungswelt und die Intuition der einzelnen Forscher entscheidend. Es lassen sich aus der Geschichte der Forschung Beispiele anführen, die zeigen, dass ein bestimmter Sachverhalt bereits allgemein bekannt war, aber erst von einem ganz bestimmten Forscher daraus Erkenntnisse geschöpft worden sind (man denke z.B. an die Erfindung der Dampflokomotive). Es muss daher zugestanden werden, dass es sicherlich einen subjektiven Bereich der Wissenschaft gibt. Da aber sowohl die Problemauswahl als auch die Prämissenaufstellung nicht zu den eigentlichen wissenschaftlichen Aussagen zu rechnen sind, kann zumindest gefordert werden, dass die Aussagen der Theorie intersubjektiv nachvollziehbar sein müssen.

Schließt man sich dieser Auffassung an, so gehören zum Bereich der Wissenschaft eindeutig **positive Aussagen**, d.h. Tatsachenaussagen. Mit Hilfe solcher Aussagen wird versucht, Auskunft über die Realität zu geben. Fraglich ist dagegen, ob auch **Werturteile** zum Bereich der Wissenschaft zu zählen sind. Werturteile beinhalten Aussagen darüber, wie etwas sein soll oder drücken implizit eine Norm aus (etwas ist z.B. gut, gerecht, schön). Werturteile basieren somit auf einer subjektiven Wertung; sie sind daher intersubjektiv nicht nachvollziehbar. Was der eine für schön erachtet, kann ein anderer als hässlich ansehen. Aussagen, die Werturteile enthalten, können allerdings zumindest dann einen intersubjektiv nachvollziehbaren Aussagenteil enthalten, wenn die Norm oder allgemein das Kriterium, das die Grundlage der Wertung darstellt, in der Aussage enthalten ist. Die Aussage: "Die Einkommen der deutschen Landwirte sind zu niedrig" stellt ein Werturteil dar, da es unterschiedliche Auffassungen darüber geben kann, was als 'zu niedrig' angesehen wird. Die Aussage ist somit intersubjektiv nicht nachvollziehbar und gehört nach der hier vertretenen Auffassung nicht zum Bereich der wissenschaftlichen Aussagen. In diese Aussage kann man einen intersubjektiv überprüfbaren Aussagenteil einbauen, z.B. in folgender Form: "Betrachtet man die Einkommen der Landwirte als zu niedrig, wenn das Pro-Kopf-Einkommen der in der Landwirtschaft Tätigen niedriger ist als das Pro-Kopf-Einkommen der Tätigen in der Industrie, dann waren die Einkommen der deutschen Landwirtschaft im Jahr 2004 zu niedrig". In dieser Aussage wird zunächst die Norm aufgezeigt. Daran anschließend erfolgt eine Aussage, die mit Hilfe der Fakten überprüft werden kann.

Nach der hier vertretenen Auffassung, die selbst wiederum eine Wertung enthält, sind Werturteile nicht Inhalt wissenschaftlicher Aussagen, doch können Werturteile in wissenschaftlichen Aussagen enthalten sein. Allerdings erfordert das Prinzip der intersubjektiven Nachprüfbarkeit, dass man diese Werturteile entweder als Bekenntnis aufnimmt oder hypothetisch formuliert. Hierfür sollen zwei kurze Beispiele zur Veranschaulichung gegeben werden.

(a) Zum persönlichen Bekenntnis bei der Einführung von Werturteilen: Ich bezeichne eine Einkommensverteilung als gerecht, bei der jedem Menschen das gleiche Einkommen zur Verfügung steht. Im Folgenden kann dann an dieser Norm die gegenwärtige Situation geprüft werden; als Ergebnis kann konstatiert werden, dass die gegenwärtige Einkommensverteilung ungerecht ist. Die Bezeichnung ungerecht stellt sicherlich ein Werturteil dar und gehört nach oben präsentierter Auffassung nicht in den Bereich wissenschaftlicher Aussagen. Wenn aber eingangs definiert wurde, was von dem einzelnen Forscher als gerecht bezeichnet wurde, dann kann intersubjektiv nachprüfbar gezeigt werden, ob die Aussage mit der Norm im Einklang steht.

(b) Hypothetische Einführung von Werturteilen: Wenn man eine Einkommensverteilung als gerecht bezeichnet, bei der jeder Person die gleiche Einkommenshöhe zur Verfügung steht, dann zeigt die gegenwärtige Situation, dass die Einkommensverteilung ungerecht ist. Auch hier ist die Aussage intersubjektiv nachvollziehbar, und sie soll nach der hier vertretenen Auffassung als wissenschaftlich anerkannt werden.

Der hier vorgetragenen Auffassung werden sich all diejenigen nicht anschließen können, die einen sehr engen Wissenschaftsbegriff wählen. Fordert man z.B. von der Wissenschaft, dass sie positive Aussagen zu treffen hat, dass sie also zu sagen hat, was ist und warum es ist, dann dürfen Werturteile nicht in wissenschaftlichen Aussagen enthalten sein. Einem solch engen Wissenschaftsbegriff wird hier nicht gefolgt. Wir würden damit den Aktionsbereich der Wissenschaftler sehr stark einschränken. Wenn aber die wissenschaftliche Forschung im Bereich der Agrarpolitik und Marktlehre einen Beitrag zur Lösung der Probleme der praktischen Agrarpolitik leisten soll, wird es für zweckmäßig gehalten, einen weit gefassten Wissenschaftsbegriff zu wählen. Insbesondere scheint es notwendig, dass man **teleologische Werturteile**, die anzeigen, ob ein bestimmter Mitteleinsatz zur Verwirklichung einer bestimmten Zielsetzung geeignet ist, zulässt.

Doch selbst wenn gefordert wird, dass die wissenschaftliche Agrarpolitik und Marktlehre einen Beitrag zur Lösung der praktischen Agrarpolitik leisten sollen, muss nochmals darauf hingewiesen werden, dass es wissenschaftlich kaum möglich ist, werturteilsfrei agrarpolitische Empfehlungen zu erteilen. Jede agrarpolitische Empfehlung beinhaltet eine Aussage darüber, wie eine Realsituation einer Wunschsituation angepasst werden kann. Die Wunschsituation kann nun aber nicht werturteilsfrei formuliert werden. Der Wissenschaftler hat hierbei die Möglichkeit, offiziell deklarierte Ziele als repräsentativ für eine Wunschsituation zu betrachten, oder er kann versuchen, die Zielstruktur der Gesellschaft durch empirische Forschung zu ermitteln. Schließlich kann er selbst hypothetisch eine Wunschsituation oder Ziele formulieren. In allen diesen Fällen wird seine Aussage bezüglich der agrarpolitischen Empfehlung aber normativ sein. Doch abgesehen von diesem Problem muss zusätzlich bedacht werden, dass in der Regel agrarpolitische Empfehlungen dazu führen werden, dass bei Berücksichtigung der Empfehlung sowohl begünstigte als auch benachteiligte Personen und Personengruppen betroffen werden. Da es aber keine Möglichkeit gibt, intersubjektive Nutzenvergleiche vorzunehmen, entfällt die Möglichkeit, in einem solchen Fall werturteilsfrei und intersubjektiv nachvollziehbar eine Empfehlung auszusprechen. Wollte man dem Kriterium der intersubjektiven Überprüfung genügen, so müsste man in die agrarpolitische Empfehlung des Wissenschaftlers aufnehmen, welche Personen und Personengruppen durch die Berücksichtigung der Empfehlung betroffen werden und aufgrund welcher Norm man sagt, dass die Begünstigten größere Vorteile haben werden, als die Benachteiligten Verluste zu tragen haben. Prüft man für einen konkreten Fall, wie solche in der Regel implizit enthaltenen Aussagen tatsächlich auch explizit formuliert werden können, so wird man häufig feststellen, dass es kaum möglich sei, den Kreis der Betroffenen eindeutig abzugrenzen und die Möglichkeiten, die Vor- und Nachteile exakt zu quantifizieren, nur ausnahmsweise gegeben sind.

Das zeigt, dass der Wissenschaftler immer dann, wenn er zu Politikempfehlungen übergeht, sehr schnell den eigentlichen Bereich der wissenschaftlichen Arbeit verlassen muss. Vor einer Wissenschaftsgläubigkeit bezüglich agrarpolitischer Empfehlungen muss daher nach der hier vertretenen Auffassung gewarnt werden.

1.2 Zum Aufbau des Buches

Das Buch enthält zwei Teile. Der erste Teil ist mit den Kapiteln 2 bis 4 der Darstellung der theoretischen Grundlagen gewidmet. Hier wird die Wirkung des Marktmechanismus auf den Agrarmärkten zunächst ohne staatliche Eingriffe analysiert und am Ende der einzelnen Kapitel werden einige Politikprobleme angesprochen. Auch wenn es zur Zeit kaum Volkswirtschaften gibt, in denen reine marktwirtschaftliche Systeme ohne staatliche Eingriffe auf den Agrarmärkten vorliegen, so scheint es doch aus didaktischen Gründen empfehlenswert, zunächst die Situation bei einer freien Marktpreisbildung zu untersuchen. Auf dieser Grundlage soll das Verständnis für staatliche Eingriffe auf Agrarmärkten geweckt werden.

In einem marktwirtschaftlichen System regelt der Preis die Austauschbeziehungen zwischen den einzelnen Mitgliedern einer Gesellschaft. Wir haben uns daher im ersten Teil des Buches vornehmlich mit den Bestimmungsgründen der Agrarpreisbildung zu beschäftigen. Dieser erste Teil der Aufgabenstellung kann durch *Übersicht 1.4* veranschaulicht werden.

Austauschbeziehungen gibt es

(a) auf der Erzeugerstufe zwischen Anbietern (= Agrarproduzenten) und Nachfragern (= Handels- und Verarbeitungssektor) und

(b) auf der Verbraucherstufe zwischen Anbietern (= Handels- und Verarbeitungssektor) und Nachfragern (= Konsumenten).

Die Nachfrage auf der Erzeugerstufe kann gedanklich als von der Nachfrage auf der Verbraucherstufe **abgeleitete Nachfrage** aufgefasst werden. Diese Interpretation beinhaltet, dass der Handels- und Verarbeitungssektor bei der Nachfrage auf der Erzeugerstufe jeweils in seine Überlegungen mit einbezieht, wie die Nachfrage auf der Verbraucherstufe bei alternativen Preisen sein wird. *Übersicht 1.4* zeigt den Zusammenhang zwischen der Preisbildung auf der Erzeuger- und

Verbraucherstufe. Die Verbraucher- und Erzeugerpreise auf den Agrarmärkten werden nach *Übersicht 1.4* von folgenden Faktoren bestimmt:

(a) Den Bestimmungsgründen der Nachfrage nach Konsumgütern, die Agrarrohprodukte enthalten,

(b) den Bestimmungsgründen des Angebots von Agrarprodukten und

(c) den Bestimmungsgründen der Handels- und Verarbeitungsspanne.

Übersicht 1.4: Bestimmungsfaktoren der Agrarpreisbildung

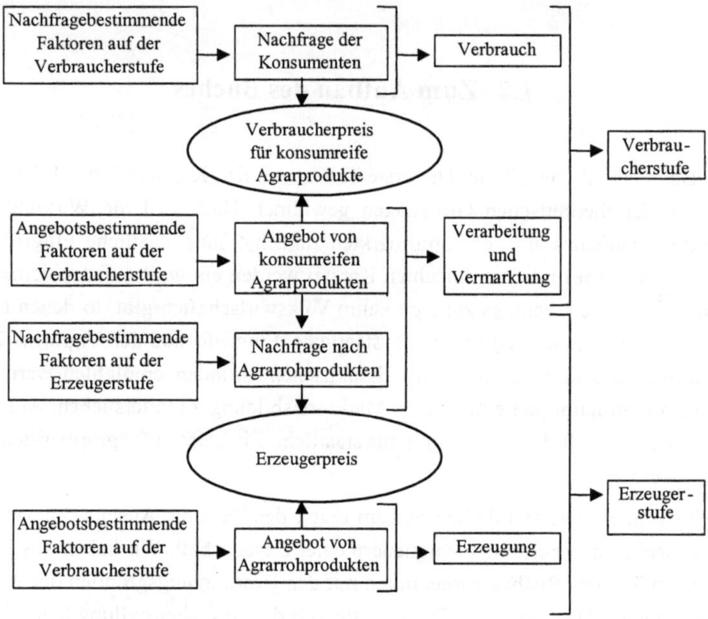

In Kapitel 2 werden die Bestimmungsfaktoren der Nachfrage nach Agrarprodukten auf der Verbraucherstufe dargestellt. In Kapitel 3 wird auf die das Angebot bestimmenden Faktoren auf der Erzeugerstufe eingegangen. Dieses Kapitel kann kürzer als das zweite Kapitel gehalten werden, um Überschneidungen mit dem Lehrgebiet der landwirtschaftlichen Betriebslehre zu vermeiden. Kapitel 4 widmet sich der Agrarpreisbildung. Besondere Betonung wird hier auf die Darstellung der Preiszusammenhänge zwischen Produkten, zwischen Regionen, zwischen verschiedenen Zeitpunkten sowie zwischen der Verbraucher- und Erzeugerstufe gelegt.

Mit Kapitel 5 beginnt der agrarmarktpolitisch ausgerichtete Teil des Lehrbuches. In der Realität werden die Agrarmärkte in nahezu allen Ländern durch eine Vielzahl staatlicher Eingriffe reglementiert. Im Kapitel 5 werden daher die wichtigsten Argumente für staatliche Eingriffe auf den Agrarmärkten hinterfragt. Kapitel 6 beschäftigt sich mit den Zielen und Trägern in der EU-Agrarpolitik. Der Schwerpunkt des zweiten Teils des Buches liegt auf der Analyse der Wirkungen alternativer Instrumente im Kapitel 7. Die Darstellung der Instrumente wird nicht auf die Wirkungen hinsichtlich der Gleichgewichtspreise und -mengen beschränkt. Es wird vielmehr versucht, einen allgemeinen, umfassenderen Bewertungsrahmen anzuwenden und an den ausgewählten Instrumenten beispielhaft aufzuzeigen. Allerdings ist es nicht möglich, alle auf den Agrarmärkten eingesetzten Instrumente in ihren Wirkungen zu analysieren. Doch sollten Studierende in der Lage sein, nach der Durcharbeit des vorliegenden Textes selbständig hier nicht dargestellte Instrumente in ihrer Wirkung analysieren zu können. Kapitel 8 geht auf die politische Ökonomie der Agrarmarktpolitik ein. Es wird also der Frage nachgegangen, warum ist die Agrarpolitik wie sie ist. In einem abschließenden Kapitel 9 werden zunächst die Grundprinzipien der EU-Agrarmarktpolitik in ihren Wirkungen untersucht; abschließend werden in groben Zügen die Entwicklung der EU-Agrarmarktpolitik bei Zugrundelegung der Prinzipien der sozialen Marktwirtschaft dokumentiert und Perspektiven für die weitere Entwicklung diskutiert.

Teil I: Theoretische Grundlagen

Kapitel 2: Die Nachfrage nach Agrarprodukten und landwirtschaftlichen Produktionsmitteln

2.1 Zur Klassifizierung von Agrarprodukten

Im Folgenden werden wir uns zunächst der Nachfrage nach Agrarprodukten widmen. Unter Agrarprodukten sollen dabei alle Produkte verstanden werden, zu deren Produktion der Produktionsfaktor Boden 'wesentlich' beiträgt. Mit dem Wort 'wesentlich' ist ausgedrückt, dass es keine eindeutige Abgrenzung zwischen Agrarprodukten und gewerblichen Produkten gibt. Der Produktionsfaktor Boden ist natürlich auch für die gewerbliche Produktion notwendig. Der Anteil der Kosten für den Faktor Boden, z.B. in der Form von Mieten, kann auch im gewerblichen Bereich erheblich sein. Im Steuerrecht wird z.B. die Schweineproduktion als gewerblich angesehen, wenn eine bestimmte Größe erreicht wird. Für die folgende Darstellung benötigen wir keine eindeutige Abgrenzung.

Da der Agrarsektor sehr unterschiedliche Güter herstellt, ist es zweckmäßig, mit einer Klassifizierung der Agrarprodukte zu beginnen. Zunächst kann nach der Verwendung der Güter unterschieden werden (siehe *Übersicht 2.1*).

Übersicht 2.1: Klassifizierung der Agrarprodukte nach Verwendungszweck

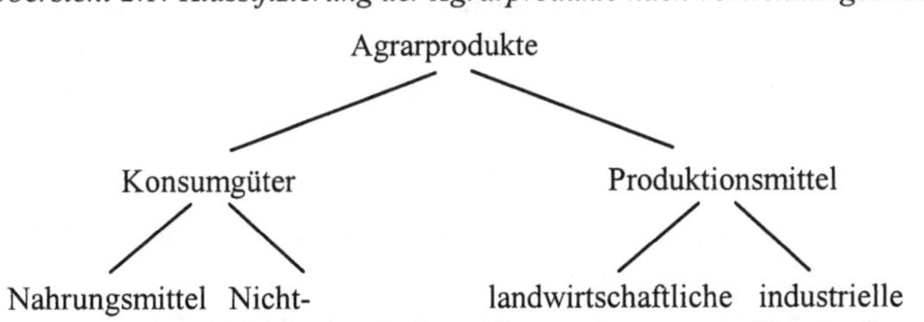

Übersicht 2.1 zeigt eine entsprechende Systematisierung. Der Agrarsektor produziert nicht nur Konsumgüter, sondern auch Produktionsmittel. Konsumgüter sind solche Produkte, die direkt der menschlichen Bedürfnisbefriedigung dienen.

Produktionsmittel sind hingegen Produkte, die benötigt werden, um andere Produkte zu produzieren.

Die Konsumgüter landwirtschaftlichen Ursprungs sind in unserer Volkswirtschaft vornehmlich Nahrungsmittel, die im traditionellen oder ökologischen Landbau produziert werden. Es gibt jedoch auch eine Reihe von agrarischen Gütern, die zwar Konsumgüter, aber nicht auch zugleich Nahrungsmittel sind. Dieses können Nebenprodukte sein, die bei der Nahrungsmittelproduktion anfallen, wie z.B. Felle, Wolle und Häute. Die landwirtschaftliche Aktivität kann sich aber auch direkt auf die Produktion von Konsumgütern, die keine Nahrungsmittel darstellen, oder auf Produktionsmittel für die Herstellung von Konsumgüter konzentrieren. Man denke z.B. an die Flachs- und Hanferzeugung, an die Aufzucht von Reitpferden oder auch allgemein an die Bereitstellung von Dienstleistungen für den Fremdenverkehr. Zunehmend bedeutender ist in der Europäischen Union (EU) seit der ersten großen Agrarreform, der *MacSharry*-Reform von 1992, die Produktion von Umweltgütern geworden. Es ist zu erwarten, dass für die Landwirte zukünftig diese Produktion noch bedeutender wird.

Die Bereitstellung von Produktionsmitteln, die entweder in landwirtschaftlicher oder industrieller Produktion verwendet werden, ist im Zeitablauf und von Volkswirtschaft zu Volkswirtschaft recht unterschiedlich. Als Beispiel mag die Nachfrage nach tierischer Zugkraft und den dafür benötigten Futtermitteln gelten. Die Nachfrage nach Produktionsmitteln industrieller Verwendung war während der vergangenen hundert Jahre durch das Aufkommen neuer Produkte und durch verbesserte Technologien rückläufig. Die Produktion von nachwachsenden Rohstoffen wurde für die europäische Landwirtschaft als Folge verstärkter staatlicher Förderung von zunehmender Bedeutung. Für die deutsche Landwirtschaft spielt die Rapsproduktion für den Nicht-Nahrungsmittelverbrauch (Non-Food Raps) eine besonders große Rolle, da auf offiziell stillgelegten Flächen Agrarprodukte als nachwachsende Rohstoffe produziert werden dürfen.

Für die Konsumenten ist von zunehmender Bedeutung die Produktionsweise. Der Nachfrager betrachtet häufig die Herstellungsmethode als ein Kriterium für die Qualität, selbst wenn die Produkte unterschiedlicher Herstellungsmethoden im Labor analytisch nicht zu unterscheiden sind. Es kann sich daher auf dem Markt eine unterschiedliche Nachfrage nach den Produkten verschiedener Herstellungsmethoden ergeben (*Übersicht 2.2*). So ist der Markt für ökologisch produzierte Produkte in den letzten Jahren stark gewachsen. Auch gegenüber genetisch veränderten Produkten gibt es geteilte Ansichten der Verbraucher: Europäische Konsumenten scheinen im Gegensatz zu US-amerikanischen Verbrauchern große Vorbehalte gegen gentechnisch veränderte Produkte (GVO-Produkte) zu haben, selbst wenn für einige dieser Produkte wissenschaftlich im Labor keine Unterschiede festgestellt werden können und auch Befürchtungen bezüglich Gesundheitsrisiken bei vielen dieser Produkte wissenschaftlich nicht gestützt sind.

So hat eine vom Bundesministerium für Verbraucherschutz, Ernährung und Landwirtschaft berufene Expertenkommission die weit verbreitete Meinung, dass ökologisch produzierte Nahrungsmittel qualitativ hochwertiger sind, grundsätzlich nicht stützen können (vgl. *Tabelle 2.1* und *Tabelle 2.2*).

Übersicht 2.2: Klassifizierung von Agrarprodukten nach der Herstellungsmethode

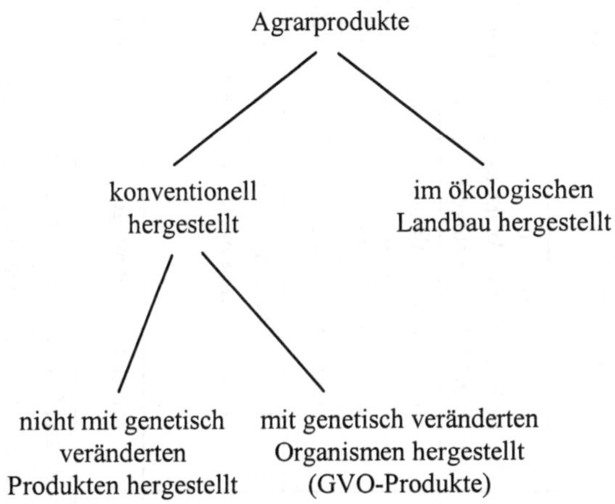

Bei der Untersuchung der Nachfrage nach Agrarprodukten ist eine Klassifizierung der Produkte aus informationsökonomischer Sicht sinnvoll (siehe *Übersicht 2.3*).

Übersicht 2.3: Klassifizierung von Agrarprodukten aus informationsökonomischer Sicht

In Lehrbüchern zur Einführung in die Volkswirtschaftslehre wird in der Regel davon ausgegangen, dass es nur **Suchgüter** gibt. In diesem Fall hat der Konsument volle Information über die Qualität der Güter. Für den Konsumenten ist dann der Preis neben der subjektiven Wertschätzung des Gutes wichtigstes Entscheidungskriterium. Er hat daher lediglich nach dem niedrigsten Preis zu suchen.

Tabelle 2.1: Produktqualität von ökologisch erzeugten pflanzlichen Lebensmitteln verglichen mit konventionellen Produkten

Ökoprodukte	ernährungsphysiologische Qualität	Genusswert	Eignungswert
Erntegetreide (Mähdrusch)	Mykotoxine: divergente Datenlage mit Trend zu niedrigeren Gehalten	kein Unterschied	verringert, da erhöhter Schwarzbesatz
Getreideerzeugnisse, -nährmittel, Backwaren u. Stärke	kein Unterschied; bei Vollkornerzeugnissen Trend zu höheren Mineralstoffgehalten	kein Unterschied; bei hefegelockerten Weizenmehlgebäcken verringert	kein Unterschied; bei hefegelockerten Weizenmehlgebäcken jedoch verringert
Kartoffeln	divergente Datenlage	divergente Datenlage	kein Unterschied
Ölsaaten	weniger/keine Rückstände	keine Information	keine Information
pflanzliche Öle/Fette	kein Unterschied	kein Unterschied	kein Unterschied
Gemüse und Obst	weniger (keine) Rückstände, höhere Trockenmassegehalte: Trend zu höherer Nährstoffdichte, höhere Gehalte wertgebender Inhaltsstoffe	höher bei Bio-Äpfeln, Trend zu höherem Genusswert	kein Unterschied, jedoch angepasste Verarbeitungsverfahren erforderlich
Wein	weniger/keine Rückstände, höherer SPS-Gehalt (Resveratrol)	divergente Datenlage	keine Information
Nüsse, Bier, Tee, Kaffee, Kakao, teeähnliche Erzeugnisse, Süßwaren wurden nicht erfasst			
Quelle: Bundesministerium für Verbraucherschutz, Ernährung und Landwirtschaft (Hrsg.): Bewertung von Lebensmitteln verschiedener Produktionsverfahren. Statusbericht 2003 vorgelegt von der Senatsarbeitsgruppe "Qualitative Bewertung von Lebensmitteln aus alternativer und konventioneller Produktion". Schriftenreihe des Bundesministeriums für Verbraucherschutz, Ernährung und Landwirtschaft. Angewandte Wissenschaft Heft 499. Landwirtschaftsverlag Münster-Hiltrup 2003, S. 69.			

Tabelle 2.2: Produktqualität von Lebensmitteln tierischen Ursprungs aus Ökologischem Landbau verglichen mit konventionell erzeugten Produkten

Ökoprodukte	ernährungsphysiologische Qualität	Genusswert	Eignungswert
Milch und Milcherzeugnisse	geringerer Eiweißgehalt, divergente Datenlage bei Aflatoxin	kein Unterschied	kein Unterschied
Rindfleisch	keine Studien	keine Studien	keine Studien
Lamm-, Schaf-, Ziegenfleisch	keine Studien	kein Unterschied	keine Studien
Schweinefleisch	kein Unterschied	kein Unterschied	kein Unterschied
Geflügelfleisch	tendenziell weniger Fett	weniger zart	geringere Fleischanteile
Fleischerzeugnisse	ohne Nitritpökelsalz, kein Nitrosamin, höherer Cholesteroloxidgehalt	keine Studien	für Speck kein Unterschied
Fisch und Fischerzeugnisse	keine Studien	keine Studien	keine Studien
Eier	kein Unterschied	kein Unterschied	keine Studien

Quelle: Bundesministerium für Verbraucherschutz, Ernährung und Landwirtschaft (Hrsg.): Bewertung von Lebensmitteln verschiedener Produktionsverfahren. Statusbericht 2003 vorgelegt von der Senatsarbeitsgruppe "Qualitative Bewertung von Lebensmitteln aus alternativer und konventioneller Produktion". Schriftenreihe des Bundesministeriums für Verbraucherschutz, Ernährung und Landwirtschaft. Angewandte Wissenschaft Heft 499. Landwirtschaftsverlag Münster-Hiltrup 2003, S. 70.

In der Realität gibt es selten vollkommene Information über die Qualität der Güter. In der Regel hat der Verkäufer des Gutes bessere Informationen über die Qualität als der Käufer. Es liegt **asymmetrische Information** vor. Der Koch in einem Restaurant weiß z.B., dass er altes Öl zum Zubereiten der Speisen genommen hat. Der Konsument wird es gelegentlich nach dem Konsum erfahren. In diesem Fall spricht man von **Erfahrungsgütern**. Es ist einleuchtend, dass bei Erfahrungsgütern nicht allein der Preis des Gutes als wichtige Variable in die Entscheidungen des Nachfragers eingeht. Auch andere Variablen sind von Bedeutung, wie z.B. die Reputation der Anbieter, die möglicherweise Qualitätssicherungssysteme eingeführt und ihre Produkte mit einem Gütesiegel und Herstellergarantien versehen haben.

Agrarprodukte werden zunehmend **Vertrauensgüter**. Der Konsument kann weder vor dem Kauf noch ausreichend nach dem Kauf bzw. Konsum die Qualität z.B. hinsichtlich der Produktionsmethoden oder Inhaltsstoffe beurteilen. Die Nachfrage wird daher nicht nur vom Preis, sondern auch von dem Vertrauen in die Qualität der Güter abhängen. Anbieter versuchen daher, durch bestimmte Maßnahmen Vertrauen in die Qualität der Produkte zu schaffen. So haben sich z.B. landwirtschaftliche Betriebe des ökologischen Landbaus in Verbänden organisiert, verbandsinterne Richtlinien für die Produktion aufgestellt und überprüfen diese auch. Ebenso gibt es im konventionellen Landbau seit der BSE-Krise (2000) verstärkt vergleichbare Strategien.

Bei der Untersuchung der Bestimmungsfaktoren der Nachfrage nach Agrarprodukten hat man jeweils die Klassifikationsmerkmale zu beachten. So kann z.B. ein Agrarprodukt ein Nahrungsmittel sein, das konventionell erzeugt wurde, bei dessen Herstellung gentechnisch veränderte Organismen verwendet wurden und das ein Suchgut ist. Unterscheiden sich Agrarprodukte nur in einem dieser Merkmale, wird es Unterschiede in der Nachfrage geben.

Im Folgenden kann nicht auf alle Dimensionen eines Agrargutes intensiv eingegangen werden. Es wird zunächst die Nachfrage nach Agrarprodukten, die als Nahrungsmittel verwendet werden und Suchgüter sind, untersucht. Daran anschließend werden Besonderheiten anderer Produktdimensionen angesprochen.

2.2 Die Nachfrage nach Lebensmitteln aus konventioneller landwirtschaftlicher Produktion auf der Verbraucherstufe im Fall von Suchgütern

Begriffliche Klärung

Für die Entwicklung des Agrarsektors in der Europäischen Union ist die wichtigste Komponente in der Nahrungsmittelnachfrage auf der Verbraucherstufe zu sehen. Es sollen daher im Folgenden die Bestimmungsfaktoren der Nachfrage nach Nahrungsmitteln auf der Verbraucherstufe untersucht werden.

Wir sprechen von der Verbraucherstufe, wenn eine Marktpartei die Konsumenten sind und die andere die Händler oder auch bei Direktvermarktung die Landwirte. Es ist aus didaktischen Gründen zweckmäßig mit der Verbraucherstufe zu beginnen [illegible]uch wenn die Konsumenten nur begrenzt die direkten Nachfrager ab Hof [illegible]arprodukten sind. Die Nachfrage der Händler oder auch Verarbeiter von [illegible]dukten ab Hof kann gedanklich als eine **abgeleitete Nachfrage** von der [illegible]ge der Konsumenten dargestellt werden. Händler und Verarbeiter [illegible]der Nachfrage ab Hof jeweils berücksichtigen, wie hoch die Endna[illegible]der Verbraucherstufe ist.

Die [illegible]ach Lebensmitteln auf der Verbraucherstufe wird sowohl von Inlände[illegible]usländern entfaltet. Im Folgenden wollen wir uns lediglich der Nachfr[illegible]ds zuwenden.

Die gesa[illegible]che Nachfrage auf der Verbraucherstufe muss laut Definition identisch [illegible] der Summe der Nachfrage der einzelnen Individuen. Wollen wir daher die gesamtwirtschaftliche Nachfrage erklären, so müssen wir zunächst auf das Nachfrageverhalten der einzelnen Individuen zurückgehen. Die individuelle wie auch die gesamtwirtschaftliche Nachfrage kann sowohl mengenmäßig als auch monetär erfasst werden. Die **mengenmäßige Nachfrage**, die auch häufig mit Verbrauch bezeichnet wird, wird zweckmäßigerweise in physischen Mengeneinheiten gemessen. Die Quantifizierung in physischen Einheiten ist für Nahrungsmittel insgesamt oder für eine Produktgruppe, z.B. pflanzliche oder tierische Produkte insgesamt, immer dann nicht sinnvoll, wenn die einzelnen Produkte zu einem unterschiedlichen Ausmaß zur Bedürfnisbefriedigung beitragen und daher unterschiedlich hohe Preise je Mengeneinheit vom Nachfrager zu zahlen sind. In diesem Fall ist die Ermittlung der Verbrauchsmenge nicht sinnvoll. Allerdings gibt es dennoch eine Möglichkeit, die Entwicklung der mengenmäßigen Nachfrage für das Produktaggregat anzugeben. Dies geschieht durch die Ermittlung des **Volumens der Nachfrage**.

Das Volumen erhält man, indem man die Nachfrage- bzw. Verbrauchsmengen unterschiedlicher Produkte der laufenden Jahre mit den Preisen eines Basisjahres multipliziert und dann die einzelnen Volumina addiert. Es werden z.B. jeweils die Verbrauchsmengen von Eiern, Milch und Käse des Jahres 2004 und anderer Jahre mit den Preisen des Jahres 1980 multipliziert. Die Entwicklung des Volumens gibt Auskunft über die Entwicklung der mengenmäßigen Nachfrage (= Verbrauch)[1].

---

[1] Die Berechnungsformel für das Volumen (V) lautet:

$$V = \sum_{i=1}^{n} p_{i,0} q_{i,t}$$

mit $p_{i,0}$ = Preis des Produktes i in der Periode 0

$q_{i,t}$ = Menge des Produktes i in der Periode t

n = Anzahl der Produkte.

Die **monetäre Nachfrage** stellt stets das Produkt von verbrauchter Menge (= nachgefragter Menge) und geltendem Marktpreis dar.

Monetäre Nachfrage = Mengenmäßige Nachfrage · Marktpreis

Die monetäre Nachfrage ist demnach grundsätzlich nicht identisch mit dem Volumen der Nachfrage. Während beim Volumen stets die Preise eines Basisjahres zur Bewertung der Verbrauchsmengen herangezogen werden, wird bei der monetären Nachfrage stets der aktuelle Marktpreis zur Bewertung gewählt. Lediglich in der Basisperiode ist die Höhe des Volumens identisch mit der monetären Nachfrage.

2.2.1 Bedeutung des Verbraucherverhaltens

Möchte man die individuelle Nachfrage nach Nahrungsmitteln erklären, ist es notwendig, dass man zunächst Hypothesen über das Nachfrageverhalten formuliert. Nur wenn man Vermutungen über die Zielsetzungen von Individuen hat, kann man ableiten, wie sich Individuen wahrscheinlich verhalten werden.

Man spricht von Konsumakten, wenn allgemein das Zustandekommen konsumtiver Tätigkeiten im engeren Sinn beschrieben wird. In der Literatur werden u.a. folgende Hypothesen zur Erklärung konsumtiver Aktivitäten beschrieben (z.B. *E.* und *M. Streissler):*

Reine Typen von Konsumakten:

1. Echte Entscheidungen = Rationalverhalten,
2. Impuls- oder Affektverhalten,
3. Gewohnheitsverhalten,
4. Sozial abhängiges Verhalten.

Rationalverhalten

Rational verhält sich ein Verbraucher, wenn er versucht, entweder mit einem gegebenen Mitteleinsatz einen maximalen Nutzen oder aber einen gewünschten Nutzen mit einem minimalen Mitteleinsatz zu erreichen. Rationalverhalten setzt demnach voraus, dass das Individuum ein eindeutig definiertes Ziel hat und Kenntnisse über die Wirkung alternativer Mittel zur Erreichung des Ziels besitzt. Es wird versucht, das Ziel bei gegebenem Mitteleinsatz zu maximieren oder ein gegebenes Ziel mit minimalem Mitteleinsatz zu erreichen. In der ökonomischen Theorie der Nachfrage wird in der Regel neben Rationalverhalten auch unterstellt, dass die Individuen bestimmte Nutzenfunktionen haben.

Rationalverhalten beinhaltet, dass jeweils bewusste und reflektierte Einsätze von Mitteln zur Erreichung von Zielen unter bestmöglicher Verwertung verfügbarer

Informationen erfolgen. Wenn sich jemand rational verhält, zeigt sich dies in der Regel in der Ausgeprägtheit und Länge der Überlegungsphase, die der Aktivität vorausgeht. Im Einzelnen beinhaltet Rationalverhalten folgendes Vorgehen:

(a) Sammlung und Verwertung von Informationen,

(b) vollständige Formulierung des gesamten Zielsystems,

(c) Abwägen gegen alternative Möglichkeiten und Ziele im Rahmen eines Zielbewertungssystems.

Der Ökonom würde Rationalverhalten im Zusammenhang mit dem Problem der Nachfrageanalyse pragmatisch am besten mit einer ausgeprägten Preis- und Einkommensabhängigkeit der Nachfrage umschreiben.

Diese Ausführungen machen klar, dass Rationalverhalten unabhängig vom individuellen Verhalten in der Vergangenheit und von Wertungen der Mitmenschen ist. Es wird somit ein täglich neugeborener individualistischer Rechenautomat unterstellt.

Es dürfte nicht zu erwarten sein, dass unbeschränktes Rationalverhalten als Regelfall vorliegen wird. Allenfalls kann damit gerechnet werden, dass die Nachfrager eine beschränkte Rationalität zeigen werden.

Beschränktes Rationalverhalten

(1) In der Realität liegen nur unvollkommene Informationen vor. Aufgrund von Informationslücken und -kosten ist es dem einzelnen Wirtschaftssubjekt in der Regel gar nicht möglich, sich rational zu verhalten. Ein Vergleich der Informationskosten mit möglichen Vorteilen, die aus der erhöhten Information folgen, ist nicht immer möglich. Informationskosten sprechen daher dagegen, dass das einzelne Individuum alle möglichen Informationen einholt, um dann eine notwendige Entscheidung treffen zu können. Die Tatsache der Informationslücken und -kosten führt zur Anwendung von Daumenregeln, d.h. das einzelne Wirtschaftssubjekt versucht, durch so genannte Vorwegentscheidungen eine Grobstrukturierung der Verwendungsarten seines Einkommens oder seiner Verhaltensweisen vorzunehmen. So kann z.B. eine Aufteilung des Budgets nach zweckbestimmten Sonderbudgets erfolgen. Dann wird es nur notwendig sein, partielle Nutzenabwägungen innerhalb eines Budgets vorzunehmen; gleichzeitig wird der Überblick über das gesamte Ausgabengebaren erleichtert. Die Aufteilung nach Verwendungszwecken kann ergänzt werden durch eine Aufteilung nach Verhaltensweisen, z.B. in

(a) Ausgaben für wiederkehrende Käufe,

(b) Taschengeld für Impulskäufe und

(c) Ausgaben für langfristig bedeutsame Großeinkäufe.

Weitere Vereinfachungen der Entscheidung können vorgenommen werden, wenn bei täglich wiederkehrenden Käufen immer dann, wenn sich die Daten nur unwesentlich geändert haben, das Verhalten der Vergangenheit auf die Zukunft übertragen wird und wenn von Preisdifferenzen stets auf Qualitätsdifferenzen geschlossen wird.

(2) Aufgrund der beschränkten geistigen Kapazität ist der Mensch nur in der Lage, die Aufteilung von Teilplänen zu vollziehen und sich an vergangenen Bedürfnissen und Mitteln der Bedürfnisbefriedigung zu orientieren. Es ist zu beobachten, dass eine Desorientierung des Käufers eintritt, wenn er sich völlig neuen Preisen und Preisrelationen gegenübersieht (z.B. in einer Hyperinflation) oder wenn sich sein Einkommen extrem geändert hat (z.B. Lottogewinn).

Im Folgenden wollen wir feststellen, unter welchen Bedingungen Rationalverhalten am ehesten zu erwarten ist:

(a) bei Konsumentscheidungen, die einen bedeutenden Teil des Einkommens binden,

(b) bei häufig wiederholten Käufen, wenn die Daten konstant bleiben,

(c) bei starken Änderungen von Einkommen und Preisen, die zu einer Überprüfung vergangener Verhaltensweisen Anlass geben,

(d) bei längerfristigem Rückgang des Einkommens und

(e) bei Unternehmern eher als bei Haushalten. Dies folgt zum einen aus der Ethik des Geschäftslebens und zum anderen deshalb, weil der Wettbewerb häufig zur Ausscheidung des untüchtigen Unternehmers führt.

Impuls- oder Affektverhalten

Impuls- oder Affektverhalten stellt den extremen Gegenpol zum Rationalverhalten dar. Es ist scheinbar rein zufällig bestimmt und ökonomisch nicht näher erklärbar. Bei der Erklärung der Nachfrage würde dies z.B. bedeuten, dass die ökonomischen Variablen Einkommen und Preis keine Berücksichtigung finden.

Impuls- oder Affektverhalten wird man vornehmlich bei Bagatellkäufen und Gütern, die den Schönheitssinn ansprechen, vorfinden. Welche Ausgabe infolge der relativen Geringfügigkeit als Bagatellausgabe empfunden wird, hängt von den Persönlichkeitseigenschaften des Konsumenten ab, sowie von

(a) seinem Einkommen,

(b) der seit dessen Auszahlung vergangenen Zeitspanne,

(c) dem Beschäftigungsausmaß,

(d) den Kaufgewohnheiten der sozialen Umgebung.

Von besonderem Interesse ist die Frage, welcher Einfluss vom Affektverhalten auf den Verlauf der Preis-Mengen-Beziehung (Nachfragekurve) zu erwarten ist. Wir gehen von der Annahme aus, dass die Wahrscheinlichkeit der Ausgabe jeder Einkommenseinheit für jedes einzelne Gut gleich groß ist. Daraus folgt, dass die Wahrscheinlichkeit, dass ein Gut gewählt wird, sich umgekehrt proportional zu seinem Preis verhält. Ist der Preis niedrig, so ist es für ein Gut wahrscheinlicher, im stochastischen Irrweg der Konsumwahl genügend Einkommenseinheiten auf sich zu vereinen und gekauft zu werden. Daraus folgt, dass wir auch bei Affektverhalten mit fallenden Nachfragekurven rechnen können.

Gewohnheitsverhalten

Gewohnheitsverhalten ist abhängig von früheren Konsumakten. Es beruht überindividuell auf bestehenden sozialen Traditionen, individuell auf dem psychischen Widerstand gegenüber einer Änderung des Verhaltens. Typische Beispiele für Gewohnheitsverhalten sind die Übernahme der Konsumgewohnheiten von Eltern und Freunden.

Allerdings kann Gewohnheitsverhalten auch Ausdruck eines rationalen Verhaltens sein. Es wurde bereits darauf hingewiesen, dass bei ständig wiederkehrenden Käufen möglicherweise aufgrund einer vergangenen rationalen Überlegung eine 'richtige' Entscheidung gefällt worden ist und dass man daher bei unveränderten Daten den gleichen Kauf ohne neue Überlegungen wieder tätigen kann.

Gewohnheitsverhalten wird häufig bei Nahrungsmittelkäufen der Haushalte zu erwarten sein. Aber auch im Handel ist bei der Festsetzung der Spannen Gewohnheitsverhalten beobachtet worden. So hat zum Beispiel eine empirische Untersuchung über die Preiskalkulation der Gaststätten in den USA ergeben, dass die Gaststätten jeweils eine konstante Relation von 0,4 zwischen Gesamtkosten für Nahrungsmittel und Essenspreis zugrunde legen. Bei Nahrungsmittelkosten von 0,4 US $ wurde demnach für das Essen ein Preis von 1 US $ verlangt. Stiegen die Nahrungsmittelkosten auf 0,60 US $, so wurden die Preise für das Essen auf 1,50 US $ erhöht. Die Differenz stieg somit von 60 auf 90 cents. Eine Befragung zeigte, dass die Maßnahme nur ergriffen wurde, weil die Gastwirte meinten, es sei richtig, dass sich ein Gastwirt so verhält. Das 'Nahrungsmittelkosten-Prinzip' wurde also unvermindert beibehalten, weil die Tendenz besteht, Prinzipien, die man einmal in ihrem ursprünglichen Zusammenhang als sinnvoll erkannt hat, unreflektiert von einer Situation auf die andere zu übertragen. Auch bei Gewohnheitsverhalten ist mit fallenden Nachfragekurven auf den Märkten zu rechnen, da sich für einzelne Haushalte als Folge von Preisänderungen die Wahlmöglichkeiten verändern.

Sozial abhängiges Verhalten

Bei dieser Verhaltensweise tritt die Abhängigkeit von den Aktivitäten und Normen der Mitmenschen und deren Wertschätzung in den Vordergrund.

Güter werden aus Prestigegründen gekauft. *Thorstein Veblen* (Theorie der feinen Leute, 1899) hat am deutlichsten ausgesprochen, dass viele Konsumgüter nicht nur wegen ihres direkten Nutzens geschätzt werden, sondern (und nach ihm vor allem) wegen des durch sie vermittelten Prestiges, wegen des sozialen Status, den sie ausdrücken und gleichzeitig auch mitformen. *Veblen* betont, dass große Teile des Konsums nur angestrebt werden, um sich sozial von den Mitmenschen zu differenzieren und deren Neid zu erwecken. "Man verfolgt mit der Anhäufung von Gütern nichts anderes, als sich eine hohe Stellung in der Gesellschaft zu erobern".

Insbesondere lassen sich bei sozial abhängigem Verhalten drei Effekte unterscheiden:

(1) *Veblen*-Effekt

Man spricht vom *Veblen*-Effekt, wenn ein Anstieg des Nutzens eines Gutes mit steigendem Preis festzustellen ist. Als Beispiel mag gelten, dass einzelne Käufer Markenware bevorzugen, selbst wenn bekannt ist, dass qualitativ gleiche Waren als No-Name-Produkte angeboten werden.

(2) Snob-Effekt

Ein Gut wird hoch geschätzt, weil es nur von wenigen konsumiert werden kann. Auf die Exklusivität des Konsums wird besonderer Wert gelegt.

(3) Mitläufer-Effekt

Eine Zunahme des Nutzens wird bewirkt durch eine Zunahme der Zahl der Konsumenten. Das kann bedeuten, dass der Nutzen mit steigenden Preisen steigt, muss es aber nicht. Es hängt davon ab, ob mit Zunahme des Konsums eines Gutes die Produktionskosten und die Preise des Gutes steigen werden oder nicht. Ein stets aktuelles Beispiel kann aus dem Bereich der Mode gegeben werden: Bereitwillig finden wir eben die Dinge schön, die gerade Mode sind.

Bezüglich des Verlaufs der Nachfragekurve können wir feststellen, dass der *Veblen*-Effekt auf jeden Fall zu anomalen Nachfragekurven führt. Beim Mitläufer-Effekt kann dieses eintreten, es braucht aber nicht der Fall zu sein.

Im Folgenden werden wir uns im Wesentlichen mit der klassischen ökonomischen Theorie der Nachfrage, die Rationalverhalten unterstellt, beschäftigen. Nach der bisherigen Diskussion erscheint es jedoch fragwürdig, ob eine weitgehende Beschränkung auf die ökonomische Theorie der Nachfrage sinnvoll ist. Oben wurde zugestanden, dass reines Rationalverhalten nicht als Regelfall, sondern eher als Ausnahme erwartet werden kann. Wäre es dann nicht sinnvoll, sich mehr mit den anderen Verhaltensweisen der Nachfrager zu beschäftigen?

Gründe für das Primat der ökonomischen Theorie der Nachfrage

Trotz der zunächst auf der Hand liegenden Einwände gegen eine vorrangig zu behandelnde ökonomische Theorie der Nachfrage kann das Vorgehen mit folgenden Gründen gerechtfertigt werden:

(1) Die Annahme von Rationalverhalten erlaubt es, den Einfluss ökonomischer Variablen auf die Nachfrage zu untersuchen. Umgekehrt können wir auch folgern: Die Variablen Preise und Einkommen haben einen Einfluss auf die Nachfrage, weil ein Teil des Nachfrageverhaltens trotz aller Einwände auf Rationalverhalten beruht.

(2) Wollte man eine Nachfragetheorie unter Einbezug aller reinen Typen von Konsumakten als empirisch angelegte Theorie konzipieren, so würde man auf große Schwierigkeiten stoßen. Es dürfte schwer fallen, allgemein akzeptable Indikatoren dafür zu finden, ob und in welchem Ausmaß Impuls- bzw. Affekt-, Gewohnheitsverhalten oder sozial abhängiges Verhalten vorliegt. Der reine Pragmatismus zwingt uns daher, uns zunächst und vornehmlich auf jene die Nachfrage beeinflussenden ökonomischen Variablen zu beschränken, die intersubjektiv nachvollziehbar sind. Die ökonomische Theorie der Nachfrage kann dabei als Ausgangsbasis oder Baustein einer umfassenderen Theorie der Nachfrage dienen.

(3) In der Tat sind die Grenzen der ökonomischen Theorie der Nachfrage nicht so eng, wie es zunächst erscheinen mag: Nimmt man an, dass sich die Variablen, die Affekt-, Gewohnheitsverhalten und sozial abhängiges Verhalten bestimmen, entweder im Zeitablauf nicht verändern oder aber die Nachfrage insgesamt und deren Struktur nur mit stetigem Trend beeinflussen, dann sind sie nicht zu quantifizieren. Auf jeden Fall können aber Prognosen der Nachfrage bei Einkommens- und Preisänderungen getroffen werden.

Im Übrigen kann die Brauchbarkeit der ökonomischen Theorie der Nachfrage gemessen werden, wenn man sich auf einige weithin akzeptierte Kriterien beruft. Diese sind

(a) die Möglichkeit der Falsifikation und

(b) die Treffsicherheit von Prognosen.

Das Kriterium (a) wurde bereits oben (Kapitel 1.1) ausgiebig diskutiert.

Mit der Bedingung (b) wollen wir ausdrücken, dass die Aufgabe der ökonomischen Theorie auch darin zu sehen ist, Entscheidungshilfen zu geben. Dies kann sie aber nur dann tun, wenn sie mit genügender Treffsicherheit Prognosen erstellen kann.

Aus den genannten Gründen scheint es gerechtfertigt, die ökonomische Theorie der Nachfrage in den Mittelpunkt der folgenden Ausführungen zu stellen.

2.2.2 Bestimmungsfaktoren der Nachfrage bei Rationalverhalten

Mit Hilfe der ökonomischen Theorie der Nachfrage kann gezeigt werden, in welcher Weise die Nachfrage eines Haushalts nach Konsumgütern sowohl von objektiven als auch von subjektiven Faktoren abhängt. Allgemein kann eine Nachfragefunktion, die anzeigt, von welchen Variablen die Nachfrage abhängt, wie folgt formuliert werden:

$$q_1^D = q_1^D(p_1, p_2, Y, \lambda). \qquad (2.1)$$

Hierbei gilt:

q_1^D = nachgefragte Menge von dem Produkt 1

p_1 = Preis des Produktes 1

p_2 = Preis für alle Güter, die außer dem Gut 1 in den Begehrkreis des Haushalts fallen

Y = Einkommen des Haushalts

λ = Bedürfnisstruktur und Präferenzen des Haushalts.

In der ökonomischen Theorie der Nachfrage wird nun so vorgegangen, dass jede einzelne nachfragebestimmende Variable, also p_1, p_2, Y und λ, isoliert in ihrer Wirkung auf die nachgefragte Menge untersucht wird. Es wird also eine ceteris paribus-Betrachtung durchgeführt. Dabei wird unterstellt, dass lediglich ein einzelner nachfragebestimmender Faktor variiert wird, alle anderen aber konstant bleiben. Untersucht man die Beziehung zwischen der nachgefragten Menge des betrachteten Produkts und dem Produktpreis, so unterstellt man somit folgende Gleichung:

$$q_1^D = q_1^D(p_1, \overline{p}_2, \overline{Y}, \overline{\lambda}). \qquad (2.2)$$

Der Querstrich über den Variablen deutet hierbei an, dass der Einfluss dieser Variablen als unverändert angesehen wird. Gleichung (2.2) wird häufig vereinfacht auch in der folgenden Form geschrieben:

$$q_1^D = q_1^D(p_1). \qquad (2.3)$$

2.2.2.1. Das Konzept der Nachfragekurve

Die funktionale Beziehung zwischen der nachgefragten Menge und dem Produktpreis (Gleichung (2.3)) stellt die Nachfragekurve dar. Im Regelfall wird die Nachfragekurve, wie mit Hilfe der ökonomischen Theorie der Nachfrage gezeigt werden kann, einen fallenden Verlauf aufweisen: Die nachgefragte Menge wird umso höher sein, je niedriger der Preis ist. Diese Hypothese wird wie folgt abgeleitet:

Im ersten Schritt wird untersucht, welche Bedingungen erfüllt sein müssen, wenn sich ein Individuum im **Gleichgewicht** befindet. Als Gleichgewicht wird dabei die Situation bezeichnet, bei der kein Anlass besteht, die Wirtschaftspläne zu revidieren. In dieser Situation stimmen demnach die Erwartungen mit den objektiven Gegebenheiten überein. Die Gleichgewichtssituation besagt somit auch, dass sich der Haushalt im Optimum befindet.

Um Gleichgewichts- oder Optimalbedingungen darzustellen, sind Informationen über die Ziele der einzelnen Individuen notwendige Voraussetzung. In der Theorie des Haushalts, in der die Nachfrage der einzelnen Individuen ökonomisch erklärt wird, wird als Hypothese unterstellt, dass die Wirtschaftssubjekte eine Maximierung des Nutzens anstreben. Folglich besteht der erste Schritt der ökonomischen Theorie der Nachfrage darin, zu zeigen, bei welchen Nachfragemengen der Nutzen des Individuums maximiert wird. Im zweiten Schritt wird dann gezeigt, wie sich die nachgefragten Mengen verändern, wenn sich die Rahmenbedingungen, die das ursprüngliche Gleichgewicht bestimmten, geändert haben.

Das Haushaltsgleichgewicht und die Wirkung von Preisänderungen sollen im Folgenden grafisch veranschaulicht werden[2]. Im *Schaubild 2.1* wird unterstellt, dass eine substitutionale Beziehung zwischen den Produkten vorliegt. Eine solche Annahme beinhaltet, dass mit den beiden betrachteten Gütern q_1 und q_2 die gleichen Grundbedürfnisse befriedigt werden können. Das Individuum ist daher bereit, eine Einheit des einen Gutes gegen bestimmte Einheiten des anderen Gutes einzutauschen, ohne dass sich das Nutzenniveau des Individuums verändert. Dieser Sachverhalt wird durch eine **Indifferenzkurve** dargestellt. Die Indifferenzkurve gibt den geometrischen Ort aller Güterkombinationen an, die für das Individuum ein gleiches Nutzenniveau ergeben. Indifferenzkurven zeigen mit zunehmender Entfernung vom Koordinatenursprung ein zunehmendes Nutzenniveau. Es gibt unendlich viele solcher Funktionen, wenn die Wünsche des betrachteten Individuums unendlich sind. Nutzenmaximierende Individuen werden

---

[2] Es wird davon ausgegangen, dass aus den einführenden Lehrveranstaltungen zur Volkswirtschaftslehre Grundkenntnisse der ökonomischen Theorie der Nachfrage vorhanden sind.

sich bemühen, im Rahmen ihrer objektiven Möglichkeiten die höchste Indifferenzkurve zu erreichen.

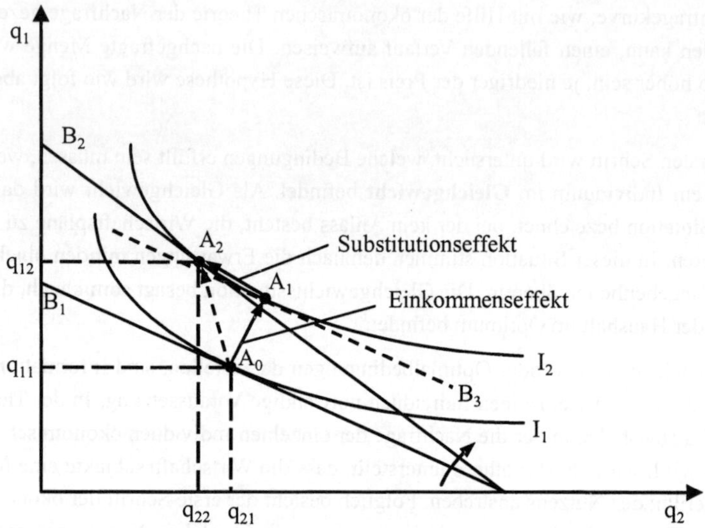

Schaubild 2.1: Wirkung einer Preissenkung auf die nachgefragten Mengen bei substitutionalen Beziehungen zwischen den Produkten

Das Individuum wird in seinen Bestrebungen, den Nutzen zu maximieren, durch objektive Gegebenheiten begrenzt. In der ökonomischen Theorie der Nachfrage wird angenommen, dass das Einkommen sowie die Produktpreise für den Einzelnen gegeben sind. Daraus folgt, dass der Einzelne lediglich Wahlmöglichkeiten im Rahmen dieser Gegebenheiten hat. Die dem Einzelnen offen stehenden Alternativen werden durch die **Bilanzgerade** (Budgetgerade) charakterisiert. Die Bilanzgerade ist der geometrische Ort aller Güterkombinationen, die das einzelne Individuum bei gegebenem Einkommen und gegebenen Preisen maximal verwirklichen kann. Während die Indifferenzkurve die subjektiven Wünsche des Individuums charakterisiert, gibt die Bilanzgerade die objektiven Möglichkeiten an.

Die geometrische Darstellung der Bilanzgeraden wird zweckmäßigerweise so vorgenommen, dass zunächst die Achsenabschnitte berechnet werden. Hierbei geht man von folgender Definitionsgleichung aus:

$$Y = p_1 \cdot q_1 + p_2 \cdot q_2 . \tag{2.4}$$

Diese Gleichung kennzeichnet die Bilanzgerade. Die Achsenabschnitte dieser Gleichung kann man erhalten, indem man alternativ die Nachfragemengen q_1

und q_2 gleich Null setzt. Als Ergebnis erhält man dann jeweils die Nachfragemengen der einzelnen Produkte, die das Individuum nachfragen könnte, wenn es auf das andere Produkt vollkommen verzichten würde.

Oben wurde bereits bei der Definition des Gleichgewichts betont, dass im Gleichgewicht die Erwartungen des Individuums mit den objektiven Gegebenheiten übereinstimmen müssen. Daraus folgt, dass das Individuum von den möglichen objektiven Gegebenheiten, die durch die Bilanzgerade charakterisiert werden, diejenige ausfindig zu machen hat, bei der die subjektiven Wünsche maximiert werden. Offensichtlich muss das Optimum ein Berührungspunkt von Indifferenzkurve und Bilanzgerade sein. An diesem Punkt erreicht der Haushalt das höchstmögliche Nutzenniveau.

Im *Schaubild 2.1* wird davon ausgegangen, dass die ursprüngliche Situation durch die Bilanzgerade B_1 und die Indifferenzkurve I_1 gekennzeichnet ist. Bei diesen Gegebenheiten wird der Optimalpunkt A_0 verwirklicht. An diesem Punkt fragt das Individuum die Mengen q_{11} und q_{21} nach.

Sinkt der Preis des Gutes 1, so werden sich für den Haushalt die objektiven Wahlmöglichkeiten verändern. Dieses wird charakterisiert durch eine neue Bilanzgerade. Es kann folglich ein höheres Nutzenniveau, das durch die Indifferenzkurve I_2 dargestellt ist, realisiert werden. Im *Schaubild 2.1* wird dieser Sachverhalt durch die neue Bilanzgerade B_2 ausgedrückt. Der neue Optimalpunkt ist jetzt A_2 mit den Nachfragemengen q_{22} und q_{12}.

Die Wirkung von Preisänderungen können wir für den Fall substitutionaler Beziehungen zwischen den Produkten logisch in zwei Effekte zerlegen:

(a) Die Preissenkung (Preiserhöhung) eines einzelnen Produktes hat für den Haushalt die gleiche Wirkung wie eine Einkommenserhöhung (Einkommenssenkung). Es wird sich daher ein **Einkommenseffekt** in der Nachfrage bemerkbar machen. Grafisch drückt sich dieser Effekt in einer Parallelverschiebung der Bilanzgerade B_1 nach B_3 aus, wobei B_3 die neue Indifferenzkurve I_2 tangiert. Man erhält dann den Optimalpunkt A_1. Der Übergang von A_0 zu A_1 ist also die Folge des Einkommenseffekts. Die Nachfragemengen gemäß Punkt A_1 würden realisiert werden, wenn bei gleichen Preisrelationen wie in der Ursprungsperiode das Einkommen so gestiegen wäre, dass statt der alten Bilanzgeraden B_1 die hypothetische Bilanzgerade B_3 verwirklicht worden wäre.

(b) Da die Preisänderung eines einzelnen Produktes zu einer Änderung der Preisrelation führt, wird der Haushalt das relativ teurere Produkt durch das relativ billigere Produkt substituieren. Es wird also auch ein **Substitutionseffekt** eintreten.

Der Gesamteffekt von A_0 nach A_2 kann in den Einkommenseffekt (Übergang von A_0 nach A_1) und den Substitutionseffekt (Übergang von A_1 nach A_2) zerlegt werden.

Da der Gesamteffekt einer Preisänderung sich im Falle substitutionaler Beziehung zwischen den Produkten stets aus zwei Teileffekten ergibt, kann lediglich eine eindeutige Aussage über die Richtung des Gesamteffekts getroffen werden, wenn die Richtung der Teileffekte gleich ist. Bezüglich des Substitutionseffekts kann erwartet werden, dass stets von dem relativ billiger werdenden Gut mehr und von dem relativ teurer werdenden Gut weniger nachgefragt wird. Nicht so eindeutig ist dagegen die Wirkung des Einkommenseffekts. Hier ist zu unterscheiden zwischen Gütern, die **absolut superior** und die **absolut inferior** nachgefragt werden. Werden Güter absolut superior nachgefragt, so wird mit steigendem Einkommen stets mehr und mit sinkendem Einkommen stets weniger von diesem Gut nachgefragt. Dieses dürfte die Regel sein. In diesem Fall sind Einkommens- und Substitutionseffekt gleichgerichtet. Bei absolut inferioren Gütern dagegen wird mit steigendem Einkommen weniger und mit sinkendem Einkommen mehr nachgefragt. Daraus folgt, dass bei sinkenden Produktpreisen der Substitutionseffekt stets positiv, der Einkommenseffekt aber im Fall absolut inferiorer Güter negativ ist. Wir können daher über die Richtung des Gesamteffekts keine eindeutige Hypothese aufstellen. Empirisch ist dieser Sachverhalt durch den *Giffen*schen Fall belegt. *Giffen* stellte im 19. Jahrhundert fest, dass in armen englischen Haushalten die Brotnachfrage mit steigenden Brotpreisen stieg. Eine solche Beobachtung deutet darauf hin, dass die Wirkung des Einkommenseffekts einer Brotpreisänderung größer war als die Wirkung des Substitutionseffekts.

Die Wirkung von Einkommens- und Substitutionseffekt soll in *Übersicht 2.4* nochmals veranschaulicht werden.

Sind die Beziehungen zwischen den Gütern in der Nachfrage komplementär, so wird die Preisänderung eines Gutes stets eindeutig die Richtung der Nachfrageänderung bestimmen[3]. Dieser Sachverhalt kann durch *Schaubild 2.2* veranschaulicht werden.

Bei komplementärer Beziehung zwischen den Produkten verlaufen die Indifferenzkurven rechtwinklig gegen den Ursprung. Eine Substitution zwischen den beiden Produkten q_1 und q_2 ist nicht möglich. Eine Erhöhung des Nutzenniveaus kann nur verwirklicht werden, wenn mit einer Ausweitung des Konsums von Gut 1 gleichzeitig auch der Konsum von Gut 2 erhöht wird. In diesem Fall erfolgt der Übergang von dem Optimalpunkt A_0 zu dem neuen Optimalpunkt A_2 lediglich aufgrund des Einkommenseffekts. Folglich kann für diesen Fall gesagt werden, dass die Wirkung einer Preisänderung abhängig ist von der Klassifikation der

[3] Dies gilt natürlich nur dann, wenn nur diese beiden Güter nachgefragt werden. Werden dagegen außer den beiden in komplementärer Beziehung stehenden Gütern andere Güter nachgefragt, die in substitutiver Beziehung zu den beiden komplementär nachgefragten Produkten stehen, so kann die Nachfrageänderung für die komplementären Güter als Folge von Einzelpreisänderungen ohne Kenntnis der Richtung des Einkommenseffektes nicht vorhergesagt werden.

Übersicht 2.4: Wirkung von Einkommens- und Substitutionseffekt bei gestiegenem Preis des Gutes 2

		Substitutions-effekt	Einkommens-effekt	Gesamteffekt
Gut 2	absolut superior	$q_2\downarrow$	$q_2\downarrow$	$q_2\downarrow\downarrow$
	absolut inferior	$q_2\downarrow$	$q_2\uparrow$	$q_2\downarrow\uparrow$
Gut 1	absolut superior	$q_1\uparrow$	$q_1\downarrow$	$q_1\uparrow\downarrow$
	absolut inferior	$q_1\uparrow$	$q_1\uparrow$	$q_1\uparrow\uparrow$

Güter in absolut inferior oder absolut superior. Bei absolut inferioren Gütern wird bei einer Preissenkung eines Gutes die nachgefragte Menge nach diesem Gut zurückgehen. Bei superioren Gütern dagegen wird die nachgefragte Menge steigen (*Schaubild 2.2*).

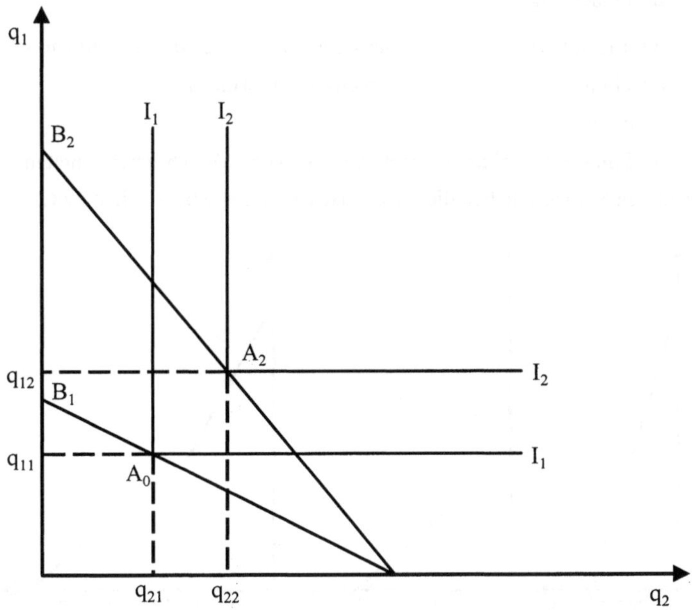

Schaubild 2.2: Wirkung einer Preissenkung auf die nachgefragten Mengen bei komplementärer Beziehung zwischen den Produkten

Da insbesondere mit steigendem Volkseinkommen je Kopf der Bevölkerung die Zahl der absolut inferior nachgefragten Güter rückläufig ist, dürfen wir für entwickelte Volkswirtschaften diesen Fall als Ausnahmeerscheinung betrachten. Wir können daher in unseren weiteren Betrachtungen davon ausgehen, dass mit fallenden Produktpreisen die nachgefragte Menge nach dem Produkt steigt.

Aggregation von individuellen Nachfragekurven

Von der individuellen Nachfragekurve kann die Marktnachfragefunktion durch horizontale Addition der individuellen Nachfragemengen bei gegebenen Preisen ermittelt werden (*Schaubild 2.3*). Für die Marktnachfragekurve gilt somit folgende Funktion:

$$q_M^D = \sum_{k=1}^{m} q_K^D \tag{2.5}$$

K = 1,..., m = Zahl der Individuen

$$q_M^D = q_M^D(p_1, \overline{p}_2, \overline{Y}, \overline{V}, \overline{B}, \overline{T}, \overline{\lambda}) \tag{2.6}$$

mit

q_M^D = Marktnachfrage

Y = Summe des Konsumeinkommens aller Haushalte oder Individuen

V = Verteilung des Konsumeinkommens auf die Haushalte

B = Bevölkerungszahl

T = Struktur der Bevölkerung nach Alter, Erwerb, Verzehrgewohnheiten.

Die anderen Symbole haben die gleiche Bedeutung wie bei Gleichung (2.1).

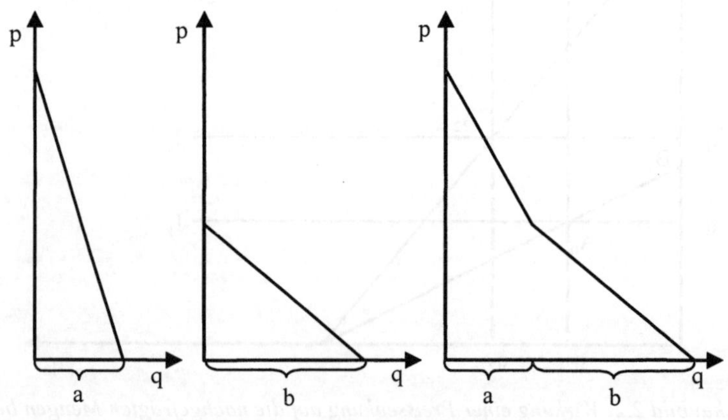

Schaubild 2.3: Horizontale Aggregation individueller Nachfragekurven zur Marktnachfragekurve

Bei der Analyse der Marktnachfrage hat man somit mehr Variablen zu berücksichtigen als bei der Analyse der individuellen Nachfrage.

Da das Konzept der Marktnachfragekurve als ein wesentlicher Baustein der landwirtschaftlichen Marktlehre betrachtet werden kann, müssen wir uns im Folgenden etwas mehr mit dieser Kurve befassen. Um die Ausdrucksweise in der ökonomischen Analyse zu vereinfachen, wird in der Regel folgende sprachliche Differenzierung vorgenommen:

Verändert sich die nachgefragte Menge aufgrund von Preisänderungen, bewegt man sich also auf der Nachfragekurve, so spricht man von einer **Veränderung der nachgefragten Menge**. Verändert sich dagegen die nachgefragte Menge als Folge der Veränderungen der Nachfragekurve (verlagert sich also die Nachfragekurve gegen den Ursprung oder vom Ursprung weg), so spricht man von einer **Veränderung der Nachfrage**. Daraus folgt, dass Veränderungen der nachgefragten Menge stets auf Produktpreisänderungen zurückgehen, während eine Veränderung der Nachfrage grundsätzlich nichts mit Produktpreisänderungen zu tun hat. Im Folgenden wollen wir uns mit diesen beiden Aspekten etwas intensiver beschäftigen.

Veränderungen der nachgefragten Menge werden durch den Verlauf der Nachfragekurve charakterisiert. Informationen über die Nachfragekurve werden in der Agrarmarktanalyse in der Regel durch den Begriff der Elastizität vermittelt. Mit der Elastizitätsanalyse, die im Mittelpunkt der Agrarmarktanalyse steht, müssen wir uns daher im Folgenden befassen.

Preiselastizität der Nachfrage

Es wäre auch denkbar, dass man den Verlauf einer Nachfragekurve durch die Neigung der Funktion charakterisiert. Dies hätte allerdings den erheblichen Nachteil, dass die Neigung der Funktion auch von der Wahl des Maßstabes für Menge und Preis abhängig wäre. Wir könnten dann nicht ohne weiteres die Angaben über unterschiedliche Neigungen der Nachfragekurve vergleichen. Um diese Probleme zu umgehen, arbeitet der Ökonom in der Regel mit dem Begriff der Elastizität. **Elastizitäten** geben grundsätzlich an, welche Beziehung zwischen der prozentualen Änderung der abhängigen Variablen und der prozentualen Änderung der unabhängigen Variablen besteht. Mit den Begriffen "abhängige" und "unabhängige" Variablen soll angedeutet werden, dass es nur dann sinnvoll ist, Elastizitäten zu berechnen, wenn die eine Größe funktional von der anderen Größe abhängt. Diejenige Größe, die funktional von der anderen bestimmt wird, nennen wir die **"abhängige" Variable**, während die Größe, die den Wert einer Funktion bestimmt, die also als Datum aufgefasst werden muss, als **"unabhängige" Variable** bezeichnet wird.

Die Verwendung von Elastizitäten bietet darüber hinaus noch einen anderen Vorteil: Der Ökonom interessiert sich nicht nur für absolute Änderungen, die eintreten, wenn sich irgendeine unabhängige Variable verändert. Von größerer Bedeutung sind für ihn häufig die prozentualen Änderungen. Wir möchten Auskunft über die prozentuale Änderung des Sozialprodukts im Zeitablauf (**Wachstumsrate**) geben, über die prozentuale Änderung des Preisniveaus im Zeitablauf (**Inflationsrate**), aber weniger über den absoluten Anstieg des Sozialprodukts oder der Preise. Informationen über die Beziehungen zwischen diesen prozentualen Änderungen der Variablen gibt uns die Elastizität. Eine Systematik über die Preiselastizitäten der Nachfrage gibt *Übersicht 2.5*.

Übersicht 2.5: Preiselastizitäten der Nachfrage

- Direkte Preiselastizität
  - der mengenmäßigen Nachfrage $$\varepsilon_{q_1,p_1} = \frac{\frac{dq_1}{q_1}}{\frac{dp_1}{p_1}}$$
  - der monetären Nachfrage $$\varepsilon_{A_1,p_1} = \frac{\frac{dA_1}{A_1}}{\frac{dp_1}{p_1}}$$
- Indirekte Preiselastizität (= Kreuzpreiselastizität)
  - der mengenmäßigen Nachfrage $$\varepsilon_{q_1,p_2} = \frac{\frac{dq_1}{q_1}}{\frac{dp_2}{p_2}}$$
  - der monetären Nachfrage $$\varepsilon_{A_1,p_2} = \frac{\frac{dA_1}{A_1}}{\frac{dp_2}{p_2}}$$

Da die Nachfrage, wie bereits oben angegeben, sowohl in Mengeneinheiten als auch monetär ermittelt werden kann, gibt es sowohl Elastizitätskoeffizienten der mengenmäßigen Nachfrage (= Mengennachfrage) als auch der monetären Nachfrage. Ist man lediglich an Informationen über die Wirkung von Preisänderungen eines bestimmten Produkts auf die Ausgaben oder Nachfragemengen dieses bestimmten Produkts interessiert, so spricht man von der **direkten Preiselastizität der Nachfrage** oder häufig auch nur einfach von der **Preiselastizität der Nachfrage**. Benötigt man dagegen Informationen über die Wirkung von Preisänderungen eines Produkts auf die nachgefragten Mengen eines anderen Produkts oder die Ausgaben für ein anderes Produkt, so spricht man von der **indirekten Preiselastizität** oder der **Kreuzpreiselastizität der Nachfrage**.

Für das Arbeiten mit der direkten Preiselastizität der Mengennachfrage sind folgende Aussagen von Bedeutung:

(1) Vorzeichen der Preiselastizität: Im Regelfall ist die Preiselastizität der Mengennachfrage negativ. Mit steigenden Preisen wird die Nachfrage in der Regel zurückgehen. Der Wert des Koeffizienten dq/dp wird also negativ sein.

(2) Höhe der Preiselastizität: Im Regelfall wird die Preiselastizität kurzfristig absolut kleiner sein als mittel- oder langfristig, da Anpassungsprozesse an geänderte ökonomische Variablen Zeit beanspruchen.

(3) Preiselastizität in Abhängigkeit von der Preishöhe: Im Regelfall wird die Größe der Preiselastizität der Mengennachfrage abhängig sein von der Preishöhe. Dies soll durch *Schaubild 2.4* veranschaulicht werden.

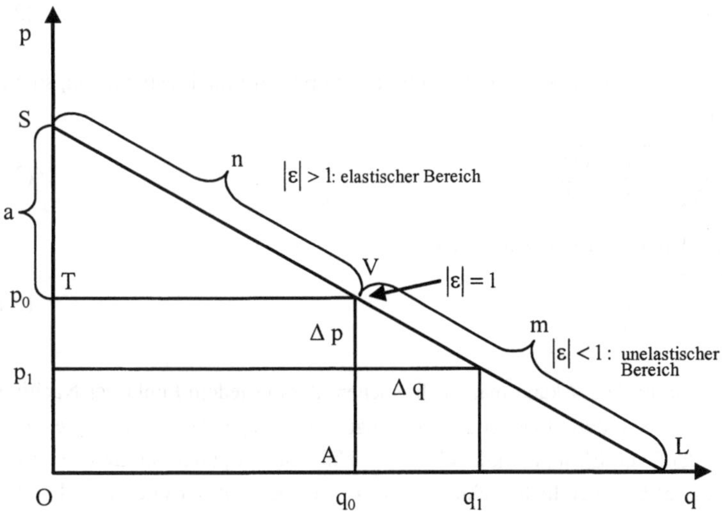

Schaubild 2.4: Grafische Bestimmung der Preiselastizität der Mengennachfrage

Für

$$\varepsilon = \frac{\frac{dq}{q_0}}{\frac{dp}{p_0}} \tag{2.7}$$

kann auch geschrieben werden:

$$\varepsilon = \frac{dq}{dp} \cdot \frac{p_0}{q_0}. \tag{2.8}$$

Bei Verwendung der im *Schaubild 2.4* bezeichneten Abschnitte ist

$$\frac{dq}{dp} = \frac{\overline{TV}}{\overline{ST}} \tag{2.9}$$

und

$$\frac{p_0}{q_0} = \frac{\overline{OT}}{\overline{OA}}. \tag{2.10}$$

Da

$$\overline{TV} = \overline{OA} \tag{2.11}$$

folgt:

$$\frac{dq}{dp} = \frac{\overline{OA}}{\overline{ST}}. \tag{2.12}$$

Setzt man diese Strecken in die Definitionsformel für die Elastizität ein, so erhält man:

$$\varepsilon = \frac{\overline{OA}}{\overline{ST}} \cdot \frac{\overline{OT}}{\overline{OA}} = \frac{\overline{OT}}{\overline{ST}}. \tag{2.13}$$

Nach dem ersten Strahlensatz gilt:

$$\frac{\overline{OT}}{\overline{ST}} = \frac{\overline{LV}}{\overline{VS}} = \frac{m}{n}. \tag{2.14}$$

Aus *Schaubild 2.4* kann man auch ersehen, dass in jedem Punkt der Nachfragekurve eine andere Elastizität gilt. Liegt eine lineare Nachfragekurve vor, so durchläuft die Elastizität alle Werte von Null (Schnittpunkt der Geraden mit der Abszisse) bis unendlich (Schnittpunkt der Geraden mit der Ordinate). Die Höhe der Elastizität ist stets ablesbar an dem Streckenverhältnis m zu n. Im oberen Bereich der Nachfragekurve haben wir stets eine Elastizität von absolut größer als Eins ($|\varepsilon| > 1$, da $m > n$) und im unteren Verlauf der Nachfragekurve eine Elastizität von absolut kleiner als Eins ($|\varepsilon| < 1$, da $m < n$). Ist $|\varepsilon| > 1$ spricht man von **preiselastischer Nachfrage**. Ist $|\varepsilon| < 1$ spricht man von **preisunelastischer Nachfrage**. Diese Betrachtung macht deutlich, dass es eigentlich nicht sinnvoll ist, von einer elastischen oder unelastischen Nachfragekurve zu sprechen. Diese Aussage müsste ergänzt werden durch den Hinweis, bei welchem Preis, zum Beispiel p_0, die Nachfragekurve elastisch oder unelastisch ist.

Selbstverständlich kann das Verfahren der grafischen Bestimmung der Elastizitäten auch dann angewendet werden, wenn die Nachfragekurven nicht linear verlaufen. Verläuft zum Beispiel die Nachfragekurve wie im *Schaubild 2.5* gezeigt und will man für den Preis p_0 die Preiselastizität der nicht linearen Nachfragekurve bestimmen, so hat man an diesen Punkt eine Tangente zu legen. Die Elastizität erhält man dann wiederum durch Division der Strecken m und n auf der Tangente.

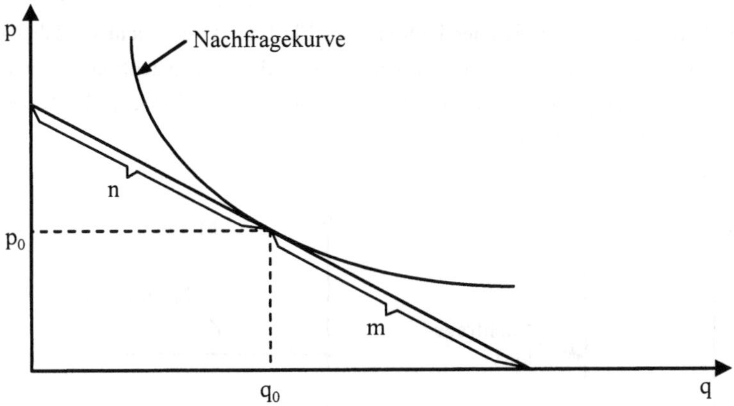

Schaubild 2.5: Grafische Bestimmung der Preiselastizität bei nicht linearer Nachfragefunktion

Es soll noch einmal durch ein algebraisches Beispiel veranschaulicht werden, dass die Preiselastizität eine **Punktelastizität** ist. Nehmen wir an, es gilt folgende Nachfragekurve:

$$q = 0{,}5p + 200. \tag{2.15}$$

Wollen wir die Preiselastizität berechnen, so haben wir zunächst diese Funktion nach p zu differenzieren. Wir erhalten:

$$\frac{dq}{dp} = -0{,}5. \tag{2.16}$$

Die Aufgabe soll darin bestehen, bei den Mengen 20 und 40 die Elastizität zu berechnen. Hier bedienen wir uns der Gleichung (2.8). Um p_1 und p_2 zu erhalten, wird die Nachfragefunktion (2.15) zunächst nach p umgestellt. Wir erhalten p = 400 -2q. Für $q_1 = 20$ erhalten wir $p_1 = 400 - 2 \cdot 20 = 360$ und $p_1/q_1 = 18$. Für $q_2 = 40$ ergibt sich $p_2 = 400 - 2 \cdot 40 = 320$ und $p_2/q_2 = 8$. Die Elastizität erhalten wir jeweils durch Multiplikation mit dq/dp = –0,5 (vgl. Gleichung (2.16)); es ergibt $\varepsilon_1 = -9$ und $\varepsilon_2 = -4$.

(4) Isoleastische Nachfragekurven als Ausnahmefall: Als Ausnahmefall kann die Elastizität für alle Punkte der Nachfragekurve identisch sein. In diesem Fall spricht man von einer **isoelastischen Nachfragekurve**. Es gibt unendlich viele

isoelastische Nachfragekurven[4]. Im Folgenden sind drei solche möglichen Nachfragekurven angegeben. Im *Schaubild 2.6* (a) wird angenommen, dass die Nachfrager auf Preisänderungen nicht mit Mengenänderungen reagieren. Die Elastizität ist daher Null. Im *Schaubild 2.6* (b) wird angenommen, dass die Nachfrage bei dem gegebenen Preis unendlich ist. Der Elastizitätskoeffizient ist daher unendlich. Im *Schaubild 2.6* (c) wird unterstellt, dass die Nachfragekurve eine gleichseitige Hyperbel ist. Die Elastizität ist dann in allen Punkten der Nachfragekurve gleich minus Eins.

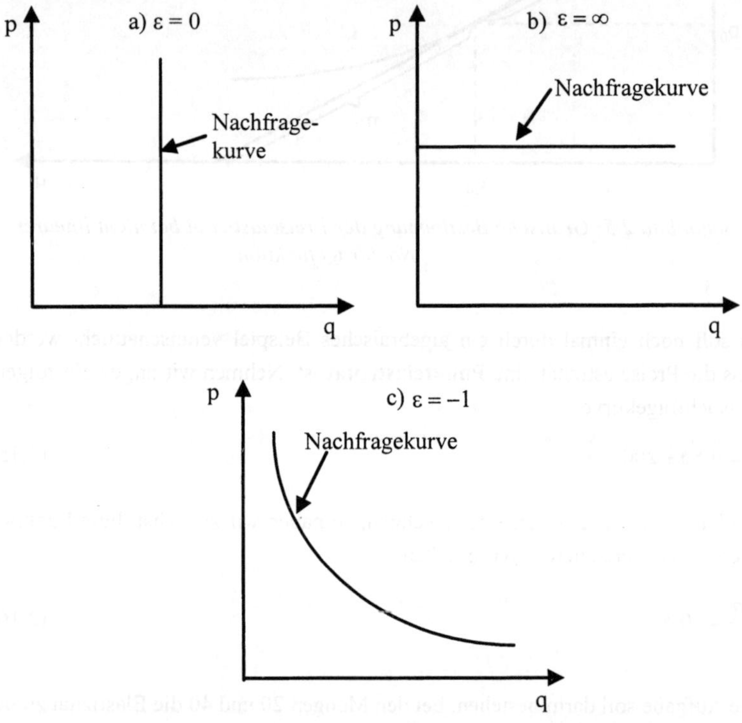

Schaubild 2.6: Ausgewählte isoelastische Nachfragekurven

---

[4] Die allgemeine Funktion einer isoelastischen Nachfragekurve lautet: $q_1^D = p_1^\varepsilon$. Differenzieren dieser Funktion nach p_1 führt zu: $\frac{dq_1^D}{dp_1} = \varepsilon p^{\varepsilon-1}$. Setzt man in die Formel für die Elastizität $\varepsilon = \frac{\frac{dq_1^D}{q_1^D}}{\frac{dp_1}{p_1}} = \frac{\frac{dq_1^D}{dp_1}}{\frac{q_1}{p_1}}$ für $q_1^D = p_1^\varepsilon$ und für $\frac{dq_1^D}{dp_1} = \varepsilon p^{\varepsilon-1}$ ein, so erhält man: $\varepsilon = \varepsilon$.

(5) Preiselastizität und steigendes Einkommen: Die Preiselastizität verändert sich mit steigendem Einkommen, denn steigendes Einkommen führt zu einer Verlagerung der Nachfragekurve. Bei absolut superioren Gütern wird sich die Nachfragekurve nach rechts verlagern und bei absolut inferioren Gütern nach links. Im Regelfall wird die Nachfragekurve mit steigendem Einkommen steiler verlaufen. Dies folgt aus der Erkenntnis, dass der Schnittpunkt der Nachfragekurve mit der Abszisse die **Sättigungsmenge** angibt, also die Menge, die ein Haushalt konsumieren würde, wenn das Gut ein freies Gut wäre und den Preis Null hätte. Es ist nicht zu erwarten, dass der Haushalt die Sättigungsmenge ausdehnen wird, wenn sein Einkommen steigt. Daraus folgt, dass sich die Nachfragekurve normalerweise mit steigendem Einkommen um den Abszissenschnittpunkt drehen wird. Dieser Zusammenhang ist in *Schaubild 2.7* aufgezeigt.

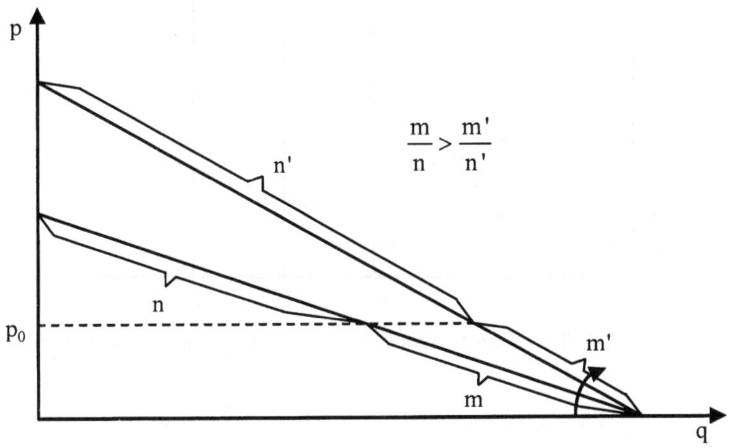

Schaubild 2.7: Änderung der Preiselastizität bei steigendem Einkommen

(6) Die Bedeutung der Substitutionsbeziehungen für die Preiselastizität: Die Preiselastizität der Mengennachfrage gibt an, wie empfindlich der Haushalt mit seiner Nachfrage auf Preisänderungen reagiert. Der Haushalt wird bei einer Preiserhöhung die Nachfrage umso mehr einschränken, je mehr er auf Substitutionsgüter ausweichen kann. Es kann daher gefolgert werden, dass die Preiselastizität der Nachfrage umso größer sein wird, je mehr Substitutionsgüter zur Verfügung stehen und je enger die Substitutionsbeziehungen sind. Daraus folgt, dass die Preiselastizität für Nahrungsmittel insgesamt kleiner sein wird als für einzelne Nahrungsmittel (vgl. *Schaubild 2.13*).

(7) Die Bedeutung der Ausgabenanteile für die Höhe der Preiselastizität: Je geringer der Anteil der Ausgaben für das betrachtete Produkt an den Gesamtausgaben ist, umso geringer ist der Einkommenseffekt einer Preisänderung. Daher

wird i.d.R. die Preiselastizität der Mengennachfrage absolut umso kleiner sein, je geringer der Ausgabenanteil ist.

(8) Die Beziehung zwischen Preiselastizität und Preisflexibilität: Nach der ***King*schen Regel** führt eine 1%ige Änderung der Erntemengen zu einer mehr als 1%igen Preisänderung. Der Zusammenhang dieser Aussage mit der Preiselastizität der Mengennachfrage wird unmittelbar einleuchtend, wenn man von *Schaubild 2.8* ausgeht.

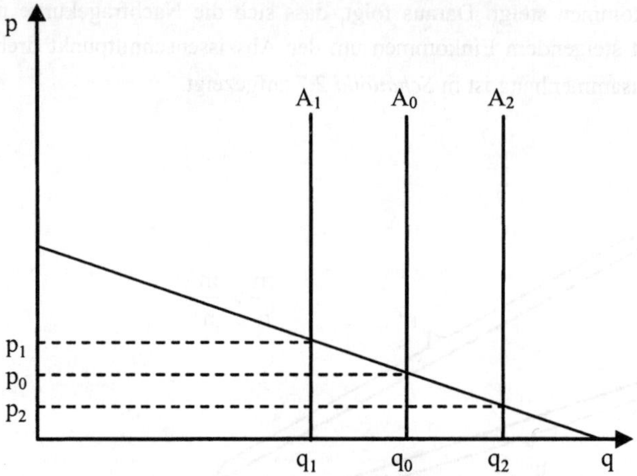

Schaubild 2.8: Beziehung zwischen Angebotsänderung und Preisänderung

Im *Schaubild 2.8* wird unterstellt, dass die laufende Erntemenge eines Jahres entweder q_0, q_1 oder q_2 ist und vollständig nachgefragt wird. Damit diese unterschiedlichen Erntemengen auch von den Nachfragern nachgefragt werden, muss der Preis bei dem gegebenen Verlauf der Nachfragekurve entsprechend der Änderung der Angebotsmenge variieren. Im *Schaubild 2.8* wird angenommen, dass sich bei der Angebotsmenge q_0 stets der Preis p_0 einstellt, während bei einer Verringerung des Angebots auf q_1 sich der Preis p_1 ergibt. Es ist unmittelbar aus *Schaubild 2.8* abzulesen, dass die prozentuale Preisänderung wesentlich größer ist als die prozentuale Einschränkung der Menge. Umgekehrt stellen wir fest, dass bei einer Angebotsausweitung – wenn infolge einer guten Ernte nicht das Angebot q_0 auf den Markt gebracht wird, sondern das Angebot q_2 – sich der Preis p_2 einstellen muss. Auch hier sieht man, dass die prozentuale Ausdehnung der Menge bedeutend geringer ist als die prozentuale Preissenkung.

Die Beziehung zwischen prozentualer Preisänderung und prozentualer Mengenänderung $dp/p : dq/q$ heißt **Preisflexibilität**. Die Preisflexibilität ist somit identisch mit dem Kehrwert der Preiselastizität der Mengennachfrage. Die Bedeutung der Preisflexibilität (bzw. Preiselastizität) für die Beziehung zwischen Angebotsänderungen und Preisänderungen soll durch ein Beispiel veranschaulicht werden.

Nehmen wir an, die Preiselastizität der Mengennachfrage sei –0,2 und die Angebotsmenge steige um 10 %. Für die prozentuale Preisänderung erhält man:

$$\frac{dp}{p} = \frac{1}{\varepsilon} \cdot \frac{dq}{q}. \tag{2.17}$$

Setzen wir in die Gleichung (2.17) obige Werte ein, so ergibt das:

$$\frac{dp}{p} = \frac{1}{-0{,}2} \cdot 0{,}10 = -0{,}5 \tag{2.18}$$

das heißt, der Preis würde um 50 % (= 0,5) sinken.

(9) Die Bedeutung der Preiselastizität der Mengennachfrage für die Beziehung zwischen Preisänderungen und Ausgabenänderungen: Als Ausgabe bezeichnen wir die monetäre Nachfrage, also:

$$A = \text{Ausgabe} = \text{monetäre Nachfrage} = p \cdot q. \tag{2.19}$$

Im Folgenden soll nun untersucht werden, wie eine Preisänderung und eine daraus resultierende Mengenänderung zu einer Ausgabenänderung führt. Das Problem kann zunächst mit *Schaubild 2.9* veranschaulicht werden:

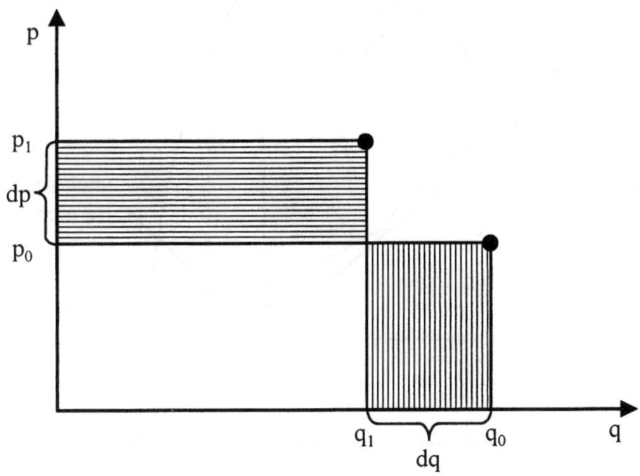

Schaubild 2.9: Wirkung einer Preisänderung auf die Ausgaben

Im Ausgangspunkt möge bei dem Preis p_0 die Menge q_0 nachgefragt werden. Die Ausgabe ergibt sich somit als Rechteck $p_0 \cdot q_0$. Steigen nun die Preise um dp von p_0 auf p_1, so wird der Haushalt versuchen, diesem Preisdruck durch eine Einschränkung der Mengen auszuweichen. Als Folge wird er nun auf jeden Fall den höheren Preis p_1 zu zahlen haben, aber er wird eine geringere Menge q_1 nachfragen. Die neue Ausgabe ergibt sich somit als Fläche des Rechtecks $p_1 \cdot q_1$. Entscheidend für die Beziehung zwischen Preisänderung und Ausgabenänderung ist also die Stärke der Reaktion des Haushalts auf Preisänderungen. Wenn der Haushalt seinen Verbrauch sehr stark reduziert, dann kann eine Preiserhöhung möglicherweise dazu führen, dass er insgesamt weniger für dieses Produkt ausgibt; bei einer relativ geringen Reaktionsfähigkeit hingegen würde der Haushalt mehr für dieses Produkt auszugeben haben.

Die Reaktion des Haushalts auf Preisänderungen durch Änderung der nachgefragten Menge haben wir gekennzeichnet durch den Begriff der Preiselastizität der Mengennachfrage. Somit haben unsere Überlegungen ergeben, dass entscheidend für die Beziehung zwischen Preisänderungen und Ausgabenänderungen die Höhe der Preiselastizität der Nachfrage sein muss. Dies soll noch einmal durch *Schaubild 2.10* veranschaulicht werden.

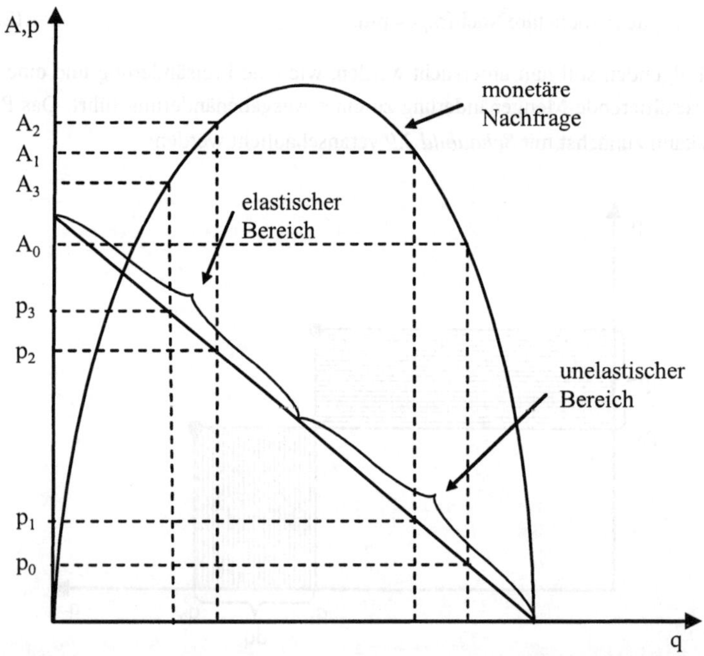

Schaubild 2.10: Beziehung zwischen monetärer und mengenmäßiger Nachfrage

Befinden wir uns im elastischen Bereich der Nachfragekurve, so führt eine Preissteigerung dazu, dass der absolute Wert der prozentualen Änderung der nachgefragten Menge größer ist als die prozentuale Änderung des Preises; folglich sinken die Ausgaben insgesamt. Im unelastischen Bereich der Nachfragekurve

($|\varepsilon|<1$, d.h. $|dq/q|>|dp/p|$, vgl. Gleichung (2.7)) hingegen führt eine Preissteigerung dazu, dass der absolute Wert der prozentualen Änderung der nachgefragten Menge kleiner ist als die prozentuale Änderung des Preises; als Folge steigen daher die gesamten Ausgaben.

Im Folgenden soll der Zusammenhang zwischen Preisänderung und Ausgabenänderung noch einmal algebraisch aufgezeigt werden.

Laut Definition gilt:

$$A = p \cdot q. \tag{2.20}$$

Daraus erhält man durch totales Differenzieren:

$$dA = dp \cdot q + p \cdot dq\,. \tag{2.21}$$

Die Division durch A bzw. p · q ergibt:

$$\frac{dA}{A} = \frac{dp \cdot q}{p \cdot q} + \frac{p \cdot dq}{p \cdot q} \tag{2.22}$$

$$\frac{dA}{A} = \frac{dp}{p} + \frac{dq}{q} \tag{2.23}$$

$$\frac{dA}{A} = \frac{dp}{p}\left(1 + \frac{\frac{dq}{q}}{\frac{dp}{p}}\right) \tag{2.24}$$

oder auch

$$\frac{dA}{A} = \frac{dp}{p}(1+\varepsilon). \tag{2.25}$$

Wenn die Preise steigen, dann ist dp/p, d.h. die prozentuale Änderung der Preise, positiv. Die prozentuale Änderung der Ausgaben, dA/A, wird positiv oder negativ sein, je nachdem, ob der Klammerausdruck ($1+\varepsilon$) positiv oder negativ ist. Da ε in der Regel ein negatives Vorzeichen hat, wird der Klammerausdruck immer dann negativ sein, wenn $|\varepsilon| > 1$ ist. In diesem Fall befinden wir uns im preiselastischen Bereich der Nachfragekurve; eine positive Preisänderung bewirkt eine negative Ausgabenänderung. Ist dagegen $|\varepsilon| < 1$, dann ist der Klammerausdruck positiv; steigende Preise führen zu steigenden Ausgaben. Dieser Zusammenhang ist nochmals in *Übersicht 2.6* dargestellt (siehe auch das schematische Beispiel in *Übersicht 2.7*).

(10) Die Bedeutung der Preiselastizität für die Grenzausgaben: Die **Grenzausgaben** geben an, um wie viele Einheiten sich die Ausgaben ändern, wenn sich die nachgefragte Menge um eine Einheit verändert (exakter: Die Änderung der Ausgaben bei einer infinitesimalen Änderung der nachgefragten Menge). Bei einem gegebenen Verlauf der Nachfragekurve kann sich aber eine Änderung der nachgefragten Menge nur als Folge einer Preisänderung einstellen. Daraus folgt be-

reits, dass es eine Beziehung zwischen der Preisänderung, der Elastizität und der Ausgabenänderung geben muss. Bevor dieses Problem analytisch geklärt wird, soll zunächst mit Hilfe eines schematischen Beispiels der Zusammenhang veranschaulicht werden (siehe *Übersicht 2.7*).

Übersicht 2.6: Wirkung von Preisänderungen auf die monetäre Nachfrage

Preiselastischer Bereich			Preisunelastischer Bereich
$\lvert\varepsilon\rvert > 1;\ \left\lvert\frac{dq}{q}\right\rvert > \left\lvert\frac{dp}{p}\right\rvert$		$\lvert\varepsilon\rvert = 1;\ \left\lvert\frac{dq}{q}\right\rvert = \left\lvert\frac{dp}{p}\right\rvert$	$\lvert\varepsilon\rvert < 1;\ \left\lvert\frac{dq}{q}\right\rvert < \left\lvert\frac{dp}{p}\right\rvert$
Preis ↑ (Menge ↓)	sinkt	monetäre Nachfrage unverändert	steigt
Preis ↓ (Menge ↑)	steigt	monetäre Nachfrage unverändert	sinkt

Übersicht 2.7: Beziehung zwischen Preisänderung und Ausgabenänderung für $q = -p + 9$

Preis p	Menge q	Elastizität ε	Ausgabe $A = p \cdot q$	Grenzausgabe $\frac{dA}{dq}$	
1	8		8		↑ Unelastischer Bereich
		–0,20		–6	
2	7		14		
		–0,38		–4	
3	6		18		
		–0,64		–2	
4	5		20		
		–0,89		–0,5	↓
4,5	4,5		20,25		↑ Elastischer Bereich
		–1,22		+0,5	
5	4		20		
		–1,57		+2	
6	3		18		
		–2,60		+4	
7	2		14		
		–5,00		+6	
8	1		8		↓

Für gegebene Preis-Mengen-Kombinationen können die entsprechenden Ausgaben und Grenzausgaben einfach ermittelt werden. Während man die Ausgaben durch Multiplikation der Preise mit den Mengen erhält, wird bei der Ermittlung der Grenzausgaben jeweils festgestellt, um wie viele Einheiten sich die Ausgaben bei Variation der Menge um eine Einheit ändern.

Etwas problematischer ist die Berechnung der Elastizitäten. Oben haben wir festgestellt, dass die Elastizität als eine Punktelastizität definiert ist. Sie gilt nur für infinitesimale Änderungen auf der Nachfragekurve. Offensichtlich sind aber die Änderungen bei unserem schematischen Beispiel relativ groß, so dass wir diese einfache Formel der Punkt-Preiselastizität nicht anwenden können, um die Elastizitäten zu berechnen. Wir haben vielmehr das Konzept der **Bogenelastizitäten** zu verwenden. Es gilt:

$$\varepsilon = \frac{\dfrac{q_2 - q_1}{\dfrac{q_1 + q_2}{2}}}{\dfrac{p_2 - p_1}{\dfrac{p_1 + p_2}{2}}} = \frac{\dfrac{q_2 - q_1}{q_1 + q_2}}{\dfrac{p_2 - p_1}{p_1 + p_2}} = \frac{\dfrac{\Delta q}{q_1 + q_2}}{\dfrac{\Delta p}{p_1 + p_2}}. \tag{2.26}$$

Relativ einleuchtend dürfte sein, dass man statt der infinitesimalen Änderung der Menge oder des Preises die beiden Mengen oder die beiden Preise voneinander subtrahiert ($q_2 - q_1$ anstatt dq). Würde man nun, wie bei der Ermittlung der Punktelastizität, die Differenz jeweils nur durch die Ausgangsmenge und den Ausgangspreis dividieren, so würde man unterschiedliche Ergebnisse erhalten, je nachdem, ob man von einem höheren zu einem niedrigeren Preis geht oder von einem niedrigeren zu einem höheren Preis. Das ist ein nicht sehr sinnvolles Ergebnis. Um sich dem Konzept der Punktelastizität anzunähern, verwendet man daher die mittleren Mengen und den mittleren Preis. Werden die Mengen- und Preisänderungen infinitesimal, dann ist q_1 annähernd gleich q_2, so dass wir jeweils die Differenz der Mengen durch die Ausgangsmenge dividieren können. Das gleiche gilt für die Preise. Bei empirischen Berechnungen hat man somit stets das Konzept der Bogenelastizität anzuwenden.

Wir stellen bei unserem Beispiel fest, dass die Bogenelastizität, wie erwartet, im unteren Bereich der Nachfragekurve absolut kleiner als Eins und im oberen Bereich absolut größer als Eins ist. Gleichzeitig zeigt sich, dass die Grenzausgabe im unelastischen Bereich der Nachfragekurve negativ und im elastischen Bereich positiv ist. Im unelastischen Bereich sind Mengenänderungen und Ausgabenänderungen entgegengerichtet. Wird zum Beispiel die nachgefragte Menge als Folge einer Preissteigerung von 8 auf 7 verringert, dann steigt die Ausgabe von 8 auf 14. Da die Größen entgegengesetzt gerichtet sind, müssen die Grenzausgaben bei dieser Datenkonstellation negativ sein.

Der Zusammenhang zwischen Grenzausgabe und Preiselastizität soll im Folgenden formal dargestellt werden. Ausgehend von der Definitionsgleichung für die Ausgaben erhalten wir:

$$A = p \cdot q \tag{2.27}$$

$$dA = dp \cdot q + p \cdot dq \tag{2.28}$$

Gleichung (2.28) durch dq geteilt ergibt:

$$\frac{dA}{dq} = q \cdot \frac{dp}{dq} + p \tag{2.29}$$

$$\frac{dA}{dq} = p\left(1 + \frac{q}{p} \cdot \frac{dp}{dq}\right) \tag{2.30}$$

Wegen $\varepsilon = \frac{dq}{dp} \cdot \frac{p}{q}$ gilt also:

$$\frac{dA}{dq} = p\left(1 + \frac{1}{\varepsilon}\right). \tag{2.31}$$

Diese Relation wird auch die ***Amoroso-Robinson*-Relation** genannt[5]. Sie zeigt an, welche Beziehung zwischen der Grenzausgabe und dem Preis sowie der Preiselastizität besteht. Die Grenzausgabe kann nur dann positiv sein, wenn der Klammerausdruck ebenfalls positiv ist. Dies kann aber nur bei Elastizitätswerten eintreten, die absolut größer als Eins sind, also im elastischen Bereich der Nachfragekurve. Bei einer Preiselastizität von $\varepsilon = -2$ erhalten wir z.B. für den Klammerausdruck 0,5 und damit für die Grenzausgabe dA/dq = 0,5 p.

Die Grenzausgaben sind stets kleiner als der Preis. Diese Aussage wird durch das schematische Beispiel bestätigt. Im preisunelastischen Bereich der Nachfragekurve sind die Grenzausgaben negativ, der Preis positiv. Folglich sind die Grenzausgaben kleiner als der Preis. Im preiselastischen Bereich der Nachfragekurve sind zwar die Grenzausgaben positiv, dennoch aber kleiner als der Preis.

Da dieses Ergebnis auf etwas Unverständnis stoßen kann, soll es noch einmal mit Hilfe des Zahlenbeispiels veranschaulicht werden. Ausgangspunkt sei die Datenkonstellation, die durch den Preis 7 und die Menge 2 gekennzeichnet ist. Die

---

[5] Soll die Grenzausgabe direkt durch die *Amoroso-Robinson*-Relation berechnet werden, so ist zu beachten, dass diese Relation eigentlich nur für Punktbetrachtungen gilt. In der Empirie hat man daher sowohl Bogenelastizitäten als auch für p das arithmetische Mittel zwischen Ausgangs- und Endpreis einzusetzen. Soll z.B. die Grenzausgabe als Folge einer Preisänderung von 5 auf 6 berechnet werden und gilt die oben zugrunde gelegte Nachfragefunktion, so ist zu berechnen:

$$\frac{dA}{dq} = 5{,}5\left(1 + \frac{1}{-1{,}57}\right) = 1{,}9968.$$

Der Vergleich des Ergebnisses (1,9968) mit der tatsächlichen Grenzausgabe (2) zeigt, dass die Durchschnittsbetrachtung bei nicht infinitesimalen Änderungen nur Näherungswerte angibt.

Ausgaben betragen somit 14. Wenn nun der Preis gesenkt wird, kann der Haushalt mehr Güter einkaufen, in unserem Beispiel 3 statt bisher 2. Seine Gesamtausgaben steigen aber nicht um den Betrag 6, den er für diese zusätzliche Einheit ausgeben muss; der Haushalt hat für alle Einheiten, die er vorher zum Preis von 7 gekauft hat, nun weniger auszugeben, nämlich auch nur 6. So errechnen sich für ihn die Grenzausgaben als Differenz zweier Effekte: (a) Die Verbrauchssteigerung – als Folge der Preissenkung – bewirkt eine Erhöhung der Ausgaben, während (b) die Preissenkung für alle bisher gekauften Mengen zu einer Verringerung der Ausgaben führt.

Im Folgenden soll gezeigt werden, wie man die Grenzausgaben grafisch ermitteln kann.

Will man die Grenzausgaben zu einem beliebigen Preis p_0 ermitteln, so muss man in Höhe des Preises p_0 durch die Ordinate eine Parallele zur Nachfragekurve (oder zur Tangente an die Nachfragekurve in Höhe des Preises p_0) legen[6] (siehe *Schaubild 2.11*). Dort, wo diese Parallele das Lot von S ausgehend schneidet, erhalten wir die Grenzausgaben. Daraus ergibt sich, dass die Grenzausgaben bei der Hälfte der Sättigungsmenge Null sein müssen. In diesem Punkt ist das Streckenverhältnis m zu n gleich, somit die Preiselastizität gleich –1. Überprüfen wir dieses Ergebnis anhand unserer oben abgeleiteten Formel und setzen für $\varepsilon = -1$ ein, so erhalten wir für $1/\varepsilon = -1$ für den Klammerausdruck Null und damit für die Höhe der Grenzausgabe ebenfalls Null.

In der bisherigen Analyse der Nachfrage nach Konsumgütern haben wir uns mit dem Konzept der Nachfragekurve, Bewegungen auf der Nachfragekurve und Elastizitäten beschäftigt. Im Folgenden sollen die Ursachen der Verlagerung der Nachfragekurve, d.h. die Ursachen der Veränderung der Nachfrage entsprechend unserer oben angegebenen Terminologie, untersucht werden. Ausgehend von unseren oben angegebenen Funktionsgleichungen für die Bestimmung der nachgefragten Menge können wir feststellen, dass sich die Nachfragekurve grundsätzlich immer dann verändern wird, wenn sich einer der Bestimmungsfaktoren der Nachfrage, die bei der Ableitung der Nachfragekurve als konstant angenommen wurden, verändert. Verlagerungen der Marktnachfragekurve werden also stets

---

[6] Beweis:

$$GA = p + \frac{p}{\varepsilon}$$

$$\varepsilon = \frac{\overline{OT}}{\overline{\overline{TV}}}; p_0 = \overline{OT}$$

$$\overline{TV} = \overline{RS}$$

$$GA = \overline{OT} - \frac{\overline{OT} \cdot \overline{TV}}{\overline{\overline{OT}}} = \overline{OT} - \overline{RS}.$$

auftreten, wenn sich die Summe des Konsumeinkommens in der Volkswirtschaft verändert oder deren Verteilung, die Zahl der Bevölkerung sowie deren Struktur und/oder wenn sich die Preise anderer Produkte verändern. Im Folgenden soll der Effekt von Einkommensänderungen auf die Nachfragekurve untersucht werden.

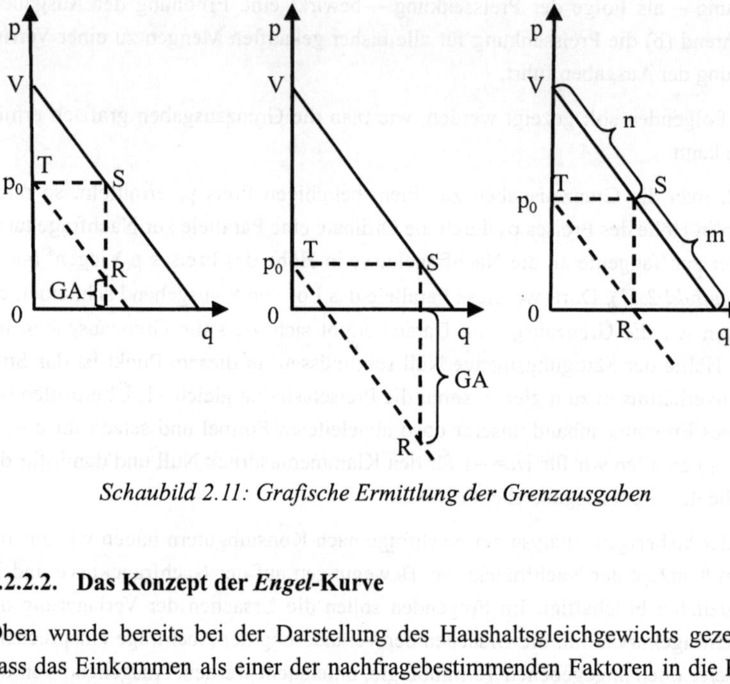

Schaubild 2.11: Grafische Ermittlung der Grenzausgaben

2.2.2.2. Das Konzept der *Engel*-Kurve

Oben wurde bereits bei der Darstellung des Haushaltsgleichgewichts gezeigt, dass das Einkommen als einer der nachfragebestimmenden Faktoren in die Planungsüberlegungen eines Haushalts eingeht. Das Einkommen wurde dabei als Beschränkung bei der Maximierung der individuellen Nutzenfunktion betrachtet (Zielbeschränkung bzw. Restriktion). Wenn wir im Folgenden den Einfluss der Variablen Einkommen auf die nachgefragte Menge untersuchen wollen, so unterstellen wir, dass in der oben postulierten Nachfragefunktion alle anderen Variablen außer dem Einkommen als konstant angesehen werden. Wir wenden also auch hier die ceteris paribus-Bedingung an. Es wird demnach folgende Funktion untersucht:

$$q^D = q^D(Y). \tag{2.32}$$

Eine solche funktionale Beziehung wird ***Engel*-Kurve** genannt (*Schaubild 2.12*). Mit der dargestellten Kurve wird unterstellt, dass das betrachtete Produkt erst ab einer bestimmten Einkommenshöhe nachgefragt wird. Dieses Einkommen ist im *Schaubild 2.12* mit Y_0 bezeichnet. Zwischen Y_0 und Y_1 steigt laut *Schaubild 2.12* die nachgefragte Menge mit steigendem Einkommen. Steigt das Einkommen über Y_1 hinaus, so steigt der Verbrauch des Gutes nicht mehr. Offensichtlich ist bei Y_1 die absolute Sättigungsmenge erreicht.

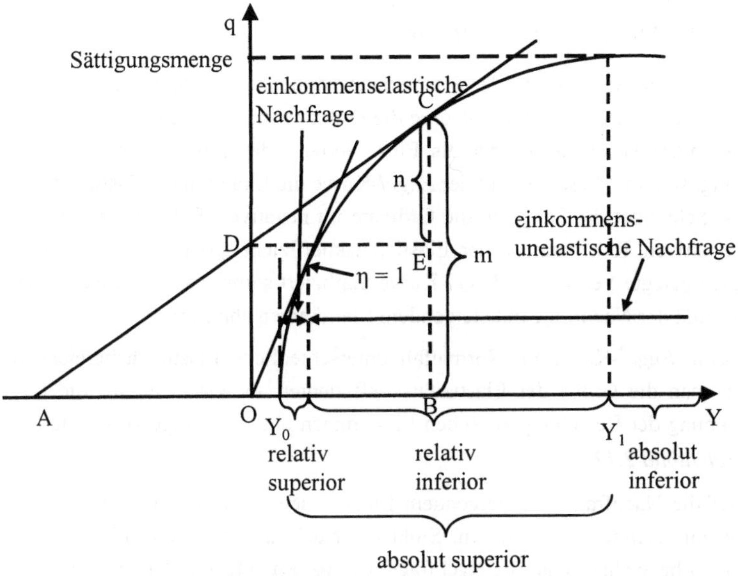

Schaubild 2.12: Funktionale Beziehung zwischen Nachfrage und Einkommen (Engel-Kurve)

Eine Klassifikation der Güter in Bezug auf die Beziehung zwischen Änderung der nachgefragten Menge und Einkommensänderung kann mit Hilfe der mengenmäßigen oder auch monetären Einkommenselastizität der Nachfrage vorgenommen werden. Laut Definition gilt für die **Einkommenselastizität** der Mengennachfrage:

$$\eta = \frac{\frac{dq}{q}}{\frac{dY}{Y}} \text{ oder auch } \eta = \frac{\frac{dq}{dY}}{\frac{q}{Y}}. \tag{2.33}$$

Selbstverständlich handelt es sich bei der Einkommenselastizität ebenso wie bei der Preiselastizität nur um eine Punktelastizität, d.h. es lässt sich lediglich ein bestimmter Elastizitätswert einer bestimmten Einkommenshöhe zuordnen. Dieser Sachverhalt kann insbesondere durch die grafische Ableitung des Elastizitätskoeffizienten veranschaulicht werden.

Die Einkommenselastizität kann grafisch bestimmt werden, indem an die *Engel*-Kurve im Verbrauchspunkt eine Tangente angelegt wird. Bei Verwendung der im

Schaubild 2.12 angegebenen Bezeichnung ergibt sich dann z.B. für den Punkt C die Elastizität wie folgt:

$$\eta = \frac{\overline{CB}}{\overline{AB}} \cdot \frac{\overline{OB}}{\overline{CB}} = \frac{\overline{OB}}{\overline{AB}} = \frac{\overline{DE}}{\overline{AB}} = \frac{\overline{CE}}{\overline{CB}} = \frac{n}{m}. \tag{2.34}$$

Die grafische Bestimmung der Elastizität ermöglicht folgende Aussagen: Schneidet die Tangente an der *Engel*-Kurve die Ordinate im positiven Teil, dann ist die Einkommenselastizität kleiner als Eins. Verläuft die Tangente durch den Ursprung, so ist in diesem Punkt der *Engel*-Kurve die Einkommenselastizität gleich Eins. Schneidet die Tangente die Ordinate im negativen Teil bzw. die Abszisse im positiven Teil, dann ist der Elastizitätskoeffizient größer als Eins. Der zugrunde gelegte Verlauf der *Engel*-Kurve impliziert somit, dass die Einkommenselastizität der Nachfrage mit steigendem Einkommen abnimmt.

Da eine *Engel*-Kurve im Normalfall unterschiedliche Elastizitätsbereiche hat, kann man die Größe der Elastizitätskoeffizienten als Kriterium für die Kennzeichnung der Beziehung zwischen Einkommen und Nachfrage verwenden (siehe *Schaubild 2.12*).

Steigt die Nachfrage mit steigendem Einkommen, so spricht man von **absolut superior** nachgefragten Gütern. Sinkt die Nachfrage mit steigendem Einkommen, so bezeichnet man die Nachfrage als **absolut inferior**. Unter Verwendung des Elastizitätskoeffizienten kann auch gesagt werden: Bei absolut superioren Gütern ist die Einkommenselastizität größer als Null; bei absolut inferior nachgefragten Gütern ist die Einkommenselastizität der Nachfrage kleiner als Null, also negativ. Die absolut superior nachgefragten Güter kann man wiederum je nach der Höhe des Elastizitätskoeffizienten in **relativ superiore** und **relativ inferiore** Güter untergliedern. Im ersten Fall ist der Elastizitätskoeffizient größer als Eins, im zweiten Fall kleiner als Eins, aber größer als Null. Bei relativ superioren Gütern spricht man auch von einer **einkommenselastischen Nachfrage**. Eine **einkommensunelastische Nachfrage** dagegen bezeichnet den Bereich mit einer Einkommenselastizität von kleiner als Eins.

Selbstverständlich braucht eine *Engel*-Kurve nicht stets im positiven Teil der Abszisse zu beginnen. Es ist durchaus denkbar, dass sie im Koordinatenursprung beginnt, dass also der Konsum sofort einsetzt, wenn das Einkommen positiv ist. Es hängt von dem betrachteten Gut sowie der Präferenzstruktur der Nachfrager ab, bei welcher Einkommenshöhe ein Gut nachgefragt wird. Eine *Engel*-Kurve, die für ein einzelnes Individuum ermittelt wird, kann auch im positiven Teil der Ordinate beginnen. Das würde beinhalten, dass dieses Gut auch dann konsumiert wird, wenn das Einkommen des Individuums Null ist. In diesem Fall müsste das Individuum durch Schenkungen, Kreditaufnahme oder andere Möglichkeiten versuchen, dieses Gut auch bei einem Einkommen von Null zu konsumieren. Für eine Volkswirtschaft insgesamt ist allerdings auszuschließen, dass einzelne Güter bei einem Volkseinkommen von Null konsumiert werden. Empirisch ist dieser Fall ohne jede Bedeutung, da es wohl kaum eine solche Volkswirtschaft geben kann.

Beziehung zwischen Einkommenselastizität der Mengennachfrage und der wertmäßigen (monetären) Nachfrage

Während die Einkommenselastizität der mengenmäßigen Nachfrage angibt, um welchen Prozentsatz die nachgefragte Menge sich ändert, wenn sich das Einkommen um 1 % verändert, soll die Einkommenselastizität der monetären Nachfrage angeben, um wie viel Prozent sich die Ausgaben (Menge · Preis) verändern, wenn sich das Einkommen um 1 % verändert und die Preise konstant bleiben. Die Beziehung zwischen diesen beiden Elastizitätskoeffizienten kann am einfachsten durch ein Beispiel veranschaulicht werden, in dem die Beziehung zwischen den prozentualen Änderungen der Mengennachfrage und der monetären Nachfrage aufgezeigt wird (siehe *Übersicht 2.8*).

Übersicht 2.8: Schematisches Beispiel zur Darstellung der Beziehung zwischen der prozentualen Änderung der Mengennachfrage und der monetären Nachfrage bei konstanten Preisen (homogenes Gut)

Periode	p	q	p·q	$\frac{dq}{q}$	$\frac{d(p \cdot q)}{p \cdot q}$
t_0	5	2	10		
				1	1
t_1	5	4	20		
				1	1
t_2	5	8	40		
				0,25	0,25
t_3	5	10	50		

Dieses Beispiel verdeutlicht, dass die prozentuale Änderung der Menge immer gleich der prozentualen Änderung der Ausgaben ist, wenn der Produktpreis im Zeitablauf konstant bleibt bzw. wenn der Preiseinfluss bei der Nachfrage ausgeschaltet ist. Allgemein gilt:

$$\frac{d(p \cdot q)}{p \cdot q} = \frac{dp \cdot q + dq \cdot p}{p \cdot q} \tag{2.35}$$

wenn $dp = 0$

folgt

$$\frac{d(p \cdot q)}{p \cdot q} = \frac{dq}{q} \tag{2.36}$$

und somit

$$\frac{\frac{dA}{A}}{\frac{dY}{Y}} = \frac{\frac{dq}{q}}{\frac{dY}{Y}}. \tag{2.37}$$

Dieses kann aber nur für ein homogenes Gut gelten. Ein **homogenes Gut** ist ein Gut, das in seiner Qualität eindeutig beschrieben werden kann und für das es nur einen einzigen Preis gibt. Anders wird es dagegen für ein **heterogenes Gut** oder eine Produktgruppe aussehen. Das soll wiederum durch ein schematisches Beispiel veranschaulicht werden, das die Beziehung zwischen der prozentualen Änderung der Mengennachfrage und der monetären Nachfrage aufzeigt (siehe *Übersicht 2.9*).

Übersicht 2.9: Schematisches Beispiel zur Darstellung der Beziehung zwischen den prozentualen Änderungen der Mengennachfrage und der monetären Nachfrage (heterogenes Produkt bzw. Produktgruppe)

Periode	Grobgemüse		Feingemüse		Ausgaben insgesamt	Mengen insgesamt	Durchschnittswert
	q_1	p_1	q_2	p_2	$A = (p_1\,q_1)+(p_2\,q_2)$	$Q = q_1 + q_2$	$\frac{A}{Q}$
t_0	20	2	5	10	90	25	$\frac{90}{25} = 3{,}6$
t_1	15	2	7	10	100	22	$\frac{100}{22} = 4{,}55$

Das Beispiel in *Übersicht 2.9* macht deutlich, dass bei konstanten Preisen für die einzelnen Produkte die Nachfrage von einer Periode zur anderen sich unterschiedlich entwickeln kann. Im Beispiel sinkt die Nachfrage für Grobgemüse von 20 auf 15, steigt aber für Feingemüse von 5 auf 7; die Nachfrage nach Gemüse insgesamt sinkt von 25 auf 22. Trotz sinkender Mengennachfrage insgesamt steigen aber im Beispiel die Ausgaben von 90 auf 100. Die Einkommenselastizität der Mengennachfrage nach Gemüse insgesamt ist demnach negativ und die Einkommenselastizität der monetären Nachfrage ist positiv.

Die Differenz zwischen Einkommenselastizität der monetären Nachfrage und Einkommenselastizität der Mengennachfrage geht im Beispiel offensichtlich darauf zurück, dass bei steigendem Einkommen verstärkt qualitativ höherwertige Produkte nachgefragt werden. Wir können daher diese Differenz als Qualitätseffekt bezeichnen, da sie auf eine Erhöhung des Durchschnittswerts (Gesamtausgabe dividiert durch gesamte Menge) zurückzuführen ist.

Da die Ausgaben zu konstanten Preisen als Volumen bezeichnet werden, besagt das Ergebnis auch, dass bei heterogenen Produkten die Entwicklung des Volumens nicht stets gleich der Mengenentwicklung ist.

Die Beziehung zwischen den Elastizitäten

Wenn wir annehmen können, dass die Änderung der nachgefragten Menge lediglich das Ergebnis von Einkommensänderungen, Eigenpreisänderungen und Kreuzpreisänderungen sein kann, ergibt sich:

$$q_1 = q_1(Y, p_1, p_2) \tag{2.38}$$

$$dq_1 = \frac{\partial q_1}{\partial Y} \cdot dY + \frac{\partial q_1}{\partial p_1} \cdot dp_1 + \frac{\partial q_1}{\partial p_2} \cdot dp_2 \tag{2.39}$$

$$\frac{dq_1}{q_1} = \frac{\partial q_1}{\partial Y} \cdot \frac{Y}{q_1} \cdot \frac{dY}{Y} + \frac{\partial q_1}{\partial p_1} \cdot \frac{p_1}{q_1} \cdot \frac{dp_1}{p_1} + \frac{\partial q_1}{\partial p_2} \cdot \frac{p_2}{q_1} \cdot \frac{dp_2}{p_2} \tag{2.40}$$

$$\frac{dq_1}{q_1} = \eta \cdot \frac{dY}{Y} + \varepsilon_{q_1,p_1} \cdot \frac{dp_1}{p_1} + \varepsilon_{q_1,p_2} \cdot \frac{dp_2}{p_2}. \tag{2.41}$$

Betrachten wir den Fall, dass sich das Einkommen und beide Preise um den gleichen Prozentsatz ändern, dass also gilt:

$$\frac{dY}{Y} = \frac{dp_1}{p_1} = \frac{dp_2}{p_2}. \tag{2.42}$$

In einem solchen Fall bleibt die Budgetgerade des Haushalts unverändert. Unterstellen wir nun, dass der Haushalt keiner Geldillusion unterliegt, d.h. dass er bei einer gleichen prozentualen Änderung von Einkommen und Preisen sein Nachfrageverhalten nicht ändert, dann bleiben die nachgefragten Mengen konstant; es gilt also:

$$\frac{dq_1}{q_1} = 0. \tag{2.43}$$

Unsere obige Gleichung (2.41) vereinfacht sich dann zu

$$0 = \frac{dY}{Y}(\eta + \varepsilon_{q_1,p_1} + \varepsilon_{q_1,p_2}) \tag{2.44}$$

oder auch

$$0 = \eta + \varepsilon_{q_1,p_1} + \varepsilon_{q_1,p_2}. \tag{2.45}$$

Die Summe der Elastizitäten ist nach Gleichung (2.45) gleich Null. Diese Beziehung wird die ***Slutsky-Schultz*-Relation** genannt. Mit Hilfe dieser Gleichung kann man zumindest in etwa angeben, wie hoch bei bekannter Einkommenselastizität die Preiselastizitäten sein werden. Besteht zum Beispiel für ein Gut kaum eine Substitutions- oder Komplementaritätsbeziehung, was für Nahrungsmittel insgesamt in etwa zutreffen mag, so wird der Koeffizient der Preiselastizität der Nachfrage absolut etwa gleich groß sein wie der Koeffizient der Einkommenselastizität der Nachfrage. Hat ein Gut dagegen negative Kreuzpreiselastizitäten, so ist die Preiselastizität der Mengennachfrage absolut kleiner als die Einkommenselastizität. Die umgekehrte Aussage gilt für den Fall substitutiver Güter, wenn also die Kreuzpreiselastizitäten positiv sind. In diesem Fall wird die Preiselastizität der Nachfrage absolut größer sein als die Einkommenselastizität.

Für viele Fragestellungen genügt es bereits zu wissen, ob die Preiselastizität des einen Gutes größer oder kleiner als die eines anderen Gutes ist. Bei der Abschätzung der Größenordnungen kann davon ausgegangen werden, dass die Preiselastizität eines Gutes umso kleiner ist

(1) je geringer die Substitutionsbeziehung zu anderen Gütern ist,

(2) je stärker die Komplementaritätsbeziehung zu anderen Gütern ist und

(3) je geringer der für das Produkt ausgegebene Ausgabenanteil ist.

Aus (1) ergeben sich folgende Hypothesen:

(a) In der Regel wird die Preiselastizität der Nachfrage bei gegebenem Preis für einzelne Produkte einer Produktgruppe absolut größer sein als für die Produktgruppe insgesamt (siehe *Schaubild 2.13*).

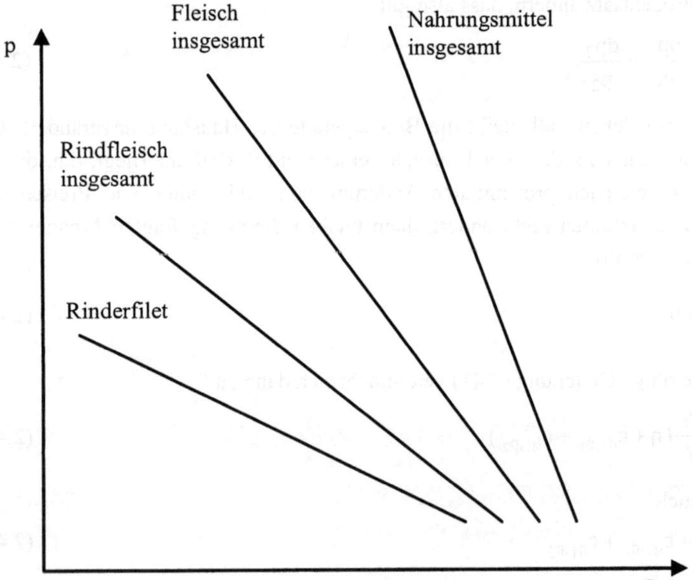

Schaubild 2.13: Verlauf der Nachfragekurven und Preiselastizitäten für Produktgruppen und einzelne Produkte

(b) Kann ein Rohprodukt direkt oder auch in unterschiedlich verarbeiteten Formen konsumiert werden, so wird die Preiselastizität der Nachfrage nach dem Rohprodukt in der Regel kleiner sein. Während die verarbeiteten Produkte, z.B. Käse, Butter etc., wegen der weitgehend gleichen Inhaltsstoffe teils gegenseitig substitutiv sind und darüber hinaus auch durch Güter ersetzt werden können, die das gleiche Grundbedürfnis befriedigen, z.B. Wurst, Margarine, Schinken und andere Brotaufstricharten, wird das Rohprodukt, z.B. Milch, kaum durch Produkte mit gleichen Inhaltsstoffen substituiert. In weiten Verwendungsbereichen, z.B. Kinderernährung, entfällt daher bei Milch eine Substitutionsmöglichkeit. Es ist daher zu erwarten, dass die Preiselastizität der Nachfrage für Milch geringer ist als für einzelne Milchprodukte.

Überblick über Größenordnungen von Elastizitätskoeffizienten

Mit *Übersicht 2.10* und *Übersicht 2.11* wird ein Überblick über empirisch ermittelte Elastizitätskoeffizienten gegeben. *Übersicht 2.10* zeigt, dass die Preis- und Ausgabenelastizitäten für einzelne Produkte unterschiedlich hoch sind und – von wenigen Ausnahmen abgesehen – kleiner als |1| sind.

Übersicht 2.11 macht deutlich, dass die Preiselastizitäten von der Einkommenshöhe der Haushalte und Besonderheiten der Haushalte abhängen.

2.2.2.3. Anwendungsbeispiele zur Bedeutung der Elastizitäten

(1) Die Bedeutung der Preis- und Einkommenselastizitäten für die Prognose der Nahrungsmittelnachfrage: Wenn die Preise für substitutive und komplementäre Güter sowie die Präferenzstruktur konstant bleiben, folgt: Die Änderung der Nachfrage ist eine Folge der Einkommensänderung und/oder eine Folge der Preisänderung.

Die prozentuale Änderung der nachgefragten Menge ergibt sich

(a) aus der Einkommenselastizität multipliziert mit der prozentualen Änderung des Einkommens, und

(b) der Preiselastizität, multipliziert mit der prozentualen Änderung der Preise.

Beispiel:

$$\eta = 0{,}2\,; \quad \frac{dY}{Y} = 4\% = 0{,}04$$

$$\varepsilon = -0{,}2\,; \quad \frac{dp}{p} = 5\% = 0{,}05.$$

Nach Gleichung (2.41) ergibt dies bei einer unterstellten Kreuzpreiselastizität von Null:

Übersicht 2.10: Eigenpreis- und Ausgabenelastizitäten[1] aller Haushalte in der BRD (Querschnittsanalyse der Daten von 1993)

	Eigenpreiselastizität[2]	Ausgabenelastizität[3]
Rindfleisch	-0,97	1,46
Schweinefleisch	-1,11	1,36
Geflügelfleisch	-0,53	1,22
Wurst, Wurstwaren	-0,86	0,89
Fisch	-0,72	0,70
Käse	-0,72	0,75
Milch, Milchprodukte	-0,99	1,06
Eier	-0,20	0,75
Obst	-0,78	0,99
Kartoffeln/ Nudeln/ Reis	-1,06	0,78
Gemüse	-0,80	0,71
Brot	-0,69	0,89
Fette	-0,73	0,62
Getränke, ohne Alkohol	-0,89	0,87
Kaffee, Tee	-0,90	0,71

[1] Die Ausgabenelastizität gibt an, um wie viel Prozent sich die Ausgaben für das betrachtete Produkt ändern, wenn sich die Ausgaben aller betrachteten Güter um 1 % verändern.

[2] Berechnung der Eigenpreiselastizität: $[\gamma\ (1-\beta)\ /q]-1$.

[3] Berechnung der Ausgabenelastizität $(\beta Y)/p^* \cdot q)$.

Für die Berechnungen der Elastizitäten wurden die über alle Haushalte im Durchschnitt konsumierten Mengen, Preise und Einkommen bzw. Gesamtausgaben zugrunde gelegt.

Quelle: *Thiele, S.*, Ausgaben und Preiselastizitäten der Nahrungsmittelnachfrage auf Basis von Querschnittsdaten: Eine Systemschätzung für die Bundesrepublik Deutschland. "Agrarwirtschaft", Jg. 50, 2001, Heft 2, S. 113.

$$\frac{dq}{q} = 0,2 \cdot 0,04 - 0,2 \cdot 0,05$$

$$\frac{dq}{q} = -0,002 = -0,2\%.$$

Halten wir fest: Die Kenntnis der Elastizitäten ist notwendig, wenn man die Änderung der nachgefragten Mengen als Folge von Einkommens- und Preisänderungen prognostizieren will.

Übersicht 2.11: Eigenpreiselastizitäten für verschiedene Produkt- und Haushaltsgruppen in der BRD (Querschnittsanalyse der Daten von 1993)

Haushalte:	arme	reiche	junge	alte	1-Personen	Paare, 2 Kinder
Rindfleisch	-0,78	-0,95	-1,29	-0,61	-1,15	-1,26
Schweinefleisch	-0,99	-1,01	-0,84	-1,08	-0,90	-1,23
Geflügelfleisch	-0,47	-0,57	-0,95	-0,50	-1,49	-0,26
Wurst, Wurstwaren	-0,90	-0,86	-0,86	-0,88	-0,75	-0,76
Fisch	-1,04	-0,60	-1,18	-0,33	-1,29	-0,80
Käse	-0,70	-0,71	-0,59	-0,81	-0,69	-0,69
Milch, Milchprodukte	-1,05	-0,91	-0,91	-0,99	-0,86	-0,87
Eier	-0,15	-0,18	-0,14	-0,27	-0,30	-0,25
Obst	-0,76	-0,79	-0,80	-0,80	-0,80	-0,84
Kart./ Nudeln/ Reis	-1,24	-0,97	-0,97	-1,15	-0,91	-1,06
Gemüse	-0,85	-0,80	-0,76	-0,82	-0,83	-0,84
Brot	-0,72	-0,68	-0,66	-0,65	-0,55	-0,58
Fette	-0,74	-0,73	-0,73	-0,71	-0,66	-0,63
Getränke, o. Alkohol	-0,92	-0,92	-0,85	-0,92	-0,90	-0,69
Kaffee, Tee	-0,89	-0,90	-1,00	-0,91	-0,93	-0,87

Anmerkung:

a) Da eine lineare Nachfragekurve geschätzt wurde, entsteht bei Zugrundelegung verschiedener Mengen für die Haushaltsgruppen das Problem, dass nicht unterschieden werden kann, inwieweit die unterschiedlichen Elastizitätswerte durch die Mengenkomponente oder durch unterschiedliche Steigungen der Nachfragekurven bedingt sind. Da die Schätzkoeffizienten zwischen den Haushaltsgruppen jedoch deutlich voneinander abweichen, würden die Elastizitätswerte auch bei Zugrundelegung identischer Mengen (z.B. Durchschnitt über alle Haushalte) signifikant voneinander abweichen. Auf die Darstellung der Schätzkoeffizienten für die einzelnen Haushaltsgruppen wurde hier aus Platzgründen verzichtet, sie können auf Anfrage zur Verfügung gestellt werden.

b) Berechnung der Eigenpreiselastizität: $([\gamma\ (1\text{-}\beta)\ /q]\text{-}1$. Für die Berechnungen wurden die in den jeweiligen Haushaltsgruppen im Durchschnitt konsumierten Mengen zugrunde gelegt.

Quelle: *Thiele, S.*, Ausgaben und Preiselastizitäten der Nahrungsmittelnachfrage auf Basis von Querschnittsdaten: Eine Systemschätzung für die Bundesrepublik Deutschland. "Agrarwirtschaft", Jg. 50, 2001, Heft 2, S. 113.

An den Ergebnissen von Prognosen der Nachfrageänderung sind sowohl einzelne private Unternehmer als auch praktische Agrarpolitiker interessiert.

Ein einzelner Unternehmer, der eine neue Produktion aufbauen will (z.B. Obstbauanlagen), wird sich überlegen, wie sich die Marktnachfrage nach seinem Produkt in den nächsten Jahren entwickeln wird. Kann er mit hohen Einkommenselastizitäten rechnen, wird die Marktnachfrage relativ stark expandieren; er kann dann möglicherweise seine Produktion absetzen, ohne dass er Konkurrenten Marktanteile entzieht. Ist die Einkommenselastizität aber relativ klein, so muss er damit rechnen, dass eine Ausweitung der eigenen Produktion nur zu Lasten der Marktanteile von Konkurrenten möglich ist und mit sinkenden Preisen verbunden sein kann.

An Informationen über die Höhe der Preiselastizität der Mengennachfrage wird insbesondere ein Unternehmer interessiert sein, der sein Produkt direkt vermarktet (zum Beispiel Eier) und vor der Frage steht, ob er durch eine mögliche Preissenkung die verkaufte Menge erhöhen kann. Nehmen wir zum Beispiel an, der Unternehmer habe bisher Eier zum Preis von 0,10 €/Stück verkauft und überlegt sich jetzt, ob er möglicherweise den Eierpreis auf 0,09 €/Stück, d.h. um 10 %, reduzieren soll. Ob die Preissenkung für ihn ökonomisch sinnvoll ist, wird wesentlich von der Preiselastizität der Nachfrage bestimmt. Würde er zum Beispiel aufgrund der Marktbeobachtungen feststellen, dass durch die Reduzierung des Eierpreises die verkaufte Menge lediglich um 2 % erhöht werden kann, so wäre die Preissenkung ökonomisch nicht sinnvoll. In diesem Fall wäre die Preiselastizität der Nachfrage -0,2, also absolut kleiner als Eins ($\varepsilon = (dq/q)/(dp/p) = 0{,}02/-0{,}1 = -0{,}2$). In einem solchen Fall, d.h. bei preisunelastischer Nachfrage, führen eine Preissenkung und die daraus resultierende prozentual geringere Mengensteigerung zu einem Rückgang der Erlöse.

(2) Die Bedeutung der Elastizitäten für die praktische Agrarpolitik geht aus folgender Überlegung hervor: Die Änderungsrate des Einkommens multipliziert mit der Einkommenselastizität gibt an, um welchen Prozentsatz sich die Nachfragekurve bei gegebenem Preis verschiebt. Im *Schaubild 2.14* wird angenommen, dass die Nachfragekurve sich von N_0 nach N_1 verlagert. Weiterhin wird angenommen, dass sich das Angebot durch den technischen Fortschritt von Periode zu Periode erhöht, zum Beispiel von A_0 auf A_1. Für den Fall, dass die Verschiebung der Angebotskurve größer ist als die Verschiebung der Nachfragekurve, wird ein Preisdruck einsetzen. Wie stark die Preise bei einer Diskrepanz zwischen Angebotsentwicklung und Nachfrageentwicklung sinken werden, hängt bei gegebenem Angebot von der Preiselastizität der Nachfrage ab. Ist der Betrag der Preiselastizität der Nachfrage sehr klein, so wird eine stärkere Erhöhung des Angebots über die Nachfrage zu einem relativ starken Preisverfall führen. Wenn der Agrarpolitiker den Landwirten den Preis p_0 weiterhin garantieren will, dann ist die Differenz zwischen Angebotssteigerung und Nachfragesteigerung aus dem

Markt zu nehmen; diese Mengen sind auf dem Weltmarkt oder anderweitig zu verwerten. Ob der Agrarpolitiker eingreift oder nicht, hängt zum einen von seiner Zielsetzung ab, zum anderen auch von der Situation, die eintreten würde, wenn er nicht interveniert. Wie eben gezeigt wurde, wird sowohl die Situation ohne Eingriffe als auch die Wirkung der Eingriffe wesentlich von den Elastizitätskoeffizienten bestimmt.

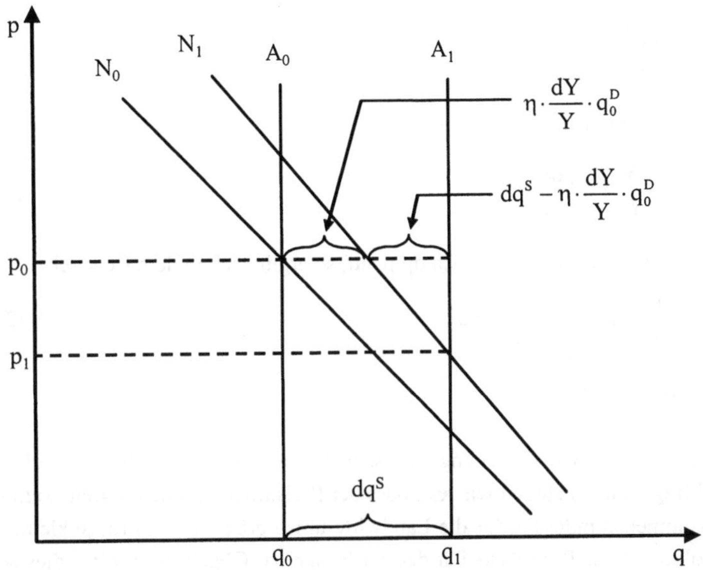

Schaubild 2.14: Marktpreisänderung bei Verlagerung der Kurven in Abhängigkeit von den Elastizitäten

Die grafische Darstellung können wir durch ein Zahlenbeispiel vertiefen.

Beispiel:

$$\eta = +0{,}1\ ;\ \frac{dY}{Y} = 0{,}03$$

$$\varepsilon^D = -0{,}1\ ;\ \frac{dq^S}{q^S} = 0{,}02,$$

wobei $\frac{dq^S}{q^S}$ die relative Angebotssteigerung angibt.

Diese Datenkonstellation entspricht etwa den Verhältnissen, die gegenwärtig für Agrarprodukte insgesamt in der EU gelten.

Gehen wir davon aus, dass keine Intervention des Staates auf den Agrarmärkten erfolgt und wir es mit einer geschlossenen Volkswirtschaft zu tun haben, dann kann die Änderung der Agrarpreise als Folge der Änderungen auf der Nachfrage- und Angebotsseite berechnet werden. Ohne staatliche Interventionen muss die Änderung des Angebots stets gleich der Änderung der Nachfrage sein. Es müssen sich daher die Agrarpreise so einstellen, dass die nachgefragte Menge stets der angebotenen Menge gleich ist. Daraus folgt, dass auch die Änderungsraten gleich sein müssen[7]. Bezeichnen wir mit q^D die nachgefragte und mit q^S die angebotene Menge, so gilt also:

$$\frac{dq^S}{q^S} = \frac{dq^D}{q^D}. \tag{2.46}$$

Somit erhalten wir:

$$\frac{dq^S}{q^S} = \eta \frac{dY}{Y} + \varepsilon^D \frac{dp}{p}. \tag{2.47}$$

Lösen wir diese Gleichung nach dp/p auf, so ergibt sich in dem Beispiel:

$$\frac{dp}{p} = \frac{1}{-0{,}1} \cdot 0{,}02 - \frac{0{,}1}{-0{,}1} \cdot 0{,}03 \tag{2.48}$$

$$\frac{dp}{p} = -0{,}17 = -17\%. \tag{2.49}$$

Setzen wir in unsere Gleichung unterschiedliche Werte für die Preiselastizität der Nachfrage ein, so stellen wir fest, dass der Preisdruck und damit gleichzeitig die Einkommensminderung für die Landwirte umso größer sein wird, je kleiner der Absolutwert der Preiselastizität der Nachfrage ist. Gleichzeitig gilt – dies sehen wir, wenn wir unterschiedliche Werte für die Einkommenselastizität der Nachfrage einsetzen –, dass der Preisdruck umso größer ist, je geringer die Einkommenselastizität der Mengennachfrage ist.

Diese Überlegungen machen deutlich, dass der praktische Agrarpolitiker an Informationen über die Größe der Elastizitäten interessiert ist.

Will der Staat den Landwirten die Preise garantieren, steigt aber das Angebot stärker als die Nachfrage, so hat der Staat eine bestimmte Menge aufzukaufen. Die Quantifizierung dieser Menge ist relativ einfach. In diesem Fall ist die Änderung des Angebots gleich der Änderung der Marktnachfrage durch private Käufer zuzüglich der Nachfrage des Staates. Es gilt somit:

$$dq^S = dq^D + dq_i \tag{2.50}$$

mit

dq_i = Änderung der Nachfrage des Staates

= Zunahme der Interventionsmengen.

---

[7] Aus $q^S = q^D$ folgt $dq^S = dq^D$ und damit auch (2.46).

Aus der Formel für die Einkommenselastizität

$$\eta = \frac{\frac{dq^D}{q^D}}{\frac{dY}{Y}} \tag{2.51}$$

kann die Nachfrageänderung bei Einkommenssteigerungen berechnet werden. Man erhält:

$$dq^D = \eta \cdot \frac{dY}{Y} \cdot q^D \tag{2.52}$$

und somit

$$dq^S = \eta \cdot \frac{dY}{Y} \cdot q^D + dq_i \tag{2.53}$$

und

$$dq_i = dq^S - \eta \frac{dY}{Y} \cdot q^D. \tag{2.54}$$

(3) Die Bedeutung der Preiselastizität der Nachfrage für die Beurteilung alternativer Milchmarktpolitiken hinsichtlich der Budgetwirkungen[8]: Bekanntlich wird gegenwärtig in der EU mehr Milch produziert als im Inland verbraucht wird.

Der **Selbstversorgungsgrad** liegt demnach über 100. Dieser ist definiert als:

$$\text{Selbstversorgungsgrad} = \frac{\text{im Inland produzierte Menge}}{\text{im Inland nachgefragte Menge}} \cdot 100.$$

Die Höhe des Selbstversorgungsgrades hängt bei gegebenen Angebots- und Nachfragekurven von der Höhe des Preises und sonstigen das Angebot und die Nachfrage beeinflussenden staatlichen Maßnahmen ab. 2001 lag der Selbstversorgungsgrad für Milchprodukte in der EU insgesamt – trotz der Zahlung von Verbrauchersubventionen und der Kontingentierung der Milchproduktion – bei etwa 106 %.

Da die überschüssige Milchmenge in Form von Butter und Magermilchpulver vom Staat, d.h. in der Bundesrepublik von der Bundesanstalt für Landwirtschaft und Ernährung (BLE), zu festgesetzten Preisen aufgekauft oder direkt exportiert werden muss, füllen sich die Läger der Vorratsstellen bei weiter steigender Produktion zunehmend. Von Zeit zu Zeit versuchte daher die EU-Kommission vor 1995, die Läger durch spezielle Butteraktionen (z.B. die Weihnachtsbutteraktion) oder auch durch Verkäufe an Drittländer (z.B. an osteuropäische Länder) zu ent-

[8] Budgetwirkungen sind sicherlich für die Beurteilung von Politiken von Bedeutung, doch sind aus ökonomischer Sicht die Allokationswirkungen (siehe hierzu Kapitel 7) ebenfalls als Beurteilungskriterien heranzuziehen.

lasten. An Drittländer (Nicht-EU-Länder) konnte die Butter in den achtziger und neunziger Jahren lediglich zum Weltmarktpreis verkauft werden, der etwa ein Drittel des Inlandspreises ausmachte. Es mag verständlich sein, dass sich die Öffentlichkeit über diese Verkäufe erregte. Im Folgenden soll untersucht werden, durch welche Maßnahme der Staat seine Ausgaben stärker entlasten konnte:

a) durch eine Subventionierung des inländischen Verbrauchs oder
b) durch einen Verkauf der überschüssigen Buttermengen an Drittländer zum Weltmarktpreis.

Die damalige Situation soll mit Hilfe von *Schaubild 2.15* verdeutlicht werden.

Im *Schaubild 2.15* wird angenommen, dass im Inland der Preis p_i gilt und dass bei diesem Preis im Inland die Menge q_0^D nachgefragt wird. Die Differenz zwischen der produzierten und der nachgefragten Menge stellt einen Überschuss dar, der vom Staat vermarktet werden muss. Der Staat kauft die Überschussmenge durch die Bundesanstalt für Landwirtschaft und Ernährung (BLE) auf. Hier wird angenommen, dass der Staat die Mengen teils auf dem Weltmarkt und teils im Inland durch Verbilligung (z.B. Weihnachtsbutter) verkauft.

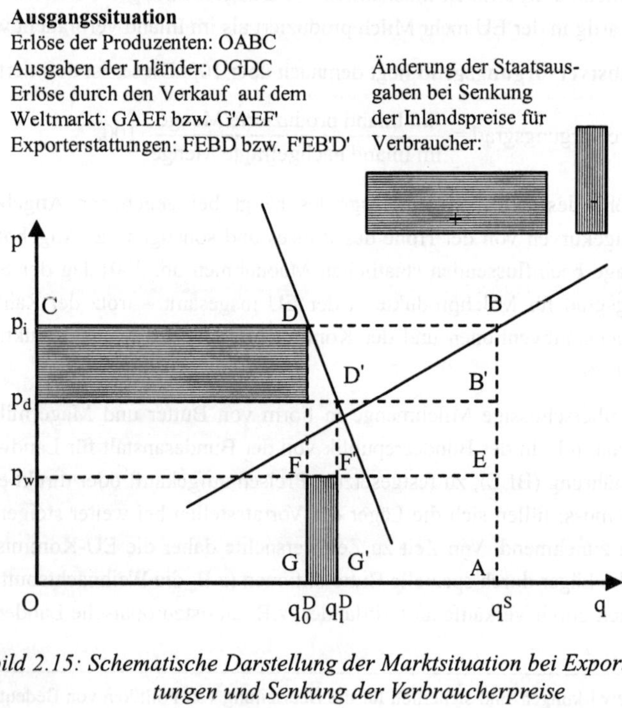

Schaubild 2.15: Schematische Darstellung der Marktsituation bei Exporterstattungen und Senkung der Verbraucherpreise

Beim Preis p_i betragen die inländischen Erzeugererlöse OABC. Diesen Erlösen der inländischen Produzenten stehen entsprechende Ausgaben der inländischen Verbraucher, der ausländischen Käufer und des Staates gegenüber. Es gilt also stets die Identität:

Erlöse der inländischen Produzenten = Ausgaben der inländischen Verbraucher auf der Erzeugerstufe
\+ Erlöse für Milchprodukte durch Verkauf auf dem Weltmarkt
\+ Staatsausgaben.

Wenn im Folgenden untersucht wird, durch welche Maßnahmen der Staat seine Ausgaben bei unveränderten Erzeugererlösen reduzieren kann, wird damit gleichzeitig gefragt, durch welche Maßnahmen er entweder die Ausgaben der inländischen Verbraucher oder der Käufer aus Drittländern erhöhen kann.

Senkt der Staat durch eine Subvention des inländischen Verbrauchs den Inlandspreis für die Verbraucher bei Konstanz des Inlandspreises für die Produzenten, so werden bei preisunelastischer Nachfrage nach Butter die Verbraucher insgesamt im Inland weniger für Butter ausgeben. Gleichzeitig werden auch die Ausgaben der ausländischen Käufer zurückgehen; wenn durch Subventionierung im Inland mehr Mengen verkauft werden, dann kann auf dem Weltmarkt weniger verkauft werden und damit gehen auch die Erlöse auf dem Weltmarkt zurück[9]. Insgesamt werden daher die Staatsausgaben bei einer Subventionierung des Inlandsverbrauchs höher sein als bei Verkauf der Überschüsse auf dem Weltmarkt. Das gilt immer dann, wenn die Preiselastizität der Nachfrage auf dem Inlandsmarkt absolut kleiner als Eins ist. Im *Schaubild 2.15* würden sich die Staatsausgaben für Subventionen um die Fläche $(p_i - p_d)q_0^D$ erhöhen und für Exporterstattungen um die Fläche $(q_1^D - q_0^D)p_w$ verringern. Der Saldo muss bei preisunelastischer Nachfrage im Inland und bei vollkommen elastischer Nachfrage auf dem Weltmarkt negativ sein.

Selbstverständlich ist durch diese Analyse nicht gesagt, dass es gesamtwirtschaftlich günstiger ist, Butter auf dem Weltmarkt statt im Inland zu verkaufen. Es wurde lediglich festgestellt, dass ein Verkauf der überschüssigen Buttermenge auf dem Inlandsmarkt bei preisunelastischer Nachfrage die Staatsausgaben stärker belastet als ein Verkauf zum Weltmarktpreis. Orientiert man sich bei der Auswahl der Alternativen lediglich an den Wirkungen auf die Staatsausgaben, dann wird man für einen Verkauf zum Weltmarktpreis plädieren müssen, auch wenn die Verbraucher in Drittländern damit die von uns produzierte Butter zu sehr viel niedrigeren Preisen konsumieren können als die inländischen Verbraucher.

---

[9] Dies gilt stets bei vollkommen preisunelastischer Weltmarktnachfrage.

Allerdings muss gesagt werden, dass es gesamtwirtschaftlich nicht sinnvoll ist, sich bei der Auswahl alternativer Politiken lediglich oder vornehmlich an den Staatsausgaben zu orientieren. Wollte der Staat z.B. unter Beibehaltung der gegenwärtigen Preishöhe für die Erzeuger sein Budget möglichst stark entlasten, so könnte er die Verbraucherpreise so weit anheben, bis die Preiselastizität der Nachfrage absolut gleich Eins ist. In diesem Fall würde er die Ausgaben der inländischen Verbraucher bei gleichzeitiger Steigerung der Erlöse durch den Verkauf auf dem Weltmarkt erhöhen können. Somit würden die Staatsausgaben reduziert werden. Eine solche Politik bedeutet aber, dass die Verbraucher schlechter gestellt werden. Sie finanzieren die Erlöse der Erzeuger durch direkte Ausgaben – durch Kauf der Produkte auf dem Markt – sowie durch Steuern zur Finanzierung der Staatsausgaben. Eine solche Politikänderung würde die Wohlfahrt der Gesellschaft verringern (eine exakte Beweisführung ist unter 2.6.3 dargestellt).

2.3 Besonderheiten der Nachfrage nach Lebensmitteln konventioneller landwirtschaftlicher Produktion im Fall von Erfahrungs- und Vertrauensgütern

Bei der obigen Untersuchung der Nachfrage nach Suchgütern (Kapitel 2.2) sind wir implizit davon ausgegangen, dass die Qualität des Produktes bei der Kaufentscheidung bekannt ist. Bei Erfahrungs- und Vertrauensgütern ist dagegen die Qualität beim Kauf nicht bekannt. Neben den oben genannten Bestimmungsfaktoren der Nachfrage ist daher die erwartete Qualität oder das Vertrauen in die Angaben des Verkäufers für die Entscheidungen von Bedeutung. Können keine verlässlichen Erwartungen über die Qualität gebildet werden, so wird die Zahlungsbereitschaft für tatsächlich bessere Qualitäten nicht höher sein als für tatsächlich schlechtere Qualitäten. Falls das Angebot von besseren Qualitäten mit höheren Kosten verbunden ist, werden diese Anbieter ihre Kosten nicht über die Marktpreise erstattet erhalten. Es wird sich dann kein Markt für diese Qualitäten bilden. Man spricht in solchen Fällen von **Marktversagen**.

Bei Vertrauensgütern hängt die Nachfrage neben den oben genannten Bestimmungsgründen für die Nachfrage nach Suchgütern auch von dem Vertrauen in das Produkt und in den Verkäufer des Produktes ab. Vertrauen bezieht sich nicht nur auf das betrachtete, sondern auch auf ein mögliches substitutives Gut. Ein Lebensmittelskandal für konventionell produzierte Produkte verringert das Vertrauen in diese Güter und erhöht gleichzeitig relativ das Vertrauen in ökologisch produzierte Güter. Vertrauen wird eher gebildet, wenn der Nachfrager besser über den Verkäufer, die Produzenten des Gutes sowie über die Produktionsmethoden und Inhaltsstoffe der Produkte informiert ist. Je geringer die Information, umso höher muss das ("blinde") Vertrauen sein, wenn sich der Käufer für einen Kauf entscheiden soll. Es ist daher verständlich, dass Direktvermarktung, d.h. Verkauf vom Produzenten an den Konsumenten, insbesondere bei Vertrauensgütern eine größere Rolle spielt. Hier hat der Nachfrager direkten Kontakt mit dem Produzenten, kann ihn über die Produktionsmethoden befragen, möglicherweise auch den Betrieb besichtigen und kann aufgrund seiner Menschenkenntnis den Verkäufer einschätzen und möglicherweise Vertrauen gewinnen. Es ist auch einleuchtend, dass die Nachfrage nach Vertrauensgütern durch Qualitätssicherungssysteme und Gütesiegel gefördert werden kann. Voraussetzung ist aber, dass der Verbraucher Vertrauen in die Qualitätserzeugung und –überwachung gewinnt.

2.4 Besonderheiten der Nachfrage nach ökologisch produzierten Lebensmitteln

Ökologisch produzierte Lebensmittel sind Vertrauensgüter und gelegentlich auch Erfahrungsgüter. Sie sind Erfahrungsgüter, wenn Konsumenten in der Vergangenheit die Erfahrung gemacht haben, dass diese Produkte ihnen bekömmlicher waren und/oder besser schmeckten und sie darauf vertrauen, dass sie beim erneuten Kauf die Erfahrung bestätigen können. Ökologisch produzierte Lebensmittel sind reine Vertrauensgüter, wenn die Nachfrager von positiven Gesundheitswirkungen dieser Produkte überzeugt sind. Wie bei allen Vertrauensgütern ist das Vertrauen stets auf Informationsdefizite zurückzuführen. Sind die Nachfrager nicht darüber informiert, dass durch wissenschaftliche Analysen bei der Mehrzahl der Produkte bisher kein Unterschied zwischen konventionell und ökologisch produzierten Lebensmitteln festgestellt werden konnte, so werden sie eher auf die behaupteten positiven Gesundheitswirkungen dieser Produkte vertrauen. Wenn mehr Lebensmittelskandale bei konventionell produzierten Produkten auftreten als bei ökologisch produzierten, ist es verständlich, dass der Nachfrager ein geringeres Gesundheitsrisiko bei ökologisch produzierten Lebensmitteln erwartet. Wenn z.B. der Verbraucher Bedenken gegen genetisch veränderte Organismen hat und persönlich das Gesundheitsrisiko durch den Verzehr dieser Produkte für zu hoch hält, wird er den Kauf von Produkten vorziehen, bei denen die Wahrscheinlichkeit, genetisch veränderte Organismen zu enthalten, geringer ist als bei konventionell produzierten Produkten. Ökologisch produzierte Lebensmittel können auch bevorzugt werden, weil die Nachfrager die zugrunde liegende Produktionsmethode subjektiv für besser halten.

Auch wenn die Käufer von ökologischen Produkten sich nicht vornehmlich an Preisen orientieren, spielen diese doch für die Kaufentscheidungen eine Rolle. So zeigen z.B. Umfragen, dass ein größerer Teil der Bevölkerung ökologisch produzierte Lebensmittel aus den unterschiedlichsten Gründen (Gesundheitswirkung, Umwelteffekte, artgerechte Tierhaltung) für besser als konventionell produzierte hält, auf dem Markt aber ein entsprechendes Verhalten nicht zu beobachten ist. Es deutet darauf hin, dass der Preis einige (oder auch viele) potenzielle Konsumenten abschreckt und sie daher auf das billigere Substitut 'konventionell produzierte Lebensmittel' ausweichen. Es kann daher davon ausgegangen werden, dass es auch für ökologisch produzierte Lebensmittel eine normale Nachfragekurve gibt. Leider gibt es wenige Informationen über die Preiselastizität der Nachfrage nach diesen Produkten. Einerseits kann vermutet werden, dass die Preiselastizität für sehr überzeugte Öko-Konsumenten relativ klein ist; diese Käufergruppe wird auch bei steigenden Preisen für das Öko-Produkt nicht auf andere Lebensmittel ausweichen. Andererseits gibt es aber auch offensichtlich eine Gruppe von Käufern, die den Preisunterschied zwischen Öko-Produkten und konventionellen Produkten beachten. Sie sind bereit zu substituieren; als Folge ist die Preiselastizität für diese Gruppe relativ hoch. Es ist einleuchtend, dass neue Informationen über die Eigenschaften der Güter auch direkten Einfluss auf die Elastizitäten haben. So wird z.B. ein Lebensmittelskandal für konventionell produzierte Lebensmittel die Preiselastizität der Nachfrage nach Öko-Produkten reduzieren.

2.5 Die Nachfrage nach Produktionsmitteln landwirtschaftlicher Herkunft

Produktionsmittel werden in der Produktion verwendet, um andere Güter herzustellen. Zielt die Produktion auf die Befriedigung der Bedürfnisse der Konsumenten ab, so wird die Nachfrage nach Produktionsmitteln auch von der Nachfrage der Konsumenten nach den mit den Produktionsmitteln hergestellten Gütern bestimmt. Die Nachfrage nach Produktionsmitteln ist damit eine **abgeleitete Nachfrage**. Wenn wir im Folgenden nach den Bestimmungsfaktoren der Nachfrage nach Produktionsmitteln landwirtschaftlicher Herkunft fragen, so haben wir zunächst darzustellen, unter welchen Bedingungen die Nachfrage nach Produktionsmitteln aus der Sicht eines einzelnen Produzenten optimal ist. Aussagen über einen optimalen Zustand sind nur möglich, wenn Informationen über die Zielsetzung und die Verhaltensweise einzelner Unternehmer vorliegen.

Da es keine Möglichkeit gibt, Informationen über Zielsetzung und Verhaltensweise unterschiedlicher Produzenten zu ermitteln und diese Informationen auch zu verwerten, werden wir uns im Folgenden lediglich auf die Beschreibung einer Theorie der Nachfrage nach Produktionsmitteln beschränken. Entsprechend dem in Kapitel 1 aufgezeigten Aufbau einer Theorie werden wir somit von bestimmten Hypothesen über Zielsetzung, Verhaltensweisen, Marktform sowie von technologischen Beziehungen ausgehen und aufgrund dieser Hypothesen deduktiv ableiten, welche Situation sich im Optimum einstellen wird.

Bausteine der Theorie der Nachfrage nach Produktionsmitteln – oder allgemein nach Produktionsfaktoren – sind die folgenden Hypothesen:

(a) Die Produzenten streben Gewinnmaximierung an. Diese Hypothese steht in enger Beziehung zu der für den Haushalt unterstellten Hypothese der Nutzenmaximierung. Selbstverständlich wird mit dieser Hypothese nicht bereits impliziert, dass auch alle Produzenten eine solche Zielsetzung verfolgen.

(b) Die Produzenten sind sowohl auf der Output- als auch auf der Inputseite Mengenanpasser. Sie betrachten somit die Preise der Produkte und auch der Produktionsmittel und Faktoren als gegeben. Sie versuchen demnach, die Optimalbedingung durch eine Variation der Produktionsmengen und der Faktoreinsatzmengen zu verwirklichen. Diese Verhaltensweise ist insbesondere bei den Marktformen zu erwarten, bei denen eine Vielzahl von Anbietern vorhanden ist (Polypol) und die produzierten Güter weitgehend homogen (gleichartig) sind.

(c) Es wird angenommen, dass die in einer Periode produzierte Menge gleich der in der Periode verkauften Menge ist. Es wird somit ausgeschlossen, dass die Unternehmer, z.B. aufgrund von erwarteten Preissteigerungen, auf Lager produzieren.

(d) Es wird vernachlässigt, dass zwischen Produktionsentscheidung und Erstellung der Produkte eine Zeitverzögerung besteht. Hiermit wird impliziert, dass die Unternehmer ihre Produktionsentscheidungen an gegebenen Marktpreisen orientieren und diese Produktionsentscheidungen sich auch sofort in entsprechenden Produktionsmengen niederschlagen.

(e) Die Beziehung zwischen Produktionsmenge und Nachfrage nach Produktionsmitteln wird auch von der **Produktionsfunktion** bestimmt. Die Produktionsfunktion gibt an, welche Beziehung zwischen der erstellten Produktion (q) und den eingesetzten Faktormengen ($x_1,...,x_n$) besteht. Eine Produktionsfunktion kann somit in allgemeiner Form wie folgt geschrieben werden:

$$q = f(x_1, x_2, ..., x_n). \qquad (2.55)$$

Da man nur dann eine Aussage über die optimale Faktoreinsatzmenge und damit über die Nachfrage nach Produktionsmitteln treffen kann, wenn man genauere Informationen über die Form der Produktionsfunktion hat, werden wir für die Ableitung der Theorie der Nachfrage nach Produktionsmitteln zunächst eine ganz spezielle Form der Produktionsfunktion unterstellen: Es wird angenommen, dass die Produktionsmenge aufgrund der Variation einzelner Faktoreinsatzmengen verändert werden kann. In diesem Fall ist es möglich, die oben allgemein beschriebene Produktionsfunktion partiell zu differenzieren. Es kann der Differentialquotient $\partial q/\partial x_1$ gebildet werden. Dieser Differentialquotient wird "**Grenzproduktivität**" genannt. Die Grenzproduktivität gibt an, wie sich die Produktionsmenge aufgrund einer partiellen Variation des Faktoreinsatzes verändert.

(f) Weiterhin wird zunächst bezüglich der Produktionsfunktion unterstellt, dass die Grenzproduktivitäten der Faktoren mit zunehmendem Faktoreinsatz sinken. Hiermit wird impliziert, dass ein zunehmender partieller Faktoreinsatz zunehmend weniger produktiv wird.

Die beiden letzten Hypothesen über die Produktionsfunktion und deren spezielle Eigenschaften bezüglich der Grenzproduktivitäten sollen durch *Schaubild 2.16* veranschaulicht werden.

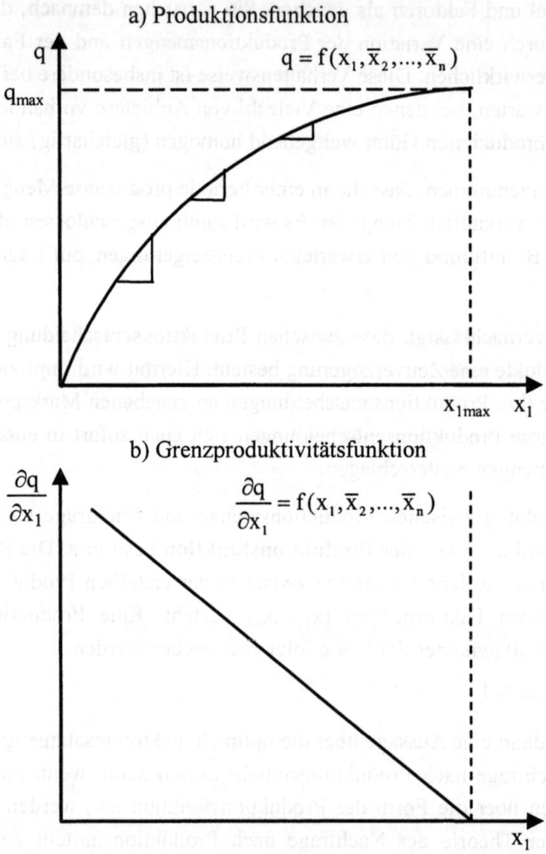

Schaubild 2.16: Produktionsfunktion und Grenzproduktivitätsfunktion

Im Teil (a) von *Schaubild 2.16* wird die funktionale Beziehung zwischen der gesamten Produktionsmenge q und dem partiellen Faktoreinsatz x_1 bei Konstanz aller anderen Faktoreinsätze aufgezeigt. Die Produktionsmenge steigt mit zunehmendem Faktoreinsatz bis zu der maximalen Produktionsmenge q_{max} und dem

Faktoreinsatz x_{1max}. Die Grenzproduktivitätsfunktion (Teil b von *Schaubild 2.16*) gibt die Veränderung der Produktionsmenge bei Variation des Faktoreinsatzes x_1 an. Bei dem zugrunde gelegten Verlauf der Produktionsfunktion sinkt die Grenzproduktivität mit zunehmendem Faktoreinsatz. Bei x_{1max} wird die Grenzproduktivität Null; bei dieser Faktoreinsatzmenge schneidet somit die Grenzproduktivitätsfunktion die Abszisse.

Auf der Grundlage der genannten Hypothese kann in Verbindung mit der Definition für den Gewinn die Bedingung abgeleitet werden, die im Optimum verwirklicht werden muss.

Der Einfachheit halber wird in der folgenden Darstellung angenommen, dass die Kosten lediglich durch den Einsatz der beiden Faktoren x_1 oder x_2 entstehen.

Der **Gewinn** ist definiert als Differenz zwischen Erlös und Kosten. Es gilt:

$$G = pq(x_1, x_2) - r_1 x_1 - r_2 x_2 \tag{2.56}$$

mit

G = Gewinn

p = Produktpreis

q = produzierte Menge

r_1 = Preis des Faktors 1

x_1 = Einsatzmenge des Faktors 1

r_2 = Preis des Faktors 2

x_2 = Einsatzmenge des Faktors 2.

Soll gezeigt werden, welche Einsatzmenge des Faktors 1 optimal ist, so ist die Gewinngleichung nach x_1 zu differenzieren. Man erhält:

$$\frac{\partial G}{\partial x_1} = \frac{\partial q}{\partial x_1} p - r_1. \tag{2.57}$$

Der Ausdruck $\partial G/\partial x_1$ wird **Grenzgewinn** des Faktoreinsatzes x_1 genannt. Er gibt an, wie sich der Gewinn als Folge der Variation des Faktoreinsatzes x_1 verändert. Aus Sicht des Unternehmers wird sich eine Erhöhung des Faktoreinsatzes solange rentieren, wie der Grenzgewinn positiv ist. Im Optimum muss der Grenzgewinn Null sein. Wir haben daher Gleichung (2.57) gleich Null zu setzen; man erhält:

$$p \cdot \frac{\partial q}{\partial x_1} = r_1 \tag{2.58}$$

Wertgrenzproduktivität = Faktorpreis.

Der Ausdruck $p \cdot \partial q/\partial x_1$ gibt an, wie sich der Erlös verändert, wenn sich der Faktoreinsatz um eine Einheit verändert. Die Erlösänderung ergibt sich dabei durch zwei Komponenten. Zum einen bewirkt eine Variation der Faktoreinsatzmengen eine Produktionsänderung und zum zweiten wird die Produktmengenänderung mit dem Produktpreis multipliziert.

Gleichung (2.58) besagt somit, dass ein Unternehmer, der Gewinnmaximierung anstrebt und für den eine Produktionsfunktion mit den beschriebenen Eigenschaften gilt, stets die Faktormenge nachfragen muss, bei der die Wertgrenzproduktivität gleich dem Faktorpreis ist.

Im *Schaubild 2.17* ist eine Wertgrenzproduktivitätskurve abgetragen. Die Wertgrenzproduktivitätskurve steht in enger Beziehung zur Grenzproduktivitätskurve. Man erhält sie, wenn man die Grenzproduktivitäten, die zu bestimmten Faktoreinsatzmengen gehören, mit dem gegebenen Produktpreis multipliziert.

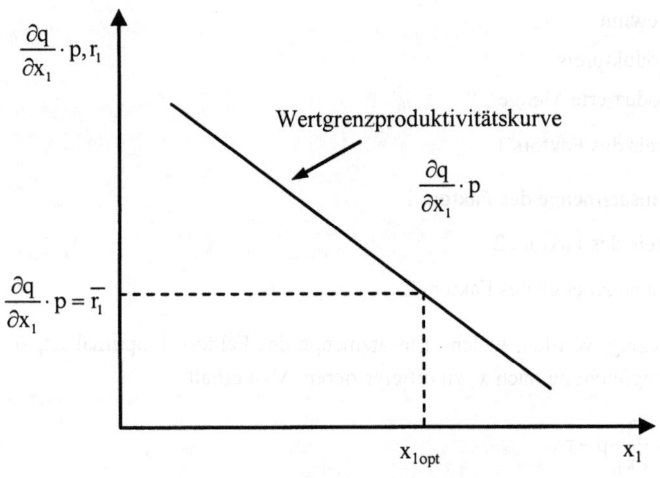

Schaubild 2.17: Faktornachfragefunktion

Bei einem Faktorpreis von $\overline{r_1}$ muss der Unternehmer gerade die Faktormenge $x_{1opt.}$ nachfragen, bei der der Faktorpreis der Wertgrenzproduktivität entspricht. Sich ändernde Faktorpreise müssen daher zu einer Änderung des Faktoreinsatzes führen, um die Bedingung Faktorpreis gleich Wertgrenzproduktivität zu erfüllen. Die Wertgrenzproduktivitätskurve ist somit identisch mit der **partiellen Faktornachfragekurve**.

Bei den oben unterstellten Hypothesen wird somit die partielle Faktornachfragekurve einen fallenden Verlauf aufweisen.

Ob eine einzelbetriebliche Faktornachfragekurve tatsächlich einen fallenden Verlauf aufweist, hängt von der zugrunde gelegten Produktionsfunktion ab. Kann zum Beispiel angenommen werden, dass die Grenzproduktivität des Faktoreinsatzes über einen weiten Bereich des Faktoreinsatzes konstant bleibt, dann verläuft die Wertgrenzproduktivitätskurve parallel zur Abszisse.

Ein solcher Fall ist in *Schaubild 2.18* dargestellt. Solche Wertgrenzproduktivitätskurven sind insbesondere im Bereich der landwirtschaftlichen Produktion häufig anzutreffen. So wird in der Milchproduktion in einem weiten Bereich stets die gleiche Milchzunahme mit einem gegebenen zusätzlichen Aufwand an Kraftfutter pro Kuh erzielt. Mit einem zusätzlichen Einsatz von 1 kg Kraftfutter kann man in etwa 2 kg mehr Milch produzieren. Die Grenzproduktivität ist demnach innerhalb des Leistungsvermögens einer Kuh konstant. Liegt ein solcher Fall vor, dann gibt es keine einzelbetriebliche Nachfragefunktion. Liegt der Faktorpreis $\overline{r_1}$ unterhalb der Wertgrenzproduktivitätskurve, kann es sich für den einzelnen Betrieb rentieren, x_{1max} einzusetzen. Für den einzelnen Betrieb gibt es hier nicht die Entscheidung, ob er den Faktor x_1 mehr oder weniger einsetzen soll, sondern lediglich die Entscheidung, den Faktor gar nicht oder aber bis zur Kapazitätsgrenze einzusetzen.

Aus einzelbetrieblicher Sicht wird sich ein partieller Faktoreinsatz im Fall konstanter Wertgrenzproduktivitäten nur dann rentieren können, wenn der Faktorpreis unterhalb der Wertgrenzproduktivität liegt. Doch kann nicht gesagt werden, dass in allen diesen Fällen die Produktion rentabel ist[10]. Es kann sein, dass die Produktion eines Gutes aufgegeben wird, obwohl der Faktorpreis eines speziellen Faktors unterhalb der Wertgrenzproduktivität liegt. Dieser Sachverhalt soll durch folgendes Beispiel veranschaulicht werden:

Die Milchproduktion eines landwirtschaftlichen Betriebes sei durch folgende Daten gekennzeichnet:

Grenzproduktivität des Kraftfuttereinsatzes

$$= \left(\frac{\text{zusätzliche Milchmenge in kg}}{\text{zusätzliche Kraftfuttermenge in kg}} \right) = 2$$

Kapazitätsgrenze der Leistungsfähigkeit der Kuh: 10 000 kg pro Jahr;

Milchpreis: 0,25 € pro kg;

Kraftfutterpreis: 0,25 € pro kg;

Kraftfuttereinsatz insgesamt: 1000 kg.

[10] $r_1 < p \cdot \partial q/\partial x_1$ ist eine notwendige, aber nicht auch schon ausreichende Bedingung für die Rentabilität der Produktion.

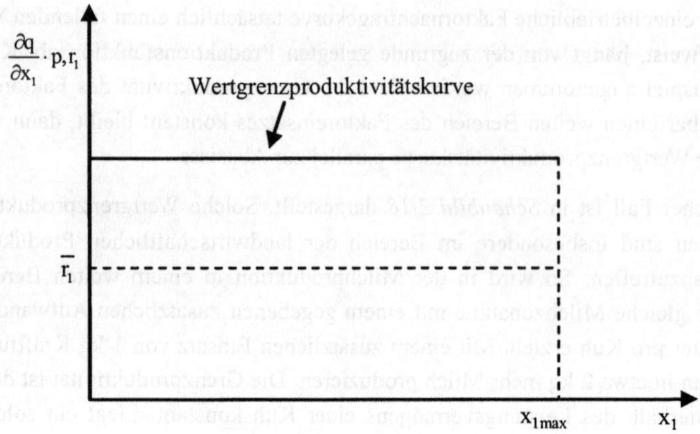

Schaubild 2.18: bei konstanter Grenzproduktivität

Bei dieser Datenkonstellation ist die Wertgrenzproduktivität des Kraftfuttereinsatzes 0,5 € (2 · 0,25 €). Der Kraftfuttereinsatz rentiert sich somit bis zur Kapazitätsgrenze. Dennoch kann es für den einzelnen Betrieb ratsam sein, die Milchproduktion einzustellen; diese Situation ist dann gegeben, wenn die Erlöse aus der Milchproduktion abzüglich der Kosten für den Kraftfutteraufwand nicht ausreichen, die Kosten für den Einsatz der anderen Faktoren in der Milchproduktion zu decken. Die Kosten für diese Faktoren dürfen somit im betrachteten Beispiel nicht über 2 250 € liegen.

Daraus folgt, dass Faktorpreiserhöhungen selbst im Fall konstanter Wertgrenzproduktivitätskurven dazu führen können, dass die einzelbetriebliche Faktornachfrage reagieren wird. Liegt der Faktorpreis auch nach der Preiserhöhung unter der Wertgrenzproduktivität, reicht aber die Differenz zwischen Wertgrenzproduktivität und Faktorpreis nicht mehr aus, um die Kosten der anderen Faktoren zu decken, so kann die Faktornachfrage des einzelnen Betriebes von x_{1max} auf Null zurückgehen.

Beziehung zwischen einzelbetrieblichen Faktornachfragekurven und den aggregierten Faktornachfragekurven

Wie bereits oben bei der Darstellung der Beziehung zwischen der individuellen Nachfragekurve der Verbraucher und der aggregierten Marktnachfragekurve erläutert, erhält man die aggregierte Nachfragekurve durch Addition der Mengen, die von den Einzelnen bei alternativen Preisen nachgefragt werden. Es ist daher offensichtlich, dass für den Fall einzelbetrieblich fallender Faktornachfragekurven auch die Marktnachfragekurve nach Faktoren eine negative Steigung aufweisen wird. Nicht ganz so offensichtlich ist dagegen die Beziehung für den Fall einzelbetrieblich konstanter Wertgrenzproduktivitätskurven. Doch auch hier ergibt sich eine fallende Marktnachfragekurve. Das soll durch *Schaubild 2.19* verdeutlicht werden.

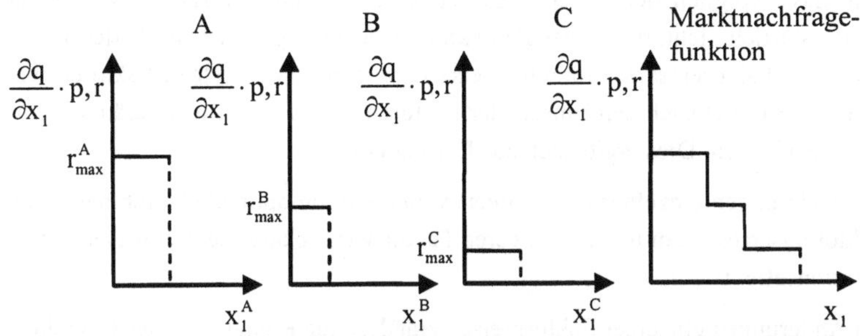

Schaubild 2.19: Aggregation einzelbetrieblicher Wertgrenzproduktivitätskurven bei einzelbetrieblich konstanten Wertgrenzproduktivitäten

Im *Schaubild 2.19* wird unterstellt, dass das betreffende Gut von drei Betrieben produziert wird. Für alle Betriebe gilt, dass die Wertgrenzproduktivitätskurve im relevanten Bereich parallel zur Abszisse verläuft. Der Unterschied zwischen den Betrieben besteht jedoch darin, dass die Wertgrenzproduktivitäten unterschiedlich hoch sind. Das kann z.B. in der Milchproduktion daran liegen, dass das Leistungspotential der Kühe unterschiedlich hoch ist. Als Folge dessen wird Betrieb A bei einem Faktorpreis oberhalb r^A_{max} nicht mehr den Faktor x_1 in der Produktion des betrachteten Gutes einsetzen. Betrieb B wird dagegen bereits bei Faktorpreisen oberhalb r^B_{max} auf den Einsatz des Faktors x_1 verzichten und Betrieb C bereits oberhalb einer Faktorpreishöhe von r^C_{max} . Bei einem Faktorpreis zwischen r^A_{max} und r^B_{max} wird daher nur Betrieb A als Nachfrager auf dem Markt nach diesem Faktor x_1 auftreten. Bei einem Faktorpreis zwischen r^B_{max} und r^C_{max} werden die Betriebe A und B den Faktor x_1 nachfragen, und lediglich unterhalb eines Faktorpreises r^C_{max} werden alle drei betrachteten Betriebe den Faktor x_1 nachfragen. Die Marktnachfragekurve hat demnach einen treppenförmigen Verlauf.

Gibt es eine Vielzahl von Betrieben mit nur kleinen Unterschieden in der Höhe der Wertgrenzproduktivitäten von Betrieb zu Betrieb, so werden die einzelnen Treppenstufen der Marktnachfragekurve sehr klein sein. In diesem Fall wird man eine annähernd kontinuierlich fallende Marktnachfragekurve beobachten können.

Als Ergebnis können wir somit auch für den Fall einzelbetrieblich konstanter Wertgrenzproduktivität festhalten, dass die Faktornachfragekurve auf dem Markt einen fallenden Verlauf aufweisen wird.

Bei der Ableitung der partiellen Faktornachfragekurve sind wir davon ausgegangen, dass lediglich der Einsatz des betrachteten Faktors variiert wird. Daraus folgt natürlich nicht, dass partielle Faktorpreisänderungen nur zur Änderung des partiellen Faktoreinsatzes führen. Preisänderungen von einzelnen Faktoren werden in der Regel auch den Einsatz der Faktoren, deren Preis nicht verändert wurde, beeinflussen. Dies ergibt sich aus Folgendem:

(1) Änderungen einzelner Faktorpreise verändern die optimale Kombination des Faktoreinsatzes. Vom relativ billigeren Faktor wird relativ mehr eingesetzt (Substitutionseffekt).

(2) Änderungen einzelner Faktorpreise verändern die Rentabilität der Produktion einzelner Produkte. Es kann daher sinnvoll sein, als Folge von Änderungen einzelner Faktorpreise ein anderes Technologiepaket zu verwenden. Starke Preisänderungen von Stickstoff können daher nicht nur den Pflanzenschutzeinsatz verändern, sondern z.B. auch die Übernahme von Methoden des ökologischen Landbaus anregen.

(3) Änderungen einzelner Faktorpreise verändern die relative Vorzüglichkeit der Produktion einzelner Agrarprodukte. Preiserhöhungen für stickstoffhaltige Düngemittel verringern z.B. den Deckungsbeitrag von Mais und Zuckerrüben mehr als von Weizen, Roggen und Gerste. Das Anbauverhältnis wird sich daher in der Landwirtschaft verändern, selbstverständlich aber nicht auf allen Betrieben.

Bestimmungsgründe der Änderungen der Faktornachfrage

Will man überprüfen, aus welchen Gründen sich die Faktornachfragekurve im Zeitablauf verlagert, so ist darzustellen, aus welchen Gründen sich die Situation, die im Betriebsoptimum gegeben ist, verändern kann.

Variationen des Produktpreises

Da im Optimum, wie oben gezeigt, der Faktorpreis gleich oder kleiner der Wertgrenzproduktivität sein muss, führt eine Änderung des Produktpreises zu einer Änderung der Faktornachfragekurve. Im Fall kontinuierlich fallender Wertgrenzproduktivitätskurven wird eine Produktpreissteigerung zu einer Drehung der Wertgrenzproduktivitätskurve um den Schnittpunkt mit der Abszisse führen.

Das *Schaubild 2.20* macht deutlich, dass die Preiselastizitäten der Faktornachfrage bei gegebenem Faktorpreis mit steigendem Produktpreis absolut abnehmen.

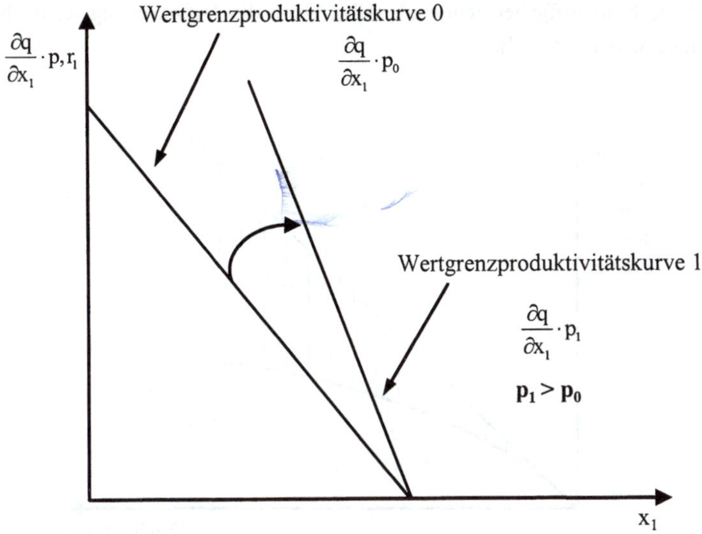

Schaubild 2.20: Produktpreissteigerung und Wertgrenzproduktivitätskurven

Produktpreisänderungen werden somit in der Regel auch die Intensität der Produktion verändern. Auf gegebener Bodenfläche werden mehr variable Faktoren eingesetzt. Dies gilt natürlich nicht für jeden einzelnen Betrieb und für die Produktion aller Agrargüter. Wenn die Wertgrenzproduktivitäten bei der Produktion einzelner Produkte auf einzelnen Betrieben konstant sind, wird sich zunächst bei der Produktion einzelner Produkte nichts verändern. Für die Landwirtschaft insgesamt sind aber als Folge von Produktpreisänderungen aus folgenden Gründen Intensitätsänderungen zu erwarten:

(1) Es verändert sich die relative Vorzüglichkeit bei der Produktion alternativer Agrargüter. Werden nur Preise einzelner Produkte gesenkt, so wird sich die Produktionsstruktur zugunsten der im Preis nicht veränderten Produkte verändern. Wird das gesamte Agrarpreisniveau gesenkt, so wird sich die Struktur der Agrarproduktion zuungunsten der Produkte, die einen relativ hohen Einsatz von zugekauften Produktionsmitteln benötigen, verändern.

(2) Agrarpreissenkungen verändern stets auch die relative Vorzüglichkeit alternativer Technologien; diese unterscheiden sich z.B. durch Saatgut, Dünger- und Pflanzenschutzaufwand, Klimaansprüche und Bewässerungsnotwendigkeit sowie Anbautechniken. Bei einem höheren Agrarpreisniveau rentiert sich z.B. eher der Einsatz von Saatgut, das in Verbindung mit Düngung und Pflanzenschutzmitteln zu hohen Erträgen führt.

Generell gilt, dass die Auswaschung von Dünger, bzw. die Aufnahme durch die Pflanzen, von der Höhe der Nährstoffgaben abhängt. Bei hohen Preisen können sich hohe Nährstoffgaben rentieren, selbst wenn die Auswaschung relativ hoch ist (siehe *Schaubild 2.21*).

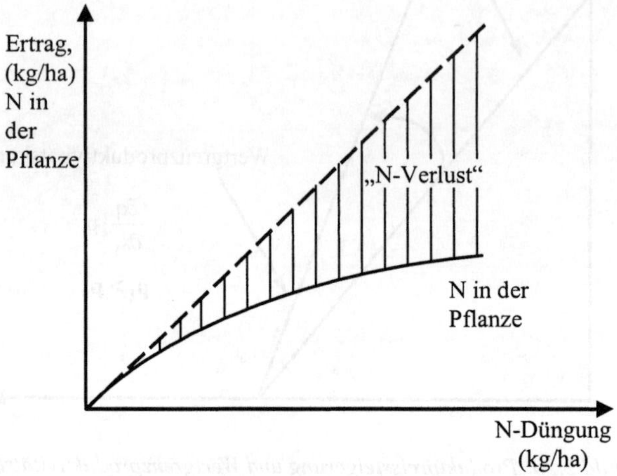

Schaubild 2.21: Stickstoffaufnahme und -auswaschung in Abhängigkeit von der Höhe der Düngergabe

Quelle: *de Haen, H.,* Struktureller Wandel der Landwirtschaft aus ökonomischer und ökologischer Sicht. "Agrarwirtschaft", Jg. 34, 1985, Heft 1, S. 6.

Bedeutung der Faktorintensitäten für die Verlagerung partieller Faktornachfragekurven

Bei der Ableitung der partiellen Grenzproduktivitätskurve wurde deutlich gemacht, dass ein solches Vorgehen impliziert, dass der Einsatz der anderen Faktormengen konstant bleibt. Verändert man den Einsatz der anderen Faktormengen (Änderung der Faktorintensität), so wird hierdurch auch die Wertgrenzproduktivität des betrachteten Faktors verändert. Im Allgemeinen gilt, dass eine Erhöhung des Einsatzes der anderen Faktoren zu einer Verlagerung der Wertgrenzproduktivitätskurve des betrachteten Faktors nach oben führen wird. Die partielle Wertgrenzproduktivität eines Faktors steigt somit bei Erhöhung des Einsatzes der anderen Faktoren. Deshalb hängt die partielle Faktornachfrage auch von allen Faktoren ab, die den Einsatz anderer Faktoren beeinflussen. Steigt z.B. der Preis des Faktors x_2 und wird dadurch vom Faktor x_2 weniger eingesetzt (Bewegungen auf der Faktornachfragekurve von x_{20} nach x_{21}), so wird dieses im Regelfall, d.h. bei substitutiver Beziehung zwischen den Faktoren, zu einer Verlagerung der Faktornachfragekurve nach unten führen. Der Faktoreinsatz von x_1 wird daher bei gegebenem Faktorpreis r_{10} von x_{10} nach x_{11} zurückgehen (vgl. hierzu *Schaubild 2.22*).

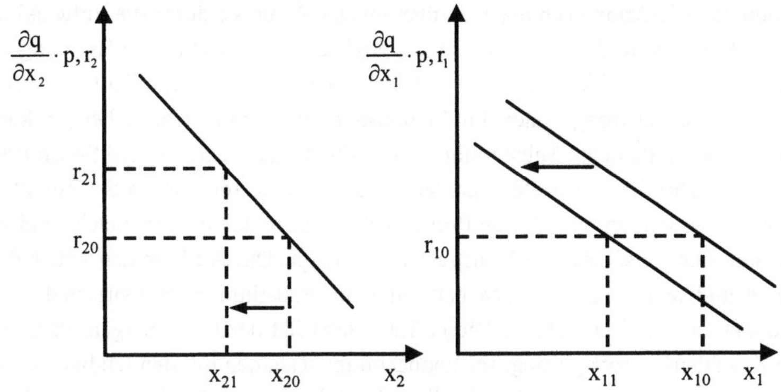

Schaubild 2.22: Wirkung einer Faktorpreisänderung r_2 auf die Faktornachfrage x_1

Bedeutung technischer Fortschritte

Technische Fortschritte ermöglichen es, mit einer gegebenen Faktoreinsatzmenge mehr zu produzieren oder eine gegebene Produktmenge mit einem verringerten Faktoreinsatz zu erstellen. Die Produktionsfunktion verschiebt sich folglich nach oben. Somit führen technische Fortschritte dazu, dass sich die Grenzproduktivitäten der Faktoren tendenziell erhöhen. Die Grenzproduktivitätskurven werden daher als Folge von technischen Fortschritten nach oben verlagert (vgl. *Schaubild 2.23*).

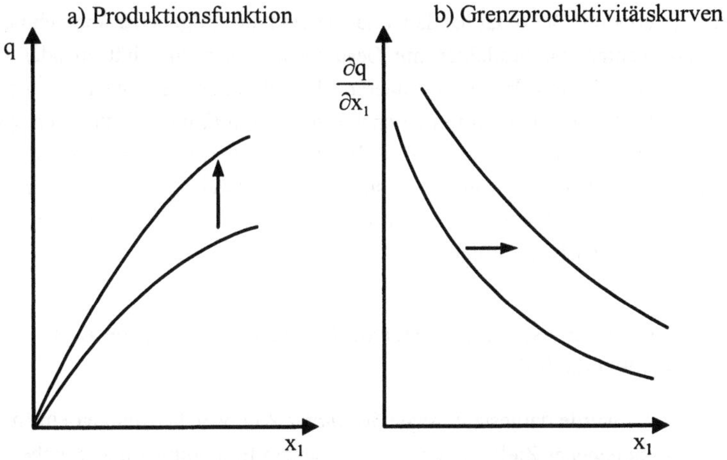

Schaubild 2.23: Wirkung technischer Fortschritte auf den Verlauf von Produktionsfunktion und Grenzproduktivitätsfunktion

Technische Fortschritte bewirken aber nicht nur eine Verschiebung der partiellen Produktionsfunktion nach oben, darüber hinaus führen sie durch die Entwicklung neuer Produkte und neuer Produktionsverfahren auch zu einer Veränderung der relativen Vorzüglichkeit des partiellen Faktoreinsatzes im Zeitablauf. Insbesondere ist die Nachfrage nach Produktionsmitteln landwirtschaftlicher Herkunft durch eine permanente Substitution von landwirtschaftlichen Produktionsmitteln durch industrielle Rohstoffe begleitet gewesen. So wurde z.B. in der Textilherstellung der landwirtschaftliche Rohstoff Wolle oder Baumwolle zunehmend zugunsten des Einsatzes von Kunstfasern verdrängt. Das Aufkommen neuer Produkte und neuer Technologien hat somit die Substitution landwirtschaftlicher Produktionsmittel erleichtert. Dieser Tatbestand hat dazu beigetragen, dass sich im Zeitablauf – trotz gestiegener Endnachfrage nach den mit den landwirtschaftlichen Produktionsmitteln hergestellten Produkten – die Nachfrage nach landwirtschaftlichen Produktionsmitteln weniger erhöht hat und teilweise sogar rückläufig war.

2.6 Politikprobleme

2.6.1 Informationsprobleme

Konsumenten können nur dann ihre Präferenzen mittels ihrer Zahlungsbereitschaft ausdrücken, wenn sie ausreichend über die Produkte und deren Preise informiert sind. In Kapitel 2.1 wurde ausgeführt, dass Lebensmittel zunehmend zu Erfahrungsgütern und Vertrauensgütern geworden sind. Daraus folgt, dass die Konsumenten nur begrenzt über Produktqualitäten und deren Produktionsverfahren informiert sind. Der Staat hat daher zunehmend die Aufgabe zu übernehmen, den Konsumenten vor Produkten mit Gesundheitsrisiken zu schützen oder sie zumindest über die Risiken zu informieren. Weiterhin kann der Staat durch geeignete Maßnahmen private Informationskosten senken (Unterstützung von Warentests, Vorschriften über die Kennzeichnung von Produkten, Zulassung von Produkten usw.). Diese Aufgabe ergibt sich aus der Tatsache, dass die Kosten für Informationen bei kollektiver Beschaffung und individueller Nutzung geringer sind als bei privater Beschaffung.

2.6.2 Divergenz zwischen privater und sozialer marginaler Zahlungsbereitschaft

In Kapitel 2.2 wurde dargestellt (siehe *Schaubild 2.1*), welche Mengen ein Individuum bei gegebener Zielfunktion, bei gegebenem Einkommen und gegebenen Preisen nachfragt. Im Folgenden soll nun untersucht werden, unter welchen Bedingungen die individuellen Entscheidungen zu einem gesamtwirtschaftlichen

Optimum führen. In diesen Fällen sollen diese Entscheidungen als 'gut' bezeichnet werden. Mit dem Prädikat 'gut' ist natürlich ein Werturteil verbunden. Hier sollen folgende Werturteile explizit eingeführt werden: (1) Jeder weiß, was 'gut' für ihn ist. Damit wird ein mündiger Bürger unterstellt, der sich rational verhält.

(2) Jedes Individuum hat die negativen Folgen seiner Aktivitäten selbst zu tragen und soll auch nur alleiniger Nutznießer eigener Aktivitäten sein. Hiermit wird gefordert, dass es nicht möglich sein soll, die Folgen individueller Aktivitäten zu externalisieren. Andere sollen somit durch eigene Konsumentscheidungen weder in ihren Konsum- noch Produktionsentscheidungen beeinträchtigt werden; es sei denn, sie werden dafür kompensiert.

Liegen diese beiden Bedingungen vor, dann ist die **private Nachfragekurve,** d.h. die Marktnachfragekurve, identisch mit der **sozialen Nachfragekurve**. Ein Unterschied zwischen den beiden Kurven entsteht demnach durch Externalisierung. Dies ist z.B. der Fall, wenn die Nachfrager beim Kauf bestimmter Produkte die negativen Folgen für die Gesundheit nicht ausreichend berücksichtigen und daher über Krankheitskosten andere Mitglieder der Gesellschaft belasten. In solchen Fällen spricht man von einer **Divergenz** zwischen privater und sozialer marginaler Zahlungsbereitschaft. Die Privaten fragen demnach mehr nach, als es aus sozialer Sicht, d.h. der Sicht der Gesellschaft, wünschenswert ist (siehe *Schaubild 2.24*). In solchen Fällen könnte der Staat versuchen, durch Instrumenteneinsatz die Nachfrage zu beeinflussen. Wird beispielsweise eine produktgebundene Steuer in Höhe der Divergenz erhoben (z.B. eine Zigarettensteuer), so

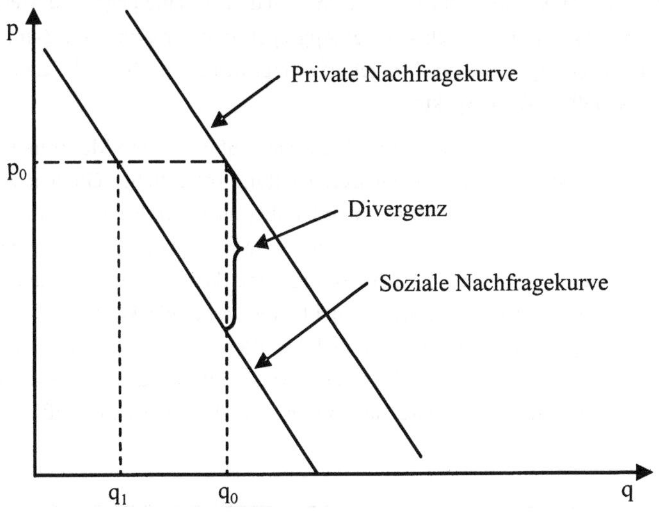

Schaubild 2.24: Divergenz in der Nachfrage

kann die private Nachfrage der sozialen Nachfrage angeglichen werden. Es kann sogar sein, dass die soziale Nachfragekurve zu keiner positiven marginalen Zahlungsbereitschaft führt, aber die private Nachfrage eine hohe Zahlungsbereitschaft zeigt. Eine solche Situation kann sich z.B. bei Drogen ergeben. Es ist daher nahe liegend, dass der Staat in diesen Fällen die Nachfrage untersagt, indem der Handel mit solchen Drogen verboten wird.

2.6.3 Problem der Nachfrage nach Umweltgütern

Besondere Probleme ergeben sich bei der Nachfrage nach Umweltleistungen. Umweltleistungen werden zwar auch von den Privaten nachgefragt, die individuelle Zahlungsbereitschaft ist aber in der Regel sehr niedrig. Umweltgüter sind zu einem großen Teil **'öffentliche Güter'**. Für öffentliche Güter gelten das **Nicht-Ausschlussprinzip** und die **Nicht-Rivalität** im Konsum. Das Nicht-Ausschlussprinzip besagt, dass niemand vom Konsum des Gutes ausgeschlossen werden kann, wenn das Gut vorhanden ist. Wenn z.B. ein bestimmtes Landschaftsbild im Vergleich zu einem anderen von vielen Menschen als positiv bewertet wird, so werden sie dennoch nicht ihre wahre Zahlungsbereitschaft enthüllen. Wenn dieses Landschaftsbild vorhanden ist, können sie es genießen, ohne auch zahlen zu müssen. Mit der Nicht-Rivalität im Konsum wird ausgedrückt, dass das Gut gleichzeitig von mehreren Menschen konsumiert werden kann, ohne damit den Konsum anderer einzuschränken[11]. Bei diesen öffentlichen Gütern ergibt sich die Nachfragekurve nicht durch horizontale Aggregation der individuellen Nachfragemengen bei alternativen Preisen, sondern durch **vertikale Aggregation** (siehe *Schaubild 2.25*). Die gesamte Zahlungsbereitschaft für eine gegebene Menge des öffentlichen Gutes ergibt sich aus der Aggregation der marginalen Zahlungsbereitschaften. Die gesamte Nachfragekurve liegt demnach oberhalb jeder einzelnen individuellen Nachfragekurve.

Da die gesamte Nachfragekurve für öffentliche Güter auf dem Markt nicht beobachtbar ist, muss der Staat für die Bereitstellung öffentlicher Güter sorgen. Er kann dies durch eigene Produktion tun oder aber auch durch Finanzierung privater Produktion. So finanziert der Staat eine Reihe von Umweltprogrammen in der Landwirtschaft. Hierbei ergibt sich das Problem, dass der Staat die aggregierte Zahlungsbereitschaft der Nachfrager nicht exakt ermitteln kann und sich daher häufig anmaßen muss zu wissen, wie viel des öffentlichen Gutes die Privaten bei alternativen Preisen wünschen. Es ist daher verständlich, dass Interessengruppen bei der Finanzierung und Erstellung dieser von der Landwirtschaft verfügbar

[11] Das gilt in dem oben genannten Beispiel solange, wie die durch die Attraktivität der Landschaft angelockten Besucherströme keine negativen Folgen für die Landschaft verursachen.

gemachten öffentlichen Güter einerseits zu sehr unterschiedlichen Bewertungen kommen und andererseits einen großen Einfluss nehmen können.

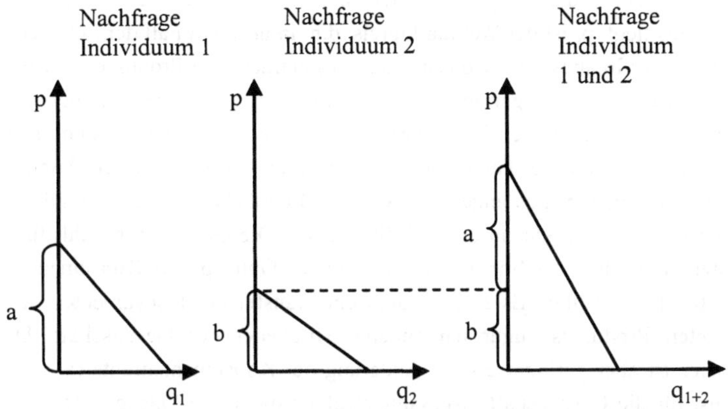

Schaubild 2.25: Vertikale Aggregation der individuellen Nachfrage für öffentliche Güter

Andere Umweltleistungen, wie z.B. die Nachfrage nach Naturparks, sind **meritorische Güter**. Diese Güter könnten zwar von Privaten angeboten werden, aber die Gesellschaft meint, dass das Marktangebot zu niedrig sei. Der Staat beeinflusst daher die Nachfrage nach diesen Produkten. Auch in diesem Fall ist demnach die Nachfrage nach den von der Landwirtschaft produzierten Umweltgütern stark durch politische Entscheidungen bestimmt und daher auch stark von den Kräften auf dem politischen Markt abhängig. Auf dem politischen Markt treten die Politiker als Anbieter von Politikmaßnahmen auf, die einzelne Gruppen begünstigen. Nachfrager sind Gruppen, die ihre Situation durch den Staatseingriff verbessern wollen.

2.6.4 Divergenz zwischen Marktpreisen und gesamtwirtschaftlichen Schattenpreisen

Gesamtwirtschaftliche Schattenpreise geben an, wie die Gesellschaft die Änderung der Verbrauchsmenge um eine Einheit bewertet. Wie hoch der gesamtwirtschaftliche Schattenpreis ist, kann für den Fall von privaten Gütern, bei denen keine Divergenz im Konsum auftritt, und für den Fall eines **relativ kleinen Landes** eindeutig geklärt werden. Von einem relativ kleinen Land spricht man in der Außenhandelstheorie, wenn der Weltmarktpreis für ein Land gegeben ist, wenn also zum unveränderten Weltmarktpreis zusätzliche Mengen importiert oder exportiert werden können. Weicht der Marktpreis, z.B. als Folge staatlicher

Eingriffe, vom Schattenpreis ab, so führen die Entscheidungen der Nachfrager nicht zu einem gesellschaftlichen Optimum. Dieser Sachverhalt ist in *Schaubild 2.26* dargestellt. Es wird davon ausgegangen, dass der Inlandspreis für das betrachtete Produkt durch staatliche Maßnahmen an der Grenze über dem Weltmarktpreis liegt. p_s ist der Weltmarktpreis, d.h. in unserem Fall der Schattenpreis und p_i ist der Inlandspreis. Konsumenten des betrachteten Produktes würden bei p_s die Menge q_s nachfragen und bei p_i die Menge q_i nachfragen. Wenn der Preis bei p_i liegt, verlieren die Nachfrager die Fläche a + b an **Konsumentenrente**. Die Fläche des Trapezes kann daher als monetärer Ausdruck für den Wohlfahrtsverlust der Konsumenten angesehen werden. Die Fläche a gibt an, dass die Konsumenten einen Transfer in dieser Höhe leisten. Die Gesellschaft zahlt für eine zusätzliche Einheit des Imports des betrachteten Gutes p_s, die Konsumenten haben aber p_i zu zahlen. Es erfolgt somit ein Transfer der Konsumenten des betrachteten Produktes zugunsten anderer Mitglieder der Gesellschaft. Dieser Transfer ist aber geringer als die Änderung der Konsumentenrente (a + b); als Verlust für die Gesellschaft insgesamt verbleibt damit die Fläche b. Dieser Verlust ist die Folge eingeschränkten Freihandels, da bei Freihandel im Inland die Weltmarktpreise gelten würden. Die Fläche b wird daher auch als **Verzicht auf eigentlichen Handelsgewinn** bezeichnet.

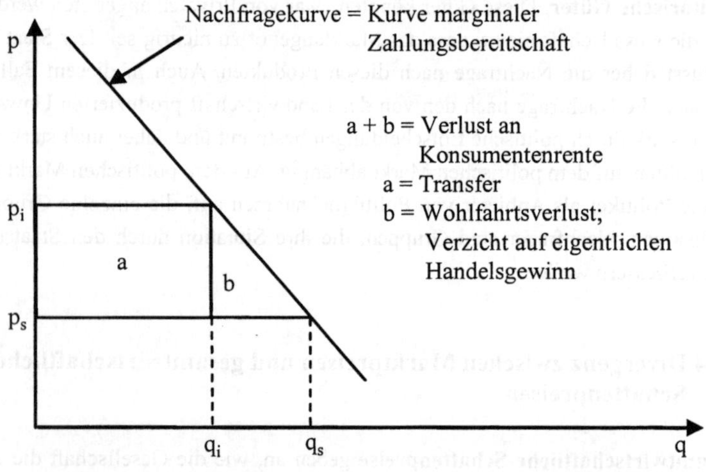

Schaubild 2.26: Divergenz zwischen Marktpreis und Schattenpreis

Die Analyse zeigt, dass bei einer Divergenz zwischen Markt- und Schattenpreisen als Folge rationaler individueller Entscheidungen Wohlfahrtsverluste entstehen. Staatliche Maßnahmen können daher erwogen werden, um diese Divergenzen zu beseitigen.

2.6.5 Transaktionskosten

Transaktionskosten sind Kosten, die durch den Übergang eines Aktivums von einem Wirtschaftssubjekt auf ein anderes entstehen. Wenn also ein Kauf getätigt wird, hat der Käufer nicht nur Kosten für den Kauf des Gutes zu tragen, sondern auch zusätzliche Kosten, die mit dem Übergang des Verfügungsrechts verbunden sind. In obiger Analyse bei der Diskussion der Bestimmungsfaktoren der Nachfrage wurde implizit davon ausgegangen, dass die Marktpreise für alle Individuen gleich sind und diese Marktpreise auch den Kosten entsprechen, die mit dem Kauf des Produktes anfallen. Zusätzlich zu diesen Kosten entstehen aber Transaktionskosten, und zwar durch[12]

(a) die Kosten für die Anbahnung von Verträgen (Such- und Informationskosten im engeren Sinn),
(b) die Kosten des Abschlusses von Verträgen (Verhandlungs- und Entscheidungskosten),
(c) die Kosten der Überwachung und Durchsetzung vertraglicher Leistungspflichten.

Als Folge der Transaktionskosten sind die dem Nachfrager entstehenden Kosten nicht identisch mit den Marktpreisen, sondern mit den Marktpreisen zuzüglich der Transaktionskosten. Da letztere für einzelne Wirtschaftssubjekte unterschiedlich sind, sind auch die Kosten des Kaufs eines Produktes von Individuum zu Individuum unterschiedlich. So haben die Käufer von Lebensmitteln nur beschränkte Information über die Wirkung dieser Produkte auf die Gesundheit. Für den einzelnen Laien kann es hohe Kosten verursachen, sich in jedem Einzelfall zu informieren. Der Staat kann durch geeignete Maßnahmen zu einer Reduzierung der Transaktionskosten beitragen. Hierzu tragen z.B. Testberichte, Preisinformationen und Kennzeichnung der Lebensmittel bei.

[12] Siehe hierzu *Richter, R.* und *E. Furubotn*, Neue Institutionenökonomik. 2. Auflage, Tübingen 1999, S. 51.

Kapitel 3: Das Angebot von Agrarprodukten

3.1 Bestimmungsfaktoren des Angebots von Agrarprodukten

Zunächst sollen die Bestimmungsfaktoren des Angebots von Agrarprodukten untersucht werden. Es ist nahe liegend, dass man nicht in der Lage ist, über das Angebotsverhalten einzelner Produzenten eine exakte Aussage zu treffen. Individuen können sehr unterschiedliche Ziele, Zielbeschränkungen und Präferenzen haben, so dass es nicht möglich ist, ihr Angebotsverhalten im Einzelfall eindeutig vorherzusagen[13]. Es verbleibt daher nur die Möglichkeit, Hypothesen aufzustellen und empirisch zu überprüfen. Im ersten Teil des Kapitels gehen wir von der Hypothese aus, dass die Anbieter von Agrarprodukten Gewinnmaximierer sind, vollkommen über die Beziehung zwischen Faktoreinsatz und Produktion (d.h. über die Produktionsfunktion) informiert sind, sichere Preiserwartungen haben und Mengenanpasser sind. Danach wird gezeigt, welche Änderungen in der Analyse vorzunehmen sind, wenn eine andere Zielfunktion vorliegt.

Das Angebot eines einzelnen Betriebes ist in der Regel von einer Vielzahl von Faktoren abhängig. Es gilt in allgemeiner Formulierung:

$$q_1^S = q_1^S(p_1, p_2, \ldots, p_n, r_1, \ldots, r_m, T, Z, V) \tag{3.1}$$

mit

q_1^S = angebotene Menge des Gutes 1

p_1 = Preis des Gutes 1

$p_2, \ldots, p_n$ = Preise aller Güter, die außer Gut 1 produziert werden können

$r_1, \ldots, r_m$ = Preise der Produktionsfaktoren, die in der Produktion von Gut 1 verwendet werden

T = Stand der Technologie

Z = Zielsetzung

V = Verhaltensweisen.

---

[13] Man spricht in der Ökonomie auch von 'Vorhersagen', wenn man die Reaktion von Wirtschaftssubjekten auf Änderungen bestimmter ökonomischer Variablen meint.

3.2 Das Konzept der Angebotskurve bei der Zielsetzung Gewinnmaximierung

Eine Angebotskurve wird unter der Annahme abgeleitet, dass außer dem das Angebot bestimmenden Preis p_1 alle anderen angebotsbestimmenden Faktoren unverändert bleiben. Es gilt also die ceteris-paribus-Klausel. Daher können wir auch vereinfacht schreiben:

$$q_1^S = q_1^S(p_1)\,. \qquad (3.2)$$

Im Normalfall erwartet man, dass die angebotene Menge mit steigenden Preisen steigt, die Angebotskurve also den Verlauf hat wie in *Schaubild 3.1* gezeigt.

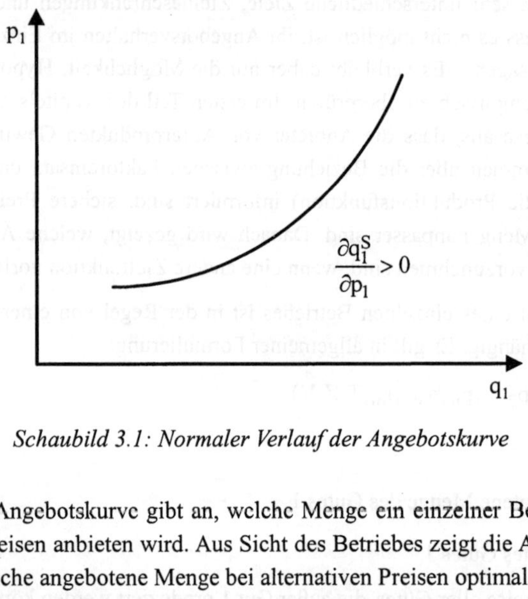

Schaubild 3.1: Normaler Verlauf der Angebotskurve

Eine solche Angebotskurve gibt an, welche Menge ein einzelner Betrieb bei alternativen Preisen anbieten wird. Aus Sicht des Betriebes zeigt die Angebotskurve daher, welche angebotene Menge bei alternativen Preisen optimal ist.

Will man Auskunft darüber erhalten, welche Menge ein einzelner Betrieb anbieten wird, so braucht man Informationen über die Zielsetzung des Anbieters und seine Verhaltensweise.

Im Folgenden wird unterstellt, dass der betrachtete Betrieb die Zielsetzung verfolgt, seinen Gewinn zu maximieren. Damit soll nicht gesagt werden, dass tatsächlich die Mehrheit der Betriebe eine solche Zielsetzung hat; es soll lediglich exemplarisch gezeigt werden, dass zur Ableitung der Angebotskurve eine Hypothese über die Zielsetzung notwendig ist.

Weiterhin muss eine Hypothese über die Verhaltensweise des Anbieters getroffen werden. Im Folgenden unterstellen wir, dass der Anbieter sich als Mengenanpasser verhält. Bei dieser Verhaltensweise geht der einzelne Anbieter davon aus, dass er auf den Marktpreis keinen Einfluss hat, der Marktpreis für ihn also ein Datum ist. Das bedeutet, dass die individuelle Preis-Absatzfunktion (d.h. die Nachfragekurve, der sich der einzelne Anbieter gegenübersieht) vollkommen elastisch verläuft. Eine solche vollkommen elastische Preis-Absatzfunktion kann für einen einzelnen Anbieter gelten, obwohl für die Gesamtheit der Anbieter eine geneigte Preis-Absatzfunktion (Nachfragekurve) die Regel sein wird. Dies folgt aus der Tatsache, dass der einzelne Anbieter oft nur einen sehr geringen Teil des gesamten Marktangebots produziert. Er kann daher davon ausgehen, dass er bei dem gegebenen Preis p_0 jede Menge, die er produziert, auch verkaufen kann, ohne dadurch den Marktpreis zu beeinflussen (s. *Schaubild 3.2*).

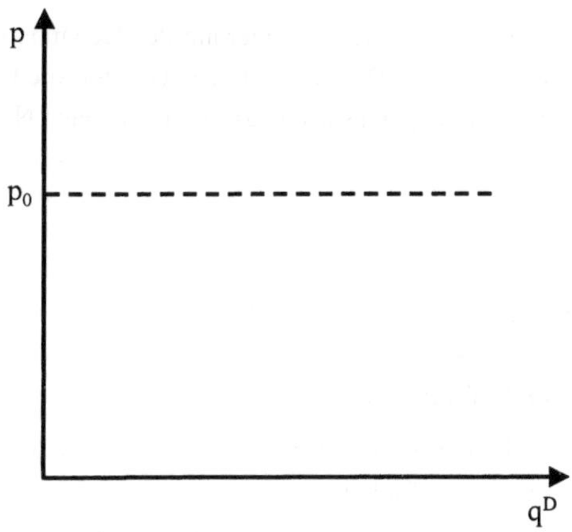

Schaubild 3.2: Individuelle Preis-Absatzfunktion eines Mengenanpassers

Lautet die Zielsetzung Gewinnmaximierung, so kann die Optimalbedingung, die unabhängig von der Verhaltensweise des Anbieters gilt, abgeleitet werden. Laut Definition gilt:

$$G = E - K; \tag{3.3}$$

dabei ist:

G = Gewinn

E = Erlös

K = Kosten.

Es werden die Hypothesen eingeführt, dass Gewinn, Erlös und Kosten abhängig von der produzierten Menge sind:

$$G = G(q) \tag{3.4}$$

$$E = E(q) \tag{3.5}$$

und

$$K = K(q). \tag{3.6}$$

Die Gleichung (3.3) ist eine Definitionsgleichung und die Gleichungen (3.4) bis (3.6) sind Funktionsgleichungen, die als Hypothesen eingebracht werden.

Als weitere Hypothese soll gelten, dass der Gewinn maximiert wird:

$G = G_{max}$.

Aus der Definitionsgleichung (3.3) erhält man in Verbindung mit den Gleichungen (3.4) bis (3.6)

$$G(q) = E(q) - K(q). \tag{3.7}$$

Eine notwendige Bedingung für die Maximierung des Gewinns liegt vor, wenn der Grenzgewinn gleich Null ist. Deshalb differenzieren wir die Gewinnfunktion nach der Ausbringungsmenge q und setzen das Ergebnis gleich Null.

Wir erhalten:

$$\frac{dG}{dq} = \frac{dE}{dq} - \frac{dK}{dq} = 0 \tag{3.8}$$

Grenzgewinn = Grenzerlös – Grenzkosten = 0
oder: Grenzerlös = Grenzkosten.

Dabei gelten folgende Definitionen[14]:

Grenzgewinn = Änderung des Gewinns bei Änderung der Ausbringungsmenge um eine Einheit

Grenzerlös = Änderung des Erlöses bei Änderung der Ausbringungsmenge um eine Einheit

Grenzkosten = Änderung der Kosten bei Änderung der Ausbringungsmenge um eine Einheit

Die Begriffe Grenzerlös und Grenzkosten sollen durch ein Beispiel veranschaulicht werden: 1 kg Kraftfuttermehreinsatz führt in der Milchproduktion in einem weiten Bereich der Milchleistung je Kuh zu einer Änderung des Milchertrages je Kuh um 2 kg. Zur Erhöhung der Milchproduktion um 1 kg sind also 0,5 kg Kraftfutter zusätzlich notwendig. Bei einem Kraftfutterpreis von 0,15 € pro kg kann ein zusätzliches kg Milch mit einer Kostensteigerung von 0,075 € erzielt werden. Die Grenzkosten der Milchproduktion sind daher (wenn als variable Kosten nur der Kraftfutteraufwand betrachtet wird) gleich 0,075 €.

---

[14] Bei diesen Definitionen handelt es sich genau genommen um pragmatische Vereinfachungen: Statt der korrekten infinitesimalen Veränderungen der Ausbringungsmenge werden Änderungen um jeweils eine Einheit betrachtet.

Der Grenzerlös der Milchproduktion ergibt sich für den Landwirt aus der Höhe des Milchpreises. Gilt ein Milchpreis von 0,25 € pro kg, so wird sich bei der Erhöhung der Milchproduktion um 1 kg der Erlös um 0,25 € ändern. Wenn ein Landwirt kalkuliert, ob sich der Mehreinsatz des Kraftfutters in der Milchproduktion rentiert, dann ist die Erlösänderung als Folge der Ausdehnung der Produktion mit den zusätzlichen Kosten (Grenzkosten) zu vergleichen. Im betrachteten Fall betragen die Grenzkosten 0,075 €. Liegen die Grenzkosten unterhalb des Grenzerlöses, rentiert sich die Ausdehnung der Produktion.

Betrachten wir jetzt wieder die Verhaltensweise des Mengenanpassers, für den die Preise gegeben sind. In diesem Fall ist der Grenzerlös stets dem Produktpreis gleich, denn es gilt:

$$E = p \cdot q. \tag{3.9}$$

Wegen der Hypothese 'Mengenanpasser' ist $p = \overline{p}$

$$\frac{dE}{dq} = \overline{p}. \tag{3.10}$$

Berücksichtigen wir diese Verhaltensweise bei der oben angegebenen allgemeinen Formel für die Optimierung bei Gewinnmaximierung, so erhalten wir:

$$\frac{dK}{dq} = \overline{p} \tag{3.11}$$

Grenzkosten = Produktpreis.

Will ein Betrieb bei gegebenem Preis seinen Gewinn maximieren, so hat er im Fall steigender Grenzkosten stets die Menge anzubieten, bei der die Grenzkosten gleich dem Marktpreis sind. Die Grenzkostenkurve gibt somit die funktionale Beziehung zwischen Preis und Angebotsmenge wieder und ist daher in einem bestimmten Bereich identisch mit der **einzelbetrieblichen Angebotskurve**. Grenzkosten gleich Preis ist zwar eine notwendige Bedingung für die Maximierung des Gewinns oder Minimierung des Verlustes, es ist aber noch keine ausreichende Bedingung. Der Betrieb sollte nur dann produzieren, wenn der Marktpreis zumindest die variablen Durchschnittskosten deckt. **Variable Kosten** sind die Kosten, die sich mit der Änderung der Produktionsmenge verändern. Im *Schaubild 3.3* ist die variable Durchschnittskostenkurve eingezeichnet. Diese Kurve muss ihr Minimum im Schnittpunkt mit der Grenzkostenkurve haben, wenn die variablen Kosten mit steigender Produktionsmenge zunächst fallen und ab einer bestimmten Produktionsmenge steigen. Der vom Betrieb zu erzielende Preis muss mindestens so hoch sein wie die Grenzkosten im Schnittpunkt von variabler Durchschnittskostenkurve und Grenzkostenkurve. Bei einem Preis in dieser Höhe erzielt der Betrieb keinen positiven **Deckungsbeitrag**. Der Deckungsbeitrag errechnet sich aus der Differenz von Erlösen und variablen Kosten. Werden lediglich die variablen Kosten durch den Preis gedeckt, dann könnte der Betrieb auch die Produktion einstellen. Dieser Preis, der dem Schnittpunkt von variabler Durchschnittskostenkurve und Grenzkostenkurve entspricht, wird als **Produktionsschwelle** bezeichnet. Ist der Preis höher als die variablen Durchschnittskosten erzielt der Betrieb einen positiven Deckungsbeitrag. Einen Gewinn erwirtschaftet der Betrieb aber erst dann, wenn der Preis die totalen Durchschnittskosten übersteigt. Mit der **Gewinnschwelle** bezeichnet man den Schnittpunkt von totaler Durchschnittskostenkurve und Grenzkostenkurve.

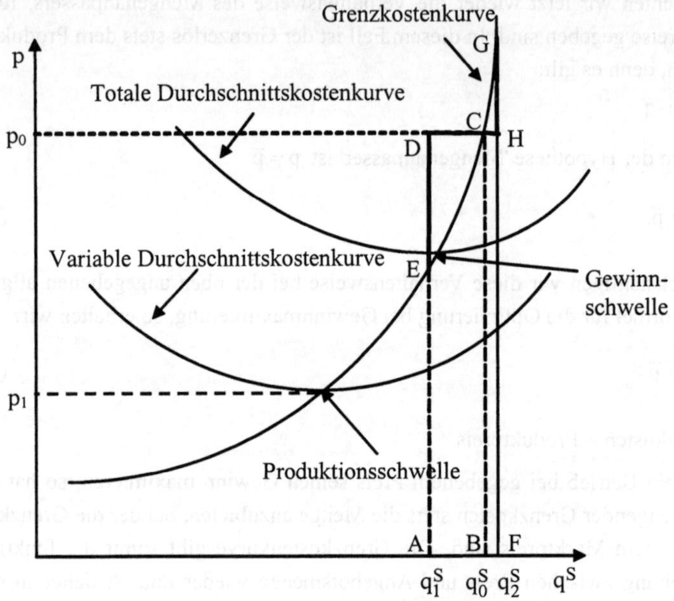

Schaubild 3.3: Optimale Angebotsmenge eines Mengenanpassers bei der Zielsetzung Gewinnmaximierung

Im *Schaubild 3.3* haben wir einen steigenden Verlauf der Grenzkostenkurve und einen bestimmten Marktpreis p_0 unterstellt. Entsprechend unserer obigen Gewinnmaximierungsbedingung sollte der Betrieb bei der gegebenen Grenzkostenkurve die Menge q_0^S produzieren und anbieten.

Im Folgenden wird gezeigt, dass diese Menge tatsächlich ein **Gewinnmaximum** darstellt. Um diesen Beweis zu erbringen, zeigen wir, dass sowohl eine geringere Menge q_1^S als auch eine höhere Menge q_2^S einen geringeren Gewinn erzielen. Produziert der Betrieb q_1^S anstelle von q_0^S, so geht sein Erlös um die Fläche ABCD zurück; gleichzeitig sinken seine Kosten um die Fläche ABCE. Folglich sinkt der Gewinn oder besser der Deckungsbeitrag[15] des Betriebes um die Fläche DCE. Erhöht der Betrieb die Produktion von q_0^S auf q_2^S, so steigen die Kosten um die Fläche BFGC und der Erlös um die Fläche BFHC. Folglich sinkt der Deckungsbeitrag um die Fläche CHG. Selbstverständlich bedeutet das nicht, dass der Betrieb bei einer Ausdehnung der Produktion über die Menge q_0^S hinaus keinen positiven Deckungsbeitrag erwirtschaftet. Durch die Steigerung der Produktion über das Optimum hinaus wird der positive Deckungsbeitrag lediglich um die Fläche CHG reduziert.

Aus dieser Betrachtung folgt u.a., dass man nicht aus den Buchführungsergebnissen ablesen kann, ob sich ein Betrieb im Optimum befindet. Aus den Buchführungsergebnissen kann man lediglich ablesen, ob ein Betrieb Gewinne oder Verluste erwirtschaftet. Erzielt der Betrieb Gewinne, so können diese aber dennoch kleiner sein als sie es bei einer optimalen Produktionsmenge wären. Da wir im *Schaubild 3.3* gezeigt haben, dass jede geringere, ebenso wie jede höhere Produktionsmenge als q_0^S zu einem niedrigeren Deckungsbeitrag führt, ist damit der Beweis erbracht, dass die Menge q_0^S gewinnmaximal ist. Würde der Marktpreis unterhalb von p_1 liegen, würde der Betrieb die Produktion einstellen.

Diese Aussage 'Grenzkosten = Preis' gilt allerdings nur für den Fall einer steigenden Grenzkostenkurve. Es ist durchaus denkbar, dass in weiten Bereichen der Produktion die Grenzkosten einen konstanten Verlauf aufweisen. Die Kostenkurve kann z.B. für einzelne Produktionsprozesse einen linearen Verlauf aufweisen, wie im folgenden *Schaubild 3.4* dargestellt. In diesem Fall ergeben sich die Gesamtkosten aus den unveränderlichen Fixkosten und den linear ansteigenden variablen Kosten. Bei solchen Kostenverläufen sind die Grenzkosten unabhängig von der Produktionsmenge stets gleich hoch.

Sind die Grenzkosten über den gesamten Bereich der Produktion konstant und liegt der Produktpreis oberhalb der Grenzkosten, so wird der Betrieb – falls er die Produktion des betrachteten Produkts beibehält – stets an der Kapazitätsgrenze q_{max} produzieren (*Schaubild 3.5*) und damit einen maximalen Deckungsbeitrag in Höhe der schraffierten Fläche erzielen. In einem solchen Fall bleibt also das betriebliche Angebot bei Preisvariationen, die oberhalb der Grenzkosten liegen, konstant. Bleibt der Deckungsbeitrag nach einer Preissenkung groß genug, um auch die fixen Kosten zu decken, so wird der Betrieb weiterhin an der Kapazitätsgrenze produzieren. Können durch den gesunkenen Deckungsbeitrag die fi-

[15] Während der Deckungsbeitrag stets größer ist als der Gewinn, da normalerweise neben variablen auch fixe Kosten in der Produktion entstehen, ist die Änderung des Deckungsbeitrags als Folge von Änderungen der Produktionsmenge gleich der Änderung des Gewinns (siehe auch Fußnote 17).

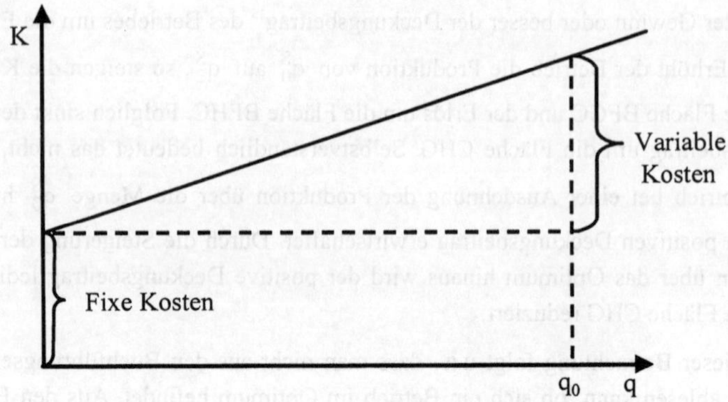

Schaubild 3.4: Linearer Verlauf der Gesamtkostenfunktion

xen Kosten nicht ausreichend entlohnt werden, so wird der Betrieb zumindest langfristig die Produktion einstellen.

Von besonderem Interesse ist nun die Frage, ob bei solch einem waagerechten Verlauf der betrieblichen Grenzkostenkurve auch zu erwarten ist, dass sich das Marktangebot bei Preisvariationen kurzfristig nicht verändert.

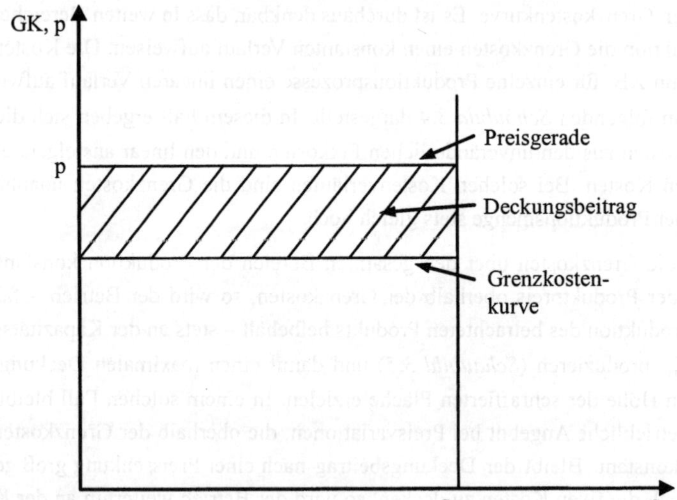

Schaubild 3.5: Einzelbetriebliches Angebot bei konstanten Grenzkosten

Einzelbetriebliches Angebot und Marktangebot

Das Marktangebot kann ermittelt werden, indem die betrieblichen Angebotskurven der einzelnen Unternehmer bei alternativen Preisen addiert werden, wie das z.B. im *Schaubild 3.6* und *Schaubild 3.7* dargestellt ist.

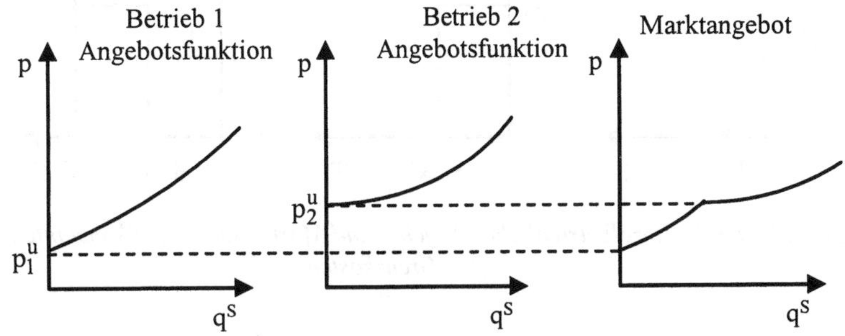

Schaubild 3.6: Einzelbetriebliches Angebot und Marktangebot bei steigenden Grenzkosten

Liegt der Marktpreis zwischen p_1^u und p_2^u, dann besteht das Marktangebot nur aus dem Angebot des Betriebes 1, das Marktangebot ist daher mit der betrieblichen Angebotskurve des Betriebes 1 identisch. Ab der Preishöhe p_2^u tritt auch der Betrieb 2 als Anbieter auf dem Markt auf. Bei allen Preisen, die oberhalb von p_2^u liegen, müssen also das Angebot des Betriebes 1 und das Angebot des Betriebes 2 addiert werden, um das Marktangebot zu erhalten. Im Normalfall steigt daher bei steigenden individuellen Angebotskurven das Marktangebot ebenfalls mit steigenden Preisen.

Im Folgenden ist nun die Frage zu klären, wie bei unverändertem einzelbetrieblichen Angebot, d.h. bei konstanten einzelbetrieblichen Grenzkosten, die aggregierte Angebotskurve bei Preisvariationen verlaufen wird.

Als Regelfall nehmen wir an, dass für jeden Betrieb zwar die Grenzkosten über den gesamten Produktionsbereich konstant sein können, diese aber dennoch für einzelne Betriebe unterschiedlich hoch sind. In der Milchproduktion kann das z.B. daran liegen, dass die Milchleistung pro Kuh je nach Rasse unterschiedlich sein kann. Wenn aber die Grenzkosten für einzelne Betriebe zwar konstant, aber unterschiedlich hoch sind, dann bewirkt eine Marktpreisvariation, dass eine unterschiedliche Zahl von Betrieben das betrachtete Produkt erstellt und zum Marktangebot beiträgt. Wir können daher auch in diesem Fall erwarten, dass die Marktangebotskurve einen steigenden Verlauf aufweist. Dieser Sachverhalt ist im *Schaubild 3.7* dargestellt.

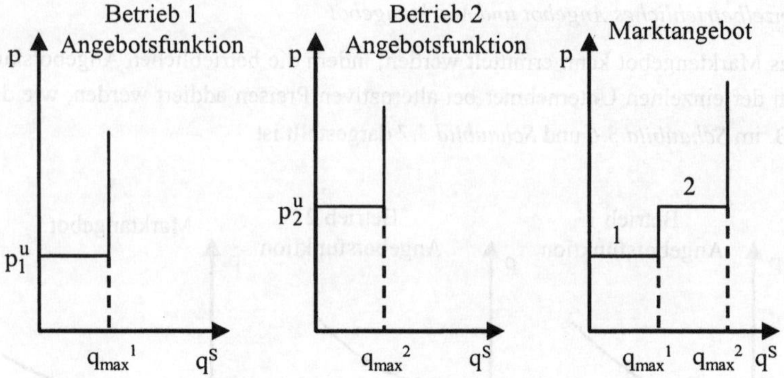

Schaubild 3.7: Einzelbetriebliches Angebot und Marktangebot bei konstanten Grenzkosten

Auch hier gilt, dass bei einem Preis zwischen p_1^u und p_2^u lediglich der Betrieb 1 als Anbieter auf dem Markt auftreten wird. Liegt der Marktpreis oberhalb von p_2^u, so wird auch Betrieb 2 auf dem Markt anbieten. Die Marktangebotskurve hat also einen treppenförmigen Verlauf. Bei einer Vielzahl von Betrieben mit relativ kleinen Unterschieden in den Grenzkosten von Betrieb zu Betrieb wird die Marktangebotskurve annähernd kontinuierlich verlaufen.

Wir können die bisherigen Überlegungen also dahingehend zusammenfassen, dass im Regelfall die Marktangebotskurve einen steigenden Verlauf aufweisen wird. Diese Hypothese haben wir aus der Zielsetzung Gewinnmaximierung und der Verhaltensweise als Mengenanpasser deduktiv abgeleitet. Es stellt sich die Frage, ob selbst bei rationalem Verhalten und der Zielsetzung Gewinnmaximierung als Sonderfall auch ein **anomaler Verlauf der Angebotskurve** auftreten kann. Man spricht in diesem Fall vom **inversen Angebotsverhalten** der Landwirte.

Inverses Angebotsverhalten der Landwirte

In diesem Fall hat die Angebotskurve einen Verlauf wie z.B. in *Schaubild 3.8* dargestellt.

Die These von der inversen Angebotsreaktion unterstellt, dass bei sinkenden Produktpreisen (im *Schaubild 3.8* z.B. von p_0 auf p_1) die angebotene Menge nicht sinkt, wie beim normalen Verlauf der Angebotskurve, sondern steigt (in unserem *Schaubild* von q_0^S auf q_1^S).

Bei der Analyse der These über die inverse Angebotsreaktion wird zunächst die Wirkung der Preisvariation eines einzelnen Agrargutes auf die Produktionsmenge dieses Gutes untersucht.

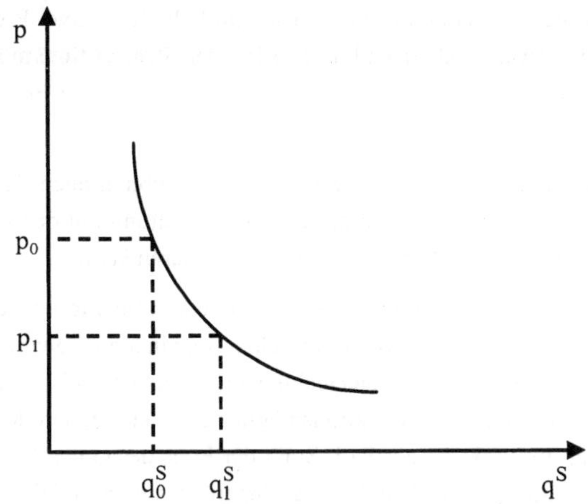

Schaubild 3.8: Anomaler Verlauf der Angebotskurve

Inverse Angebotsreaktion von Mehrproduktbetrieben bei Einzelpreissenkungen

In der Regel wird ein landwirtschaftlicher Betrieb nicht nur ein Agrargut produzieren, sondern eine Vielzahl von Gütern. Es ergibt sich daher die Frage, wie viel Mengeneinheiten von jedem Produkt produziert werden sollen. Kann die Produktionsmenge der einzelnen erzeugten Produktarten variiert werden, ohne dass hierdurch die Produktionsmenge anderer Produkte beeinflusst wird, spricht man von **unverbundener Produktion (paralleler Produktion)**. Das gilt z.B. weitgehend für die bodenunabhängige Veredelungsproduktion (Schweine, Geflügel).

In einem solchen Fall gelten für die optimale Produktionsmenge die für ein Einproduktunternehmen abgeleiteten Bedingungen.

In der landwirtschaftlichen Produktion liegt jedoch weitgehend eine verbundene Produktion vor. Entweder können bestimmte Produkte in einem weitgehend fest vorgegebenen Mengenverhältnis anfallen (z.B. Milch und Fleisch, Eier und Suppenhühnerfleisch, Wolle und Schaffleisch) oder die Produkte beanspruchen gemeinsam begrenzt verfügbare Produktionsfaktoren (z.B. Boden, Arbeit). Im ersten Fall spricht man von **Koppelproduktion** (auch **Kuppelproduktion**), im zweiten Fall von **konkurrierender oder alternativer Produktion**.

Da in der landwirtschaftlichen Erzeugung die alternative Produktion vorherrschend ist, soll für diesen Fall das Problem des inversen Angebotsverhaltens dargestellt werden. Zunächst wird angenommen, dass der Betrieb in der Ausgangssituation mit bester Technologie produziert und seinen Gewinn maximiert und auch weiterhin maximieren will. In dem betrachteten Betrieb gibt es demnach keine Effizienzreserven. Bei gegebenem Faktoreinsatz wird so viel wie maximal möglich produziert, und die gegebene Produktionsmenge wird zu minimalen Kosten erstellt.

Die Möglichkeiten, die ein einzelner Betrieb im Fall alternativer Produktion hat, lassen sich im Zwei-Produkt-Fall mit Hilfe der **Produktionsmöglichkeiten-** bzw. **Transformationskurve** aufzeigen. Eine solche Kurve ist im *Schaubild 3.9* dargestellt.

Die Transformationskurve gibt an, welche Güterkombinationen der Betrieb bei gegebenem Stand der Technik und gegebener Ausstattung mit den begrenzenden Produktionsfaktoren (z.B. Boden) maximal produzieren kann.

Er wird bei gegebenen Produktpreisen die Güterkombination produzieren, die bei der Zielsetzung Gewinnmaximierung einen maximalen Gewinn erwirtschaftet. Dies wird dort sein, wo die **Isoerlöskurve** (I_0), die die Preisrelationen angibt, die Transformationskurve (Produktionsmöglichkeitenkurve) tangiert[16]. Nehmen wir an, dies sei im Punkt Q_0 der Fall. Sinkt der Preis des Gutes 1, dann wird für jede Produktionsmenge von Gut 1 ein geringerer Gewinn erzielt. Generell gilt, dass die Preissenkung für das Gut 1 dazu führt, dass sich die relative Vorzüglichkeit der Produktion von Gut 1 verringert und die von Gut 2 erhöht. Folglich wird die neue Isoerlöskurve (I_1) die Transformationskurve in einem Punkt berühren (Q_1), bei dem mehr von Gut 2 und weniger von Gut 1 produziert wird. Aus dieser Überlegung können wir die Folgerung ziehen:

Bestehen für einen landwirtschaftlichen Betrieb alternative Produktionsmöglichkeiten, so wird die Preissenkung eines Gutes bei Rationalverhalten dazu führen,

---

16 Für die Definition der Transformationskurve gilt
$K = K(q_1, q_2)$
mit
K = Kosten, und
q_1, q_2 = produzierte Gütermenge von Gut 1 und Gut 2.

Für die Kostenänderung gilt:

$$dK = \frac{\partial K}{\partial q_1} \cdot dq_1 + \frac{\partial K}{\partial q_2} \cdot dq_2 .$$

Da für Bewegungen auf der Transformationskurve die Kostenänderung (d.h. dK) Null ist, folgt:

$$\frac{\frac{\partial K}{\partial q_1}}{\frac{\partial K}{\partial q_2}} = -\frac{dq_2}{dq_1}.$$

Die Grenzrate der Transformation ist demnach gleich der umgekehrten Relation der Grenzkosten der Güter. Im Tangentialpunkt mit der Geraden, die die Preisrelationen angibt, gilt daher:

$$\frac{\frac{\partial K}{\partial q_1}}{\frac{\partial K}{\partial q_2}} = \frac{p_1}{p_2}.$$

Der Tangentialpunkt gibt somit ein Gewinnmaximum an; für die Produktion eines jeden Gutes gilt dann, dass die Grenzkosten gleich dem Preis sind.

dass die produzierten Mengen der im Preis unveränderten Güter zu Lasten des Gutes mit gesunkenem Preis ausgedehnt werden. Da in der Regel eine alternative Produktion im landwirtschaftlichen Betrieb möglich ist, können wir erwarten, dass Einzelpreissenkungen nicht zu einer Ausdehnung, sondern zu einer Einschränkung der Produktionsmenge dieses Gutes führen werden. Sinkt z.B. der Milchpreis, so werden die Landwirte bei Rationalverhalten nicht versuchen, die Milchproduktion zu steigern, sondern stattdessen eine Alternativproduktion, z.B. die Schweineproduktion, ausdehnen. In der Tat zeigen auch einzelbetriebliche Kalkulationen, dass eine Milchpreissenkung bei einem einzelnen Betrieb zu einer Erhöhung der Schweineproduktion führen wird.

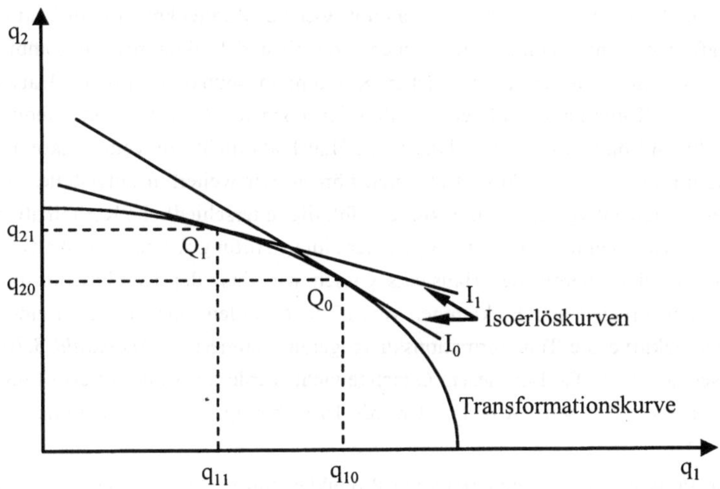

Schaubild 3.9: Änderung der Produktionsstruktur als Folge einer Einzelpreisvariation

Preissenkungen für einzelne Produkte können kurzfristig aber auch zu einer Produktionssteigerung des betrachteten Produktes führen, wenn der Betrieb in der Ausgangssituation nicht mit bester Technologie produziert hat. Technische Fortschritte werden bekanntlich als Folge von Druck- und Anreizmechanismen eingeführt. Preissenkungen werden verstärkt Druck auf die Betriebe ausüben. Es kann daher sein, dass einzelne Betriebe erst durch die Preissenkung veranlasst werden, zu kostensenkenden und angebotssteigernden Technologien überzugehen. Allerdings wird dieser Effekt nicht unbegrenzt auftreten können, sondern nur bis zu dem Zeitpunkt, zu dem die bekannten Technologien voll ausgeschöpft sind. Bei weiteren Preissenkungen würde dann wieder mit einem Rückgang des Angebots zu rechnen sein.

Inverse Angebotsreaktionen bei Senkung des Agrarpreisniveaus

Im Folgenden soll gezeigt werden, dass es kurzfristig durchaus mit Rationalverhalten vereinbar sein kann, wenn der einzelne Betrieb auf Preissenkung für alle Agrarprodukte mit einer Erhöhung des Angebots reagiert, selbst wenn in der Ausgangssituation mit bester Technologie produziert wird.

Im *Schaubild 3.10* wird angenommen, dass der landwirtschaftliche Unternehmer die Möglichkeit hat, die Höhe seines Einkommens durch die Höhe seines Arbeitseinsatzes festzulegen. Würde er zum Beispiel überhaupt nicht arbeiten, also eine maximal mögliche Freizeit – wir unterstellen 16 Stunden – realisieren, so wäre sein Einkommen Null. Je geringer seine Freizeit ist, umso länger ist demnach seine Arbeitszeit und umso höher wird sein Einkommen sein. Folglich gibt es eine Transformationskurve, die angibt, welche Möglichkeiten dem landwirtschaftlichen Unternehmer offen stehen, Freizeit und Einkommen zu kombinieren. Von diesen technisch möglichen Kombinationspunkten wird der Haushalt diejenige Kombination wählen, die ihm den höchsten Nutzen stiftet. Wenn wir annehmen können, dass der Nutzen des Haushalts nicht nur vom Einkommen, sondern auch von der Freizeit abhängt, können wir weiterhin unterstellen, dass es eine Vielzahl von Indifferenzkurven gibt, die unterschiedliche Kombinationen von Einkommen und Freizeit bei gleicher Nutzenstiftung für den Haushalt angeben. Aus der Theorie des Haushalts wissen wir, dass der Kombinationspunkt zwischen Freizeit und Einkommen verwirklicht werden muss, bei dem eine Indifferenzkurve die Transformationskurve gerade tangiert. In *Schaubild 3.10* ist dieses der Punkt P_0. Bei diesem Gleichgewicht würde der Haushalt also Freizeit F_0 genießen, d.h. seine Arbeitszeit würde $16\text{-}F_0$ betragen; sein Einkommen wäre dann Y_0.

Eine Preissenkung bei den erstellten Produkten führt nun dazu, dass die Transformationskurve sich um den Schnittpunkt der Abszisse nach unten dreht. Im *Schaubild 3.10* wird unterstellt, dass sich die Transformationskurve nach T_1 verlagert. Offensichtlich ist es dann dem Haushalt nicht mehr möglich, den Punkt P_0 zu verwirklichen. Aufgrund dieser neuen objektiven Tatsache wird der Haushalt sich bemühen, einen neuen Gleichgewichtspunkt zu finden. Das wird wiederum der Punkt sein, bei dem die neue Transformationskurve T_1 eine Indifferenzkurve tangiert. In *Schaubild 3.10* ergibt das den Punkt P_1. Beim Kombinationspunkt P_1 ist die Freizeit von F_0 auf F_1 gesunken. Die Einkommenssenkung ist aber niedriger als bei unveränderter Freizeit F_0. Der Haushalt hat also aufgrund der Preissenkung Freizeit gegen Einkommen substituiert, um seinen Nutzen zu maximieren. Er ist dem Preisdruck durch Anpassung etwas ausgewichen; die Nutzenminderung als Folge des Preisdrucks ist damit nicht so hoch, wie sie ohne Anpassung wäre.

Wenn wir unterstellen, dass die Produktionsmenge vom Arbeitseinsatz abhängig ist (siehe den unteren Teil von *Schaubild 3.10*), dann führt die Preissenkung über einen erhöhten Arbeitseinsatz zu einer höheren Produktionsmenge. Daraus folgt: Bei sinkenden Preisen steigt die Angebotsmenge.

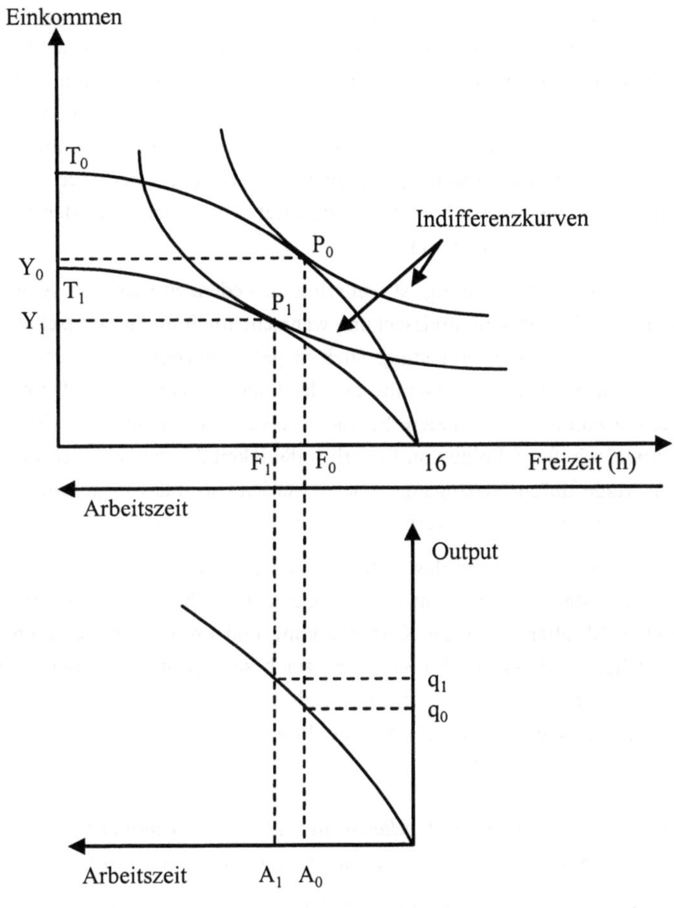

Schaubild 3.10: Zeitaufteilung in Abhängigkeit von der Höhe des Agrarpreisniveaus

Steigendes Angebot bei sinkenden Preisen kann jedoch nur kurzfristig mit Rationalverhalten vereinbar sein. Bei einer längerfristigen Betrachtung muss bedacht werden, dass der Faktoreinsatz aller variablen Faktoren als Folge der Preissenkung zurückgehen muss.

In Kapitel 2.5, Gleichung (2.58), wurde gezeigt, dass die Faktoreinsatzmenge gewinnmaximal ist, bei der die Wertgrenzproduktivität mit dem Faktorpreis identisch ist. Wenn nun die Produktpreise sinken, so führt das gleichzeitig dazu, dass die Wertgrenzproduktivität der Faktoren sich verringert, d.h. die Faktornachfragekurven werden sich gegen ihren Ursprung verlagern. Als Folge davon ist eine geringere Faktoreinsatzmenge gewinnmaximal.

Wenn aber bei Rationalverhalten der Einsatz aller anderen Faktoren außer Arbeit als Folge einer Preissenkung bei fallenden Grenzproduktivitäten eingeschränkt werden muss, folgt daraus, dass durch den verringerten Einsatz dieser Faktoren gleichzeitig angebotsmindernde Wirkungen auftreten. Dieser verringerte Einsatz anderer Faktoren kann auch nicht bzw. nur in sehr geringem Maße durch verstärkten Arbeitseinsatz ausgeglichen werden, da bei bestehender Technologie sich die Faktoren überwiegend komplementär verhalten. Hierdurch wird also dem Effekt, der von einer erhöhten Arbeitseinsatzmenge bei sinkenden Produktpreisen ausgeht, entgegengewirkt.

Bei längerfristiger Betrachtung ist weiterhin zu bedenken, dass der Arbeitseinsatz als Folge einer Produktpreissenkung wahrscheinlich im landwirtschaftlichen Sektor – allerdings nicht unbedingt auch in jedem einzelnen Betrieb – eingeschränkt wird, weil (a) Arbeitskräfte aus der Landwirtschaft als Folge der Einkommensverminderung in andere Sektoren abwandern werden und (b) die aus der Landwirtschaft als Folge von Erwerbsunfähigkeit Ausscheidenden in abnehmendem Maße durch Neuzugänge ersetzt werden. So muss insgesamt bei sinkenden Preisen ein normaler Verlauf einer Angebotskurve erwartet werden.

Kurz- und mittelfristig kann das sektorale Angebot bei Senkung des Agrarpreisniveaus auch steigen, weil zum einen einzelne Betriebe, die vorher nicht alle technischen Möglichkeiten der Kostensenkung und Produktionssteigerung ausgeschöpft hatten, durch die Preissenkung zur beschleunigten Einführung neuer Technologien angeregt werden, und zum anderen eine Verdrängung weniger effizienter durch effizientere Betriebe zu einer Produktionssteigerung führen kann.

Spezielle Reaktion landwirtschaftlicher Betriebe auf Einzelpreisvariationen in Abhängigkeit von der Fristigkeit und Änderungsrichtung der Preise

Es ist zu erwarten, dass ein Betrieb auf Preiserhöhungen anders reagiert als auf Preissenkungen; außerdem werden in Abhängigkeit von der Variabilität der Faktoren unterschiedliche Angebotsreaktionen zu erwarten sein. Wir differenzieren daher zwischen der kurzfristigen, mittelfristigen und langfristigen Angebotsreaktion. Mit der Klassifizierung nach der Fristigkeit wird aber nicht eine gegebene Zeitspanne bezeichnet, sondern lediglich eine unterschiedliche Variabilität der Faktoren unterstellt. Eine kurzfristige Reaktion beinhaltet daher, dass ein großer Teil der Faktoren als fix angenommen wird. Bei einer langfristigen Reaktion sind dagegen alle Faktoren variabel. Wann für einzelne Betriebe eine langfristige Reaktion einsetzt, hängt demnach von den betrieblichen Gegebenheiten ab. Wird z.B. ein Stallbau geplant, so gehen die entstehenden Kosten in die variablen Kosten ein; wurde der Stall dagegen erst kürzlich fertig gestellt und bestehen keine alternativen Verwendungen, so werden die Kosten des Stallbaus nicht in die Kostenkalkulation für die laufende Produktion aufgenommen; eine langfristige Reaktion wird dort demnach erst nach mehreren Jahren einsetzen.

Der Sachverhalt unterschiedlicher Angebotsreaktionen ist im *Schaubild 3.11* dargestellt.

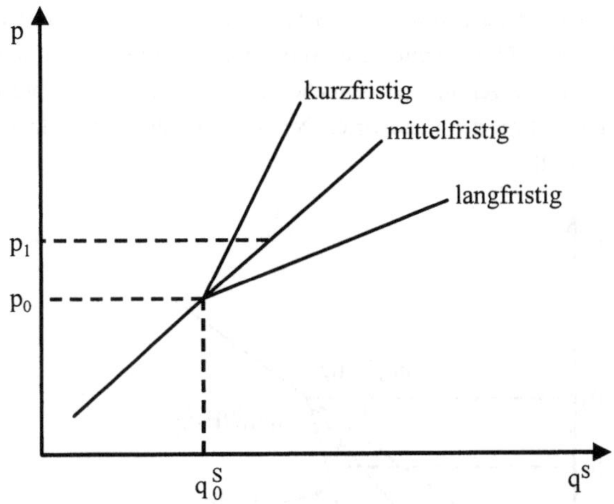

Schaubild 3.11: Angebotskurven in Abhängigkeit von der Fristigkeit

Kurzfristig wird der Betrieb sein Angebot nicht durch eine Erhöhung der Produktionsmenge steigern können, weil er auf den Produktionsprozess keinen Einfluss mehr nehmen kann. Erhöhen sich z.B. die Getreidepreise kurz vor der Ernte, dann wird der landwirtschaftliche Betrieb die Produktionsmenge nicht mehr beeinflussen können; dennoch kann aber das Marktangebot möglicherweise erhöht werden, wenn die innerbetriebliche Verwendung des Produktes verringert wird. Eine Erhöhung des Preises für Futterweizen kann im landwirtschaftlichen Betrieb z.B. dazu führen, dass an Stelle des Futterweizens der relativ billigere Mais im eigenen Betrieb verfüttert wird und dass dadurch das Marktangebot des Betriebes von Weizen steigt; die Angebotskurve ist daher nicht völlig unelastisch.

Mittelfristig kann der Betrieb auf eine Erhöhung der Produktpreise durch eine Erhöhung der **speziellen Intensität** reagieren. Er kann z.B. bei gegebener Anbaufläche von Weizen durch eine erhöhte Düngergabe und verbesserte Pflanzenpflege- und Pflanzenschutzmaßnahmen zu einer Steigerung der Flächenerträge beitragen und damit das Marktangebot steigern.

Rechnet der Betrieb langfristig mit einem höheren Produktpreis, so wird er sich dem erhöhten Preis durch eine Änderung der Produktionsrichtung und/oder Änderung der Produktionskapazität anpassen. Er wird z.B. bei einer Erhöhung des Weizenpreises die Fruchtfolge ändern, um mehr Flächen mit Weizen anbauen zu können.

Zusammenfassend kann gesagt werden, dass der landwirtschaftliche Betrieb mittelfristig stärker als kurzfristig und langfristig stärker als mittelfristig auf Preisanhebungen einzelner Produkte reagieren wird.

Sinken die Produktpreise, so wird in der Regel der Betrieb kurz- und mittelfristig nicht die gleichen Möglichkeiten zur Anpassung der Produktion haben wie bei einer Produktpreissteigerung. Wir sprechen in diesem Fall von einer **irreversiblen Angebotsreaktion** der Landwirte. Der Sachverhalt ist im folgenden *Schaubild 3.12* dargestellt.

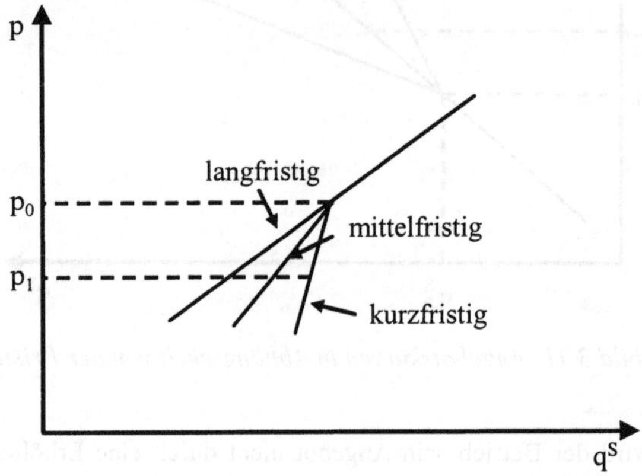

Schaubild 3.12: Irreversible Angebotsreaktion bei einer Produktpreissenkung

Bei einer Preissenkung knickt die Angebotskurve bei kurzfristiger Betrachtung nach unten ab; einige Faktoren, die bei einer Preisanhebung als variable Inputs erscheinen, erweisen sich bei einer Preissenkung als fix. Hat z.B. ein landwirtschaftlicher Betrieb vor wenigen Jahren einen neuen Kuhstall gebaut, so wird sich bei einer Milchpreissenkung die Angebotsmenge wenig verändern. In die Kostenkalkulation geht in diesem Fall der Stallbau nicht mit seinen Anschaffungskosten ein, sondern mit seinen **Opportunitätskosten**. Der landwirtschaftliche Betriebsinhaber hat zu fragen, ob er für den Kuhstall eine alternative Verwendung außerhalb der Milchproduktion hat. Ist dieses nicht der Fall, so sind die Kosten für den Stall in der Milchproduktion nur in Höhe der Unterhaltungskosten zur Aufrechterhaltung der Funktionsfähigkeit des Stalles anzusetzen.

Langfristig wird allerdings die Angebotsreaktion der Landwirte auf Preissenkungen ähnlich sein wie auf Preiserhöhungen, da langfristig alle Produktionsfaktoren variabel sind.

3.3 Elastizitätsanalyse

Informationen über die Intensität der Angebotsreaktion auf Preisänderungen gibt die **Angebotselastizität** (**Preiselastizität des Angebots**). Die Angebotselastizität gibt an, um wie viel Prozent sich die angebotene Menge ändert, wenn sich der Produktpreis um 1 % verändert:

$$\varepsilon^S = \frac{\frac{dq^S}{q^S}}{\frac{dp}{p}}. \tag{3.12}$$

Die grafische Ermittlung der Angebotselastizität wird im folgenden *Schaubild 3.13* für einen bestimmten Punkt einer Angebotskurve dargestellt.

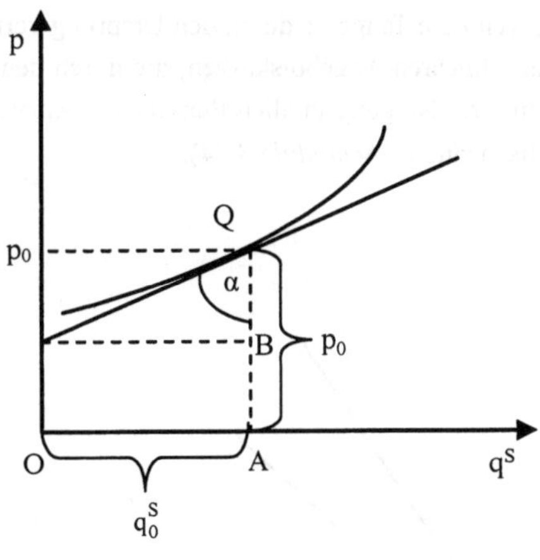

Schaubild 3.13: Grafische Ableitung der Preiselastizität des Angebots

Im *Schaubild 3.13* wird für den Punkt Q die Größe der Angebotselastizität gesucht. Ausgehend von der Definitionsformel für die Elastizität kann auch geschrieben werden:

$$\varepsilon^S = \frac{dq^S}{dp} \cdot \frac{p_0}{q_0^S}. \tag{3.13}$$

Aus *Schaubild 3.13* kann man ablesen, dass der Differentialquotient dq^S/dp gleich ist dem Tangens des Winkels α. Wir können daher für diesen Differentialquotienten auch schreiben:

$$\frac{dq^S}{dp} = \frac{\overline{OA}}{\overline{BQ}} \tag{3.14}$$

und für

$$\frac{p_0}{q_0^S} = \frac{\overline{AQ}}{\overline{OA}}.$$

Werden diese Ausdrücke in die Definitionsformel eingesetzt, so erhält man

$$\varepsilon^S = \frac{\overline{OA}}{\overline{BQ}} \cdot \frac{\overline{AQ}}{\overline{OA}} = \frac{\overline{AQ}}{\overline{BQ}}. \tag{3.15}$$

Im betrachteten Punkt Q ist demnach die Angebotselastizität größer als Eins. Grundsätzlich gilt: Schneidet die Tangente, welche die Angebotskurve in dem Punkt berührt, für den die Elastizität ermittelt werden soll, die Ordinate im positiven Teil, so ist die Preiselastizität des Angebots größer als Eins. Wird die Ordinate im negativen Bereich geschnitten, so ist die Elastizität kleiner als Eins. Die Elastizität ist Eins, wenn die Tangente durch den Ursprung verläuft. Daraus folgt gleichzeitig, dass alle linearen Angebotskurven, die durch den Ursprung verlaufen, unabhängig von ihrer Neigung in allen Punkten die Angebotselastizität Eins haben, also isoelastisch sind (s. *Schaubild 3.14*).

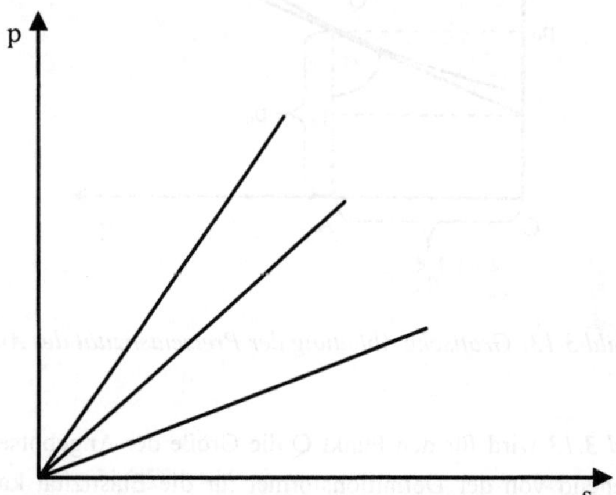

Schaubild 3.14: Isoelastische Angebotskurve mit $\varepsilon^S = 1$

Bestimmungsgründe der Angebotselastizitäten bei Agrarprodukten

Die Bestimmungsgründe der Angebotselastizität lassen sich am besten aufzeigen, wenn mit dem Entscheidungsproblem eines einzelnen Betriebes begonnen wird.

Das Problem soll daher mit Hilfe von *Schaubild 3.15* für den Fall alternativer Produktion strukturiert werden.

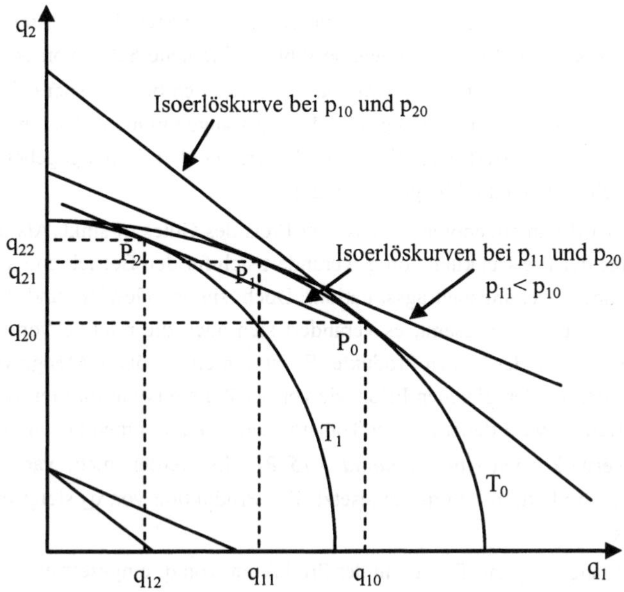

Schaubild 3.15: Angebotsreaktion bei einer partiellen Produktpreissenkung

Im *Schaubild 3.15* wird unterstellt, dass der landwirtschaftliche Betrieb bei gegebener Preis-Kosten-Situation eine bestimmte Produktionskapazität verwirklicht. Diese ermöglicht es ihm, alle Kombinationen der Produkte q_1 und q_2 zu produzieren, die auf der Transformationskurve T_0 liegen. Es wird unterstellt, dass der Betrieb die Produktkombination wählen wird, bei der der Gewinn bzw. der Deckungsbeitrag maximiert ist[17]. Es soll angenommen werden, dass bei langfristiger Planung alle Faktoren als variabel betrachtet werden können. Daher ist in

---

[17] Die Definitionsgleichung für den Deckungsbeitrag (DB) lautet:

$DB = p_1q_1 + p_2q_2 - K_1(q_1) - K_2(q_2)$

mit

$K_1(q_1)$ = variable Kosten, die durch die Produktion des Gutes 1 entstehen und

$K_2(q_2)$ = variable Kosten, die durch die Produktion des Gutes 2 entstehen.

Die Definitionsgleichung für den Gewinn lautet dagegen:

$G = p_1q_1 + p_2q_2 - K_1(q_1) - K_2(q_2) - K_f$

mit

K_f = fixe Kosten, d.h. von der Produktion unabhängige Kosten.

Die Änderung des Deckungsbeitrags und des Gewinns als Folge von Produktionsmengenvariationen ist

$$\frac{\partial DB}{\partial q_1} = \frac{\partial G}{\partial q_1} = p_1 - \frac{\partial K_1}{\partial q_1} \text{ und } \frac{\partial DB}{\partial q_2} = \frac{\partial G}{\partial q_2} = p_2 - \frac{\partial K_2}{\partial q_2}.$$

einer solchen Situation der Deckungsbeitrag identisch mit dem Gewinn. Strebt der Betrieb Gewinnmaximierung an, so wird er den Kombinationspunkt wählen, der einen Tangentialpunkt von Transformationskurve und einer **Isoerlöskurve** darstellt. Es gibt eine Vielzahl von Isoerlöskurven bei gegebenen Produktpreisrelationen. Ändern sich die Preisrelationen, so gibt es eine neue Schar von Isoerlöskurven. Dieser Sachverhalt ist im *Schaubild 3.15* mit den beiden Isoerlöskurven in der Nähe des Ursprungs dargestellt. Es wird angenommen, dass in der Ausgangsituation P_0 realisiert wird. Somit produziert der Betrieb bei gegebenen Preis-Kostenverhältnissen die Mengen q_{10} und q_{20}.

Im Folgenden wird nun angenommen, dass der Preis des Gutes q_1 sinkt. Als unmittelbare Folge der Preissenkung von q_1 verändert sich für den Betrieb uno actu die Gewinn- und Deckungsbeitragssituation. Doch sinken Gewinn und Deckungsbeitrag nicht nur insgesamt, es verändert sich auch die relative Vorzüglichkeit der Produktion der beiden Produkte. Es ist nun eine größere Menge von q_1 zu produzieren, um den gleichen Erlös wie vor der Preissenkung für Gut q_1 zu erzielen. Der Betrieb wird daher auf der Transformationskurve einen neuen Tangentialpunkt verwirklichen (im *Schaubild 3.15* P_1). Es werden mehr variable Faktoren in der Produktion von q_2 eingesetzt. Die Produktion von q_2 steigt und die von q_1 sinkt.

Da mittel- und langfristig ein Teil der in der Produktion von q_1 eingesetzten fixen Faktoren variabel wird, verändert sich der Verlauf der Transformationskurve. Die Produktion von Gut q_2 kann verstärkt zu Lasten der Produktion von Gut q_1 ausgedehnt werden. Da der Unternehmer aber als Folge der Preissenkung von Gut q_1 nicht mehr alle Faktoren so hoch entlohnen kann wie vor der Preissenkung, wird ein Teil der Faktoren aus der landwirtschaftlichen Produktion abgezogen. Es ergibt sich daher eine neue Transformationskurve, die näher am Koordinatenursprung liegt und schwächer gekrümmt ist. Beide Effekte führen zu einer weiteren Einschränkung der Produktion von Gut q_1 und einer weiteren Ausdehnung der Produktion von Gut q_2.

Aufgrund dieser Vorüberlegungen ist es möglich, im Einzelnen die Bestimmungsgründe der Höhe der Angebotselastizität bei Preisvariationen anzugeben:

(1) Die Bedeutung von Produktpreisvariationen für die Höhe des Deckungsbeitrags und Gewinns: Produktpreisvariationen haben eine doppelte Wirkung. Zum einen verändern sie die Neigung der Isoerlöskurve, die die Preisrelation angibt, und die Neigung der Transformationskurve. Zum anderen führen sie zu einer Verlagerung der Transformationskurve und zwar bei einer Preissenkung gegen den Ursprung und bei einer Preissteigerung vom Ursprung weg. Eine Preisänderung wird daher bei gegebenen innerbetrieblichen Substitutionsmöglichkeiten und Möglichkeiten der Kapazitätsänderung umso weniger zu einer Produktionsänderung führen, je kleiner die Änderung des Gewinns oder Deckungsbeitrags ist. Daraus ergeben sich folgende Verallgemeinerungen:

(a) Eine 1%ige Preisänderung eines Produkts, das in enger Verbindung mit anderen Produkten erstellt wird (Koppelproduktion), wird eine geringere Produktionsänderung nach sich ziehen als eine 1%ige Preisänderung eines Produkts, dessen Produktion partiell variiert werden kann. Eine Produktionsänderung wird bei einem Produkt umso weniger eintreten, je höher der Deckungsbeitrag des Koppelprodukts ist. Daraus folgt z.B., dass die Angebotselastizität von Milch auch eine Funktion von der Höhe des Rindfleisch- und Kälberpreises ist. Bei einem hohen Kalb- und Rindfleischpreis sind die Erlöse dieses Koppelprodukts der Milchproduktion vergleichsweise hoch. Eine Milchpreissenkung wird dann zu einer kleineren Reduzierung des Milchangebots führen als bei einem niedrigen Kalb- und Rindfleischpreis.

(b) Betriebe mit einer Vielzahl von Produktionszweigen werden in der Regel weniger stark auf Einzelpreisvariationen reagieren; in diesem Fall wird der Deckungsbeitrag des Betriebs durch eine Einzelpreisänderung nicht so sehr verändert wie bei stark spezialisierten Betrieben.

(c) Ein Unterschied zwischen kurz-, mittel- und langfristiger Angebotselastizität wird ceteris paribus vom Fixkostenanteil an den Gesamtkosten bestimmt. Der Fixkostenanteil bestimmt die Unterschiede in der Veränderung der Neigung der Transformationskurve und das Ausmaß der Verlagerung der Transformationskurve.

(2) Die Bedeutung innerbetrieblicher Substitutionsmöglichkeiten: Innerbetriebliche Substitutionsmöglichkeiten charakterisieren den Verlauf der Transformationskurve. Sie zeigen an, in welchem Ausmaß der Rückgang der Produktion des einen Gutes durch eine Steigerung der Produktion des anderen Gutes erhöht werden kann. Je größer die Substitutionsmöglichkeiten sind, umso flacher verläuft die Transformationskurve und je geringer die Substitutionsmöglichkeit, umso stärker ist diese gekrümmt.

Untersucht man die landwirtschaftliche Produktion im Hinblick auf innerbetriebliche Substitutionsmöglichkeiten, so erscheint es zweckmäßig, eine Unterscheidung in Ackerbaufrüchte und tierische Produkte vorzunehmen. Bei den Ackerbaufrüchten ist insbesondere wegen des gemeinsam genutzten Produktionsfaktors Boden eine weitgehende Substitution möglich. Die Substitution eines bestimmten Produkts bei Einzelpreisvariationen wird umso größer sein,

- je mehr Ackerfrüchte mit ähnlichen Ansprüchen an gemeinsam genutzte Produktionsmittel angebaut werden und
- je größer die Anbaufläche anderer Ackerfrüchte im Verhältnis zur Anbaufläche der betrachteten Pflanze ist.

Daraus folgt, dass z.B. die Angebotselastizitäten für einzelne Getreidearten höher sein werden als für Getreide insgesamt.

Bei der Diskussion der Bestimmungsgründe der Angebotselastizitäten tierischer Produkte ist es zweckmäßig, zwischen Raufutterfressern und Getreidefressern zu differenzieren. Die Produktion von Raufutterfressern steht in engem Zusammenhang mit der Bodenproduktion, so dass eine Produktionsänderung nur zugunsten oder zulasten der Ackerbaufrüchte möglich ist. Allerdings ist zu erwarten, dass nicht zuletzt aufgrund der biologischen Bedingungen eine Änderung der Produktionsmenge langfristig bedeutend leichter möglich sein wird als kurzfristig. Dies gilt nicht unbedingt für den einzelnen Betrieb, jedoch für die Landwirtschaft insgesamt.

Getreidefresser stehen dagegen in einem losen Zusammenhang mit der übrigen landwirtschaftlichen Produktion, so dass bei gegebenen Produktionskapazitäten eine innerbetriebliche Substitution weniger gut möglich ist.

(3) Möglichkeiten der Variation der betrieblichen Kapazität: Die Möglichkeit, langfristig die Produktionskapazität als Folge einer Produktpreissenkung zu reduzieren und dennoch für den Betriebsinhaber ein ausreichendes Einkommen zu erzielen, hängt vornehmlich von der Produktionsrichtung und der Betriebsgröße ab.

Ist es dem Betrieb nicht möglich, bei einer Preissenkung eines bodenabhängigen Produktes die Flächenausstattung zu erhöhen oder innerbetrieblich aufzustocken, so verbleibt dem Landwirt lediglich zu überprüfen, ob innerhalb der gegebenen Betriebsgröße ein ausreichendes Einkommen erzielt werden kann. Ist dieses nicht möglich – was für eine Anzahl von Betrieben gilt – so wird langfristig der Übergang zu einer außerlandwirtschaftlichen Tätigkeit notwendig. Häufig wird die Betriebsaufgabe allerdings erst mit dem Generationswechsel erfolgen. Da in der Regel Betriebsinhaber nur dann zur Betriebsaufgabe bereit sein werden, wenn sie auch eine angemessene außerlandwirtschaftliche Tätigkeit finden, spielt die gesamtwirtschaftliche Arbeitsmarktlage für die **preisinduzierte Abwanderungsrate** aus der Landwirtschaft eine entscheidende Rolle.

Die Betriebsaufgabe als Folge von Einzelpreissenkungen wird besonders bei Betrieben notwendig, die spezialisierte bodenunabhängige Produkte (z.B. Getreidefresser) erzeugen. Da hier eine Anpassung innerhalb der gegebenen Kapazitäten an geänderte Preis-Kosten-Relationen nur begrenzt möglich ist, führen Preissenkungen bereits mittelfristig zu einer Verringerung der Zahl der Betriebe.

Diese Ausführungen haben deutlich gemacht, dass Einzelpreissenkungen zu einer Änderung der Produktionskapazität bei bestehenden Betrieben und zur Aufgabe einzelner Betriebe führen können. Die Aufgabe oder Einschränkung der einzelnen Produktionsrichtungen wird somit von der **Mobilität der Faktoren** bestimmt. Liegt eine relativ hohe Faktormobilität vor, reagieren die Faktoren auf Einkommensunterschiede relativ stark. In diesem Fall werden Produktpreisänderungen zu einer relativ großen Änderung des Faktoreinsatzes und damit der Produktionsmengen führen. Da die Faktoren langfristig als relativ mobil angesehen werden können, wird die Angebotselastizität langfristig bei allen Produkten relativ hoch sein.

Bezüglich der Angebotselastizität von Agrarprodukten insgesamt wird häufig angenommen, dass diese bei Preissenkungen relativ niedrig ist, da in diesem Fall eine innerbetriebliche Substitutionsmöglichkeit entfällt. Bei dieser Überlegung wird aber vernachlässigt, dass aufgrund eines verringerten Kapital- und Arbeitseinsatzes selbst bei gegebener Bodenfläche in der Agrarproduktion für den verbleibenden Arbeitseinsatz im Agrarsektor ein ausreichendes Einkommen zu erzielen ist. Es kann daher vermutet werden, dass der Arbeitseinsatz langfristig bei einer Preisniveausenkung stark reduziert wird. Selbstverständlich ist eine Agrarpreisniveausenkung mit einer Veränderung der Produktionsstruktur verbunden. Arbeitsintensive Agrarprodukte werden zugunsten arbeitsextensiver Agrarprodukte eingeschränkt werden.

Gegen die Hypothese, dass bei sinkenden Preisen die Agrarproduktion sinkt, scheint die Entwicklung auf den Agrarmärkten der EU seit der zweiten Hälfte der achtziger Jahre zu sprechen. Trotz erheblicher realer Agrarpreissenkungen ist die Agrarproduktion gestiegen. Hieraus kann aber nicht gefolgert werden, dass die Hypothese von der positiven Steigung der Angebotskurve widerlegt ist. Das Angebot ist wahrscheinlich gestiegen, weil sich die Angebotskurve als Folge beschleunigter Einführung technischer Fortschritte und eines beschleunigten Strukturwandels nach rechts verlagert hat. Diese verstärkten Verlagerungen der Angebotskurve werden aber nur solange möglich sein, bis alle Betriebe die effizienteste Technologie übernommen haben. Langfristig ist dagegen als Folge der Preissenkung auch eine geringere Wirkung technischer Fortschritte zu erwarten.

Zur empirischen Ermittlung von Angebotselastizitäten

Grundsätzlich kann man Angebotselastizitäten durch folgende Methoden ermitteln: (a) Aufgrund von Zeitreihen mit Hilfe **ökonometrischer Modelle** (positive Modelle) und (b) aufgrund von **Aktivitätsmodellen (normative Modelle**).

Mit Hilfe ökonometrischer Modelle soll festgestellt werden, wie sich die Landwirte in der Vergangenheit bei Preisänderungen verhalten haben. Da aber die angebotene Menge nicht nur vom Preis des betrachteten Produkts, sondern von einer Vielzahl anderer Faktoren abhängig ist, wird es meist nicht möglich sein, alle angebotsbestimmenden Faktoren in ökonometrische Modelle aufzunehmen. Insbesondere gilt dieses für die Variablen "technischer Fortschritt" und "Strukturwandel". Es kann daher nicht stets richtig ermittelt werden, inwieweit sich die angebotene Menge durch Bewegungen auf einer gegebenen Angebotskurve, d.h. durch Preisänderungen, oder durch Verlagerung der Angebotskurve, d.h. durch technische Fortschritte und Strukturwandel, verändert hat. Hinzu kommt, dass die Schwankungsbreite der Preise häufig sehr gering ist, so dass aus Daten der Vergangenheit nicht verlässlich ermittelt werden kann, wie sich die Landwirte z.B. bei erheblichen Preissenkungen von 10 % oder mehr verhalten würden.

Mit Aktivitätsmodellen wird ermittelt, welche Produktionsmenge bei gegebenen Produkt- und Faktorpreisen sowie gegebener Faktorausstattung eines Betriebs optimal ist. Man kann mit Hilfe eines solchen Modells auch feststellen, wie der einzelne Betrieb seine Produktionsstruktur und damit seine Angebotsmengen bei Variation eines einzelnen Produktpreises verändern wird. Allerdings muss man bei solchen Berechnungen stets eine bestimmte Zielfunktion des Unternehmers unterstellen. Es wird z.B. angenommen, dass der landwirtschaftliche Betriebsinhaber versucht, den Deckungsbeitrag seines Betriebs zu maximieren. Selbstverständlich muss in den Aktivitätsmodellen nicht stets eine solche Zielsetzung unterstellt werden, doch irgendeine Zielsetzung (= Norm) muss angenommen werden. Aus diesem Grund werden diese Modelle auch normative Modelle genannt.

Der Vorteil dieser Modelle liegt darin, dass man mit ihnen auch Preissenkungen simulieren kann; allerdings kann man nicht ermitteln, wie die Produzenten tatsächlich reagieren werden. Es kann durchaus sein, dass eine Reihe von Produzenten auf Preissenkungen weniger stark reagieren als im Modell ausgerechnet wurde, weil sie eine andere Zielsetzung als im Modell unterstellt anstreben oder auch, weil sie sich aufgrund einer allgemeinen Trägheit nicht optimal an die geänderten Preisrelationen angepasst haben.

Mit Hilfe solch normativer Modelle kann man zeigen, dass insbesondere auch auf dem Milchmarkt die Unterschiede zwischen kurz-, mittel- und langfristiger Preiselastizität des Angebots besonders groß sind.

Die Ermittlung von Angebotselastizitäten mit Hilfe einzelbetrieblicher Modelle stößt allerdings auch auf einige kaum zu lösende Schwierigkeiten:

(a) Es wird in der Regel nicht möglich sein, für alle existierenden Betriebe Modellrechnungen durchzuführen. Man wird sich somit auf eine Stichprobe beschränken müssen. Damit stellt sich die Frage, nach welchen Kriterien sich die Auswahl der Betriebe (= Stichprobe) richten soll. Würde man sich lediglich auf Betriebe beschränken, die durchschnittliche Bedingungen repräsentieren, so wäre das Ergebnis unbrauchbar. Ist man an Informationen über Reaktionen des Marktangebots interessiert, so ist vornehmlich zu prüfen, wie die **Grenzbetriebe** auf Preisänderungen reagieren.

Grenzbetriebe sind solche Betriebe, die bei gegebenen Preisen gerade noch existenzfähig sind oder gerade noch eine innerbetriebliche Wettbewerbsfähigkeit der betroffenen Produktion aufweisen.

Die genaue Erfassung dieser Grenzbetriebe ist kaum möglich, da die innerbetriebliche Wettbewerbsfähigkeit – wie oben gezeigt wurde – entscheidend von der Variabilität der Faktoren abhängt. Bei einem Betrieb mit gegebener Stallkapazität und gegebenem Arbeitseinsatz kann die Milchproduktion selbst bei Preissenkungen von 10 % und 20 % gegenüber alternativen Produktionen noch innerbetrieblich wettbewerbsfähig sein. Wird dagegen eine größere Stallreparatur oder

der Neubau eines Stalls notwendig, so kann der Betrieb möglicherweise bei gegebenen Preisen bereits ein Grenzbetrieb sein; Preissenkungen können ihn daher zum Ausscheiden aus der Milchproduktion veranlassen.

(b) Neben dem Problem der Auswahl der Betriebe ist in normativen Modellen außerdem eine realitätsnahe Hypothese über die unterschiedliche Variabilität der Faktoren in einzelnen Betrieben ins Modell aufzunehmen. Für diese Hypothese gibt es in der Regel keine ausreichende Datengrundlage.

(c) Schließlich muss geklärt werden, wie die aufgrund der Stichprobe errechneten Angebotsreaktionen auf die Gesamtheit der Betriebe hochgerechnet werden können.

In der *Übersicht 3.1* und *Übersicht 3.2* sind exemplarisch Elastizitätsberechnungen aufgezeigt, die mit Hilfe von Aktivitätsmodellen und in Kombination von Aktivitätsmodellen und ökonometrischen Modellen ermittelt werden. Die Ergeb-

Überblick über ausgewählte Preiselastizitäten des Angebots

Übersicht 3.1: Preiselastizität des Angebots von Milch bei einer 10%igen Preissenkung nach 10 Jahren. Bundesrepublik Deutschland. Ergebnisse von Aktivitätsmodellen

(1) in Abhängigkeit von den Abwanderungsmöglichkeiten	
Abwanderungsmöglichkeit:	Elastizität:
gering	0,65
mittel	1,08
gut	1,56
unbeschränkt	2,56
(2) in Abhängigkeit von der Betriebsgröße (bei mittlerer Abwanderungsmöglichkeit)	
Betriebsgröße in ha:	Elastizität:
bis 10	0,35
10-20	0,46
20-50	0,94
über 50	1,33
(3) in Abhängigkeit von der Fristigkeit (10%ige Preissenkung innerhalb von 5 Jahren; bei mittlerer Abwanderungsmöglichkeit)	
Jahr	Elastizität:
1	0,09
2	0,14
3	0,37
5	0,49
7	0,78
10	1,08
15	1,48
20	1,78

Quelle: *Hanf, C.-H.* und *U. Koester*, Milchpreissenkungen und direkte Einkommensübertragungen. Münster-Hiltrup 1980, S. 217ff.

nisse bestätigen die theoretischen Überlegungen. Die Preiselastizitäten sind kurzfristig erheblich geringer als mittel- und langfristig. Sie sind für größere Betriebe größer als für kleinere und werden erheblich von den Abwanderungsmöglichkeiten bestimmt (siehe *Übersicht 3.1*). *Übersicht 3.2* veranschaulicht, wie sich die Produktionsstruktur bei einer Senkung des Agrarpreisniveaus oder nur der Milchpreise ändern würde.

Übersicht 3.2: Preiselastizität des Angebots im Durchschnitt des 15jährigen Analysezeitraumes 1961/62-1975/76. Ergebnisse von kombinierten Aktivitätsmodellen und ökonometrischen Modellen

	in Bezug auf Senkung aller Agrarpreise um 10 %	in Bezug auf Senkung des Milchpreises um 10 %
Getreide	-1,5	-1,32
Hackfrüchte	0,46	0,10
Sonderkulturen	1,25	-0,05
Bodenproduktion	0,02	-0,57
Milch	0,97	2,02
Rindfleisch	0,88	1,69
Schweine	0,79	-0,12
Geflügel	2,00	-0,09
Tierproduktion	1,01	1,08
Bruttoproduktion	0,62	0,43

Quelle: *Bauer, S.*, Quantitative Sektoranalyse als Entscheidungshilfe für die Agrarpolitik. Volkswirtschaftliche Schriften, Heft 280, Berlin 1979.

3.4 Bestimmungsfaktoren der Änderung des Angebots im Zeitablauf

Bisher haben wir uns lediglich mit **Änderungen der angebotenen Menge** (= Bewegungen auf einer gegebenen Angebotskurve) befasst. Im Folgenden sollen die Bestimmungsfaktoren der **Änderung des Angebots** (= Verlagerung der Angebotskurve) behandelt werden.

Bedeutung der Veränderung anderer Produktpreise für die Änderung des Angebots eines betrachteten Produkts

In Kapitel 3.2 wurde bereits deutlich gemacht (vgl. z.B. *Schaubild 3.9*), dass die optimale Produktionsstruktur eines landwirtschaftlichen Betriebes u.a. von den Preisen der Produkte bestimmt wird, die der landwirtschaftliche Betrieb erzeugen kann. Verändert sich der Preis eines Gutes 2, so bedeutet das gleichzeitig, dass sich hierdurch die relative Vorzüglichkeit der Produktion des Gutes 1 verändert. Steigt p_2, so verlagert sich die Angebotskurve von Gut 1 nach links.

Zu dem gleichen Ergebnis kommt man auch aufgrund einer anderen Überlegung: Bei der Kalkulation der Kosten der Produktion eines bestimmten Gutes hat der Betriebsleiter z.B. für die Bodennutzung kalkulatorische Kosten in Höhe des entgangenen Deckungsbeitrags, der in der Produktion alternativer Produkte erzielt worden wäre, anzusetzen (**Nutzungs-** oder **Opportunitätskosten**). Ändern sich die Preise alternativ zu erstellender Produkte, so bedeutet das gleichzeitig, dass sich die Opportunitätskosten in der Produktion des betrachteten Produkts verändern und sich die Angebotskurve damit verlagert.

Bedeutung der Veränderung der Faktorpreise für die Änderung des Angebots

Bei der Ableitung der Angebotskurve wird unterstellt, dass die Faktorpreise konstant sind. Änderungen der Faktorpreise verändern somit den Verlauf der Angebotskurve. Faktorpreiserhöhungen führen zu einer Verlagerung der Angebotskurve nach oben, Faktorpreissenkungen zu einer Verlagerung der Kurve nach unten.

Änderungen der Faktorpreise sind nicht auch gleichbedeutend mit einer Änderung der Ausgaben der Betriebe. Faktorpreise dienen der Bewertung des Faktoreinsatzes. Unabhängig davon, ob Ausgaben entstehen, sind zur Bewertung der Faktoren stets die Opportunitätskosten (= Alternativeinkommen) zu verwenden. Daraus folgt z.B., dass die Kosten der Milchproduktion zwischen einzelnen Betrieben selbst bei gleicher Produktionstechnik unterschiedlich sein können; dies gilt z.B., wenn die Betriebsleiter unterschiedliche Möglichkeiten haben, Alternativeinkommen zu erzielen.

Bedeutung technischer Fortschritte für die Änderung des Angebots eines betrachteten Produkts

Unter technischem Fortschritt versteht man in den Wirtschaftswissenschaften

(a) die Schaffung neuer Produkte und/oder
(b) den Übergang zu neuen Produktionsverfahren, mit deren Hilfe eine gegebene Produktmenge durch einen geringeren Einsatz von Produktionsfaktoren als bisher erzeugt werden kann oder eine Erhöhung des Produktionsumfangs bei gleich bleibendem Faktoreinsatz möglich ist (siehe *Schaubild 3.16*).

Nach der Definition (b) führt der technische Fortschritt zu einer Verschiebung der Produktionsfunktion nach oben (vgl. *Schaubild 3.16*).

In der Landwirtschaft klassifiziert man nach *Brinkmann* technischen Fortschritt wie folgt:

(a) biologisch-technische Fortschritte,
(b) mechanisch-technische Fortschritte,
(c) organisatorisch-technische Fortschritte.

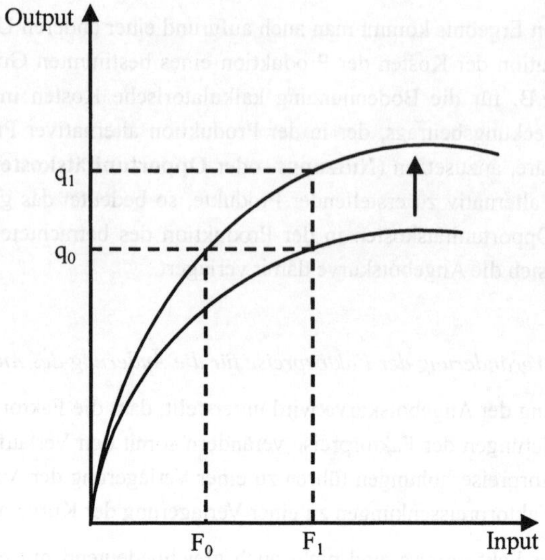

Schaubild 3.16: Wirkung technischer Fortschritte auf die Produktionsfunktion

Der biologisch-technische Fortschritt führt in der Regel zu einer Produktionssteigerung; teilweise wirkt er auch Faktoreinsatz sparend. Der mechanisch-technische Fortschritt führt dagegen vornehmlich zu einer Verringerung des Faktoreinsatzes und weniger zu einer Steigerung der Produktion. Der organisatorisch-technische Fortschritt kann nicht eindeutig in seiner Wirkung zugeordnet werden.

Die Produktion von technischen Fortschritten ist ebenso wie die Übernahme neuer Technologien u.a. von der Höhe der Produktpreise abhängig. Bei höheren Preisen haben Landwirte größere Vorteile von der Einführung neuer Technologien.

3.5 Politikprobleme

Oben wurde gezeigt, dass bei der Verwirklichung der Zielsetzung Gewinnmaximierung ein Betrieb die Faktoren effizient nutzt. Verwirklichen alle Betriebe diese Zielsetzung, dann ist auch das Sozialprodukt in einer Volkswirtschaft maximiert. Alle Faktoren werden effizient genutzt. Aus gesamtwirtschaftlicher Sicht kann es daher ein Problem geben, wenn a) nicht alle Betriebe ihren Gewinn maximieren oder b) die Kalkulation der Betriebe aus gesamtwirtschaftlicher Sicht zu Fehlallokationen führt. Diesen beiden Gründen für gesamtwirtschaftlich suboptimalen Ressourceneinsatz wollen wir im Folgenden nachgehen.

Es ist offensichtlich, dass die im Folgenden zu diskutierenden Politikprobleme normativen Charakter haben. Es wird von der Norm ausgegangen, dass eine Nutzung der Ressourcen, die zu einem maximalen Sozialprodukt führen, wünschenswert ist. Es sind aber nicht alle Menschen Einkommensmaximierer; es mag einige geben, die möglicherweise Trägheit, Geselligkeit oder Müßiggang vor harter Arbeit bevorzugen. Auf diese Probleme wird in der späteren Politikanalyse detaillierter eingegangen. An dieser Stelle wird lediglich die ineffiziente Nutzung von Ressourcen als Problem der Politik gesehen.

3.5.1 Alternative Ziele

Zielsetzung Standardgewinn

Es ist denkbar, dass einige Landwirte nicht Gewinnmaximierung anstreben, sondern lediglich einen **Standardgewinn** oder einen Mindestgewinn erzielen wollen.

Die Zielsetzung Standardgewinn kann dazu führen, dass lediglich eine Zuschlagskalkulation vorgenommen wird. Zu den Produktionskosten wird der Gewinnanspruch als prozentualer oder absoluter Zuschlag addiert, um eine Identität von Marktpreis und Angebotspreis zu erzielen (siehe *Schaubild 3.17*). Da für den Mengenanpasser aber der Marktpreis gegeben ist, muss die Menge angeboten werden, bei der Durchschnittskosten plus Gewinnanspruch gleich dem Markt-

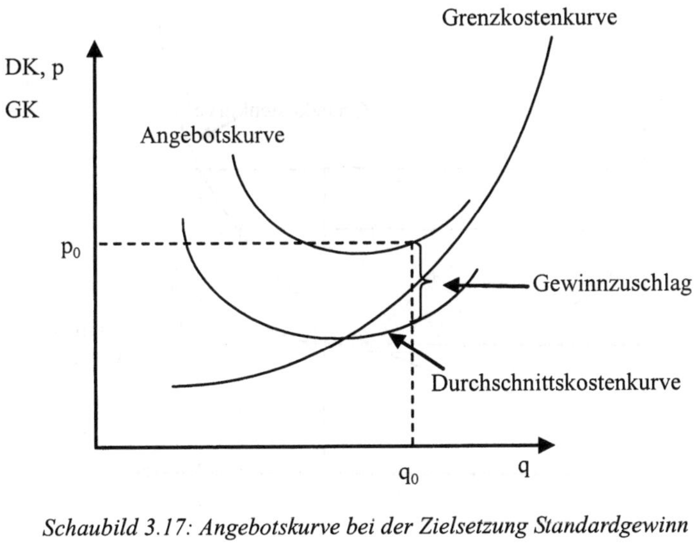

Schaubild 3.17: Angebotskurve bei der Zielsetzung Standardgewinn

preis sind. Da normalerweise im Bereich steigender Durchschnittskosten produziert wird, weist die Angebotskurve einen steigenden Verlauf auf. Die Angebotsmenge wird aber nur im Ausnahmefall mit der Gewinn maximierenden Menge identisch sein (siehe *Schaubild 3.17*). Die angebotene Menge wird daher nicht zu minimalen Kosten produziert. Es liegt betriebswirtschaftlich und auch gesamtwirtschaftlich eine Ressourcenvergeudung vor.

Zielsetzung Mindestgewinn

Das Ziel eines Mindestgewinns könnte von Betriebsinhabern angestrebt werden, die der Freizeit und der landwirtschaftlichen Tätigkeit eine hohe Präferenz beimessen und wenig Unternehmergeist zeigen. Auch in diesem Fall könnte die Angebotskurve nicht aus der Grenzkostenkurve abgeleitet werden; es gibt keine normal verlaufende Angebotskurve. Der Betrieb würde die Menge anbieten, bei der ein Erlös erzielt wird, der um den Mindestgewinn über den Durchschnittskosten liegt.

Würde der Preis steigen, könnte die angebotene Menge sogar verringert werden. Bei erreichtem Mindestgewinn könnte dann beispielsweise noch mehr Freizeit genossen werden. Sinkt dagegen der Preis und damit der Gewinn pro produzierte Mengeneinheit (Stückgewinn), so kann durch eine Ausdehnung der produzierten Menge zwar der gesamte Gewinn möglicherweise erhöht werden, doch kann der Betrieb nicht sicherstellen, dass auch der Mindestgewinn erzielt wird. Dieser Sachverhalt ist im *Schaubild 3.18* dargestellt. In der Ausgangssituation produziert der Betrieb beim Marktpreis p_0 nicht die gewinnmaximale Menge q_0, son-

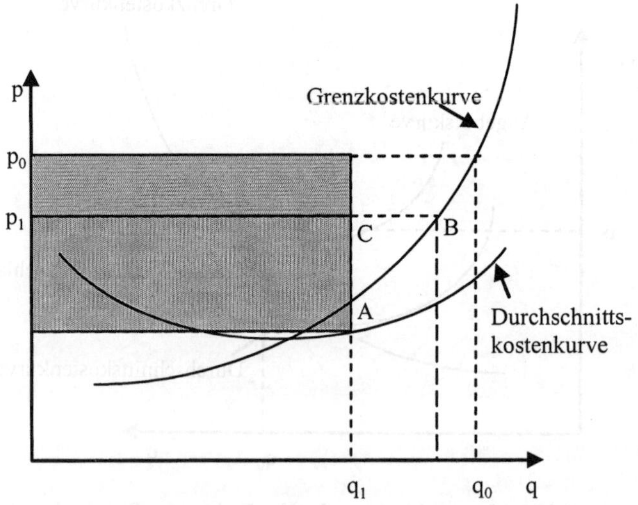

Schaubild 3.18: Angebotsmenge bei der Zielsetzung Mindestgewinn

dern q_1. Bei q_1 erzielt der Betrieb den gewünschten Mindestgewinn (vertikal und quer schraffierte Fläche). Sinkt der Marktpreis von p_0 auf p_1, so sinkt der Gewinn des Betriebes um die quer schraffierte Fläche. Durch Ausdehnung der Produktion bis zur Menge q_2 kann der Betrieb zwar einen Teil des Gewinnrückgangs kompensieren, ihm ist es aber nicht möglich, den Rückgang des Gewinns voll auszugleichen. Eine Ausdehnung der Produktion über q_2 würde den Gewinn verringern, da bei q_0 das Gewinnmaximum liegt. Der tatsächliche Gewinn wird demnach bei einer Produktpreissenkung unter dem gewünschten Mindestgewinn liegen, wenn die Menge beim Gewinnmaximum niedriger als der Mindestgewinn ist. Der Betrieb kann dann bei unveränderter Zielsetzung nicht weitergeführt werden.

Zielsetzung Erhaltung des landwirtschaftlichen Betriebes

Leiter landwirtschaftlicher Betriebe betrachten die landwirtschaftliche Tätigkeit nicht lediglich als eine mögliche Erwerbsgrundlage. Falls der Hof geerbt wurde und seit Generationen im Besitz der Familie ist, wird dem Erhalt des Betriebes häufig eine größere Bedeutung beigemessen als der Zielsetzung Gewinnmaximierung. So zeigen z.B. die Agrarberichte der Bundesregierung, dass eine Vielzahl landwirtschaftlicher Betriebe Jahr für Jahr Eigenkapitalverluste hinnimmt. Diese Betriebsleiter würden ein höheres Einkommen erzielen, wenn sie den Betrieb verkaufen oder verpachten würden. Bei Fortführung des Betriebes verfolgen sie sicher nicht die Zielsetzung Gewinnmaximierung. Die Fortführung des Betriebes kann für sie einen besonderen persönlichen Wert haben; diese subjektive Wertschätzung kann z.B. auf der Präferenz für eine landwirtschaftliche Tätigkeit beruhen oder auch in der Verpflichtung zum Erhalt des Erbes liegen. Es werden daher gelegentlich auch Investitionen durchgeführt, die zwar nicht den Gewinn erhöhen, aber dennoch subjektiv als positiv angesehen werden.

Diese Überlegungen zeigen, dass Verhaltensweisen, die nicht mit der Zielsetzung Gewinnmaximierung vereinbar sind, zwar zu einer gesamtwirtschaftlich ineffizienten Faktornutzung führen, aber aus individueller Sicht der Betriebsleiter durchaus nutzenmaximierend sein können.

3.5.2 Zielbeschränkungen

Bei der Ableitung der optimalen Produktionsmenge bei der Zielsetzung Gewinnmaximierung wurde davon ausgegangen, dass die Unternehmer bei den geltenden Faktorpreisen nach Belieben über die benötigten Faktormengen verfügen und bei vollkommener Information ihre Produktion und den Verkauf planen können. In der Realität sind diese Bedingungen in der Regel nicht erfüllt. Im Folgenden soll daher aufgezeigt werden, welche Probleme sich daraus für die Politik ergeben können.

Wirkung von Beschränkungen im Faktoreinsatz

Landwirtschaftliche Betriebe können nicht stets auch die optimale Faktormenge einsetzen. Zu gewissen Zeiten können einzelne Faktoren, wie z.B. Düngemittel oder Pflanzenschutzmittel oder auch Arbeitskräfte und Fremdkapital, nicht in gewünschter Menge zur Verfügung stehen. In diesen Fällen wird weniger als bei unbeschränkter Gewinnmaximierung produziert. Produktpreissteigerungen werden daher bei Beschränkungen im Faktoreinsatz zu geringeren Produktionssteigerungen führen als bei unbeschränkter Gewinnmaximierung. Eine solche Situation tritt häufig in Entwicklungsländern oder auch Transformationsländern auf; hier sind die Märkte nicht immer ausreichend entwickelt. Eine Besonderheit liegt auf dem landwirtschaftlichen Kreditmarkt vor. In entwickelten Volkswirtschaften haben Landwirte mit großem Anteil an Eigentumsflächen in der Regel relativ leichten Zugang zum Kapitalmarkt. Anders ist die Situation aber für Pächter und für Landwirte in Ländern mit unterentwickelten landwirtschaftlichen Kreditmärkten. Hier kann es sein, dass die Betriebe erheblich weniger produzieren als sie es bei unbeschränktem Kreditzugang tun würden.

Ein besonderes Problem stellt für viele Landwirte der begrenzte Zugang zum Faktor Land dar. Sie können ihre Faktoren nicht optimal nutzen, da die landwirtschaftliche Nutzfläche zu klein ist. Mögliche Skaleneffekte können nicht ausgeschöpft werden. In diesen Fällen liegt daher eine gesamtwirtschaftlich nicht effiziente Nutzung der Produktionsfaktoren vor.

Zu dem gleichen Ergebnis führt die begrenzte Mobilität der landwirtschaftlichen Arbeitskräfte. Landwirtschaftliche Arbeitskräfte könnten häufig in anderen Sektoren ein höheres Einkommen erzielen, aber sie wandern nicht ab. Unter Berücksichtigung ihrer persönlichen Präferenzen mag dies sogar eine nutzenmaximierende Entscheidung sein, aber gesamtwirtschaftlich wird weniger produziert[18].

Wirkung von Informationskosten

Betriebliche Produktionsplanungen sind weitgehend in die Zukunft gerichtet. Der Planer hat z.B. keine sicheren Informationen über zukünftige Produktpreise. Er wäre schlecht beraten, wenn er annehmen würde, dass die Gegenwartspreise auch in der Zukunft gelten werden. Selbst wenn er auf der Basis umfangreicher Informationen eine bestimmte Preiserwartung hat, muss in der Planung bedacht werden, dass die tatsächlichen Preise davon weit abweichen können. In der Regel wird sich die Planung durch intensive Einholung von Informationen verbes-

[18] Das bedeutet allerdings nicht, dass die Gesellschaft dadurch notwendigerweise insgesamt schlechter gestellt ist: Zwar wird weniger produziert, aber es ist durchaus denkbar, dass die betroffene Person in ihrem lokalen Umfeld dem Gemeinwesen wertvollere Dienste erweist, als ihr dies anderswo möglich wäre (z.B. ehrenamtliche Tätigkeiten, Nachbarschaftshilfe etc.). Bei einer Gesamtbeurteilung wären diese Effekte gegeneinander abzuwägen.

sern können. Landwirte haben aber wie andere Investoren Informationskosten zu berücksichtigen. Theoretisch sollte die Informationsbeschaffung erst dann abgebrochen werden, wenn die Grenzkosten der Informationsbeschaffung gleich sind den Grenzerlösen der Information. Diese Regel ist aber wenig hilfreich; man kann allenfalls die Grenzkosten der Information ermitteln, aber nicht auch stets die monetären zusätzlichen Nutzen. Es ist daher nicht unwahrscheinlich, dass einzelne Landwirte Informationsbeschaffungskosten weitgehend scheuen und ihre Preis- und Renditeerwartungen sehr unsicher sind. Eine suboptimale Verwertung von Informationen auf den Agrarmärkten kann auch angenommen werden, weil die kollektiven Kosten der Informationsbeschaffung niedriger sind als die aggregierten einzelbetrieblichen Informationsbeschaffungskosten. Der Staat kann daher durch geeignete Maßnahmen (z.B. Marktinformationssysteme, Klassifizierungs- und Standardisierungssysteme, Förderung von Schulungen und Versuchswesen) die aggregierten einzelbetrieblichen Angebotskosten senken.

Wirkung von begrenztem Wissen

Die BSE-Krise im Jahr 2000 hat bestätigt, dass unser Wissen über die Wirkung von neuen Produktionsverfahren stets begrenzt sein wird. Es kann davon ausgegangen werden, dass vor dem Jahr 2000 sowohl die Futtermittelhersteller in der BRD als auch die Verwender der Futtermittel nicht wussten, dass durch die Fütterung von Tiermehl negative Gesundheitswirkungen beim Tier und auch möglicherweise beim Menschen auftreten können. Es kann leider nicht verhindert werden, dass neue Technologien – die Verfütterung von Tiermehl kann als eine solche Technologie bezeichnet werden – zu Risiken führen können. Maßnahmen der Politik (insbesondere durch Förderung der Forschung, Prüfung der Produkte und Zulassung der Produkte, sowie Kontrollen der Einhaltung der Gesetze) können zu einer Reduzierung des Risikos beitragen und damit die Kosten der Agrarproduktion aus gesamtwirtschaftlicher Sicht senken.

3.5.3 Bedeutung von Transaktionskosten

Bei der Ableitung der optimalen Produktionsmenge in Kapitel 3.2 wurde davon ausgegangen, dass die für den landwirtschaftlichen Betriebsleiter relevanten Produktpreise mit den Marktpreisen identisch sind und dass sich alle Landwirte an diesen Preisen orientieren. In der Realität sind aber die Ab-Hof Preise nicht für alle Landwirte gleich. Der Verkauf von Produkten ist mit Transaktionskosten verbunden. Es können Kosten entstehen bei der Suche nach dem Käufer mit der höchsten Zahlungsbereitschaft; weiterhin können Kosten bei der Durchsetzung der Verträge entstehen und beim Transport der Waren zum Ort der Übergabe. Häufig werden Landwirte, die größere Partien verkaufen, höhere Preise erzielen als Landwirte, die nur geringe Mengen anzubieten haben. Landwirte, die auf Wochenmärkten verkaufen, werden ebenfalls höhere Preise erhalten als Landwirte, die an den Handel verkaufen.

Grundsätzlich stellen Transaktionskosten kein Problem für die Politik dar, wenn diese Kosten nur von einzelbetrieblichen Entscheidungen abhängig sind und nicht auch von dem Verhalten anderer Anbieter sowie von Marktorganisationen und Marktinstitutionen. Häufig sind aber die Transaktionskosten von kollektiven Entscheidungen, z.B. ein Marktinformationssystem aufzubauen oder bestimmte Vermarktungsorganisationen, wie z.B. eine Börse zu gründen, abhängig. Die Politik kann daher durch Bereitstellung öffentlicher Güter oder durch Förderung kollektiven Handels Transaktionskosten senken und damit die Effizienz in der Produktion fördern.

3.5.4 Divergenzen in der Produktion

Einzelbetriebliche Entscheidungen können nur dann zu einer aus gesamtwirtschaftlicher Sicht optimalen Produktion führen, wenn keine Divergenzen in der Produktion vorliegen. Bei Vorliegen von Divergenzen weicht die private von der sozialen Grenzkostenkurve ab. Wichtige Gründe können z.B. in **externen Effekten** liegen. Führt landwirtschaftliche Produktion z.B. zu einer Stickstoffbelastung des Wassers und bezieht der Landwirt die Kosten der Beseitigung dieses Schadens oder den durch die Auswaschung entstehenden Nutzenverlust der Gesellschaft nicht in seine Kostenberechnung ein, liegt eine Divergenz vor. Die privaten Grenzkosten sind niedriger als die sozialen (siehe *Schaubild 3.19*). Auf Grund privater Entscheidungen wird daher die Menge q_0 produziert, aus gesamtwirtschaftlicher Sicht sollte aber die Menge produziert werden, bei der die sozialen Grenzkosten gleich dem Produktpreis sind.

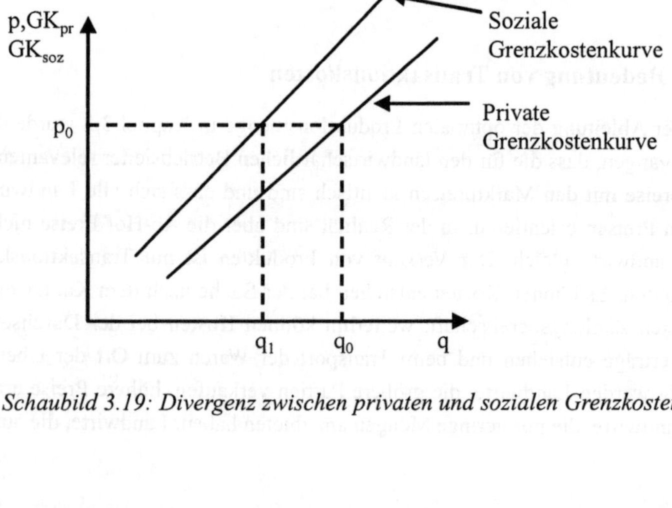

Schaubild 3.19: Divergenz zwischen privaten und sozialen Grenzkosten

Dies wäre bei der Menge q_1 gegeben. Private Entscheidungen führen daher bei Divergenzen nicht stets zu einem gesamtwirtschaftlichen Optimum.

In der praktischen Agrarpolitik werden solche Externalitäten häufig für die Begründung von politischen Eingriffen angeführt. Die Multifunktionalität der Landwirtschaft wird z.B. zur Rechtfertigung staatlicher Eingriffe auf den Agrarmärkten herangezogen.

Divergenzen können im Übrigen nicht nur dazu führen, dass die privaten Grenzkosten unterhalb der sozialen Grenzkosten liegen, sondern umgekehrt auch dazu, dass die Faktorpreise höher sind als die gesamtwirtschaftlichen Schattenpreise. Die Schattenpreise drücken den marginalen gesamtwirtschaftlichen Nutzen einer Verwendung der Faktoren aus. Wenn alle Faktoren beschäftigt sind, vollkommene Mobilität der Faktoren vorliegt und in allen Unternehmen Gewinnmaximierung angestrebt wird, so sind die Faktorpreise mit den Opportunitätskosten der Faktoren identisch. In diesem Fall muss jeder Unternehmer für eine zusätzliche Faktoreinheit gerade das zahlen, was der Faktor in alternativer Verwendung verdienen würde. Auf dem Arbeitsmarkt liegt dagegen eine solche Situation offensichtlich nicht vor, wenn Arbeitslosigkeit besteht und die Löhne durch Verhandlungen festgelegt werden: Die Löhne entsprechen dann nicht den gesamtwirtschaftlichen Knappheitsrelationen. Die private Angebotskurve liegt oberhalb der sozialen Angebotskurve. Einzelbetriebliche Entscheidungen führen somit nicht zu einem gesamtwirtschaftlichen Optimum und staatliche Eingriffe können daher sinnvoll sein.

Kapitel 4: Agrarpreisbildung

Agrarpreise bilden sich wie andere Güter- und Faktorpreise auf den Märkten als das Ergebnis von Angebot und Nachfrage. Unter einem **Markt** wird dabei die Gesamtheit der Beziehungen zwischen anbietenden und nachfragenden Wirtschaftssubjekten verstanden. Im abstrakten Sinn verstehen wir unter einem Markt die jeweilige Angebots-Nachfrage-Konstellation. Der Preis als Ergebnis der Marktkräfte wird u.a. durch die Marktform bestimmt. Im Folgenden wollen wir uns daher zunächst mit einigen möglichen Klassifikationen der Märkte beschäftigen.

4.1 Klassifikation der Märkte

Abgrenzung des relevanten Marktes

Märkte können u.a. nach persönlichen, sachlichen, räumlichen (regionalen) und zeitlichen Gesichtspunkten gegliedert werden. Allerdings gibt es kein eindeutiges Kriterium, wo die Grenze zwischen unterschiedlichen Märkten zu ziehen ist. Soll z.B. bei einer sachlichen Gliederung der Märkte der Weizenmarkt insgesamt betrachtet werden oder ist eine Differenzierung in die Märkte für Backweizen und Futterweizen notwendig? Die Abgrenzung des **relevanten Marktes** hängt von der jeweiligen Fragestellung sowie von der persönlichen Einschätzung des Marktanalytikers ab. Bei wissenschaftlichen Untersuchungen sollte daher die Festlegung des relevanten Marktes besonders sorgfältig erfolgen.

Kennzeichnung der Märkte nach quantitativen Gesichtspunkten

Die Klassifikation der Märkte nach quantitativen Gesichtspunkten geht von der quantitativen Besetzung der beiden Marktseiten (Angebots- und Nachfrageseite) aus. Das bekannteste Marktformenschema geht auf *von Stackelberg* zurück (vgl. *Übersicht 4.1*). Hierbei werden die Marktpartner in

viele – wenige – einer

differenziert. Durch eine unterschiedliche Kombination dieser drei Merkmale auf der Angebots- und Nachfrageseite ergeben sich unterschiedliche Marktformen.

Dieses Marktformenschema erlaubt keine eindeutige Klassifikation der Märkte, da insbesondere eine Abgrenzung zwischen "viele" und "wenige" mehr oder weniger willkürlich bleiben muss. Es wird daher auch hier von der zu untersuchenden Frage und der Entscheidung des Analytikers abhängen, bei welcher Zahl die Grenze zu ziehen ist. Bei der Preisbildung auf Agrarproduktmärkten wird in der Mehrzahl der Fälle von der Marktform des Polypols auszugehen sein. Vielen Anbietern (landwirtschaftlichen Produzenten) stehen viele Nachfrager (Händler oder Konsumenten) gegenüber.

Übersicht 4.1: Marktformenschema nach von Stackelberg

Nachfrager / Anbieter	viele	wenige	einer
viele	Polypol	Oligopson	Monopson
wenige	Oligopol	Bilaterales Oligopol	Beschränktes Monopson
einer	Monopol	Beschränktes Monopol	Bilaterales Monopol

Klassifikation der Märkte nach qualitativer Beschaffenheit

Nach diesem Gesichtspunkt könnte z.B. folgende Klassifikation vorgenommen werden:

1. vollkommene und unvollkommene Märkte,
2. organisierte und nicht organisierte Märkte,
3. Märkte mit beschränktem und unbeschränktem Zugang,
4. freie und regulierte Märkte.

Vollkommene und unvollkommene Märkte

Von vollkommenen Märkten spricht man, wenn fünf Bedingungen gleichzeitig erfüllt sind und zwar:

(1) Es muss eine sachliche Gleichartigkeit der Güter gegeben sein. Die Güter müssen vom Nachfrager und Anbieter als vollkommen gleichwertig betrachtet werden und daher auch voll gegeneinander austauschbar sein.

(2) Es dürfen keine persönlichen Präferenzen vorliegen. Es darf z.B. nicht der Kauf eines Gutes nur deswegen erwogen werden, weil der Käufer dem Verkäufer gegenüber eine besondere Wertschätzung hat.

(3) Es dürfen keine räumlichen Differenzierungen, d.h. räumliche Unterschiede zwischen einzelnen Anbietern und Nachfragern, vorliegen. Diese Bedingung be-

inhaltet, dass vollkommene Märkte Punktmärkte sind. Es wird also von der räumlichen Dimension der Märkte abstrahiert.

(4) Es dürfen keine zeitlichen Differenzierungen, d.h. zeitliche Unterschiede zwischen Anbietern und Nachfragern, vorliegen. Das beinhaltet z.B., dass das gleiche Gut von allen Anbietern zur gleichen Zeit auch den etwaigen Nachfragern zur Verfügung gestellt werden kann (Lieferzeiten müssen gleich lang sein).

(5) Es muss eine vollkommene Markttransparenz vorliegen, d.h. alle Anbieter und Nachfrager müssen über die derzeitige Marktkonstellation und auch über die zukünftige Entwicklung vollkommen informiert sein.

Die ersten vier Bedingungen fasst man auch zur so genannten **Homogenitätsbedingung** zusammen. Wir können daher auch kürzer sagen, dass vollkommene Märkte durch die Homogenitätsbedingung und Markttransparenz definiert sind. Ist die Markttransparenz nicht gegeben, jedoch die Homogenitätsbedingung erfüllt, so spricht man von **temporär unvollkommenen Märkten**.

Es ist einleuchtend, dass es in der Realität nur dann vollkommene Märkte geben kann, wenn man die Märkte sachlich, räumlich und zeitlich sehr eng definiert (**Elementarmärkte**). In einem solchen Fall wird allerdings in der Regel das Untersuchungsobjekt für die Mehrzahl der Fragestellungen zu stark eingeengt sein. Die Klassifikation in vollkommene und unvollkommene Märkte dient daher in erster Linie dem Zweck, den Prozess der Preisbildung gedanklich zu erfassen.

Von unvollkommenen Märkten spricht man, wenn eine der fünf Bedingungen nicht gegeben ist. Selbstverständlich beinhaltet die Klassifikation in vollkommene und unvollkommene Märkte keine positive oder negative Wertung.

Organisierte und nicht organisierte Märkte

Von einem organisierten Markt wird dann gesprochen, wenn auf einem Markt die Preisbildung nach festgelegten Regeln und/oder besonderen Einrichtungen erfolgt (Börsen, Versteigerungen, Auktionen). In allen anderen Fällen handelt es sich um nicht organisierte Märkte.

Märkte mit beschränktem und unbeschränktem Zugang

Der Zugang zu einzelnen Märkten kann durch rechtliche Regelungen (z.B. Genehmigung als Gewerbebetrieb, den großen oder kleinen Befähigungsnachweis) oder wirtschaftliche Gegebenheiten beschränkt sein.

Im Bereich der konventionellen Landwirtschaft ist der Zugang durch potenzielle Produzenten formal frei, doch ist er in der Realität aufgrund des begrenzt verfügbaren Produktionsfaktors Boden sowie bodenrechtlicher Regelungen beschränkt. Im Bereich der Tierproduktion ist der Markt auch bezüglich der Errichtung von Produktionsstätten und durch Auflagen bezüglich der Ausbringung von

Gülle an bestimmten Orten beschränkt. Dies hat für die Preisbildung, insbesondere für die Wirkung des Marktmechanismus auf den Faktormärkten der Landwirtschaft, eine erhebliche Bedeutung. Darauf wird weiter unten noch eingegangen. In der ökologischen Landwirtschaft liegt eine stärkere formale Beschränkung vor. Landwirte dürfen nur dann auch ökologisch produzierte Produkte anbieten, wenn sie zuvor lizenziert wurden.

Freie und regulierte Märkte

Wenn sich der Preis allein durch Entscheidungen der Marktteilnehmer bildet, sprechen wir von einem freien Markt. Greift der Staat dagegen direkt in die Marktpreisbildung ein, so sprechen wir von regulierten (staatlich reglementierten) Märkten.

Die Agrarmärkte in der Bundesrepublik Deutschland und der Europäischen Union sind zu einem großen Teil staatlich reglementiert. Wollen wir daher die Marktpreisbildung erklären, so haben wir auch auf die Gründe und die Ausgestaltung der staatlichen Preisreglementierung einzugehen.

Zusammenfassend kann festgestellt werden, dass die Mehrzahl der Agrarmärkte der BR Deutschland und der EU durch folgende Merkmale gekennzeichnet sind:

(a) Polypol,
(b) unvollkommen,
(c) nicht organisiert,
(d) beschränkter Zugang,
(e) reguliert.

Trotz dieser Kennzeichnung der Agrarmärkte soll zunächst für den Spezialfall eines vollkommenen Marktes und eines Polypols der Preisbildungsprozess untersucht werden. Dieses Vorgehen soll das Verständnis der Marktpreisbildung fördern und gleichzeitig als Vergleichssystem für die Preisbildung in der Realität dienen.

4.2 Produkt- und Faktorpreisbildung bei vollständiger Konkurrenz

Von vollständiger Konkurrenz spricht man, wenn sowohl ein vollkommener Markt als auch ein Polypol vorliegt. Im Folgenden soll das Gleichgewicht auf Produkt- und Faktormärkten bei dieser Marktform dargestellt werden.

Zum Begriff Marktgleichgewicht

Der Begriff des Gleichgewichts impliziert, dass die Erwartungen der Marktparteien erfüllt werden. Keiner der Marktteilnehmer sieht sich zu einer Planrevision gezwungen. Eine solche Situation beinhaltet demnach auch, dass die realisierten Daten mit den geplanten (erwarteten) Ergebnissen übereinstimmen.

Man unterscheidet folgende Arten von Gleichgewichtssituationen:

- Mikroökonomisches Gleichgewicht. In diesem Fall sind die Erwartungen der einzelnen Planträger (Haushalt oder Unternehmung) erfüllt.
- Makroökonomisches Gleichgewicht. In diesem Fall sind die Erwartungen einer Gruppe von Planträgern, z.B. der Haushalte und der Unternehmen erfüllt; dabei muss aber nicht auch ein Gleichgewicht für jeden einzelnen Planträger gegeben sein.
- Totales Gleichgewicht. In diesem Fall werden sowohl für die Gruppe als auch für jeden Einzelnen der Gruppe die Erwartungen durch die Marktkräfte bestätigt.

Von einem **Marktgleichgewicht** wird dementsprechend dann gesprochen, wenn die Erwartungen der Anbieter und der Nachfrager erfüllt werden. Dies wird bei dem Preis sein, bei dem die angebotene Menge gleich der nachgefragten Menge ist. Der Begriff des Marktgleichgewichts mag zunächst unproblematisch erscheinen, dennoch sind einige klärende Hinweise notwendig.

Der Markt muss sowohl räumlich als auch zeitlich abgegrenzt werden. Im allgemeinen Sprachgebrauch wird diese Spezifizierung nicht stets vorgenommen. So wird z.B. von einem Marktungleichgewicht auf den EU-Agrarmärkten gesprochen, weil die im Inland bei gegebenem Preis produzierte Menge größer als die im Inland nachgefragte Menge ist. Die Identität dieser Mengen zeigt aber lediglich eine **Autarkiesituation**, d.h. einen Selbstversorgungsgrad von 100 %. Diese Situation entspricht nur dann einem Marktgleichgewicht, wenn man den betrachteten Markt räumlich entsprechend abgegrenzt hat. Nur in diesem Fall ergeben sich im *Schaubild 4.1* die Gleichgewichtswerte q_0 und p_0. Bei freier Preisbildung, bzw. bei fehlender räumlicher Abgrenzung des Inlandsmarktes, können sich solche Gleichgewichtswerte allerdings nur im Ausnahmefall einstellen. Da der Weltmarktpreis p_w in der Regel von p_0 abweichen wird, sind staatliche Außenhandelsmaßnahmen notwendig, um den Inlandsmarkt vom Weltmarkt abzugrenzen. Ohne Außenhandelsmaßnahmen – also bei freier Preisbildung – ergibt sich das Marktgleichgewicht durch den Schnittpunkt der Angebotskurve im Inland und der inländischen Nachfragekurve. Die Angebotskurve im Inland ist im *Schaubild 4.1* bis zum Preis p_w identisch mit der Angebotskurve der inländischen Produzenten. Ab dem Preis p_w wird im Inland sowohl aus inländischer als auch ausländischer Produktion angeboten. Im *Schaubild 4.1* wird angenommen, dass das ausländische Angebot beim Preis p_w vollkommen elastisch reagiert. Eine solche Annahme ist realistisch, wenn ein relativ kleines Land betrachtet wird und daher die Nachfrage der Inländer auf dem Weltmarkt zu keiner Änderung der

Weltmarktpreise führt. Als Gleichgewichtswerte erhält man daher bei freier Preisbildung den Preis $p = p_w$ und die Menge q_w^S und $q_w^D = q^S$.

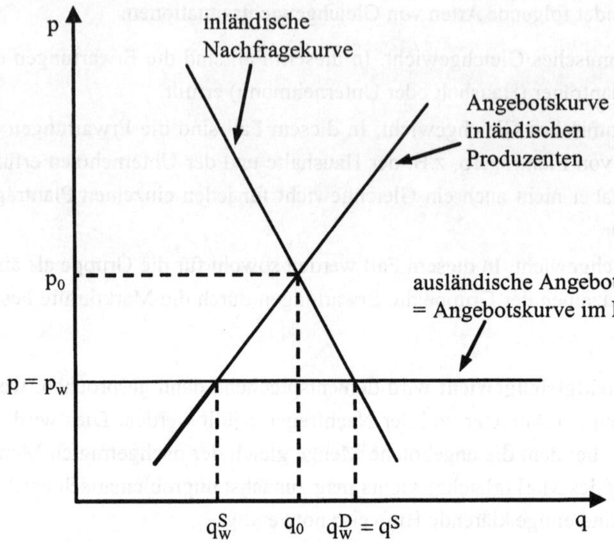

Schaubild 4.1: Marktgleichgewicht in Abhängigkeit von der räumlichen Abgrenzung des Marktes

Die räumliche und zeitliche Abgrenzung der Märkte spielt auch für die Beurteilung von exogenen Störungen des Gleichgewichts eine Rolle. Tritt z.B. eine naturbedingte Angebotsschwankung lediglich in einer abgegrenzten Region auf, so wird die sich hieraus ergebende Preisschwankung (vgl. *King*sche Regel) umso kleiner sein, je stärker die Region mit anderen Regionen Handel treibt. Weiterhin wird die Preisschwankung gedämpft, wenn eine zeitliche Interdependenz der Märkte möglich ist. Der Segen einer guten Ernte muss sich nicht lediglich in einem erhöhten Verbrauch im laufenden Erntejahr niederschlagen, sondern kann über Lagerhaltung der Produkte, zum Teil auch in verarbeiteter Form, über einen längeren Zeitraum verteilt werden. Daraus folgt auch, dass die Nachfrage nach Agrarprodukten auf der Erzeugerstufe nicht einfach aus der Nachfrage der Konsumenten für den laufenden Konsum abgeleitet werden kann, sondern dass bei Störungen des Gleichgewichts auch die Nachfrage der Lagerhalter und Verarbeiter zu berücksichtigen ist.

Bedeutung der Kosten und der Nachfrage für die Höhe gleichgewichtiger Marktpreise

Grundsätzlich gilt, dass der Marktpreis zumindest die variablen Durchschnittskosten des Grenzanbieters decken muss. **Grenzanbieter** ist der Anbieter, der am kostenungünstigsten produziert, aber dessen Angebot noch notwendig ist, um die Nachfrager zum geltenden Marktpreis zu befriedigen. Dieser Sachverhalt soll durch *Schaubild 4.2* veranschaulicht werden.

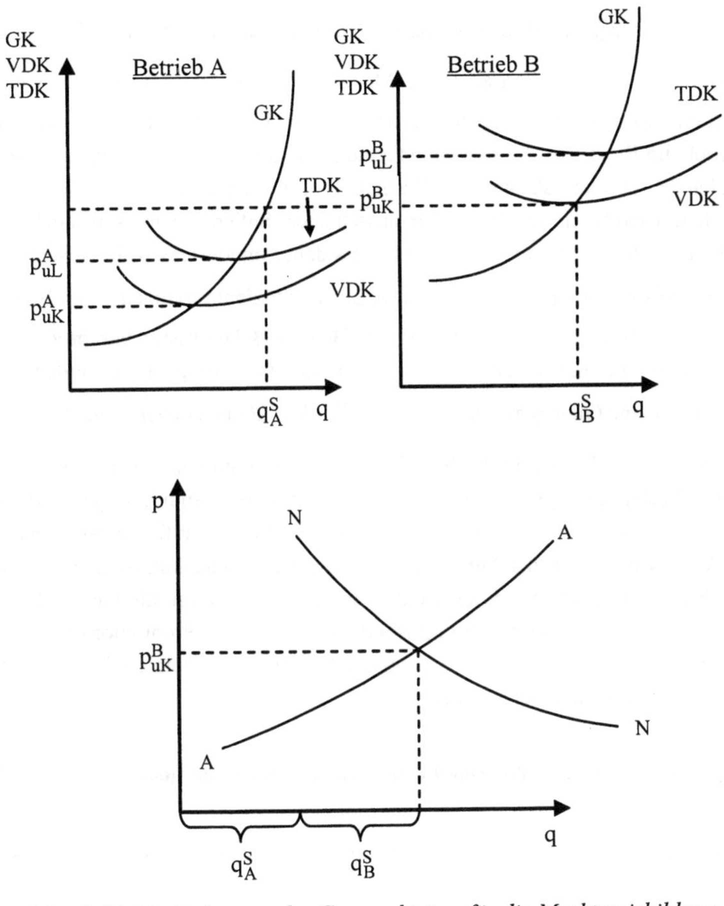

Schaubild 4.2: Bedeutung des Grenzanbieters für die Marktpreisbildung

Im *Schaubild 4.2* wird unterstellt, dass sich das gesamte Angebot lediglich aus den Angebotsmengen von zwei Betrieben A und B ergibt. Der Betrieb A ist der effizientere Betrieb, der sowohl mit geringeren variablen Durchschnittskosten (VDK) als auch geringeren totalen Durchschnittskosten (TDK) produziert. Die kurzfristige Preisuntergrenze für den Betrieb A liegt bei p_{uK}^{A}. Bei diesem Preis sind gerade noch die variablen Durchschnittskosten gedeckt; bei jedem Preis unterhalb p_{uK}^{A} ist es für den Betrieb günstiger, die Produktion einzustellen. Langfristig muss der Betrieb jedoch nicht nur seine variablen Durchschnittskosten, sondern auch seine totalen Durchschnittskosten decken. Die langfristige Preisuntergrenze für den Betrieb A liegt bei p_{uL}^{A}. Für den Betrieb B gilt die entsprechende Argumentation. Nehmen wir nun an, dass sich auf dem Markt ein Preis einstellt, der p_{uK}^{B} entspricht. In diesem Fall würde der Betrieb A die Menge q_{A}^{S} produzieren und der Betrieb B die Menge q_{B}^{S}. Während der Betrieb A einen Marktpreis erhält, der oberhalb der totalen Durchschnittskosten liegt und dem Betrieb die Erzielung eines Gewinns ermöglicht, deckt der Preis lediglich die variablen Durchschnittskosten des Betriebs B. Bei einem niedrigeren Marktpreis würde Betrieb B aus der Produktion ausscheiden. Sollen sowohl A als auch B als Anbieter auftreten, so muss der Marktpreis daher mindestens so hoch sein, dass er der Preisuntergrenze p_{uK}^{B} des am wenigsten effizient produzierenden Betriebs (des Grenzanbieters) entspricht. Da der Betrieb B langfristig nur produzieren kann, wenn zumindest seine totalen Durchschnittskosten gedeckt werden, liegt der langfristige Gleichgewichtspreis bei p_{uL}^{B}. Wir können daher folgern:

Der Marktpreis kann im Gleichgewicht kurzfristig unterhalb der totalen Durchschnittskosten eines Betriebes liegen; er muss aber zumindest den variablen Durchschnittskosten des Grenzanbieters entsprechen. Kurzfristig ist daher der Marktpreis innerhalb der Differenz von langfristiger und kurzfristiger Preisuntergrenze nicht eindeutig durch die Kosten bestimmt. Kurzfristig kann daher die Nachfrage bedeutender für die Preisbildung sein als die Produktionskosten. Im langfristigen Gleichgewicht muss aber der Marktpreis die totalen Durchschnittskosten des Grenzanbieters decken.

Angleichung der totalen Durchschnittskosten einzelner Betriebe durch den Marktmechanismus

Im Folgenden soll untersucht werden, ob bei Wirksamkeit des Marktmechanismus große Unterschiede zwischen den totalen Durchschnittskosten einzelner Betriebe auftreten können. Eine Antwort auf diese Frage kann wiederum mit Hilfe von *Schaubild 4.2* gegeben werden. Nehmen wir an, wir hätten eine Situation, wie sie durch das beschriebene kurzfristige Marktgleichgewicht gekennzeichnet ist. In diesem Fall würden für den Betrieb B noch die variablen Durchschnittskosten gedeckt, der Betrieb A dagegen würde einen Gewinn erzielen. Während es für den Betrieb B offensichtlich ist, dass er langfristig bei einer solchen Preishöhe nicht fortbestehen kann, wird der Betrieb A Expansionspläne ausarbeiten. Da die Produktionsmenge q_{A}^{S} nicht mit minimalen Durchschnittskosten produziert wird, sind zwar die kurzfristigen Grenzkosten gleich dem Preis, aber es gilt nicht auch zugleich, dass die langfristigen Grenzkosten gleich dem Preis sind. In einer solchen Situation ist die Kombination zwischen fixen und variablen Faktoren nicht optimal. Sind bei der Produktionsmenge q_A^S die totalen Durchschnittskosten nicht minimal, so zeigt das an, dass der Betrieb durch eine geänderte Kombination von fixen und variablen Faktoren seine Kosten senken und seinen Gewinn erhöhen kann. Er wird daher versuchen, seine Produktionskapazität durch Investitionen zu erhöhen. Für eine Erweiterung der Kapazität spricht aus betrieblicher Sicht auch die Tatsache, dass bei der Produktionsmenge q_A^S und dem Marktpreis p Gewinne erzielt werden. Die durch Investitionen entstehende Situation ist im Vergleich zur Ausgangssituation im *Schaubild 4.3* dargestellt.

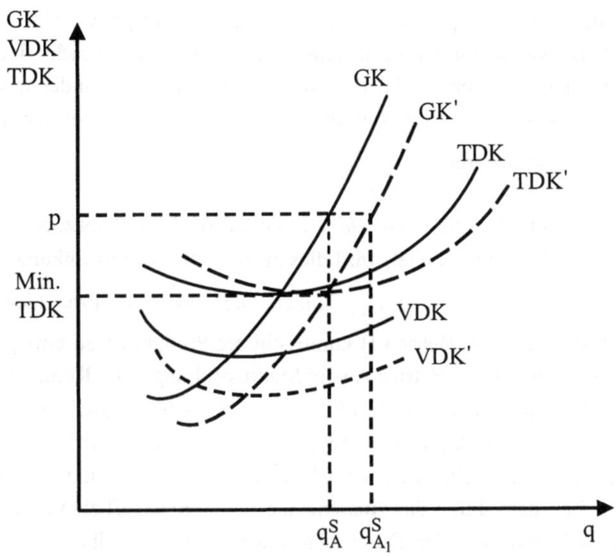

Schaubild 4.3: Veränderung der minimalen Durchschnittskosten durch Betriebsanpassung

Die Ausgangssituation sei durch die durchgezogenen Kostenkurven gekennzeichnet. Diese Kostenkurven gelten bei kurzfristiger Anpassung. Bei dem Marktpreis p bietet der Betrieb die Menge q_A^S an. Bei dieser Menge übersteigen aber die totalen Durchschnittskosten die minimalen totalen Durchschnittskosten. Der Betrieb kann daher durch eine Kapazitätserweiterung die Gütermenge q_A^S kostengünstiger produzieren. Die neue Situation ist durch die gestrichelten Kostenkurven gekennzeichnet. In dieser neuen Situation sind die minimalen totalen Durchschnittskosten bei der Menge q_A^S gegeben. Das Minimum der neuen totalen Durchschnittskostenkurve wird auf gleicher Höhe liegen wie das Minimum der ursprünglichen Durchschnittskostenkurve, wenn die langfristige Grenzkostenkurve[19] horizontal verläuft.

In diesem Fall ist es möglich, bei einer Betriebsvergrößerung von allen Faktoren bei gleichen Faktorpreisen mehr einzusetzen. Die totalen Durchschnittskosten steigen daher bei vollkommener Anpassung nicht. Da im Agrarsektor der Faktor Boden nur begrenzt verfügbar ist, kann eine Betriebsvergrößerung auch mit steigenden minimalen Durchschnittskosten einhergehen. Andererseits können durch die Betriebsvergrößerung bei Übernahme neuer Technologien auch sinkende totale Durchschnittskosten auftreten. Im *Schaubild 4.3* wird unterstellt, dass die langfristige Grenzkostenkurve horizontal verläuft.

Als Folge der Betriebsanpassung wird sich die kurzfristige variable Durchschnittskostenkurve nach unten verschieben, da der Betrieb mit mehr fixen und weniger variablen Faktoren produziert. Weiterhin gibt es einen anderen Verlauf der Grenzkostenkurve. Der Betrieb wird in der neuen Situation bei dem Preis p die Menge $q^S_{A_1}$ produzieren.

Wenn aber der Betrieb A in *Schaubild 4.2* seine Produktionskapazität erweitert und auf dem Markt mehr anbietet, wird dies zu einer Marktpreissenkung führen. Der Marktpreis wird damit unter p^B_{uK} sinken. Damit wird der Preis nicht mehr ausreichend sein, um dem Betrieb B kurzfristig die Produktion zu ermöglichen. Betrieb B wird daher durch Betrieb A vom Markt verdrängt. Der Konkurrenzmechanismus führt somit dazu, dass die effizienteren Betriebe expandieren, dadurch zu einem Sinken der Marktpreise beitragen und den weniger effizienten Betrieben das Überleben unmöglich machen. Gleichzeitig trägt der Konkurrenzmechanismus dazu bei, dass durch das Ausscheiden der weniger effizienten Betriebe die Unterschiede zwischen den Durchschnittskosten der verbleibenden Betriebe verringert werden. Das einzelbetriebliche Verhalten führt dazu, dass sich langfristig durch die Wirkung des Marktmechanismus

(a) die totalen Durchschnittskosten bei allen Betrieben angleichen und

(b) die totalen Durchschnittskosten bei allen Betrieben dazu tendieren, gleich den minimalen totalen Durchschnittskosten zu sein.

Aus dieser Erkenntnis kann daher gefolgert werden: Gibt es langfristig Unterschiede zwischen den totalen Durchschnittskosten der Betriebe eines Wirtschaftssektors, so ist dies auf mangelnde Mobilität der Faktoren zurückzuführen. Unterschiede in den totalen Durchschnittskosten beinhalten eine unterschiedliche

[19] Die langfristige Grenzkostenkurve gibt die Kostenänderung als Folge der Variation der Produktionsmenge bei vollkommener Variabilität der Faktoren an. Steigen die langfristigen Durchschnittskosten nicht, so verläuft die langfristige Kostenkurve linear durch den Ursprung. Die langfristigen Grenzkosten sind dann konstant.

Entlohnung der in den Betrieben eingesetzten Faktoren. Bei vollkommener Mobilität würde dies zu Faktorwanderungen und damit zu einer Angleichung der Faktorentgelte und der Durchschnittskosten führen.

Im Agrarsektor können die Durchschnittskosten zwischen den Betrieben über einen längeren Zeitraum Unterschiede aufweisen. Den wachstumswilligen, effizienteren Betrieben – insbesondere in der bodenabhängigen Produktion – ist die Aufstockung nicht im gewünschten Maße möglich, da sie nicht unbegrenzt auf den notwendigen Produktionsfaktor Boden zurückgreifen können. Die weniger effizienten Betriebe können daher aufgrund der beschränkten Möglichkeit der Produktionsausdehnung der effizienten Betriebe nicht so schnell aus dem Markt gedrängt werden wie in anderen Sektoren. Dies deutet darauf hin, dass im Agrarsektor in der bodenabhängigen Agrarproduktion die Existenz von Renten (Gewinn der Unternehmen), die auf überdurchschnittliche Leistung bzw. die Betriebsleiterqualifikation zurückzuführen sind, ausgeprägter sein werden als in anderen Branchen. In der bodenunabhängigen Produktion (Eier, Geflügel, Schweine) ist dagegen eine Produktionserweiterung leichter möglich. Die Realität zeigt auch, dass die Produktionsstrukturen bei dieser Produktion einem stärkeren Wandel unterworfen sind.

Gewinne und Marktgleichgewicht

Bei vollständiger Konkurrenz gibt es grundsätzlich drei Arten von Gewinnen. Erstens stellt der Gewinn eine Entlohnung für das eingesetzte Eigenkapital und die Unternehmertätigkeit dar. Dieser Gewinn kann in die Planung der Produktion relativ leicht aufgenommen werden. Die Entlohnung des Eigenkapitals und der Unternehmertätigkeit sollte zumindest den Opportunitätskosten entsprechen. Zweitens hat der Gewinn aber auch eine Entlohnung für das Risiko zu ermöglichen. Anders als bei kontraktbestimmten Einkommen, z.B. Arbeitnehmereinkommen, weiß der Unternehmer erst am Ende der Periode, ob er einen Gewinn erzielt. Der Gewinn ist somit ein **Residualeinkommen**. Wie hoch der Gewinn tatsächlich sein wird, kann der Unternehmer nicht mit Sicherheit vorhersagen. Er wäre daher schlecht beraten, wenn er nicht auch das Risiko eines geringeren Gewinns als erwartet und erhofft in seine Überlegungen einbezieht. Für die Übernahme des Risikos muss er in einem marktwirtschaftlichen System auch entlohnt werden. Würde man den über die normale Entlohnung von Eigenkapital und Unternehmertätigkeit anfallenden Gewinn durch einen 100%igen Steuersatz versteuern, so würden Unternehmer kaum bereit sein, risikobehaftete Investitionen vorzunehmen. Die Gesellschaft würde dann ärmer sein als ohne diese Gewinnsteuer. Drittens gibt es aber auch **Differentialgewinne**, die darauf beruhen, dass ein Unternehmer kostengünstiger produziert als andere Anbieter oder besondere Marktlücken entdeckt hat und höher Preise als seine Konkurrenten erzielt. Die typischen Gewinne sind hier z.B. die *Schumpeter*schen Pioniergewinne, die der Unternehmer erhält, der vor seinen Konkurrenten ein neues technisches Verfahren übernimmt oder ein neues Produkt auf den Markt bringt. Oben wurde bereits gezeigt, dass solche Differentialgewinne in der Tendenz durch den Konkurrenzmechanismus des Marktes im Zeitablauf abgebaut werden. Anders ist es dagegen mit der ersten Art der Gewinne, der Entlohnung von Eigenkapital und Unternehmertätigkeit. Diese sind zu den Produktionskosten (in Form der Opportunitätskosten) zu rechnen und gehen daher in die Kalkulation der Durchschnittskosten eines Unternehmers ein. Daraus folgt, dass selbstverständlich auch im langfristigen Marktgleichgewicht Unternehmensgewinne in Form einer normalen Kapitalverzinsung und einer normalen Entlohnung der Unternehmertätigkeit und einer Kompensation des Unternehmerrisikos enthalten sind. Da das Risiko bei der Produktion der einzelnen Güter unterschiedlich ist, wird auch der Gewinn unterschiedlich sein.

Gewinne haben für die Funktionsweise eines marktwirtschaftlichen Systems eine große Bedeutung. Gewinne, die über der durchschnittlichen Verzinsung des Eigenkapitals (einschließlich des Entgeltes für das Unternehmerrisiko) liegen, signalisieren, dass vergangene Investitionsentscheidungen richtig getroffen wurden. Gewinne der abgelaufenen Wirtschaftsperioden dienen also zur Bewertung von unternehmerischer Leistung in der Vergangenheit. Erwartete Gewinne werden als Kriterium für die Auswahl von Investitionsobjekten herangezogen. Überdurchschnittliche Gewinne können daher bei vollkommener Konkurrenz auch aus gesamtwirtschaftlicher Sicht positiv beurteilt werden. Sie belegen, dass Investitionen dort vorgenommen wurden, wo überdurchschnittliche Knappheiten bestanden. Unterdurchschnittliche Gewinne oder gar Verluste zeigen an, dass offensichtlich falsche Investitionsentscheidungen getroffen wurden. Der Marktmechanismus enthält somit einen Sanktionsmechanismus: Unternehmer, die falsche Entscheidungen fällen, können mit Verlusten des Eigenkapitals bestraft werden. Es wird daher auf einzelbetrieblicher Ebene ein Anreiz geschaffen, unter Berücksichtigung von Kosten Informationen für zukunftsgerichtete Entscheidungen einzuholen.

Aus der Funktionsweise des Marktmechanismus folgt, dass es zu unterdurchschnittlichen Gewinnen zwischen Sektoren oder zwischen Betrieben nur dann kommen kann, wenn die Wirtschaftssubjekte bei ihren Investitionsentscheidungen von Erwartungen ausgehen, die durch die Realität nicht bestätigt werden. Wenn demnach Landwirte bereit sind, in ihre Betriebe zu investieren, kann vermutet werden, dass sie positive Gewinnerwartungen haben, die in der Regel durch die Wirtschaftsergebnisse der Vergangenheit gestützt werden.

Das Problem der optimalen Betriebsgröße

Obige Ausführungen haben deutlich gemacht, dass Änderungen der Produkt- und Faktorpreise zu Änderungen der Betriebsgrößen und damit zum Strukturwandel führen. Es wurde auch gezeigt, dass sich in einem marktwirtschaftlichen System die Durchschnittskosten der Betriebe angleichen. Hieraus kann aber nicht gefolgert werden, dass sich auch die Betriebsgrößen angleichen. Dies wäre nur dann der Fall, wenn es lediglich eine **optimale Betriebsgröße** gäbe und diese Betriebsgröße eindeutig bestimmt werden könnte. Laut Definition ist die optimale Betriebsgröße erreicht, wenn eine Änderung der Produktionskapazität zu höheren Durchschnittskosten führt, wenn also das Minimum der langfristigen totalen Durchschnittskosten erreicht ist. Eine bestimmte optimale Betriebsgröße gäbe es nicht, wenn die Betriebe den Einsatz aller Faktoren proportional erhöhen könnten (**multiple Betriebserweiterung**). In diesem Fall wäre die langfristige Angebotskurve des Betriebes vollkommen elastisch. In der Regel wird es – insbesondere in der landwirtschaftlichen Produktion – nicht möglich sein, alle Faktoren proportional zu vermehren. Dies gilt insbesondere für die dispositive Tätigkeit des Betriebsleiters. Wegen der unterschiedlichen Fähigkeit, größere Betriebe zu leiten, wird es nicht eine einzige optimale Betriebsgröße geben. Kostensenkungen, die im technischen Bereich durch eine Betriebsvergrößerung eintreten können, werden also unterschiedlich stark durch die Betriebsleiterqualifikation ausgenutzt. Ob aufgrund dieser Einflussfaktoren der Familienbetrieb in der Landwirtschaft langfristig billiger produzieren kann als Lohnarbeitsbetriebe, ist sicherlich eine Faktenfrage, doch lässt sich aus der Realität nicht ablesen, dass der Familienbetrieb generell überlegen ist. Betriebserweiterungen können aber auch zu Steigerungen der Durchschnittskosten z.B. in der tierischen Produktion führen, weil das Risiko von Tierkrankheiten mit zunehmender Bestandsgröße zunimmt. Dies gilt insbesondere in der Sauenhaltung. Hier gibt es somit auch spezielle ökonomische Grenzen des Wachsens der Betriebe.

In der landwirtschaftlichen Betriebslehre wird das Problem der optimalen Betriebsgröße vornehmlich wie oben dargestellt diskutiert. Eine andere Sicht erhält man, wenn man die Produktionskosten eines Produktes in zwei Arten untergliedert. Zum einen kann man von **Transformationskosten** sprechen. Diese Kosten entstehen bei der physischen Umwandlung von Gütern; sie stellen die 'eigentlichen Produktionskosten' dar, die in der neoklassischen Theorie in der Regel behandelt werden und auf die bei der obigen Argumentation abgestellt wurde. Zum anderen entstehen bei der Produktion von Gütern aber auch **Transaktionskosten**. Diese Kosten entstehen durch Transaktionen zwischen Wirtschaftssubjekten. Sie können wiederum in interne und externe oder in unternehmensinterne Transaktionskosten und Markttransaktionskosten untergliedert werden. Beide Arten von Transaktionskosten haben eine große Bedeutung für die optimale Betriebsgröße. Interne Transaktionskosten entstehen in landwirtschaftlichen Betrieben vor allem durch eine notwendige Überwachung der Arbeitskräfte. Zwar sind die Angestellten eines Unternehmers gemäß den Arbeitsverträgen angehalten, eine bestimmte Leistung zu erbringen und das Eigentum des Unternehmers nicht zu mindern, wegen der Besonderheiten der landwirtschaftlichen Produktion kann aber die Kontrolle der Leistungsabgabe mit relativ hohen Kosten verbunden sein und ist auch nicht stets überprüfbar. Hinzu kommt, dass auf landwirtschaftlichen Großbetrieben die Gefahr von Diebstahl erheblich sein kann. Es ist daher wahrscheinlich, dass die internen Transaktionskosten mit zunehmender Zahl von Lohnarbeitskräften steigen. Anders ist dagegen der Verlauf der externen Transaktionskosten. Bekanntlich ist es größeren Betrieben mit größeren Verkaufsmengen möglich, höhere Preise zu erzielen und für zugekaufte Betriebsmittel, niedrigere Preise zu zahlen. Der Preiszu- bzw. –abschlag ist zum einen möglich, weil für den Verkäufer oder Marktpartner die physischen Kosten beim Transport sowie bei der Ein- und Auslagerung geringer sind, zum anderen aber auch, weil die Leiter der Großbetriebe größere ökonomische Anreize haben, nach dem für sie wahrscheinlich günstigsten Marktpartner zu suchen. Die **Suchkosten** pro verkaufte Mengeneinheit bzw. eingekaufte Mengeneinheit sind für Großbetriebe geringer als für kleinere Betriebe. Es kann daher davon ausgegangen werden, dass sich die externen Transaktionskosten mit zunehmender Betriebsgröße verringern. Dieser Effekt wird zukünftig noch bedeutender, da z.B. Großbetriebe mit geringeren Kosten je Mengeneinheit die Rückverfolgbarkeit der Produkte und andere Auflagen erfüllen können. Im *Schaubild 4.4* ist angenommen, dass die Summe aus internen und externen Transaktionskosten ab einer bestimmten Produktionsmenge einen steigenden Verlauf hat. Bezüglich der Transformationskosten kann angenommen werden, dass sie über einen weiten Bereich der Betriebsgröße (gemessen in Produktionsmengen) einen fallenden Verlauf haben.

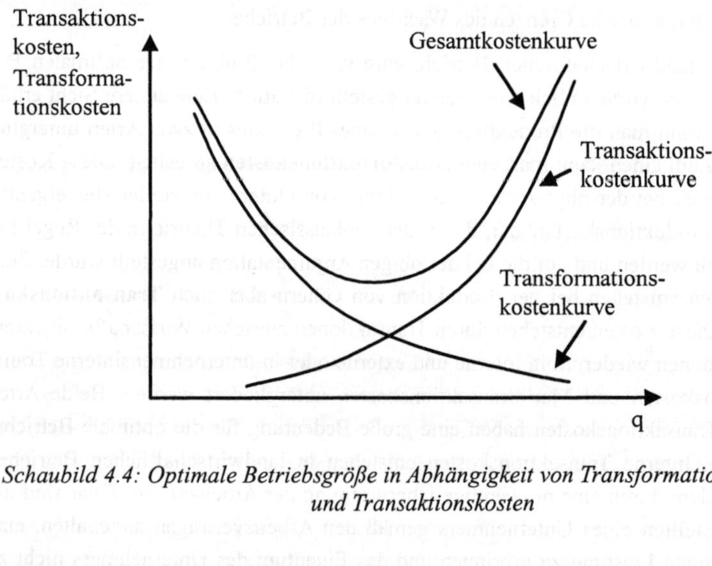

Schaubild 4.4: Optimale Betriebsgröße in Abhängigkeit von Transformations- und Transaktionskosten

Im *Schaubild 4.4* ist ein möglicher Verlauf der beiden Kurven gezeichnet. Das Optimum wird offensichtlich dann erreicht, wenn der absolute Betrag des Anstiegs der Transformationskurve gleich ist dem Anstieg der Transaktionskostenkurve. Es ist sichtbar, dass landwirtschaftliche Betriebe keine Größenvorteile haben können, wenn die Transformationskosten nicht mit steigender Betriebsgröße sinken. Die Entwicklung der Landwirtschaft deutet darauf hin, dass es erst in den letzten Jahrzehnten zu beträchtlichen Skaleneffekten in der landwirtschaftlichen Produktion gekommen ist. Diese Skaleneffekte konnten aber nicht immer ausgeschöpft werden, da Betriebsaufstockungen mit größerer Zahl von Fremdarbeitskräften einher gingen und die Transaktionskosten erheblich waren.

In den letzten Jahrzehnten hat sich die optimale Betriebsgröße stetig nach oben verlagert. Neuere Technologien haben dazu geführt, dass auch Großbetriebe (gemessen an der Flächenausstattung oder am Viehbestand) mit wenigen Arbeitskräften auskommen können und dass moderne Techniken und adäquate Managementsysteme die internen Transaktionskosten gesenkt haben. Weiterhin differieren die internen Transaktionskosten je nach lokaler Lage, Produktions- und Vermarktungsstruktur und Fähigkeiten des Betriebsleiters zwischen den Betrieben erheblich und wahrscheinlich weiterhin im Zeitablauf zunehmend. Es kann daher "die" optimale Betriebsgröße nicht geben.

Kostendeckende Preise und Marktgleichgewicht

Unternehmer von Wirtschaftssektoren, deren Einkommen hinter der allgemeinen Einkommensentwicklung zurückbleiben, fordern häufig kostendeckende Preise. Man glaubt, weil andere Sektoren kostendeckende Preise erzielen, müsste der Staat auch dem eigenen Sektor solche Preise garantieren. Mit marktwirtschaftlichen Prinzipien sind "kostendeckende Preise" aber nicht vereinbar. Da diese Preise nach Vorstellung der Produzenten höher sein sollen als die Marktpreise, müssen sie durch eine Abschottung vom Weltmarkt abgesichert werden. Kostendeckende Preise lassen sich administrativ nur mit einem hohen Aufwand verwirklichen. Im Einzelnen gibt es folgende Probleme:

(1) Es muss geklärt werden, für welche Betriebe in welchen Regionen die Kosten gedeckt werden sollen. Die Abgrenzung ist notwendig, weil die Kosten zwischen Betrieben und Regionen sehr unterschiedlich sind. Hiermit wird bereits deutlich, dass es "die" kostendeckenden Preise nicht gibt.

(2) Sollen die Durchschnitts- oder Grenzkosten der ausgewählten Betriebe gedeckt werden? Für die Marktpreisbildung sind nicht die Durchschnittskosten einer Branche entscheidend, sondern lediglich die variablen oder totalen Durchschnittskosten des Grenzanbieters. Würde man dagegen den Preis in Höhe des Durchschnitts der totalen minimalen Durchschnittskosten aller Betriebe setzen, so wäre dieses nicht nur mit einem Marktgleichgewicht nicht vereinbar, es könnte sogar dazu führen, dass dieser Preis unter dem Marktpreis liegt. Dies soll durch *Schaubild 4.5* gezeigt werden.

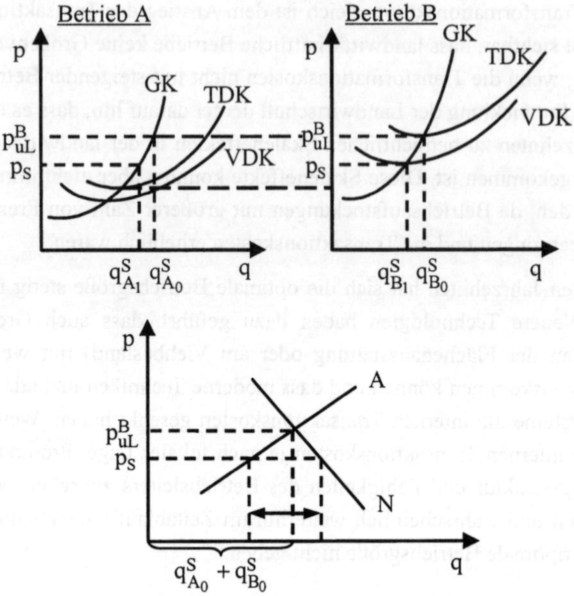

Schaubild 4.5: Kostendeckender Preis und Marktgleichgewicht

Im *Schaubild 4.5* wird unterstellt, dass das gesamte Marktangebot von den beiden Betrieben A und B erstellt wird. Dabei ist wiederum der Betrieb A der effizientere. Es wird angenommen, dass sich im Marktgleichgewicht auf dem Markt der Preis p_{uL}^{B} ergibt. Das Angebot entspricht bei diesem Preis der Menge $q_{A_0}^{S} + q_{B_0}^{S}$. Weiterhin wird angenommen, dass die nachgefragte Menge bei diesem Preis identisch mit der angebotenen Menge ist. Dieser Marktpreis würde demnach ausreichend sein, um die totalen Durchschnittskosten des Grenzanbieters B zu decken. Würde nun ein Marktpreis nach dem Prinzip kostendeckender Preise gesetzt werden, so wären die minimalen totalen Durchschnittskosten der Betriebe A und B zu ermitteln, um als mit den Produktionsanteilen gewichteten Mittelwert etwa den gewünschten Preis p_S zu erhalten. Im betrachteten Fall würde dieser Preis p_S gerade die variablen Durchschnittskosten des Betriebes B decken, aber dem Betrieb A noch einen Gewinn ermöglichen.

Wie das *Schaubild 4.5* zeigt, wäre der kostendeckende Preis in diesem Fall geringer als der Marktpreis, so dass bei beiden Betrieben die Produktionsmenge eingeschränkt sein würde. Das Marktangebot würde demnach sinken. Gleichzeitig würde aber aufgrund der Preissenkung die Marktnachfrage steigen. Als Folge würde sich auf dem betrachteten Markt ein Marktungleichgewicht in Höhe des eingezeichneten Doppelpfeils ergeben (Nachfrageüberhang).

Die Befürworter der "kostendeckenden Preise" haben wahrscheinlich eine andere Vorstellung über die Höhe dieser Preise. Die Forderung wird ja nur erhoben, wenn die Preise unter Marktbedingungen als zu niedrig angesehen werden. Die Forderung nach kostendeckenden Preisen beinhaltet daher wohl eher, dass die Durchschnittskosten der Grenzanbieter gedeckt werden sollen. Die Verwirklichung dieser Forderung würde dann dazu führen, dass die produzierte Menge größer ist als die bei diesen Preisen nachgefragte Menge.

(3) Wie das *Schaubild 4.5* zeigt, hängen die Durchschnittskosten eines Betriebes und damit die Durchschnittskosten einer Branche stets auch von der Produktionsmenge ab. Man kann also die Durchschnittskosten nicht ohne Festlegung der Produktionsmenge ermitteln.

(4) In der Betriebslehre ist man davon abgegangen, Durchschnittskosten und Durchschnittsgewinne für einzelne Produkte zu ermitteln, wenn in den Betrieben mehrere Produkte gleichzeitig erstellt werden. In der Regel arbeitet man heute lediglich mit Deckungsbeiträgen. Dies folgt aus der Tatsache, dass eine eindeutige Zurechnung der fixen Kosten auf einzelne Produkte nicht möglich ist. Man kann allenfalls die variablen Durchschnittskosten, aber nicht die totalen Durchschnittskosten einzelner landwirtschaftlicher Produkte ermitteln. Daraus folgt, dass der so genannte 'kostendeckende' Preis bei seiner Ermittlung einen großen Manipulationsspielraum ermöglicht.

(5) Im landwirtschaftlichen Betrieb ist die Ermittlung der Durchschnittskosten insbesondere auch durch die Koppelproduktion (Verbundproduktion) erschwert. Die Rentabilität der Milchproduktion hängt z.B. auch von der Verwertung des Kalb- und Rindfleisches ab. Bei einer Koppelproduktion ist grundsätzlich keine Durchschnittskostenermittlung möglich.

(6) Bei Agrarprodukten tritt ein weiteres Problem durch die Interdependenz zwischen Produkt- und Faktorpreisen, insbesondere den Bodenpreisen, auf. Will man die Durchschnittskosten eines Produkts ermitteln und zwar für die Landwirtschaft insgesamt, dann muss man auch die Kosten für den eingesetzten Faktor Boden berücksichtigen. Die Bodenpreise selbst sind aber wiederum abhängig von der Höhe der Produktpreise. Eine Reihe von Berechnungen haben gezeigt, dass z.B. eine 1%ige Erhöhung der Agrarpreise zu einer 6- bis 7%igen Erhöhung der Bodennutzungspreise führt[20]. Daraus folgt, dass man bei der Festlegung der Preise nach den Durchschnittskosten nicht von gegebenen Bodenpreisen ausgehen kann.

---

[20] Vgl. bereits *Bauersachs, F.*, Interregionaler Wettbewerb der Produktionsstandorte: Ein Versuch zur Quantifizierung der Wirkung der Standortfaktoren in der BR Deutschland. In: *Andreae, B.* (Hrsg.), Standortprobleme der Agrarproduktion. (Schriften der Gesellschaft für Wirtschafts- und Sozialwissenschaften des Landbaues e.V., Bd. 14), München, Bern, Wien 1977, S. 192.

Es ist einleuchtend, dass ein totales Gleichgewicht stets mit einem Gleichgewicht auf dem Produktmarkt und einem Gleichgewicht auf den Faktormärkten einhergehen muss. Zwischen diesen beiden Gleichgewichtszuständen muss es demnach eine enge Beziehung geben, die im Folgenden kurz dargestellt werden soll.

Zur simultanen Darstellung von Produkt- und Faktormarktgleichgewicht sind folgende Funktionen zu berücksichtigen:

(a) die Nachfragefunktion auf dem Produktmarkt,

(b) die Produktionsfunktion,

(c) die Faktorangebots- und Faktornachfragefunktion.

Zu (a) Nachfragefunktion auf dem Produktmarkt:

$$q^D = q^D(p) \tag{4.1}$$

mit

q^D = nachgefragte Menge

p = Produktpreis.

Dabei gilt in der Regel:

$\frac{dq^D}{dp} < 0$, d.h. im Normalfall haben wir es mit fallenden Nachfragekurven zu tun.

Zu (b) Produktionsfunktion:

$$q^S = q^S(x) \tag{4.2}$$

mit

q^S = produzierte (= angebotene) Menge

x = Faktoreinsatzmenge.

Dabei werden abnehmende positive Grenzerträge mit zunehmendem Faktoreinsatz unterstellt,

$$\frac{dq^S}{dx} > 0; \ \frac{d^2q^S}{dx^2} < 0.$$

Zu (c) Faktorangebotsfunktion:

$$r = r(x) \tag{4.3}$$

mit

r = Faktorpreis.

Die Annahme über den Verlauf der Faktorangebotsfunktion ist:

$$\frac{dr}{dx} > 0,$$

d.h., das Faktorangebot (z.B. Arbeitsangebot) steigt mit steigendem Faktorpreis (z.B. Lohnsatz).

Sind die Funktionen a) bis c) determiniert, dann kann – aufgrund der Interdependenz von Produkt- und Faktormarktgleichgewicht – auch der Schnittpunkt von Faktorangebots- und –nachfragekurve (das Faktormarktgleichgewicht) abgeleitet werden (s. *Schaubild 4.6*).

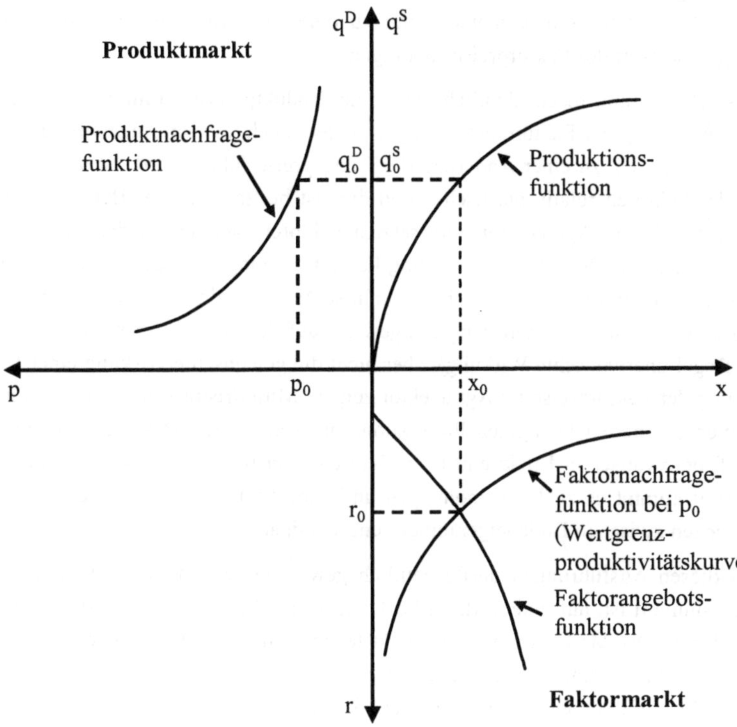

Schaubild 4.6: Simultanes Gleichgewicht auf Produkt- und Faktormärkten

Unter den genannten Voraussetzungen wird z.B. bei gegebenem Preis p_0 die Menge q_0^D nachgefragt. Ist bei p_0 der Gleichgewichtspreis, gilt: $q_0^D = q_0^S$. Die Menge q_0^S wird mit dem Faktoreinsatz x_0 produziert. Der Faktoreinsatz x_0 wird zum Preis r_0 angeboten; zu diesem Faktorpreis wird die Einsatzmenge x_0 des Faktors nachgefragt. Wenn auf dem Produkt- und Faktormarkt ein Gleichgewicht herrscht, dann kann aus den gegebenen Funktionen bei der Zielsetzung der Gewinnmaximierung die Faktornachfrage abgeleitet werden.

In Kapitel 2 hatten wir bereits für die optimale Faktornachfrage eines Mengenanpassers die Bedingung abgeleitet:

Wertgrenzproduktivität = Faktorpreis.

Diese Bedingung macht deutlich, dass die Nachfrage auf dem Faktormarkt u.a. auch vom Produktpreis abhängig ist. Zu einem bestimmten Produktpreis wird es daher bei kontinuierlich verlaufenden Funktionen und den unterstellten Neigungen der Kurven lediglich einen einzigen gleichgewichtigen Faktorpreis geben. Änderungen im Produktpreis werden sich daher auch in einer Änderung der Faktornachfrage niederschlagen und somit zu einer Änderung der Faktoreinsatzmenge und/oder des Faktorpreises beitragen.

Diese Darstellung macht deutlich, dass eine Produktpreisänderung nicht nur zu einer Änderung der Faktoreinsatzmenge, sondern auch, je nach Angebotselastizität der Faktoren, zu einer Änderung der Faktorpreise führen wird. Ist das Angebot der Faktoren relativ elastisch – und dies ist bei langfristiger Betrachtungsweise für die im Agrarsektor eingesetzten Faktoren weitgehend der Fall –, so kann durch eine Produktpreisanhebung keine Erhöhung der Faktorpreise erzielt werden. Langfristig werden daher administrativ verordnete Anhebungen der Produktpreise nur zu einem Ungleichgewicht auf dem Produktmarkt führen (in der Regel unerwünschte Wirkung), aber nicht die gewünschte Wirkung einer Erhöhung der Faktorpreise im Agrarsektor zeigen. Mittelfristig kann, vor allem im Bereich der bodenabhängigen Produktion, ein weiterer für Teile der Landwirtschaft unerwünschter Effekt eintreten: Bei dem eher weniger elastischen Bodenangebot kommt es zu Preiserhöhungen und darauf zu verstärkten Interessendivergenzen zwischen Bodeneigentümern und Landpächtern.

Aus diesen Ausführungen dürfte deutlich geworden sein, dass es ökonomisch nicht sinnvoll ist, auf einem Markt kostendeckende Preise administrativ zu verwirklichen. Der Marktmechanismus wirkt tendenziell darauf hin, dass der Marktpreis die Durchschnittskosten (langfristig die totalen Durchschnittskosten, kurzfristig die variablen Durchschnittskosten) des Grenzanbieters deckt.

4.3 Produkt- und Faktorpreisbildung beim Monopol

Von unvollständiger Konkurrenz wird immer dann gesprochen, wenn eine der Bedingungen, die bei vollständiger Konkurrenz erfüllt sein müssen, nicht gegeben ist. Im Folgenden wollen wir unterstellen, dass als Folge der Zahl der Marktpartner die Konkurrenz als unvollständig bezeichnet wird. Insbesondere interessieren uns dabei Monopolmarktstellungen. Die Kenntnisse der Preisbildung bei dieser Marktform sind für das Verständnis der Wirkungen staatlicher Interventionen auf den Agrarmärkten notwendig.

Beim Monopol steht ein Anbieter einer Vielzahl von Nachfragern gegenüber. Die Marktnachfragekurve ist daher für den Monopolisten die Preis-Absatzfunktion. Demnach hat der Monopolist die Möglichkeit, alternativ die Preise oder die Mengen festzulegen (Aktionsparameter) und das Ergebnis der anderen Variablen (Erwartungsparameter) durch die Nachfrager bestimmen zu lassen.

Betrachtet der Monopolist z.B. den Preis als Aktionsparameter und setzt ihn in Höhe von p_0, so wird bei diesem Preis entsprechend der vorgegebenen Nachfragekurve die Menge q_0 nachgefragt (vgl. *Schaubild 4.7*); die Menge ist in diesem Fall der Erwartungsparameter. Der Monopolist muss also damit rechnen, dass Änderungen des von ihm gesetzten Preises stets auch Änderungen der nachgefragten Menge und damit der von ihm verkauften Menge zur Folge haben. Will der Monopolist z.B. statt der Menge q_0 die Menge q_1 verkaufen und würde er diese Menge als Aktionsparameter betrachten, so würde sich am Markt ein Preis p_1 ergeben; der Preis wäre in diesem Fall Erwartungsparameter.

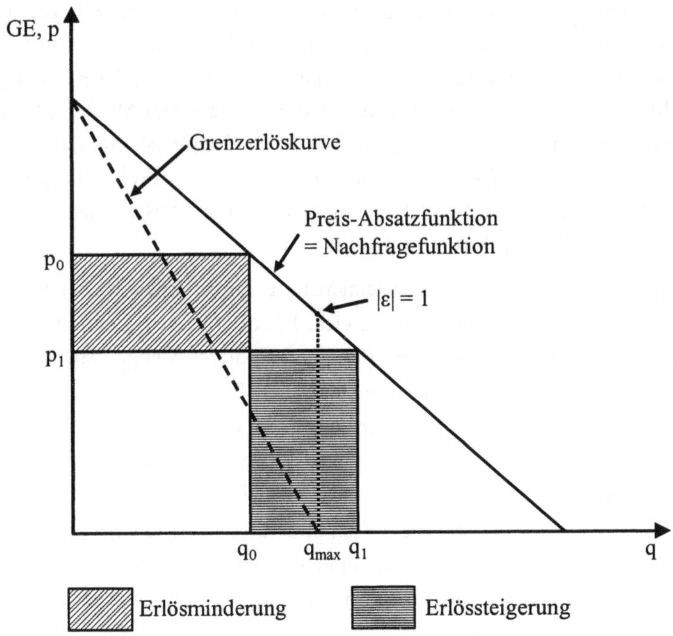

Schaubild 4.7: Preis-Absatzfunktion eines Monopolisten

Schaubild 4.7 macht deutlich, welche Überlegungen der Monopolist anstellen muss, wenn er die gewinnmaximale Absatzmenge sucht. Ähnlich dem Polypolisten hat er stets zu prüfen, wie sich sein Erlös ändert, wenn er die Absatzmenge um eine Einheit variiert. Die Erlösänderung (Grenzerlös) ist dann mit der Änderung der Kosten (Grenzkosten) als Folge der Absatzerhöhung zu vergleichen. Ist der Grenzerlös höher als die Grenzkosten, lohnt sich eine Absatzausweitung; im Optimum muss der Grenzerlös gleich den Grenzkosten sein.

Während aber beim Polypolisten der Grenzerlös stets identisch mit dem Produktpreis ist, gilt dieses für den Monopolisten nicht. Eine Absatzausweitung, z.B. von q_0 auf q_1 ist nur möglich, wenn eine Preissenkung von p_0 auf p_1 hingenommen wird. Der Monopolist hat daher zu berücksichtigen, dass er für die ursprünglich verkaufte Menge q_0 nun als Folge der Absatzsteigerung anstelle des alten Preises p_0 nur einen geringeren Preis p_1 erhält. Der Grenzerlös wird daher stets niedriger sein als der Produktpreis. Da grundsätzlich gelten muss, dass die Grenzerlöskurve des Monopolisten identisch ist mit der Grenzausgabenkurve der Nachfrager (der Konsumenten), können wir unsere obigen Überlegungen über die Ableitung der Grenzausgabenkurve direkt übertragen. Die Grenzerlöskurve muss daher stets unterhalb der Nachfragekurve verlaufen und bei einer linearen Nachfragekurve den im *Schaubild 4.7* aufgezeigten Verlauf aufweisen.

Aus der Tatsache, dass der Monopolist stets Grenzerlös und Grenzkosten zu vergleichen hat und die Grenzerlöskurve einen positiven und einen negativen Abschnitt aufweist, folgt, dass der Monopolist bei positiven Grenzkosten (dies dürfte als Regelfall angenommen werden; ausnahmsweise mag in der Realität gelten, dass die Grenzkosten Null sind ($dK/dq = 0$)), maximal einen Absatz in Höhe q_{max} verwirklichen wird. q_{max} ist dort gegeben, wo die Preiselastizität der Nachfrage gleich minus Eins ist. Somit folgt, dass ein Monopolist lediglich im preiselastischen Bereich einer Nachfragekurve anbieten wird. Dieser Sachverhalt wird durch *Schaubild 4.8* nochmals verdeutlicht.

Bei den im *Schaubild 4.8* eingezeichneten Kurvenverläufen ist der Grenzerlös bei der Menge q_M den Grenzkosten gleich. Für die Menge q_M erzielt der Monopolist den Preis p_M. Der zu diesem Preis und zu dieser Menge gehörende Punkt auf der Nachfragekurve C wird ***Cournot*scher Punkt** genannt. *Schaubild 4.8* zeigt deutlich, dass bei positiven Grenzkosten die Grenzerlöskurve immer im positiven Abschnitt geschnitten werden muss; positiv ist der Abschnitt der Grenzerlöskurve aber lediglich im preiselastischen Bereich der Nachfragekurve.

Die Hypothese, dass ein Monopolist lediglich im elastischen Bereich der Nachfragekurve anbietet, wird besonders einleuchtend, wenn man sich den Verlauf der Erlöskurve anschaut. Die Erlöskurve des Monopolisten, die identisch ist mit der Ausgabenkurve der Konsumenten, hat bei linearem Verlauf der Nachfragekurve die Form einer Parabel. Maximal ist der Gesamterlös bei der Preiselastizität minus Eins. Würde der Monopolist seinen Absatz durch weitere Preissenkungen erhöhen, würde sein Erlös sinken. Eine solche Strategie wäre daher mit der Zielsetzung Gewinnmaximierung nicht vereinbar.

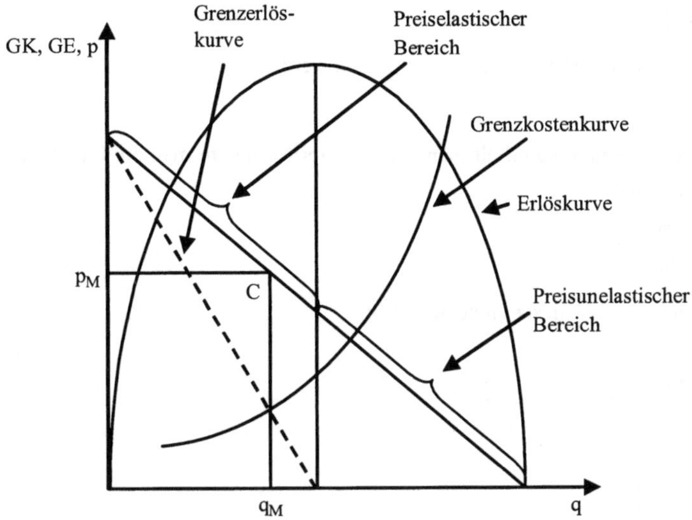

Schaubild 4.8: Gewinnmaximale Angebotsmenge eines Monopolisten

Die optimale Absatzmenge eines Monopolisten kann auch algebraisch abgeleitet werden. Laut Definition gilt für den Gewinn:

$$G(q) = E(q) - K(q)\,. \tag{4.4}$$

Im Gewinnmaximum muss der Grenzgewinn Null sein. Aus diesem Grund wird die Gleichung nach q differenziert. Man erhält:

$$\frac{dG}{dq} = \frac{dE}{dq} - \frac{dK}{dq} = 0. \tag{4.5}$$

Daraus folgt:

$$\frac{dE}{dq} = \frac{dK}{dq} \tag{4.6}$$

und somit Grenzerlös = Grenzkosten.

Diese Bedingung für ein Gewinnmaximum gilt selbstverständlich, wie bereits oben gezeigt, auch für Polypolisten. Doch während für den Polypolisten der Grenzerlös mit dem Preis identisch war, gilt für den Monopolisten – wie bereits oben verbal und grafisch gezeigt – eine andere Beziehung. Im Folgenden gilt es daher, den Grenzerlös zu berechnen. Ausgangspunkt ist die Definitionsgleichung für den Erlös. Es gilt

$$E = p \cdot q \tag{4.7}$$

wobei zu bedenken ist, dass der Preis eine Funktion der Absatzmenge ist. Es muss daher gelten:

$$p = p(q). \tag{4.8}$$

Somit kann für den Erlös auch geschrieben werden:

$$E = p(q)q. \tag{4.9}$$

Aus dieser Gleichung erhält man den Grenzerlös, indem man die Funktion nach q differenziert:

$$\frac{dE}{dq} = \frac{dp}{dq} \cdot q + p. \tag{4.10}$$

Eine Umformung dieser Gleichung gibt:

$$\frac{dE}{dq} = p\left(1 + \frac{dp}{dq} \cdot \frac{q}{p}\right). \tag{4.11}$$

Da

$$\frac{dp}{dq} \cdot \frac{q}{p} = \frac{1}{\varepsilon^D}$$

folgt aus Gleichung (4.11):

$$\frac{dE}{dq} = p\left(1 + \frac{1}{\varepsilon^D}\right). \tag{4.12}$$

Die letzte Gleichung wird ***Amoroso-Robinson*-Relation** genannt. Sie gibt an, dass der Grenzerlös eines Monopolisten von der Preishöhe und der Preiselastizität der Nachfrage (ε^D) abhängig ist. Da ε^D im Normalfall negativ ist, folgt, dass der Grenzerlös eines Monopolisten in der Regel geringer ist als der Preis. Für eine Preiselastizität von -2 erhält man z.B. einen Grenzerlös in Höhe von 0,5p. Ist die Preiselastizität absolut kleiner als 1, z.B. -0,5, so wird der Grenzerlös negativ, nämlich in diesem Fall –p.

Gegen die Ergebnisse der Preisbildung bei der Marktform des Monopols können aus gesamtwirtschaftlicher Sicht folgende Einwände angeführt werden:

(1) Die Unternehmensgewinne sind in der Regel höher als unter Wettbewerbsbedingungen und nicht das Ergebnis überdurchschnittlicher Leistung. Gewinne beruhen in diesem Fall auf Marktmacht und werden in der Regel als unerwünscht betrachtet.

(2) Monopolbetriebe neigen weniger zur Einführung technischer Fortschritte als Betriebe unter Wettbewerbsbedingungen. Bei vollständiger Konkurrenz besteht für einzelne Unternehmen nicht nur ein Anreiz, technische Fortschritte unter bestimmten Bedingungen einzuführen, sondern auch ein ökonomischer Druck, um im Wettbewerb mit den Konkurrenten bestehen zu können. Für Monopolunternehmen entfällt der ökonomische Druck. Ein Anreiz zur Einführung technischer Fortschritte wird nur dann bestehen, wenn dadurch nicht in der Vergangenheit

getätigte Investitionen unrentabel werden. Außerdem werden Monopolunternehmen im Gegensatz zu Unternehmen bei vollständiger Konkurrenz stets zu bedenken haben, wie technische Fortschritte die Produktionsmenge verändern und damit die Marktpreise beeinflussen. Daraus folgt, dass Monopolunternehmen dazu neigen, mehr kostensenkende als produktionssteigernde technische Fortschritte einzuführen.

(3) Monopolunternehmen neigen mehr als andere Unternehmen dazu, vornehmlich solche Investitionen vorzunehmen, die eine **Kapitalvertiefung** und nicht eine **Kapitalerweiterung** bewirken. Bei einer Kapitalvertiefung wird Arbeit durch Kapital substituiert, während bei einer Kapitalerweiterung die Kapazitäten durch eine Vergrößerung des Kapitalstocks erweitert werden, ohne dass sich das Kapital-Arbeitseinsatzverhältnis (Kapitalintensität) verändert. Diese Tendenz folgt aus der Tatsache, dass Kapitalerweiterungsinvestitionen Produktionsmengeneffekte aufweisen und damit zu Produktpreissenkungen führen können, während bei Kapitalvertiefungsinvestitionen solche Wirkungen weniger auftreten werden. Monopolunternehmen werden daher in der Regel weniger Arbeit pro Kapital einsetzen als Betriebe unter Wettbewerbsbedingungen.

(4) Monopolunternehmen stehen weniger als Wettbewerbsunternehmen unter dem Zwang, ihre Produktion an den Konsumentenwünschen auszurichten. Sie können durch Einsatz des absatzpolitischen Instrumentariums, insbesondere auch durch manipulative Werbung, die Konsumenten zum Kauf ihrer Produkte bewegen.

(5) Aus Sicht der Konsumenten ist gegen Monopolunternehmen auch einzuwenden, dass der Monopolpreis in der Regel über dem Wettbewerbspreis liegt. Allerdings braucht dieser Tatbestand nicht stets erfüllt zu sein. Es kann sein, dass ein Monopolunternehmen kostengünstiger produzieren kann als eine Reihe von Betrieben unter Wettbewerbsbedingungen und dass aus diesem Grund der Monopolpreis trotz höherer Monopolgewinne sogar unterhalb des Wettbewerbspreises liegt.

(6) Aus Sicht der Arbeitnehmer ist gegen Monopolbetriebe einzuwenden, dass die Arbeitslöhne und allgemein die Faktorpreise unter Monopolbedingungen nicht der Wertgrenzproduktivität der Faktoren entsprechen. Während unter Wettbewerbsbedingungen – wie in Kapitel 2.5 bereits dargestellt – im Optimum der Faktorpreis stets der Wertgrenzproduktivität der Faktoren entspricht, gilt unter Monopolbedingungen, dass der Faktorpreis dem **Grenzerlösprodukt** gleich ist. Unter Grenzerlösproduktivität versteht man die Änderung des Erlöses, die durch Variation des Faktoreinsatzes um eine Einheit entsteht. Die Änderung des Erlöses als Folge der Variation des Faktoreinsatzes ergibt sich aus zwei Komponenten. Zum einen verändert der Faktoreinsatz die Produktionsmenge, und zum anderen verändert die Produktionsmenge den Produktpreis und damit den Grenzerlös. Vereinfacht können wir schreiben:

$$r = p^* \cdot \frac{\partial q}{\partial x} \tag{4.13}$$

mit

p* = korrigierter Produktpreis.

Für p* gilt:

$$p^* = p\left(1 + \frac{1}{\varepsilon^D}\right) \tag{4.14}$$

und somit erhalten wir als Optimalbedingung

$$r = p\left(1 + \frac{1}{\varepsilon^D}\right) \cdot \frac{\partial q}{\partial x} \tag{4.15}$$

Faktorpreis = Grenzerlösprodukt.

Die Gleichung zeigt, dass der Faktorpreis im Falle eines Monopols auf dem Produktmarkt stets unter der Wertgrenzproduktivität ($p \cdot \partial q/\partial x$) liegen wird. Die Differenz wird umso größer sein, je größer die Differenz zwischen dem Produktpreis und dem Grenzerlös ist.

Die Unterschiede zwischen der Preisbildung bei vollständiger Konkurrenz und bei der Marktform des Monopols auf dem Produktmarkt soll in *Übersicht 4.2* herausgestellt werden.

Übersicht 4.2: Bedingungen für ein Gewinnmaximum bei vollständiger Konkurrenz und beim Monopol auf dem Absatzmarkt

Marktform	Produktmarkt	Faktormarkt
Vollständige Konkurrenz auf Produkt- und Faktormarkt	$p = \frac{\partial K}{\partial q}$	$r = \frac{\partial q}{\partial x} \cdot p$
	Grenzerlös = Preis = Grenzkosten	Faktorpreis = Wertgrenzproduktivität
Monopol auf dem Absatzmarkt, vollständige Konkurrenz auf dem Faktormarkt	$\frac{\partial E}{\partial q} = \frac{\partial K}{\partial q}$ $p\left(1 + \frac{1}{\varepsilon^D}\right) = \frac{\partial K}{\partial q}$	$r = p^* \cdot \frac{\partial q}{\partial x}$ $r = p\left(1 + \frac{1}{\varepsilon^D}\right) \cdot \frac{\partial q}{\partial x}$
	Grenzerlös = Grenzkosten	Faktorpreis = Grenzerlösprodukt

Übersicht 4.2 zeigt, dass die Marktform auf dem Produkt- und Faktormarkt entscheidend für die Preisbildung auf diesen Märkten ist. Hier wurden lediglich zwei Spezialfälle betrachtet. Im ersten Fall wurde angenommen, dass sowohl auf dem Produkt- als auch auf dem Faktormarkt vollständige Konkurrenz vorliegt. Die Unternehmen haben somit weder auf dem Produkt- noch auf dem Faktormarkt die Möglichkeit, die Preise durch eigene Strategien zu beeinflussen. Sie verhalten sich demnach als Mengenanpasser. Die Bedingung für ein Gewinnmaximum beinhaltet in diesem Fall, dass auf dem Produktmarkt die Preise gleich den Grenzkosten sind und auf dem Faktormarkt die Faktorpreise gleich den Wertgrenzproduktivitäten der Faktoren. Im zweiten Fall wurde angenommen, dass sich das Unternehmen beim Verkauf der Produkte als Monopolist verhalten kann, also alleiniger Anbieter ist, jedoch auf dem Faktormarkt sich als Mengenanpasser verhalten muss, es also mit einer Vielzahl von Unternehmen um die Faktoren konkurriert. In diesem Fall ergeben sich für das Gewinnmaximum die oben angegebenen Regeln.

Selbstverständlich ist es auch möglich, für weitere Marktformen und Marktformenkombinationen die Regeln abzuleiten, die bei gewinnmaximaler Ausbringung gelten müssen. An dieser Stelle soll jedoch darauf verzichtet werden.

4.4 Bestimmungsgründe von Preisrelationen unter Wettbewerbsbedingungen

Einzelne Produkt- und Faktorpreise verändern sich in marktwirtschaftlichen Systemen im Zeitablauf unterschiedlich. Im Folgenden wollen wir den Bestimmungsgründen der Preisänderung nachgehen. Dabei interessieren wir uns nicht für die Änderung des Preisniveaus in der Volkswirtschaft (Inflationsrate), sondern lediglich für die Änderung der Preisrelation. Zunächst soll geprüft werden, warum sich in marktwirtschaftlichen Systemen das Agrarpreisniveau (der gewogene Durchschnitt aller Agrarpreise) in Relation zu Preisen anderer Sektoren im Zeitablauf verändert. Wir untersuchen mithin, wie sich das **sektorale Austauschverhältnis** oder die "**sectoral Terms of Trade**" verändern.

4.4.1 Bestimmungsgründe der Entwicklung von Produktpreisrelationen

Es gibt eine Vielzahl von Gründen, die zu einer kurzfristigen Änderung einzelner Preise führen können. Im Folgenden wollen wir lediglich prüfen, welche Faktoren zu einer Änderung der Relation der langfristigen Gleichgewichtspreise führen. Wir haben demnach zu prüfen, welche Faktoren auf der Angebots- oder

Nachfrageseite unterschiedlich stark auf einzelnen Märkten wirken, so dass sich die Relationen der Preise verändern.

Zunächst ist zwischen international handelbaren und international nicht handelbaren Gütern zu unterscheiden. Die internationale Handelbarkeit ist nicht nur ein physisches Kriterium, sondern auch eine Frage der Transportkosten. Bei einer Einfuhrsituation ist der **cif-Preis** entscheidend, also der Preis an der Grenze des importierenden Landes, der die Transportkosten des exportierenden Landes (c für cost), die Versicherungskosten (i für insurance) und die Frachtkosten (f für freight) enthält. Bei einer Ausfuhrsituation ist der **fob-Preis** entscheidend; das ist der Preis an der Grenze des exportierenden Landes, der das Produkt "free on board" des Transportmittels ermöglicht. Bei hohen Transportkosten ist die Differenz zwischen cif- und fob-Preisen groß. Viele Güter sind dann international nicht handelbar. Sinkende Transportkosten und sinkende Transaktionskosten in den letzten Jahrzehnten haben jedoch die Anzahl der international handelbaren Güter erheblich erhöht.

Für international handelbare Güter gilt, dass bei freier Preisbildung, d.h. in einer offenen Volkswirtschaft ohne Handelsbeschränkungen, der Preis der Güter im Inland an der Grenze immer gleich dem Weltmarktpreis (cif oder fob, je nach inländischer Marktsituation) in Auslandswährung multipliziert mit dem **Wechselkurs** (= Preis in inländischen Währungseinheiten für eine ausländische Währungseinheit) sein muss. Es gilt also stets:

$$p_i = w \cdot p_w \qquad (4.16)$$

mit

p_i = Inlandspreis in Inlandswährung

p_w = Preis an der Grenze in Auslandswährung

w = Wechselkurs, d.h. Preis in Inlandswährung für eine ausländische Währungseinheit.

Der Inlandspreis kann sich dann ändern, wenn sich die Weltmarktpreise in Auslandswährung ändern (die Weltmarktpreise für Agrargüter werden in der Regel in US $ deklariert) oder auch, wenn sich der Wechselkurs ändert. Eine Erhöhung des Wechselkurses (= **Abwertung** der inländischen Währung) führt dabei zu einem Anstieg der Inlandspreise und eine Reduzierung des Wechselkurses (= **Aufwertung** der inländischen Währung) zu einem Sinken der Inlandspreise.

Die Preise der international nicht handelbaren Güter werden durch die inländischen Grenzkosten der Produktion und die inländische Nachfrage bestimmt. Doch wirken auch hier die Weltmarktpreise indirekt auf die Preisbildung ein. Auf der Nachfrageseite wird es in der Regel Substitutionsmöglichkeiten zwischen handelbaren und nicht handelbaren Gütern geben; auf der Angebotsseite werden die Produktionskosten auch von den Weltmarktpreisen bestimmt, wenn die Faktoren sowohl zur Produktion der nicht handelbaren Güter als auch zur Produktion der handelbaren Güter eingesetzt werden können oder die Faktoren selbst international handelbar sind.

Eine unterschiedliche Entwicklung sektoraler Preise bedeutet nicht gleichzeitig, dass sich die Faktorentgelte in den einzelnen Sektoren unterschiedlich entwickeln. Bei vollkommener Mobilität der Faktoren und unveränderten Präferenzen für einzelne Tätigkeiten werden die Faktorentgelte in allen Sektoren im Zeitablauf gleich steigen.

Aus der Kenntnis der Bestimmungsgründe sektoraler Preisrelationen folgt, dass staatliche Eingriffe, die zu einem Einfrieren der sektoralen Preisrelationen beitragen, in der Regel zu Ungleichgewichtssituationen in einer Volkswirtschaft führen müssen. Die Forderung nach **Paritätspreisen** (gleiche Entwicklung der Preise) widerspricht den Grundprinzipien einer Marktwirtschaft. Sollen in allen Sektoren die Einkommen gleich stark steigen, so muss die sektorale Preisentwicklung in etwa spiegelbildlich zur sektoralen Produktivitätsentwicklung verlaufen. Die **Produktivitätsentwicklung** gibt die Relation zwischen Produktionsmenge und Faktoreinsatzmenge an.

Der Einfachheit halber wurde im *Schaubild 4.9* unterstellt, dass die Volkswirtschaft aus drei Wirtschaftsbereichen besteht, die unterschiedliche Produktivitätsfortschritte im Zeitablauf erzielen. In Sektor 1 steigt die Produktivität überdurchschnittlich, in Sektor 2 durchschnittlich und in Sektor 3 unterdurchschnittlich. Ferner wird angenommen, dass alle drei Sektoren gleich groß sind. Sollen die Einkommen in allen Sektoren gleichmäßig steigen, so führt dies zu einer Preissenkung im ersten Sektor, zu annähernd konstanten Preisen in Sektor 2 und zu steigenden Preisen in Sektor 3. Diese Aussage kann mit Hilfe eines einfachen Modells belegt werden. Wir nehmen an, dass die betrachteten drei Sektoren als einzigen Produktionsfaktor Arbeit beschäftigen. Kapital kann gedanklich als 'geronnene' Arbeit betrachtet werden. Es gilt daher folgende Identitätsgleichung:

$$p_i q_i = A_i l \tag{4.17}$$

mit

p_i = Preis der produzierten Güter der drei Sektoren mit i = 1,2,3

q_i = produzierte Menge der drei Sektoren mit i = 1,2,3

A_i = Arbeitseinsatz in den drei Sektoren mit i = 1,2,3

l = Lohnsatz, für alle Sektoren als gleich angenommen.

Aus Gleichung (4.17) folgt

$$p_i = \frac{l}{\frac{q_i}{A_i}}. \tag{4.18}$$

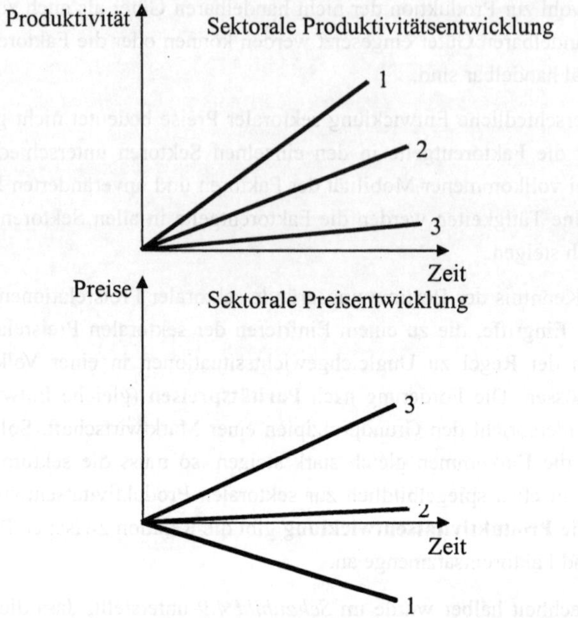

Schaubild 4.9: Sektorale Produktivitäts- und Preisentwicklung

$\frac{q_i}{A_i}$ ist als **Arbeitsproduktivität** definiert. Wir schreiben dafür π_i und erhalten aus Gleichung (4.18)

$$p_i = \frac{1}{\pi_i}. \tag{4.19}$$

Aus Gleichung (4.19) erhält man

$$\frac{p_1}{p_2} = \frac{\pi_2}{\pi_1} \tag{4.20}$$

und

$$\frac{p_1}{p_3} = \frac{\pi_3}{\pi_1} \tag{4.21}$$

sowie

$$\frac{p_2}{p_3} = \frac{\pi_3}{\pi_2}. \tag{4.22}$$

Gleichungen (4.20) bis (4.22) zeigen, dass die Preisrelationen jeweils umgekehrt proportional zu den Sektorproduktivitäten sind, wenn in allen Sektoren die Lohnsätze gleich sind. Tatsächlich wird sich ein solches Ergebnis durch das Wirken des Marktmechanismus auch einstellen. Da bei konstanten Produktpreisen in Sektor 1 überdurchschnittliche Einkommen (und damit auch Gewinne) erzielt werden, wird dieser Sektor mehr Produktionsfaktoren Arbeit und Kapital einsetzen, die Produktion wird steigen und die Produktpreise werden sinken. In Sektor 3 hingegen wird mit unterdurchschnittlichen Produktivitätsfortschritten bei konstanten Produktpreisen eine geringere Wertschöpfung als in anderen Sektoren erzielt. Gewinne werden daher unterdurchschnittlich hoch sein und die Produktion wird eingeschränkt mit der Wirkung steigender Preise. Daher kann erwartet werden, dass der Marktmechanismus tendenziell zu einer Preisentwicklung beiträgt, die der Darstellung in *Schaubild 4.9* entspricht.

Ein typisches Beispiel für die Bedeutung der Produktivitätsentwicklung für die Preisbildung kann aus der Fleischproduktion gegeben werden. In der Nachkriegszeit sind die Geflügelpreise in der BR Deutschland gesunken, weil in der Geflügelfleischproduktion überdurchschnittliche Produktivitätsfortschritte erzielt wurden. In der Schweinefleischproduktion dagegen ist die Produktivität nur etwa durchschnittlich gestiegen, so dass die Schweinefleischpreise real in etwa konstant geblieben sind. In der Rindfleischproduktion hingegen ist die Produktivität unterdurchschnittlich gestiegen, so dass hier im Zeitablauf die Preise real gestiegen sind.

Die Tatsache, dass sich aufgrund unterschiedlicher Produktivitätsfortschritte die gleichgewichtigen Preisrelationen zwischen den Produkten im Zeitablauf ändern, kann bei der staatlichen Preissetzung auf den Agrarmärkten nicht ausreichend berücksichtigt werden. Zum einen liegen keine Informationen über die Produktivitätsfortschritte der Grenzanbieter vor und zum anderen besteht aus politischen Gründen eine Tendenz, den Status quo und damit die Preisrelationen einzufrieren.

4.4.2 Bestimmungsgründe des Zusammenhangs zwischen Erzeuger- und Verbraucherpreisen

In Kapitel 2 wurde bereits ausgeführt, dass die Differenz zwischen den Verbraucher- und Erzeugerpreisen als Marktspanne bezeichnet werden kann. Im Folgenden soll dargestellt werden, welche Faktoren auf eine Änderung der Marktspanne im Zeitablauf hinwirken und welche Wirkung die Ausdehnung der Spanne auf die Verbraucher- und Erzeugerpreise hat.

Die Marktspanne besteht wie alle Werte aus einem Mengen- und einem Preisgerüst. Unter dem **Mengengerüst** verstehen wir die komplementären Sach- und Dienstleistungen, die dem Agrarrohprodukt hinzugefügt werden, um es konsumreif zu machen. Das **Preisgerüst** der Marktspanne gibt an, wie die komplementären Sach- und Dienstleistungen bewertet werden. Grundsätzlich bildet sich die Marktspanne als Wert genauso wie andere Werte in einem marktwirtschaftlichen

System. Wir haben daher Angebots- und Nachfragekurven für das Mengengerüst zu untersuchen und zu erklären, bei welcher Höhe sich ein Gleichgewichtspreis ergibt und wodurch sich der Gleichgewichtspreis im Zeitablauf verändert. Selbstverständlich hängt das Ergebnis der Marktkräfte auch von der Marktform ab. Im Folgenden wollen wir der Einfachheit halber die Spannenbildung unter den Bedingungen vollständiger Konkurrenz untersuchen.

Doch bevor zur Diskussion der einzelnen Bestimmungsfaktoren übergegangen wird, soll zunächst der empirische Befund für die BR Deutschland diskutiert werden.

Tabelle 4.1 zeigt, dass der Anteil der Verkaufserlöse an den Verbraucherausgaben für Nahrungsmittel im Zeitablauf gesunken ist. Während z.B. die Landwirte 1993/94 noch 27,9 Pfennig von jeder DM erhielten, die der Verbraucher für Nahrungsmittel inländischer Herkunft ausgegeben hat, waren es im Jahre 2002/03 nur noch 23,8 Cent von jedem Euro. Gleichzeitig zeigt *Tabelle 4.1*, dass die Höhe der Marktspanne bei den einzelnen Produkten sehr unterschiedlich ist.

So lag z.B. der Anteil der Verkaufserlöse an den Ausgaben für Eier im Jahre 2002/03 bei 67,5 %. Von den Verbraucherausgaben für Brotgetreide und Brotgetreideerzeugnisse erhielt der Landwirt dagegen nur 3,7 %.

Bei der folgenden Analyse wird unterstellt, dass der **Transformationskoeffizient**, der die Beziehung zwischen den Mengen auf der Verbraucher- und Erzeugerstufe angibt, Eins ist. Diese Annahme erleichtert die grafische Darstellung der Beziehung zwischen den Preisen auf den beiden Marktstufen. Der Zusammenhang zwischen dem Verbraucher- und Erzeugerpreis kann durch *Schaubild 4.10* veranschaulicht werden.

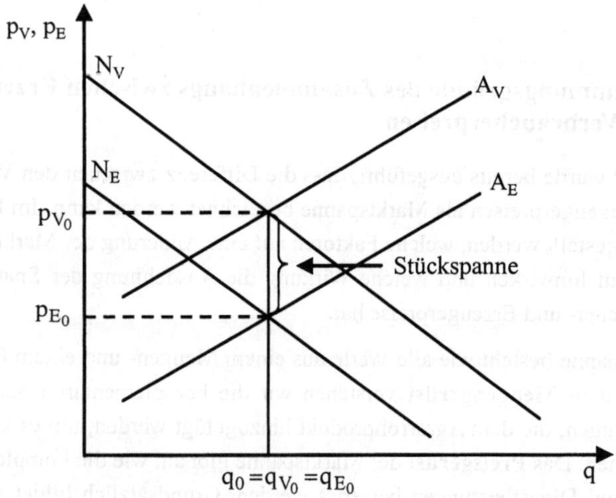

Schaubild 4.10: Beziehung zwischen Verbraucher- und Erzeugerpreisen

Tabelle 4.1: Anteil der Verkaufserlöse der Landwirtschaft an den Verbraucherausgaben für Nahrungsmittel inländischer Herkunft in %

Wirtschaftsjahr	Brotgetreide und Brotgetreide-erzeugnisse	Speise-kartoffeln	Zuckerrüben und Zucker	Zusammen	Schlachtvieh, Fleisch und Fleischwaren	Milch und Milcherzeugnisse	Eier	Zusammen	Insgesamt
1993/94	4,9	30,8	38,3	11,0	27,2	43,8	69,4	34,7	27,9
1994/95	4,9	44,7	38,4	13,3	28,5	43,6	66,5	35,2	28,9
1995/96	4,4	36,5	36,9	10,6	28,9	44,5	74,2	36,2	28,7
1996/97	4,5	20,1	39,5	9,8	29,5	42,9	74,7	35,8	28,4
1997/98	4,5	28,7	39,7	10,2	25,6	39,4	61,1	31,9	26,1
1998/99	4,1	37,2	38,7	11,1	20,4	40,3	55,1	29,0	24,2
1999/2000	4,2	28,0	39,6	9,8	23,3	39,9	58,8	31,0	25,2
2000/01	4,1	26,0	39,3	9,6	25,5	44,8	69,1	34,1	27,6
2001/02	4,0	32,5	38,1	9,1	22,0	42,4	67,8	31,2	25,2
2002/03[1)]	3,7	24,3	38,1	8,7	21,1	38,7	67,5	29,3	23,8

1) Vorläufig.
Quelle: Ernährungs- und agrarpolitischer Bericht 2004 der Bundesregierung, Anhang S. 107, Tabelle 3.

Ausgangspunkt ist die Nachfrage auf der Verbraucherstufe, gekennzeichnet durch die Nachfragekurve N_V. Hier möge die Menge q_{V_0} zum Preis p_{V_0} nachgefragt werden. Damit diese Nachfragemenge auf der Verbraucherstufe realisiert werden kann, muss eine ganz bestimmte Menge an Agrarrohstoffen vom Handels- und Verarbeitungssektor auf der Erzeugerstufe nachgefragt werden. Welche Menge auf der Erzeugerstufe der entsprechenden Menge von q_{V_0} entspricht, wird durch einen Transformationskoeffizienten angegeben, der die Relation zwischen q_{V_0} und q_{E_0} angibt. Laut unserer hier vereinfachten Annahme wird dieser Koeffizient gleich Eins gesetzt. Somit sind die auf der Verbraucher- als auch auf der Erzeugerstufe nachgefragten bzw. angebotenen Mengen (q_{V_0} und q_{E_0}) gleich. Zu jedem Preis p_{V_0} gehört ein ganz bestimmter Preis p_{E_0} .

Der Handels- und Verarbeitungssektor wird bei der Nachfrage auf der Erzeugerstufe jeweils bedenken, welche Preise für alternative Mengen auf der Verbraucherstufe erzielt werden können. Die Nachfrage auf der Erzeugerstufe ist daher eine von der Nachfrage auf der Verbraucherstufe abgeleitete Nachfrage. Die Nachfragekurve auf der Erzeugerstufe N_E wird somit unterhalb der Nachfragekurve auf der Verbraucherstufe liegen. Das Marktgleichgewicht wird sich simultan auf der Verbraucher– und Erzeugerstufe einstellen. Auf der Erzeugerstufe ergibt sich der Gleichgewichtspreis durch den Schnittpunkt der Angebotskurve der Erzeuger A_E und der Nachfragekurve N_E. Auf der Verbraucherstufe ergibt sich der Gleichgewichtspreis durch den Schnittpunkt der Nachfragekurve auf der Verbraucherstufe N_V und der Angebotskurve des Handels- und Verarbeitungssektors A_V. Diese Angebotskurve wiederum liegt oberhalb der Angebotskurve auf der Erzeugerstufe. Der vertikale Abstand zwischen diesen beiden Angebots- und Nachfragekurven entspricht dem Wert der komplementären Sach- und Dienstleistung je Mengeneinheit des Agrarrohproduktes und damit gleich der durchschnittlichen **Stückspanne**. Da der vertikale Abstand zwischen den Nachfragekurven auf der Verbraucher- und Erzeugerstufe ebenfalls der Stückspanne entspricht, folgt, dass der vertikale Abstand zwischen den Angebotskurven gleich dem vertikalen Abstand zwischen den Nachfragekurven bei alternativen Mengen sein muss. Die Handels- und Verarbeitungsspanne, die für die gleichgewichtige Menge q_0 gezahlt wird, ist identisch mit der Fläche $p_{V_0} \cdot q_0 - p_{E_0} \cdot q_0$. Die Relation zwischen Verbraucher- und Erzeugerpreisen wird somit durch die Marktspanne (= Handels- und Verarbeitungsspanne) bestimmt. Eine Änderung der Preisrelation kann daher sowohl auf eine Änderung des Mengen- als auch Preisgerüstes der Spanne zurückzuführen sein.

Bestimmungsgründe der Ausweitung des Mengengerüstes der Marktspanne und Auswirkungen auf die Relation zwischen Verbraucher- und Erzeugerpreisen

(1) Der Einkommensanstieg

Bekanntlich steigt mit steigendem Einkommen die Nachfrage nach einzelnen Produkten gemäß der Einkommenselastizität der Nachfrage. Da die Einkommenselastizität der Nachfrage nach komplementären Sach- und Dienstleistungen größer ist als nach dem Agrarrohprodukt, bedeutet das gleichzeitig, dass sich die Nachfragekurve der Verbraucher auf dem Verbrauchermarkt bei steigendem Einkommen stärker nach oben verschiebt als die Nachfragekurve des Handels- und Verarbeitungsbereichs auf dem Erzeugermarkt. Es stellt sich eine Situation ein, wie sie im *Schaubild 4.11* dargestellt ist.

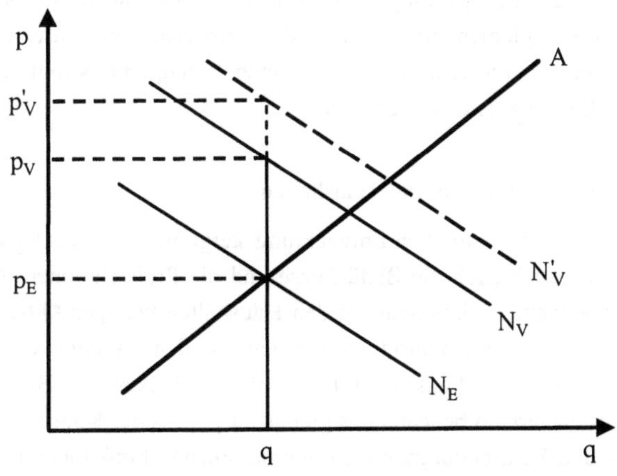

Schaubild 4.11: Spannenausweitung durch erhöhte Nachfrage nach komplementären Sach- und Dienstleistungen

Im *Schaubild 4.11* wurde der Einfachheit halber angenommen, dass sich als Folge des Einkommensanstiegs lediglich die Nachfragekurve auf dem Verbrauchermarkt verschiebt, dass also nur die Nachfrage nach komplementären Sach- und Dienstleistungen steigt und nicht die nach dem Agrarrohprodukt. Es gilt also:

$\eta_V > 0$; $\eta_E = 0$

mit

η_V = Einkommenselastizität der Nachfrage auf der Verbraucherstufe und

η_E = Einkommenselastizität der Nachfrage auf der Erzeugerstufe.

Die Nachfrage nach dem Rohprodukt Kartoffel bleibt z.B. unverändert, während sich auf der Verbraucherstufe die Nachfrage zugunsten verarbeiteter Kartoffelerzeugnisse verändert. Als Folge dessen ergibt sich ein neuer Preis auf dem Verbrauchermarkt in Höhe p'_V.

Mit Hilfe von *Schaubild 4.11* kann die Frage beantwortet werden, wie sich eine Ausweitung der Spanne auf die Einkommenssituation der Landwirte, insbesondere auf den Erzeugerpreis, auswirkt. Offensichtlich wird hier durch die Spannenausweitung der Erzeugerpreis nicht oder zumindest nicht negativ verändert. In der Realität ist es sogar möglich, dass eine Spannenausweitung, die auf eine erhöhte Nachfrage der Verbraucher nach komplementären Sach- und Dienstleistungen zurückzuführen ist, für die Landwirte eine Einkommensverbesserung darstellt. Denken wir z.B. an das Agrarrohprodukt Kartoffel, so kann die verstärkte Nachfrage nach verarbeiteten Kartoffelerzeugnissen dazu beitragen, dass die Nachfrage nach dem Agrarrohprodukt Kartoffel größer ist, als sie es ohne die Existenz dieser komplementären Sach- und Dienstleistungen wäre. Insgesamt können sich daher für die Landwirte ein höherer Erzeugerpreis und damit eine verbesserte Einkommenssituation ergeben.

(2) Funktionsausgliederung aus den Haushalten

Im Zuge der volkswirtschaftlichen Entwicklung steigt nicht nur das Einkommen, sondern es ändern sich auch die Bedürfnisse und die Preisrelationen. Aufgrund dessen ist zu beobachten, dass heute in den Haushalten weniger Aktivitäten bei der Verarbeitung der Agrarrohprodukte erbracht werden als noch vor ein paar Jahren. Werden aber diese Funktionen (wie z.B. das Backen von Brot) aus den Haushalten ausgelagert, so bedeutet das gleichzeitig, dass der Konsument für die vom Handels- und Verarbeitungsbereich übernommenen Funktionen ein Entgelt zu entrichten hat. Auch durch diese Spannenausweitung wird der Erzeuger nicht negativ berührt. Formal ist dieser Vorgang der Spannenausweitung identisch mit dem bereits oben für den Einkommensanstieg dargestellten Fall.

(3) Funktionsausgliederung und Spezialisierung landwirtschaftlicher Betriebe

Im Zuge der gesamtwirtschaftlich zunehmenden Arbeitsteilung ist festzustellen, dass die landwirtschaftlichen Betriebe zunehmend mehr Funktionen bei der Verarbeitung der Agrarrohprodukte an den Handels- und Verarbeitungsbereich abgeben. So hat nicht nur insgesamt die direkte Vermarktung (direkter Verkauf vom Erzeuger an den Verbraucher) abgenommen, es hat darüber hinaus der Handel im Verarbeitungssektor auch direkte Verarbeitungsfunktionen übernommen, die früher zumindest teilweise in landwirtschaftlichen Betrieben erbracht worden sind (wie z.B. die Verarbeitung von Milch zu Butter und Käse). Eine solche Situation ist in *Schaubild 4.12* dargestellt.

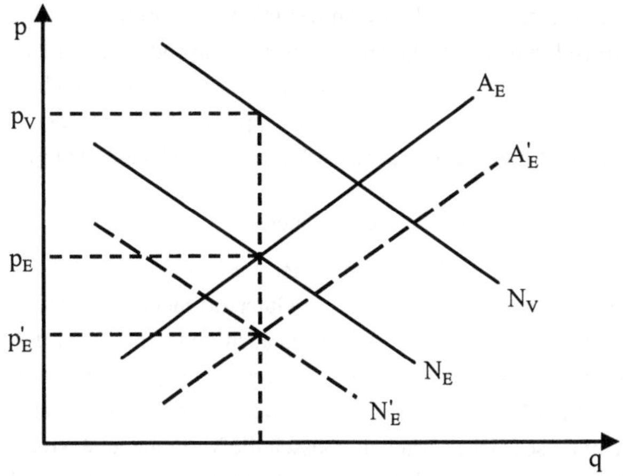

Schaubild 4.12: Spannenausweitung durch Änderung des Mengengerüsts

Durch *Schaubild 4.12* wird deutlich, dass aufgrund dieses Bestimmungsfaktors der Anteil der Erzeugererlöse an den Verbraucherausgaben abnimmt und auch die Erzeugerpreise sinken. Aber dennoch kann nicht gesagt werden, dass sich aufgrund dieses Einflussfaktors die Situation der Landwirte verschlechtert hat. Da der Anteil der Verkaufserlöse an den Verbraucherausgaben lediglich gesunken ist, weil Funktionen aus dem landwirtschaftlichen Betrieb ausgelagert wurden und diese Auslagerung freiwillig geschah, ist anzunehmen, dass die Landwirte dadurch einen Vorteil erzielten.

Ähnlich wie die Funktionsausgliederung führen Spezialisierung landwirtschaftlicher Betriebe und Konzentration der Agrarproduktion zu einer Ausweitung der Spanne. Wenn heute Kartoffeln nicht mehr in allen Betrieben und in allen Regionen der EU angebaut werden, sondern eine regionale Konzentration und betriebliche Spezialisierung stattgefunden hat, dann liegt das sicherlich im Interesse der Landwirtschaft. Allerdings bedeutet dieser Vorgang, dass der Handels- und Verarbeitungssektor beim Sammeln der Rohprodukte höhere Leistungen zu erbringen hat und dafür auch entgolten werden muss. Bei Fortsetzung dieser Entwicklung wird sich daher der Anteil der Verkaufserlöse der Landwirte an den Verbraucherausgaben für Nahrungsmittel im Zeitablauf verringern.

In den letzten Jahren haben Landwirte wieder verstärkt Funktionen übernommen, die bereits der Handels- und Verarbeitungssektor zuvor erbracht hatte. Verarbeitung auf landwirtschaftlichen Betrieben, Direktvermarktung und Verarbeitung in Haushalten hat zugenommen. Hierzu trug zum einen das Verhalten der Verbraucher bei. Direkt vermarkteten Produkten, insbesondere wenn sie mit besonderen Produktionsmethoden erstellt werden (ökologisch produzierte Produkte), werden von einigen Verbrauchern eine höhere Qualität zugeordnet. Zum anderen ist das Interesse der Landwirte an der Direktvermarktung auch gestiegen, weil durch fortschreitende Technisierung der Agrarproduktion, Flächenstillle-gung und Quotierung einzelner Produkte, insbesondere der Milchproduktion, Arbeitskapazitäten frei gesetzt wurden. Die Opportunitätskosten der Direktvermarktung sind somit durch einige agrarmarktpolitische Maßnahmen gesunken.

(4) Das Informationsbedürfnis der Verbraucher

Mit einer zunehmenden Differenzierung der Verbraucheransprüche steigt das Bedürfnis nach Informationen über das Gütersortiment und dessen Preise. Gleichzeitig hängt das Informationsbedürfnis auch von der Anzahl der Produktinnovationen ab. Bekanntlich ist es für den Verarbeitungssektor dann rentabel, ein neues Produkt auf den Markt zu bringen, wenn eine Mindestabsatzmenge erreicht wird. Um dieses sicherzustellen, müssen die Verbraucher ausreichend über neue Produkte informiert werden; das geschieht durch informative Werbung. Durch die Informationsvermittlung an die Konsumenten ergeben sich für den Handels- und Verarbeitungsbereich Aufwendungen, die ebenfalls entgolten werden müssen.

Zusammenfassend kann festgestellt werden: Ändert sich die Marktspanne als Folge der Änderung des Mengengerüsts auf einem vollkommenen polypolistischen Markt, so führt die Erhöhung der Spanne zwar zu einer Ausweitung der Differenz zwischen Verbraucher- und Erzeugerpreisen, aber nicht stets zu Nachteilen für die Landwirtschaft. Selbst wenn die Spannenausweitung im Fall der Ausgliederung von Funktionen aus der Landwirtschaft zu sinkenden Erzeugerpreisen führt, so ist dies nicht stets nachteilig für die Landwirtschaft insgesamt, da die Landwirte durch die zunehmende Arbeitsteilung in der Regel einen Vorteil erlangen.

Im Folgenden soll untersucht werden, wie eine Ausweitung der Spanne aufgrund der Änderung des Preisgerüsts auf Erzeuger- und Verbraucherpreise wirkt.

Bestimmungsgründe der Ausweitung des Preisgerüsts der Marktspanne

Das Preisgerüst der Spanne ändert sich, wenn sich der Preis für die komplementären Sach- und Dienstleistungen im Zeitablauf verändert. Eine solche Situation wird stets dann eintreten, wenn die Produktivitätsfortschritte im Handels- und Verarbeitungsbereich unterdurchschnittlich sind und steigende Faktorpreise daher nicht durch Produktivitätsfortschritte kompensiert werden können. Tritt eine solche Situation ein, so verlagert sich die abgeleitete Nachfragekurve des Handels- und Verarbeitungsbereichs auf dem Erzeugermarkt nach unten.

Eine Preissteigerung der Sach- und Dienstleistungen bewirkt, dass der Vermarktungssektor die auf dem Erzeugermarkt angebotenen Mengen zu niedrigeren Preisen nachfragt. Die Nachfragekurve auf diesem Markt verschiebt sich also nach unten, von N_E zu N_E' (vgl. *Schaubild 4.13*). Während sich vor der Faktorpreiserhöhung die Gleichgewichtsmenge q_E ergab, ist es nach der Faktorpreiserhöhung die Menge q_E'. Als weitere Folge ist der Erzeugerpreis von p_E auf p_E' gesunken und der Verbraucherpreis von p_V auf p_V' gestiegen. Die Ausweitung der Spanne von S auf S' entspricht der Kostenänderung. Aus *Schaubild 4.13* kann abgelesen werden, dass die Spannenausweitung sowohl zu Lasten der Erzeuger als auch der Verbraucher geht.

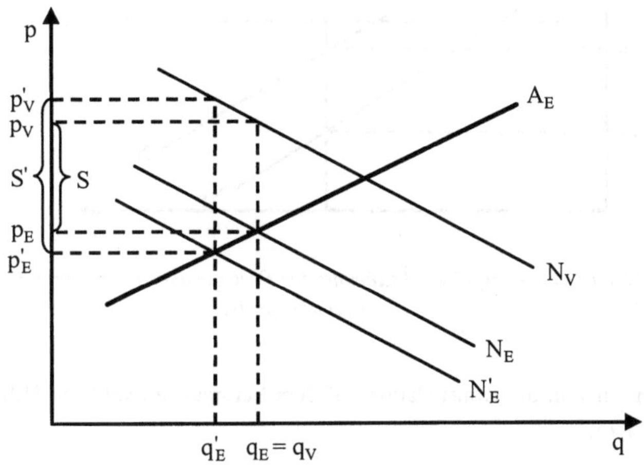

Schaubild 4.13: Spannenausweitung durch Änderung des Preisgerüsts der Spanne

Im Folgenden soll gezeigt werden, von welchen Faktoren die Aufteilung der Spannenerhöhung auf Erzeuger und Verbraucher bestimmt wird.

Da die Spannenausweitung zu einer Verlagerung der Nachfragekurve auf dem Erzeugermarkt nach unten führt, soll zunächst untersucht werden, welche Wirkung von der Ausweitung der Spanne auf den Erzeugerpreis ausgeht.

Schaubild 4.14 zeigt, dass bei vollkommen elastischem Angebot (Angebotskurve A_E) der Erzeugerpreis durch die Verlagerung der Nachfragekurve von N_E auf N_E' nicht tangiert wird. Anders sieht es dagegen aus, wenn die Angebotskurve von Agrarrohprodukten vollkommen unelastisch verläuft (Angebotskurve A_E'). In diesem Fall führt die Verlagerung der Nachfragekurve zu einer sehr starken Erzeugerpreissenkung. *Schaubild 4.14* zeigt somit, dass der Einfluss der Nachfrageverschiebung auf den Erzeugerpreis von der Neigung der Angebotskurve bzw. bei gegebenem Preis von der Preiselastizität des Angebots abhängig ist. Je elastischer das Agrarangebot reagiert, umso weniger wird bei einer Spannenausweitung der Erzeugerpreis sinken.

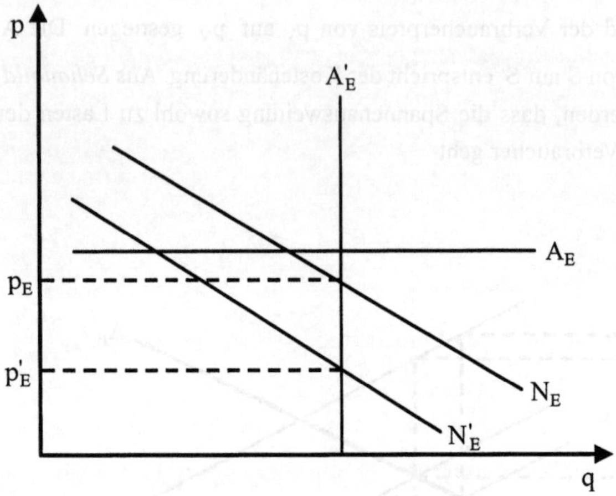

Schaubild 4.14: Wirkung einer Änderung des Preisgerüsts der Spanne auf die Erzeugerpreise

Betrachten wir nun die Konstellation auf dem Verbrauchermarkt mit Hilfe von *Schaubild 4.15.*

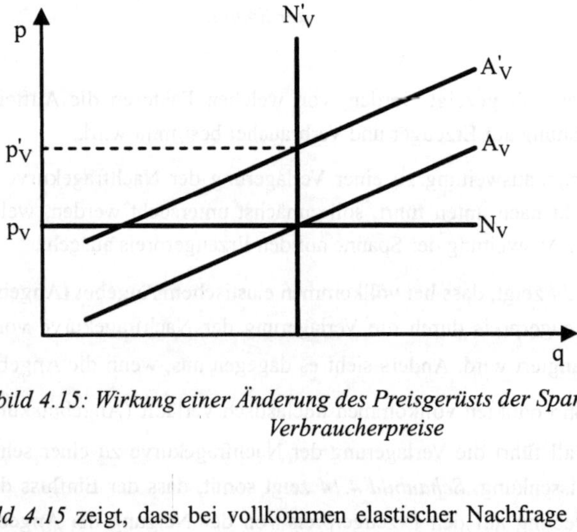

Schaubild 4.15: Wirkung einer Änderung des Preisgerüsts der Spanne auf die Verbraucherpreise

Schaubild 4.15 zeigt, dass bei vollkommen elastischer Nachfrage auf der Verbraucherstufe (N_V) der Verbraucherpreis durch die Spannenausweitung nicht beeinflusst wird. Ist dagegen die Nachfrage auf dem Verbrauchermarkt vollkommen unelastisch (N'_V), führt die Spannenausweitung zu einem Anstieg der Verbraucherpreise um den Betrag der Spannenausweitung. Somit können wir zusammenfassend festhalten:

Bei gegebener Neigung der Angebotskurve ist die Preisänderung für den Verbraucher umso größer, je kleiner (absolut) die Preiselastizität der Nachfrage auf dem Verbrauchermarkt ist.

Bei gegebener Neigung der Nachfragekurve auf dem Verbrauchermarkt ist die Preisänderung für den Erzeuger umso größer, je kleiner die Preiselastizität des Angebots ist.

4.4.3 Bestimmungsgründe interregionaler Preisunterschiede

Auch bei den folgenden Ausführungen wird unterstellt, dass die Marktform der vollständigen Konkurrenz vorliegt. In diesem Fall stehen die Preise an verschiedenen Orten eines Wirtschaftsgebietes miteinander in Beziehung, wie die Flüssigkeit in einem System kommunizierender Röhren. Die Preisunterschiede zwischen verschiedenen Orten werden lediglich den Bewegungskosten der Güter entsprechen. Bei ihrem Streben nach Gewinnmaximierung werden die Händler grundsätzlich versuchen, die Güter dort einzukaufen, wo sie relativ billig sind und dort zu verkaufen, wo sie relativ teuer sind. Dieses Bestreben wird dazu führen, dass immer dann, wenn an einem Ort die Preise um mehr als die Bewegungskosten der Güter von den Preisen an anderen Orten differieren, Waren aufgekauft werden und an dem Ort mit höherem Preis verkauft werden. Als Folge dessen werden an dem relativ billigeren Ort die Preise steigen und an dem relativ teureren Ort die Preise sinken. Der Export und Import einzelner Regionen hat somit die Funktion der Preisangleichung.

Ob eine Region bestimmte Güter exportiert oder importiert, hängt von der Preishöhe und den regionalen Verläufen der Angebots- und Nachfragekurven ab. Dieser Sachverhalt soll durch *Schaubild 4.16* verdeutlicht werden. Dabei werden Transportkosten vernachlässigt.

Region A ist bei den gegebenen Angebots- und Nachfragekurven beim Preis p **autark**. Die regionale Angebotsmenge entspricht der regionalen Nachfragemenge. Bei jedem Preis oberhalb oder unterhalb von p kann sich in Region A nur dann ein Gleichgewichtspreis einstellen, wenn mit anderen Regionen ein Warenaustausch vorgenommen wird. Liegt der Preis oberhalb von p, so wird in der Region A mehr produziert als nachgefragt; Gleichgewicht kann demnach nur dann bestehen, wenn das Überangebot in der Region A in anderen Regionen abgesetzt wird. Die Angebotskurve der Region A in der Region B (**Exportangebotsfunktion**) ergibt sich somit aus der Differenz von angebotener Menge in A abzüglich nachgefragter Menge in A bei Preisen oberhalb von p. Selbstverständlich kann in der Region A der Preis nur oberhalb von p liegen, wenn die Region B eine Einfuhrregion ist, wenn dort also mehr nachgefragt als produziert wird. Sollte Region B dagegen eine Nachfrage- und Angebotskonstellation aufweisen, bei der sich ein Preis bei regionaler Autarkie unterhalb von p ergibt, würde diese Region zu einer Überschussregion. Unterhalb von p wird die Region A zum Nachfrager in der Region B, da in A weniger produziert als nachgefragt wird.

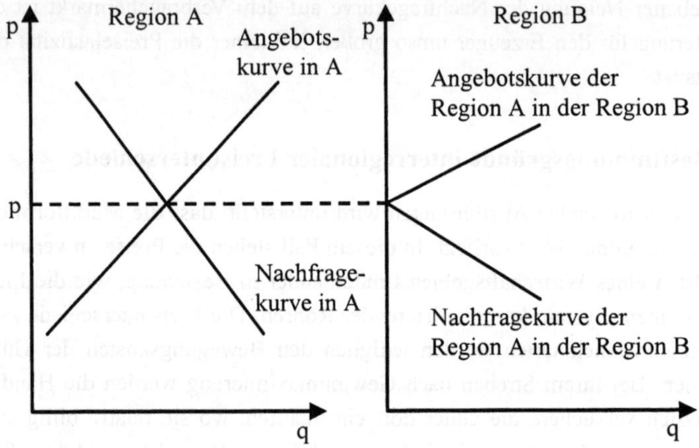

Schaubild 4.16: Regionale Versorgungslage und interregionales Angebot

Schaubild 4.16 macht deutlich, dass es entscheidend von der Preishöhe abhängt, ob eine Region oder ein Land exportiert oder importiert. Gleichzeitig wird aus dem *Schaubild* deutlich, dass offensichtlich die Elastizität des Angebots in anderen Regionen, z.B. der Region A in der Region B, abhängig ist von der Angebots- und Nachfrageelastizität in Region A sowie dem Selbstversorgungsgrad.

In der EU-Agrarmarktpolitik hat man insbesondere auf den Getreidemärkten versucht, durch staatliche Eingriffe die interregionale Preisbildung zu regulieren. Man glaubte, man könne für einzelne Regionen Interventionspreise so festlegen, dass die Differenzen der Interventionspreise gerade den Bewegungskosten der Waren entsprechen. Da mit dieser Politik aber große Probleme verbunden waren, hat man 1975/76 die Regionalisierung der Interventionspreise aufgegeben.

Wollte man durch eine staatliche Politik die regionale Preisabstufung so vornehmen, dass sie gleichgewichtigen interregionalen Preisen entspricht, so müssten nicht nur Informationen über die regionalen Angebots- und Nachfragekurven vorhanden sein, darüber hinaus müssten auch die Grenzkosten für die Bewegung der Ware von einem Ort zum anderen bekannt sein. Entscheidend für die Preisbildung sind nicht die Durchschnittskosten der Transportunternehmer, sondern lediglich die Grenzkosten desjenigen Transportunternehmers, der bei den gegebenen Preisunterschieden gerade noch bereit ist, Waren von einem Ort zum anderen Ort zu transportieren. Es ist offensichtlich, dass den staatlichen Behörden solche Informationen nicht zugänglich sind. Eine administrativ verordnete Regionalisierung der Preise kann daher zu einem interregionalen Ungleichgewicht führen.

4.4.4 Bestimmungsgründe des intertemporalen Preiszusammenhangs

Der intertemporale Preiszusammenhang besagt, dass zwischen den Preisen unterschiedlicher Perioden eine Beziehung besteht. Die Preise zum Zeitpunkt t_0 sind in der Regel nicht gleich den Preisen der Periode t_1, wenn ein intertemporales Gleichgewicht bestehen soll. Im Folgenden soll untersucht werden, welche gleichgewichtigen Preisunterschiede es bei vollständiger Konkurrenz und vollkommener zeitlicher Markttransparenz zwischen gleichen Produkten im Zeitablauf gibt.

Preisunterschiede müssen sich immer auf unterschiedliche Konstellationen von Angebots- und Nachfragekurven zu den einzelnen Zeitpunkten zurückführen lassen. Gibt es solche typischen Preisunterschiede im Jahresverlauf, z.B. von Woche zu Woche oder von Monat zu Monat, so spricht man von einer saisonalen Preisbewegung. Von Jahr zu Jahr kann es für einzelne Produkte Preisunterschiede im Gleichgewicht geben, wenn die Ernte in einzelnen Jahren unterschiedlich hoch ausfällt, aber die Nachfrage annähernd konstant ist. Als z.B. Josef den Traum von den sieben fetten und den sieben mageren Jahren umzusetzen hatte, stellte sich für ihn das Problem, welche Preisgestaltung er im Zeitablauf vornehmen sollte. Solche Probleme können gelöst werden, wenn die Gesetzmäßigkeiten intertemporaler Preisunterschiede bekannt sind.

Intertemporales Marktgleichgewicht bei saisonaler Produktion

Um das Problem darzustellen, wollen wir zunächst mit Hilfe einer einfachen modelltheoretischen Betrachtung das Phänomen der saisonalen Preisbewegungen erklären. Dabei gehen wir von folgender Annahme aus:

Die Ernte des betrachteten verderblichen Produkts fällt in einer Periode an, wird aber während zwei Perioden nachgefragt. Eine Lagerung ist lediglich einschließlich der zweiten Periode möglich. Weiterhin soll gelten, dass der Raum begrenzt ist und die Nachfrage nur durch die regionale Produktion befriedigt werden kann. Für diesen Fall kann das Problem durch *Schaubild 4.17* verdeutlicht werden.

Im *Schaubild 4.17* wird angenommen, dass die gesamte Produktion gleich q^p ist. Weiterhin wird angenommen, dass die Produzenten die Alternative haben, entweder die Produktion in der Periode 1 oder in der Periode 2 anzubieten. Die in der Periode 2 angebotene Menge muss daher von den Produzenten in Periode 1 auf Lager genommen werden. Der Einfachheit halber vernachlässigen wir hier den Handels- und Verarbeitungssektor. Die von den Produzenten auf Lager genommene Menge kann auch als die **Eigennachfrage** der Produzenten bezeichnet werden. Daraus folgt, dass sich das Marktangebot in der Periode 1 jeweils aus der gesamten Produktionsmenge abzüglich der Eigennachfrage der Produzenten ergibt. Die Eigennachfrage der Produzenten ist bei alternativen Preisen in der Periode 1 von dem erwarteten Preis in der Periode 2 und den durch die Lagerung entstehenden Kosten abhängig. Es ist zu erwarten, dass das Marktangebot in der Periode 1 relativ elastisch reagieren kann, da die Produzenten eine Alternative besitzen: sie können in Periode 1 oder in Periode 2 anbieten. Anders ist dagegen die Situation in Periode 2. Annahmegemäß handelt es sich um ein verderbliches Produkt, das über die Periode 2 hinaus nicht mehr gelagert werden kann, da dann bereits die neue Ernte auf den Markt kommt und qualitativ höherwertiger ist. In der Periode 2 wird daher das Marktangebot vollkommen unelastisch sein. Nach *Schaubild 4.17* ergibt sich in der Periode 1 ein Marktangebot in Höhe q_t^S und damit ein Preis von p_t. Bei diesem Preis p_t ist das Angebot in der Periode 2 identisch mit der gesamten Produktion (q^p) abzüglich des Marktangebots der Periode 1 (q_t^S). Bei diesem Angebot von q_{t+1} ergibt sich laut *Schaubild 4.17* in der Periode 2 der Preis von p_{t+1}.

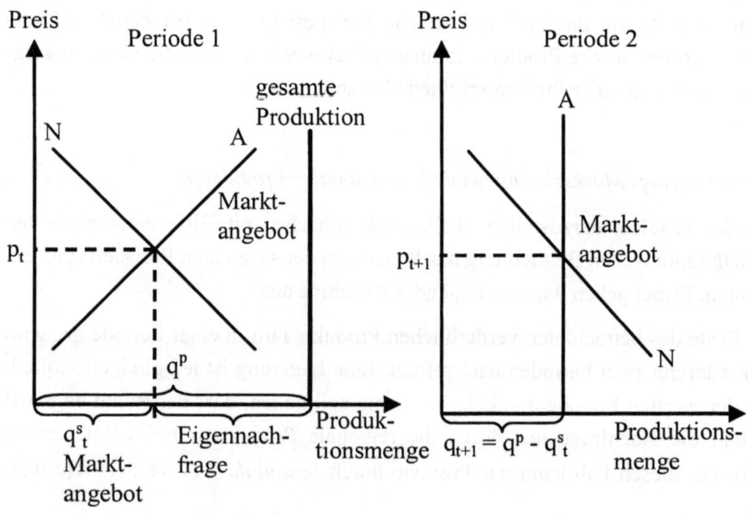

Schaubild 4.17: Intertemporale Preisbildung

Charakterisieren die Preise p_t und p_{t+1} eine Gleichgewichtssituation, so sind die Erwartungen der Produzenten bestätigt. In einem solchen Fall muss die Preisdifferenz p_{t+1}-p_t die Kosten für die Lagerung der Produkte decken.

Im Einzelnen sind folgende Kostenelemente zu entgelten:

- Einlagerungskosten,
- Lagerungskosten (Fremdkapitalverzinsung, Versicherung, Miete, Schwund),
- Auslagerungskosten,
- Gewinnelemente für Eigenkapitalverzinsung, Unternehmertätigkeit und Risiko.

Bei saisonal anfallender Produktion wird sich in etwa eine Preisentwicklung wie in *Schaubild 4.18* einstellen.

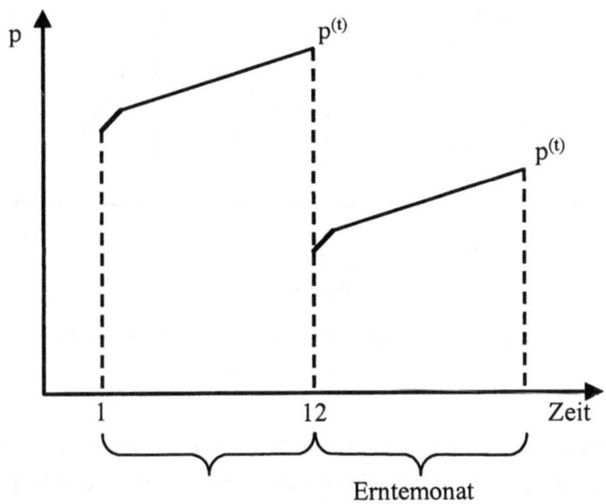

Schaubild 4.18: Saisonfigur der Preisentwicklung bei Anfall der Ernte zu einem bestimmten Zeitpunkt – schematisch

Im *Schaubild 4.18* wird die saisonale Preisentwicklung für mehrere Perioden (12 Monate) unter den obigen Bedingungen dargestellt. In diesem Fall wird die Preisdifferenz zwischen dem ersten und zweiten Monat etwas größer sein als zwischen dem zweiten, dritten und allen folgenden Monaten, da zwischen dem ersten und zweiten Monat einmalige Kosten, wie z.B. Einlagerungskosten, entstehen, die bei fortdauernder Lagerung nicht zusätzlich auftreten.

In der Realität wird sich in der Regel eine solche typische Preisbewegung nicht einstellen. Hierfür spricht vor allem folgender Grund: Die Ernte fällt nicht lediglich in einem Monat an. Denken wir z.B. an die Kartoffelernte, so haben wir Regionen in der BR Deutschland oder der EU, die Frühkartoffeln anbauen und mit ihrer Ernte sehr viel früher auf den Markt kommen als die Regionen, in denen

Spätkartoffeln angebaut werden. Die Kartoffelernte innerhalb der EU erstreckt sich über mehrere Monate. Wir werden daher im Jahresablauf Monate haben, in denen die Nachfrager lediglich aus der Lagerhaltung versorgt werden können, und andere Monate, in denen die Nachfrage sowohl aus der Lagerhaltung als auch aus laufender Produktion befriedigt werden kann und schließlich auch Monate, in denen die monatliche Produktion die monatliche Nachfrage übersteigt. In einem solchen Fall könnte die Saisonfigur bei vollkommener Information eine Ausprägung aufweisen, wie sie in *Schaubild 4.19* dargestellt ist.

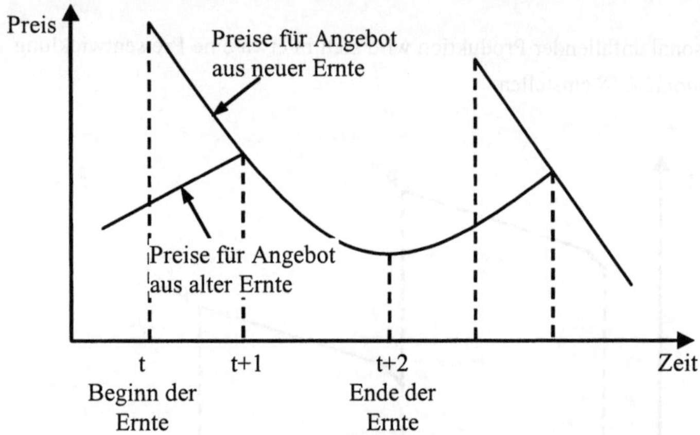

Schaubild 4.19: Saisonale Preisentwicklung bei zeitlich gestreckter Ernte - schematisch

Es wird angenommen, dass im Zeitpunkt t der letzte Teil der Ernte angefallen ist. Von diesem Zeitpunkt an kann die Nachfrage daher nur aus der Lagerhaltung gedeckt werden. In der Periode nach t müssen die Nachfrager im Gleichgewicht einen höheren Preis zahlen als zum Zeitpunkt t. Das wird bis zum Beginn der neuen Hauptermte im Zeitpunkt t+1 gelten. Im Gleichgewicht dürften zu dieser Zeit keine Produkte mehr aus der Lagerhaltung auf den Markt gelangen: Für jeden Lagerhalter ist es offensichtlich, dass er vor dem Zeitpunkt t+1 einen höheren Preis bei geringeren Lagerkosten als zu einem späteren Zeitpunkt nach t+1 erzielen wird. Damit ist der Gewinn aus der Lagerhaltung bei einem Verkauf bis zum Zeitpunkt t+1 größer als zu einem späteren Zeitpunkt. Da die neue Ernte annahmegemäß vor t+1 zunächst nur in kleinen Mengen anfällt, wird sie die laufende Nachfrage nur zu relativ hohen Preisen befriedigen können. Bis zu t+1 muss es auf dem Markt ein Angebot aus neuer und alter Ernte geben und – wegen der Qualitätsunterschiede – auch unterschiedliche Preise. Ab t+1 darf bei richtiger Einschätzung der Marktlage durch die Lagerhalter jedoch nur noch aus der neuen Ernte angeboten werden. Wir werden daher zwischen dem Zeitpunkt t+1 und dem Zeitpunkt t+2 wegen des zunehmenden Angebots aus neuer Ernte fallende

Preise beobachten können. Nach dem Zeitpunkt t+2 müssen die Preise dann wieder steigen.

Bisher haben wir lediglich die Saisonfigur bei periodisch anfallender Produktion erklärt. Selbstverständlich kann auch bei laufender Produktion eine saisonale Preisentwicklung entstehen. Wenn z.B. die Produktionskosten im Jahresablauf eine unterschiedliche Höhe aufweisen, dann wird in der Regel auch die Produktionsmenge jahreszeitlich unterschiedlich hoch ausfallen (typisches Beispiel: Milchproduktion). Eine saisonale Preisentwicklung kann aber auch bei im Jahresablauf gleich bleibender Produktionsmenge als Folge saisonal unterschiedlicher Nachfrage (z.B. Weihnachtsgeflügel, Ostereier) auftreten.

Gründe für die Änderung der Saisonfigur im Zeitablauf

Bei freier Marktpreisbildung kann sich die Saisonfigur u.a. aus folgenden Gründen ändern:

(1) Erweiterung der Region
Eine Erweiterung der Region wird vor allen Dingen dann zu einer Änderung der Saisonfigur führen, wenn die saisonale Entwicklung der Produktion in den Regionen unterschiedlich ist. Können z.B. in einer Region lediglich Spätkartoffeln angebaut werden, dann würde sich durch eine Erweiterung der Region um ein Frühkartoffelanbaugebiet die saisonale Preisbewegung auf dem Kartoffelmarkt verändern. Grundsätzlich gilt, dass sich z.B. durch die Gründung und Erweiterung der EU die Saisonfiguren in der Bundesrepublik verändert haben (insbesondere bei pflanzlichen Produkten), da die klimatischen Bedingungen in den einzelnen Regionen der EU unterschiedlich sind.

(2) Angleichung der Produktionskosten
Werden die Produktionskosten durch neue Produktionsverfahren im Jahresablauf angeglichen, so wird man hierdurch die saisonal unterschiedlichen Produktionsmengen egalisieren und die Produktion über das Jahr auf konstantem Niveau halten.

(3) Änderung der Lagerkosten u.a. durch das Aufkommen neuer Produkte und neuer Lagertechniken
Insbesondere hat auf dem Obst- und Geflügelmarkt, aber auch auf dem Fleischmarkt, das Aufkommen neuer Kühltechniken und Kühlprodukte dazu beigetragen, dass sich die Saisonfigur auf diesen Märkten verändert hat. Ist in einer bestimmten Periode, z.B. in den Erntemonaten oder Monaten mit überdurchschnittlicher Produktion, die produzierte Menge größer als die in dieser Periode bei unveränderten Preisen zu verbrauchende Menge, so kann ein Teil der Rohproduktmenge in gefrorener Form gelagert werden. Dadurch wird gleichzeitig die Preisbildung in den Perioden, in denen das Produkt in frischer Form auf den Markt gelangt, beeinflusst.

Nicht zu unterschätzen ist der Schwund als Komponente der Lagerkosten. In einzelnen Entwicklungsländern tritt z.B. in manchen Jahren bei der Getreidelagerung ein Verlust bis zu 30 % auf (insbesondere durch Ratten, z.B. in Indien). Verändert man durch verbesserte Lagertechniken den Schwund, so bedeutet das gleichzeitig, dass sich hierdurch die Lagerkosten und damit die saisonale Preisstaffelung verringern.

(4) Änderung der Transport- und Informationskosten

Sinkende Transportkosten führen zu einer stärkeren Integration der Märkte. In die gleiche Richtung wirken auch sinkende Informationskosten. So hat z.B. das Internet dazu beigetragen, dass Informationen schneller verfügbar sind und die Bedeutung der Entfernung verringert wurde. Blumen können an einem Tag in Kenia geschnitten werden, sind am nächsten Morgen in Amsterdam auf der Auktion zum Verkauf und werden noch am gleichen Tag in andere europäische oder auch asiatische Märkte transportiert. Das Schneiden der Blumen in Kenia kann wegen der billigen Informationsübermittlung durch das Internet sofort auf geänderte Nachfrage in Amsterdam reagieren. Die Nachfrage in Amsterdam bezieht wiederum Nachfrageänderungen auf asiatischen Blumenmärkten mit ein. Die in früheren Zeiten in Europa übliche Saisonfigur für Blumen hat sich somit grundlegend geändert.

Intertemporales Marktgleichgewicht bei jährlichen Ernteschwankungen

Um das Problem zu veranschaulichen, soll auf oben zitiertes Beispiel von den sieben fetten und den sieben mageren Jahren zurückgegriffen werden[21]. Es wird angenommen, dass eine vollkommene zeitliche Markttransparenz besteht und somit die Produktionsmenge in den einzelnen Jahren im Voraus bekannt ist. Weiterhin soll gelten, dass die Produktionsmenge innerhalb der Siebenjahresperioden gleich hoch ist; das Produktionsniveau ist in den fetten Jahren lediglich höher als in den mageren Jahren. Im Folgenden sollen die Preis-, Verbrauchs- und Lagerbestandsentwicklungen aufgezeigt werden, die sich im intertemporalen Marktgleichgewicht einstellen würden. Bei gleichgewichtiger Preisentwicklung muss der Preis in jeder Periode gleich den Grenzkosten des Angebots (aus laufender Produktion und aus Lagerhaltung) sein.

Während der sieben fetten Jahre werden die Lagerbestände aufgefüllt und während der sieben mageren Jahre abgebaut (vgl. *Schaubild 4.20*). Da sich die Lagerhaltung nur rentiert, wenn der Preisunterschied von Jahr zu Jahr zumindest die Lagerhaltungskosten deckt, müssen die Preise während der gesamten 14 Jahre ansteigen. Während die jährlichen Preisunterschiede in den ersten sieben Jahren den Lagerhaltungskosten entsprechen, wird der Preisunterschied zwischen

[21] Vgl. insbesondere ***Bressler, R.G., Jr.*** und ***R.A. King***, Markets, Prices and Interregional Trade. New York, London, Sydney, Toronto 1978, S. 219ff.

dem siebten und achten Jahr zusätzlich die Kosten für die Auslagerung enthalten. Nach dem achten Jahre werden die Preise wieder kontinuierlich ansteigen. Diese Preisentwicklung (vgl. *Schaubild 4.21*) stellt sicher, dass die Preisdifferenz zwischen dem Jahr der Auslagerung und dem Jahr der Einlagerung die gesamten Lagerkosten in Form der Lagerhaltungskosten und der Ein- und Auslagerungskosten abdeckt.

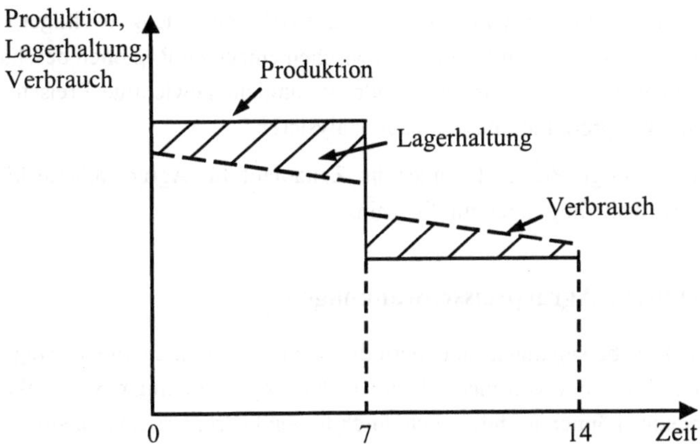

Schaubild 4.20: Produktions-, Lagerhaltungs- und Verbrauchsentwicklung während sieben fetter und sieben magerer Jahre

Einer solchen Preisentwicklung entspricht die in *Schaubild 4.20* dargestellte Produktions-, Lagerhaltungs- und Verbrauchsentwicklung. Der Verbrauch sinkt im Zeitablauf wegen der steigenden Preise.

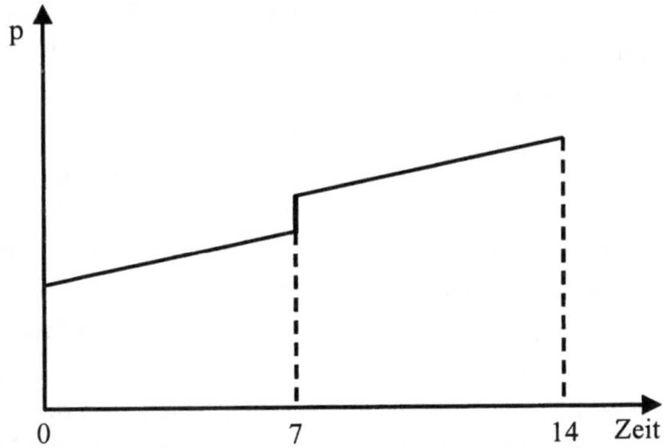

Schaubild 4.21: Gleichgewichtige Preisentwicklung während sieben fetter und sieben magerer Jahre

Dieses einfache Beispiel dürfte deutlich gemacht haben, dass im Zeitablauf konstante Preise bei jährlichen Ernteschwankungen nicht mit einem Marktgleichgewicht vereinbar sind.

4.5 Agrarpreisschwankungen

Bisher haben wir uns vornehmlich mit der Entwicklung gleichgewichtiger Preise im Zeitablauf zwischen Produkten und zwischen einzelnen Regionen beschäftigt. Im Folgenden wollen wir einige Gründe für ungleichgewichtige Preisentwicklungen für Agrarprodukte im Zeitablauf analysieren.

Ungleichgewichtige Preisänderungen im Zeitablauf für Agrarprodukte können entweder zyklusbedingt oder zufällig sein.

4.5.1 Zyklische Agrarpreisschwankungen

Zyklische Preisbewegungen sind periodisch wiederkehrende Preisbewegungen mit einer Zykluslänge von mehr als einem Jahr. Zyklusbedingte Schwankungen im Agrarsektor können grundsätzlich durch folgende drei Ursachen bedingt sein:

(1) das Echoprinzip,
(2) preisinduzierte Angebotsschwankungen und
(3) konjunkturbedingte Schwankungen im Agrarsektor.

Aus didaktischen Gründen wird bei der Analyse zunächst von einer geschlossenen Volkswirtschaft ausgegangen.

Das Echoprinzip

Das **Echoprinzip** beinhaltet, dass Investitionen, die verstärkt in einer bestimmten Zeitperiode t vorgenommen wurden, zu einer erhöhten Ersatzinvestition nach n Perioden führen. Wenn aufgrund exogener Einflüsse, wie z.B. Krieg, eine sprunghafte Investitionstätigkeit einsetzt, dann wird das dazu führen, dass nach der normalen Abnutzungszeit der Investitionen ein verstärkter Ersatzbedarf notwendig wird. Das gleiche Phänomen ist auch auf dem Arbeitsmarkt zu beobachten. Im Agrarsektor spielt dieses Phänomen nicht nur bei Maschinen- und Gebäudeinvestitionen eine Rolle, sondern auch bei Dauerkulturen. Hat sich aufgrund exogener Einflüsse beispielsweise die Rentabilität einer Dauerkultur wesentlich erhöht, so kann es zu einer sprunghaft verstärkten Anpflanzung führen. Nach der normalen Lebensdauer der Dauerpflanzen wird dann eine Neuanpflanzung notwendig sein. Da in der Regel in den ersten Jahren nach der Neuanpflanzung die Erträge unterdurchschnittlich hoch sind, wird man jeweils nach der Neuanpflanzung ein verringertes Angebot auf den Markt bringen und dadurch Angebots- und Preisschwankungen hervorrufen.

Preisinduzierte Angebotsschwankungen

Die Voraussetzungen für preisinduzierte Angebotsschwankungen sind:

- die Störung des Gleichgewichts durch exogene Einflüsse,
- Preiserwartungen der Produzenten, die sich an den Gegenwartspreisen orientieren,
- ein bestehender Unterschied zwischen der sofortigen und der mittel- bzw. langfristigen Angebotsreaktion.

Der Sachverhalt kann durch *Schaubild 4.22* dargestellt werden:

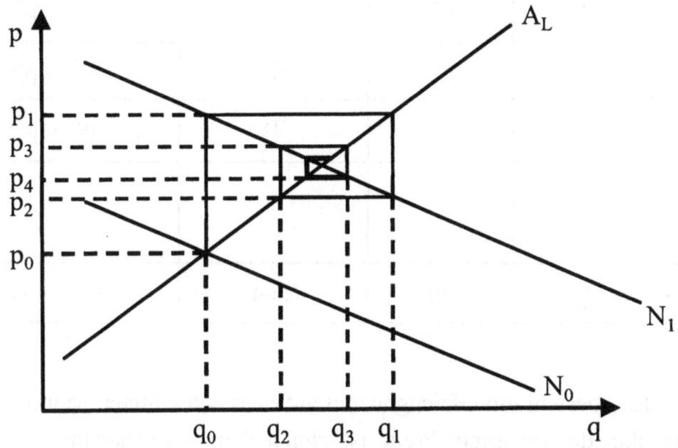

Schaubild 4.22: Preisinduzierte zyklische Preisbewegungen

Im *Schaubild 4.22* wird davon ausgegangen, dass ein Gleichgewicht ursprünglich bei der Menge q_0 und dem Preis p_0 bestand. Dieses Gleichgewicht wird durch einen exogenen Einfluss gestört; es wird unterstellt, dass sich die Nachfragekurve von N_0 zu N_1 verschiebt. Nehmen wir an, dass das Angebot kurzfristig vollkommen unelastisch ist, so wird sich in der Periode 1 ein Preis von p_1 einstellen. Unterstellen die Produzenten, dass dieser Preis p_1 auch künftig gelten wird, so werden sie die Produktion nach diesem Preis ausrichten. Entsprechend der unterstellten langfristigen Angebotskurve A_L wird dieses zu einem Angebot von q_1 führen. Beim Angebot q_1 kann der Markt aber nur beim Preis p_2 geräumt werden. Nehmen nun die Produzenten wiederum an, dass dieser Preis p_2 auch künftig gelten wird, so werden sie die Angebotsmenge q_2 auf den Markt bringen. Beim Angebot q_2 wird sich jedoch auf dem Markt der Preis p_3 einstellen. Im *Schaubild 4.22* wird deutlich, dass der Marktpreis sich allmählich auf den neuen Gleichgewichtspreis hinbewegt. Nach Störung des Gleichgewichts wird der neue Gleichgewichtspreis allerdings nicht durch eine kontinuierliche Annäherung gefunden, sondern die Marktpreise schwanken vorübergehend mit abnehmender Amplitude um den neuen Gleichgewichtspreis. In Anlehnung an das graphische

Bild wird diese Tatsache in der Literatur auch als ***Cobweb*-Theorem** bezeichnet. Der dem *Cobweb*-Theorem zugrunde liegende Sachverhalt soll in *Übersicht 4.3* dargestellt werden.

Übersicht 4.3: Sequenzanalyse zyklischer Preisbewegungen

Periode	Angebots-preis p^A	Nachfrage-preis p^N	Angebotsmenge = Nachfrage-menge	Beziehung zwischen Angebotspreis und Nachfragepreis
t_0	p_0^A	p_0^N	q_0	$p_0^A = p_0^N$
t_1	p_0^A	p_1^N	q_0	$p_0^A < p_1^N$
t_2	p_1^A	p_2^N	q_1	$p_1^A > p_2^N$
t_3	p_2^A	p_3^N	q_2	$p_2^A < p_3^N$
. . .	. . .			
t_n	p_{n-1}^A	p_n^N	q_{n-1}	$p_{n-1}^A = p_n^N$

In der Periode t_0 besteht ein Gleichgewicht auf dem betrachteten Markt. Der Angebotspreis, d.h. der erwartete Preis, ist gleich dem Nachfragepreis, d.h. dem Marktpreis. Die Erwartungen sowohl der Produzenten als auch der Konsumenten werden erfüllt. Nun wird angenommen, dass sich die Nachfragekurve in t_1 aufgrund exogener Einflüsse mit der Folge verschiebt, dass der Nachfragepreis (= Marktpreis) von p_0^N auf p_1^N steigt. Da die Anbieter aber den Preis p_0^N erwarten, bieten sie unverändert die Menge q_0 an. Somit ergibt sich, dass der erwartete Preis der Anbieter p_0^A kleiner ist als der Marktpreis p_1^N. Erwarten die Anbieter, dass der Preis p_1^N auch tatsächlich in der Periode 2 auf dem Markt realisiert werden kann, so werden sie aufgrund dieser Annahme die Menge q_1 anbieten. Doch es zeigt sich, dass die Menge q_1 nur zum Preis p_2^N auch verkauft werden kann. Daraus folgt, dass der erwartete Preis der Produzenten p_1^A größer ist als der tatsächlich auf dem Markt realisierte Preis p_2^N. In der Periode 3 werden die Produzenten deshalb die Menge q_2 anbieten. Bei der Menge q_2 werden sie aber nicht den erwarteten Preis p_2^A realisieren, sondern den Preis p_3^N, der jedoch größer ist als der erwartete Preis p_2^A, so dass die Produzenten in der nächsten Periode wiederum eine Anpassung ihrer Produktion vornehmen werden. Dieser

Prozess geht solange weiter, bis in der Periode n wieder eine Übereinstimmung zwischen dem erwarteten Preis der Anbieter und dem tatsächlichen Marktpreis p_n^N erreicht ist. In dieser Periode besteht dann wieder ein Gleichgewicht.

Die Entwicklung der Preise ist in *Schaubild 4.23* noch einmal im Zeitablauf abgetragen.

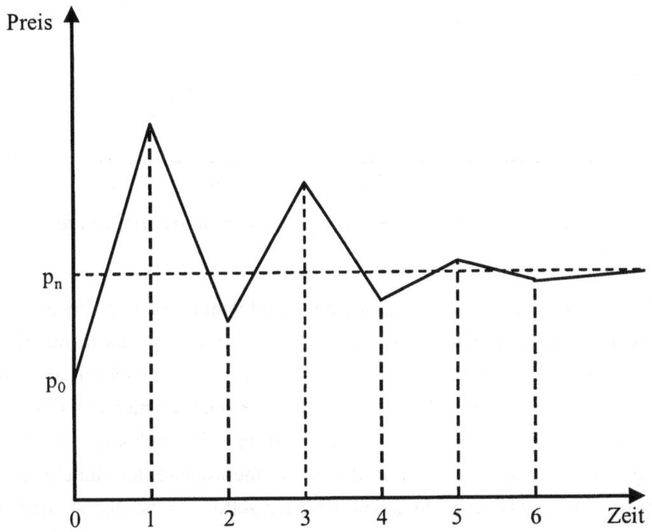

Schaubild 4.23: Amplituden zyklischer Preisbewegungen bei konvergierenden Zyklen

Die Sequenzanalyse verdeutlicht, dass sich der Marktpreis mit abnehmenden Amplituden dem neuen Gleichgewichtspreis nähert.

Ob bei einer Störung des Gleichgewichts die Amplituden der Preisschwankungen abnehmen, zunehmen oder auch konstant bleiben, hängt von den Neigungen der Angebots- und der Nachfragekurve ab. Hier sind drei Fälle zu unterscheiden:

(1) Die Neigung der Angebotskurve ist kleiner als die absolute Neigung der Nachfragekurve. Dieser Sachverhalt liegt der obigen Darstellung zugrunde. In diesem Fall konvergiert der Marktpreis zum neuen Gleichgewichtspreis.

(2) Ist die Neigung der Angebotskurve gleich der absoluten Neigung der Nachfragekurve, folgen aus einer exogenen Störung des Marktgleichgewichts fortdauernde Preisschwankungen mit gleich bleibender Amplitude (vgl. *Schaubild 4.24*).

(3) Ist die Neigung der Angebotskurve größer als die absolute Neigung der Nachfragekurve, so führt eine exogene Störung des Gleichgewichts zu Preisschwankungen, deren Amplitude im Zeitablauf größer wird.

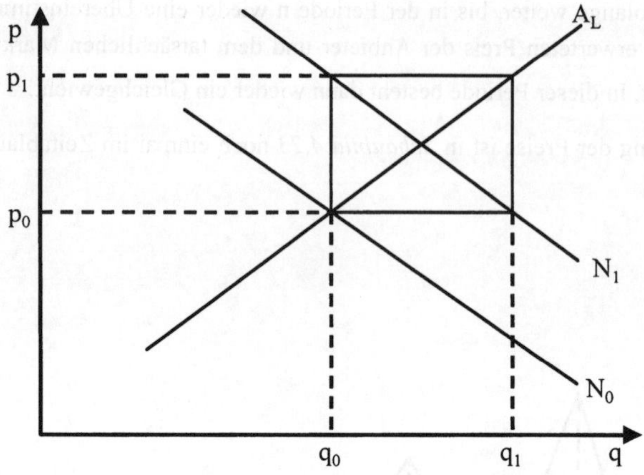

Schaubild 4.24: Preisschwankungen mit gleicher Amplitude

Die Bedeutung der preisinduzierten Angebotsschwankungen ist besonders auf dem Schweinemarkt offensichtlich. Bereits 1927 konnte *A. Hanau* nachweisen, dass es auf dem Schweinemarkt preisinduzierte Angebots- und Preisschwankungen gibt. Für diesen Markt treffen demnach die Grundannahmen des obigen Modells zu. Kurzfristig ist das Angebot von Schweinen sehr unelastisch, während es langfristig relativ elastisch ist. Wenn die Schweineproduzenten annehmen, dass die heutigen Marktpreise auch in Zukunft weiter gelten, so werden sie nach einer Zeitverzögerung von etwa 11 Monaten (drei Monate, drei Wochen und drei Tage Trächtigkeitsdauer der Sauen plus zwei Monate Ferkelaufzucht plus fünf Monate Mast der Schweine) mit einem erhöhten Schweineangebot auf den Markt treten. Dieses erhöhte Schweineangebot wird jedoch dazu führen, dass die Marktpreise sinken.

In der Literatur ist diskutiert worden, ob die Marktform entscheidend für die Existenz preisinduzierter Zyklen ist. Bei der obigen Angabe der Voraussetzungen für die Existenz von Zyklen sind wir nicht explizit auf die Marktform eingegangen. In der Tat scheinen die oben angegebenen Voraussetzungen ausreichend. Unabhängig von der Marktform können die Produzenten erwarten, dass der gegenwärtige Preis auch in Zukunft gelten wird. Wenn weiterhin ein Unterschied zwischen der sofortigen und der langfristigen Angebotsreaktion besteht, sind dies ausreichende Bedingungen für das Zustandekommen von Zyklen. Allerdings werden die Zyklen nur dann fortbestehen, wenn die Preiserwartungen in einer engen Relation zu den gegenwärtigen Preisen stehen. Eine solche Preiserwartungsfunktion wird jedoch eher bei der Marktform des Polypols zu erwarten sein als bei monopolistischen Marktformen. Ein Monopolist wird sich in der Regel mehr als ein Polypolist darüber im Klaren sein, dass er durch eine Änderung seines Angebots auch den Marktpreis beeinflusst. Darüber hinaus müssen wir annehmen, dass der Monopolist mehr aus den Erfahrungen der Vergangenheit lernen wird, als das für den Polypolisten zutreffen mag. Somit wird gelten, dass zwar unabhängig von der Marktform zyklische Preisschwankungen zustande kommen können, dass sie aber in der Realität auf polypolistischen Märkten eher zu erwarten sind als auf monopolistischen Märkten.

Konjunkturbedingte Schwankungen im Agrarsektor

Zunächst könnte vermutet werden, dass der Agrarsektor durch einen Konjunktureinbruch (eine Periode mit sinkenden Realeinkommen) weniger stark betroffen wird als andere Sektoren, da aufgrund der relativ niedrigen Einkommenselastizität der Nachfrage nach Nahrungsmitteln die Nachfrage nach Agrarprodukten weniger stark zurückgeht als nach anderen Produkten.

Die Wirkung auf Preise und Einkommen hängt jedoch nicht lediglich von der Verschiebung der Nachfragekurve, sondern auch von den Preiselastizitäten der Nachfrage und des Angebots ab. Dieser Sachverhalt soll durch das *Schaubild 4.25* verdeutlicht werden.

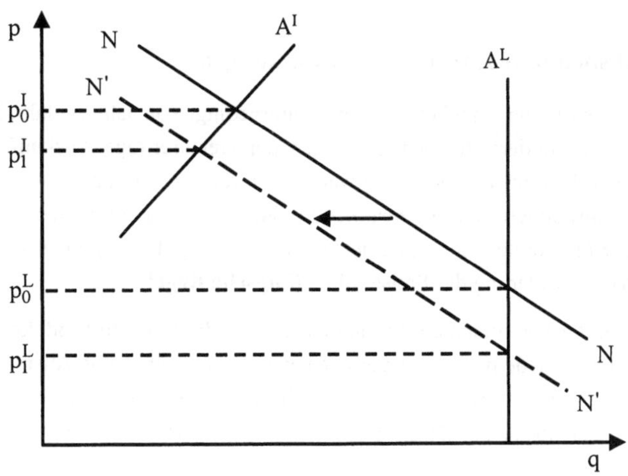

Schaubild 4.25: Einfluss eines gesamtwirtschaftlichen Einkommensrückgangs auf die Preisbildung

Im *Schaubild 4.25* wird der Preisbildungsprozess für den Agrarsektor mit dem Preisbildungsprozess für den industriellen Sektor verglichen. Im unteren Teil besteht eine Konstellation mit einer geringen Preiselastizität des Angebots und der Nachfrage, wie sie für den Agrarsektor angenommen wird. Im oberen Teil (für den industriellen Sektor) dagegen werden relativ große Elastizitäten angenommen. Die Verschiebung der Nachfragekurve ist zwar absolut im oberen und unteren Teil des *Schaubilds* gleich, doch ist die relative Verschiebung im oberen Teil des *Schaubilds* sehr viel größer als im unteren. Somit wird für den industriellen Sektor eine größere Einkommenselastizität der Nachfrage unterstellt als für den landwirtschaftlichen Sektor. Aufgrund der Verschiebung der Nachfragekurven verändern sich die Preise von p_0^L zu p_1^L und von p_0^I zu p_1^I. In dieser Darstellung zeigt sich, dass die Agrarpreise sowohl absolut als auch relativ sehr viel stärker sinken als die industriellen Preise. Im Extremfall wird es bei vollkommen elastischem industriellem Angebot in diesem Sektor zu keiner Preissenkung kommen.

Aus dieser Darstellung kann gefolgert werden, dass sich der Agrarsektor konjunkturellen Schwankungen durch eine Änderung der Preise anpasst. Je nach Konjunkturverlauf werden die Konsumenten z.B. mehr oder weniger tierische Produkte nachfragen. Dies wird bei den gegebenen Elastizitäten dann jeweils zu einem Preisdruck oder zu einem Preisanstieg vornehmlich für tierische Produkte führen. Der industrielle Sektor dagegen passt sich Konjunkturschwankungen vornehmlich durch eine Änderung der Produktionsmenge und damit durch eine Veränderung der Zahl der Beschäftigten an.

4.5.2 Zufallsbedingte Agrarpreisschwankungen

Das landwirtschaftliche Angebot schwankt naturbedingt von Jahr zu Jahr. Hierüber geben insbesondere die Schwankungen der Hektarerträge Auskunft. Die Bedeutung naturbedingter Angebotsschwankungen für die Agrarpreise wurde bereits im 17. Jahrhundert von *Gregory King* (1648 bis 1712) durch Beobachtungen erkannt. *King* stellte fest, dass eine 1%ige Änderung des Angebots zu einer mehr als 1%igen Änderung der Preise führt (***King*sche Regel**).

Geht man von der vereinfachten Annahme aus, dass die gesamte Produktion eines Jahres auch auf dem Markt angeboten wird, dann hängt das Ausmaß der Preisschwankung als Folge einer Angebotsschwankung lediglich von der Preiselastizität der Nachfrage ab. Dieser Sachverhalt kann durch *Schaubild 4.26* verdeutlicht werden:

Im *Schaubild 4.26* wird unterstellt, dass bei gegebener Nachfragekurve das Angebot unter normalen Witterungsbedingungen in Höhe q_0 anfällt und sich dann der Marktpreis p_0 ergibt. Eine Erhöhung des Angebots infolge einer guten Ernte auf q_1 führt zu einer Preissenkung auf p_1. Das *Schaubild 4.26* macht deutlich, dass die relative Preissenkung größer ist als die relative Mengensteigerung. Dies folgt unmittelbar aus der Tatsache, dass die Preiselastizität der Nachfrage absolut kleiner als Eins ist. Somit folgt auch, dass bei einer guten Ernte die Erlöse $(p_1 \cdot q_1)$ der Landwirte bei freier Marktpreisbildung niedriger sind als bei normaler Ernte $(p_0 \cdot q_0)$ oder gar bei einer schlechten Ernte $(p_2 \cdot q_2)$. Dieser Sachverhalt kann auch algebraisch dargestellt werden.

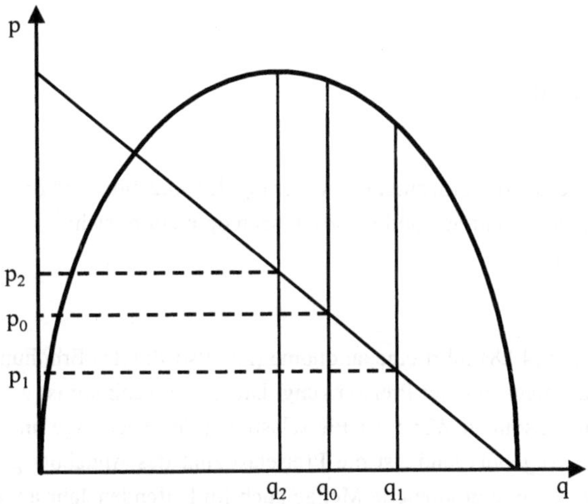

Schaubild 4.26: Angebotsschwankung und Preisschwankung

In jeder Periode soll gelten, dass das Angebot der Nachfrage gleich ist. Es gilt also:

$$q^D = q^S \tag{4.23}$$

= Gleichgewichtsbedingung.

Weiterhin wird angenommen, dass die nachgefragte Menge funktional vom Preis abhängig ist. Es gilt daher:

$$q^D = q^D(p) \tag{4.24}$$

= Nachfragefunktion.

Für das Angebot soll gelten, dass es sowohl vom Preis als auch von der zufallsbedingten Komponente a abhängig ist; a zeigt hiermit an, dass das tatsächliche Angebot (q^S) von dem geplanten Angebot ($\overline{q}^S$) abweichen kann. Es gilt daher folgende Funktion:

$$q^S = a q^S(p) \tag{4.25}$$

= Angebotsfunktion

mit

$a = 1$ in Jahren normaler Ernte und

$a \gtrless 1$ in den übrigen Jahren.

Aus den Gleichungen (4.24) und (4.25) erhält man:

$$\frac{dq^D}{q^D} = \varepsilon^D \cdot \frac{dp}{p} \tag{4.26}$$

und

$$\frac{dq^S}{q^S} = \varepsilon^S \cdot \frac{dp}{p} + \frac{da}{a}. \tag{4.27}$$

Durch Gleichsetzen der prozentualen Änderung des Angebots und der prozentualen Änderung der Nachfrage und Auflösen nach dp/p ergibt sich:

$$\frac{dp}{p} = \frac{-1}{\varepsilon^S - \varepsilon^D} \frac{da}{a}. \tag{4.28}$$

Nach Gleichung (4.28) führt eine autonome (zufallsbedingte) Erhöhung des Angebots um da/a stets zu einer Preissenkung. Diese Preissenkung ist umso größer, je geringer die absoluten Werte der Preiselastizität der Nachfrage und der Preiselastizität des Angebots sind. Ist die Preiselastizität des Angebots gleich Null, wird also die gesamte produzierte Menge auch im laufenden Jahr angeboten, so folgt aus Gleichung (4.28):

$$\frac{dp}{p} = \frac{1}{\varepsilon^D} \frac{da}{a}. \tag{4.29}$$

Eine 1%ige Änderung des Angebots (da/a =1) führt demnach bei einer Preiselastizität von absolut kleiner als Eins zu einer mehr als 1%igen Preisänderung.

Zufallsbedingte Angebotsschwankungen bedeuten eine Unsicherheit für die landwirtschaftlichen Produzenten. Sie müssen daher in ihre Produktionsplanung dieses Risiko als Kostenelement mit aufnehmen. Das bedeutet gleichzeitig, dass sich ihre Produktionsstruktur auch in Abhängigkeit von den zu erwartenden zufällig bedingten Angebotsschwankungen verändern wird. Grundsätzlich gilt, dass insbesondere die Produzenten in weniger entwickelten Ländern weniger fähig sind, Risiko zu tragen und dass sie daher risikobehaftete Produktionen weniger realisieren werden als die Produzenten in Industrieländern. Eliminiert man das Risiko, so wird dieses in der Regel zu einer Verlagerung der Angebotskurve nach rechts führen, weil das Risiko als Kostenelement nicht auftritt.

4.6 Bedeutung von Transaktionskosten für die Preisbildung

Bei der bisherigen Darstellung der Preisbildung wurde davon ausgegangen, dass Transaktionskosten nicht existent sind. Wir hatten allerdings im zweiten und dritten Kapitel bei der Nachfrage und beim Angebot bereits auf die Bedeutung von

Transaktionskosten hingewiesen. Im Folgenden soll auf die Bedeutung der Transaktionskosten für die Preisbildung näher eingegangen werden.

Nehmen wir vereinfachend an, dass zwei Wirtschaftssubjekte (I und II) über je zwei Güter verfügen, Gut A und Gut B. Sie überlegen sich, ob sie ihren Nutzen durch Verkauf und Kauf erhöhen können. Es gelten die Marktpreise p^A und p^B. Für die beiden Wirtschaftsubjekte gelten demnach für den Fall nicht existenter Transaktionskosten die folgenden beiden Bilanzgleichungen:

$$B_I = p_I^A q_I^A + p_I^B q_I^B$$

und

$$B_{II} = p_{II}^A q_{II}^A + p_{II}^B q_{II}^B .$$

Die beiden Wirtschaftsubjekte können ihre verfügbaren Mengen durch Kauf und Verkauf auf dem Markt verändern. Für beide gilt folgende Austauschrelation:

$$\frac{dq^A}{dq^B} = \frac{p^B}{p^A}.$$

Wirtschaftsubjekt I wird bereit sein, Gut A ganz oder zum Teil zu verkaufen, wenn die dafür eingekauften Mengen von Gut B einen höheren Nutzen stiften. Ebenso wird Wirtschaftsubjekt II zum Verkauf von Gut B neigen, wenn die dafür zu kaufenden Mengen von Gut A einen höheren Nutzen stiften. Die Preisrelation gibt die Austauschrelation der Güter auf dem Markt ohne Transaktionskosten an. Nehmen wir an, dass beide Wirtschaftssubjekte ihren Nutzen maximieren wollen. Sie werden dann versuchen, eine Situation zu verwirklichen, bei der die Preisrelation gleich der Relation der Grenznutzen der Güter ist. Nach dem Kauf und Verkauf gilt, dass für beide die Austauschrelation gleich dem umgekehrten Verhältnis der Preise ist. In dieser Situation ist für beide somit auch die Relation der Grenznutzen der Güter gleich der Relation der Preise.

Transaktionskosten führen dazu, dass die Verkaufspreise für ein Gut geringer sind als die Einkaufspreise für dieses Gut und die Einstandspreise höher als ohne Transaktionskosten. Für jeden Marktteilnehmer ist daher die Relation der unternehmens- oder haushaltsspezifischen Preise geringer als die der Marktpreise. Für den Verkauf eines Gutes erhält man weniger Mengen des anderen Gutes. Transaktionskosten verringern den Preis des verkauften Gutes und erhöhen den Preis des zugekauften Gutes. Folglich wird man bei hohen Transaktionskosten geringere Mengen kaufen und verkaufen. Der Umfang der Markttransaktionen nimmt ab. Bei einzelnen Gütern oder Dienstleistungen kann wegen hoher Transaktionskosten keine Arbeitsteilung eintreten.

Die Situation ist vergleichbar mit der einer Volkswirtschaft, die Handel treiben will. Der cif-Preis ist immer höher als der fob Preis (siehe *Schaubild 4.27*). Es kann daher sein, dass sich die inländische Angebots- und Nachfragekurve bei einem Preis schneiden, der innerhalb des Intervalls von cif- und fob-Preis liegt. Es liegt dann Autarkie vor. Das betreffende Gut wird gar nicht gehandelt. Die Spezialisierung einer Volkswirtschaft wird demnach umso größer sein, je geringer die Transaktionskosten sind. Gleiches gilt auch für die Spezialisierung innerhalb einer Volkswirtschaft. Hohe Transaktionskosten beim Kauf und Verkauf der Güter beschränken die Arbeitsteilung.

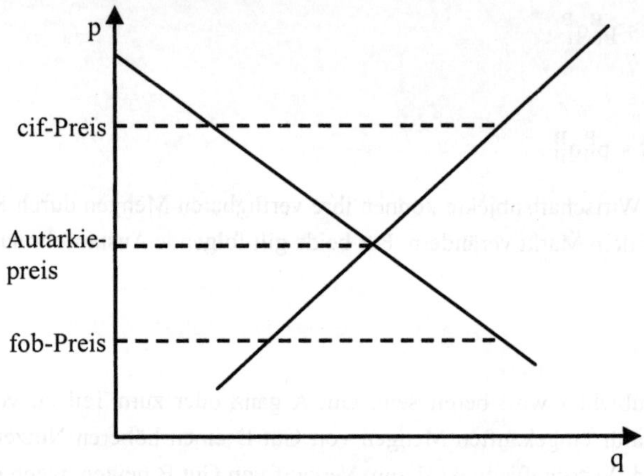

Schaubild 4.27: Bedeutung der Transaktionskosten für den Handel

Im Folgenden soll auf die wichtigsten Elemente der Transaktionskosten auf den Agrarmärkten innerhalb einer Volkswirtschaft eingegangen werden. Bei der Strukturierung der Transaktionskosten betrachten wir nacheinander die Situation eines Verkäufers und eines Käufers. Sowohl beim Verkäufer als auch beim Käufer treten

(a) **Suchkosten** auf, weil man sich einen Vertragspartner suchen muss,
(b) **Verhandlungskosten**, weil man über die Vertragsbedingungen verhandeln muss sowie
(c) **Kontroll- und Durchsetzungskosten**.

Suchkosten aus der Sicht des Verkäufers

Suchkosten werden umso höher sein, je weniger die Ware standardisiert ist, je weniger funktionsfähige Märkte vorliegen und je weniger Informationen über die Käufer vorliegen. Auf Terminmärkten wird z.B. standardisierte Ware in Form standardisierter **Kontrakte** gehandelt, und die Preise werden durch ein standardisiertes Verfahren ermittelt. Suchkosten sind daher gering. Anders ist es jedoch, wenn ein Landwirt bestimmte Produkte selbst vermarkten will. Hier können erhebliche Kosten auftreten. Insbesondere ist der erzielbare Preis nicht immer identisch mit dem erwarteten Preis. Mitunter kann es sogar sein, dass Teile der Waren, z.B. von Obst und Gemüse, vor dem Verkauf verderben. Bei diesen Produkten können daher erhebliche Suchkosten auftreten. Selbst bei relativ standardisierter Ware, wie z.B. Weizen einer bestimmten Qualität, zeigt sich, dass die erzielbaren Preise von der Intensität der Verkaufsaktivitäten der Landwirte abhängen. Landwirte, die bereit sind, den Käufer zu wechseln und daher Preisinformationen einholen, erhalten in der Regel höhere Preise.

Besonders hoch sind die Suchkosten auf dem Bodenmarkt. Ein Landwirt, der Flächen verpachten will, braucht Informationen über potentielle Pächter, deren bekundete Zahlungsbereitschaft und über deren Zuverlässigkeit.

Generell gilt, dass die Suchkosten umso höher sind, je größer die Folgekosten einer Bindung an den falschen Vertragspartner sind. Richtet ein Landwirt seine Produktion an der Nachfrage eines bestimmten Verarbeiters aus und nimmt erhebliche Investitionen vor, so kann er bei Nichteinhaltung der vertraglichen Bindungen des Käufers einen relativ hohen Schaden haben. Dies wird dann eintreten, wenn er nicht leicht alternative Abnehmer zu gleichen oder besseren Vertragsbedingungen finden kann und er die Investitionen nicht gleichermaßen für eine alternative Produktion einsetzen kann. Suchkosten werden daher umso niedriger sein, je größer das Vertrauen in potentielle Vertragspartner ist, sie werden umso höher sein, je höher die Kosten der Durchsetzung der Verträge sind. Gegenseitiges Vertrauen ist daher ein wichtiger Bestimmungsfaktor für intensiven Handel und damit für Spezialisierung und Wohlstand.

Suchkosten aus der Sicht des Käufers

Ein potentieller Käufer möchte zuverlässige Informationen über die Qualität der Ware oder Dienstleistungen haben und zu Preisen kaufen, die nicht höher sind als sie von anderen Anbietern gefordert werden. Die Qualität ist nicht immer sichtbar, da es sich bei Agrarprodukten zum Teil um Erfahrungsgüter und Vertrauensgüter handelt. Der Käufer von ökologisch produzierten Gütern wird z.B. nur dann bereit sein, einen höheren Preis für diese Produkte zu zahlen, wenn er sicher sein kann, dass die Produkte auch ökologisch produziert wurden. Das Vertrauen in die Qualität der Produkte und somit in die Ehrlichkeit des Anbieters ist daher für den Kauf dieser Produkte von besonderer Bedeutung. Es entsteht daher auf Märkten für diese Produkte eine relative große Bindung zwischen Verkäufer und Käufer. Käufer scheuen sich häufig nicht, weite Strecken zurückzulegen, um vor Ort die Ware zu sehen.

Suchkosten sind für den Käufer besonders hoch beim Kauf von Dienstleistungen. Den erbrachten Leistungen sieht man nicht stets gleich die Qualität an (Erfahrungsgüter), wenn die Qualität nicht den Erwartungen entspricht, entstehen

Kosten bei der Nachbesserung oder Rückabwicklung oder Kosten des Verzichts, wenn man im Nachhinein Abschläge auf gewünschte und bereits bezahlte Qualität in Kauf nimmt. Käufer von Dienstleistungen suchen daher häufig lange nach dem für sie richtigen Vertragspartner; Empfehlungen von Bekannten oder bisherige eigene Erfahrungen spielen eine große Rolle. Mangelndes Vertrauen kann dazu führen, dass Kauf und Verkauf von Dienstleistungen geringer sind als bei Nichtexistenz dieses Elementes der Transaktionskosten.

Suchkosten des Käufers sind von besonderer Bedeutung auf dem Bodenmarkt. Der potentielle Käufer oder Pächter hat zunächst Kosten bei der Ermittlung seiner Zahlungsbereitschaft. Da Boden über viele Perioden genutzt werden kann und an physischem Ertragswert im Zeitablauf wahrscheinlich nicht verliert, muss sich der Käufer oder Pächter Vorstellungen über die zukünftigen monetären Erträge verschaffen und diese Erträge abdiskontieren. Die zukünftigen durch den Faktor Boden zu erwirtschaftenden Erträge sind neben den physischen Erträgen von den Produktpreisen und anderen Faktorpreisen abhängig. Die physischen Erträge werden möglicherweise aufgrund technischer Fortschritte weiterhin steigen, aber eine exakte Prognose ist nicht möglich. Noch unsicherer ist die Prognose zukünftiger Produktpreise, zukünftiger Faktorpreise und zukünftiger Zinssätze. Es liegt demnach eine große Unsicherheit vor. Hinzu kommt, dass der potentielle Käufer genaue Informationen über die Qualität des Bodens benötigt. Je größer die Unsicherheit ist, umso weniger werden potentielle Käufer bereit sein, bei einem gegebenen Preis Boden zu kaufen oder zu pachten. Es kann daher sein, dass trotz gleicher Bodenqualitäten und gleicher Produktpreise in unterschiedlichen Volkswirtschaften erhebliche Unterschiede bei den Boden- und Pachtpreisen vorliegen. Es ist daher nicht erstaunlich, dass die Boden- und Pachtpreise zwischen den Ländern innerhalb der EU große Unterschiede aufweisen.

Verhandlungskosten aus der Sicht des Verkäufers

Verkauf und Kauf sind vertragliche Vereinbarungen. In einfachen Fällen, z.B. bei Suchgütern, braucht man sich nur über den Preis der Güter und Dienstleistungen zu einigen. Auch diese Einigung erfolgt mit minimalen Kosten, wenn das Gut von vielen Anbietern angeboten wird und sich der einzelne Anbieter als Mengenanpasser verhält. Wenn aber spezifische Güter angeboten werden und die Güter speziell für den Käufer erstellt werden, sind die Verhandlungskosten hoch. Im Vertrag ist zu spezifizieren, welche Bestandteile das zu erstellende Gut hat, welche Materialien zu verwenden sind, zu welchem Termin das Produkt erstellt werden soll, welche Vertragsstrafen für den Fall nicht eingehaltener Termine vorzusehen sind. Es wird allgemein gesagt, dass die meisten Verträge unvollständig sind, d.h. in den Verträgen ist nicht enthalten, wie zukünftige Streitigkeiten zwischen Verkäufer und Käufer beim Eintreten unvorhergesehener Ereignisse zu behandeln sind. Der Verkäufer wird daher eher bereit sein, mit einem potentiellen

Käufer einen Vertrag abzuschließen, den er kennt und von dem er weiß, dass zukünftige unerwartete Probleme wahrscheinlich bilateral im gegenseitigen Einverständnis geregelt werden können. Diese Erwartung wird insbesondere dann bestehen, wenn mit dem Käufer bereits in der Vergangenheit einige Verträge abgeschlossen und stets gütliche Einigungen gefunden wurden.

Verhandlungskosten sind umso höher, je geringer die Markttransparenz ist. Wer keine Informationen über die bei anderen vergleichbaren Transaktionen gezahlten Preise hat, wird hohe Verhandlungskosten haben. Es ist verständlich, dass Verhandlungskosten besonders hoch bei Gütern mit langfristiger Lebensdauer sind. Sie sind demnach auf dem Bodenmarkt höher als bei Agrarprodukten, die zum unmittelbaren Konsum verkauft werden. Sie werden bei Verkauf auf Märkten geringer sein als bei vertraglicher Bindung an die Verarbeiter von Agrarprodukten.

Verhandlungskosten aus der Sicht des Käufers

Auch hier sind im einfachen Fall beim Kauf von Suchgütern mit kurzfristiger Lebensdauer auf entwickelten Märkten geringe Verhandlungskosten zu erwarten. Anders ist es jedoch, wenn langlebige Güter oder Dienstleistungen gekauft werden. Bei langlebigen Gütern ist die Höhe des Preises von besonderer Bedeutung für die Rentabilität eines Kaufes. Es wird daher wahrscheinlich mehr Zeit auf die Preisverhandlung und andere Vertragsbestandteile verwendet. Zugesicherte Eigenschaften werden die Verhandlungskosten senken, wenn gleichzeitig eine Garantie damit verbunden ist, die entweder Rücknahme oder nachträgliche Minderung des Kaufpreises vorsieht. Auch hier gilt, dass Verträge häufig nicht alle Unsicherheiten des Käufers beseitigen können. Der Käufer wird daher bei seinen Entscheidungen auch von dem Vertrauen in den Verkäufer beeinflusst.

Wie bedeutsam für den Käufer die Verhandlungskosten sein können, wird durch den Besuch eines Basars deutlich. Der Käufer hat in der Regel keine Möglichkeit heraus zu finden, zu welchem Preis der Verkäufer bereit wäre, die Ware abzugeben. Natürlich wird der Verkäufer einen Preis fordern, der höher ist als der Preis, zu dem er noch verkaufen würde. Der Käufer weiß zwar, dass der verlangte Preis zu hoch ist, aber er weiß nicht, welchen Preis er mindestens zu zahlen hat, um die Ware zu erhalten. Geringe Transparenz erhöht somit die Verhandlungskosten. Landwirte werden sich daher vor dem Kauf insbesondere von langlebigen Produkten über Marktpreise erkundigen. Wird z.B. ein Schlepper oder Mähdrescher gekauft, so wird man bei der Verhandlung auch berücksichtigen, in welcher Zeit man Ersatzteile erhält und für welchen Zeitraum man mit der Lieferbarkeit von Ersatzteilen rechnen kann.

Verhandlungskosten werden für den Käufer auf dem Bodenmarkt relativ hoch sein. Es liegt in der Natur der Sache, dass es für ein bestimmtes Landstück nur einen Anbieter gibt und dass der Käufer oder potentielle Pächter daher keine Alternativen hat. Ähnlich wie auf dem Basar weiß der Käufer nicht, zu welchem Preis der Verkäufer gerade noch bereit wäre, die Parzelle Land zu verkaufen. Gibt es keine anderen potentiellen Käufer, so können sich die Verhandlungen relativ lange hinziehen.

Kontroll- und Durchsetzungskosten aus der Sicht der Verkäufer

Es ist nicht stets so, dass sich die Vertragsparteien an die Vereinbarungen halten. Dem Verkäufer können relativ hohe Kosten entstehen, wenn der Käufer z.B. den vereinbarten Kaufpreis nicht zahlt. Durchsetzungskosten entstehen vor allem, wenn die Zahlung nicht direkt beim Übergang der Ware erfolgt (keine Bargeldzahlung) und der Käufer mit der Zahlung in Verzug geraten kann. Banken zum Beispiel haben – je nach Art der zur Verfügung stehenden Kreditsicherungsrechte – relativ hohe Durchsetzungskosten, wenn der Schuldner nicht fristgerecht seine Kredite bedient. Hohe Durchsetzungskosten können entstehen, wenn der Verkäufer einer Ware oder einer Dienstleistung Zahlungen in regelmäßigen Abständen erwartet. Der Verpächter hofft, dass der Pächter regelmäßig zahlt, der Kreditgeber erwartet, dass der Schuldner den Kapitaldienst fristgerecht leistet. Bei nicht ausreichender Leistung des Käufers können hohe Kosten bei der Durchsetzung des Vertrages eintreten. Verkäufer versuchen, die Wahrscheinlichkeit von Nichterfüllung durch Selektion der Kunden zu verringern. Gibt es einen Eigentumsvorbehalt und ein leicht verwertbares Hypothekenrecht, so sind Forderungen leichter realisierbar.

Kontroll- und Durchsetzungskosten aus der Sicht des Käufers

Käufer von Erfahrungs- und Vertrauensgütern können hohe Kontrollkosten haben. Wenn Käufer Wert auf Produktionsweise und Inhaltsstoffe der Produkte legen, müssen sie sich entsprechende Informationen beschaffen. Käufer bestimmter Dienstleistungen müssen gelegentlich die Erstellung der Leistungen kontrollieren, wenn sie eine nicht unmittelbar sichtbare Qualität wünschen. Ist die Leistung nicht akzeptabel erbracht, können Kosten durch Forderung nach Nachbesserung oder Minderung entstehen. Diese Kosten werden weniger wahrscheinlich anfallen, wenn der Verkäufer bekannt ist, mit ihm eine Reihe Transaktionen zuvor vorgenommen wurden und Reklamationen in gegenseitigem Einverständnis problemlos gelöst wurden. Auch hier gilt somit, dass Vertrauen in das Verhalten des Vertragspartners diese Kosten in geringerem Maße auftreten lässt; es wird daher mit Partnern, denen man vertrauen kann, zu intensiveren Transaktionen kommen.

Die Höhe der Durchsetzungskosten hängt stark von den rechtlichen Rahmenbedingungen ab. Besteht Verlass auf schnelle gerichtliche Entscheidungen und eine leicht realisierbare Produkthaftung, dann sind Durchsetzungskosten geringer als bei weniger starken gesetzlichen Rahmenbedingungen. Dennoch ist es nicht möglich, durch rechtliche Regelungen die Bedeutung des Vertrauens für die Höhe der Transaktionskosten voll zu ersetzen.

4.7 Beurteilung des Preismechanismus als Koordinationsinstrument und alternative Koordinationsmechanismen

Es ist festzustellen, dass die Agrarpreisbildung nicht nur in der BR Deutschland und der Europäischen Union, sondern auch in allen anderen Volkswirtschaften durch eine Vielzahl staatlicher Eingriffe beeinflusst wird.

Diese Tatsache deutet darauf hin, dass man offensichtlich mit dem Ergebnis der unverfälschten Marktkräfte aus gesamtwirtschaftlicher Sicht nicht stets zufrieden ist. Es kann allgemein akzeptiert werden, dass staatliche Eingriffe nur dann vorgenommen werden, wenn die Ist-Situation von einer Soll- oder Wunsch-Situation abweicht. Im Folgenden soll daher zunächst gezeigt werden, dass das Ergebnis der Marktkräfte bei vollständiger Konkurrenz ein gesamtwirtschaftliches Optimum darstellen kann. Eine kurze Darstellung alternativer Koordinationsmechanismen schließt das Kapitel ab.

4.7.1 Preismechanismus und gesamtwirtschaftliches Optimum bei vollständiger Konkurrenz

Ob der Preismechanismus bei vollständiger Konkurrenz zu einem gesamtwirtschaftlichen Optimum führt, kann nur überprüft werden, wenn man sich auf einheitliche Bewertungskriterien einigt. Die Frage kann daher nur normativ behandelt werden. Es wird von folgenden Annahmen ausgegangen:

(1) Die Wohlfahrt einer Gesellschaft kann sich nur dann verändern, wenn sich auch die Wohlfahrt zumindest eines Individuums verändert. Die gesamte Wohlfahrt einer Gesellschaft ergibt sich also lediglich aus der Summe der individuellen Wohlfahrten. Dabei ist es aber nicht notwendig, dass man auch die individuellen Wohlfahrten exakt aggregieren kann.

(2) Das gesamtwirtschaftliche Optimum ist erreicht, wenn die Wohlfahrt eines Individuums der Gesellschaft nicht mehr erhöht werden kann, ohne die Wohlfahrt anderer Individuen in der Gesellschaft zu verringern (**Pareto-Optimum**). Diese Norm wird eingeführt, weil interpersonelle Wohlfahrtsvergleiche (Nutzenvergleiche) objektiv nicht möglich sind. Es kann wissenschaftlich nicht quantifiziert werden, wie hoch der Wohlfahrtsverlust oder der Wohlfahrtsgewinn eines Individuums ist.

(3) Die individuelle Wohlfahrt hängt funktional von der Güterversorgung ab. Hiermit wird aber nicht impliziert – wie gelegentlich vermutet –, dass es außer der Güterversorgung keine anderen Bestimmungsgründe der individuellen Wohlfahrt gibt.

(4) Es wird unterstellt, dass das Individuum selbst darüber befinden kann, wodurch die eigene Wohlfahrt erhöht werden kann. Es wird demnach dem Individuum volle Mündigkeit bei gleichzeitig rationalem Verhalten unterstellt.

(5) Die individuelle Nachfragekurve ist Ausdruck der individuellen marginalen Zahlungsbereitschaft, und die marginale Zahlungsbereitschaft steht in funktionaler Beziehung zum Grenznutzen des Gutes. Es gilt demnach:

$$\Delta Z = \alpha \cdot \frac{\partial u}{\partial q} \cdot dq$$

mit

ΔZ = Änderung der Zahlungsbereitschaft

$\frac{\partial u}{\partial q}$ = Grenznutzen

dq = Änderung der Nachfrage und

α = konstanter Koeffizient.

Eine hohe marginale Zahlungsbereitschaft deutet daher auf einen hohen Grenznutzen hin. Jedoch kann die Höhe des Grenznutzens nicht quantifiziert werden, da α unbekannt ist. Die Fläche unter der Nachfragekurve ist damit proportional der gesamten Zahlungsbereitschaft.

(6) Jedes Individuum hat die negativen Folgen seiner Aktivitäten allein zu tragen und soll auch nur alleiniger Nutznießer eigener Aktivitäten sein. Hiermit wird gefordert, dass es nicht möglich sein soll, die Folgen individueller Aktivitäten zu externalisieren. Es wird externalisiert, wenn individuelle Aktivitäten die Wohlfahrt anderer Gesellschaftsmitglieder verändern, ohne dass diese kompensiert werden (im Fall negativer externer Effekte) oder selbst ein Entgelt erbringen (im Fall positiver externer Effekte).

Unter diesen Bedingungen kann die Hypothese, dass der Preismechanismus zu einem gesamtwirtschaftlichen Optimum führen kann, durch *Schaubild 4.28* veranschaulicht werden.

Das Optimum wird zunächst für einen Nachfrager von Gütern dargestellt. Die individuelle Nachfragekurve ist laut Annahme identisch mit der marginalen Zahlungsbereitschaft des Nachfragers. Zunächst wird angenommen, dass der Käufer das Gut zum gesamtwirtschaftlichen Schattenpreis in Höhe p_0 erhalten kann. Die **Schattenpreise** geben an, zu welchem Preis ein anderes Individuum auf den

Kauf dieses Produktes verzichten würde oder zu welchem Preis dieses Gut von Grenzanbietern zu Grenzkosten erstellt werden könnte. In einer offenen Volkswirtschaft und für ein relativ kleines Land ist der Schattenpreis für international handelbare Güter in der Regel gleich dem Weltmarktpreis, da diese Güter zu Weltmarktpreisen zu kaufen oder zu verkaufen sind. Für international nicht handelbare Güter entspricht dagegen der Schattenpreis den Grenzkosten der inländischen Produktion.

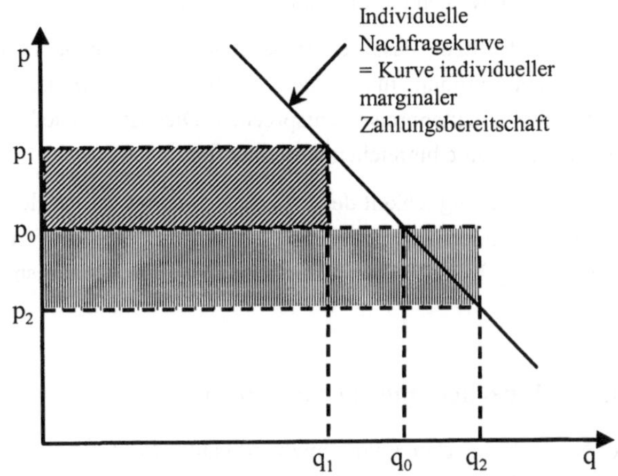

Schaubild 4.28: Gesamtwirtschaftliche und individuelle Wohlfahrt

Beim Schattenpreis wird gemäß *Schaubild 4.28* die Menge q_0 nachgefragt. Der Nachfrager hat bei dieser Menge seine Wohlfahrt maximiert, weil bei dieser Menge die marginale Zahlungsbereitschaft proportional dem Grenznutzen des Gutes ist. Die individuelle Entscheidung, die Menge q_0 zu konsumieren, kann auch aus Sicht der anderen Mitglieder der Gesellschaft gebilligt werden. Die Gesellschaft hätte z.B. für den Import des Gutes den gleichen Betrag auszugeben, den das Individuum zahlt. Eine Externalisierung tritt somit nicht ein.

Würde dagegen der Nachfrager mit Preisen konfrontiert, die wie p_1 und p_2 von dem Schattenpreis abweichen, so führt die individuelle Nachfrageentscheidung zu einer Externalisierung. Beim Preis p_1 würde der Nachfrager zum Beispiel für die Menge q_1 die schräg schraffierte Fläche mehr zahlen, als für den Import der Produkte gezahlt werden müsste. Die anderen Mitglieder der Gesellschaft würden daher durch die individuelle Konsumentscheidung des betrachteten Individuums in Höhe der schräg schraffierten Fläche bevorteilt.

Läge der Marktpreis dagegen unterhalb des Schattenpreises (p_2), so würde der Nachfrager bei der Nachfragemenge q_2 notgedrungen externalisieren. Seine Ausgaben in Höhe von $p_2 \cdot q_2$ wären um die senkrecht schraffierte Fläche geringer als für den Import des Produktes ausgegeben wird. Der individuelle Verbrauch würde somit von den übrigen Mitgliedern der Gesellschaft subventioniert. Andere hätten somit einen Konsumverzicht zu leisten.

Eine analoge Betrachtung kann für den Anbieter eines Produktes vorgenommen werden. Gehen in die Kostenkalkulation des privaten Anbieters alle Kosten ein, die er verursacht (es besteht dann eine Gleichheit von privaten und sozialen Grenzkosten), so sind sowohl sein individuelles Einkommen maximiert als auch die volkswirtschaftlichen Kosten der Produktion minimiert.

Diese Darstellung verdeutlicht, dass der Preismechanismus nur dann zu einem gesamtwirtschaftlichen Optimum führen kann, wenn die Marktpreise auch den gesamtwirtschaftlichen Schattenpreisen entsprechen. Dies ist aber lediglich eine notwendige, nicht jedoch eine hinreichende Bedingung.

Wenn man die relative Vorzüglichkeit des Preismechanismus im Vergleich zu alternativen Koordinationsmechanismen beurteilen will, ist zunächst zu klären, welche Alternativen es gibt und welche möglichen Vorzüge der Preismechanismus hat.

4.7.2 Alternative Entscheidungsmechanismen

Im Bereich der Neuen Politischen Ökonomie wird häufig folgende Klassifikation von Entscheidungsmechanismen angegeben:

- Markt- und Preismechanismus,
- Demokratie (Abstimmung),
- Verhandlungen sowie
- Hierarchie (Bürokratie).

Diese Klassifikation macht deutlich, dass wir uns bisher lediglich mit einem möglichen Entscheidungsmechanismus beschäftigt haben. Im Folgenden wird eine kurze Analyse der anderen möglichen Entscheidungsmechanismen vorgenommen.

Demokratie (Abstimmung)

Die Bedeutung von Abstimmungen ist für das Ergebnis der Preisbildung auf den Agrarmärkten relativ groß. Bekanntlich beschließt z.B. der Agrarministerrat der EU über die Preissetzung für Agrarprodukte, die den Marktordnungen unterworfen sind. Die gegenwärtigen Agrarpreise sind also vielmehr das Ergebnis von Abstimmungen als das Ergebnis marktwirtschaftlicher Kräfte.

Da Abstimmungen in der Regel auch unseren demokratischen Vorstellungen entsprechen, mag es nahe liegend erscheinen, zunehmend mehr Probleme, die in marktwirtschaftlichen Systemen normalerweise der Preismechanismus löst, durch Abstimmungen zu regeln. Doch auch bei Abstimmungen kann man nicht sicher sein, dass das Ergebnis stets Optimalvorstellungen entspricht. Im Folgenden sollen daher einige Probleme, die bei Abstimmungen entstehen, aufgezeigt werden.

Bei einer etwaigen Abstimmung ist zunächst eine Entscheidung über den Abstimmungsmodus zu finden. Entsprechend demokratischer Prinzipien wird hier in der Regel gefordert, dass über nicht mehr als zwei Alternativen gleichzeitig abgestimmt werden soll, es sei denn, es wird die absolute Mehrheit gefordert. Anderenfalls wäre nicht gesichert, dass die Alternative gewählt wird, die von der Mehrheit der Wähler günstiger als alle anderen Alternativen angesehen wird. Das soll durch folgendes Beispiel veranschaulicht werden.

Nehmen wir an, 100 Stimmberechtigte haben aus ihrer Mitte einen Delegierten zu wählen. Nehmen wir weiterhin an, dass es innerhalb der Stimmberechtigten zwei extreme Gruppierungen gibt. Der einen Gruppe, die wir mit A bezeichnen wollen, mögen sich 70 % der Stimmberechtigten zugeneigt fühlen, der anderen mit B bezeichneten Gruppe lediglich 30 % der Stimmberechtigten. Versucht nun die Gruppe B einen Kandidaten durchzubringen, so wird sie möglichst viele Kandidaten der Gruppe A vorschlagen. Würden z.B. von Gruppe A vier Kandidaten vorgeschlagen und von Gruppe B lediglich einer und würde man in einem einzigen Wahlgang denjenigen als Delegierten wählen, der die meisten Stimmen auf sich vereint, so wäre folgendes Ergebnis denkbar:

Der Kandidat der Gruppe B erhält 30 Stimmen, die Kandidaten der Gruppe A erhalten 20, 20, 15, 15 Stimmen. Folglich wird der Kandidat der Gruppe B als Delegierter gewählt.

Dieses Abstimmungsergebnis kann jedoch wenig befriedigen, denn offensichtlich würde die Mehrheit der Stimmberechtigten durch eine Minderheit majorisiert; der Delegierte kann die Gesamtheit der Stimmberechtigten nicht repräsentativ vertreten. Zu ähnlich unbefriedigenden Ergebnissen kann man auch gelangen, wenn man zunächst über eine Vielzahl von Kandidaten abstimmen lässt und die Kandidaten mit der höchsten Stimmenzahl in eine Stichwahl einbezieht. Dieses Problem kann vermieden werden, wenn gleichzeitig jeweils nur über zwei Kandidaten abgestimmt wird. Stellen sich z.B. zunächst die Kandidaten der Gruppe A (A1, A2, A3, A4) zur Wahl, so können wir das Ergebnis erhalten, dass A1 mehr Stimmen bekommt als A2. Daraufhin hat A1 gegen A3 zu kandidieren; falls er auch hier siegt, folgt eine Kandidatur gegen A4. Gewinnt A1 auch in diesem Fall, können wir festhalten, dass von den Kandidaten A1 bis A4 offensichtlich A1 die höchste Stimmenzahl auf sich vereinigen kann. Im letzten Wahlgang hat dann A1 gegen B zu kandidieren. Nach unseren eingangs angeführten Annahmen würde A1 dann hier mit 70:30 gewinnen.

Aber auch dann, wenn diese Grundregel für adäquate Abstimmungen beachtet wird, kann es weitere Abstimmungsprobleme geben. Dieses soll durch folgendes Beispiel gezeigt werden:

Annahme: 3 Alternativen A, B, C;

3 Individuen 1, 2, 3.

Jedes Individuum stellt eine Rangfolge über die Alternativen auf:

1: A > B; B > C; A > C

2: C > A; A > B; C > B

3: B > C; C > A; B > A.

Das Zeichen > bedeutet hier "wird vorgezogen".

Zunächst einmal können wir feststellen, dass es in einem solchen Fall zu keiner Einigung kommt, wenn man gleichzeitig über alle drei Alternativen abstimmen lässt und von einer einfachen Mehrheitsregel ausgeht. Doch auch dann, wenn man nur jeweils über zwei Alternativen abstimmt, wird es keinen eindeutigen Sieger geben.

Stimmt man zunächst über die Alternativen A und B ab und wird dann die Alternative, die gewonnen hat, gegenüber C zur Abstimmung gestellt, so erhält man folgendes Ergebnis:

A wird B und C wird A mit jeweils 2:1 Stimmen vorgezogen. Folglich wird nach dem Abstimmungsmodus C als die beste Alternative angesehen.

Führt man nun zur Probe eine zusätzliche Abstimmung durch und lässt zwischen B und C wählen, so stellt sich heraus, dass B der Alternative C vorgezogen wird. Mithin ergibt sich ein nicht konsistentes Abstimmungsergebnis. Die Reihenfolge A, B und C ist demnach bei kollektiver Entscheidung nicht transitiv[22].

Die Bedeutung dieser Tatsache wird besonders ersichtlich, wenn mit einer anderen Abstimmungsalternative begonnen wird. Ist zunächst zwischen B und C abzustimmen, so zeigt sich, dass B der Alternative C vorgezogen wird. C scheidet somit schon beim ersten Wahlgang aus und steht nicht mehr zur Debatte. Das zweite Abstimmungsergebnis hat zwischen A und B zu erfolgen. Es zeigt sich, dass A vorgezogen wird und somit als beste Alternative aus dem Abstimmungsergebnis hervorgeht.

Offensichtlich liegt hier ein **Abstimmungsparadoxon** (Problem zyklischer Mehrheiten) vor. Dieses wird auch *Arrow*-Paradoxon oder *Condorcet*-Paradoxon genannt. Weitere Überlegungen zum *Arrow*-Paradoxon haben ergeben, dass ins-

---

[22] Transitivität liegt vor, falls z.B. gilt: A > B und B > C, so dass folgt A > C. Transitivität kann – wie obiges Beispiel zeigt – für einzelne Entscheidungsträger gegeben sein, aber nicht zugleich für die Gesamtheit.

besondere dann mit inkonsistenten und irrationalen Kollektiv-Entscheidungen zu rechnen ist, wenn die Präferenzordnung der einzelnen Wähler sehr unterschiedlich ist bzw. wenn eine relativ große Heterogenität in den Interessen der Wahlberechtigten vorliegt. Die Wahrscheinlichkeit, keinen eindeutigen Gewinner bei der Mehrheitsabstimmung ermitteln zu können, steigt weiterhin sowohl mit der Zahl der Wähler als auch mit der Zahl der Alternativen.

Wenn man sich dazu bekennt, die Entscheidungen einzelner Kollektivmitglieder durch Abstimmungen zu koordinieren, ist gleichzeitig eine Entscheidung über eine Mehrheitsregel erforderlich. Im Folgenden wollen wir kurz der Frage nachgehen, ob es stets sinnvoll ist, eine einfache absolute Mehrheit zu fordern oder ob gelegentlich auch eine Einstimmigkeitsregel oder andere Entscheidungsregeln sinnvoll sein können.

Bei der Behandlung der Frage gehen wir von den Vorstellungen eines einzelnen Kollektivmitglieds aus. Zum Beispiel fragt sich der einzelne Student, der in einer Wohngemeinschaft lebt, welche Abstimmungsregeln aus seiner Sicht wünschenswert sind. Die Entscheidungen des Kollektivs sollen auch für einzelne Kollektivmitglieder bindend sein.

Versucht man eine Abstimmung durchzuführen, so werden in der Regel **Konsensfindungskosten** auftreten. Diese Kosten beinhalten:

- Aufwand für Überredung und
- erforderliche Zugeständnisse.

Für ein einzelnes Kollektivmitglied ist die Möglichkeit, seine eigenen Vorstellungen zur Grundlage des kollektiven Handelns zu erklären und damit die Konsensfindungskosten zu minimieren, dann am größten, wenn das Kollektivmitglied ohne Rücksprache mit anderen Mitgliedern eine für alle verbindliche Entscheidung treffen kann. In diesem Fall sind für dieses Individuum die Konsensfindungskosten Null. Die Konsensfindungskosten werden mit der Anzahl der benötigten Ja-Stimmen ansteigen und schließlich bei der Einstimmigkeitsregel ein Maximum erreichen. Wir können uns vorstellen, dass die Kurve einen Verlauf aufweist wie im *Schaubild 4.29* dargestellt.

Der ansteigende Verlauf der D-Kurve besagt demnach, dass es mit wachsender Zahl der erforderlichen Ja-Stimmen für jedes einzelne Mitglied schwieriger und kostspieliger wird, die im Kollektiv zu treffenden Entscheidungen an seinen individuellen Zielvorstellungen auszurichten.

Andererseits muss das einzelne Kollektivmitglied aber auch bedenken, dass mit zunehmender Zahl der erforderlichen Ja-Stimmen die Wahrscheinlichkeit sinkt, dass Abstimmungsergebnisse dem Interesse des Einzelnen zuwiderlaufen. Das führt uns zu dem Begriff der **wahrscheinlichen externen Kosten**: Hierunter verstehen wir die negativen Folgen kollektiver Entscheidungen, die das einzelne Kollektivmitglied zu tragen hat, wenn es sich an das Abstimmungsergebnis des

Kollektivs zu halten hat. Wir können feststellen, dass für ein einzelnes Individuum wahrscheinliche externe Kosten in großer Höhe anfallen können, wenn ein anderes Kollektivmitglied für alle bindende Entscheidungen fällen kann. Weiterhin ist zu erwarten, dass die Höhe der wahrscheinlichen externen Kosten abnehmen wird, wenn die Zahl der benötigten Ja-Stimmen zunimmt. Die Kurve wird also einen fallenden Verlauf aufweisen.

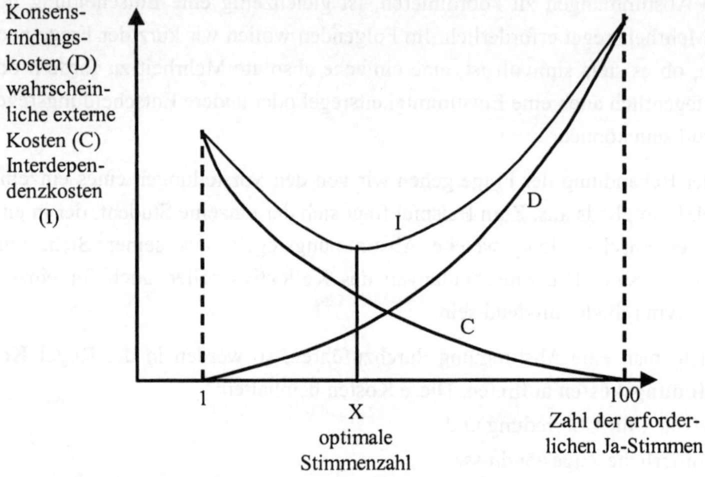

Schaubild 4.29: Optimale Entscheidungsregel aus Sicht eines Kollektivmitglieds

Aus der Sicht des einzelnen Individuums lässt sich die optimale Abstimmungsregel finden, wenn man die beiden Kurven vertikal addiert und so zur Kurve der **Interdependenzkosten** gelangt. Die optimale Stimmenzahl ist dort gegeben, wo die Kurve der Interdependenzkosten ein Minimum aufweist. Dieses Minimum kann je nach Verlauf der Kurven bei einer Stimmenzahl von unter 50 % oder auch bei über 50 % der Stimmberechtigten liegen.

Grundsätzlich kann gesagt werden, dass die Neigungen der Kurven der Konsensfindungskosten und wahrscheinlichen externen Kosten von der Heterogenität der Kollektivmitglieder abhängen. Je unterschiedlicher die Interessenlagen sind, umso mehr wird das einzelne Kollektivmitglied darauf drängen, eine Abstimmungsregel zu finden, bei der möglichst viele zustimmen müssen. Anderenfalls kann es dazu kommen, dass einzelne Kollektivmitglieder, die sich extrem von der Mehrheit unterscheiden, von dieser permanent ausgebeutet werden.

Diese Überlegungen sind implizit bei der Entscheidungsfindung im Agrarministerrat der EU berücksichtigt. Zwar fordert bereits der EWG-Vertrag, wie auch der EG- und EU-Vertrag, dass grundsätzlich Mehrheitsregeln gelten, doch wird häufig davon abgewichen, wenn ein Land die Abstimmung als wesentlich für das eigene nationale Interesse bezeichnet. In diesen Fällen hat man von Mitte der sechziger Jahre bis Mitte der achtziger Jahre stets einstimmig entschieden. Seit dieser Zeit bemüht man sich in solchen Fällen zu einem Konsens zu kommen. Für bestimmte Entscheidungen, wie z.B. die Erweiterung der EU, Erhöhung der Finanzmittel oder Fragen der Steuerpolitik sieht auch der Vertrag eine Einstimmigkeit vor. Die Einstimmigkeitsregel verhindert, dass z.B. viele ärmere Länder in der EU einige wenige reiche Länder permanent durch Mehrheitsentscheidungen ausbeuten. Würde man bei der gegenwärtigen differenzierten Interessenlage innerhalb der EU – durch die Erweiterung der EU in 2004 ist es zu einer noch weiteren Differenzierung der Interessen gekommen – stets die Mehrheitsregel fordern, so müsste eine Gefährdung der Lebensfähigkeit der Gemeinschaft befürchtet werden.

Am Rande sei vermerkt, dass man das Entscheidungsproblem eines Kollektivs dadurch vereinfachen kann, dass man (a) nach weiteren Entscheidungsalternativen sucht, um dadurch der differenzierten Interessenlage mehr entgegenzukommen und/oder (b) den einzelnen Kollektivmitgliedern vermehrt Möglichkeiten gibt, ihre individuellen Interessen durch individuelle Entscheidungen selbst zu verfolgen, dass man also den Rahmen der gemeinsamen Entscheidungsfindung etwas einengt und dem einzelnen Kollektivmitglied einen größeren Spielraum lässt.

Selbstverständlich lassen sich diese Grundprinzipien auch auf die gegenwärtige Agrarpolitik in der EU übertragen. Auch hier ist es durchaus denkbar, dass man zu einer schnelleren Entscheidungsfindung im Agrarministerrat kommen könnte, wenn die einzelnen Mitgliedsländer die Möglichkeiten erhielten, ihre nationalen Ziele auch weiterhin mit nationalen Instrumenten zu verfolgen und sie nicht bei der Verwirklichung nationaler Ziele weitgehend auf das kollektive Entscheidungsergebnis angewiesen wären.

In Anbetracht der aufgezeigten Probleme und unter Berücksichtigung der Tatsache, dass Abstimmungen individuelle Entscheidungen sehr viel zeitaufwendiger koordinieren als der Markt- und Preismechanismus, ist es verständlich, dass man das Koordinationsinstrument der Abstimmungen in einer Volkswirtschaft nur begrenzt verwendet.

Koordination individueller Entscheidungen durch Verhandlungen

Geht man von der Überlegung aus, dass in einer Gesellschaft ein Einzelner bei seinen individuellen Entscheidungen auch die Wirkungen auf andere Individuen berücksichtigen sollte, so kann gefolgert werden, dass die Entscheidungen auf einem Kompromiss beruhen. In unserem Wirtschaftssystem können wir feststellen, dass insbesondere dort auf Verhandlungen zurückgegriffen wird, wo ein Einzelner eine zu schwache Marktstellung hat. Aus diesem Grund wird z.B. den Arbeitnehmern die Möglichkeit geboten, sich zu organisieren und die Arbeitsbedingungen mit dem Arbeitgeberverband auszuhandeln. Es ist einleuchtend, dass Ergebnisse der Verhandlungen einen bedeutenden Einfluss auf die Produktpreise und auch auf die Faktorpreise in unserer Wirtschaft haben.

Bei oberflächlicher Betrachtung mag es nahe liegen, den Koordinationsmechanismus "Verhandlungen" verstärkt in einer Gesellschaft zu befürworten, weil hier offensichtlich das Verhandlungsergebnis Kompromisscharakter tragen wird. Dabei wird jedoch vernachlässigt, dass hier das Problem der Externalisierung auftritt. Von Externalisierung sprechen wir dann, wenn die Folgen einer Entscheidung auch von solchen Individuen zu tragen sind, die an dem Zustandekommen der Entscheidung nicht beteiligt sind. Eine Externalisierung bei Verhandlungen liegt immer dann vor, wenn das Ergebnis kein **Nullsummenspiel** darstellt. Nur bei einem Nullsummenspiel entspricht der Gewinn der einen Partei dem Verlust der anderen Partei. Hingegen kann bei einer Externalisierung der zu verteilende "Kuchen" vergrößert werden, indem man andere – Nicht-Beteiligte – belastet. Einigen sich zum Beispiel die Tarifpartner in einer Branche (z.B. der Stahlindustrie) auf nicht preisniveauneutrale Löhne, so wird das dazu führen, dass durch die Preissteigerungen alle diejenigen, die Stahlprodukte direkt oder indirekt in Form verarbeiteter Produkte nachfragen, durch das Verhandlungsergebnis benachteiligt werden. Die Möglichkeiten der Externalisierung sind umso stärker ausgeprägt, je spezialisierter eine Gesellschaft ist. Dies kann z.B. an dem Boykott der Fluglotsen in den achtziger Jahren veranschaulicht werden. Durch die Arbeitsniederlegung dieser Gruppe wurde der gesamte Flugverkehr mit allen anteiligen Wirkungen für die gesamte Volkswirtschaft lahm gelegt. Die Verhandlungsposition der Fluglotsen war relativ stark, weil ihre Aufgaben offensichtlich – zumindest kurzfristig – nicht von anderen erledigt werden konnten. In einem solchen Fall kann die einzelne Gruppe bei den Verhandlungen eine relativ starke Machtposition erlangen. Das Ergebnis beinhaltet dann, dass es zu Tarifabschlüssen kommt, die als Folge Preissteigerungen nach sich ziehen.

Hierarchie oder Bürokratie

Bekanntlich kann man individuelle Entscheidungen dadurch koordinieren, dass diktatorisch den einzelnen Kollektivmitgliedern ihr Verhalten und Handeln vorgegeben wird. Die Agrarmärkte sind durch eine Vielzahl von hierarchischen Elementen und bürokratischen Regeln beeinflusst. Man denke z.B. an die Interventionsmaßnahmen mit staatlichen Aufkaufverpflichtungen für bestimmte Produkte. Unverfälschte Marktkräfte können hier nur sehr begrenzt wirken. Die Regelungsintensität hat in den letzten Jahren sogar erheblich zugenommen. Zwar wurde die direkte staatliche Beeinflussung der Produktmärkte zurückgenommen, doch hat die Eingriffsintensität auf den Faktormärkten erheblich zugenommen.

Landwirtschaftliche Betriebsleiter spüren zunehmend die Hand der Bürokratie, da sie durch Auflagen und Direktzahlungen in ihrer Wirtschaftsweise erheblich beeinflusst werden.

Gegen Hierarchie oder Bürokratie wäre nichts einzuwenden, wenn u.a. folgende Bedingungen vorliegen würden:

(1) Diktatoren oder Bürokraten müssten wohlwollend sein und eindeutig das Ziel verfolgen, die Wohlfahrt der Gesellschaft zu maximieren. Leider ist diese notwendige Bedingung in der Realität nicht anzutreffen. Die Realität zeigt, dass auch Bürokraten persönliche Ziele haben, die nicht immer mit der Zielsetzung 'Maximierung der gesellschaftlichen Wohlfahrt' vereinbar sind (siehe hierzu Kapitel 8).

(2) Diktatoren und Bürokraten müssten über einen eindeutigen Maßstab für die Messung der Wohlfahrt verfügen können. Einen solchen Maßstab gibt es aber nicht. Die gesellschaftliche Wohlfahrt ergibt sich als Aggregat aus den Wohlfahrten der Individuen; deren Wohlfahrt wird aber nicht nur von einer Variablen bestimmt, sondern von einer Vielzahl, z.B. individueller Freiheit, Einkommen, Vermögen, Freizeit usw. Der Beitrag der einzelnen Variablen zur individuellen Wohlfahrt kann zwar von dem Individuum ordinal (d.h. in eine Rangordnung gebracht werden) bewertet werden, aber nicht kardinal (d.h. quantitativ nicht bestimmt werden). Wenn aber das Individuum nicht seine Wohlfahrt quantifizieren kann, ist es für den Diktator oder Bürokraten unmöglich, die Wohlfahrt insgesamt zu maximieren. Es muss schon an der Tatsache scheitern, dass interpersonelle Nutzenvergleiche nicht möglich sind.

(3) Bürokratien müssten in der Lage sein, das Informationsproblem in einer Gesellschaft adäquat zu lösen. Die Wohlfahrt einer Gesellschaft hängt wesentlich davon ab, wie die individuellen Aktivitäten zum Wohl der Gesamtheit koordiniert werden. Wollten Bürokraten die Interaktionen zwischen Wirtschaftssubjekten koordinieren, so würden sie vor unlösbaren Informationsproblemen stehen. Es ist unmöglich alle Informationen von einer Zentrale zu sammeln und zu verarbeiten. Insbesondere betrifft das Informationsproblem eine möglichst exakte Einschätzung der zukünftigen Chancen für Investitionen, die Produktion von technischen Fortschritten und das Verhalten der potentiellen Akteure bei der Leistungsabgabe, der Verwendung des Einkommens und bei der Einhaltung von festgelegten Regeln für das gesellschaftliche Zusammenleben.

Es ist daher verständlich, dass sich die Gesellschaften, die großen Wert auf individuelle Freiheit legen, weitgehend frei von Bürokratien halten. Dennoch kann aber beobachtet werden, dass in vielen Gesellschaften ein akutes Bürokratieproblem vorliegt, das sich in einer hohen Regelungsintensität und Effizienzverlusten niederschlägt.

Trotz dieser kritischen Beurteilung von Bürokratien ist in der EU-Agrarpolitik eine im Zeitablauf zunehmende Regelungsintensität festzustellen. Eine ökonomische Beurteilung der eingesetzten Instrumente erfolgt in Kapitel 7; eine politökonomische Erklärung wird in Kapitel 8 gegeben.

Teil II: Markt- und Preispolitik

Kapitel 5: Agrarmärkte als Problem der Politik

Fast alle Länder – Neuseeland ist wahrscheinlich die einzige Ausnahme – regeln den Agrarsektor durch starke staatliche Eingriffe. In diesem Kapitel sollen einige Gründe für staatliche Eingriffe auf den Agrarmärkten analysiert werden.

5.1 Sicherung der Versorgung mit Nahrungsmitteln

Es ist verständlich, dass gesunde und ausreichende Ernährung in Gesellschaft und Politik einen hohen Stellenwert haben. Die politische Bedeutung wird umso höher sein, je schlechter die augenblickliche Versorgungslage ist und je mehr Versorgungsmängel in der Zukunft befürchtet werden. Das Problem der Versorgungssicherheit hat daher für die Gestaltung der deutschen Agrarmarktpolitik nach dem Zweiten Weltkrieg und auch für die anfängliche Konzeption der EU-Agrarpolitik eine große Rolle gespielt. Generell kann festgestellt werden, dass Länder mit Einfuhrbedarf an Nahrungsmitteln und/oder in einer weniger am Außenhandel orientierten Gesellschaft mehr auf eine Vorsorge für Versorgungssicherheit bedacht sind als offene Volkswirtschaften.

Politiker tendieren dazu, eine erhöhte Versorgungssicherheit mit einem höheren Selbstversorgungsgrad gleichsetzen zu wollen. Die Höhe des Selbstversorgungsgrades gibt zwar Auskunft darüber, welcher Anteil der im Inland verbrauchten Nahrungsmittel aus Inlandsproduktion stammt, er informiert aber nicht über zwei grundlegende Fragen:

Erstens verfügen alle Menschen in der Gesellschaft über ausreichende Nahrungsmittel, um ein gesundes und aktives Leben führen zu können? Es gibt einige Länder, die zwar einen hohen Selbstversorgungsgrad bei Agrarprodukten aufweisen, aber dennoch leiden einige Menschen unter großer Armut und Hunger. Will man den Haushalten **Nahrungsmittelsicherheit** garantieren, so muss man auf Haushaltsebene für ausreichende Einkommen und Verfügbarkeit der Nahrungsmittel auf den Märkten sorgen. Ein hoher Selbstversorgungsgrad könnte diesem Ziel sogar zuwiderlaufen. Wird z.B. der hohe Selbstversorgungsgrad für Agrarprodukte durch Protektion (d.h. Inlandspreise > Weltmarktpreise) erreicht, sind die Einkommen insgesamt im Inland niedriger als bei niedrigeren Agrarpreisen. Man verzichtet dann zumindest zum Teil auf die Vorteile der internationalen Arbeitsteilung und damit auf Wohlstand. Die Folge ist größere Armut im Inland und möglicherweise auch unzureichende Ernährung für einige Menschen.

Zweitens kann aus der Höhe des Selbstversorgungsgrades zu einem bestimmten Zeitpunkt gefolgert werden, dass die Versorgung auch in zukünftig möglichen Krisensituationen sichergestellt ist? Um eine Antwort auf diese Frage zu erhalten, muss zunächst geklärt werden, welche Krisensituationen zukünftig möglicherweise auftreten könnten. Hier ist zu unterscheiden zwischen absoluten und relativen Mangelsituationen. Im ersten Fall wären die Nahrungsmittel im Inland und auch auf dem Weltmarkt nicht in ausreichender Menge verfügbar, um alle Inländer ausreichend zu versorgen. Bei einer relativen Mangelsituation könnte zwar die Versorgung ermöglicht werden, doch nur bei sehr hohen Preisen.

In diesem zweiten Fall könnte die Versorgung über Einfuhren bei ausreichender Zahlungsfähigkeit stets sichergestellt werden. Eine Ausrichtung der gegenwärtigen inländischen Produktion und Lagerhaltung an den gegenwärtigen Weltmarktpreisen kann aber mit zukünftigen relativ hohen Wohlfahrtskosten verbunden sein. Es kann daher empfehlenswert sein, sich in Form einer Versicherungsprämie durch Erhöhung der inländischen Produktion und/oder Lagerhaltung gegen zukünftige relative Mangelsituationen teilweise abzusichern. Zu bedenken ist dabei, dass eine Erhöhung der inländischen Produktion über das Niveau, das sich bei einer Orientierung an Weltmarktpreisen einstellen würde, gegenwärtig mit einem verringerten Sozialprodukt verbunden sein wird. Es liegt somit eine Konkurrenzbeziehung zwischen der Höhe der in der Volkswirtschaft zur Verfügung stehenden Gütermenge in der Gegenwart und der Gütermenge in der Zukunft bei einer relativen Mangelsituation vor. Bei der Festlegung des zu sichernden Versorgungsniveaus sollte man sich bei einer rationalen Entscheidung sowohl an der Wahrscheinlichkeit des Eintretens relativer zukünftiger Mangelsituationen, d.h. an zukünftig erwarteten Weltmarktpreisen, als auch an den gegenwärtigen Weltmarktpreisen orientieren. Es wäre mit dem Ziel "Wohlstand" nicht vereinbar, würde man für den Fall erwarteter relativer Mangelsituationen quantitativ das Versorgungsziel ohne Berücksichtigung gegenwärtiger Weltmarktpreise vorgeben. Vorsorge für eine relative Mangelsituation kann man aus gesamtwirtschaftlicher Sicht effizienter verwirklichen, wenn man nicht einfach die Inlandspreise in Normalsituationen erhöht, sondern wenn man die Inlandsproduktion durch Subvention der Produktion fördert. Allerdings scheint es fraglich, ob der Staat tatsächlich durch Eingriffe auf den Märkten für eine relative Mangelsituation Vorsorge treffen sollte. Zum einen ist der Anteil der Ausgaben für Nahrungsmittel an den Einkommen relativ klein; er nähert sich in der Bundesrepublik 10 %. Haushalte könnten es daher verkraften, selbst mit möglichen relativen Mangelsituationen fertig zu werden. Zum anderen kann man durch eine Umstellung der Ernährungsweise von tierischen Produkten zu pflanzlichen Nahrungsmitteln bei gleicher Erzeugungsmenge an landwirtschaftlichen Rohprodukten eine erhöhte Menge an Verzehrskalorien erhalten; die Erzeugungsmenge kann z.B. in Form von Primärkalorien oder auch in Form von Getreideeinheiten[23] gemessen werden, während die verbrauchten Nahrungsmittel in Verzehrs- oder Sekundärkalorien angegeben werden. In der Geschichte gibt es genügend Beispiele, die zeigen, dass in Zeiten relativen Nahrungsmittelmangels häufig pflanzliche Produkte, insbesondere Getreide und Kartoffeln, direkt dem menschlichen Verzehr zugeführt und nicht wie zuvor über den Tiermagen veredelt wurden. Eine solche Umstellung der Ernährung braucht selbstverständlich nicht mit akutem Hunger und auch nicht mit einer schlechteren Nährstoffversorgung verbunden zu sein.

Anders ist die Situation für den Fall erwarteter absoluter Mangelsituationen. In diesem Fall könnte ein Land nicht eine gewünschte Menge von Nahrungsmitteln auf dem Weltmarkt einkaufen. So wäre z.B. denkbar, dass durch Naturkatastrophen oder auch Atomreaktorunfälle, in einigen Fällen aber auch durch ein Embargo der Zugang zum Weltmarkt für ein Land begrenzt wäre. In diesen Fällen würde das Land aber nicht nur weniger Nahrungsmittel auf dem Weltmarkt einkaufen können, es könnten auch weniger Vorleistungen, die für die Agrarproduktion in normalen Zeiten eingesetzt werden, importiert werden. Ein Land kann daher gut beraten sein, für solche Fälle Vorsorge zu treffen. Hier kann eine Strategie des Überlebens erfordern, dass man quantitativ und unabhängig von der gegenwärtigen Höhe der Weltmarktpreise einen bestimmten Selbstversorgungsgrad für einzelne Produkte oder auch insgesamt anstrebt. Es ist aber logisch nicht haltbar, von der gegenwärtigen Höhe des Selbstversorgungsgrades bei gegenwärtiger Produktionsweise zu folgern, dass damit auch zukünftig in absoluten Mangelsituationen genügend produziert werden könnte. Die gegenwärtige Produktion ist nur auf der Grundlage eingeführter Futtermittel, Rohöl und anderer landwirtschaftlicher Vorleistungen möglich. Sollte zukünftig wirklich eine Krise mit absolutem Nahrungsmittelmangel in der Bundesrepublik, der EU oder weltweit eintreten, so ist unwahrscheinlich, dass Importe von landwirtschaftlichen Vorleistungen wie bisher zur Verfügung stehen. Will man sich daher tatsächlich gegen zukünftige absolute Mangelsituationen absichern, so müsste man sicherstellen, dass man im Krisenfall mit inländischen Ressourcen auch genügend produzieren könnte. Man müsste dann z.B. in der Lage sein, auf tierische Zugkraft zurückgreifen zu können. Es ist daher fraglich, ob man z.B. durch Anhebung der Inlandspreise über das Niveau der Weltmarktpreise in normalen Situationen wirklich erreichen kann, dass die Gesellschaft in absoluten Mangelsituationen besser versorgt ist. Maßnahmen, die zu einer internationalen Stabilisierung der Märkte beitragen, z.B. durch internationale Vereinbarungen in der Welthandelsorganisa-

[23] Der Getreideeinheitenschlüssel dient der Umrechnung einzelner landwirtschaftlicher Produkte in eine einheitliche Maßeinheit (Getreideeinheit, GE) und erlaubt eine Aggregation unterschiedlicher Produkte zu einer Mengengröße.

tion, und gegebenenfalls eine Subventionierung des inländischen Faktoreinsatzes vorsehen, sind aus gesamtwirtschaftlicher Sicht sinnvollere Strategien als eine Politik der Produktpreisstützung.

5.2 Agrareinkommensprobleme

Es ist eine weit verbreitete Meinung, dass die Agrareinkommen in einer wachsenden Volkswirtschaft weniger steigen als in den anderen Sektoren der Volkswirtschaft und der Staat daher Maßnahmen ergreifen sollte, um eine zu hohe Einkommensdisparität zu vermeiden. Von einer **absoluten Einkommensdisparität** wird gesprochen, wenn die Einkommen eines Sektors pro Erwerbstätigen niedriger sind als in anderen Sektoren. Von einer **disparitätischen Einkommensentwicklung** spricht man, wenn die Entwicklung der sektoralen Erwerbseinkommen prozentual geringer ist als in anderen Sektoren.

5.2.1 Probleme der Ermittlung der Einkommensdisparität – Die Methode des Ernährungs- und agrarpolitischen Berichts der Bundesregierung

Es mag einfach sein zu definieren, was unter Einkommensdisparität zu verstehen ist. Will man aber agrarpolitische Instrumente einsetzen, um die Disparität zu verringern, so braucht man zunächst Informationen über das Ausmaß der Disparität. Im Folgenden soll gezeigt werden, welche Probleme bei der Ermittlung auftreten.

Informationen über die Einkommenslage der deutschen Landwirte soll nach dem Auftrag des Landwirtschaftsgesetzes von 1955 der Ernährungs- und agrarpolitische Bericht der Bundesregierung – bis 2001 Agrarbericht – geben. Das Landwirtschaftsgesetz verpflichtet die Bundesregierung alljährlich bis zum 15. Februar einen Bericht über die Lage der Landwirtschaft vorzulegen. In § 2 Abs. 1 des Gesetzes heißt es, dass "der Bundesminister für Ernährung, Landwirtschaft und Forsten jährlich für das abgelaufene landwirtschaftliche Wirtschaftsjahr den Ertrag und Aufwand landwirtschaftlicher Betriebe, gegliedert nach Betriebsgrößen, -typen, -systemen und Wirtschaftsgebieten festzustellen hat". Für den Bericht 2004 wurden die Daten von 10 310 Betrieben für die Ermittlung der Disparität und anderer Einkommensvergleiche ausgewertet.

Bevor wir uns im Folgenden der Methodik der Berechnung der einzelnen Einkommensarten zuwenden, soll noch geklärt werden

(1) welche Betriebe erfasst werden,
(2) welche Einkommen ermittelt werden sollen und
(3) wie die Informationen beschafft werden.

Zur Auswahl der Testbetriebe

Seit 1971 geht man von einem **Mindeststandardbetriebseinkommen** aus, das jährlich in Anlehnung an die durchschnittliche Wachstumsrate des Volkseinkommens je Erwerbstätigen angehoben wird. Zu den Betrieben, die in den Agrarberichten ausgewertet werden, gehören nur solche Betriebe, die ein Mindeststandardbetriebseinkommen erzielen. Für die Definition des Mindestbetriebseinkommens gibt es natürlich keine objektive Grundlage. Würde man diese Größe hoch genug festlegen, so hätte man eine Auswahl von Betrieben, die möglicherweise für die Landwirtschaft insgesamt nicht repräsentativ sind.

Das **Standardbetriebseinkommen** ist nicht identisch mit dem Betriebseinkommen, das tatsächlich erwirtschaftet wird. Es stellt lediglich eine Normgröße dar: Es ist ein Betriebseinkommen, das ein Betrieb bei durchschnittlicher Qualifikation des Betriebsleiters und bei durchschnittlichen Ertrags- und Kostenbedingungen der jeweiligen Region in normalen Jahren erwirtschaften sollte.

Wenn im Zeitablauf die Entwicklung des Standardbetriebseinkommens eines einzelnen Betriebes geringer ist als die prozentuale Steigerung des Mindeststandardbetriebseinkommens, werden die betrieblichen Daten nicht mehr für die Auswertung im Agrarbericht herangezogen. Daraus folgt, dass sich die Gesamtheit der Betriebe, deren Ergebnisse alljährlich ausgewertet werden, im Zeitablauf laufend ändert. Dieses Vorgehen ist sehr bedenklich. Wenn man Auskunft über die Einkommensentwicklung der Landwirte erlangen möchte, dann ist man an der Einkommensentwicklung einer repräsentativen Gruppe von Betrieben interessiert. Es erscheint daher nicht sinnvoll, dass man von Jahr zu Jahr einige Betriebe, die dem Normeinkommen nicht mehr entsprechen, von den Berechungen ausschließt. Durch dieses Vorgehen wird ein höheres Durchschnittseinkommen für den Agrarsektor errechnet, das nicht mehr als repräsentativ für den Durchschnitt der Betriebe angesehen werden kann.

Zur Auswahl der Einkommen

Laut Landwirtschaftsgesetz soll der Ernährungs- und agrarpolitische Bericht Auskunft über die Einkommenslage der landwirtschaftlichen Betriebe geben. Es wird damit nicht gefordert, dass die Gesamteinkommen der Landwirte mit denen anderer Bevölkerungsgruppen zu vergleichen sind. Daher ist schon von der Aufgabenstellung nicht zu erwarten, dass der Bericht Auskunft über die Einkommenslage der Landwirte geben kann. Das Einkommen eines Betriebes ist nicht stets identisch mit dem Einkommen der Landwirte. Bekanntlich erzielen einige Landwirte auch Einkommen aus nicht landwirtschaftlicher Tätigkeit, aus Vermietung und Verpachtung und aus Vermögen. Bei der Vergleichsrechnung hat man sich entschieden, als Ausgangsgröße für den Vergleich den Gewinn der Betriebe zu verwenden. Der Gewinn ist das Entgelt für die Entlohnung der Unternehmertätigkeit, der nicht entlohnten Familienangehörigen und für das betriebsnotwendige Eigenkapital des Unternehmers.

Zur Informationsgrundlage

Oben wurde bereits darauf hingewiesen, dass die Information von Testbetrieben erhoben wird. Die Betriebe sollen zwar repräsentativ ausgewählt werden, die Betriebsleiter können aber nicht zur Aufzeichnung der benötigten Informationen gezwungen werden. Sie führen die Bücher freiwillig, aber mit der Zusicherung, dass die Daten nur anonym verwendet werden dürfen. Es wäre erstaunlich, wenn diese Informationen unverzerrt sind. Die Landwirte der Testbetriebe wissen natürlich, dass die gelieferten Informationen politisch eine Bedeutung haben. Je größer die Disparität ist, umso mehr kann vom Bauernverband oder anderen Interessenvertretungen politischer Druck ausgeübt werden. Da es aber bei der Buchführung gelegentlich Ermessensspielräume geben kann und auch einige Landwirte vermutlich der Versuchung nicht widerstehen können, verzerrte Informationen zu liefern, kann wohl angenommen werden, dass die tatsächliche Einkommenslage besser ist, als die in den Testbetrieben ermittelte. Besondere Probleme gibt es bei der Abgrenzung privater und betrieblicher Aufwendungen und bei der Ermittlung des Arbeitsbesatzes. Als Beispiel für die Abgrenzungsprobleme mag die Aufwendung für Dieselkraftstoff dienen. Es kann nur schwer überprüft werden, ob der Kraftstoff für die private Nutzung des PKWs benötigt wurde oder für den Traktor bei betrieblicher Arbeit. Bezüglich der Ermittlung der Familienarbeitskräfte ist man auf die Angaben der Betriebsleiter angewiesen. Dabei ist auffallend, dass nach den Berichten fast alle Betriebe unabhängig von ihrer Flächenausstattung und Größe des Viehbesatzes über 1,5 bis 1,7 Vollarbeitskräfte beschäftigen. Hier wird offensichtlich die Tätigkeit der Ehefrauen im landwirtschaftlichen Betrieb auf nahezu allen Betrieben mit der gleichen Stundenzahl angegeben. Die Richtigkeit der Angabe wird nicht überprüft, da ein hoher Verwaltungsaufwand notwendig wäre.

Zur Methodik des Einkommensvergleichs nach dem Landwirtschaftsgesetz

Jeder Einkommensvergleich ist normativ, d.h. es werden tatsächliche Einkommen mit hypothetischen Einkommen (**Vergleichseinkommen**) verglichen. Die letzteren geben an, wie hoch das Einkommen sein sollte. Das Vergleichseinkommen ist daher eine normative Größe. Natürlich hängt von der Auswahl des Vergleichseinkommens weitgehend das Ergebnis ab.

In § 4 des Landwirtschaftsgesetzes heißt es, dass der Bericht der Bundesregierung eine Stellungnahme dazu enthalten soll, inwieweit

(a) ein den Löhnen vergleichbarer Berufs- und Tarifgruppen entsprechender Lohn für die fremden und familieneigenen Arbeitskräfte – umgerechnet auf notwendige Vollarbeitskräfte,

(b) ein angemessenes Entgelt für die Tätigkeit des Betriebsleiters (Betriebsleiterzuschlag) und
(c) eine angemessene Verzinsung des betriebsnotwendigen Kapitals erzielt wird.

Dabei ist im Wesentlichen von Betrieben mit durchschnittlichen Produktionsbedingungen auszugehen, die bei ordnungsgemäßer Führung die wirtschaftliche Existenz einer bäuerlichen Familie nachhaltig gewährleisten. Diese Formulierung führt eigentlich den Vergleich ad absurdum. Die wirtschaftliche Existenz einer bäuerlichen Familie ist langfristig nur gesichert, wenn die Einkommen der Familie tendenziell prozentual genauso steigen wie bei einer alternativen Tätigkeit. Demnach müsste man nur solche Betriebe auswählen, die ein ausreichend hohes Einkommen haben und von denen erwartet werden kann, dass sie auch zukünftig ein ausreichend hohes Einkommen erwirtschaften. Orientiert man aber die Auswahl an diesen Kriterien, dürfte es das Problem der Einkommensdisparität nicht geben.

Das Landwirtschaftsgesetz gibt keine exakten Anweisungen für die Methode des Einkommensvergleichs. Es zeichnet sich – wie viele andere Gesetze auch – durch eine nicht sehr klare Formulierung aus:

(1) Es ist nicht geklärt, mit welchen Einkommen die Einkommen der Landwirte verglichen werden sollen. Was kann man als vergleichbare Berufs- und Tarifgruppen bezeichnen? Für Selbständige gibt es keine Tarifgruppen; daher ist grundsätzlich ein Vergleich zwischen Einkommen der Selbständigen und der Unselbständigen (Arbeitnehmer) problematisch. In den Berichten wird als Vergleichsbasis das durchschnittliche Bruttoeinkommen der Versicherten in der Arbeiterrentenversicherung gewählt. 2002/03 lag der gewerbliche Vergleichslohn bei 26 580 € pro Jahr. Diese Größe ist natürlich normativ. Das Durchschnittseinkommen der Sozialversicherungspflichtigen ergibt sich als Durchschnitt von sehr unterschiedlichen Einzeleinkommen. Es sind hierin die Einkommen der Auszubildenden ebenso enthalten wie die Einkommen der wissenschaftlichen Angestellten mit Promotion. Durchschnitte besagen bekanntlich wenig, wenn die Streuung der Einzelgrößen sehr groß ist und keine Normalverteilung vorliegt.

(2) Es ist nicht geklärt, was als ein angemessenes Entgelt für die Tätigkeit des Betriebsleiters angesehen werden kann. Was angemessen ist, kann objektiv nicht festgelegt werden; hier liegt also auch ein Ermessensspielraum vor. In den Agrarberichten wurde über eine lange Zeitperiode für den Betriebsleiterzuschlag pauschal 70 DM/ha angesetzt. Im Ernährungs- und agrarpolitischen Bericht 2004 wurde für den Betriebsleiterzuschlag ein Betrag von 7 € je 1 000 € Umsatz gewählt. Man hätte natürlich auch einen anderen Wert wählen können. Es gibt keine objektive Grundlage für einen angemessenen Wert.

(3) Besonders problematisch ist es, einen Ansatz für eine angemessene Verzinsung des betriebsnotwendigen Kapitals zu finden. Zum einen ist nicht festgelegt,

was unter einer angemessenen Verzinsung zu verstehen ist. In den gegenwärtigen Berichten wird z.B. ein Zinssatz von 3,5 % zugrunde gelegt. Es wird aber an keiner Stelle erklärt, warum gerade ein solch niedriger Zinssatz, der sogar unter dem langfristigen Zinssatz des Kapitalmarktes liegt, gewählt wird. Durch die Festlegung des Zinssatzes nimmt man aber großen Einfluss auf die Höhe der Disparität.

Zum anderen aber ist es sehr schwierig, das betriebsnotwendige Kapital zu ermitteln. Als betriebsnotwendig bezeichnet man das Kapital, das zur Produktion der landwirtschaftlichen Güter notwendig ist. Wenn zum Beispiel ein Kuhstall vor einer Reihe von Jahren erbaut wurde, aber heute nicht mehr im landwirtschaftlichen Betrieb verwendet wird, weil die Milchproduktion eingestellt wurde, so steht dieser Kuhstall zwar noch mit einem Buchwert in der Bilanz, er gehört aber nicht zum betriebsnotwendigen Kapital. Es erscheint unmöglich, im Einzelfall festzustellen, wie viel vom Buchwert des Kapitals tatsächlich als betriebsnotwendiges Kapital zu betrachten ist.

Bei der **Vergleichsrechnung** wird der Gewinn landwirtschaftlicher Betriebe mit der Summe der Vergleichsansätze verglichen (siehe *Übersicht 5.1*).

Übersicht 5.1: Methodik der Vergleichsrechnung

Tatsächliche durch Buchführung ermittelte Größe	Hypothetische Größen
Gewinn	Summe der Vergleichsansätze = Vergleichslohn für Betriebsleiter und nicht entlohnte Familienmitglieder + Betriebsleiterzuschlag + Verzinsung des betriebsnotwendigen Eigenkapitals
Gewinn minus Summe der Vergleichsansätze = Abstand (absolute Disparität) Abstand in % von Vergleichsansätzen = relative Disparität	

Über die einzelnen Positionen der Summe der Vergleichsansätze wurden oben bereits Hinweise gegeben. Um den Vergleich voll würdigen zu können, soll im Folgenden noch der Gewinn als gewählte Einkommensgröße kritisch dargestellt werden.

Zum Gewinn (früher: Reineinkommen) gelangt man, indem man vom Betriebseinkommen die Fremdlöhne sowie die Aufwendungen für zugepachtete Flächen und Gebäude sowie die Zinsen für Fremdkapital des Unternehmens abzieht und die vom Verpächter getragenen Aufwendungen, die Einnahmen aus verpachteten Flächen und Gebäuden des Unternehmens sowie die Zinsen und Dividenden des Unternehmens addiert.

Der Gewinn kann zeigen, welcher Betrag des erwirtschafteten Betriebseinkommens im landwirtschaftlichen Unternehmen verbleibt. Für persönliche Einkommensvergleiche ist dieser Begriff jedoch nicht verwendbar, da die außerbetrieblichen Einkünfte nicht berücksichtigt werden. Aus diesem Grund wird in den Berichten auch das Gesamteinkommen ermittelt.

Bevor auf den Aussagewert der Berechnungen eingegangen wird, soll zunächst das Ergebnis der Berechnungen in den Agrarberichten und den Ernährungs- und agrarpolitischen Berichten kurz kommentiert werden. Dabei ist auffallend, dass die Einkommenslage in den Agrarberichten sehr viel differenzierter dargestellt wurde als in den neueren Berichten. Hierzu mag auch beigetragen haben, dass die deutsche Landwirtschaft als Folge der Wiedervereinigung noch heterogener geworden ist.

(1) Die Berichte machen deutlich, dass es "die" Landwirtschaft und "den" landwirtschaftlichen Betrieb nicht gibt. Die Einkommenslage in den einzelnen Jahren zeigt, dass bis zu knapp 30 % der Haupterwerbsbetriebe[24] selbst nach der Methode der Vergleichsrechnung einen positiven Abstand aufweisen. Die persönliche Einkommenslage der Leiter dieser Betriebe ist somit auf jeden Fall besser als die des Durchschnitts der Sozialversicherten.

(2) Die Einkommenslage der konventionell wirtschaftenden Betriebe ist umso besser, je höher die Erträge pro Fläche und pro Tier sind. Die Betriebsleiterqualität ist demnach ein entscheidender Faktor für den Betriebserfolg.

(3) Das beste Viertel der kleinen Betriebe erwirtschaftet eine höhere Kapitalrendite und ein höheres Arbeitseinkommen als das unterste Viertel der großen Betriebe. Allerdings gilt für den Durchschnitt der Betriebe, dass bei den Haupterwerbsbetrieben die Disparität umso geringer ist, je größer der Betrieb in ha oder Standardbetriebseinkommen ist.

(4) Die Ergebnisse zeigen, dass die Disparität in den einzelnen Jahren sehr stark differiert. Man sollte daher in der agrarpolitischen Diskussion nicht lediglich die Ergebnisse eines einzelnen Jahres zu Rate ziehen, sondern sich eher am Durchschnitt mehrerer Jahre orientieren.

---

[24] Haupterwerbsbetriebe sind Einzelunternehmen oder Personengesellschaften mit mindestens einer Voll-Arbeitskraft (AK) je Betrieb und mit einem Einkommen von mindestens 16 EGE (Europäische Größeneinheiten; 1 EGE = 1 200 € Gesamtstandarddeckungsbeitrag). Diese neuere Definition weicht von der bisherigen ab. Zuvor galt: Haupterwerbsbetriebe sind Einzelunternehmen oder Personengesellschaften mit 1,5 und mehr Arbeitskräften je Betrieb und mit einem Anteil des betrieblichen Einkommens am Gesamteinkommen von mindestens 50 %. Es können nun auch Betriebe mit weniger AK als Haupterwerbsbetriebe eingestuft werden und es ist nicht mehr von Bedeutung, ob diese Betriebe auch ein außerlandwirtschaftliches Einkommen erzielen. In den Ernährungs- und agrarpolitischen Berichten wird für Juristische Personen und damit für einen großen Teil der Landwirtschaft in den neuen Bundesländern keine Vergleichsrechnung vorgenommen.

(5) Ältere Berichte zeigen – in den neueren Berichten sind diese Informationen nicht mehr enthalten –, dass das untere Viertel der landwirtschaftlichen Betriebe häufig weniger als 1/3 des Durchschnittseinkommens erzielt hat. Beim oberen Viertel dagegen liegen die Einkommen häufig um mehr als das Anderthalbfache über dem Durchschnitt. Diese Information macht deutlich, dass es sehr schwierig ist, die Einkommen in der Landwirtschaft mit einem global wirkenden Instrument – wie der Preispolitik – auf ein gewünschtes Maß anzuheben.

(6) Seit einigen Jahren geben die Ernährungs- und agrarpolitische Berichte auch Auskunft über das Einkommen der Nebenerwerbsbetriebe[25] und stellen einen Vergleich zu den Haupterwerbsbetrieben dar. Informationen hierüber sind sicherlich wichtig, da zu erwarten ist, dass die von Nebenerwerbsbetrieben bewirtschafteten Flächen in Zukunft wahrscheinlich noch zunehmen werden und es daher von Interesse ist, wie das Einkommen der Nebenerwerbsbetriebe durch global wirkende agrarpolitische Maßnahmen – wie die Preispolitik – beeinflusst werden kann.

Die Auswertung der Ergebnisse zeigt, dass die Nebenerwerbsbetriebe ein Gesamteinkommen pro Familie erzielen, das erheblich über dem Gesamteinkommen pro Familie der Vollerwerbsbetriebe liegt.

Wenn man der Meinung ist, dass den Landwirten vornehmlich aus sozialen Erwägungen heraus einkommenspolitisch geholfen werden soll, so scheint es zweifelhaft, ob dieses Kriterium auch für die Nebenerwerbsbetriebe anwendbar ist. Ihr Einkommen liegt über dem Einkommen, das durchschnittliche Arbeitnehmer in unserer Volkswirtschaft verdienen.

Im Folgenden wollen wir nun den Aussagewert der Berechnungen etwas näher untersuchen.

Zum Aussagewert der Einkommensvergleiche nach dem Ernährungs- und agrarpolitischen Bericht

(1) Die politische Verwirklichung eines paritätischen sektoralen Einkommens widerspricht marktwirtschaftlichen Prinzipien. Sektorale Einkommensunterschiede sind notwendig, um den Strukturwandel in der Volkswirtschaft zu steuern. Der Strukturwandel wird allerdings wenig gehemmt, wenn trotz paritätischer sektoraler Einkommen große Einkommensunterschiede innerhalb des Sektors vorliegen. In diesem Fall können genügend Druck- und Anreizmechanismen gegeben sein, um eine Verlagerung der Produktionsfaktoren von Sektor zu Sektor zu gewährleisten.

---

[25] Nebenerwerbsbetriebe sind Betriebe, in denen die betriebliche Arbeitszeit des Betriebsinhabers weniger als 1 Voll-AK beträgt und die ein Einkommen von 8-16 EGE haben.

(2) In einem marktwirtschaftlichen System orientiert sich das Entgelt an der Leistung. Sektorale Einkommensunterschiede werden stets zu erwarten sein, wenn die Qualifikation der Erwerbstätigen unterschiedlich ist.

(3) Durchschnittswerte besagen wenig, wenn die Streuung der Einzelwerte sehr groß ist; dies ist z.B. für die Berechnungen der Gewinne je Familien-Arbeitskraft (AK) nach Betriebsform, Betriebsgröße und Region festzustellen. Es gibt nicht "die" Landwirtschaft; innerhalb der Landwirtschaft ist die Situation sehr unterschiedlich.

(4) Ein Problem kann darin gesehen werden, dass die Einkommen von Selbständigen und Unselbständigen verglichen werden. Für die Ausübung einer Erwerbstätigkeit ist nicht nur der Lohnwert (Höhe des Einkommens) entscheidend, sondern auch die Sicherheit des Arbeitsplatzes, der Berufswert, d.h. die Zufriedenheit der Berufsausübung, der Wohnwert, das Sozialprestige, der Freizeitwert und vieles andere mehr. Da die Präferenzen für einzelne Berufe oder einzelne Tätigkeiten unterschiedlich sind, folgt daraus auch, dass es eine unterschiedliche Entlohnung für einzelne Tätigkeiten geben muss.

(5) Oben wurde bereits angedeutet, dass die Vergleichsrechnung keine Aussage über die persönliche Einkommenslage der Landwirte gestattet. Es wird lediglich die Summe normativer Ansätze (Entlohnung für Unternehmertätigkeit, Familienangehörige, Betriebsleiterzuschlag und Eigenkapital) mit dem Gewinn verglichen. Da die Landwirte neben dem reinen Arbeitseinkommen auch Kapitaleinkommen und Einkommen für Unternehmertätigkeit (Betriebsleiterzuschlag) erhalten sowie häufig auch außerlandwirtschaftliches Einkommen beziehen, können sie trotz einer hohen Disparität über ein relativ hohes Gesamteinkommen verfügen.

Nehmen wir an, es soll für einen Playboy, der Eigentümer eines Unternehmens mit einem Betriebsvermögen von 10 000 000 € ist, eine Vergleichsrechnung nach der Methode des Ernährungs- und agrarpolitischen Berichts durchgeführt werden. Nehmen wir weiter an, das Unternehmen hat in dem betreffenden Jahr einen Gewinn von 280 000 € erzielt. Die Summe der Vergleichsansätze ergibt sich nach der Methode der Vergleichsrechnung aus hypothetischen Ansätzen für die Komponenten a) Arbeitseinsatz im Unternehmen, b) Betriebsleiterzuschlag, c) Verzinsung des Eigenkapitals. Wenn der Playboy im Unternehmen nicht arbeitet, hätten wir in der Summe der Vergleichsansätze lediglich die Komponente (c) zu berücksichtigen. Nach dem Vorgehen der Vergleichsrechnung würden wir für (c) eine Größe von 350 000 € erhalten (3,5 % von 10 000 000 €). Da der tatsächliche Gewinn mit 280 000 € unter der Normgröße (= Zielgröße) von 350 000 € liegt, läge eine Disparität vor. Sicherlich kann aus dieser Tatsache nicht gefolgert werden, dass der Playboy sozial hilfsbedürftig ist. Bei der Vorgehensweise der Vergleichsrechnung wird dem Playboy demnach immer eine Hilfsbedürftigkeit bescheinigt, wenn die erwirtschaftete Kapitalrendite unter der normativ vorgegebenen Kapitalverzinsung von 3,5 % liegt.

(6) Die Vergleichsrechnung stellt lediglich auf den Vergleich von Bruttogrößen und nicht auf den Vergleich von Nettogrößen ab. Die Abgabenbelastung durch Steuern und Versicherungsbeiträge liegt bei den Landwirten unterhalb der durchschnittlichen Belastung der Nicht-Landwirte. Eine exakte Berechnung hätte daher von den Nettoeinkommen auszugehen. Leider werden in den neueren Berichten keine Angaben mehr über die Steuerbelastungen der Landwirte veröffentlicht. Nach dem Agrarbericht 1991 zahlten 1989/90 71,9 % der Inhaber von Vollerwerbsbetrieben keine Einkommenssteuer. Das durchschnittliche Gesamteinkommen der Inhaberehepaare dieser Betriebe lag im gleichen Jahr bei 54 020 DM. Nicht-Landwirte zahlen bei einer solchen Einkommenshöhe nicht nur erhebliche Steuern, sondern auch sehr viel höhere Sozialabgaben als Landwirte.

(7) Zu prüfen bleibt, ob die Vergleichsrechnung Auskunft über die Allokationseffizienz geben kann. Unter Allokationseffizienz versteht man die optimale Verteilung der Produktionsfaktoren oder Ressourcen auf die einzelnen Wirtschaftssektoren einer Volkswirtschaft.

In Kapitel 4 wurde bereits gezeigt, dass die Produktionsfaktoren dann auf die einzelnen Wirtschaftssektoren einer Volkswirtschaft optimal aufgeteilt sind, wenn die Wertgrenzproduktivität der Faktoren in allen Verwendungen gleich ist.

Die Vergleichsrechnungen könnten daher nur dann über die Allokationseffizienz Informationen vermitteln, wenn sie über die Höhe der Wertgrenzproduktivitäten der Faktoren informieren würden. Dies ist aber auf der Grundlage statistischer Analysen, wie sie in den Agrarberichten enthalten sind, nicht möglich. Es wird in der Vergleichsrechung nur von durchschnittlichen Größen ausgegangen und nicht von einer Grenzbetrachtung. Es kann sehr wohl sein, dass z.B. die durchschnittliche Kapitalrendite unter 3,5 % liegt, sich aber dennoch für Neuinvestitionen, die neuere Technologien betreffen, eine ausreichend hohe Kapitalrendite ergibt.

(8) Wenn auch die Vergleichsrechnung ebenso wie die anderen oben dargestellten Einkommensvergleiche keine Auskunft über die soziale Lage der Landwirte oder auch über die Allokationseffizienz geben kann, so vermitteln die Einkommensvergleiche doch Informationen darüber, wie stark der Anpassungsdruck, unter dem der Sektor steht, ist und wie die Ertragslage verschiedener Betriebsgruppen aussieht. Generell gilt, dass die Ergebnisse umso mehr für agrarpolitische Entscheidungen hilfreich sein können, je detaillierter sie ausgewiesen werden.

In der Agrarpolitik wurden die Probleme der Vergleichsrechnung zunehmend anerkannt. Im Zeitablauf ist man zunächst von der Betonung der absoluten Disparitätsberechnung zur Betonung der disparitätischen Entwicklung übergegangen. Die disparitätische Entwicklung (zur Definition siehe oben) zeigt an, ob die Landwirtschaft insgesamt im Zeitablauf unter höherem oder geringerem Anpassungsdruck steht. Die Aussagefähigkeit ist somit höher als bei der Berechnung der absoluten Disparität. In den Berichten der Bundesregierung wird seit 2002 sogar auf eine ausführliche Darstellung der Ergebnisse im Tabellenanhang wie in den Berichten zuvor verzichtet und auch darauf hingewiesen, dass die Berechnungen wenig aussagefähig sind. Da das Gesetz aber unverändert gilt, ist die Regierung verpflichtet, eine Vergleichsrechnung vorzulegen.

5.2.2 Einkommensvergleiche mit Informationen aus der volkswirtschaftlichen Gesamtrechnung

Informationen über die sektorale Einkommenslage kann man auch aus Daten der volkswirtschaftlichen Gesamtrechnung erhalten.

Aus der volkswirtschaftlichen Gesamtrechnung wird insbesondere für internationale Vergleiche häufig die Relation

$$y_1 = \frac{BIP_L}{BIP_V} : \frac{Er_L}{Er_V} \qquad (5.1)$$

verwendet;

mit

y_1 = Einkommensmaßstab 1

BIP_L = Bruttoinlandsprodukt zu Marktpreisen des Sektors Landwirtschaft

BIP_V = Bruttoinlandsprodukt zu Marktpreisen der Volkswirtschaft

Er_L = Erwerbstätige in der Landwirtschaft

Er_V = Erwerbstätige in der Volkswirtschaft.

$y_1 < 1$ zeigt demnach an, dass der Anteil des sektoralen Bruttoinlandsprodukts am Bruttoinlandsprodukt der Volkswirtschaft kleiner ist als der Anteil der Erwerbstätigen im Sektor an der Gesamtzahl der Erwerbstätigen in der Volkswirtschaft.

Um die Aussagefähigkeit der Relation y_1 aufzuzeigen, wird zunächst eine Einordnung des Begriffs "Bruttoinlandsprodukt zu Marktpreisen" in das Berechnungsschema der volkswirtschaftlichen Gesamtrechnung vorgenommen.

Aus *Übersicht 5.2* ist ersichtlich, dass das Bruttoinlandsprodukt zu Marktpreisen aus dem Produktionswert abgeleitet wird. Statt Produktionswert wird in den EU-Statistiken der Begriff Endproduktion verwendet, in anderen Statistiken auch der Begriff Bruttoproduktionswert. Der Produktionswert gibt den Wert der Sachgüter und Dienstleistungen an, die während einer Zeitperiode im Inland erzeugt werden[26]. Die Sachgüter und Dienstleistungen werden zu Marktpreisen bewertet.

[26] Vgl. zu den Begriffen insbesondere *Stobbe, A.*, Volkswirtschaftliches Rechnungswesen. 7. Aufl., Berlin, Heidelberg, New York 1994.

Dies gilt auch für den Eigenverbrauch; selbst erstellte Anlagen und Bestandsänderungen an eigenen Erzeugnissen werden zu Herstellungskosten bewertet.

Übersicht 5.2: Das Bruttoinlandsprodukt zu Marktpreisen im Berechnungsschema der volkswirtschaftlichen Gesamtrechnung

Produktionswert aller inländischen Wirtschaftseinheiten

- Vorleistungen (einschließlich importierter Vorleistungen)

Bruttoinlandsprodukt zu Marktpreisen

+ Saldo der Erwerbs- und Vermögenseinkommen zwischen Inländern und der übrigen Welt

---

= Bruttosozialprodukt zu Marktpreisen

Das Bruttoinlandsprodukt zu Marktpreisen, in EU-Statistiken auch **Bruttowertschöpfung** genannt, liegt um den Wert der Vorleistungen unter dem **Produktionswert**. **Vorleistungen** umfassen den Wert, der von Unternehmen, öffentlichen Haushalten und der übrigen Welt an Unternehmen und öffentliche Haushalte während einer Zeitperiode verkauften, nicht dauerhaften Produktionsgüter, die im gleichen Zeitraum im Produktionsprozess eingesetzt werden und dabei verbraucht werden. Die Berechnung des Bruttoinlandsprodukts zu Marktpreisen basiert auf dem so genannten **Inlandskonzept**. Es werden alle im Inland produzierten Güter wertmäßig ermittelt. Beim **Inländerkonzept** wird dagegen das den Inländern zufließende Einkommen berechnet. Indem man den Saldo der Erwerbs- und Vermögenseinkommen zwischen Inländern und der übrigen Welt zum Bruttoinlandsprodukt zu Marktpreisen addiert, erhält man das Bruttosozialprodukt zu Marktpreisen.

Das Bruttoinlandsprodukt zu Marktpreisen kann sowohl für die Volkswirtschaft insgesamt als auch für einzelne Sektoren berechnet werden. Im letzten Fall findet man auch den Begriff "Beitrag des Sektors zum Bruttoinlandsprodukt".

Der Einkommensmaßstab y_1 hat eine Reihe von Vor- und Nachteilen.

Als Vorteile können gelten:

(1) Der Maßstab kann leicht aus den volkswirtschaftlichen Gesamtrechnungen ermittelt werden.

(2) Da auch weniger entwickelte Volkswirtschaften eine volkswirtschaftliche Gesamtrechnung haben, kann man internationale Vergleiche auf breiter Basis mit Hilfe dieses Maßstabs vornehmen.

(3) Es entfällt das Problem der Deflationierung, wenn eine Zeitreihe analysiert wird. Der Vergleich absoluter Größen des Bruttoinlandsprodukts zu Marktpreisen im Zeitablauf kann wenig aussagefähig sein, weil die Änderung sowohl auf

einer Änderung der Produktionsmengen als auch auf einer Änderung der Marktpreise beruhen kann. Will man lediglich Auskunft über die Mengenentwicklung erhalten, so ist eine Deflationierung des Bruttoinlandsprodukts zu Marktpreisen oder eine direkte Berechnung des Volumens notwendig. Ein solches Vorgehen erübrigt sich, wenn der obige Maßstab y_1 gewählt wird. Da dieser Maßstab die Relation zweier Wertgrößen enthält (BIP_L/BIP_V), gibt der Quotient immer dann auch die Relation der Produktionsentwicklung im Zeitablauf an, wenn die Marktpreisentwicklung für die sektorale Produktion mit der Marktpreisentwicklung der volkswirtschaftlichen Produktion identisch ist. Ist die Preisentwicklung nicht gleich, so kann BIP_L/BIP_V zumindest als reales Austauschverhältnis interpretiert werden.

Die Nachteile des Einkommensmaßstabs y_1 sind darin zu sehen, dass

(1) das sektorale Bruttoinlandsprodukt zu Marktpreisen nur in Ausnahmefällen dem Einkommen der Erwerbstätigen des Sektors entspricht: (a) Die Erwerbstätigen des Sektors müssen Eigentümer der in der sektoralen Produktion eingesetzten Produktionsfaktoren Kapital und Boden sein. Andernfalls müsste ein Teil des sektoralen Produktionswertes Erwerbstätigen anderer Sektoren zur Verfügung gestellt werden. (b) Außerdem muss gelten, dass die Erwerbstätigen des Sektors kein Einkommen aus Arbeitsleistung und/oder Vermögen von anderen Sektoren erhalten. Da im Regelfall diese Bedingungen nicht gegeben sind, ist BIP_L ein unzureichender Indikator der sektoralen Einkommenslage.

(2) Ein weiterer Nachteil ergibt sich aus der Vernachlässigung der staatlichen Aktivität für die Marktpreis- und Einkommensbildung. Die Effekte von indirekten Steuern und Subventionen werden bei y_1 nicht berücksichtigt. Für die Einkommensbildung im Agrarsektor sind diese Effekte aber bedeutend. Dieser Tatsache trägt der folgende Maßstab Rechnung.

In den Einkommensanalysen der EU-Kommission werden aus der Gesamtrechnung die Begriffe Bruttowertschöpfung zu Faktorkosten je Beschäftigter und Nettowertschöpfung zu Faktorkosten je Beschäftigter (jeweils in der Landwirtschaft) verwendet. Es gilt:

$$y_2 = \frac{BWS}{B}$$

$$y_3 = \frac{NWS}{B}$$

mit

y_2 = Einkommensmaßstab 2

y_3 = Einkommensmaßstab 3

BWS = Bruttowertschöpfung zu Faktorkosten der Landwirtschaft

NWS = Nettowertschöpfung zu Faktorkosten der Landwirtschaft

B = Beschäftigte in der Landwirtschaft.

Zunächst soll wiederum eine Einordnung der Begriffe in das Schema der Gesamtrechnung vorgenommen werden (vgl. *Übersicht 5.3*).

Übersicht 5.3: Brutto- und Nettowertschöpfung zu Faktorkosten im Berechnungsschema der volkswirtschaftlichen Gesamtrechnung

Bruttowertschöpfung zu Marktpreisen
(= Bruttoinlandsprodukt zu Marktpreisen)
- indirekte Steuern
+ Subventionen

= Bruttowertschöpfung zu Faktorkosten
- Abschreibungen

= Nettowertschöpfung zu Faktorkosten
(= Nettoinlandsprodukt zu Faktorkosten)
+ Saldo der Erwerbs- und Vermögenseinkommen zwischen Inländern und der übrigen Welt

---

= Nettosozialprodukt zu Faktorkosten
(= Volkseinkommen)

Von der Bruttowertschöpfung zu Marktpreisen gelangt man zu den Größen zu Faktorkosten, indem man indirekte Steuern subtrahiert und Subventionen addiert. Da indirekte Steuern, z.B. die Mehrwertsteuer, zu einer Erhöhung der Marktpreise führen und Subventionen demgegenüber die Marktpreise senken, entsprechen Brutto- und Nettowertschöpfung zu Faktorkosten mehr den sektoralen Einkommensgrößen, die sich ohne Marktbeeinflussung durch den Staat ergeben würden.

Die Bruttowertschöpfung zu Faktorkosten liegt um die Höhe der **Abschreibungen** über der entsprechenden Nettowertschöpfung. Die Abschreibungen geben die Wertminderung dauerhafter Produktionsmittel infolge des Verschleißes an, der durch ihren Einsatz im Produktionsprozess eintritt. Die Bruttowertschöpfung ist daher kein exakter Indikator des in einer Periode erwirtschafteten Einkommens. Ein Konsum in Höhe der Bruttowertschöpfung würde zu Lasten der Substanz gehen. Man würde damit das Produktionspotential für die Erzielung einer zumindest gleichen Einkommenshöhe in den Folgeperioden aufzehren. Wenn dennoch bei internationalen Vergleichen häufig auf die Bruttowertschöpfung bzw. auf das Bruttoinlandsprodukt zurückgegriffen wird, so liegt dies an der schlechten Information über die Höhe der Abschreibungen.

Hinsichtlich der Vor- und Nachteile der Brutto- und Nettowertschöpfung kann auf die Ausführungen zum Bruttoinlandsprodukt zu Marktpreisen hingewiesen werden.

Die Einkommensmaßstäbe y_2 und y_3 beinhalten weitere Probleme, die in der Erfassung der Zahl der Beschäftigten liegen. In der Landwirtschaft der Länder der EU ist ein unterschiedlicher Anteil mit einer unterdurchschnittlichen oder überdurchschnittlichen Arbeitszeit pro Jahr beschäftigt. So weist z.B. der Agrarbericht 1992 aus, dass 1990 in der Bundesrepublik 79 700 Personen in landwirtschaftlichen Betrieben bis unter 1 ha beschäftigt waren. Dies entspricht 33 400 AK-Einheiten. Eine AK-Einheit entspricht der Arbeitsleistung einer mit betrieblichen Arbeiten voll beschäftigten Arbeitskraft im Alter von 16 bis unter 65 Jahren. Für vollbeschäftigte Arbeitskräfte im Alter von 15 Jahren oder über 65 Jahren werden 0,5 AK angesetzt. Teilbeschäftigungen im Betrieb werden mit entsprechenden Bruchwerten berücksichtigt. Es kann nicht angenommen werden, dass diese Arbeitskräfte auch während des ganzen Jahres effizient beschäftigt waren. Die Wertschöpfung pro Beschäftigten ist daher für Vergleiche zwischen Sektoren und zwischen Ländern nur begrenzt aussagefähig. Dies gilt insbesondere, wenn nicht stets eine Umrechnung in AK möglich ist.

Bei internationalen Einkommensvergleichen wie z.B. zwischen den EU-Ländern werden die Maßstäbe y_2 und y_3 nicht nur in Form nominaler, sondern auch realer Größen verwendet. Die zusätzliche Verwendung realer Größen von Brutto- und Nettowertschöpfung ist sinnvoll, weil die Inflationsrate in den einzelnen Ländern unterschiedlich ist. Vergleiche der Entwicklung von Nominaleinkommen zwischen den Ländern sind daher wenig aussagefähig. Ungelöst ist allerdings das Problem einer adäquaten Deflationierung der nominalen Wertschöpfung. Die EU-Kommission verwendet den Preisindex des Bruttoinlandsprodukts zu Marktpreisen als Deflator. Dieser Deflator weist in der Regel die Inflationsrate für die im Sektor Beschäftigten zu hoch aus.

5.2.3 Einkommensvergleiche in der EU auf der Grundlage einzelbetrieblicher Daten

Das Informationsnetz Landwirtschaftlicher Buchführungen (INLB) ist ein Instrument, mit dessen Hilfe das Einkommen landwirtschaftlicher Betriebe und die Auswirkungen der Gemeinsamen Agrarpolitik bewertet werden können.

Es besteht aus einer Erhebung, die von den Mitgliedstaaten der Europäischen Union durchgeführt wird. Das INLB repräsentiert landwirtschaftliche Haupterwerbsbetriebe der Union. Die Betriebe werden auf der Grundlage eines Stichprobenplans, der für jedes Gebiet in der Union erstellt wird, für die Teilnahme an der Erhebung ausgewählt. Die Erhebung erfasst jedoch nicht alle landwirtschaftlichen Betriebe in der Union, d.h. es wird die Gesamtheit jener landwirtschaftlichen Betriebe abgedeckt, die aufgrund ihrer Größe als landwirtschaftliche Haupterwerbsbetriebe betrachtet werden können.

In den EU-Einkommensanalysen werden das **Nettobetriebseinkommen** und das Arbeitseinkommen ausgewiesen. Das Nettobetriebseinkommen stellt die Nettowertschöpfung zu Marktpreisen der landwirtschaftlichen Betriebe dar. Es zeigt damit im Zeitablauf zwar die Entwicklung der betrieblichen Einkommenskapazität bzw. des gesamten Faktoreinkommens an, aber nicht das Einkommen, das den Landwirten verbleibt.

Das **Arbeitseinkommen** wird aus dem Produktionswert ermittelt, von dem alle Aufwandsposten ausschließlich der Arbeitskosten subtrahiert werden. Für das Eigenkapital und den sich im Eigentum des Betriebsinhabers befindenden Boden werden kalkulatorische Ansätze nach Normvorstellungen gewählt (z.B. Verzinsung des Eigenkapitals). Das Arbeitseinkommen soll demnach der Entlohnung des Faktors Arbeit entsprechen. Zusätzlich wird das Arbeitseinkommen pro Jahresarbeitseinheit (JAE) ausgewiesen. Eine JAE entspricht der Tätigkeit einer Arbeitskraft, die im landwirtschaftlichen Betrieb mindestens 280 Tage oder 2 380 Stunden im Jahr arbeitet. Eine Person zählt höchstens eine JAE.

Sowohl die Höhe des Nettobetriebseinkommens als auch die Höhe des Arbeitseinkommens je JAE geben keine Auskunft über das den Landwirten zur Verfügung stehende Einkommen. Bezüglich des Nettobetriebseinkommens gelten die gleichen Einwände, die oben gegen den Maßstab des Bruttoinlandsprodukts vorgebracht wurden. Das Arbeitseinkommen je JAE ist niedriger als das gesamte Einkommen des Betriebsinhabers, da Kapital-, Pacht- und außerlandwirtschaftliches Einkommen nicht berücksichtigt werden.

Zusammenfassend kann festgestellt werden, dass auf EU-Ebene keine ausreichenden Informationen über die Einkommenslage der Landwirte vorliegen. Diese Tatsache erstaunt umso mehr, da die EU-Agrarpolitik über Jahrzehnte vornehmlich an der Einkommenszielsetzung ausgerichtet war (siehe Kapitel 6.3).

Informationen über die Einkommenslage der Landwirte sind ohnehin nur dann notwendig, wenn man der Meinung ist, dass es in einem marktwirtschaftlichen System systemimmanent zu landwirtschaftlichen Einkommensproblemen kommen kann und dass der Staat die Aufgabe hat, diese Probleme zu lösen oder zumindest zu verringern.

Im Folgenden soll mit Hilfe eines einfachen Modells gezeigt werden, dass es in einer geschlossenen Volkswirtschaft unter bestimmten Bedingungen zu einem Einkommensproblem kommen kann.

5.2.4 Gründe für eine Einkommensdisparität: Ein marktwirtschaftlicher Erklärungsansatz

Mit einem marktwirtschaftlichen Erklärungsansatz können die Gründe für eine mögliche Einkommensdisparität in einer geschlossenen Volkswirtschaft aufgezeigt werden. Dabei gehen wir von folgender Überlegung aus: Zu einem Einkommensdruck kann es nur kommen, wenn im Zeitablauf die Preise für Agrarprodukte absolut oder im Verhältnis zu anderen Preisen sinken. Somit haben wir die Bestimmungsgründe sektoraler Preise in einer geschlossenen Volkswirtschaft zu ermitteln. Dabei gehen wir von einem einfachen Marktmodell aus.

Die Nachfrage nach Agrarprodukten sei durch folgende Funktion gekennzeichnet:

$$q^D = q^D(Y,p,B) \tag{5.2}$$

mit

q^D = nachgefragte Menge

Y = Einkommen

p = Preis des Agrarproduktes

B = Größe der Bevölkerung.

Für die Angebotsfunktion soll gelten:

$$q^S = aq^S(p) \tag{5.3}$$

mit

q^S = angebotene Menge

a = Variable für die Verschiebung der Angebotsfunktion als Folge des technischen Fortschritts.

Im Marktgleichgewicht muss gelten:

$$q^D = q^S \tag{5.4}$$

und somit auch

$$\frac{dq^D}{q^D} = \frac{dq^S}{q^S}. \tag{5.5}$$

Aus den Gleichungen (5.2) und (5.3) erhält man für die Änderungsraten:

$$\frac{dq^D}{q^D} = \eta \cdot \frac{dY}{Y} + \varepsilon^D_{q,p} \frac{dp}{p} + \frac{dB}{B} \tag{5.6}$$

$$\frac{dq^S}{q^S} = \varepsilon^S_{q,p} \cdot \frac{dp}{p} + \frac{da}{a} \tag{5.7}$$

mit

$\varepsilon^D_{q,p}$ = Preiselastizität der Nachfrage

$\varepsilon^S_{q,p}$ = Preiselastizität des Angebots.

Die Lösung der Gleichungen (5.5) bis (5.7) führt zu:

$$\frac{dp}{p} = \frac{1}{\varepsilon_{q,p}^{D} - \varepsilon_{q,p}^{S}} \left(\frac{da}{a} - \eta \frac{dY}{Y} - \frac{dB}{B} \right) . \tag{5.8}$$

Gleichung (5.8) informiert über die Bestimmungsgründe der Preise. Die Preise werden im Zeitablauf fallen, wenn der Klammerausdruck positiv ist, da der Koeffizient $1/\varepsilon^D - \varepsilon^S$ bei normalem Verlauf von Nachfrage- und Angebotskurven stets negativ ist. Die technische Fortschrittsrate da/a gibt die Verschiebung der Angebotskurve bei konstanten Preisen an. Die Terme η, dY/Y und dB/B bestimmen das Ausmaß der Verschiebung der Nachfragekurve bei konstanten Preisen. Ist die Verlagerung der Angebotskurve größer als die Verlagerung der Nachfragekurve "kann" es zu Preissenkungen kommen. Es wird nicht zu einer Preissenkung kommen, wenn der Koeffizient vor der Klammer unendlich ist. Er wird Null sein, wenn entweder die Preiselastizität des Angebots oder der Nachfrage unendlich ist. Hohe Fortschrittsraten im Agrarsektor sind zwar eine notwendige Bedingung für sinkende Agrarpreise und sinkende Agrareinkommen bei volkswirtschaftlichem Wachstum, aber nicht auch eine ausreichende Bedingung. Wäre die Fortschrittsrate Null und würden sich Gesamteinkommen und Bevölkerung im Zeitablauf positiv ändern, so kann aus Gleichung (5.8) abgelesen werden, dass sich *Malthus* Befürchtungen bestätigen würden. In diesem Fall würde gelten:

$$\frac{dp}{p} = \frac{1}{\varepsilon_{q,p}^{D} - \varepsilon_{q,p}^{S}} \left(-\eta \frac{dY}{Y} - \frac{dB}{B} \right) . \tag{5.9}$$

Könnte das landwirtschaftliche Angebot aus technologischen Gründen nicht ausgeweitet werden, so wäre $\varepsilon^S = 0$. Es würde demnach gelten:

$$\frac{dp}{p} = \frac{1}{\varepsilon_{q,p}^{D}} \left(-\eta \frac{dY}{Y} - \frac{dB}{B} \right) . \tag{5.10}$$

Da wegen der begrenzten Substitutionsmöglichkeiten zwischen Nahrungsmitteln und anderen Produkten die Preiselastizität für Nahrungsmittel etwa genauso hoch ist wie die Einkommenselastizität – die Kreuzpreiselastizität ist somit nahezu Null –, würde gelten:

$$\frac{dp}{p} = \frac{dY}{Y} + \frac{dB}{B} . \tag{5.11}$$

Die prozentuale Änderung der Agrarpreise würde also bei vollkommen unelastischem Agrarangebot und Gültigkeit des *Engel*schen Gesetzes gleich der prozentualen Änderung der Durchschnittseinkommen in der Volkswirtschaft und der Änderungsrate der Bevölkerung sein. Somit würden sich auch die Erlöse der Landwirte (p · q) prozentual etwa genauso erhöhen wie die Durchschnittseinkommen pro Kopf in der Volkswirtschaft.

Oben hatten wir bereits festgestellt, dass bei einer 1%igen Änderung der Erlöse die Einkommen der Landwirte prozentual stärker steigen würden als die Erlöse. Das kann durch folgende schematische Rechnung noch einmal veranschaulicht werden:

Einkommen der Landwirte = Verkaufserlöse - Vorleistungswert

500 = 1000 - 500.

Steigen nun die Verkaufserlöse um 10 % von 1 000 auf 1 100 und bleibt der Wert der Vorleistungen konstant (wenn die Landwirte nicht mehr produzieren, brauchen sie auch nicht mehr Vorleistungen einzusetzen), so würde sich das Einkommen der Landwirte von 500 auf 600 erhöhen, d.h. also um 20 % steigen.

Diese Darstellung verdeutlicht die zentrale Bedeutung technischer Fortschritte für die Entwicklung der Agrarpreise. Dennoch gilt aber, dass selbst bei hohen Fortschrittsraten die Agrarpreise nicht sinken würden, wenn die Nachfrage oder das Angebot vollkommen elastisch reagieren würden. Das unelastische Angebot und die unelastische Nachfrage sind daher weitere wichtige Bestimmungsfaktoren der sektoralen Preisentwicklung bei wirtschaftlichem Wachstum.

In einer geschlossenen Volkswirtschaft oder für die Welt insgesamt kann von einer preisunelastischen Nachfrage nach Nahrungsmitteln ausgegangen werden. Doch Landwirte produzieren nicht nur Nahrungsmittel, sondern auch Nicht-Nahrungsmittel. Bei einigen dieser Produkte kann die Preiselastizität auch absolut größer als Eins sein. Weiterhin muss die oben dargestellte Bestimmungsgleichung für die sektorale Entwicklung der Preise nicht für alle Länder gleich bindend sein. Lässt ein Land z.B. uneingeschränkt Außenhandel mit Agrarprodukten zu und ist dieses Land im Sinne der Außenhandelstheorie relativ klein, so werden die Inlandspreise von den Weltmarktpreisen bestimmt. Zwar gilt auch dann, dass für die Welt insgesamt obige Gleichung gilt, d.h. je größer die Fortschrittsrate, umso höher der Druck auf die Preise, aber für dieses einzelne kleine Land gilt dann, je größer die Fortschrittsrate umso weniger werden die sektoralen Einkommen sinken. Das im Agrarhandel liberale Land Neuseeland hat z.B. gezeigt, dass hohe sektorale Fortschrittsraten zum Vorteil für die Landwirte sein können.

Eine geringe Einkommenselastizität der Nachfrage nach Nahrungsmitteln wirkt sich nach Gleichung (5.8) bei positiven Fortschrittsraten negativ auf die Entwicklung der Agrarpreise aus. Die Landwirtschaft produziert aber auch Nicht-Nahrungsmittel, z.B. nachwachsende Rohstoffe, die unter anderem als Energieträger eingesetzt werden können. Es kann daher sein, dass zukünftig, wenn die Entwicklung der Energiepreise und weitere technologische Fortschritte bei der Erzeugung und Verarbeitung dieser Agrarprodukte dieses begünstigen, die Einkommenselastizität der Nachfrage für Agrarprodukte sogar größer als Eins werden kann.

Nach Gleichung (5.8) tritt bei

$$\frac{da}{a} > \left(\eta \cdot \frac{dY}{Y} + \frac{dB}{B} \right) \tag{5.12}$$

ein Preisdruck ein. Es liegt ein Angebotsüberhang vor. Sollen die Faktoreinkommen im Agrarsektor dennoch genauso stark steigen wie die Einkommen in anderen Sektoren, so muss der Faktoreinsatz im Agrarsektor verringert werden. Überkapazitäten müssen abgebaut werden. Aus Gleichung (5.8) kann abgelesen werden:

(1) Je kleiner die Preiselastizität der Nachfrage nach Agrarprodukten (absolut) ist, umso stärker muss der Faktoreinsatz bei gegebenem Angebotsüberhang und gegebener Preiselastizität des Angebots reduziert werden, um eine paritätische Faktorentlohnung zu ermöglichen.

(2) Je unelastischer das Angebot auf Preissenkungen reagiert, umso größer wird bei gegebener preisunelastischer Nachfrage und gegebenem Angebotsüberhang eine disparitätische Einkommensentwicklung sein. Eine Angebotselastizität von kleiner als unendlich ist also in Verbindung mit Gleichung (5.12) und preisunelastischer Nachfrage als eine ausreichende Bedingung für eine disparitätische Einkommensentwicklung zu betrachten.

(3) Die Höhe der Angebotselastizität bei Preissteigerungen steht in enger Beziehung zur Mobilität der in der Landwirtschaft eingesetzten Faktoren. Je geringer die Mobilität der Faktoren ist, umso kleiner ist die Preiselastizität des Angebots. Im Folgenden ist daher zu untersuchen, wovon der Mobilitätsgrad der einzelnen Faktoren, die in der Landwirtschaft eingesetzt werden, abhängt.

(a) Zum Faktor Boden

Da der Faktor Boden nur begrenzte alternative Verwendungsmöglichkeiten hat, ist das Bodenangebot zumindest kurzfristig völlig preisunelastisch. Daraus folgt, dass der Anpassungsdruck, der durch sinkende Produktpreise entsteht, umso stärker für die Faktoren Arbeit und Kapital ist. Generell gilt: Je bedeutender der Produktionsbeitrag eines sektorspezifischen Faktors, wie z.B. Boden ist, umso höher ist der Anpassungsdruck für die Faktoren, die in alternative Verwendungsmöglichkeiten überführt werden können.

(b) Zum Faktor Kapital

Oben wurde bereits auf den quasi-fixen Charakter des Kapitals hingewiesen. Daraus folgt, dass ein Abbau von Überkapazitäten nur verzögert möglich ist. Hinzu kommt, dass die technischen Fortschritte zu einem großen Teil nur mit Neuinvestitionen in den Agrarmarkt eingeführt werden können. Aus diesem Grund können trotz bestehender Überkapazitäten für Neuinvestitionen ausreichende Renditen erzielt werden. Dieser Sachverhalt kann durch *Schaubild 5.1* verdeutlicht werden.

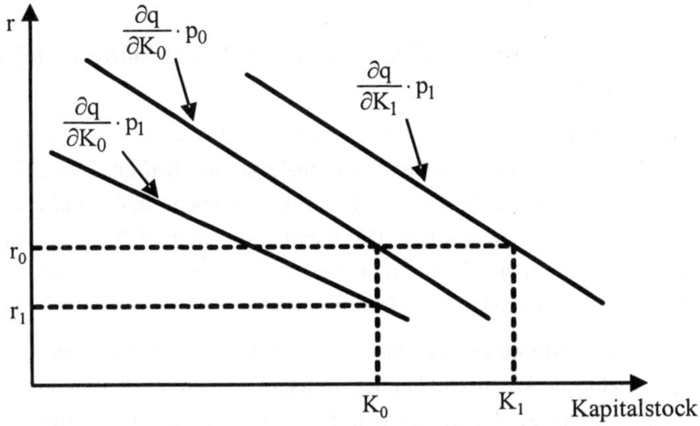

Schaubild 5.1: Wirkungen von Preissenkung und technischen Fortschritten auf die Rendite von Investitionen

Im *Schaubild 5.1* wird angenommen, dass bei gegebenem Produktpreis p_0 die Wertgrenzproduktivitätskurve $(\partial q/\partial K_0)p_0$ gilt. Bei der erwarteten Rendite r_0 würde in diesem Fall der landwirtschaftliche Betrieb die Kapitalmenge K_0 investieren. Da die erwartete Rendite dem Kapitalpreis entspricht, besteht eine Gleichgewichtssituation. Wenn sich aufgrund sinkender Produktpreise die Wertgrenzproduktivitätskurve gegen den Ursprung verschiebt (zu $(\partial q/\partial K_0)p_1$) und sich damit für das investierte Kapital K_0 eine Rendite von r_1 ergibt, würden ohne Wirken des technischen Fortschritts in diesem Betrieb keine Neuinvestitionen getätigt werden. Der technische Fortschritt kann dazu führen, dass sich die Wertgrenzproduktivitätskurve wiederum nach rechts oben verschiebt. So kann es durch die Übernahme einer neuen Technologie, zum Beispiel in der Milchproduktion, möglich sein, dass neue Kuhställe rentabel sind, obwohl ein großer Teil der alten Kuhställe eine nicht mehr ausreichende Rendite abwirft. In einem solchen Fall kann es also für den einzelnen Betrieb rentabel sein, den Kapitalstock von K_0 auf K_1 zu erhöhen. Die Durchschnittsrendite, die sich in diesem Fall aus der Rendite r_1 für K_0 und der Rendite r_0 für K_1 - K_0, also die Neuinvestitionen innerhalb des Sektors, ergibt, ist dabei aber nach wie vor nicht ausreichend.

Für die Tatsache, dass die Überkapazitäten langfristig im Agrarsektor bestehen bleiben, ist also mitentscheidend, dass die technischen Fortschritte durch Investitionen eingeführt werden können (kapitalinkorporierte technische Fortschritte). Technische Fortschritte können dazu beitragen, dass es zwar eine Disparität der durchschnittlichen Entlohnung der Faktoren in einem Sektor gibt, dass aber ein Teil der Betriebe eine ausreichende, auch im Vergleich rentable Faktorentlohnung erzielt.

(c) Zum Faktor Arbeit

Der Faktor Arbeit ist in den westlichen Industrieländern vor allem aus folgenden Gründen weitgehend immobil:

(aa) Wegen der Eigentumsverfassung: Die Eigentumsverfassung bedingt, dass landwirtschaftliche Betriebsinhaber häufig mehr an den Hof und den Erhalt des Erbes denken als an die Maximierung des Einkommens und möglicherweise auch das Wohlergehen der Familie. Die Landwirte werden daher auch bei einer geringeren Entlohnung der Faktoren im Agrarsektor weiter produzieren und keine Tätigkeit in anderen Sektoren aufnehmen wollen.

Zu der geringen Mobilität trägt die Eigentumsverfassung auch bei, weil die Landwirte nicht nur Arbeitseinkommen erzielen, sondern auch Einkommen aus Kapital und Boden. Sie können es sich daher auch leisten, im landwirtschaftlichen Sektor einer Tätigkeit nachzugehen, die mehr ihren Präferenzen entspricht, aber schlechter entlohnt wird als eine Tätigkeit außerhalb der Landwirtschaft. In der Landwirtschaft sterben die Betriebe mit vornehmlich Eigentumsflächen langsamer als im gewerblichen Bereich. Eine Betriebsaufgabe erfolgt daher auch aus diesen Gründen vornehmlich mit dem Generationswechsel.

(bb) Wegen der spezifischen Qualifikationen der landwirtschaftlichen Arbeitskraft: Generell kann gesagt werden, dass der Wechsel der Arbeitskraft von Sektor zu Sektor (intersektoraler Faktortransfer) umso leichter möglich ist, je geringer die sektorspezifische Qualifikation der Arbeitskraft ist. Das wird durch ein Beispiel leicht verständlich: Ein Diplomvolkswirt kann aufgrund seiner Qualifikation grundsätzlich in allen Sektoren tätig werden. Sollte sich z.B. die Lage der Stahlindustrie verschlechtern, so kann er in eine andere Branche überwechseln. Dieses ist jedoch für die landwirtschaftliche Arbeitskraft weniger leicht möglich. Ein großer Teil der Fertigkeiten, die bei landwirtschaftlichen Tätigkeiten notwendig sind, kann in anderen Bereichen nicht verwendet werden; man denke z.B. an die Tätigkeit des Melkers. Aber auch ein Betriebsleiter, der heute auf einem mittleren landwirtschaftlichen Betrieb umfassende Kenntnisse in den unterschiedlichsten Bereichen aufweisen muss, wird nur einen Teil dieser Kenntnisse in einem anderen Sektor einsetzen können. Diese Tatsache führt dazu, dass der intersektorale Faktortransfer solange gehemmt sein wird, wie die Entlohnung im Agrarsektor noch zumindest einen positiven Deckungsbeitrag für die sektorspezifische Qualifikation erbringt.

Im *Schaubild 5.2* wird angenommen, dass ein künftiger Landwirt sich vor Aufnahme seiner Tätigkeit überlegt, ob er im landwirtschaftlichen Sektor ein entsprechend seiner Berufsausbildung angemessenes Einkommen erzielt. Wir gehen davon aus, dass sein Einkommen bei Beginn der Tätigkeit in der Landwirtschaft (Y_{L0}), d.h. nach seiner Ausbildungszeit, etwa in Höhe des Einkommens eines Facharbeiters (Y_{F0}) und über dem Einkommen eines Hilfsarbeiters (Y_{H0}) liegt.

Vor Beginn seiner Tätigkeit kann sich der Berufsanfänger durchaus rational verhalten haben, wenn sein Einkommen im Agrarsektor in etwa genauso hoch wie in einer anderen vergleichbaren Tätigkeit war und auch eine gleiche Entwicklung erwartet wurde. Wenn sich nun im Laufe der Zeit die Einkommen der Facharbeiter stärker erhöhen als die Einkommen der Landwirte, so wird ein Landwirt nicht unbedingt zu einer Abwanderung aus der Landwirtschaft neigen, denn jetzt hat er nicht mehr die Alternative, als Facharbeiter tätig zu werden. Seine spezifische Qualifikation kann er anderweitig nicht mehr voll verwerten; er wird daher möglicherweise sein Alternativeinkommen in Höhe des Hilfsarbeiterlohnes anzusetzen haben. Das kann dazu führen, dass er trotz einer der Ausbildung nicht angemessenen Einkommenshöhe im Agrarsektor verbleibt; sein Einkommen ist höher als sein Alternativeinkommen. Zur disparitätischen Einkommensentwicklung kann es demnach nur aufgrund falscher Erwartungen "und" der eingeschränkten Mobilität kommen. Daraus folgt, dass eine Beseitigung der Disparität vornehmlich bei der Änderung des Faktoreinsatzes anzusetzen hat. Berufsanfänger und Investoren werden bei ihren Entscheidungen häufig durch falsche Erwartungen gelenkt; nicht selten tragen in der Agrarpolitik auch falsche Politiksignale dazu bei.

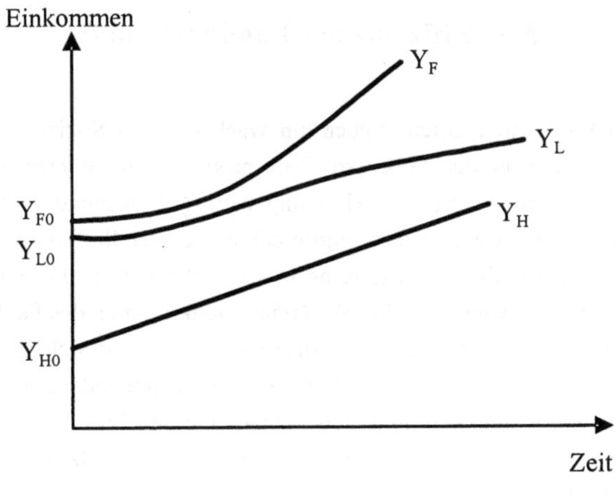

Schaubild 5.2: Einkommensentwicklung für unterschiedlich qualifizierte Arbeitskräfte

(cc) Mangelnde alternative Erwerbsmöglichkeiten: Mit fortgeschrittenem Alter ist die Möglichkeit, einen gesicherten neuen Arbeitsplatz zu finden, sehr begrenzt. Aus diesem Grund beobachtet man auch, dass die Abwanderung der über 45-jährigen Landwirte sehr gering ist. Hierzu trägt bei, dass eine Abwanderung häufig mit einem Wechsel des Wohnortes verbunden ist. In den betreffenden Regionen werden nicht immer genügend alternative Erwerbsmöglichkeiten angeboten, so dass ein Wechsel aus dem gewohnten Lebensraum notwendig ist. Es ist verständlich, dass ältere Menschen einen solchen Wechsel scheuen und lieber bereit sind, Einkommenseinbußen in Kauf zu nehmen.

Die Immobilität des Faktors Arbeit ist immer dann von Bedeutung, wenn eine Einkommensparität nur bei einer relativ hohen Abwanderungsrate erzielt werden kann. Diese notwendige Abwanderungsrate kann als **paritätsnormative Abwanderungsrate** bezeichnet werden. Liegt diese Rate lediglich unter 2 %, so kann in Abhängigkeit von der Altersstruktur durch die **natürliche Arbeitskräftebewegung** (Abgang durch Erreichen der Altersgrenze, Invalidität und Tod) und verringerten Zugang von Berufsanfängern eine Einkommensparität erreicht werden. Erfordert dagegen die paritätsnormative Abwanderungsrate eine Verringerung des Arbeitseinsatzes über die natürliche Arbeitskräftebewegung hinaus, so ist ein Wechsel von Arbeitskräften in außerlandwirtschaftliche Tätigkeiten notwendig. In diesem Fall sind die oben aufgezeigten Mobilitätshemmnisse von Bedeutung. Es muss aber ausdrücklich betont werden, dass eine begrenzte Mobilität nur dann von Bedeutung ist, wenn die Berufsanfänger und Investoren in der Vergangenheit falsche Erwartungen hatten.

5.3 Effizienz der Landwirtschaft

Die meisten Volkswirtschaften streben ein Wachstum des Sozialproduktes, d.h. eine Erhöhung der in der Volkswirtschaft produzierten Gütermenge an. Die Landwirtschaft kann zu dieser Zielsetzung beitragen, wenn die Effizienz des Faktoreinsatzes erhöht wird. Oben wurde bereits dargestellt, dass eine Optimierung des einzelbetrieblichen Faktoreinsatzes bei der Zielsetzung Gewinnmaximierung gegeben ist, wenn u.a. die Wertgrenzproduktivitäten des Faktoreinsatzes bei allen Betrieben gleich sind. Eine solche Situation wird sich in der Realität kaum einstellen. Die ökonomischen Rahmenbedingungen ändern sich permanent und erfordern daher eine kontinuierliche Anpassung der Betriebe. Die notwendige Anpassung der landwirtschaftlichen Betriebe ist nur unvollkommen. Auf einige dieser Gründe wird im Folgenden hingewiesen:

1. Die Zielsetzung der Betriebsleiter ist nicht unbedingt auf Gewinnmaximierung ausgerichtet.
2. Der Betriebsleiter kann nicht ausreichend selbst neue Technologien entwickeln und ist auch häufig nicht ausreichend über neue Technologien informiert.
3. Die Betriebsleiter sind häufig nicht ausreichend über Alternativen in der Landwirtschaft und außerhalb der Landwirtschaft sowie über Marktentwicklungen informiert.

4. Die Betriebe können nicht stets zu den geltenden Faktorpreisen über die gewünschten Faktormengen verfügen.
5. Hohe Transaktionskosten können zu einer wenig effizienten Nutzung der Produktionsfaktoren in der Landwirtschaft beitragen.

Es ist daher verständlich, dass es aus diesen Gründen eine Vielzahl von staatlichen Eingriffen zur Effizienzsteigerung in der Landwirtschaft gibt. Mit einigen Ausführungen soll aufgezeigt werden, welche Wirkungen einzelne staatliche Maßnahmen im Hinblick auf die Effizienzsteigerung in der Landwirtschaft hatten.

In allen Ländern wird die Forschung in der Landwirtschaft staatlich gefördert und private Forschung, z.B. bei der Entwicklung neuer Sorten, gesetzlich geschützt. Es gibt eine Reihe von Studien, die eine hohe Rendite dieser Investitionen belegen. *Schaubild 5.3* und *Schaubild 5.4* zeigen die Entwicklung der Milchleistung pro Kuh und der Weizenerträge pro ha in der Bundesrepublik, weltweit und in Schleswig-Holstein. Ohne staatliche Förderung der Forschung wäre diese beeindruckende Entwicklung nicht eingetreten.

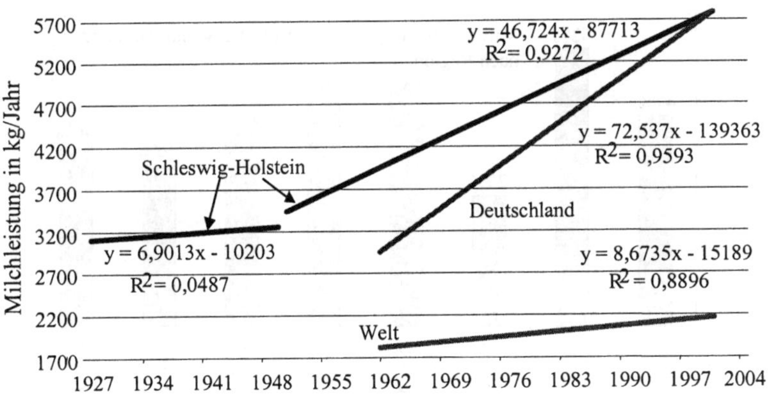

Quelle: FAO, Statistisches Jahrbuch Deutschland

Schaubild 5.3: Durchschnittliche Milchleistung pro Kuh (kg/Jahr)

Empirische Studien (Weltbank, Weltentwicklungsbericht 2002) haben gezeigt, dass die durchschnittliche Rendite der Agrarforschung und des Beratungsdienstes in allen Ländern in der Vergangenheit sehr hoch war (vgl. *Schaubild 5.5*). Die Länder konnten demnach ihren Wohlstand durch Förderung der Agrarforschung erhöhen.

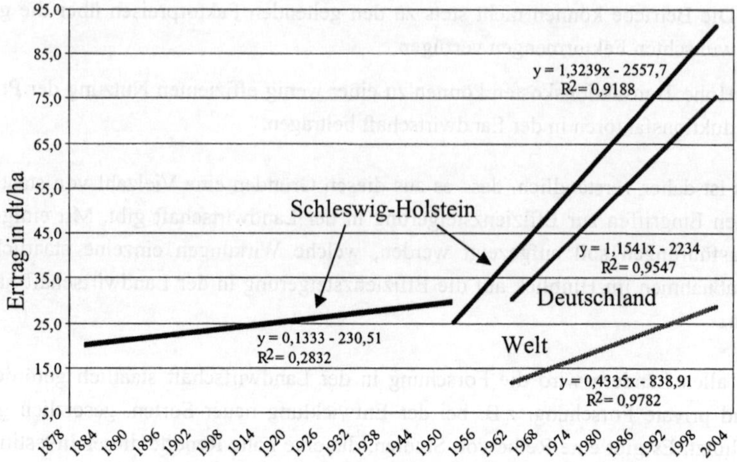

Quelle: FAO, Statistisches Jahrbuch Deutschland; Thomsen, M., Untersuchung zur historischen und künftigen Entwicklung der Getreideerträge in Schleswig-Holstein. Arbeit aus dem Institut für Agrarpolitik der Christian-Albrechts-Universität zu Kiel. Kiel 1987.

Schaubild 5.4: Ertragsentwicklung bei Weizen von 1878-2004 (dt/ha)

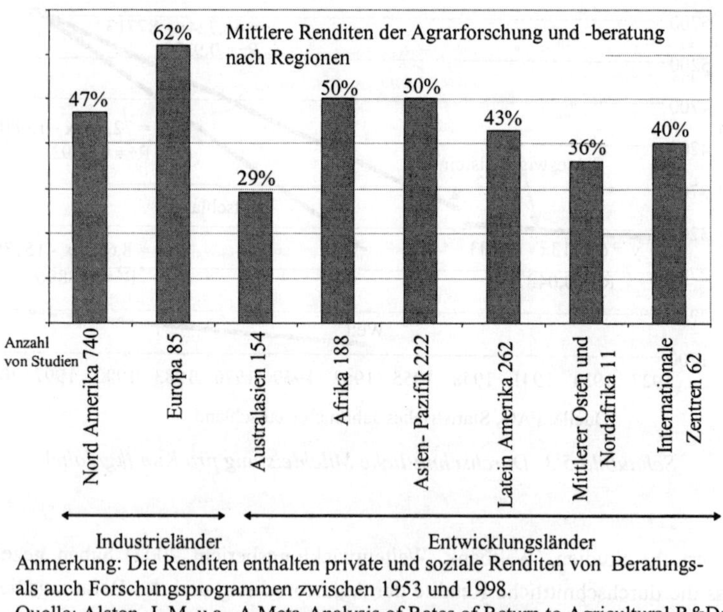

Anmerkung: Die Renditen enthalten private und soziale Renditen von Beratungs- als auch Forschungsprogrammen zwischen 1953 und 1998.
Quelle: Alston, J. M. u.a., A Meta-Analysis of Rates of Return to Agricultural R&D: Ex Pede Herculem. Research Report Nr. 113. IFPRI, Washington, .C.2000.

Schaubild 5.5: Durchschnittliche Rendite der Agrarforschung und Beratung in ausgewählten Regionen

Staatliche Förderung von Preis- und Marktinformationssystemen haben in der Mehrzahl der Länder Priorität. Die Nachteile von fehlenden Markt- und Preisinformationen können mit *Schaubild 5.6* veranschaulicht werden.

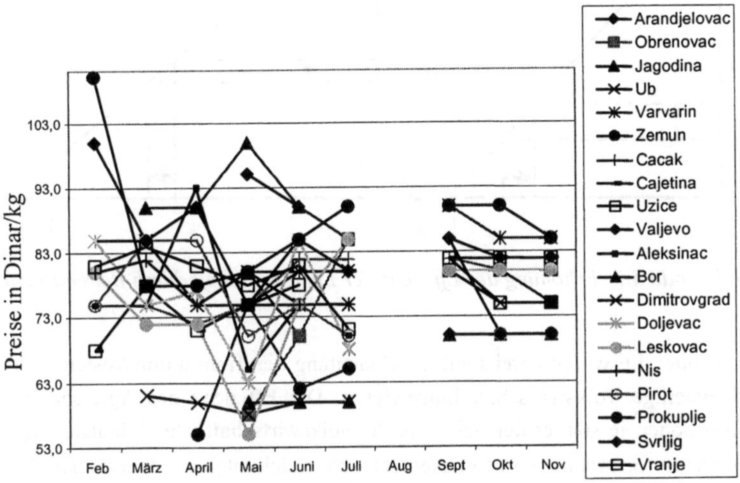

Quelle: EAR funded project, Support to the Agricultural Sector in Serbia – Fertiliser and Animal Feed Supply, Belgrad 2002.

Schaubild 5.6: Preise für Schlachtschweine in Zentralserbien 2001(Dinar/kg)

Man kann sich leicht vorstellen, welche Risken ein potentieller Schweinemäster übernehmen muss, wenn er unter Bedingungen, wie sie in Zentralserbien im Jahr 2001 vorlagen, in die Schweinmast investiert. Es ist verständlich, dass der Umfang der Investitionen nur gering sein wird. Ein Preis- und Marktinformationssystem würde dazu beitragen, dass der Preiszusammenhang zwischen den räumlich und zeitlich getrennten Märkten hergestellt werden würde und sich damit eine größere Stabilität der Preise ergäbe.

Die Agrarberichte der Bundesregierung zeigen eindrucksvoll, dass jedes Jahr 30 bis 40 % der landwirtschaftlichen Haupterwerbsbetriebe Eigenkapitalverluste hinnehmen müssen. Die Zusammensetzung dieser Betriebsgruppe ist im Zeitablauf relativ konstant. Diese Betriebe wären damit gut beraten gewesen, ihre Flächen zu verkaufen oder zu verpachten. Offensichtlich ist die Verwertung des Faktors Boden bei den einzelnen Betrieben sehr unterschiedlich. Durch Transfer des Bodens könnte somit die Effizienz der Faktornutzung erheblich erhöht werden. Dieser Sachverhalt wird durch *Schaubild 5.7* veranschaulicht. Wenn Betrieb A Flächen abgibt, sinkt hier die Produktion weniger als sie bei Betrieb B steigt. Maßnahmen, die zur Erhöhung der Mobilität des Faktors Boden führen, steigern somit die Effizienz der Landwirtschaft.

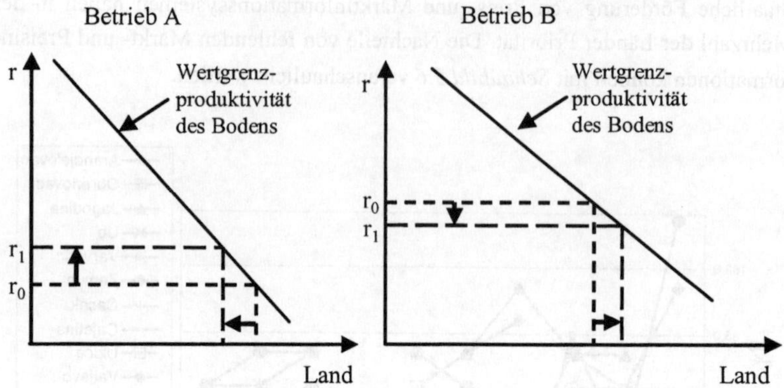

Schaubild 5.7: Erhöhung der Effizienz der Landwirtschaft durch Bodentransfer

In Kapitel 4.6 wurde bereits auf die Bedeutung der Transaktionskosten für eine arbeitsteilige Volkswirtschaft hingewiesen. Die Effizienz des Agrarsektors ist umso höher, je stärker der Sektor in die volkswirtschaftliche Arbeitsteilung integriert ist. *Schaubild 5.8* zeigt exemplarisch, welch intensive Marktverflechtung bei der Erstellung eines einfachen Gutes wie Joghurt besteht. Da jede Marktbeziehung mit Transaktionskosten verbunden ist, spielen die staatlichen Rahmenbedingungen eine entscheidende Rolle für die Intensität der Marktverflechtung und damit für die Effizienz des Faktoreinsatzes in der Landwirtschaft.

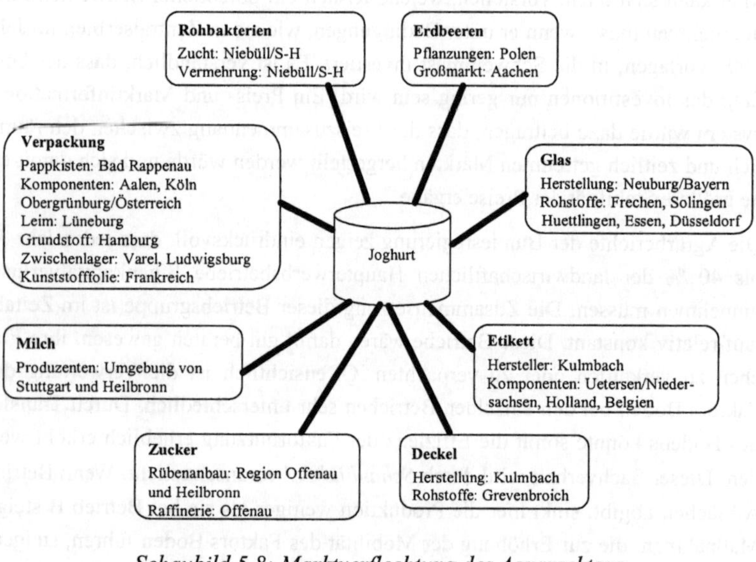

Schaubild 5.8: Marktverflechtung des Agrarsektors

5.4 Instabilität der Agrarmärkte

Agrarmärkte tendieren zur Instabilität. Die grundlegende Begründung wurde bereits von *Gregory King*, einem englischen Wissenschaftler (1648 – 1712) (*King*sche Regel) gegeben. *King* stellte fest, dass eine 1%ige Schwankung der Produktion von Getreide zu einer mehr als 1%igen Schwankung der Preise führte. Dieser Zusammenhang kann leicht algebraisch veranschaulicht werden.

Es soll die folgende Nachfragefunktion gelten:

$$q^D = q^D(p)\,. \tag{5.13}$$

Aus (5.13) erhält man

$$dq^D = \frac{\partial q^D}{\partial p} \cdot dp \tag{5.14}$$

und durch erweitern

$$\frac{dq^D}{q^D} = \varepsilon^D \frac{dp}{p}\,. \tag{5.15}$$

Für die Angebotsfunktion soll gelten, dass sie kurzfristig (d.h. innerhalb eines Jahres) vollkommen unelastisch ist. Es gilt demnach:

$$q^S = \bar{q}^S\,. \tag{5.16}$$

Weiterhin muss im Marktgleichgewicht gelten:

$$q^D = q^S\,. \tag{5.17}$$

Demnach muss auch stets gelten:

$$dq^D = dq^S \tag{5.18}$$

und auch

$$\frac{dq^D}{q^D} = \frac{dq^S}{q^S}\,.$$

Wird das Gleichungssystem nach der Änderungsrate der Preise gelöst, erhält man:

$$\frac{dp}{p} = \frac{1}{\varepsilon^D_{q,p}} \frac{dq^S}{q^S}\,. \tag{5.19}$$

Nach Gleichung (5.19) wird die prozentuale Änderung der Preise als Folge einer 1%igen Änderung der produzierten und angebotenen Menge umso größer sein, je kleiner (absolut) die Preiselastizität der Nachfrage ist. Bei saisonal fixer Produktion wäre dann von starken Preisänderungen auszugehen. Zusätzlich wird häufig argumentiert, dass die Preiselastizität der Nachfrage nach Nahrungsmitteln mit steigendem Einkommen abnimmt und daher die Preisschwankungen ohne staatliche Eingriffe größer werden. Bei dieser Argumentation wird aber übersehen, dass *King* davon ausging, dass keine Lagerhaltung betrieben wird und interregionaler Handel auch nicht zur Stabilisierung des Angebots beitragen kann. Beide Möglichkeiten können aber die regionalen Produktionsschwankungen in ihren Wirkungen auf die Preise stark verringern (siehe hierzu Kapitel 4.5).

Trotz dieser Einwände werden in vielen Ländern die Agrarpreise im Inland von den Weltmarktpreisen abgekoppelt und Maßnahmen ergriffen, um die Inlandspreise zu stabilisieren.

5.5 Problem der Nahrungsmittelsicherheit

Nahrungsmittelsicherheit ist für viele Länder im letzten Jahrzehnt ein besonderes Problem der Agrarpolitik geworden, allerdings mehr in Industrieländern als in Entwicklungsländern. Hierbei geht es weniger um die Verfügbarkeit von Nahrungsmitteln als vielmehr um deren Qualität. Der hohe Stellenwert in der Politik ist aber nicht auf eine gestiegene Nahrungsmittelunsicherheit zurückzuführen; im Gegenteil, wissenschaftliche Untersuchungen zeigen, dass die Nahrungsmittelsicherheit objektiv zugenommen hat. Geändert hat sich aber die subjektive Wahrnehmung. Es wird befürchtet, dass die Nahrungsmittelsicherheit durch die arbeitsteilige Wirtschaft und durch neuere Technologien zunehmend gefährdet ist. Lebensmittel sind daher zunehmend zu Vertrauensgütern geworden. Diese Verbrauchereinstellung hat große Bedeutung für staatliche Aktivität und die private Organisation der Lebensmittelkette. Der Staat versucht durch Gesetze und Kontrollen die Nahrungsmittelsicherheit zu garantieren. Es ist offensichtlich, dass hier ein Marktversagen vorliegen kann. Allerdings gilt auch hier, dass es keine absolute Sicherheit geben kann. Unternehmer versuchen, durch vertikale Integration Einfluss auf die Produktionsverfahren (Prozessqualität) und die Qualität der Produkte (Produktqualität) zu nehmen.

5.6 Probleme der Umweltpolitik

Umweltprobleme der Landwirtschaft haben in den letzten Jahrzehnten zugenommen; ebenso ist das Bewusstsein der Bevölkerung in dieser Hinsicht gestiegen. Die Landwirtschaft übt sowohl positive als auch negative Umwelteffekte aus. In der europäischen Agrarpolitik werden mit dem Hinweis auf die Multifunktionalität und die Forderung nach Direktzahlungen für die Landwirtschaft zum Ausgleich dieser nicht marktgängigen Leistungen vornehmlich die positiven Effekte herausgestellt. Der Politik stellt sich hier das besondere Problem, diese Effekte zu quantifizieren und ein monetäres Äquivalent festzulegen. Es mag sehr wohl sein, dass nach Meinung vieler Bürger, sich z.B. das Landschaftsbild ohne staatliche Eingriffe stark verändern würde und die Bürger tatsächlich bereit wären, für ein anderes Landschaftsbild einen bestimmten Betrag zu zahlen. Es kann aber kaum ermittelt werden, welches Landschaftsbild zu welchem Preis eine Gesellschaft bevorzugen würde. In der Politik scheint man häufig davon auszugehen, dass das gegenwärtige Landschaftsbild nahe dem optimalen ist und es daher erhaltenswert ist. Führt demnach eine liberale Markt- und Preispolitik zu einer Änderung des Landschaftsbildes, so ist dies nach Meinung dieser Vertreter nicht wünschenswert und rechtfertigt staatliche Eingriffe. Eine ähnliche Argumentation wird häufig bezüglich des Artenschutzes vorgetragen. Doch auch hier wäre zu klären, welche Arten in welchem Umfang in welchen Naturräumen zu erhalten sind und welchen Beitrag der Bürger zur Finanzierung des Artenschutzes bereit ist zu leisten.

Etwas einfacher sind einige Probleme im Bereich negativer Umwelteffekte zu behandeln. Wenn Landwirte durch ihre Produktion z.B. zu einer Nitratauswaschung beitragen, kann der Staat Richtwerte vorgeben, an die sich die Landwirte halten sollen. Verstöße können sanktioniert werden.

Berücksichtigung von Umweltproblemen in der Agrarpolitik führt in vielen Ländern zu einer grundlegenden Änderung des agrarpolitischen Instrumentariums. Einkommenspolitik wurde in der Vergangenheit vornehmlich durch Eingriffe auf den Produktmärkten verwirklicht. Viele Länder – vornehmlich Importländer – bevorzugten das Instrument der Preisstützung. Damit wurden für die einzelnen Betriebe Marktdaten geändert und die Betriebe konnten sich nach Belieben anpassen. Eine Kontrolle der Betriebe war damit nicht notwendig. Die Verwirklichung umweltpolitischer Ziele muss dagegen weitgehend direkten Einfluss auf die Produktion landwirtschaftlicher Betriebe nehmen. Einzelnen Betrieben werden spezielle Anreize gegeben, um sich an speziellen Umweltprogrammen zu beteiligen; sie müssen daher auch entsprechend kontrolliert werden. Die Kontrollintensität nimmt somit zu. Dies gilt selbst dann, wenn man Grenzwerte für Stickstoffauswaschung, Pestizidgehalt usw. vorgibt. Die Agrarpolitik entwickelt sich daher zunehmend von einer reinen Steuerung der Märkte zu einer Politik, die die Produktionsprozesse auf einzelbetrieblicher Ebene überwacht.

Kapitel 6:
Ziele und Träger der EU-Agrarmarktpolitik

Im vorigen Kapitel wurden einige Gründe diskutiert, warum die Agrarmärkte nicht stets zu Ergebnissen führen, die von der Gesellschaft als akzeptabel angesehen werden. Es ist nahe liegend, dass es aufgrund der in Kapitel 5 aufgezeigten Probleme eine spezielle sektorale Wirtschaftspolitik, die Agrarpolitik, gibt. Ein wichtiges Element der staatlichen Agrarpolitiken ist die Agrarmarktpolitik. Im Folgenden wollen wir uns daher zunächst näher mit den Zielen der Agrarmarktpolitik beschäftigen. In diesem Fall kann sogar das Wort Agrarmarktpolitik durch das Wort Agrarpolitik ersetzt werden; Ziele der Agrarmarktpolitik sind auch gleichzeitig Ziele der Agrarpolitik.

6.1 Möglicher Beitrag der Wissenschaft bei der Aufstellung agrarpolitischer Ziele

Die Ziele geben an, wie etwas sein soll; sie sagen nichts darüber aus, wie etwas ist. Ziele sind damit normative Vorstellungen. Somit kann der Wissenschaftler nach der hier vertretenen Auffassung nicht angeben, welche Ziele von der Wirtschafts- und Agrarpolitik angestrebt werden sollen. Er kann nicht für sich beanspruchen, die Wertvorstellungen der Gesellschaft repräsentativ zu vertreten. Dennoch kann er bei der Zielfindung einen Beitrag leisten.

(1) Zunächst einmal kann untersucht werden, ob die offiziell deklarierten Ziele wirklich repräsentativ die Wertvorstellungen aller Mitglieder der Gesellschaft ausdrücken. Der Wissenschaftler kann weiterhin versuchen, Methoden aufzuzeigen, mit denen eine Zielfindung auf repräsentativer Grundlage ermöglicht wird. Ein solcher Zielfindungsprozess könnte z.B. auf der Grundlage demokratischer Wahlen beruhen. Die gewählten Volksvertreter würden in diesem Fall offizielle agrarpolitische Ziele festlegen. Allerdings muss darauf hingewiesen werden, dass die offiziell deklarierten Ziele nicht zu jedem Zeitpunkt auch repräsentativ die Wertvorstellungen der Mitglieder der Gesellschaft widerspiegeln müssen. Wertvorstellungen haben einen subjektiven Charakter und sind nicht nur personen-, sondern auch raum- und zeitbezogen. Es kann also sehr wohl sein, dass sich aufgrund äußerer Einflüsse, z.B. gestiegener Wohlstand, oder erhöhte Wahrnehmung von negativen Umwelteffekten oder auch nur aufgrund subjektiver Gründe die individuellen Wertvorstellungen im Zeitablauf ändern. Somit kann nicht sicher-

gestellt werden, dass ein einmal gefundener, sicherlich Zeit beanspruchender Zielkonsens, auch zukünftig die Wertvorstellung der Gesellschaft repräsentativ darstellt.

(2) Da sich die wissenschaftliche Arbeit in erster Linie durch die Methode des systematischen Suchens nach Erkenntnissen ausdrückt, kann der Wissenschaftler im Bereich der Zielanalyse über das in Absatz (1) Gesagte hinaus weitere Beiträge leisten. So kann untersucht werden, in welcher Beziehung die Ziele zueinander stehen.

Ziele können zunächst im Hinblick auf die logische Beziehung zueinander untersucht werden. Es kann sich herausstellen, dass Ziele trotz unterschiedlicher Formulierung identisch (Identität der Ziele), miteinander vereinbar (Kompatibilität der Ziele) oder auch unvereinbar (Konflikt der Ziele) sind. Eine solche Beziehung kann jeweils zwischen Zielen auf gleicher Ebene, z.B. agrarmarktpolitischen Zielen, bestehen (**horizontale Zielbeziehung**) oder auch zwischen agrarmarktpolitischen Zielen und übergeordneten gesellschafts- und wirtschaftspolitischen Zielen (**vertikale Zielbeziehung**).

Neben dieser logischen Zielbeziehung kann auch geprüft werden, welche Zielbeziehung sich bei einem speziellen Mitteleinsatz ergibt. Da ein bestimmter Mitteleinsatz in der Regel nicht nur ein Ziel beeinflusst, sondern darüber hinaus zumindest auch Opportunitätskosten und damit Verluste bei der Verwirklichung anderer Ziele verursacht, ergibt sich die Notwendigkeit der Analyse der technologischen Beziehung der Ziele zueinander. Hier sind u.a. folgende Beziehungen möglich:

(a) Der Mitteleinsatz kann die betrachteten Ziele gleichermaßen beeinflussen. Es liegt demnach bei dem gegebenen Mitteleinsatz Komplementparität zwischen den Zielen vor. Zwischen den Zielen besteht Harmonie.

(b) Der Mitteleinsatz berührt lediglich ein Ziel und ist bezüglich anderer Ziele neutral. Die Ziele sind in diesem Fall unabhängig.

(c) Der Mitteleinsatz beeinflusst ein Ziel positiv und andere Ziele negativ. Es besteht Konkurrenz zwischen den Zielen. Ein mittelbedingter Zielkonflikt tritt auf. Die technologischen Zielbeziehungen sind raum- und zeitbezogen. Je nach ökonomischer und politischer Situation sowie institutionellem Rahmen kann ein bestimmtes Instrument zu einem Zielkonflikt beitragen oder nicht.

(3) Ziele werden häufig nur verbal formuliert. Der Wissenschaftler kann daher einen Beitrag bei der Zielpräzisierung und der Angabe von Indikatoren leisten, die den Grad der Zielverwirklichung messen.

Wenn z.B. von der offiziellen Agrarmarktpolitik das Ziel angegeben wird, eine paritätische Einkommensentwicklung zu verwirklichen, so kann der Wissenschaftler aufzeigen, mit welchen Indikatoren eine paritätische Einkommensentwicklung gemessen werden kann.

6.2 Aussagefähigkeit der Entwicklung der Zielvariablen für die Beurteilung der praktischen Agrarmarktpolitik

Bevor in die Diskussion der offiziell deklarierten Ziele eingetreten wird, soll kurz die Frage erörtert werden, ob man aus der Entwicklung der Zielvariablen die Qualität der praktischen Politik ablesen kann.

In der offiziellen Diskussion zur Agrarmarktpolitik wird häufig versucht, die gegenwärtige Durchführung der praktischen Agrarmarktpolitik dadurch zu rechtfertigen, dass auf die Entwicklung ausgewählter Zielvariablen hingewiesen wird. Unter anderem wird betont, dass die Produktivität in der Landwirtschaft stärker als in anderen Bereichen der Volkswirtschaft gestiegen ist. Es stellt sich daher die Frage, ob man die Qualität einer Politik am Erreichungsgrad ausgewählter Ziele ablesen kann.

Dies scheint wenig sinnvoll. Niemand käme auf den Gedanken, die Qualität der medizinischen Ausbildung daran ablesen zu wollen, ob die Bevölkerung in einem Land gesund oder krank ist. Die Qualität der medizinischen Ausbildung kann sich nur darin zeigen, ob es den Medizinern gelingt, Kranke mit minimalen Kosten wieder gesund zu machen. Hier, wie auch im Bereich der Agrarmarktpolitik, ist also stets zu fragen, was wäre, wenn die Mediziner oder die Politiker nicht aktiv wären. Es kann z.B. sein, dass sich die Zielvariablen auch ohne oder trotz agrarmarktpolitischer Aktivität so entwickelt hätten.

Die Wirksamkeit einer Politik lässt sich daher nicht allein an der Entwicklung der Zielvariablen ablesen. Es ist notwendig, dass man die Entwicklung der Variablen, die sich ergeben hätte, wenn die Politik nicht aktiv gewesen wäre (hypothetische Entwicklung), mit der tatsächlichen Entwicklung vergleicht. Weiterhin ist dann zu prüfen, mit welchen Kosten man diese Änderung in der Entwicklung der Zielvariablen erreicht hat und durch welchen alternativen Mitteleinsatz man möglicherweise die gleiche Entwicklung mit geringeren Kosten hätte erreichen können (siehe *Schaubild 6.1*). Die Beurteilung einer Politik setzt also stets voraus:

(a) Die Festlegung eines **Referenzsystems**. Hierunter versteht man die Situation oder die Entwicklung, die sich ergeben hätte, wenn die zu untersuchende Politik nicht durchgeführt worden wäre.

(b) Identifizierung und Quantifizierung der Kosten, d.h. des Verzichts auf Verwirklichung von anderen Zielen.

Bei der Beurteilung der praktischen Agrarmarktpolitik spielt die Wahl des Referenzsystems eine grundlegende Rolle. Wählt man z.B. als Vergleich eine Situation ohne jeglichen staatlichen Eingriff, so kann möglicherweise die gegenwärtige Politik als günstiger eingestuft werden als eine völlig liberale Politik. Wählt man dagegen als Vergleich eine Situation, die sich bei einem anderen agrarpolitischen Mitteleinsatz ergeben würde, so kann sich die gegenwärtige Politik möglicherweise als nicht effizient erweisen. Die Wahl des Referenzsystems hat somit einen direkten Einfluss auf die Beurteilung des Nutzens und der Kosten einer Maßnahme. Da es für die Wahl des Referenzsystems aber keine eindeutigen objektiven Kriterien gibt, ist die Bewertung stets normativ. In wissenschaftlichen Analysen, von denen gefordert wird, dass sie intersubjektiv nachvollziehbar sind, muss daher immer das Referenzsystem und auch dessen Alternativen deutlich gemacht werden.

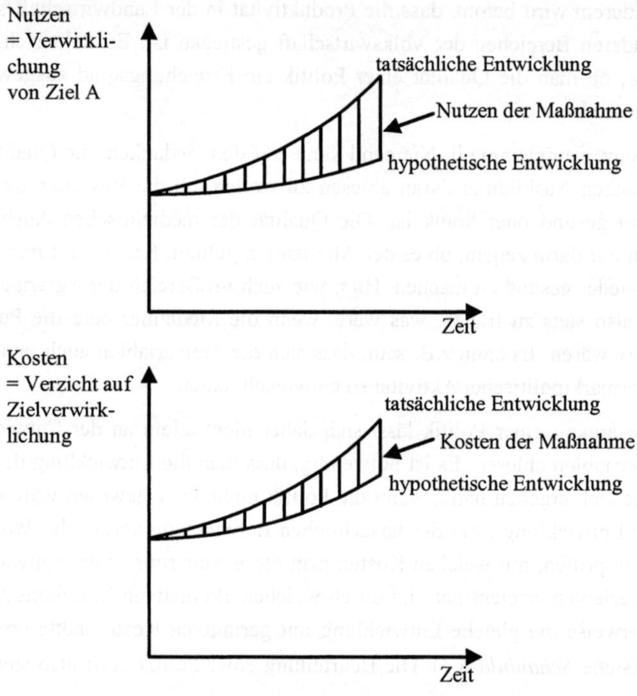

Schaubild 6.1: Entwicklung von Nutzen und Kosten bei alternativen Politikmaßnahmen

Das Problem der adäquaten Wahl des Referenzsystems soll durch ein einfaches Beispiel veranschaulicht werden: Ausgangspunkt soll die Aussage sein, dass die Produktivität in der Landwirtschaft als Folge der bisherigen Agrarpolitik stark gestiegen sei. Die Produktivität ist definiert als Relation von Output zu Input.

Im *Schaubild 6.2* wird davon ausgegangen, dass es eine funktionale Beziehung zwischen Faktoreinsatz und Outputmenge gibt. In der Ausgangssituation soll die Funktion 1 gelten und in der neuen Situation die Funktion 2. Der Faktoreinsatz in den Perioden ist F_1 und F_2, der Output O_1 und O_2. Die entsprechenden Produktivitäten sind ablesbar am Tangens des Winkels des Fahrstrahls durch den Ursprung. Die Produktivität in der Ausgangsperiode ist demnach tg α_1 und die in der neuen Situation tg α_2. Es ist deutlich, dass die Produktivität in der neuen Periode größer ist als in der Ausgangsperiode. An dieser unbestreitbaren Tatsache knüpft die Aussage der Politiker an, die behaupten, dass die Agrarpolitik erfolgreich war; die Produktivität ist gestiegen, vielleicht sogar stärker als in anderen Bereichen. Aus der Beobachtung der Realität allein kann man aber nicht auf die

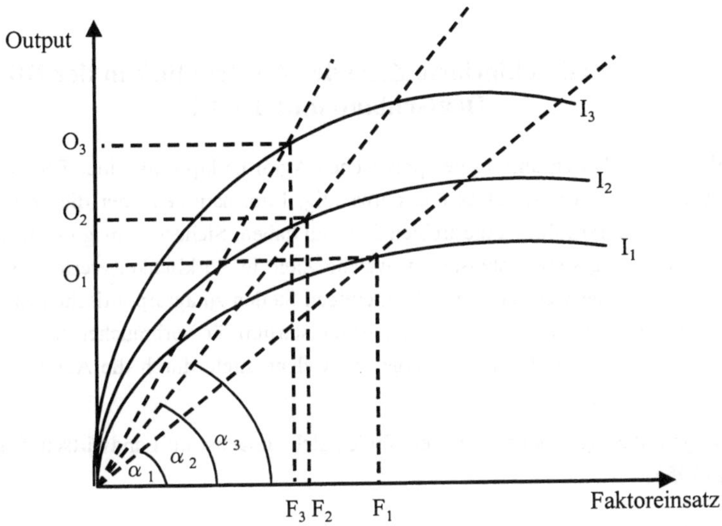

Schaubild 6.2: Entwicklung der Produktivität in der Landwirtschaft und Einfluss der Agrarpolitik

Effekte von Politiken schließen. Es wäre durchaus möglich, dass bei einer anderen Politik, die weniger Preisstützung beinhaltet hätte, die Verschiebung der Funktion noch größer gewesen wäre und der Faktoreinsatz noch stärker zurückgegangen wäre. Für das Erste spricht, dass die Verschiebung der Funktion sich als das Ergebnis der Einführung technischer Fortschritte und des Strukturwandels einstellt. Der Zwang, technische Forschritte einzuführen, wird bei einem stärkeren Preisdruck höher sein als bei einem geringeren Druck. Allerdings werden die Anreize technische Fortschritte einzuführen, bei niedrigeren Preisen geringer sein. So kann aufgrund theoretischer Überlegungen nicht eindeutig vorhergesagt werden, ob technische Fortschritte bei niedrigeren Preisen zu einer stärkeren oder geringeren Verschiebung der Funktion geführt hätten als bei gegebenen höheren Preisen. Eindeutig ist dagegen die Wirkung des Strukturwandels. Geringere Preisstützung führt zu intensiverem Strukturwandel. Eine vermehrte Zahl von Grenzbetrieben wird vornehmlich im Generationswechsel zur

Betriebsaufgabe gezwungen. Das Land wird von effizienteren Betrieben übernommen und die Produktivität steigt. Als Ergebnis hätte sich demnach eine Situation einstellen können, wie sie durch I_3 und tg α_3 gekennzeichnet ist. Verglichen mit diesem Szenario wäre die Produktivitätssteigerung als Folge der bisherigen Agrarpolitik geringer gewesen als bei einer liberalen Politik. Diese Überlegungen zeigen, dass die Bedeutung des Referenzsystems für die Beurteilung einer Politik von entscheidender Bedeutung ist und man nicht einfach aus der Entwicklung von Zielvariablen auf die Qualität der Politik schließen kann.

6.3 Offiziell deklarierte Ziele der Agrarpolitik in der BR Deutschland und der EU

Will man die Durchführung der praktischen Agrarmarktpolitik einer Effizienzanalyse unterziehen, so ist es u.a. notwendig, Informationen über die von der praktischen Agrarpolitik angestrebten Ziele zu haben. Sicherlich mag es im Einzelfall schwierig sein, festzustellen, welche Ziele in Wirklichkeit verfolgt werden. Doch hat der Gesetzgeber sich an einigen Stellen zu agrarpolitischen Zielen geäußert. Darüber hinaus hat das Bundesministerium für Verbraucherschutz, Ernährung und Landwirtschaft niedergelegt, welche Ziele durch die Agrarpolitik angestrebt werden.

Aussagen über agrarpolitische Ziele finden sich zunächst im Landwirtschaftsgesetz (1955).

Ziele im Landwirtschaftsgesetz

In § 1 des Landwirtschaftsgesetzes heißt es:

"Um der Landwirtschaft die Teilnahme an der fortschreitenden Entwicklung der deutschen Volkswirtschaft und um der Bevölkerung die bestmögliche Versorgung mit Ernährungsgütern zu sichern, ist die Landwirtschaft mit den Mitteln der allgemeinen Wirtschafts- und Agrarpolitik – insbesondere der Handels-, Steuer-, Kredit- und Preispolitik – in den Stand zu setzen, die für sie bestehenden naturbedingten und wirtschaftlichen Nachteile gegenüber anderen Wirtschaftsbereichen auszugleichen und ihre Produktivität zu steigern. Damit soll gleichzeitig die soziale Lage der in der Landwirtschaft tätigen Menschen an die vergleichbarer Berufsgruppen angeglichen werden".

Dieser Formulierung lassen sich folgende Ziele mit entsprechendem Verweis auf die oben angegebenen Probleme der Landwirtschaft entnehmen:

(a) Versorgungssicherung mit Nahrungsmitteln (Problem Sicherung der Versorgung, Sicherheitsziel),

(b) Produktivitätssteigerung in der Landwirtschaft (Problem Effizienzsteigerung der Landwirtschaft, Wachstumsziel),

(c) Annäherung der sozialen Lage der Landwirte an diejenigen außerhalb der Landwirtschaft Beschäftigten (Agrareinkommensproblem, Verteilungsziel).

Alle diese Ziele sind mit den für die Bundesrepublik geltenden wirtschaftspolitischen Oberzielsetzungen vereinbar. Allerdings hat der Gesetzgeber eine exakte Definition der Ziele unterlassen. Damit wird es nicht stets möglich sein festzustellen, ob die Realsituation eindeutig von der gewünschten (Ziel-) Situation abweicht und ob man durch agrarmarktpolitischen Mitteleinsatz zu einer effizienten Politik beigetragen hat. Darüber hinaus ist der Entscheidungsspielraum der Politiker durch diese Zielvorgabe wenig eingeengt, da die einzelnen Ziele in Konkurrenz stehen und durch das Gesetz verständlicherweise keine Gewichtung der Ziele vorgegeben wurde.

Die Bedeutung der Konkurrenz der Ziele soll durch ein Beispiel veranschaulicht werden:

Eine Erhöhung der Produktivität kann, wie oben im *Schaubild 6.2* gezeigt, sowohl durch eine Erhöhung der Produktion als auch durch eine Verringerung des Faktoreinsatzes sowie eine Kombination beider Effekte eintreten. In der Realität gehen Produktivitätssteigerungen im Agrarsektor mit einer Verringerung des Faktoreinsatzes und insbesondere mit einer Änderung der Faktorintensitäten einher. Arbeit wird durch Kapital substituiert, weil der technische Fortschritt mehr an den Faktor Kapital als an den Faktor Arbeit gebunden ist und weil Kapital bei wirtschaftlichem Wachstum relativ billiger wird als Arbeit. Die Verwirklichung des Produktivitätszieles erfordert daher eine Abwanderung von Arbeitskräften aus der Landwirtschaft. Da aber die Abwanderung nur dann eintreten wird, wenn das in der Landwirtschaft erzielte Einkommen unterhalb des Einkommens bei alternativer Beschäftigung außerhalb der Landwirtschaft liegt, kann die Verwirklichung des Produktivitätszieles mit der Verwirklichung der gesamtwirtschaftlichen Zielsetzung "gerechte Einkommensverteilung" und "Erhöhung der Einkommen der Landwirte" konkurrieren.

Die Ziele im Landwirtschaftsgesetz sprechen nicht alle oben genannten Probleme auf den Agrarmärkten an. Dies ist auch verständlich: Ziele drücken jeweils aus, wo ein Handlungsbedarf für Politiker gesehen wird. Das wird nur dort sein, wo eine Diskrepanz zwischen den Wunschvorstellungen der Gesellschaft und der Realität zu beobachten ist. Die in den Jahresberichten der Bundesregierung genannten Ziele sind daher umfangreicher. Allerdings sind die hier genannten Ziele nicht gesetzlich verankert. Sie drücken aber die agrarpolitischen Ziele der jeweiligen Bundesregierung aus. In den letzten Jahren werden verstärkt die Ziele "Sicherheit der Ernährung", "Umwelterhaltung" und "Multifunktionalität" genannt.

Diese zusätzlichen Ziele drücken zum Teil das geänderte Bewusstsein und auch die erhöhte Zahlungsbereitschaft der Bevölkerung aus. Sie bedeuten aber nicht auch stets, dass sich die reale Situation bezüglich der angesprochenen Ziele verändert hat. So wird dem Ziel "Sicherheit der Ernährung" heute eine sehr viel größere Bedeutung beigemessen als vor einigen Jahren. Dies ist verständlich, weil ein großer Teil der Bevölkerung Lebensmittel heute als weniger sicher ansieht als vor Jahrzehnten. Diese weit verbreitete Meinung wird aber nicht durch wissenschaftliche Untersuchungen bestätigt. Im Gegenteil: Heutige Lebensmittel sind aufgrund neuer Technologien, insbesondere auch bei der Verarbeitung und Lagerung, sicherer denn je. Die Politik reagiert offensichtlich nicht nur auf Fakten und wissenschaftliche Erkenntnisse, sondern auch auf Meinungen in der Bevölkerung (siehe hierzu auch unten die Ausführungen zur politischen Ökonomie in Kapitel 8).

Die Hervorhebung der "Multifunktionalität" der Landwirtschaft als Ziel scheint von der Politik als Chance angesehen zu werden, die durch die Welthandelsorganisation WTO vereinbarte Reduzierung der Subventionierung und Preisstützung der Landwirtschaft kompensieren zu können. Für diese Interpretation spricht, dass in der Politik das Ziel "Multifunktionalität" erst propagiert wird, seitdem im GATT (General Agreement on Tariffs and Trade) ein Abbau der Agrarsubventionen vereinbart wurde. Weiterhin ist es erstaunlich, dass man den monetären Bedarf für die Verwirklichung der multifunktionalen Zielsetzung exakt in der Höhe beziffert, in der Agrarsubventionen abgebaut werden.

Ziele im Vertrag von Rom bzw. im Vertrag von Nizza

Gegenwärtig sind die Ziele des Landwirtschaftsgesetzes für die Durchführung der praktischen Agrarpolitik weniger von Bedeutung als die Ziele, die im EWG-Vertrag von 1957 (Vertrag von Rom) und unverändert im EU-Vertrag von 2001 (Vertrag von Nizza) angegeben sind. Die agrarpolitischen Ziele der EU haben sich trotz der vielfältigen Neufassung der Verträge im Zeitablauf nicht geändert. Das liegt vor allen Dingen daran, dass die Gestaltung der praktischen Agrarpolitik – wie in Kapitel 6.4 aufgezeigt – heute weitgehend von der supranationalen Institution der EU ausgeht.

Die für die Landwirtschaft wichtigen Ziele sind in Art. 33 (früher 39) des EU-Vertrages festgelegt. Sie lauten:

(a) Die Produktivität der Landwirtschaft ist zu fördern (Wachstumsziel).
(b) Auf diese Weise ist der landwirtschaftlichen Bevölkerung eine angemessene Lebenshaltung zu gewähren (Verteilungsziel).
(c) Die Märkte sind zu stabilisieren (Sicherheitsziel, Stabilitäts- und Wachstumsziel).
(d) Die Versorgung ist sicherzustellen (Sicherheitsziel).
(e) Die Belieferung der Verbraucher mit Nahrungsmitteln hat zu angemessenen Preisen zu erfolgen (Verteilungsziel).

Ergänzt werden diese agrarpolitischen Ziele durch die Ziele der Handelspolitik. Art. 131 des EU-Vertrages lautet: "Durch die Schaffung einer Zollunion beabsichtigen die Mitgliedstaaten, im gemeinsamen Interesse zur harmonischen Entwicklung des Welthandels, zur schrittweisen Beseitigung der Beschränkungen im internationalen Handelsverkehr und zum Abbau der Zollschranken beizutragen".

Artikel 131 legt somit der Auswahl des agrarmarktpolitischen Instrumenteneinsatzes eine Beschränkung auf. Es sind demnach nur solche Instrumente erlaubt, die nicht den internationalen Handel stören und die nicht zu einer Erhöhung der Zollschranken beitragen.

Die Ziele des EU-Vertrages weichen in einigen wichtigen Aspekten von den Zielen des Landwirtschaftsgesetzes ab. Insbesondere ist darauf hinzuweisen, dass zwar auch laut EU-Vertrag die Produktivität der Landwirtschaft zu fördern ist, dass aber die Produktivitätssteigerung gleichzeitig als Instrument zur Gewährung einer angemessenen Lebenshaltung angesehen wird. Das Verteilungsziel bezüglich der Landwirte nimmt also im EU-Vertrag nicht eindeutig eine gleichrangige Stellung ein[27]. Selbst wenn man die Eigenständigkeit des Verteilungszieles bejaht, deutet der Vertragstext darauf hin, dass nur solche Maßnahmen eingesetzt werden dürfen, die auch gleichzeitig die Produktivität in der Landwirtschaft erhöhen. Zu beachten ist auch hier, dass im Gesetz lediglich eine angemessene Lebenshaltung gefordert wird. Das Einkommen allein ist sicherlich kein ausreichender Indikator der Zielvariablen "angemessene Lebenshaltung".

Explizit wird im EU-Vertrag auch darauf hingewiesen, dass es die Zielsetzung der Agrarpolitik sein soll, die Märkte zu stabilisieren. Die Forderung "Stabilisierung der Märkte" resultiert aus den oben aufgezeigten Instabilitätstendenzen einzelner Agrarmärkte. Diese Zielsetzung kann grundsätzlich sowohl mit der Wachstumszielsetzung (Wohlstand) als auch mit dem Sicherheitsziel vereinbar sein. Dem ersten Ziel kann durch Stabilisierung der Agrarmärkte verstärkt entsprochen werden, wenn funktionslose Preisschwankungen ausgeschaltet werden und damit die Signalfunktion der Preise verbessert wird. Dem Sicherheitsziel kann durch Stabilisierung der Agrarmärkte Rechnung getragen werden, weil die Unsicherheit der Individuen über die zukünftige Entwicklung dadurch verringert wird.

Da der Gesetzgeber das Stabilisierungsziel weder qualitativ noch quantitativ definiert hat, ist für die Gestaltung der Agrarmarktpolitik eine Interpretation des Zieles notwendig: Es wäre wenig sinnvoll, eine absolute Stabilität, bei der keine Preisunterschiede im Zeitablauf auftreten, anzustreben. Oben konnte gezeigt werden, dass in einer funktionsfähigen Wettbewerbswirtschaft zeitliche Preisunterschiede mit Gleichgewichtssituationen und somit einer optimalen Faktorallo-

[27] Nebenbei sei vermerkt, dass in offiziellen Diskussionen häufig die ersten vier Worte: "Auf diese Weise ist ..." von Punkt b) vernachlässigt werden.

kation vereinbar sein können. Eine absolute Stabilität wäre somit mit Wohlstandsverlusten verbunden, würde aber dem Sicherheitsbedürfnis voll entsprechen. Unter Berücksichtigung der beiden Oberziele "Wohlstand" und "Sicherheit" dürfte es zweckmäßig sein, nur eine relative Stabilität zu verwirklichen.

Im EU-Vertrag wird stärker als im Landwirtschaftsgesetz auf die Interessen der Verbraucher eingegangen. Zum einen wird das Sicherheitsziel in Form der Ernährungssicherung herausgestellt, wobei, wie in Kapitel 5.1 erläutert, "Ernährungssicherung" nicht am gegenwärtigen Grad der Selbstversorgung bei einzelnen Agrarprodukten abgelesen werden kann. Zum anderen wird auch gefordert, dass die Belieferung der Verbraucher zu "angemessenen" Preisen zu erfolgen hat. Was unter "angemessenen" Preisen zu verstehen ist, kann ohne subjektive Wertung nicht gesagt werden. Denkbar wäre folgende Interpretation: Die Verbraucherpreise sind dann nicht angemessen, wenn sie über dem Weltmarktniveau liegen und die Preisdifferenz nicht notwendig ist, um das Ziel "Sicherung der Ernährung" zu realisieren.

6.4 Träger der Agrarmarktpolitik

6.4.1 Definition und Aktionsbereich

Als **Träger der Agrarmarktpolitik** bezeichnen wir Organisationen, Personen oder Gruppen von Personen, die sich (a) zum Ziel setzen, Agrarmarktpolitik zu betreiben und (b) über Einwirkungsmöglichkeiten verfügen, um die Ziele zu verwirklichen. Agrarmarktpolitik wird dabei (siehe Kapitel 1) als die Gesamtheit aller Bestrebungen, Handlungen und Maßnahmen verstanden, die darauf abzielen, den Ablauf des agrarmarktpolitischen Geschehens in einem Gebiet oder in einem Bereich zu ordnen, zu beeinflussen oder unmittelbar festzulegen.

Mit der Definition des Begriffs "Agrarmarktpolitik" ist gleichzeitig festgelegt, dass die Zielsetzung entscheidend dafür ist, ob es sich um einen agrarmarktpolitischen Träger handelt. Alle diejenigen z.B., die im Agrarbereich tätig sind, um durch Produktion Einkommen zu erzielen, mögen zwar direkt oder indirekt Einfluss auf das agrarmarktpolitische Geschehen ausüben, doch ihre Zielsetzung ist nicht darauf gerichtet, Aufstellung und Vollzug der Wirtschaftspläne anderer so zu beeinflussen, dass sich das Ergebnis der volkswirtschaftlichen Aktivitäten ihren Zielsetzungen annähert.

Es erscheint zweckmäßig, die Abgrenzung agrarmarktpolitischer Träger nicht nur an der Zielsetzung zu orientieren, sondern auch die Einwirkungsmöglichkeit als konstitutiv anzusehen. Durch dieses Element der Definition sind zu den Trägern der Agrarmarktpolitik die Organisationen, Personen oder Gruppen von Personen zu zählen, die tatsächlich agrarmarktpolitische Entscheidungen fällen und in der Lage sind, solche Entscheidungen durchzusetzen.

Die hier vorgetragene Definition agrarmarktpolitischer Träger ist bewusst weit gewählt worden. Würde man sich an die Definitionen anlehnen, die in Lehrbüchern der Wirtschaftspolitik zum Begriff "Träger der Wirtschaftspolitik" zu finden sind, so hätte man eine engere Definition zugrunde zu legen. Unter Trägern der Wirtschaftspolitik werden häufig nur staatliche Instanzen einschließlich der an ihre Weisungen gebundenen Einrichtungen verstanden, die über wirtschaftliche Kompetenz, d.h. über wirtschaftspolitischen Instrumenteneinsatz verfügen (z.B. *M. Streit*, *Th. Pütz*). Bei einer solch engen Definition agrarmarktpolitischer Träger könnte man das agrarmarktpolitische Geschehen als Folge der Aktivitäten der agrarmarktpolitischen Träger nicht ausreichend erklären. Diejenigen, die formal kompetent sind, können möglicherweise nur eine geringe Einwirkungsmöglichkeit haben. Agrarmarktpolitische Kompetenz bedeutet nicht gleichzeitig auch agrarmarktpolitische Macht, d.h. die Fähigkeit, eigene Ziele auch gegen den Willen anderer durchzusetzen. Da aber die agrarmarktpolitische Macht, die auch ohne formale Kompetenz ausgeübt werden kann, für das agrarmarktpolitische Geschehen von Bedeutung ist, wird hier ein weiter Begriff "Träger der Agrarmarktpolitik" gewählt. Dieser Begriff schließt somit die engere Definition ein.

Im Folgenden sollen einige Träger der nationalen und der EU-Politik kurz genannt werden.

Auf nationaler Ebene sind dies:

(1) Legislative von Bund und Ländern[28],

(2) Exekutive von Bund und Ländern[28],

(3) Ministerien von Bund und Ländern[28],

(4) politische Parteien[29],

(5) Verbände, insbesondere der Deutsche Bauernverband und der Verbraucherverband[29],

(6) Landwirtschaftskammern[29], Landgesellschaften[29], u.a. sowie

(7) einzelne Wissenschaftler[29].

Auf EU-Ebene sind zu nennen:

(1) die Kommission[28],

(2) der Ministerrat[28],

---

[28] Träger nach der engen und weiten Definition des Begriffs "Träger der Agrarmarktpolitik".

[29] Lediglich Träger nach der weiten Definition.

(3) das Europäische Parlament[28],

(4) der Wirtschafts- und Sozialausschuss[28],

(5) der Europäische Gerichtshof[29],

(6) einzelne Verbände, wie z.B. der Europäische Verbraucherverband[29] und der Europäische Bauernverband[29] sowie

(7) einzelne Wissenschaftler[29].

Die Bedeutung der einzelnen Träger der Agrarmarktpolitik kann veranschaulicht werden, wenn gezeigt wird, wie die einzelnen Träger versuchen, auf das agrarmarktpolitische Geschehen Einfluss zu nehmen.

Generell kann das agrarmarktpolitische Geschehen dadurch beeinflusst werden, dass Gesetze und Verordnungen erlassen werden, die Ge- und Verbote sowie wirtschaftliche Anreize und Druckmechanismen enthalten. Die Möglichkeit einzelner agrarmarktpolitischer Träger, durch die genannten Hebel Einfluss zu nehmen, ist selbstverständlich unterschiedlich. So obliegt es generell der Legislative, Gesetze zu erlassen. Doch kann festgestellt werden, dass die Legislative bei der Ausarbeitung der Gesetzesvorlagen in der Regel auf die Mitarbeit und Vorarbeit der Exekutive und der Ministerien angewiesen ist. Es zeigt sich z.B., dass Sachkenntnis und die Information des Parlaments in der Regel nicht ausreichend sind, um zum einen die Probleme zu erkennen und zum anderen durch gezielte Maßnahmen eine Lösung der Probleme zu verwirklichen. Gesetzesvorlagen werden daher in der Regel von den Bürokratien erarbeitet und von der Exekutive eingebracht.

Als Folge der begrenzten Sachkenntnis und Information der Legislative ist es möglich, dass andere agrarmarktpolitische Träger durch Streuung selektiver Informationen versuchen, die öffentliche Meinungsbildung sowie den Informationsstand von Ministerien und Parlamenten zu beeinflussen, um hierdurch Einfluss auf Gesetzesvorlagen und auf Verordnungen zu nehmen. Gerade in diesem Bereich liegt daher die Hauptaktivität der Mehrzahl der agrarmarktpolitischen Träger, die also nicht direkt, sondern indirekt über Exekutive und Legislative eine Beeinflussung des agrarmarktpolitischen Geschehens anstreben.

Schöpft ein einzelner Wissenschaftler diese Möglichkeiten aus, so übt auch er eine agrarmarktpolitische Trägerfunktion aus. Wird z.B. von wissenschaftlicher Seite zu Zeiten der Meinungsbildung und vor der aktuellen Entscheidungsfindung gezielt ein Beitrag veröffentlicht, so kann damit die öffentliche Meinung und auch die der Politiker beeinflusst werden und damit auch der politische Entscheidungsprozess. Hat ein Wissenschaftler durch die Wahl seiner Forschungsschwerpunkte und die zeitliche Steuerung seiner Veröffentlichung die Zielsetzung der Beeinflussung der politischen Willensbildung, so ist er demnach in seiner Aktivität und Zielsetzung mit anderen agrarmarktpolitischen Trägern vergleichbar.

Die Ausprägung der Agrarpolitik wird natürlich unterschiedlich stark von den einzelnen Trägern der Agrarpolitik beeinflusst. Laut EU-Vertrag liegt die Kompetenz in der Agrarpolitik weitgehend auf EU-Ebene. Im Folgenden sollen daher die wichtigsten agrarpolitisch relevanten Institutionen auf EU- Ebene dargestellt und das Zusammenspiel zwischen diesen Institutionen aufgezeigt werden.

6.4.2 Agrarpolitisch relevante Entscheidungsträger auf EU-Ebene

Die Kommission

Die Kommission ist teilweise vergleichbar mit der Ministerialbürokratie in den einzelnen Ländern. Sie hat aber auch weitergehende Aufgaben – wie in Kapitel 8.5 gezeigt wird. Sie wird von 25 Kommissaren (einschließlich des Präsidenten, Stand 2005) geleitet. Die Kommissare werden im gegenseitigen Einvernehmen der Regierungen für eine Zeitdauer von fünf Jahren ernannt. Sie sind bei ihrer Tätigkeit aber unabhängig von nationalen Weisungen. Für die Landwirtschaft sind zuständig die Generaldirektion Landwirtschaft und ländliche Entwicklung, die sich vornehmlich mit landwirtschaftlichen Angelegenheiten beschäftigt und die Generaldirektion Regionalpolitik. Die Kommission ist Hüterin der Verträge, Exekutivorgan der Gemeinschaft und Moderator ihrer Politik. Sie vertritt das Gemeinschaftsinteresse und übt ihre Tätigkeit als Kollegium aus. Die Aufgaben der Kommission sind in Artikel 155 des EWG-Vertrages niedergelegt. Dieser Artikel lautet:

"Um das ordnungsgemäße Funktionieren und die Entwicklung des gemeinsamen Marktes zu gewährleisten, erfüllt die Kommission folgende Aufgaben:

Für die Anwendung dieses Vertrages sowie der von den Organen aufgrund dieses Vertrages getroffenen Bestimmungen Sorge zu tragen;

Empfehlungen oder Stellungnahmen zu den in diesem Vertrag bezeichneten Gebieten abzugeben, soweit der Vertrag dies ausdrücklich vorsieht und soweit sie es für notwendig erachtet;

nach Maßgabe dieses Vertrages in eigener Zuständigkeit Entscheidungen zu treffen und am Zustandekommen des Rates und der Versammlung mitzuwirken;

die Befugnisse auszuüben, die ihr der Rat zur Durchführung der ihm erlassenen Vorschriften überträgt".

Im Bereich der Agrarpolitik ist insbesondere die dritte Aufgabe von Bedeutung. Die Kommission ist die einzige Organisation, die Vorschläge für die Gesetzgebung unterbreiten darf. Damit ist die Kommission der Motor, der die EU im politischen Bereich vorantreibt. Sie ist also sehr viel mehr als eine nationale Bürokratie. Allerdings berücksichtigt die Kommission bei ihren Vorschlägen bereits die divergierenden nationalen Interessen. Es besteht ein ständiger Kontakt zwischen der Kommission und den nationalen Vertretungen in Brüssel, der ständigen Vertretung der Länder. Die ständige Vertretung ist vergleichbar mit der Botschaft eines Landes. Sie vertritt – durch ihre Mitarbeiter – die Bundesregierung in den ca. 140 Ausschüssen und Arbeitsgruppen des Rates der Europäischen Union. Diese Gremien bereiten die Sitzungen des Ministerrats vor, der für die Bundesrepublik Deutschland von Mitgliedern der Bundesregierung wahrgenommen wird. Der von der Kommission vorgelegte Vorschlag ist daher bereits ein Kompromiss zwischen dem Interesse der EU als Gesamtheit und den partiellen nationalen Interessen.

Der Agrarministerrat

Nach dem EU-Vertrag hat der Rat zwei Aufgaben. Zum einen hat er für die Abstimmung der Wirtschaftspolitik der Mitgliedstaaten zu sorgen und zum zweiten besitzt er Entscheidungsbefugnis. Der Rat besteht aus Vertretern der Mitgliedstaaten, jede Regierung entsendet eines ihrer Mitglieder. Die Präsidentschaft im Ministerrat wechselt alle sechs Monate, die Reihenfolge ergibt sich aus der alphabetischen Ordnung der Ländernamen in nationaler Sprache. Der Ministerrat trifft sich, wenn dieses vom Präsidenten oder auch von einem anderen Mitglied im Ministerrat oder von der Kommission gewünscht wird. Die Abstimmungsregeln sind im EU-Vertrag festgelegt "soweit in diesem Vertrag nichts anderes bestimmt ist, beschließt der Rat mit der Mehrheit seiner Mitglieder". In speziellen Fragen sieht der EU-Vertrag vor, dass mit qualifizierter Mehrheit abgestimmt wird. Die Stimmenzahl für die einzelnen Länder und die Festlegung von Abstimmungsmehrheiten hat sich nach der EU-Erweiterung am 1. Mai 2004 gemäß dem Vertrag von Nizza geändert. Große Länder haben zwar mehr Stimmen als kleine Länder, doch entsprechen die Stimmenanteile nicht den Bevölkerungsanteilen. So hat z.B. die Bundesrepublik ebenso wie Frankreich, Großbritannien und Italien mit 29 die höchste Stimmenzahl, ist aber mit Abstand bevölkerungsreicher als die anderen 'großen' Länder. Noch gravierender ist der Unterschied zwischen den genannten großen Ländern und den sehr kleinen Ländern. So hat z.B. Luxemburg 3 Stimmen. Für die qualifizierte Mehrheit gilt, dass nicht nur 70 % der Stimmen notwendig sind, sondern auch, dass die Zustimmung der Mehrheit der Mitgliedsländer notwendig ist. Diese Regelung soll verhindern, dass eine Gesamtheit von kleinen Ländern – bedingt durch ihre geringe Stimmenzahl – überstimmt werden können. Weiterhin kann ein Mitglied des Rates eine Prüfung beantragen, ob die Mitgliedsländer, die diese qualifizierte Mehrheit bilden, mindestens 62 % der Gesamtbevölkerung der Union repräsentieren. Ist diese Bedingung nicht erfüllt, so kommt der Beschluss nicht zustande. Durch diese Regelung soll vermieden werden, dass einige wenige bevölkerungsreiche Länder als Gruppe überstimmt werden können. Beide ergänzende Abstimmungsregeln versuchen demnach die Nachteile der Festlegung der Stimmenzahl, die weitgehend losgelöst von den Bevölkerungsanteilen ist, zu mindern, aber andererseits auch zu berücksichtigen, dass in gewisser Hinsicht alle Mitgliedsländer als Nation gleichberechtigt sind. In internationalen Organisation, wie z.B. in der UNO oder der WTO, hat jedes Land eine Stimme unabhängig von der Größe (gemessen in Bevölkerung) und unabhängig vom Beitrag der Finanzierung.

Von diesem beschriebenen Abstimmungsmodus ist aber in der Vergangenheit wenig Gebrauch gemacht worden. Bereits 1965, also vor Beginn der gemeinsamen Agrarmarktordnungen, versagte Frankreich seine Mitarbeit im Ministerrat. Frankreich befürchtete, dass nationale Interessen nicht genügend berücksichtigt werden würden, wenn die im Vertrag vorgesehenen Abstimmungsregeln angewandt würden. Daher einigte man sich im Januar 1966 auf den so genannten "***Luxemburger Kompromiss***". Dieser sieht vor, dass immer dann Einstimmigkeit gefordert werden kann, wenn ein Land behauptet, dass nationale Interessen gefährdet sind. Bis 1982 konnten daher Beschlüsse lediglich aufgrund einer Einstimmigkeit gefällt werden. 1982/83 wurde erstmalig eine Preisrunde nach der Mehrheitsregel beendet. Doch auch danach hat man stets versucht, Entscheidungspakete zu schnüren, die allen Mitgliedsländern eine Zustimmung ermöglichten. Ohnehin sieht der EU-Vertrag in bestimmten Fällen eine Einstimmigkeit vor, und zwar immer dann, wenn der Ministerrat, der ja ausschließlich über die von der EU-Kommission erhaltenen Vorschläge entscheidet, einen Vorschlag der EU-Kommission modifiziert. Da die Vorschläge der EU-Kommission aus Sicht einzelner Mitgliedsländer zu modifizieren sind, wird in der Realität auch die Einstimmigkeit zur Regel.

Es ist verständlich, dass diese Entscheidungsregel dazu beiträgt, dass die Verhandlungen im Ministerrat sehr langwierig sind und häufig zu Ergebnissen führen, die nicht im Interesse der EU-Gesamtheit liegen. Andererseits muss aber auch bedacht werden, dass bei der Konstruktion der Kompetenzverteilung davon ausgegangen wird, dass die Kommission als Hüterin der Verträge das Gesamtinteresse der Gemeinschaft vertreten sollte, während im Ministerrat die individuellen nationalen Interessen zur Geltung kommen sollen. Es ist verständlich, dass sich einzelne Länder nicht permanent im Ministerrat überstimmen lassen wollen. Würde man dieses akzeptieren, so liefe man Gefahr, dass einzelne Mitgliedsländer zu hohe wahrscheinliche externe Kosten in Kauf nehmen müssten und daher möglicherweise an einer weiteren Mitgliedschaft nicht mehr interessiert wären.

Der Ministerrat kann als die wichtigste agrarpolitische Institution auf EU-Ebene angesehen werden. Er wirkt auf die Agrarpolitik in den einzelnen Ländern allein oder in Zusammenarbeit mit dem Parlament oder durch Erlass verschiedener Rechtsakte ein. Diese Rechtsakte können Verordnungen, Entscheidungen oder Richtlinien sein. Die **Verordnung** ist in allen Teilen verbindlich; sie gilt unmittelbar in jedem Mitgliedsland; sie hat Gesetzeskraft. Verordnungen sind demnach EU-Gesetze, die nationalen Gesetzen übergeordnet sind. Verordnungen konnte der Ministerrat in den ersten Jahrzehnten ohne Mitwirkung des Parlaments beschließen.

Ein anderer Rechtsakt ist die **Entscheidung**. Sie kann sich an Mitgliedstaaten, an Unternehmen oder an Einzelpersonen richten. Sie hat den Charakter eines Verwaltungsaktes, ist also für den Empfänger verbindlich. Die **Richtlinie** schließlich richtet sich an einen oder mehrere Mitgliedstaaten. Sie ist eine Art Rahmengesetz, in dem ein Ziel festgelegt wird, ohne dass dem Mitgliedstaat vorgeschrieben würde, mit welchen Mitteln er dieses Ziel zu erreichen hat; er ist jedoch verpflichtet, die erforderlichen innerstaatlichen Rechtsakte zu erlassen.

In der gemeinsamen Agrarpolitik gibt es vor allem Verordnungen für den Bereich der Markt- und Preispolitik und Richtlinien für den Bereich der Strukturpolitik[30]. Die nationalen Staaten haben damit ihre Kompetenz im Bereich der Markt- und Preispolitik weitgehend in supranationale Zuständigkeit übergeben. Im Bereich der Strukturpolitik haben sie dagegen einen größeren Gestaltungsrahmen.

Das Europäische Parlament

Die Mitglieder des Parlaments werden von den Bürgern in freien Wahlen gewählt. Jedes Land hat eine bestimmte Zahl von Abgeordneten. Im Parlament bilden aber die nationalen Abgeordneten länderübergreifende Fraktionen.

Die Bedeutung des Parlaments ist im Zeitablauf erheblich gestiegen. Inzwischen entscheidet das Parlament bei einem großen Teil (über 80 %) der Beschlussfassung über EU-Gesetze mit. Allerdings gilt dies nicht für Gesetze, die die Agrarpolitik betreffen. Hier wirkt das Parlament nur mit. Der Ministerrat hat vor der Beschlussfassung die Stellungnahme des Parlaments einzuholen.

Das Parlament hat einen direkten Einfluss auf die Agrarpolitik, weil es über das Budget der Kommission beschließen muss. Da die Ausgaben für die Agrarpolitik etwa 40 % des EU-Haushalts ausmachen (2004), ist die Gestaltung der Politik entscheidend von der Höhe des gesamten Budgets abhängig.

Darüber hinaus hat das Parlament einen nicht unbedeutenden indirekten Einfluss auf die EU-Agrarpolitik. Das Parlament hat das Recht, sich in Resolutionen zu äußern und damit die politische Willensbildung und Entscheidung in der Kommission und im Ministerrat zu beeinflussen.

Der Europäische Gerichtshof

Der Europäische Gerichtshof hat die Aufgabe, sicherzustellen, dass die EU-Gesetze auch angewendet werden. Weiterhin hat er die Aufgabe, die Implikatio-

---

[30] 0. V., Die gemeinsame Agrarpolitik und ihre Reform. Europäische Dokumentation, Zeitschrift 1187, S. 65.

nen des EU-Vertrages zu interpretieren. Dies hat im Bereich der Agrarpolitik eine besonders große Bedeutung. So hat z.B. der Europäische Gerichtshof entschieden, dass denjenigen Landwirten, die eine Nichtvermarktungsprämie für Milch vor 1984 akzeptiert hatten und sich damit bereit erklärten, für eine Fünfjahresfrist keine Milch abzuliefern, nach Anwendung der Garantiemengenregelung für Milch im Jahr 1984 eine Quote zugeteilt wurde. Weiterhin hat der Europäische Gerichtshof entschieden, dass in der Bundesrepublik Deutschland das so genannte Imitatverbot für Milchprodukte – nach dem auf dem Markt der Bundesrepublik Deutschland keine Produkte, die Milchimitate darstellten, angeboten werden durften – nicht mit dem Gemeinschaftsrecht vereinbar war. Beide Beschlüsse hatten sowohl für die Landwirte als auch für die nationale Agrarpolitik erhebliche Konsequenzen.

Wenn auch über die wesentlichen Elemente der Markt- und Preispolitik auf EU-Ebene beschlossen wird, so darf daraus nicht gefolgert werden, dass die einzelnen Mitgliedsländer keinen Einfluss auf die gemeinsame Agrarpolitik haben. Zum einen haben sie ohnehin die Möglichkeit, Richtlinien, die auf EU-Ebene beschlossen wurden, in gewissen Grenzen unterschiedlich auszugestalten. Zum anderen können sie aber auch auf die Verabschiedung von Verordnungen direkt Einfluss nehmen. Dies geschieht bereits in der ersten Phase, wenn die EU-Kommission dem Agrarministerrat einen Vorschlag unterbreitet. Diese Vorschläge werden in der Regel nicht lediglich auf EU-Ebene erarbeitet, sondern in Zusammenarbeit mit Vertretern der nationalen Regierungen. Darüber hinaus haben die nationalen Agrarminister immer dann, wenn die Einstimmigkeitsregel akzeptiert wird, erheblichen Einfluss auf die Entscheidungen auf EU-Ebene. Die Einstimmigkeitsregel kann sogar dazu führen, dass einzelne Bundesländer oder Interessengruppen der EU-Mitgliedsländer einen erheblichen Einfluss auf das Entscheidungsergebnis haben. Dies wird dann eintreten, wenn sie die Möglichkeit haben, einen entsprechenden Druck auf den nationalen Minister auszuüben.

6.4.3 Probleme einer Vielzahl agrarmarktpolitischer Träger

Zunächst stellt sich die Frage, ob es sinnvoll ist, unterschiedliche Träger der Agrarmarktpolitik zu haben. Hier soll aufgezeigt werden, welche Probleme durch die gegenwärtige Vielfalt der Träger entstehen können.

Es könnte argumentiert werden, dass das Vorhandensein einer Vielzahl agrarmarktpolitischer Träger den Grundsätzen einer pluralistischen Gesellschaft entspricht. Da die Interessenlage einzelner Gruppen in unserer Gesellschaft unterschiedlich ist, kann man hoffen, dass durch Artikulation dieser Interessen durch unterschiedliche Träger der Agrarpolitik, wie z.B. die Verbände, agrarmarktpolitische Entscheidungen gefunden werden, die echte Kompromisse für alle davon Betroffenen darstellen.

Von dieser idealistischen Vorstellung ausgehend, kann durchaus die Tätigkeit der Verbände in einem demokratischen System befürwortet werden. Die Verbände haben die Aufgabe, die Interessen ihrer Mitglieder anderen Mitgliedern der Gesellschaft darzustellen; unter anderem können sie dieses durch eine Versorgung der Gesellschaft mit sonst nur schwer zugänglichen Informationen erreichen.

Es darf aber nicht verkannt werden, dass die einzelnen Gruppen einer Gesellschaft unterschiedliche Möglichkeiten haben, sich zu organisieren und ihre Interessen zu vertreten. Daher kann der idealistischen Vorstellung, dass in der Tat durch die Aktivität der Verbände stets auch ein fairer Kompromiss gefunden wird, nicht zugestimmt werden. Es ist durchaus denkbar und für die Bundesrepublik Deutschland auch nachweisbar, dass einzelne Gruppen einen besonders starken Einfluss auf politische Entscheidungen ausüben können und damit das Entscheidungsergebnis zu ihren Gunsten beeinflussen oder sich Änderungen der Politik widersetzen und dieses auch erfolgreich tun.

Einerseits ist es zwar notwendig, dass man Informationen über die Präferenzen der einzelnen Mitglieder der Gesellschaft erhält, bevor man politische Entscheidungen fällt. Andererseits birgt aber die Vielzahl der agrarmarktpolitischen Träger die Gefahr in sich, dass ein nicht ausgewogener Instrumenteneinsatz verwirklicht wird. Das Problem kann mit Hilfe von *Schaubild 6.3* veranschaulicht werden:

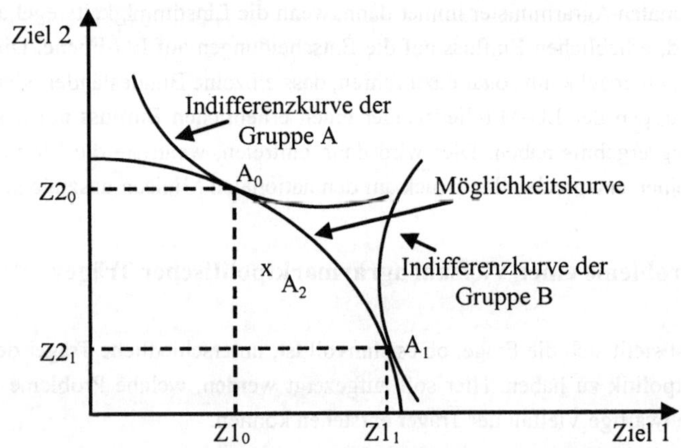

Schaubild 6.3: Optimaler Zielverwirklichungsgrad in Abhängigkeit von den Präferenzen

Im *Schaubild 6.3* zeigt die Möglichkeitskurve an, welche Zielkombinationen von der Gesellschaft maximal verwirklicht werden können. Die Indifferenzkurven geben an, welche Zielkombinationen in der Einschätzung der Entscheidungsträger den gleichen Nutzen stiften. Es wird angenommen, dass Entscheidungsträger A eine andere Präferenzstruktur aufweist als Entscheidungsträger B. Entscheidungsträger A möchte daher den Optimalpunkt A_0 und Entscheidungsträger B A_1 verwirklichen. Können beide Entscheidungsträger ohne vorherige Absprache den aus ihrer Sicht optimalen Instrumenteneinsatz wählen, so wird Gruppe A darauf hinwirken, dass der Zielverwirklichungsgrad von Ziel 1 relativ gering und von Ziel 2 relativ hoch ist. Gruppe B hingegen wird gegenläufige Entscheidungen treffen. Es ist einleuchtend, dass der Instrumenteneinsatz von A teilweise durch den von B kompensiert wird. Als Folge wird man nicht einen Punkt auf der Möglichkeitskurve verwirklichen, sondern z.B. A_2. Es zeigt sich somit, dass durch eine Mehrzahl von Entscheidungsträgern Effizienzverluste im Instrumenteneinsatz auftreten können. In der Realität treten solche Verluste aufgrund mangelnder Koordination nicht nur wegen unterschiedlicher Präferenzstrukturen auf, sondern auch wegen unterschiedlicher Einschätzung der Situation und der Möglichkeiten eines Instrumenteneinsatzes. Auch die Möglichkeitenkurve einzelner Entscheidungsträger werden somit unterschiedliche Verläufe aufweisen. Auch aus diesem Grund können also die angestrebten Instrumenteneinsätze differieren.

Besondere Probleme ergeben sich im Bereich der EU-Agrarpolitik durch das Zusammenspiel von EU- und nationaler Politikbeeinflussung. Diese Probleme treten verstärkt durch die gemeinsame Finanzierung der Agrarpolitik auf. Die begrenzte nationale Autonomie in der Agrarpolitik ermöglicht es einzelnen Ländern, Entscheidungen zu fällen, die auf EU-Ebene Kosten verursachen. Die Kosten sind von der Gesamtheit der EU-Mitgliedsländer zu tragen, während die Vorteile den einzelnen Mitgliedsländern selbst zugute kommen. So ist es z.B. in einzelnen Ländern aufgrund der begrenzten Autonomie in der Agrarstrukturpolitik möglich, produktionssteigernde Maßnahmen zu ergreifen, z.B. durch das einzelbetriebliche Förderungsprogramm der Bundesrepublik Deutschland. Produktionssteigerungen führen aber auf EU-Ebene zu erhöhten Überschüssen, die dann auf EU-Ebene Ausgaben verursachen und damit andere Mitgliedsländer belasten. Die Möglichkeit der Externalisierung nationaler Kosten hat sich auch durch das 1988 eingeführte Flächenstilllegungsprogramm ergeben. Prämien, die für die Flächenstilllegung bezahlt werden müssen, werden teilweise aus der EU-Kasse und zum Teil aus nationalen Haushalten finanziert. Die Verringerung der Produktion, die zu einer Verringerung der EU-Ausgaben führen soll, kommt aber allen Ländern entsprechend ihrem Finanzierungsanteil an den EU-Ausgaben zugute. Aus Sicht eines einzelnen Landes ist es daher nicht sinnvoll, die auf der EU-Ebene beschlossene Richtlinie so auszugestalten, dass sie auch von den einzelnen Landwirten akzeptiert wird. Die Realität hat gezeigt, dass in den ersten Jahren des Programms lediglich die Bundesrepublik Deutschland verstärkt Flächen stilllegte. Die Bundesrepublik nahm damit in Kauf, dass zusätzliche nationale Ausgaben entstanden und andere EU-Länder durch die bundesdeutsche Politik entlastet wurden.

Wie wenig rational das Entscheidungsergebnis auf europäischer Ebene sein kann, soll nachfolgend veranschaulicht werden.

Erhält der Ministerrat einen Vorschlag der Kommission zur Beratung, so verläuft die Verhandlung – vereinfacht – häufig nach folgendem Muster ab: Nach einigen allgemeinen Erörterungen wird ein einzelnes Land zu dem Kommissionsvorschlag Stellung nehmen und herausstellen, dass insgesamt der Vorschlag von diesem Land nicht akzeptiert werden kann und zumindest einige Modifikationen berücksichtigt werden müssen.

Zu den Vorschlägen der Kommission, die bereits auf einer Abtastung der nationalen Interessenlage und auf der Suche nach Kompromissen beruhen, werden nun die einzelnen nationalen Wunschvorstellungen hinzugefügt. Dies tut nicht nur das erste Land, sondern der Reihe nach alle übrigen 24 Länder der EU (Stand 2005). Nach der ersten Runde liegen also der Kommissionsvorschlag und zusätzlich die einzelnen nationalen Forderungen vor. Im Weiteren wird versucht, diese einzelnen Forderungen möglicherweise etwas zurückzuschrauben, indem man Zugeständnisse an anderen Stellen anbietet. Im Prinzip wird das Ergebnis aber sein, dass das einzelne Land nur dann dem modifizierten Kommissionsvorschlag zustimmt, wenn seine Vorstellungen besser berücksichtigt werden als bei dem ursprünglichen Vorschlag. Da dieses für jedes einzelne Land gilt, werden im Entscheidungsergebnis lediglich die unterschiedlichen nationalen Interessen aufaddiert, aber tatsächlich wird kein fairer Kompromiss gefunden.

Besonders nachteilig bei diesem Verfahren ist, dass zwar für den Kommissionsvorschlag von der Kommission ermittelt wird, welche Konsequenzen sich bei der Verwirklichung des Vorschlags für die einzelnen Mitgliedsländer in finanzieller Hinsicht ergeben würden. Beschließt der Agrarministerrat jedoch über die modifizierten Kommissionsvorschläge, so liegen Berechnungen über die Konsequenzen nicht stets in allen Komponenten vor[31].

Es kann sehr wohl sein, dass jedes einzelne Land glaubt, durch die Verwirklichung seiner eigenen Vorstellungen einen Vorteil zu genießen, aber möglicherweise nicht bedenkt, dass durch die Zugeständnisse bei den Forderungen der Partner Nachteile in Kauf genommen werden müssen, die die Vorteile überkompensieren. Insgesamt ist nicht zu erwarten, dass das Entscheidungsergebnis mit

[31] Zum Beispiel errechnet die Kommission seit einigen Jahren, welche zusätzliche Ausgabenbelastung sich durch die Verwirklichung der Kommissionsvorschläge ergeben würde. Vor dieser Zeit wurden solche Berechnungen dem Agrarministerrat nicht mitgeliefert, so dass der Ministerrat sich von vornherein über die Konsequenzen seiner Entscheidungen nicht im Klaren sein konnte. Wenn man aber für rationale Entscheidungen fordert, dass eine Abwägung zwischen den Alternativen – und zwar dem Für und Wider einer Politik – vorgenommen wird, so kann gesagt werden, dass es bis zur Vorlage dieser Berechnungen dem Agrarministerrat nicht möglich war – selbst wenn er es gewollt hätte –, rationale Entscheidungen zu fällen.

den Vorstellungen einer wohl durchdachten Agrarmarktpolitik im Einklang stehen wird.

Die Entscheidungen des EU-Ministerrats müssen insbesondere aus Sicht der Bundesrepublik bedenklich sein. In der Bundesrepublik gibt es seit 1969 ein Haushaltsgrundsätzegesetz, das besagt, dass bei allen größeren Projekten im Staatssektor, die von größerer finanzieller Bedeutung sind, eine Kosten-Nutzen-Analyse durchzuführen ist. Eine Kosten-Nutzen-Analyse darf sich dabei nicht nur auf die finanziellen Wirkungen beschränken, sondern hat – wie in Kapitel 7.1 noch gezeigt wird – den gesamtwirtschaftlichen Nutzen der einzelnen Maßnahmen zu erfassen. Auf EU-Ebene wird allerdings über Maßnahmen von erheblicher finanzieller Bedeutung beschlossen, ohne dass eine solche Berechnung vorgelegt wird.

Vorschläge zur Lösung grundsätzlicher Probleme, die durch das Bestehen einer Vielzahl agrarmarktpolitischer Träger hervorgerufen werden

An diesem Punkt der Erörterung mag sich die Frage stellen, wie man dieses grundsätzliche Problem in der Agrarmarktpolitik lösen kann. Hier sollen einige Anmerkungen präsentiert werden, wie man möglicherweise das gegenwärtige Dilemma etwas reduzieren könnte:

(a) Zunächst einmal erscheint es notwendig, die einzelnen Entscheidungsberechtigten im Ministerrat über die Konsequenzen ihrer Entscheidungen genauestens zu informieren. Um dieses zu erreichen, ist es notwendig, dass jeder modifizierte Vorschlag, bevor er zur endgültigen Abstimmung gestellt wird, an die Kommission zurückgeleitet wird. Aufgabe der Kommission wäre es dann, die Konsequenzen des modifizierten Vorschlags mit alternativen Vorschlägen durchzurechnen und dem Ministerrat zurückzureichen. Die Berechnungen sollten sich dabei nicht allein auf die finanziellen Wirkungen beschränken, sondern auch eine gesamtwirtschaftliche Kosten-Nutzen-Analyse einschließen.

(b) Ein besonderes Problem der Entscheidungsfindung im Agrarministerrat besteht u.a. auch darin, dass die Agrarminister selbst von den finanziellen Auswirkungen und den volkswirtschaftlichen Kosten ihrer Entscheidungen nicht berührt werden. Würde man z.B. auch die Finanzminister an den Entscheidungen teilnehmen lassen, so würde man zumindest erreichen, dass den budgetwirksamen Entscheidungen eine verstärkte Bedeutung beigemessen wird.

(c) Ein weiteres Problem der gegenwärtigen Entscheidungsfindung liegt darin, dass sich jeder einzelne Agrarminister stets vor seinem nationalen Parlament mit einem guten Argument entschuldigen kann: Er kann behaupten, dass ohne seine Zustimmung zu dem gefundenen Ergebnis keine Entscheidung zustande gekommen wäre, aber eine gemeinsame Entscheidung bei der gegenwärtigen Konstruktion der gemeinsamen EU-Agrarpolitik unbedingt notwendig sei. Hätte er nicht zugestimmt, so wäre damit möglicherweise die gesamte EU auseinander gebrochen. Hieraus ergibt sich, dass er, selbst wenn er das Entscheidungsergebnis nicht für richtig hält, im Interesse der Mitglieder seines Landes der Entscheidung zustimmen musste. Diese Entschuldigung wäre weniger überzeugend, wenn die Sitzungen des Ministerrates öffentlich wären.

Einem solchen Verhalten der Agrarminister, insbesondere einer Ablehnung der Verantwortung für das gemeinsame Entscheidungsergebnis, kann durch Aufklärung der Öffentlichkeit über das Verhalten der einzelnen Entscheidungsträger entgegengewirkt werden. Es erscheint daher notwendig, dass z.B. auf europäischer Ebene eine unabhängige Sachverständigenkommission geschaffen wird, die permanent die Entscheidungen der europäischen Institutionen untersucht und die Öffentlichkeit darüber informiert, inwieweit die einzelnen Mitglieder sich rein nationalistisch oder auch rein landwirtschaftlich orientiert verhalten, und inwieweit z.B. die Interessen anderer Gruppen, wie die der Verbraucher, bei den Entscheidungen bedacht werden.

(d) Selbstverständlich sollte versucht werden, institutionelle Regelungen zu schaffen, die es den einzelnen Mitgliedsländern und den einzelnen agrarmarktpolitischen Entscheidungsträgern nicht ermöglichen, Kosten nationaler agrarpolitischer Strategien zu externalisieren.

Kapitel 7: Instrumente der EU-Agrarmarktpolitik

Prinzipiell gibt es keinen Unterschied zwischen den Instrumenten der allgemeinen Wirtschaftspolitik und denen der Agrarmarktpolitik. Instrumente der Agrarmarktpolitik zielen darauf ab, agrarmarktpolitische Ziele zu verwirklichen. Es ist nicht möglich, alle agrarmarktpolitischen Instrumente, die in der Vergangenheit eingesetzt wurden bzw. gegenwärtig oder zukünftig eingesetzt werden, in ihren Wirkungen zu analysieren. Im Folgenden wird daher lediglich exemplarisch für die Hauptinstrumente der gegenwärtigen Agrarmarktpolitik der EU aufgezeigt, welche Wirkungen sie haben. Hier empfiehlt sich eine detaillierte Diskussion, da der Einsatz einzelner Instrumente in der Regel nicht nur ein Ziel berührt, sondern – abgesehen von der gewünschten Wirkung – eine Reihe von teils erwünschten, teils unerwünschten Nebenwirkungen aufweist. Häufig wird sogar in der politischen Praxis der Einsatz einzelner Instrumente wegen der unerwünschten Nebenwirkungen abgelehnt. Die folgende Darstellung beginnt mit einer rein ökonomischen Analyse. Es wird deutlich, dass einzelne Instrumente bei rein ökonomischer Betrachtung nicht eingesetzt werden würden. Es gibt somit offensichtlich auch nicht-ökonomische Argumente, die für die Wahl einzelner Instrumente sprechen. Diese Aspekte werden in Kapitel 8 erörtert.

7.1 Ein ökonomischer Bewertungsrahmen

Der Bewertungsrahmen soll Hinweise darauf geben, wie man bei der Bewertung von geplanten Politikänderungen systematisch vorgehen kann. Eine solche Vorgehensweise ist zweckmäßig, da Politikänderungen in der Regel nicht nur vornehmlich aufgrund gesamtwirtschaftlicher Überlegungen erfolgen, sondern auch durch Aktivität von Interessengruppen. Es ist nahe liegend, dass Interessengruppen eine eingeschränkte Sichtweise haben. Sie neigen dazu, vornehmlich ihr Eigeninteresse zu sehen und vernachlässigen negative Effekte auf andere Mitglieder der Gesellschaft. So wird z.B. ein Zollschutz für bestimmte Produkte gefordert, aber nicht bedacht, dass eine Protektion einzelner Sektoren eine implizite Besteuerung anderer Sektoren beinhaltet. Diese indirekten Effekte sind allerdings nicht immer sichtbar, und sie werden daher häufig vernachlässigt. Spezielle neue Maßnahmen oder die Beibehaltung bisheriger Instrumente werden häufig auch von Interessengruppen gefordert, um negative Entwicklungen auf einzelne Wirtschaftsektoren zu vermeiden. Doch selbst wenn es gute Argumente für die

Förderung einzelner Sektoren geben mag, ist dennoch zu prüfen, ob die von den Sektoren gewünschte Politik auch aus gesamtwirtschaftlicher Sicht die beste Politik wäre. Es empfiehlt sich daher in einer ersten Phase, wenn über Politikänderungen beraten wird, nach den Gründen für Politikänderungen zu fragen.

7.1.1 Gründe für Politikänderungen

Hier sollen zwei Aspekte diskutiert werden, zum einen, ob eine Änderung bisheriger staatlicher Eingriffe in den Agrarsektor wünschenswert ist und zweitens, ob ein zusätzlicher Instrumenteneinsatz notwendig ist.

(1) Eine Änderung des bisherigen staatlichen Mitteleinsatzes kann aus folgenden Gründen angebracht sein:

(a) Agrarpolitischen Ziele haben sich im Zeitablauf geändert. In Kapitel 6.3 wurde gezeigt, dass z.B. das Umweltziel und die Nahrungsmittelsicherheit in der heutigen EU-Agrarpolitik eine größere Rolle spielen als bei Gründung der EU. Es ist daher verständlich, dass man die negativen Umwelteffekte heute stärker berücksichtigt als vor 40 Jahren. Dies hat z.B. Konsequenzen für die Bewertung der Preisstützung als Mittel der Einkommenserhöhung der Landwirte. Es ist bekannt, dass der Einsatz von mineralischen Düngemitteln umso höher ist, je höher die Preise für pflanzliche Produkte sind. Es ist auch bekannt, dass die Stickstoffauswaschung ceteris paribus umso höher ist, je höher die Stickstoffgaben sind. Es gilt daher der Sachverhalt wie in *Schaubild 7.1* dargestellt.

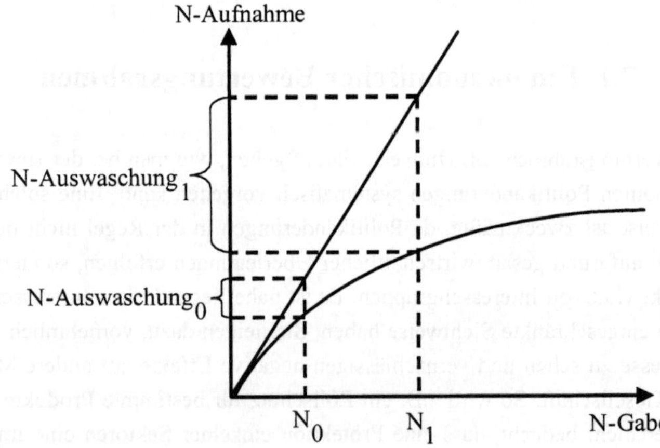

Schaubild 7.1: Beziehung zwischen Stickstoffdüngung und -auswaschung

Auf der Abszisse ist die Höhe der Stickstoffgabe abgetragen und auf der Ordinate die Stickstoffaufnahme durch die Pflanze. Die Winkelhalbierende gibt demnach an, bei welchen Kombinationen Stickstoffdüngung und Stickstoffaufnahme gleich hoch wären. Die Differenz zwischen Stickstoffgabe und -aufnahme kann daher an der Ordinate als Differenz der vertikalen Abschnitte der beiden Kurven abgelesen werden. Es ist im *Schaubild 7.1* zu sehen, dass mit höherer Stickstoffgabe auch die Auswaschung zunimmt. Eine höhere Stickstoffgabe als Nebenwirkung einer Preisstützung wird daher stärker negativ zu bewerten sein, wenn man die Auswaschung vermeiden will.

In der EU hat sich die relative Vorzüglichkeit durch Änderung der agrarpolitischen Ziele und/oder deren Gewichtung im Zeitablauf erheblich geändert. Insbesondere ist auch das landwirtschaftliche Einkommensziel im Vergleich zum Umwelt- und Nahrungsmittelsicherheitsziel zurückgetreten. Eine Neubewertung des Instrumenteneinsatzes ist daher von Zeit zu Zeit notwendig.

(b) Eine Änderung des agrarmarktpolitischen Mitteleinsatzes kann auch notwendig sein, weil einzelne Instrumente wegen geänderter sektoraler und/oder gesamtwirtschaftlicher Entwicklung im Zeitablauf in Teilaspekten unterschiedlich bewertet werden. Hierzu einige Beispiele:

(aa) Als das Instrumentarium der EU-Agrarmarktpolitik in den sechziger Jahren konzipiert wurde, war die EWG der sechs Länder bei fast allen Produkten eine Nettoeinfuhrregion. Durch Preisstützung, d.h. Erhebung von Zöllen bzw. Abschöpfungsbeträgen, konnte man das Einkommen der Landwirte erhöhen und gleichzeitig auch den Staatshaushalt entlasten. Als Ende der siebziger Jahre die EU zur Überschussregion für die meisten Agrarprodukte wurde, führte die Preisstützung zu Exporterstattungen und einer zunehmenden Belastung der Haushalte. Die geänderte fiskalische Wirkung kann somit zu einer Neubewertung der Politikinstrumente führen.

(bb) Als die Zuckermarktordnung der EWG 1967/68 eingeführte wurde, wurde die Zuckerrübe vornehmlich von klein- und mittelbäuerlichen Betrieben oder von Großbetrieben mit relativ viel Handarbeit angebaut. Durch biologisch-technische Entwicklungen (Monogermsaat) und Pflanzenschutzmittel sowie durch technisch-mechanische Fortschritte (Vollerntemaschinen) ist der Zuckerrübenanbau heute vornehmlich in größeren Betrieben angesiedelt, und die Produktionsweise ist kapitalintensiv geworden. Hinzu kommt, dass die Hochpreispolitik für Zucker zu dem Aufkommen von Zuckersubstituten (Isoglucose und Inulin) geführt hat. Als Folge dieser Änderungen ist die Wirkung der Preisstützung auf dem Zuckermarkt weniger geeignet, die Arbeitseinkommen in der Landwirtschaft zu erhöhen als zu Beginn der Marktordnung.

(cc) Entwicklungen der Produktionstechnologie und sinkende Seefrachten haben auch zu einer Änderung der Preisstützungspolitik auf dem Milchmarkt beigetragen. Die Milchproduktion war bis Ende der sechziger Jahre weitgehend bodenabhängig. Die Milchproduktion einzelner Landwirte war eng an die eigene Futtergrundlage gebunden. Niedrige Importpreise für Kraftfuttermittel seit den siebziger Jahren trugen dazu bei, dass zunehmend mehr Milch auf der Basis eingeführter Futtermittel produziert wurde. Außerdem trug die technische Entwicklung in der Milchproduktion dazu bei, dass die Durchschnittskosten der Milchproduktion mit zunehmender Kuhzahl sanken. Durch die geänderten Bedingungen wurde es zunehmend kostspieliger die Einkommen der klein- und mittelbäuerlichen Betriebe durch Preisstützung zu sichern. Der Sachverhalt ist in *Schaubild 7.2* dargestellt. Selbst wenn die Inlandspreise (p_i) nahezu das Dreifache der Weltmarktpreise (p_w) betragen, kann es sein, dass ein großer Teil der inländischen Produzenten keine kostendeckenden Preise erzielt. Dies gilt im *Schaubild 7.2* für alle Produzenten, die weniger als q_0 an Milch produzieren. Doch werden bei diesen Inlandspreisen alle Produzenten, die mehr als q_0 produzieren, Gewinne erwirtschaften. Sie haben daher einen Anreiz, die Produktion auszudehnen. Da die Milch zunehmend auch bodenunabhängig produziert werden kann, ist die Produktionssteigerung auch möglich. Die Folge waren wachsende Überschüsse auf dem EU-Milchmarkt in den siebziger und frühen achtziger Jahren. Im Jahr 1984 wurde daher eine Quotierung der Produktion eingeführt.

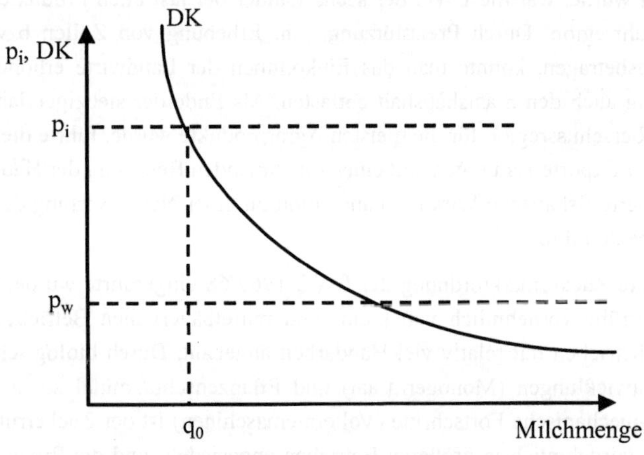

Schaubild 7.2: Preisstützung bei sinkenden Durchschnittskosten in der Milchproduktion

(dd) Die EU-Erweiterungen und wachsende Agrarproduktion haben dazu geführt, dass die EU-Agrarmarktpolitik eine relativ große Bedeutung für das Niveau und die Entwicklung der Weltmarktpreise erhielt. Im Sinne der Außenhandelstheorie wurde die EU ein relativ großes Land auf den Weltagrarmärkten. Es traten daher auf Agrarüberschussmärkten der EU negative **Terms of Trade-Effekte** auf, die Exportpreise sanken mit zunehmender Exportmenge. Es wurde daher aus gesamtwirtschaftlicher und fiskalischer Sicht teurer, das bisherige Preisstützungssystem beizubehalten.

(ee) Selektive Handelsabkommen, insbesondere mit Entwicklungsländern, können die relative Vorzüglichkeit des bisherigen agrarmarktpolitischen Instrumentariums verändern. So hat die EU mit den ärmsten Entwicklungsländern das so genannte 'Everything but Arms' Abkommen im Juni 1999 unterzeichnet. Danach dürfen die 49 ärmsten Entwicklungsländer grundsätzlich alle Güter ohne Zollschutz in die EU exportieren. Das Abkommen trat im März 2001 in Kraft, sieht aber Übergangsbestimmungen für drei Produkte (Zucker, Reis und Bananen) vor. Als Folge des Abkommens wird das EU-Preisstützungssystem zunehmend kostspieliger.

(ff) Die EU hat als Mitglied des GATTs (Allgemeines Zoll- und Handelsabkommen) und deren Nachfolgeorganisation der WTO (World Trade Organization) ein Abkommen unterzeichnet, das eine Begrenzung der subventionierten Exportmengen und Zollsenkungen vorsieht. Die Mitgliedschaft in der WTO schränkt somit die Autonomie der EU-Agrarmarktpolitik ein und machte Änderungen der Politik notwendig.

(2) Notwendigkeit für zusätzlichen Mitteleinsatz:

Gründe für zusätzlichen Instrumenteneinsatz können sich grundsätzlich ergeben, wenn aufgrund gesamtwirtschaftlicher und/oder sektoraler Entwicklung sowie durch geänderte Ziele der Agrarpolitik der Marktmechanismus weniger geeignet ist, die gesamtwirtschaftliche Zielsetzung zu erfüllen. Der Ruf nach zusätzlichen Staatseingriffen sollte aus ökonomischer Sicht mit der Existenz von neuen Divergenzen begründet werden. Es sollte also belegt werden, dass es einen Unterschied zwischen sozialen und privaten Grenzkosten und/oder zwischen privater und sozialer marginaler Zahlungsbereitschaft gibt. Eine neue Divergenz könnte z.B. durch geänderte Ziele auftreten oder auch durch eine erhöhte marginale Zahlungsbereitschaft für positive Umwelteffekte bzw. für die Vermeidung negativer Umwelteffekte. Da die marginale Zahlungsbereitschaft von der Einkommenshöhe und den Präferenzen der Gesellschaft abhängt, ist verständlich, dass der Instrumenteneinsatz in den einzelnen Ländern unterschiedlich ist.

Die Begründung für einen geänderten oder zusätzlichen Instrumenteneinsatz sollte aus ökonomischer Sicht das Ergebnis einer entsprechenden Diagnose sein. Es wird die reale Situation mit einer Wunschsituation verglichen und eine Diskrepanz diagnostiziert. Es liegt **Marktversagen** vor. In der Humanmedizin würde man den Patienten als krank diagnostizieren. Doch folgt aus der Diagnose nicht bereits auch eine eindeutige Therapie. Zunächst ist zu klären, ob sich die Situation nicht ohnehin zum Besseren wendet. Der Patient kann aus eigener Kraft gesunden. Weiterhin ist zu prüfen, welche Instrumente (bzw. Medikamente) einzusetzen sind. Hier hat der Politiker ähnlich wie der Mediziner zwischen den erwünschten Hauptwirkungen und den unerwünschten Nebenwirkungen zu unterscheiden. Bekanntlich gibt es bei Medikamenten ebenso wie bei agrarmarktpolitischem Instrumenteneinsatz eine Vielzahl von unerwünschten Nebenwirkungen. Das Auftreten dieser Wirkungen kann aber nicht exakt prognostiziert werden. Es hängt wesentlich von den Reaktionen einzelner Wirtschaftsubjekte ab. Von einem speziellen Instrumenteneinsatz kann mitunter wegen der wahrscheinlichen unerwünschten Nebenwirkungen abgesehen werde. Bei der Suche nach dem 'besten' Instrumenteneinsatz sind die im Folgenden aufgezeigten Effekte zu beachten.

7.1.2 Preis- und Mengeneffekte

Agrarmarktpolitischer Instrumenteneinsatz zielt darauf ab, das Ergebnis der Marktkräfte zu verändern. Es ist daher zunächst zu prüfen, inwieweit das in- und ausländische Marktgleichgewicht durch den Einsatz der Instrumente verändert wird. Diese Prüfung sollte sich aber nicht nur auf die direkten Wirkungen beschränken, sondern auch die indirekten Wirkungen einbeziehen. Letztere können für die Bewertung des Instrumenteneinsatzes wichtiger sein als die direkten Wirkungen. Diese Aussage soll durch ein Beispiel veranschaulicht werden: Die Kontingentierung der Milchproduktion im Jahr 1984 hatte kurzfristig einen erheblichen Einfluss auf den Schweinemarkt. Die Verringerung des Rinderbestandes führte zu einem erhöhten Angebot von Rindfleisch mit der Folge sinkender Rindfleischpreise und sinkender Nachfrage nach anderen Fleischarten. Die Schweine- und Geflügelpreise sanken daher. Die gewünschte Verringerung der Produktion von Milch führte somit zu den ungewünschten Nebenwirkungen für Schweinemäster und Geflügelproduzenten. Mittel- und langfristig traten weitere unerwünschte Nebenwirkungen auf. Leistungssteigerungen in der Milchproduktion konnten wegen der Kontingentierung und wegen der Nicht-Handelbarkeit der Milchquoten in den ersten Jahren nicht zu einem erhöhten einzelbetrieblichen Angebot von Milch führen. Landwirte hatten daher ihren Milchkuhbestand zu reduzieren. Die Folge waren freie Stallkapazitäten, freie Arbeitskapazitäten und verringerte Futterflächen. Diese frei gewordenen Kapazitäten wurden in anderen Produktionszweigen eingesetzt. Somit erhöhte sich die Produktion anderer Agrarprodukte. Die Milchquotierung, die darauf abzielte, den Überschuss bei Milchprodukten zu verringern, trug zu dem Wachsen von Überschüssen auf anderen Märkten bei. Weiterhin veränderte die Quotierung der Milchproduktion die Reaktion der Landwirte auf Preisänderungen bei anderen Produkten. Die Höhe der Preiselastizität hängt bei Preissenkungen für einzelne Produkte wesentlich davon ab, welche Alternativen Landwirte haben. Wird der Getreidepreis gesenkt, wird die Getreideproduktion z.B. umso stärker reduziert, je mehr Landwirte Flächen zur Futtererzeugung umwidmen. Ist ihnen diese Alternative wegen der Milchkontingentierung versagt, so wird die Getreideproduktion weniger auf Preissenkungen reagieren. Die Überprüfung der Preis- und Mengeneffekte einzelner Maßnahmen sollte sich daher nicht allein auf die direkten Effekte beschränken und sollte auch langfristige Wirkungen mit einbeziehen.

Preis- und Mengeneffekte einzelner Instrumente sind zur umfassenden Bewertung des Einsatzes einzelner Instrumente unzureichend. Diese Effekte sind vornehmlich zu identifizieren, um die im Folgenden zu diskutierenden Kriterien zu erfassen.

7.1.3 Ordnungspolitische Einordnung

Zunächst soll die Frage nach der ordnungspolitischen Einordnung des jeweils betrachteten Instruments geklärt werden. Hierbei wird von dem Grundgedanken ausgegangen, dass das gegenwärtige Wirtschaftssystem der Bundesrepublik Deutschland auf einer Grundsatzentscheidung für ein System der sozialen Marktwirtschaft beruht. Es ist daher zu prüfen, ob der Einsatz eines bestimmten agrarmarktpolitischen Instruments den ordnungspolitischen Rahmen des gegenwärtigen Wirtschaftssystems stärkt oder schwächt.

Das marktwirtschaftliche Prinzip beinhaltet, dass grundsätzlich das **Äquivalenzprinzip** verwirklicht werden soll. Ein Individuum erbringt eine Leistung, die vom Markt bewertet wird. Das erzielte Einkommen ist als Gegenleistung (Entgelt) für die erbrachte Leistung zu betrachten. Die Äquivalenz zwischen Leistung und Einkommen bedeutet, dass die Einkommen leistungsbezogen sind und der Markt als Bewertungsmaßstab für die Leistung grundsätzlich akzeptiert wird.

Es gibt Maßnahmen, die den Marktmechanismus stärken (**marktkonforme Maßnahmen**). Diese Maßnahmen sind daher auch ordnungspolitisch positiv zu bewerten. Wird aus sozialen Gründen in den Marktmechanismus eingegriffen, so sind Maßnahmen besonders dann ordnungspolitisch bedenklich, wenn sie zu einer Einschränkung der Funktionsfähigkeit des Marktmechanismus führen (**marktinkonforme Maßnahmen**). Eine Schwächung des Marktmechanismus tritt z.B. ein, wenn Begünstigte sich auf Staatshilfen verlassen und daher auf Abgabe eigener Leistungen verzichten. Ordnungspolitisch bedenklich sind insbesondere auch solche Maßnahmen, die infolge von Nebenwirkungen zu einer Aufhebung des Äquivalenzprinzips auf von der Maßnahme nicht direkt betroffenen Märkten führen. Erhöht der Staat z.B. die Preise eines Gutes über den Weltmarktpreis, um den Produzenten ein höheres Einkommen zu gewähren, so verliert der Preis seine Funktion als Indikator von Knappheiten. Dies führt dazu, dass sich Investitionen in der Produktion mehr rentieren als vor der Preisanhebung und daher verstärkt vorgenommen werden. Aus gesamtwirtschaftlicher Sicht kommt es damit zu Fehlinvestitionen, da die erhöhte Produktmenge zu Weltmarktpreisen nicht abgesetzt werden kann. Weiterhin führt die Preisanhebung dazu, dass Berufsanfänger aufgrund der erhöhten Preise eine Tätigkeit in der Produktion des betroffenen Gutes aufnehmen. Für sie gilt dann vom ersten Tag ihrer Tätigkeit an, dass das Äquivalenzprinzip durchbrochen wird. Ihr Einkommen ist höher als vom Markt bewertet. Andere Mitglieder der Gesellschaft müssen entsprechend auf ein leistungsäquivalentes Entgelt verzichten. Ordnungspolitisch bedenklich sind außerdem besonders Maßnahmen, die aus politischen Gründen nur schwer wieder zurückgenommen werden können und weitere staatliche Eingriffe nach sich ziehen.

Aus ordnungspolitischer Sicht kann eine Klassifizierung der Instrumente in drei Gruppen vorgenommen werden:

(1) Effizienzsteigernde Instrumente: Instrumente tragen dazu bei, dass sich der Wohlstand einer Gesellschaft erhöht. In diesem Fall wird die Effizienz des Faktoreinsatzes in der Volkswirtschaft erhöht. Dies kann z.B. erreicht werden, indem die Wirkung des Marktmechanismus bei der Koordination einzelwirtschaftlicher Entscheidungen verbessert wird. Wird z.B. die Markttransparenz verbessert, so sinken die Transaktionskosten, und das Ausmaß der Arbeitsteilung wird erhöht mit der Folge eines erhöhten Wohlstandes. Maßnahmen, die die Funktionsweise der Boden- und landwirtschaftlichen Kreditmärkte verbessern, werden ebenfalls zu einer effizienteren Nutzung der zur Verfügung stehenden Ressourcen führen.

(2) Instrumente mit Null-Summen-Spiel: Agrarmarktpolitische Maßnahmen werden häufig auch eingesetzt, um die Einkommensverteilung, die sich durch den Markt ergibt (d.h. die primäre Einkommensverteilung), zu verändern. Wenn der Transfer des Einkommens von einer Gruppe zu einer anderen Gruppe nicht zu einer Reduzierung des insgesamt erwirtschafteten Einkommens führt, liegt ein Null-Summen-Spiel vor. In diesem Fall ist die Verteilungspolitik effizient.

(3) Effizienzmindernde Instrumente: Verteilungspolitisch motivierter Mitteleinsatz auf den Agrarmärkten führt häufig zu einer Verringerung des gesamten Einkommens in der Gesellschaft. Dies wird im Folgenden detailliert gezeigt. Solch ein Instrumenteneinsatz ist offensichtlich nicht effizient.

7.1.4 Wohlfahrtseffekte

Von Wohlfahrtseffekten sprechen Ökonomen, wenn sich in einer Volkswirtschaft die gesamte Gütermenge verändert. Wohlfahrtseffekte werden üblicherweise mit Hilfe gesamtwirtschaftlicher Kosten-Nutzen-Analysen ermittelt. Nach dem Haushaltsgrundsätzegesetz sind in der Bundesrepublik für staatliche Maßnahmen, die zu erheblichen finanziellen Auswirkungen führen können, Kosten-Nutzen-Analysen vorgeschrieben. Diese Analysen zielen in der traditionellen Form auf eine reine Effizienzbetrachtung ab. Bei differenzierteren Analysen ist es allerdings auch möglich, Verteilungsaspekte mit zu berücksichtigen. Im Folgenden soll aber lediglich die traditionelle Analyse dargestellt werden.

Wohlfahrtseffekte entstehen, wenn durch staatliche Maßnahmen Änderungen in der Produktion und/oder im Verbrauch und/oder bei den Import- und/oder Exportpreisen entstehen. Oben (Kapitel 5) wurde bereits gezeigt, dass der Marktmechanismus zu einem Optimum führen kann. Im Optimum gilt, dass die marginale Zahlungsbereitschaft, die am Marktpreis ablesbar ist, gleich den sozialen Grenzkosten der Gesellschaft und gleich dem Grenzerlös auf dem Weltmarkt (bei einer Ausfuhrsituation) oder der Grenzausgabe auf dem Weltmarkt (in einer Einfuhrsituation) ist. Für ein relativ kleines Land sind – wie oben gezeigt – Grenzerlös und Grenzausgaben den fob- und cif-Weltmarktpreisen gleich. Die Methodik der Wohlstandsanalyse kann mit Hilfe einiger einfacher Beispiele aufgezeigt werden. Bei dieser Darstellung wird zunächst partial-analytisch vorgegangen, d.h. es werden lediglich einzelne Märkte ohne Berücksichtigung von Interdependenzen untersucht.

Fall 1: Inlandspreis (p_i) über Weltmarktpreis (p_w); relativ kleines Land; Nachfragekurve gleich gesellschaftlicher Kurve der marginalen Zahlungsbereitschaft; Angebotskurve gleich der sozialen (gesellschaftlichen) Grenzkostenkurve.

Die Effekte einer Preisstützung lassen sich mit Hilfe von *Schaubild 7.3* aufzeigen. Wie bereits oben ausgeführt, kann es im Fall eines kleinen Landes, wenn also keine Effekte von der Inlandspolitik auf die Weltmarktpreise ausgehen, zu Wohlstandsänderungen kommen, wenn die Politik zu Änderungen auf der Nachfrage- und/oder Angebotsseite führt. Im *Schaubild 7.3* wird unterstellt, dass bei

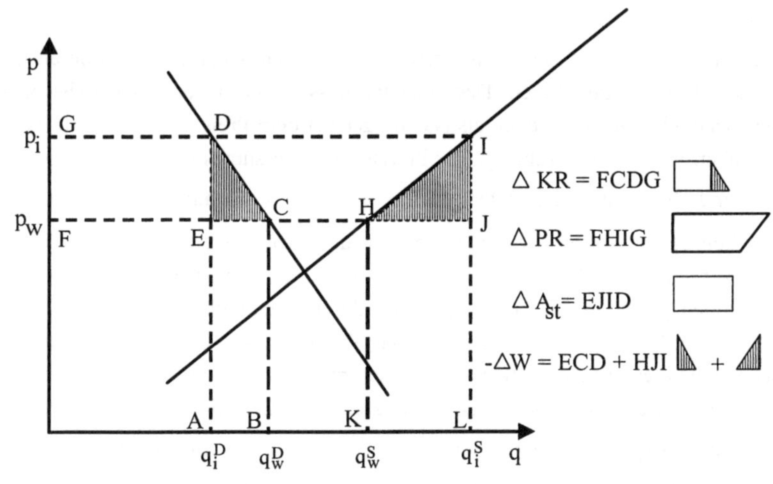

Schaubild 7.3: Wohlfahrtseffekte der Preisstützung bei einem relativ kleinen Land

Weltmarktpreisen die im Inland nachgefragte Menge q_w^D wäre und bei Inlandspreisen q_i^D. Entsprechend wäre die Angebotsmenge bei Weltmarktpreisen q_w^S und bei Inlandspreisen q_i^S. Die durch die Preisstützung entstehenden Wohlfahrtseffekte sollen im Folgenden durch zwei Methoden ermittelt werden:

Methode 1: Das Rentenkonzept.

Bereits oben wurde ausgeführt, dass die Fläche unter der Nachfragekurve oberhalb der Preisgeraden als Konsumentenrente bezeichnet werden kann. Die Preisstützung bewirkt demnach, dass die Konsumentenrente um die Fläche FCDG zurückgeht. Die Konsumenten verlieren also an Wohlfahrt. Die Produzentenrente steigt dagegen um die Fläche FHIG und erhöht sich damit mehr als die Konsumentenrente zurückgeht. Die Produzenten gewinnen demnach mehr als die Konsumenten verlieren. Anders ist es dagegen in einer Einfuhrsituation. Hier ist der Verlust an Konsumentenrente größer als der Zuwachs an Produzentenrente. Wohlfahrtseffekte lassen sich aber nicht nur aus den geänderten Konsumenten- und Produzentenrenten berechnen. Der Einsatz staatlicher Maßnahmen, wie der Preisstützung im hier betrachteten Fall, kann dazu führen, dass Staatseinnahmen oder Staatsausgaben entstehen. In diesen Fällen tritt eine Einkommensumverteilung auf.

Ob die Finanzierung von zusätzlichen Ausgaben über Steuererhebungen oder durch Kreditaufnahme erfolgt, ist unerheblich. Auf jeden Fall muss der Staat den Bürgern Realeinkommen entziehen, um die entsprechende Politik finanzieren zu können.

Der Preis p_i kann im Inland nur verwirklicht werden, wenn der Staat bereit ist, diesen Preis zu garantieren. Das bedeutet, dass er selbst durch staatliche oder halbstaatliche Organisationen als Nachfrager bei dem Preis p_i auftreten muss oder aber, dass er die Nachfrage der Privaten so weit subventioniert, dass sie bereit sind, die gesamte angebotene Menge q_i^S zum Preis p_i aufzukaufen. Der Einfachheit halber wollen wir annehmen, dass der Staat – wie bei dem System der Interventionsaufkäufe in der EU – p_i als Aufkaufpreis der staatlichen Interventionsstellen garantiert und bei diesem Preis durch seine halbstaatlichen Institutionen (in der Bundesrepublik die Bundesanstalt für Ernährung und Landwirtschaft) jede angebotene Menge aufkauft. Die Nachfragekurve wird daher beim Punkt D vollkommen elastisch. Der Staat muss durch seine Organisationen demnach die Menge $q_i^S - q_i^D (= \overline{DI})$ aufkaufen. Durch Verkauf dieser Menge auf dem Weltmarkt wird aber lediglich der Preis p_w erzielt, d.h. per Saldo verbleibt dem Staat ein Defizit in Höhe der Fläche EJID. Die Mitglieder der Gesellschaft haben also auf einen wertmäßigen Konsum in Höhe dieser Fläche zu verzichten. Der Nettowohlfahrtseffekt ergibt sich aus den Salden dieser drei beschriebenen Effekte:

dem positiven Effekt auf der Angebotsseite, dem negativen Effekt auf der Nachfrageseite und dem negativen Effekt beim Staatshaushalt. Als Saldo der drei Effekte bleiben die Flächen ECD und HJI. ECD wird als **Verzicht auf eigentlichen Handelsgewinn** bezeichnet und HJI als **Verzicht auf Spezialisierungsgewinn**.

Aus *Schaubild 7.3* wird deutlich, dass die Wohlfahrtseffekte einer Maßnahme umso größer sein werden, je größer die Änderungen auf der Angebots- und auf der Nachfrageseite sind. Würden z.B. Angebots- und Nachfragekurven vollkommen unelastisch verlaufen (parallel zur Ordinate), so würde die Preisanhebung keine negativen Wohlfahrtseffekte bewirken. In diesem Fall würden zwar auch Staatsausgaben auftreten, doch würde die Höhe der Staatsausgaben genauso groß sein, wie die Differenz zwischen der Zunahme der Produzentenrente und dem Verlust an Konsumentenrente. Es würden somit lediglich Verteilungseffekte auftreten.

Aus *Schaubild 7.3* kann auch abgelesen werden, dass die Effekte von agrarpolitischen Maßnahmen langfristig wahrscheinlich größer sein werden als kurzfristig. Dies folgt daraus, dass die Angebots- und Nachfrageelastizitäten langfristig größer sind als kurzfristig.

Methode 2: Direkte Ermittlung von eigentlichen Handels- und Spezialisierungsgewinnen.

Wie oben bereits ausgeführt, kann die Nachfragekurve auch als Kurve der marginalen Zahlungsbereitschaft interpretiert werden. Durch den Rückgang der Nachfrage von q_w^D auf q_i^D als Folge der Preisanhebung sinkt demnach die Zahlungsbereitschaft der Nachfrager insgesamt um die Fläche ABCD. Die Konsumenten haben also auf einen Nutzen zu verzichten, der proportional dieser Fläche ist. Allerdings haben sie auch einen positiven Effekt zu verbuchen; denn durch den Rückgang der Nachfrage sinken die Ausgaben in Höhe der Fläche ABCE. Als Saldo verbleibt ihnen daher ein negativer Effekt in Höhe der Fläche ECD. Dies ist der oben beschriebene Verzicht auf eigentlichen Handelsgewinn.

Analog verläuft die Argumentation auf der Angebotsseite. Durch den Preisanstieg von p_w auf p_i wird die Produktion von q_w^S auf q_i^S ausgedehnt. Da die Angebotskurve – laut Annahme – mit der Grenzkostenkurve identisch ist, steigen demnach die gesamten Kosten als Folge der Produktionsausdehnung um die Fläche KLIH. Ein Teil der zusätzlichen Produktionskosten kann aber durch Verkauf der Mehrproduktion auf dem Weltmarkt gedeckt werden. Hierfür wird der Weltmarktpreis p_w erzielt; damit sind die zusätzlichen Erlöse gleich der Fläche KLJH. Auf der Angebotsseite ergibt sich demnach ein Nettoverlust in Höhe der Fläche HJI. Dies ist der oben beschriebene Verzicht auf Spezialisierungsgewinn.

Um den Leser mit dem Instrumentarium der Wohlfahrtsanalyse etwas vertrauter zu machen, sollen im Folgenden weitere Fälle analysiert werden.

Fall 2: Wie Fall 1, aber die Inlandspreise liegen unter den Weltmarktpreisen. Die Situation ist im *Schaubild 7.4* dargestellt.

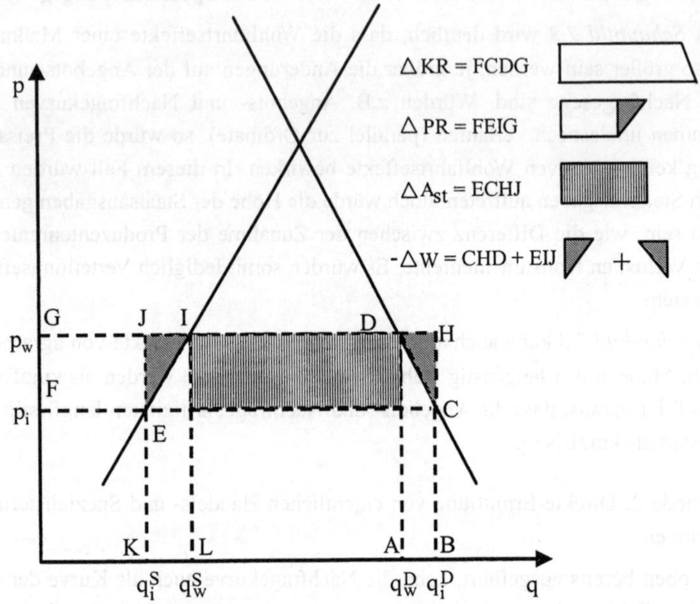

Schaubild 7.4: Wohlfahrtseffekte einer negativen Differenz zwischen Inlands- und Weltmarktpreisen

Bei Weltmarktpreisen sei die inländische Produktionsmenge q_w^S, bei niedrigeren Inlandspreisen dagegen lediglich q_i^S. Entsprechend sei die nachgefragte Menge bei Weltmarktpreisen q_w^D und bei Inlandspreisen q_i^D. Die Wohlfahrtseffekte sollen wiederum mit Hilfe der beiden oben genannten Methoden ermittelt werden.

Methode 1: Das Rentenkonzept.

Als Folge der Preissenkung steigt die Konsumentenrente um die Fläche FCDG. Die Produzentenrente geht dagegen um die Fläche FEIG zurück. Da die Volkswirtschaft die Menge $q_i^D - q_i^S$ zu importieren hat – wenn ein Marktgleichgewicht bei p_i bestehen soll –, für diese Importmenge aber den Preis p_w zu zahlen hat, muss die Differenz zwischen p_w und p_i durch den Staatshaushalt ausgeglichen werden. Es entstehen demnach Staatsausgaben in Höhe der Fläche ECHJ. Der Saldo dieser drei Flächen ergibt einen Verzicht auf Wohlstand in Höhe der Flächen EIJ auf der Angebotsseite und DHC auf der Nachfrageseite.

Methode 2: Direkte Ermittlung.

Beim Preis p_i ist die Produktion q_i^S und damit niedriger als beim Weltmarktpreis p_w. Durch den Rückgang der Produktion entsteht im Inland eine Kosteneinsparung in Höhe der Fläche KLIE. Wegen der Produktionsverringerung muss das Land zusätzlich die Differenz zwischen q_w^S und q_i^S importieren. Für diese zusätzliche Importmenge wird der Preis p_w gezahlt. Es entstehen somit zusätzliche Ausgaben für Import in Höhe der Fläche KLIJ. Die Differenz zwischen den eingesparten Kosten (= Nutzenänderung) und den zusätzlichen Importausgaben (= Kostenänderung) ist gleich dem Dreieck EIJ. Auf der Nachfrageseite ist die Argumentation analog. Die Konsumenten haben durch die niedrigeren Preise eine Nutzenänderung, die identisch ist mit der Fläche ABCD. Die zusätzlichen Ausgaben für zusätzliche Importe sind ABHD. Folglich ist auch auf der Nachfrageseite die Differenz zwischen zusätzlichen Nutzen und zusätzlichen Kosten negativ. Die Differenz ist identisch mit der Fläche CHD.

Der oben diskutierte Fall 1 ist häufig auf Agrarmärkten der Industrieländer anzutreffen. Hier wird versucht, über Maßnahmen an der Grenze einen Keil zwischen Inlands- und Weltmarktpreisen zu treiben. Der soeben diskutierte Fall 2 ist dagegen häufig auf Agrarmärkten von Entwicklungsländern anzutreffen. Hier wird versucht, durch Subventionierung der Importe die Inlandspreise zu drücken, um damit den Konsumenten verbilligt Nahrungsmittel anbieten zu können.

Fall 3: Annahmen wie Fall 1, nur möge ein relativ großes Land gelten.

Aus *Schaubild 7.5* wird ersichtlich, dass im Unterschied zu Fall 1 ein zusätzli-

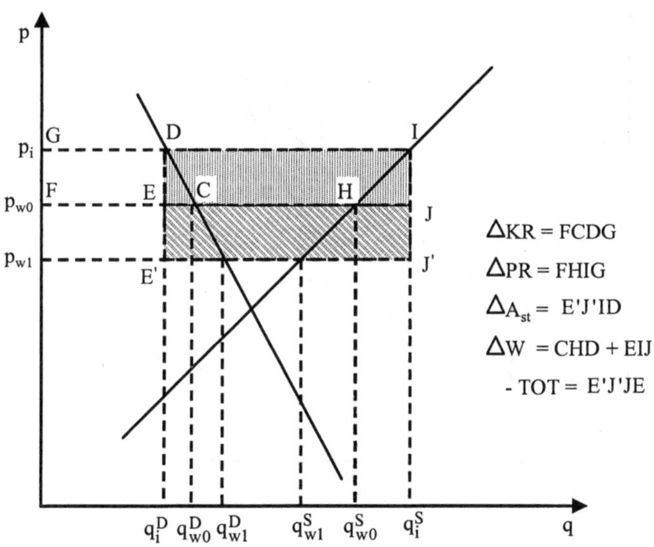

Schaubild 7.5: Wohlfahrtseffekte der Preisstützung bei einem relativ großen Land

cher Effekt auftritt. Die Erhöhung der Inlandspreise führt zu einer Steigerung der Exporte und, weil das Land relativ bedeutend auf dem Weltmarkt ist, werden die Weltmarktpreise von p_{w0} auf p_{w1} abgesenkt. Aus diesem Grunde sind die Ausgaben des Staates zur Vermarktung der Überschüsse, in diesem Fall um die Fläche E'J'JE, größer als in dem Fall eines kleinen Landes. Die Mehrausgaben, die als Folge der Weltmarktpreissenkung entstehen, werden in diesem Fall als **negativer Terms of Trade-Effekt** bezeichnet.

Fall 4: Annahmen wie bei Fall 1, lediglich möge eine Divergenz zwischen der sozialen (gesellschaftlichen) und privaten Grenzkostenkurve bestehen.

In diesem Fall (*Schaubild 7.6*) hat die Preisstützung den gleichen Effekt wie im Fall 1. Es entsteht ein Verlust an eigentlichem Handelsgewinn in Höhe der Fläche ECD. Auf der Angebotsseite entstehen aber höhere negative Effekte. Bei Weltmarktpreisen wird die Menge q_w^S produziert, weil sich die Produzenten an ihrer privaten Grenzkostenkurve orientieren. Aus gesamtwirtschaftlicher Sicht sollte aber die Menge produziert werden, bei der die sozialen Grenzkosten den Weltmarktpreisen entsprechen, dieses wäre die Menge $\bar{q}_w^S$. Durch die das Optimum überschreitende Produktionsmenge entstehen demnach zusätzliche Kosten in Höhe der Fläche KLIH. Davon erhält die Gesellschaft einen Teil über zusätzliche Erlöse durch Verkauf auf dem Weltmarkt erstattet. Diese Erlöse entsprechen der Fläche KLJH. Insgesamt würden der Gesellschaft somit bei Weltmarktpreisen

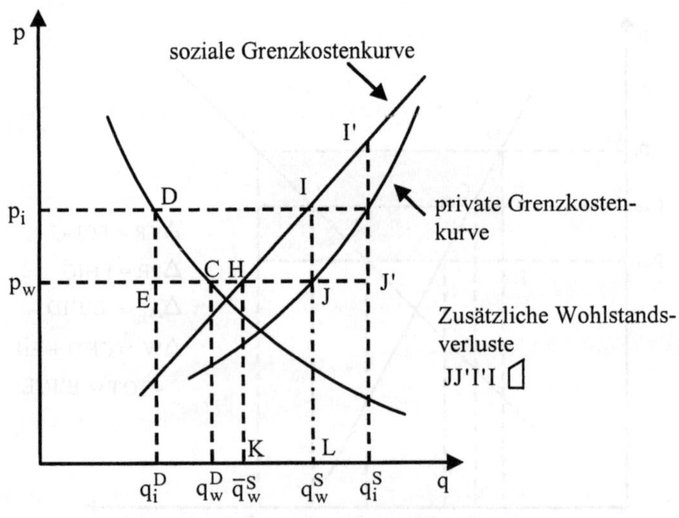

Schaubild 7.6: Wohlfahrtseffekte der Preisstützung bei einer Divergenz auf der Angebotsseite

Wohlstandsverluste in Höhe der Fläche HJI entstehen. Da es als Folge der Preisanhebung über das Weltmarktpreisniveau aber zu einer Produktionsausweitung von q_w^S auf q_i^S kommt, erhöhen sich die sozialen Kosten. Der Wohlfahrtsverlust auf der Angebotsseite ist nun HJ'I', die Preisstützung hat demnach zu zusätzlichen Wohlfahrtsverlusten in Höhe der Fläche JJ'I'I geführt.

Fall 5: Berücksichtigung nicht-ökonomischer Ziele; Annahmen wie bei Fall 1, lediglich wird aufgrund nicht-ökonomischer Ziele angenommen, dass die soziale Grenzkostenkurve unterhalb der privaten Grenzkostenkurve liegt.

Im *Schaubild 7.7* wird unterstellt, dass die Divergenz zwischen der privaten und sozialen Grenzkostenkurve mit steigender Produktion abnimmt. Wenn z.B. das nicht-ökonomische Ziel darin besteht, den Landwirten durch höhere Preise ein

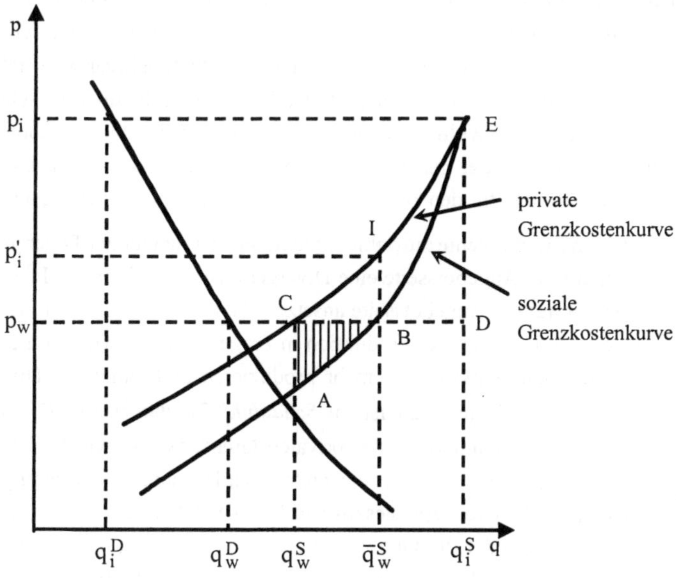

Schaubild 7.7: Wohlfahrtseffekte der Preisstützung bei Berücksichtigung nicht-ökonomischer Ziele

ausreichendes Einkommen zu gewähren, ist davon auszugehen, dass mit steigenden Preisen und steigender Produktion der Einkommensbeitrag positiv ist. Der marginale (Einkommens-)Zielbeitrag nimmt aber ab, bis schließlich ein Preisniveau erreicht wird, bei dem das nicht-ökonomische Ziel Einkommenssicherung verwirklicht ist. Bei diesem Preis und dieser Produktionsmenge wäre dann eine Identität zwischen privaten und sozialen Grenzkosten gegeben. Würde man bei Vorliegen dieser Divergenz lediglich zu Weltmarktpreisen produzieren, so wäre die inländische Produktionsmenge q_W^S; die inländischen sozialen Grenzkosten wären dann aber niedriger als der Weltmarktpreis. Eine Ausdehnung der Produktion wäre daher aus gesellschaftlicher Sicht sinnvoll. Bei einer Produktionsmenge von $\bar{q}_W^S$ würde man ein Optimum verwirklichen. Bei dieser Produktionsmenge wären die sozialen Grenzkosten den Weltmarktpreisen gleich. Ohne staatliche Eingriffe würde man daher einen Wohlstandsverlust in Höhe der Fläche ABC erleiden. Eine Anhebung der Inlandspreise auf p_i' führt zu einer Optimalsituation auf der Angebotsseite. Durch die stärkere Anhebung der Inlandspreise auf p_i entstehen aber auf der Angebotsseite Wohlfahrtsverluste in Höhe der Fläche BDE. Diese Wohlfahrtsverluste sind als Folge der Berücksichtigung nicht-ökonomischer Effekte bedeutend niedriger als im Fall 1. Allerdings treten durch die Preisstützung auf der Nachfrageseite die gleichen Wohlfahrtsverluste auf.

Mit den in Fall 5 aufgezeigten Effekten kann das Grundprinzip bei der Wahl des 'besten' Mitteleinsatzes dargestellt werden. Der im *Schaubild 7.7* auf der Angebotsseite eintretende Effekt ist der gewünschte Effekt (positiver Wohlfahrtseffekt) und der auf der Nachfrageseite auftretende Effekt ist die unerwünschte Nebenwirkung (negativer Wohlfahrtseffekt). Je nach Verlauf der Angebots- und Nachfragekurven kann der gesamte Effekt positiv oder negativ sein. Es lassen sich aber leicht Regeln für den 'besten' Mitteleinsatz und die Dosierung ableiten.

1. Regel: Es sind Instrumente zu wählen, die möglichst nah an der Divergenz ansetzen. Liegt auf der Angebotsseite eine Divergenz vor, so sollten die Instrumente möglichst nur auf der Angebotsseite ansetzen. So käme z.B. im oben beschriebenen Fall eine Subvention der Produktion in Frage. Dadurch würden die Landwirte bei gegebenen Marktpreisen mehr produzieren und damit die Divergenz ausgleichen. Dieser Sachverhalt ist im *Schaubild 7.8* dargestellt. Die soziale Grenzkostenkurve liegt unterhalb der privaten Grenzkostenkurve. Es liegt also eine positive Divergenz vor. Die Produzenten würden unter Marktbedingungen die Menge q_{priv} produzieren. Aus gesellschaftlicher Sicht wäre das aber nicht optimal. Die Ausweitung der Produktion von q_{priv} zu q_{soz} würde lediglich eine Kostenänderung in Höhe der Fläche unter der sozialen Grenzkostenkurve von q_{priv} zu q_{soz} verursachen. Der Wert der zusätzlichen Produktion zu Weltmarktpreisen ist demnach höher als die Kostenänderung. Eine Produktsubvention würde die private Angebotskurve (= private Grenzkostenkurve) nach rechts verlagern, da die privaten Grenzkosten abzüglich der Subvention durch den Marktpreis gedeckt werden müssen. Die Subvention würde zu keinen negativen Nebeneffekten führen, da für die Nachfrager der Marktpreis unverändert bleibt.

2. Regel: Es sind Nebenwirkungen des Instrumenteneinsatzes zu beachten. Nehmen wir z.B. an, dass der Staat nicht über ausreichende Finanzmittel verfügt, um die Produktion zu subventionieren. Nehmen wir weiterhin an, dass es sich um einen Markt mit einem Einfuhrbedarf handelt. Der Agrarmarktpolitiker könn-

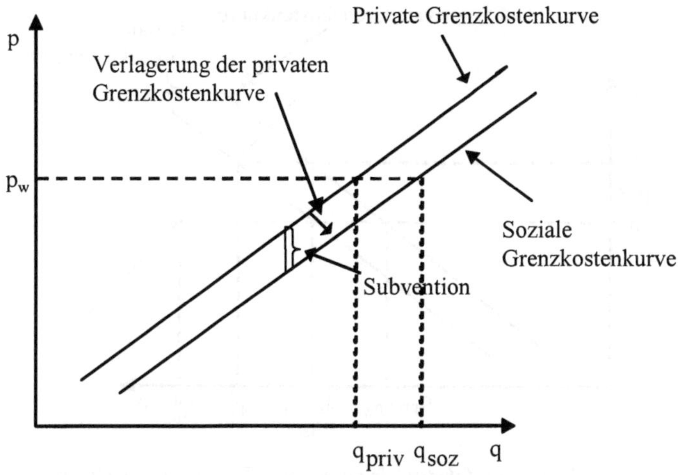

Schaubild 7.8: Wirkung einer Produktsubvention bei einer Divergenz auf der Angebotsseite

te erwägen, eine Einfuhrbelastung zu erheben. Dadurch würden die Inlandspreise steigen (im *Schaubild 7.9* von p_w auf p_i) und die Produzenten würden die Produktion ausdehnen. Auch hier würde auf der Angebotsseite ein positiver Effekt auftreten. Die Anbieter würden die Produktion ausdehnen und für die Gesellschaft würde ein positiver Wohlfahrtseffekt entstehen. Der höhere Preis im Inland würde aber zu einer Reduzierung der Nachfrage führen. Auf der Nachfrageseite würde daher nicht mehr die Bedingung "marginale Zahlungsbereitschaft der Inländer gleich Weltmarktpreis" gelten. Es würde somit ein Wohlfahrtsverlust entstehen. Bei der Wahl des Zollsatzes wäre daher aus wohlfahrtstheoretischer Sicht sowohl der mögliche positive als auch der mögliche negative Wohlfahrtseffekt zu berücksichtigen. Die Nettowohlfahrt ist maximiert, wenn die marginale Änderung des Zollsatzes zu gleichen marginalen positiven wie negativen Effekten führt. Diese Aussage kann leicht mit Bezug auf die bereits bekannte Ableitung des Gewinnmaximums eines Anbieters veranschaulicht werden. Analog zum bekannten Vorgehen gilt:

Nettowohlfahrt (Gewinn) = positive Wohlfahrtsänderung (Erlös) – negative Wohlfahrtsänderung (Kosten).

Da alle drei Variablen von der Höhe des Zollsatzes (t) abhängen, kann auch geschrieben werden:

$$NW(t) = PW(t) - NV(t) \quad (7.1)$$

mit

NW = Nettowohlfahrt

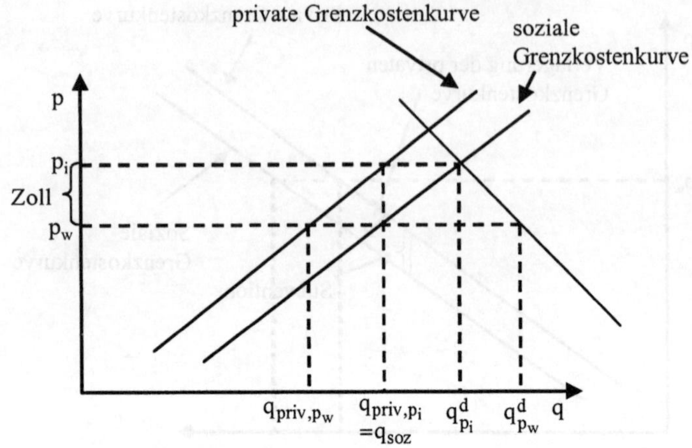

Schaubild 7.9: Wohlfahrtswirkungen eines Zolls bei einer Divergenz in der Produktion

PW = Positive Wohlfahrtsänderung

NV = Negative Wohlfahrtsänderung.

Die Nettowohlfahrt ist maximiert, wenn gilt:

$$\frac{dNW}{dt} = \frac{dPW}{dt} - \frac{dNV}{dt} = 0 \tag{7.2}$$

und

$$\frac{dPW}{dt} = \frac{dNV}{dt}. \tag{7.3}$$

Aus Gleichung (7.3) folgt, dass durch den Zollsatz die Divergenz auf der Angebotsseite nur dann voll ausgeglichen werden sollte, wenn es auf der Nachfrageseite keine negativen Wohlfahrtseffekte gibt. Da hier aber im Normalfall negative Effekte auftreten, wird im Optimum der Zollsatz nicht so hoch sein, um die maximal möglichen Wohlfahrtseffekte auf der Angebotsseite auszuschöpfen. Dieses Beispiel zeigt, dass eine Instrumentenwahl, die nicht dicht an der Divergenz ansetzt, negative Nebenwirkungen zu berücksichtigen hat und daher nicht zu maximal möglicher Wohlfahrt in der Gesellschaft führt.

Quantifizierung der Wohlfahrtseffekte auf protektionierten und interdependenten Märkten

Bisher haben wir mit Hilfe von Partialmodellen die Wohlfahrtseffekte bestimmter Maßnahmen ermittelt. Diese Vorgehensweise ist streng genommen nur dann angemessen, wenn die anderen Produktmärkte nicht auch verzerrt sind und von dem betrachteten Markt nur relativ geringe Änderungen auf andere Märkte ausgehen. Das Problem soll mit Hilfe von *Schaubild 7.10* verdeutlicht werden.

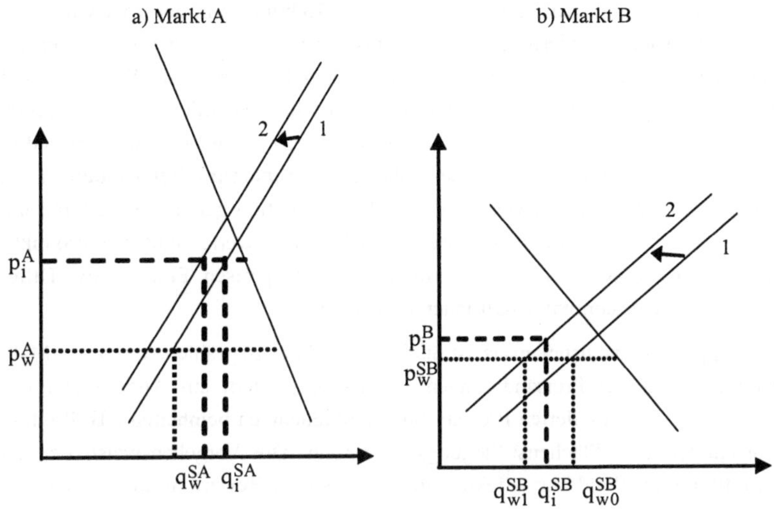

Schaubild 7.10: Messung von Wohlfahrtseffekten auf interdependenten Märkten

Im *Schaubild 7.10* werden zwei interdependente Produktmärkte betrachtet. Es wird davon ausgegangen, dass zunächst nur der Markt A protektioniert wird. Der Preis wird von p_w^A auf p_i^A angehoben. Mit Hilfe des Partialmodells würde man als Wohlfahrtseffekte nach der Renten- oder direkten Methode vorgehen und die oben beschriebenen Dreiecke ermitteln. Dabei würde man aber vernachlässigen, dass die Protektion auf Markt A zu einer Verlagerung der Angebotskurve nach oben auf Markt B führt. Es wird statt q_{w0}^{SB} q_{w1}^{SB} produziert. Auf Markt A wird demnach mehr als bei Freihandel produziert und auf Markt B weniger. Die Produktions- und Verbrauchsstruktur ist verzerrt. Bei der Ermittlung der Wohlfahrtseffekte der Protektion auf Markt A muss man somit auch die Effekte auf Markt B berücksichtigen. Dies wird auch deutlich, wenn man die Effekte einer zusätzlichen Protektion auf Markt B ermitteln will. Wird z.B. auf Markt B der Preis von p_w auf p_i angehoben, so würde man nach der partialanalytischen Methode einen negativen Wohlfahrtseffekt errechnen. Tatsächlich würden aber positive Effekte auftreten, da sowohl die Produktions- als auch Verbrauchsstruktur entzerrt werden würden, d.h. es findet eine Annäherung an die Situation unter Weltmarktbedingungen statt.

Der partialanalytische Ansatz kann somit auf verzerrten Märkten die Wohlfahrtseffekte erheblich über- oder unterschätzen. Wird z.B. die Wirkung einer Preisänderung auf dem Milchmarkt untersucht, so sind zumindest auch der Rind- und Schweinefleischmarkt in die Untersuchung mit einzubeziehen. Häufig greift man auch auf berechenbare allgemeine Gleichgewichtsmodelle zurück. Doch bereitet die Ermittlung aller Koeffizienten, die die Verflechtungen in der Volkswirtschaft angeben, große Schwierigkeiten. Man muss sich daher häufig mit weniger anspruchsvollen Methoden begnügen. Zum einen kann man die Wohlfahrt mit Mehr-Produkt-Marktmodellen – wie das bereits für den Milchmarkt angedeutet wurde – ermitteln; zum anderen kann man sich z.B. darauf beschränken, lediglich die Effekte auf der Angebotsseite über einen **Opportunitätskostenansatz** zu ermitteln. In diesem Fall werden die in der Produktion genutzten Faktoren mit ihren gesamtwirtschaftlichen Opportunitätskosten bewertet und die Produktionsmengen mit den gesamtwirtschaftlichen Schattenpreisen. Eine positive Differenz zeigt die gesamtwirtschaftlichen Kosten an.

Ein Opportunitätskostenansatz ist auch immer dann zu wählen, wenn die Maßnahmen nicht auf Preisänderungen hinwirken, sondern auf Änderungen von Mengen bei unveränderten Preisen. Solche Maßnahmen beinhalten z.B. Produktionsquoten und Flächenstilllegungsprogramme. Die Vorgehensweise bei der Ermittlung der Wohlfahrtseffekte wird unten bei der Bewertung dieser Maßnahmen aufgezeigt.

7.1.5 Verteilungseffekte

Um agrarmarktpolitische Ziele zu verwirklichen, muss der Instrumenteneinsatz in der Regel – entsprechend den oben genannten Zielsetzungen – auch Verteilungswirkungen berücksichtigen. Bei der Bewertung von Politikänderungen sind daher die Verteilungswirkungen explizit zu berücksichtigen. Dabei gilt es, nicht nur die Wirkung auf die Einkommen innerhalb der Landwirtschaft zu untersuchen, sondern darüber hinaus auch die Wirkung auf Verbraucher und einzelne Verbrauchergruppen. Bei der Beurteilung der Verteilungswirkungen ist außerdem die Effizienz des Instrumentariums zu untersuchen. Uneingeschränkt zu empfehlen wären Instrumente, die zu einem Null-Summen-Spiel führen; die Einkommensverteilung in der Volkswirtschaft wird in gewünschter Richtung verändert, ohne gleichzeitig den Wert der Güterproduktion zu reduzieren. Den Empfängern einer bestimmten zusätzlichen Einkommenshöhe werden Belastete mit gleichem Einkommensverlust entsprechen. Die Interpretation der Verteilungseffekte von eingesetzten Instrumenten hat somit auch die Wohlfahrtseffekte mit zu berücksichtigen, denn die Wohlfahrtseffekte untersuchen, ob durch einen bestimmten Instrumenteneinsatz die Güterproduktion in der Volkswirtschaft bzw. der Wohlstand positiv oder negativ beeinflusst wird. Treten negative Wohlfahrtseffekte durch den Einsatz verteilungspolitischer Maßnahmen auf, so nähert sich die Gesellschaft zwar möglicherweise der gewünschten Verteilungsgerechtigkeit, doch wird die Gesellschaft insgesamt durch diese staatliche Aktivität ärmer. In der Realität wird es häufig nicht möglich sein, vermehrte Verteilungsgerechtigkeit bei maximal möglichem Wohlstand zu verwirklichen.

Die Darstellung der Einkommenswirkung sollte sich nicht nur auf die Ermittlung der Empfänger des Transfers beschränken, sondern auch die Überwälzungseffekte einbeziehen. Wenn Landwirte z.B. höhere Preise für ihre Produkte erhalten, werden sie bereit sein, höhere Pachtpreise zu zahlen. Der Transfer schlägt sich daher nach der Anpassung in höheren Pacht- und Bodenpreisen nieder. Nutznießer sind daher vornehmlich die Eigentümer von Land. Da der Pachtflächenanteil in den einzelnen Regionen und Ländern sehr unterschiedlich ist, verbleibt auch ein sehr unterschiedlicher Teil des für die Landwirte vorgesehenen Transfers bei den aktiv tätigen Landwirten.

7.1.6 Budgetäre Effekte

Bei der Durchführung der praktischen Agrarmarktpolitik steht häufig weniger die mögliche negative Wirkung des Instrumenteneinsatzes auf den Wohlstand im Vordergrund als vielmehr die Wirkung auf das Staatsbudget. Bei der Bewertung ist daher auch aufzuzeigen, welche budgetären Effekte die einzelnen Instrumente haben.

Bei der Beurteilung der budgetären Effekte ist zu beachten, dass Staatsausgaben nicht mit den Kosten einer Maßnahme gleichzusetzen sind. Es wird lediglich ausgedrückt, dass bestimmte Maßnahmen durch den Staat finanziert werden. Staatsausgaben implizieren damit, dass der Staat die Ausgabenströme in der Volkswirtschaft beeinflusst. Das besagt aber nicht gleichzeitig auch, dass damit die Güterproduktion insgesamt negativ beeinflusst wird. Die obigen Ausführungen zu den Wohlfahrtseffekten führten zu dem Ergebnis, dass sich die Wohlfahrt in der Gesellschaft lediglich dann ändert, wenn als Folge einer staatlichen Aktivität die Güterversorgung der Gesellschaft beeinflusst wird. Im Folgenden gilt es daher zu zeigen, dass zwischen der Änderung der Staatsausgaben und der Änderung der Güterversorgung keine eindeutige Beziehung besteht. Das soll durch einige Beispiele veranschaulicht werden:

(1) Der Staat beschließt, die Einfuhr eines Agrarproduktes mit Abgaben zu belasten. Als Folge dieser Maßnahme werden Staatseinnahmen erzielt (positiver Budgeteffekt), aber gleichzeitig wird sich der Wohlstand der Gesellschaft negativ verändern. Die Abgabe an der Grenze führt, wie oben bereits dargestellt, zu einer Erhöhung der Inlandspreise und trägt damit zu einer Verzerrung der Produktions- und gleichzeitig auch der Verbraucherstruktur bei. Das Inland verzichtet teilweise auf die Vorteile der internationalen Arbeitsteilung; die Güterversorgung verschlechtert sich daher.

(2) Der Staat beschließt, eine Steuer auf die Einkommen der höchsten Einkommensbezieher zu legen und gleichzeitig die Renten der unteren Rentenempfänger

zu erhöhen. Als Folge dieser Maßnahme nimmt er mehr ein und gibt gleichzeitig auch mehr aus (neutraler Budgeteffekt). Als direkte Folge dieser Maßnahme wird sich die Güterversorgung der Gesellschaft nicht verändern. Es verändert sich lediglich die Einkommensverteilung. Auch hier besteht also bezüglich der Änderung der Ausgaben und der Änderung der Wohlfahrt keine eindeutige Beziehung. Selbstverständlich kann aber als indirekte Wirkung der Einkommensumverteilung die Güterversorgung insgesamt verringert werden, wenn z.B. die stärker Besteuerten weniger arbeiten.

(3) Der Staat beschließt in einer Rezession, die Staatsausgaben zu erhöhen. Die Finanzierung der Ausgaben soll durch einen Kredit bei der Zentralbank ermöglicht werden. Es wird angenommen, dass die Rezession durch eine Situation gekennzeichnet ist, bei der in allen Bereichen der Volkswirtschaft die Kapazitäten nicht voll ausgelastet sind. Es könnte daher durch eine Erhöhung der Nachfrage in der Volkswirtschaft mehr produziert werden, ohne dass gleichzeitig die Preise steigen. Insgesamt bedeutet das trotz steigender Staatsausgaben (negativer Budgeteffekt) eine Erhöhung des Wohlstandes in der Gesellschaft.

(4) Der Staat beschließt, ein neues Gesetz zu erlassen, das den Bürgern nicht gestattet, nach 24 Uhr die Straßen zu betreten (Ausgangssperre). Nehmen wir an, dass die Bürger des Landes äußerst rechtsgläubig sind und daher eine Kontrolle der Einhaltung der Rechtsordnung nicht notwendig ist. In diesem Fall wird sich als Folge dieser Rechtssetzung keine zusätzliche Änderung der Staatsausgaben ergeben. Aber dennoch würden volkswirtschaftliche Kosten entstehen: Da z.B. alle Fabriktore vor 24 Uhr geschlossen werden müssten, würde die Produktion insgesamt in der Volkswirtschaft zurückgehen. Daraus folgt, dass die Güterversorgung und damit der Wohlstand der Gesellschaft zurückgehen würden.

Volkswirtschaftliche Kosten haben also mit Staatsausgaben grundsätzlich nichts zu tun. Sie können größer, kleiner oder gleich der Höhe der geänderten Staatsausgaben sein. Dennoch kann es aber sinnvoll sein, einzelne Instrumente vornehmlich wegen der budgetären Effekte einzuführen oder abzuschaffen. Der Staat kann enge Finanzierungsbeschränkungen haben, die sich möglicherweise nicht lösen lassen. Allerdings wird diese Beschränkung in der Mehrzahl der Fälle nur kurzfristig gelten. Die Situation ist vergleichbar mit einem Unternehmen, das wegen Liquiditätsproblemen auf rentable Investitionen verzichten muss. Wenn das Unternehmen die potentiellen Gläubiger von der sicheren Rendite überzeugen kann oder aber auch genügend Sicherheiten bietet, wird es die rentable Investition auch vornehmen können. Analog sollte es dem Staat gelingen, Gläubiger oder zahlungswillige Steuerzahler zu finden, um Maßnahmen zum Wohl der Gesellschaft vornehmen zu können.

7.1.7 Effekte auf den internationalen Handel

Oben wurde ausgeführt, dass bei der Durchführung der Agrarmarktpolitik auch Art. 131 des EU-Vertrages, der die Bedeutung der internationalen Arbeitsteilung anspricht, zu beachten ist. Es soll daher im Folgenden geprüft werden, welche Wirkungen von einem speziellen Mitteleinsatz auf die internationale Arbeitsteilung ausgehen.

Die Effekte auf den internationalen Handel haben bei der Durchführung der EU-Agrarmarktpolitik zunehmende Bedeutung erlangt. Hierzu hat zum einen die Erweiterung der EWG zur EU von zunächst nur sechs Mitgliedsländern auf heute (2005) 25 Mitgliedsländer beigetragen, und zum anderen auch das Wachstum der Agrarproduktion in der EU. Als Folge dessen gehen von Maßnahmen, die im Bereich der EU-Agrarpolitik gefällt werden und die eigentlich lediglich darauf abzielen, Inlandseffekte zu bewirken, auch externe (Länder übergreifende) Effekte aus. Alle Maßnahmen, die im Inland Produktion oder Verbrauch beeinflussen, verändern die Einfuhr- oder Ausfuhrmenge der EU und – weil die EU ein relativ großes Land ist – beeinflussen das Niveau der Weltmarktpreise. Andere Länder werden demnach durch die EU-Agrarmarktpolitik betroffen, wenn die EU zu einer Veränderung des Preisniveaus und der Preisrelationen auf dem Weltmarkt beiträgt und darüber hinaus die Instabilität der Preise auf dem Weltmarkt beeinflusst. Die EU-Agrarmarktpolitik hat auch durch die Einführung von außenhandelspolitischen Maßnahmen dazu beigetragen, dass sich die Handelsströme auf dem Weltmarkt verändert haben. Besondere Nachteile können für Handelspartner entstehen, wenn die Durchführung der Inlandspolitik weitgehend auf diskretionäre Entscheidungen (Entscheidungen von Fall zu Fall) angelegt und daher von anderen Ländern weniger prognostizierbar ist. Solche Politiken erhöhen die Unsicherheiten auf dem Weltmarkt und erschweren damit anderen Ländern, Exportsituationen aufzubauen.

Effekte auf den internationalen Handel gehen auch indirekt von Inlandspolitiken aus. Protektionistische Inlandspolitiken diskriminieren offensichtlich ausländische Anbieter. Sie wecken daher den Wunsch von Handelspartnern nach Handelspräferenzen (Zugeständnisse für erleichterten Marktzugang). Präferenzen für einen Teil der Handelspartner bedeuten aber gleichzeitig, dass andere Handelspartner verstärkt diskriminiert werden. In der EU-Agrarmarktpolitik nehmen Handelspräferenzen eine zunehmende Bedeutung ein.

Die Bedeutung von Handelswirkungen der EU-Agrarpolitik hat für die Planung und Durchführung der EU-Agrarmarktpolitik seit 1995 eine größere Rolle erhalten. Die achte und vorletzte Handelsrunde im GATT (1986-1994) führte zu einer Integration des Agrarhandels in die internationalen Regeln des GATT und der Nachfolgeorganisation des GATT, der WTO. Zwar gibt es für den Agrarhandel weiterhin Sonderregelungen, doch schränken sie die Inlandspolitiken sehr viel mehr ein als vor 1995, dem Inkrafttreten der neuen Regeln. Es ist daher bei der

Planung und Bewertung des agrarmarktpolitischen Mitteleinsatzes auch stets zu prüfen, ob es eine Vereinbarkeit mit den WTO-Regeln gibt.

7.1.8 Administrative Durchführbarkeit

Wird von wissenschaftlicher Seite eine Änderung des agrarmarktpolitischen Mitteleinsatzes vorgeschlagen, so wird häufig als Gegenargument angeführt, dass die Neugestaltung administrativ nicht durchführbar sei. Im Folgenden soll daher explizit auf die Diskussion der administrativen Durchführbarkeit und insbesondere auf den bei der Anwendung der Instrumente benötigten Kontrollapparat eingegangen werden.

Die Kosten der administrativen Durchführung der Agrarpolitik müssten eigentlich bei der Ermittlung der Wohlfahrtseffekte berücksichtigt werden. Leider lassen sich diese Kosten aber nicht stets exakt ermitteln. Zum einen sind es direkte Kosten, die z.B. für die Bezahlung der Bürokratie notwendig sind; zum anderen treten aber auch indirekte Kosten des Instrumenteneinsatzes auf. Dies ist der Fall, wenn der Instrumenteneinsatz die Entscheidungen Privater (Unternehmer und Konsumenten) so verändert, dass sie vermehrt darauf abzielen, ein zusätzliches Einkommen durch Ausnutzung staatlicher Regelungen statt durch wirtschaftliche Aktivität auf den Märkten zu erhalten. Aktivitäten werden also damit der Produktion marktfähiger Güter entzogen und führen zu negativen Wohlfahrtseffekten für die Gesellschaft.

Hypothesen bezüglich der Durchführbarkeit neuer oder geänderter Politiken lassen sich aus der Theorie der Neuen Politischen Ökonomie ableiten, insbesondere aus der Theorie des Verhaltens von Politikern und Bürokraten, aus der **Prinzipal/Agenten Theorie** sowie aus der **Theorie des Betrügens und Fälschens**.

Durchsetzungsprobleme zeichnen sich in der Regel durch eine asymmetrische Informationsverteilung aus. Der Prinzipal versucht, bestimmte Ziele mit speziellem Mitteleinsatz zu erreichen. Die Adressaten der Politik, hier vor allem die Mitgliedsländer, aber auch Regionen oder Wirtschaftsunternehmen, sollen in bestimmter Weise reagieren und zur Verwirklichung der Ziele beitragen. Ob eine bestimmte Politik erfolgreich ist, hängt demnach von der Reaktion der Adressaten auf die von dem Prinzipal gesetzten Daten ab. Wenn der Adressat die Möglichkeit hat, auf die gesetzten Daten unter Ausnutzung der Situation des Prinzipals zu reagieren, kann damit entweder der Erfolg der Politik in Frage gestellt werden oder die Kosten der Zielverwirklichung können erhöht werden. Bei Sektorpolitiken, die grundsätzlich darauf abzielen, das Verhalten der Wirtschaftssubjekte durch Anreiz- und Druckmechanismen zu ändern, besteht stets ein Kontrollproblem, welches mit zunehmender Asymmetrie der Informationsverteilung immer gravierender wird. Basierend auf den Erkenntnissen der Neuen Politischen Ökonomie kann erwartet werden, dass die Kontrollprobleme bei einzelnen

Politikbereichen der Gemeinsamen Agrarpolitik (GAP) sehr unterschiedlich sind. So wird bei der Durchsetzung der Marktordnungen mit hoher Regelungsintensität ceteris paribus ein häufigerer Verstoß gegen die gesetzten Regeln eintreten als bei weniger intensiv geregelten Marktordnungen. Die Regelungsintensität nimmt zu, wenn die Zahl der Adressaten zunimmt und daher detailliertere Informationen für die Durchsetzung der Politik notwendig sind sowie wenn die Adressaten sich durch die Regeln in ihren Entscheidungen stark eingeschränkt fühlen und daher die Versuchung zum Regelverstoß relativ groß ist. So beansprucht die Durchsetzung von Außenhandelsregelungen weniger Informationen als die Durchsetzung von Eingriffen auf dem Inlandsmarkt. Märkte, die nur durch Außenhandelsregelungen vom Weltmarkt abgeschirmt werden, zeigen somit eine geringere Regelungsintensität als Märkte, die zusätzlich auch durch Maßnahmen auf den Inlandsmärkten geregelt werden. Staatlicher Aufkauf von Produkten durch die Setzung von Interventionspreisen erhöht demnach die Regelungsintensität. Zusätzlich zu den Informationen über den Außenhandel sind bei der Durchsetzung von Interventionspreisen auch Informationen über die Qualität der angelieferten Produkte notwendig und darüber, ob die Interventionsstellen auch die Vorschriften einhalten. Eine höhere Regelungsintensität weisen Märkte auf, die vorsehen, dass die Produzenten in Abhängigkeit von der Flächennutzung oder der Viehzahl Direktzahlungen erhalten. Bei diesen Märkten, den wichtigsten Ackerkulturen (Getreide und Ölsaaten) sowie bei Rindfleisch sind detaillierte Informationen über die zum Empfang der Zahlung Berechtigten notwendig. Man spricht von gläsernen Betrieben. Die Einführung von Direktzahlungen im Zuge der ***MacSharry*-Reform** von 1992 hat somit zunächst die Regelungsintensität auf dem Getreide- und Rindfleischmarkt erhöht. Die im Juni 2003 beschlossene Politikänderung könnte dagegen zu einer Reduzierung der Regelungsintensität beitragen, da die Direktzahlungen nicht mehr an laufende einzelbetriebliche Informationen gebunden sind. Eine noch höhere Regelungsintensität beinhalten Märkte, auf denen die Produktion durch Quoten beschränkt wird. So bedeutet die so genannte Garantiemengenregelung auf dem Milchmarkt, die seit 1984 besteht, eine hohe Regelungsintensität, da Landwirte durch diese Maßnahme stark in ihren Entscheidungen eingeschränkt werden und umfangreiche Informationen notwendig sind, um die Einhaltung der Regeln zu überprüfen. Generell kann gesagt werden, dass sich die Regelungsintensität auf den Agrarmärkten der EU im Zeitablauf erheblich erhöht hat.

Die Regelungsintensität stellt für die Durchsetzung einer Politik umso größere Probleme dar, je größer die Zahl der betroffenen Ebenen ist. Wird von supranationalen Trägern der GAP lediglich eine Regelung erlassen, welche die Mitgliedsländer einschränkt, so hat der supranationale Träger in diesem Fall lediglich zu kontrollieren, ob die Regierungen der Mitgliedsländer sich an die Regeln halten. Wird dagegen durch spezielle Anreize ein spezielles Verhalten der individuellen landwirtschaftlichen Unternehmen – wie beispielsweise derjenigen des ökologischen Landbaus – gefördert, so wird es auf jeder einzelnen Ebene zu Informationsproblemen kommen. Die Länder haben zwar die Umsetzung der supranationalen Politik vorzunehmen, doch werden sie die Aufgaben an Bundesländer, Regionen oder Bezirke delegieren, die dann jeweils zugleich Prinzipal der untergeordneten Stelle gegenüber und Agent der übergeordneten Stelle gegenüber sind. Der eigentliche Adressat der Politik, der landwirtschaftliche Unternehmer, sieht sich mit Prinzipalen konfrontiert, die selbst wieder Agenten sind. Da es die Aufgabe des Prinzipals ist, die Einhaltung der Regeln zu überwachen, z.B. nur dann Subventionen für ökologischen Landbau zu zahlen, wenn die Bedingungen für eine ökologische Produktionsweise auch eingehalten werden, ist das Eigeninteresse des Prinzipals an der Kontrolle von Bedeutung. Wenn eine Mischfinanzierung vorliegt oder die Finanzierung voll von der übergeordneten Stelle übernommen wird und wenn darüber hinaus die Sanktionen für nicht adäquate Kontrollen gering sind, kann vermutet werden, dass die Kontrollen weniger scharf sein werden. So ist es nicht verwunderlich, dass der Europäische Rechnungshof durch seine Kontrollen immer wieder festgestellt hat, dass es eine Vielzahl von Unregelmäßigkeiten bei der Umsetzung der GAP und der Strukturpolitik gibt und dass die im Mitgliedsland aufgedeckten Unregelmäßigkeiten der Kommission nicht vollständig gemeldet werden. Zum Beispiel führt der Europäische Rechnungshof in seinem Sonderbericht Nr. 10/2001 über die Finanzkontrolle der Strukturfonds aus, dass in Deutschland zwar das Bundesministerium der Finanzen (BMF) die Durchführung der Verordnung für alle Strukturfonds koordiniert, dass aber keine Überwachung oder Qualitätskontrolle der Durchführung erfolgt. "Auf Bundesebene liegen weder Informationen über die organisatorischen Entscheidungen der Länder bezüglich der Durchführung der Kontrollen ... noch über die Benennung der Stelle vor, die den Abschlussvermerk erstellt" (ERH, Sonderbericht 10/2001, S. 34). Weiter wird vermerkt, dass einige Mittel bewirtschaftende Stellen keine oder nur wenige Unregelmäßigkeiten der Kommission meldeten, obwohl mehrere tausend solcher Fälle aufgetreten sind (a.a.O., S. C 314/40). Es ist demnach offensichtlich, dass die Länder wenig Interesse haben, eine exakte Kontrolle vorzunehmen, um etwaige Sanktionen einzuleiten.

Probleme der Durchführbarkeit von Politiken können die Rangordnung von Politikmaßnahmen, die sich nach Wohlfahrtskriterien ergeben, ändern. So sind aus wohlfahrtstheoretischer Sicht Produktsubventionen zum Ausgleich von Divergenzen auf der Angebotsseite positiver zu bewerten als Zölle (Preisstützung). Die Erfahrungen mit Produktsubventionen, insbesondere auf dem Tomatenmarkt, und mit Faktorsubventionen, insbesondere auf dem Hartweizen- und Olivenmarkt, haben aber gezeigt, dass das Betrugspotential sehr hoch ist. Die offiziell deklarierten Mengen waren erheblich höher als die tatsächlichen Mengen. Die Folge waren nicht nur erhöhte Transfers zugunsten der Landwirte oder der verarbeitenden Industrie, sondern auch erhöhte volkswirtschaftliche Kosten. Betrügerische Machenschaften sind in der Regel auch mit erhöhtem Ressourcenaufwand verbunden.

7.2 Gründe und Probleme mangelnder Eindeutigkeit der Bewertung

Es ist bekannt, dass unterschiedliche Ökonomen gelegentlich den Einsatz einzelner Instrumente unterschiedlich bewerten und daher auch unterschiedliche Politikempfehlungen erteilen. Bekannt ist auch, dass Politiker häufig die Empfehlungen von Ökonomen ablehnen, implizit demnach die Empfehlungen anders bewerten. Bemerkenswert ist z.B., dass die Empfehlungen des wissenschaftlichen Beirates beim ehemaligen Bundesministerium für Ernährung, Landwirtschaft und Forsten und heutigen Bundesministerium für Verbraucherschutz, Landwirtschaft und Ernährung, die in der Regel einstimmig beschlossen werden, dennoch von politischer Seite nahezu negiert werden. Im Folgenden soll daher kurz darauf eingegangen werden, warum es zu unterschiedlichen Bewertungen kommen kann.

(1) Unterschiedliche Ziele oder unterschiedliche Gewichtung einzelner Ziele

Oben wurde bereits ausgeführt, dass es objektiv nicht möglich ist anzugeben, welche Ziele durch eine bestimmte Politik verfolgt werden sollten, weil dieses ein intersubjektiv nicht nachvollziehbares Werturteil beinhaltet. Es kann daher sein, dass einzelne Wissenschaftler bei der Bewertung alternativer Instrumente unterschiedliche Ziele zugrunde legen. Als Ergebnis werden dann sowohl Diagnose als auch Empfehlung unterschiedlich sein. Dennoch können die unterschiedlichen Bewertungen wissenschaftlichen Kriterien genügen, vorausgesetzt, dass die zugrunde gelegten Ziele deutlich gemacht werden.

Auffällig ist die Diskrepanz zwischen der Bewertung von Maßnahmen durch Politiker und Wissenschaftler. Es ist verständlich, dass Politiker – ob als Verbandsfunktionäre oder auch als Bundespolitiker – andere Zielfunktionen verfolgen als in der Regel von Wissenschaftlern bei der Bewertung zugrunde gelegt werden (vgl. hierzu Kapitel 8).

(2) Die Bedeutung des Referenzsystems

Bereits oben bei der Darstellung der Bewertung alternativer Politiken wurde darauf hingewiesen, dass eine Politikbewertung nur durch einen Vergleich der tatsächlichen mit einer hypothetischen Entwicklung möglich ist. Die hypothetische Entwicklung wird als Referenzsituation bezeichnet. Leider gibt es hier wiederum kein eindeutiges objektives Kriterium, das die Wahl eines bestimmten Referenzsystems nahe legt. Politiker neigen dazu, den Status quo als Referenzsystem zu betrachten und messen die Politikmaßnahmen daran, wie der Status quo geändert wird. Verbandsvertreter neigen ebenfalls dazu, den Status quo als Referenzsystem zu wählen. Als Konsequenz ergibt sich dann, dass Maßnahmen, die staatliche Eingriffe einschränken und damit bisher Begünstigte weniger begünstigen, als nachteilig betrachtet werden. Würde man andererseits als Referenzsystem eine Situation ohne staatliche Eingriffe verwenden, könnte die gleiche Maßnahme positiv bewertet werden.

(3) Unterschiedliche Beurteilung der tatsächlichen Situation

Oben wurde betont, dass eine Bewertung stets auf einem Vergleich einer tatsächlichen mit einer hypothetischen Situation beruht. Die tatsächliche Situation soll die Situation bei unverändertem Instrumenteneinsatz sein. Da aber die Wirkung einer Politikmaßnahme (ähnlich wie die Wirkung eines Medikaments) erst mit einer Zeitverzögerung einsetzt, muss bei der Bewertung vorhergesagt werden, wie die tatsächliche Situation in der Zukunft ohne Änderung des Instrumenteneinsatzes aussehen würde. Leider ist es häufig nicht möglich, die zukünftige Entwicklung exakt zu prognostizieren. Folglich kann es auch nicht stets möglich sein, die Wirkung von Politikmaßnahmen eindeutig vorherzusagen. Es kann daher durchaus sein, dass die Notwendigkeit eines Mitteleinsatzes selbst dann, wenn von gleichen Zielen ausgegangen wird, unterschiedlich beurteilt wird.

(4) Unterschiedliche Indikatoren bei der Bewertung

Aus der Wahl unterschiedlicher Ziele und unterschiedlicher Referenzsysteme folgt gleichzeitig, dass bei der Bewertung auch unterschiedliche Indikatoren für die Bewertung der Politik herangezogen werden können. Während Wissenschaftler sich in der Regel mehr an dem oben aufgeführten Rahmen orientieren werden und sich häufig verstärkt auf die Wohlfahrtseffekte von Maßnahmen konzentrieren, orientieren sich Politiker vornehmlich an anderen Indikatoren. Wohlfahrtseffekte sind zwar quantifizierbar (allerdings häufig auch nur in Grenzen), aber in der Regel nicht direkt sichtbar. Politiker werden aber bei der Beurteilung ihrer Politik durch die Öffentlichkeit in der Regel aufgrund der sichtbaren Effekte der Politik beurteilt. Landwirte z.B. werden den Erfolg einer Politik daran messen, wie sich ihre Einkommen entwickelt haben. Folglich ist der Indikator "Einkommen der Landwirte" von großer Bedeutung für den Politiker. Die öffentliche Meinung wird weitgehend von den Haushaltseffekten (Budgeteffekten) und den Agrarüberschüssen dominiert. Folglich wird der Politiker sich an diesen Indikatoren zu orientieren haben. Für den Wissenschaftler hingegen sind diese Indikatoren in der Regel nur untergeordnet, da sie nicht in direkter Beziehung zu den Wohlfahrtseffekten stehen.

(5) Unterschiede bei der Wirkungsanalyse

Gravierende Unterschiede bei der Bewertung alternativer agrarmarktpolitischer Instrumente gibt es hinsichtlich der Wirkungsanalyse. Selbst über die funktionale Beziehung zwischen Produktpreisen und Angebotsmengen, die für die Beurteilung von alternativen Maßnahmen ganz entscheidend ist, gibt es sehr unterschiedliche Vorstellungen. Von Politikern wird z.B. häufig vermutet, dass – wie bereits oben erläutert (siehe Kapitel 3.3) – mit sinkenden Produktpreisen die angebotene Menge steigt, also eine inverse Angebotsreaktion vorliegt. Wissenschaftler sind sich zwar einig, dass eine inverse Angebotsanalyse eine kurzfristige Ausnahmeerscheinung ist, sie differieren aber häufig in ihrer Meinung bezüglich der Höhe der Angebotselastizität. Gelegentlich wird vermutet (siehe obige Ausführungen), dass die Intensität der Agrarproduktion wenig auf Preisänderungen reagiert und daher die angebotene Menge bei Preissenkungen auch nur wenig zurückgehen wird. Andere Wissenschaftler dagegen legen bei ihren Analysen häufig eine viel stärkere Angebotsreaktion zugrunde und kommen daher auch bei der Beurteilung zu unterschiedlichen Ergebnissen.

In Anbetracht der genannten Probleme und der Gründe für die mangelnde Eindeutigkeit von Politikbeurteilungen mag man sich fragen, welche Bedeutung wissenschaftliche Politikanalysen überhaupt haben können.

Oben wurde als Werturteil eingeführt, dass wissenschaftliche Analysen intersubjektiv nachvollziehbar sein sollen. Daraus folgt gleichzeitig, dass ein Vergleich von wissenschaftlichen Politikanalysen mit unterschiedlichem Beurteilungsergebnis stets auch ersichtlich machen muss, warum die Beurteilung unterschiedlich ist. Liegt es z.B. an einer unterschiedlichen Zielsetzung oder Gewichtung einzelner Ziele, so kann sich der Adressat der Analyse – je nach seiner Zielsetzung – mit dem einen oder anderen Beurteilungsergebnis identifizieren. Liegt es an einer unterschiedlichen Beurteilung der Ausgangssituation oder der Wirkung der Maßnahme, so müssten in der Regel die Differenzen durch eine intensivere Auswertung der Fakten zu beseitigen sein. Hier liegt offensichtlich ein abbaubares Informationsdefizit vor.

Wissenschaftliche Analysen kommen häufig – wie oben gezeigt – zu einem anderen Ergebnis, weil sie andere Ziele als Politiker verfolgen. Politiker werden häufig bei ihrer Politikempfehlung die Ziele und Referenzsysteme nicht stets klar formulieren. Aufgabe der wissenschaftlichen Analyse ist es daher, deutlich zu machen, welches Ziel und Referenzsystem den Aussagen der Politiker zugrunde liegen. Dadurch tragen sie gleichzeitig dazu bei, dass die Transparenz in der Politik erhöht wird, die Öffentlichkeit also besser über die tatsächlichen Politikmaßnahmen und alternativen Möglichkeiten informiert wird. Spezielle Politiken sind in ihren Wirkungen in einer stark arbeitsteiligen Wirtschaft von einem großen Teil der Öffentlichkeit nicht überschaubar. Es kann daher als eine Aufgabe der Wissenschaftler angesehen werden, einen Beitrag zur Erhöhung der Transparenz in der Politik zu leisten und damit gleichzeitig die Öffentlichkeit aufzuklären.

Daraus folgt, dass Empfehlungen von Wissenschaftlern, wie z.B. vom Wissenschaftlichen Beirat beim Bundesministerium für Verbraucherschutz, Landwirtschaft und Ernährung, selbst dann, wenn sie von Politikern nicht akzeptiert werden, dennoch eine Bedeutung in einem demokratischen System haben können. Sie informieren die Öffentlichkeit und machen deutlich, wie einzelne Politiker möglicherweise Interessenpolitik betreiben, um damit ihrer Zielsetzung "Maximierung der Stimmen bei der nächsten Wahl" zu entsprechen. Ähnlich wie Unternehmer in einem marktwirtschaftlichen System durch eine Wettbewerbsordnung und Konkurrenz in ihrer Macht eingeschränkt werden müssen, kann gefordert werden, durch wissenschaftliche Politikanalysen dazu beizutragen, die Möglichkeiten der Politiker, einseitige Interessenpolitik zu betreiben, einzuschränken.

7.3 Ökonomische Analyse ausgewählter Instrumente

7.3.1 Systematik des agrarmarktpolitischen Mitteleinsatzes

Übersicht 7.1 zeigt, dass man durch die Instrumente der Agrarmarktpolitik das Marktergebnis direkt oder indirekt beeinflussen kann. Von einer direkten Beeinflussung des Marktergebnisses wird gesprochen, wenn staatliche Regelungen direkt bei Preisen und Mengen ansetzen und damit den Preisbildungsprozess direkt beeinflussen. Von indirekten Maßnahmen soll dagegen dann gesprochen werden, wenn durch den Staat bestimmte Daten gesetzt werden, denen sich die einzelnen Entscheidungsträger so anpassen, dass sich das Marktergebnis ändert.

Will der agrarmarktpolitische Entscheidungsträger das Marktergebnis direkt beeinflussen, so kann er entweder durch außenwirtschaftliche Regelungen den Warenverkehr zwischen In- und Ausland beeinflussen oder durch binnenwirtschaftliche Regelungen das gewünschte Ziel anstreben. In einer Volkswirtschaft, die relativ stark in die internationale Arbeitsteilung integriert ist, sind aber die Möglichkeiten, durch binnenwirtschaftliche Regelungen das Marktergebnis zu beeinflussen, begrenzt. Ohne Außenschutz ist eine inländische Preisanhebung nicht möglich oder sehr kostspielig. Der Einsatz binnenwirtschaftlicher Regelungen wird daher in der Regel durch außenwirtschaftliche Maßnahmen ergänzt. Dies wird bei der Analyse des agrarmarktpolitischen Instrumentariums der EU besonders deutlich. Wir werden daher unsere folgende Analyse auch mit der Darstellung der außenwirtschaftlichen Regelungen der Agrarmarktpolitik beginnen, da diese für das Marktergebnis bedeutender sind als die binnenwirtschaftlichen Regelungen.

Außenwirtschaftliche Regelungen können zahlreiche Maßnahmen umfassen. In *Übersicht 7.1* werden einige Beispiele gegeben. Die wichtigsten Regelungen im Bereich der Agrarmarktpolitik sind die Belastung der Importe durch Importlizenzen, Abschöpfungen, Wertzölle, spezifische Zölle, Mischzölle, Präferenzabkommen, Mindestmarktzugangsregelungen, Einfuhrkontingente oder Einfuhrverbote.

Übersicht 7.1: Systematik agrarmarktpolitischer Instrumente

Direkte Beeinflussung des Marktergebnisses		Indirekte Beeinflussung des Marktergebnisses
Außenwirtschaftliche Regelungen	Binnenwirtschaftliche Regelungen	Gebote und Verbote
• z.B. durch Be- und Entlastung der Importe und Exporte • Einfuhrkontingente • Selbstbeschränkungsmaßnahmen • Mindestmarktzugang • Exportbeschränkungen	• z.B. durch staatlichen An- und Verkauf • Steuern • Subventionen • Höchst- und Mindestpreise • Produktionsquoten • Flächenstilllegung • Förderung bestimmter Produktionsweisen	• z.B. durch Lebensmittelgesetze • Futtermittelgesetze • Pflanzenschutzgesetzgebung • Gesetz über Inverkehrbringen von neuen Produkten • Sortenrecht • Erbrecht • Vorschriften über Produktionsweisen • Düngemittelverordnung

Beim Export gibt es bei Agrarprodukten im Unterschied zu anderen Produkten Exportlizenzen und Exportsubventionen (Exporterstattungen).

Auf den Agrarbinnenmärkten der EU greift der Staat ebenfalls durch eine Vielzahl von Instrumenten in das Marktgeschehen ein und beeinflusst das Marktergebnis direkt. Die wichtigsten Maßnahmen sind in der *Übersicht 7.1* aufgeführt. Die Instrumente setzen zum Teil auf den Produktmärkten an; hierzu gehören z.B. Ankauf von Agrarprodukten durch die Interventionsstellen, Subventionierung des Verbrauchs von bestimmten Produkten und Quotierung der Produktion. Andere Maßnahmen setzen auf den Faktormärkten an, wie z.B. Flächenstilllegungen, Subventionierung von Krediten oder des Dieselverbrauchs oder auch die spezielle Förderung bestimmter Produktionsweisen wie den ökologischen Landbau.

Gesetzliche Regelungen spielen bei der Preisbildung auf den Agrarmärkten eine relativ große Rolle. In *Übersicht 7.1* sind einige Beispiele aufgeführt. Durch Lebensmittelgesetze werden z.B. bestimmte Produkte oder Zutaten bei der Herstellung von Lebensmitteln verboten. Hierdurch wird der Tatsache Rechnung getragen, dass Lebensmittel zunehmend Vertrauensgüter sind und der Käufer nicht stets über die Qualität der Produkte ausreichend informiert ist. Es ist daher Aufgabe des Staates, den Lebensmittelmarkt zu beobachten und neue Produkte und neue Produktionsmethoden im Hinblick auf die Lebensmittelsicherheit zu überprüfen. Es gibt daher Verbote für das Inverkehrbringen von Produkten. Diese Gesetze haben nicht die Zielsetzung, den Markt in gewünschter Richtung zu beeinflussen, sondern den Verbraucher zu schützen. Allerdings können sich Produzenteninteressen gelegentlich auch in der Nachfrage nach entsprechenden Gesetzen niederschlagen. Ein Beispiel war das Verbot, Milchprodukte auf der Basis anderer Rohstoffe als Milch nachzuahmen.

Durch das Gesetz über die Rückverfolgbarkeit von Lebensmitteln, das am 1. Januar 2005 in Kraft trat, wird das Marktgeschehen erheblich beeinflusst. Auch wird durch das Gesetz die Möglichkeit geschaffen, Verstöße gegen das Lebensmittelrecht sanktionieren zu können. Außerdem kann das Gesetz dazu beitragen, bestimmte Formen von Marktversagen schneller aufzuspüren. Ein unerkanntes Marktversagen lag z.B. vor, als noch nicht bekannt war, dass die Verfütterung von Tiermehl zu BSE führen kann. Diese Unkenntnis führte zu Produktionsmethoden und Lebensmittelangeboten, die bei Kenntnis der gesundheitlichen Gefährdung keine Nachfrage oder zumindest eine geringere Nachfrage gefunden hätten. Der Markt konnte sich demnach nur durch Unkenntnis der Marktparteien in dem gegebenen Ausmaß entwickeln. Das Gesetz über die Rückverfolgbarkeit wird zu erheblichen Änderungen in der Vermarktungskette führen.

Gesetze zur Vermeidung von negativen Umwelteffekten haben zunehmend Einfluss auf die Landwirtschaft. Ein offensichtliches Beispiel ist die Beschränkung der Tierzahl je ha landwirtschaftlicher Fläche. Hier werden nicht nur Grenzen der regionalen Spezialisierung gesetzt, sondern auch indirekt auf die Preisbildung auf dem Bodenmarkt Einfluss ausgeübt.

Der Bodenmarkt wird auch durch Gesetze über das landwirtschaftliche Erbrecht, das Steuerrecht bei Anlage des Vermögens in Immobilien sowie das Grundstücksverkehrsgesetz berührt. Diese Gesetze sind in der EU in der Kompetenz der Mitgliedsländer. Es ist daher nicht verwunderlich, dass sich die Bodenmärkte zwischen den Ländern unterscheiden und sich auch unterschiedlich entwickeln.

Zunehmende Bedeutung für die Preisbildung auf einzelnen nationalen Märkten hat der Entscheidungsspielraum bei der Gesetzgebung bezüglich der Umsetzung von EU-Richtlinien und EU-Gesetzen. So können die Mitgliedsländer die bisherigen flächengebundenen Beihilfen (Direktzahlungen) entweder völlig unabhängig von der zukünftigen Faktorausstattung der Betriebe zahlen und sie nur an die Höhe der Zahlung in einer Referenzperiode der Vergangenheit binden. Die Länder können aber auch – insbesondere in einer Übergangszeit – alternative Bindungsmöglichkeiten der Beihilfen wählen, wie z.B. Bindung eines Teiles an die Milchquote, an die Rinderzahl oder an die bewirtschaftetet Fläche. Selbst nach der Übergangszeit ist auch weiterhin eine Bindung an die bewirtschaftete Fläche möglich. Es ist offensichtlich, dass diese unterschiedliche Gesetzgebung auch die Agrarmärkte in den EU-Mitgliedsländern unterschiedlich beeinflusst.

Im Bereich der Agrarmarktpolitik gibt es eine Reihe von Maßnahmen zur Verbesserung der Funktionsfähigkeit des Marktmechanismus. Insbesondere werden Maßnahmen zur Erhöhung der Markttransparenz eingesetzt. Dies betrifft z.B. die Standardisierung und Klassifizierung mit der Schaffung von Handelsklassen für einzelne Agrarprodukte. Diese Maßnahmen wirken nicht nur im Interesse der Verbraucher, sondern auch im Interesse der Produzenten. Nur bei einer ausreichenden Standardisierung und bei der Vorgabe von Handelsklassen wird es den Produzenten möglich sein, für qualitativ höherwertige Produkte auch einen höheren Preis zu erzielen. Diese Instrumente tragen somit zur Senkung der Transaktionskosten bei.

Durch die Förderung der Verbraucherberatung wird die Funktionsfähigkeit des Marktmechanismus indirekt verbessert; der erhöhte Informationsstand der Verbraucher gewährleistet, dass die Konsumentensouveränität stärker in der Marktpreisbildung Berücksichtigung findet.

Eine Verbesserung des Marktergebnisses kann der agrarmarktpolitische Entscheidungsträger grundsätzlich durch Maßnahmen auf der Nachfrageseite und Maßnahmen auf der Angebotsseite sowie durch eine Verbesserung des Preisbildungsprozesses erreichen. Es ist im Folgenden nicht möglich, alle einzelnen Instrumente im Bereich der Agrarmarktpolitik zu behandeln. Wir werden uns daher auf die wichtigsten Instrumente beschränken.

7.3.2 Wirkungsanalyse ausgewählter Instrumente der Außenhandelsregelungen

7.3.2.1. Tarifäre Handelshemmnisse

In der Außenhandelstheorie wird auf der Einfuhrseite zwischen **tarifären und nicht-tarifären Handelshemmnissen** unterschieden. Zu den tarifären Handelshemmnissen gehören Zölle unterschiedlicher Art und zu den nicht-tarifären Handelshemmnissen alle anderen Formen der Belastung der Einfuhr, wie variable Abschöpfungen, Mengenbeschränkungen, Lizenzen, sanitäre und phytosanitäre

Vorschriften und Anwendung des Vorsorgeprinzips. Variable Abschöpfungen, die bis 1995 das vornehmlichste Instrument bei der Belastung der Einfuhr von Agrarprodukten waren, sind somit ein nicht-tarifäres Handelshemmnis. Im Folgenden wird zunächst auf die tarifären Handelshemmnisse eingegangen.

Tarifäre Handelshemmnisse werden im Bereich der Agrarmarktpolitik der EU vornehmlich zum Schutz der Produzenten vorgenommen. Den inländischen Produzenten soll ein höheres Einkommen als bei Freihandel gewährt werden. Durch eine Belastung der Einfuhr wird der Unterschied zwischen einem (politisch) gewünschten EU-Preis und dem cif-Weltmarktpreis vollständig oder teilweise ausgeglichen. Bis 1995 konnte die EU autonom den politisch gewünschten Preis setzen und die Differenz zum Weltmarktpreis durch Abschöpfungsbeträge voll abschöpfen. Das Einfuhrsystem beruhte daher weitgehend auf variablen Abschöpfungen. Die Vereinbarungen der Uruguay-Runde haben den Handlungsspielraum der EU eingeschränkt. Die Einfuhrbelastungen wurden auf einem niedrigeren Niveau gebunden. Die EU hat sich verpflichtet, die Einfuhrbelastungen nicht über das angegebene Niveau zu erhöhen. Außer der Änderung in der Höhe der Einfuhrbelastungen wurde in der Uruguay-Runde eine **Tarifizierung** vereinbart. Alle tarifären und die meisten nicht-tarifären Handelshemmnisse wurden in äquivalente Zölle umgewandelt und die Zollsätze der Periode 1986/88 wurden um vorgegebene Prozentsätze reduziert. Seit 1995 werden daher vornehmlich spezifische Zollsätze und Wertzölle bei der Einfuhr erhoben. Der **spezifische Zoll** wird auch **Mengenzoll** genannt, da er eine konstante Belastung je eingeführter Mengeneinheit unabhängig von der Höhe der Weltmarktpreise beinhaltet. Beim spezifischen Zoll ist daher die Differenz zwischen Einfuhr- und Weltmarktpreis konstant. Daneben gibt es aber auch Mischzölle. Der **Mischzoll** beinhaltet einen festen Zollsatz (Mengenzoll) und einen variablen Wertzoll, der es ermöglicht, die Variation der Einfuhrpreise kleiner zu halten als die Variation der Weltmarktpreise.

Bei der Einfuhr von landwirtschaftlichen Erzeugnissen des Anhangs I zum EU-Vertrag (Grunderzeugnisse und Produkte der ersten Verarbeitungsstufe) aus Drittländern werden zum Schutz der festgelegten EU-Binnenmarktpreise spezielle Agrarzölle erhoben. Für die Einfuhr von Produkten, die in mehreren Verarbeitungsstufen aus vorstehenden Erzeugnissen hergestellt werden (Nicht-Anhang I-Waren), gelten ebenfalls spezielle Einfuhrregelungen.

Tabelle 7.1 zeigt den Abbau des Zollschutzes für die EU, Japan und die USA.

Neben dem Abbau der Zölle hat die EU sich mit den Handelspartnern darauf geeinigt, einen Mindestmarktzugang in Höhe von 5 % des Verbrauchs einer Basisperiode 1986/88 zu ermöglichen. Es wurde daher eine Einfuhrquote für einzelne Produktgruppen mit ermäßigten Zollsätzen festgelegt.

Die Struktur der Einfuhrbelastung ist aus *Schaubild 7.11* ersichtlich. Hier sind die prozentualen Abweichungen der Inlandspreise von den Weltmarktpreisen im

Tabelle 7.1: Durchschnittliche Reduzierung des landwirtschaftlichen Einfuhrschutzes der EU

	EU	Japan	USA
Durchschnittliches Zollniveau in der Basisperiode 1986/88 in %	26,2	52,3	11,3
Durchschnittliches Zollniveau nach der Umsetzungsperiode im Jahr 2000 bei Weltmarktpreisen von 1986/88 in %	17,7	40,2	7,9
Durchschnittliche Reduzierung in %	37,7	36,8	38,8

Quelle: *Tangermann, S.*, Implementation of the Uruguay-Round Agreement by Major Developed Countries. UNCTAD, Genf; UNCTAD/ITD/16, Oktober 1995.

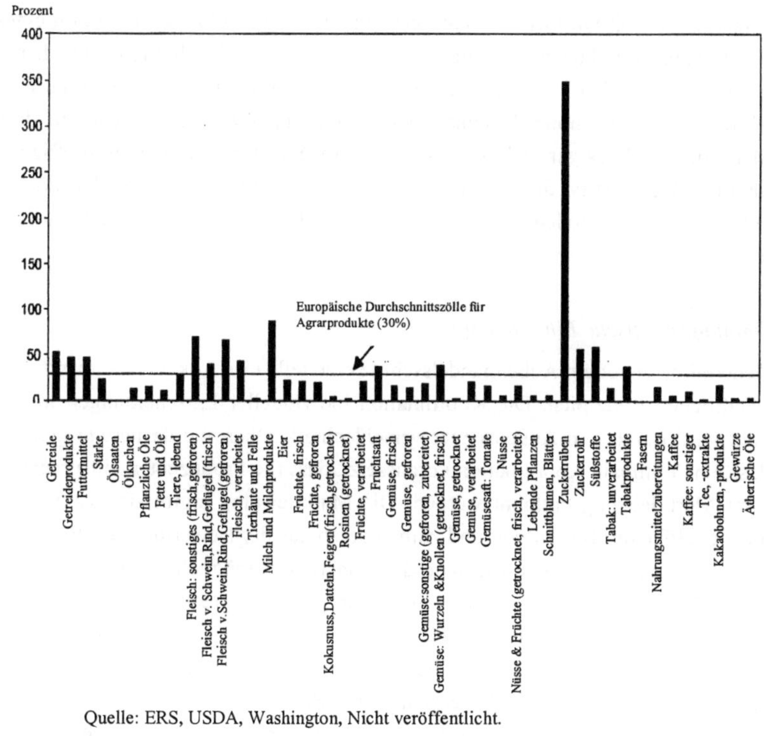

Quelle: ERS, USDA, Washington, Nicht veröffentlicht.

Schaubild 7.11: Unterschiede in den Zolläquivalenten für Agrarprodukte bei der Einfuhr in die EU nach Abschluss der Uruguay-Runde (geschätzt)

Jahr 2000 abgetragen. Es wird deutlich, dass die nominalen Protektionsraten, d.h. die Relation von Inlandspreisen zu Weltmarktpreisen, für die einzelnen Produkte sehr unterschiedlich sind. Die Zuckerrübenproduktion hatte mit Abstand den höchsten Außenschutz, gefolgt von der Milchproduktion. Hier hat es aber durch den Ministerratsbeschluss von 2003 eine grundlegende Änderung gegeben. Die Interventionspreise für Butter und Magermilchpulver werden in den Jahren nach 2004 drastisch gesenkt.

Preis- und Mengeneffekte

Unabhängig von der Form des gewählten Instrumentes (Abschöpfung, Wertzoll, Mengenzoll oder Mischzoll) hat die Belastung der Einfuhr eines bestimmten Produktes stets den Effekt, dass die Inlandspreise über den Weltmarktpreisen liegen. Es sinkt daher die Nachfrage auf den Inlandsmärkten – es sei denn, die Preiselastizität der Nachfrage ist Null –, und es steigt das Angebot aus inländischer Produktion – es sei denn, die Preiselastizität des Angebots ist Null. Es werden daher mehr Faktoren in der Produktion des protektionierten Produktes eingesetzt. Somit wird die Produktionsstruktur verzerrt. Ob die Protektion eines bestimmten Produktes zu weniger oder stark steigender Produktion führt, hängt somit auch von den Protektionskoeffizienten für andere Produkte ab. Eine Protektion eines bestimmten Produktes kann somit auch vorliegen, wenn auf dem Markt dieses Gutes gar nicht eingegriffen wird. So ist der Protektionskoeffizient für Produkte negativ, die als Folge der Protektion für andere Produkte höhere Faktorpreise, z.B. Bodenpreise, und/oder für Vorleistungen höhere Preise zu zahlen haben.

Ordnungspolitische Einordnung

Generell bedeutet ein Außenhandelsschutz eine teilweise Abkehr von marktwirtschaftlichen Prinzipien. Die Koordination individueller Entscheidungen im Inland wird durch den Außenschutz verschlechtert. Oben wurde bereits gezeigt, dass eine optimale Koordination voraussetzt, dass die Produzenten entsprechend ihrer Marktleistung entlohnt werden. Die Marktleistung ergibt sich zum einen aus der Höhe der Produktion und zum anderen aus der Bewertung des Produktionsergebnisses. Eine optimale Koordination ist nur möglich, wenn die Marktpreise den gesamtwirtschaftlichen Schattenpreisen entsprechen; diese Schattenpreise sind im Fall eines kleinen Landes und wenn keine Divergenzen vorliegen gleich den Weltmarktpreisen. Im Fall eines relativ großen Landes sind in einer Ausfuhrsituation und ohne Divergenzen die Schattenpreise sogar niedriger als die Weltmarktpreise. Daraus folgt, dass unter EU-Bedingungen auf Überschussmärkten die landwirtschaftliche Produktionsleistung zu hoch bewertet wird. Die Produzenten erhalten falsche Signale. Tarifärer Außenschutz ist daher grundsätzlich mit den Prinzipien eines marktwirtschaftlichen Systems nicht vereinbar. Es tritt eine teilweise Abkopplung von der internationalen Arbeitsteilung ein. Der Wohlstand ist dadurch in der Regel geringer als bei Freihandel.

Besondere Nachteile entstehen durch den Außenhandelsschutz, wenn die Protektionskoeffizienten zwischen den Sektoren oder den Produkten eines Sektors stark differieren. Ein höherer Außenschutz für bestimmte Aktivitäten führt implizit zu einer Besteuerung anderer Aktivitäten; die Produktionsstruktur wird verzerrt. Hinzu kommt, dass ungleiche nominale Protektionskoeffizienten zu einer Verzerrung der Konsumstruktur führen und damit zusätzliche Wohlstandsverluste verursachen.

Ordnungspolitisch sind die einzelnen Instrumente der Einfuhrbelastung differenziert zu beurteilen. Am wenigsten nachteilig ist es, wenn der Protektionskoeffizient für Produkte, die entweder in der Produktion oder im Verbrauch Substitute sind, gleich ist. In diesem Fall ist die Verzerrung der Produktions- und Verbrauchsstruktur geringer als bei ungleichen Protektionskoeffizienten. Das marktwirtschaftliche Druck- und Anreizsystem wird bei gleichen weniger als bei ungleichen Protektionskoeffizienten verändert. Aus dieser Überlegung folgt, dass Instrumente, die Änderungen der Inlandspreise im Zeitablauf vollkommenen von Änderungen der Weltmarktpreise abkoppeln, ordnungspolitisch negativer zu bewerten sind, als Instrumente die Änderungen der Weltmarktpreise auf Änderungen der Inlandspreise durchschlagen lassen. Beim Wertzoll gilt folgende Bedingung:

$$p_i = (1+t)p_w \tag{7.4}$$

mit

p_i = Inlandspreis an der Grenze

p_w = Weltmarktpreis an der Grenze (fob-Preis)

t = konstanter Zollsatz in Prozent.

Aus (7.4) folgt:

$$\frac{dp_i}{p_i} = \frac{dp_w}{p_w}. \tag{7.5}$$

Die prozentuale Änderung der Inlandspreise ist daher immer gleich hoch wie die prozentuale Änderung der Weltmarktpreise. Änderungen der Knappheit auf dem Weltmarkt führen somit auch stets zu Änderungen der Knappheiten – gemessen an den Preisen – auf dem Inlandsmarkt. Beim spezifischen Zoll gilt dagegen:

$$p_i = a + p_w \tag{7.6}$$

mit

a = konstante Belastung je Mengeneinheit (spezifischer Zoll).

Aus (7.6) folgt für die prozentualen Änderungen:

$$\frac{dp_i}{p_i} = \frac{p_w}{p_i}\frac{dp_w}{p_w}. \tag{7.7}$$

Die prozentuale Änderung der Inlandspreise ist somit beim spezifischen Zoll geringer als die prozentualen Änderungen der Weltmarktpreise.

Für das Abschöpfungssystem gilt:

$$p_i = b + p_w \tag{7.8}$$

mit

$$b = \overline{p}_i - p_w \tag{7.9}$$

b = variable Belastung
$\overline{p}_i$ = fester Preis.

Es ergibt sich daher bezüglich der inländischen Anreizsysteme folgende Rangordnung:

Wertzoll >Mengenzoll > Abschöpfung.

Die EU hat somit mit der Änderung des Systems der Einfuhrbelastung für Agrarprodukte als Ergebnis der Uruguay-Runde eine ordnungspolitische Verbesserung vorgenommen. Lediglich bei Getreide ist im Prinzip das Abschöpfungssystem beibehalten worden.

Aus ordnungspolitischer Sicht ist weiterhin eine positive Änderung durch die neuen Instrumente eingetreten. Beim ehemaligen Abschöpfungssystem wurde die externe Protektionsrate, d.h. der Quotient aus Inlandspreisen minus Weltmarktpreisen und Weltmarktpreisen, bei den jährlichen Preisverhandlungen immer wieder neu in Form der politisch gewünschten Preise festgelegt; damit wurde jährlich eine neue Entscheidung über die Protektionsrate getroffen. Daher bestand die Möglichkeit, dass Gruppeninteressen permanent auf eine Erhöhung des Außenschutzes hinwirkten. Diese Möglichkeit besteht heute nicht mehr, da die EU ebenso wie die anderen WTO-Mitglieder zur Einhaltung der WTO-Vereinbarungen verpflichtet ist und sich daher an den gebundenen Außenschutz halten muss.

Wohlfahrtseffekte durch Belastungen der Einfuhr

Die Methodik der Quantifizierung der Wohlfahrtseffekte einer Belastung der Einfuhr wurde bereits oben in einer komparativ-statischen Analyse mit Hilfe eines Partialmodells dargestellt. Es wurde dargelegt, dass die Höhe der Wohlfahrtseffekte sich zu einem bestimmten Zeitpunkt aus folgenden Bestimmungsfaktoren ergibt: der Höhe der Differenz von Inlandspreisen und Weltmarktpreisen, der Preiselastizität des Angebots und der Nachfrage sowie den Terms of Trade-Effekten. Daraus ergibt sich, dass die Wohlfahrtseffekte nicht grundsätzlich von den gewählten Instrumenten, sondern von der Höhe des Außenschutzes abhängen. Unterschiedliche Instrumente schlagen aber in unterschiedlichen Änderungen der Inlandspreise als Folge der Weltmarktpreisänderungen durch. Der Zusammenhang kann leicht algebraisch gezeigt werden.

Aus den obigen Gleichungen für den Wertzoll, den spezifischen Zoll und das Abschöpfungssystem gilt für die Änderungen der Inlandspreise als Folge der Änderung der Weltmarktpreise:

$$dp_i = (1+t)dp_w, \text{für den Wertzoll} \tag{7.10}$$

$$dp_i = dp_w, \text{für den spezifischen Zoll} \tag{7.11}$$

$$dp_i = 0, \text{für das Abschöpfungssystem.} \tag{7.12}$$

Beim Wertzoll ändern sich die Inlandspreise absolut stärker als die Weltmarktpreise. Sinkende Weltmarktpreise führen daher zu überproportionalen Wohlfahrtsgewinnen. Beim spezifischen Zoll ist die Änderung der Inlandspreise gleich der Änderung der Weltmarktpreise, und beim Abschöpfungssystem ändern sich die Inlandspreise als Folge der Weltmarktpreise gar nicht, d.h. sinkende Weltmarktpreise führen zu zusätzlichen Wohlfahrtsverlusten im Inland. Der Sachverhalt soll nochmals grafisch mit *Schaubild 7.12* für das Abschöpfungssystem dargestellt werden.

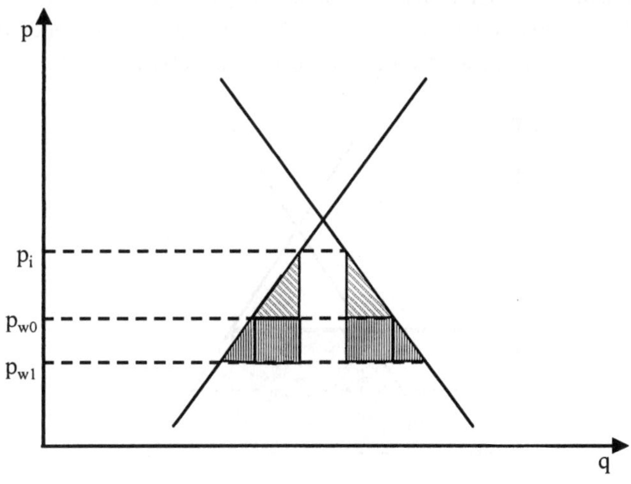

Schaubild 7.12: Wohlfahrtseffekte sinkender Weltmarktpreise beim Abschöpfungssystem

Im *Schaubild 7.12* wird gezeigt, dass die Wohlfahrtsverluste bei sinkenden Weltmarktpreisen um die vertikal gestrichelten Trapezflächen steigen. Das Inland verzichtet auf die Anpassung an die geänderten Knappheiten auf dem Weltmarkt. Umgekehrt wird bei steigenden Weltmarktpreisen der Wohlfahrtsverlust des Abschöpfungssystems geringer. Allerdings führt die unterlassene Anpassung an geänderte Knappheiten auf dem Weltmarkt insgesamt zu Wohlfahrtsverlusten. *Schaubild 7.13* veranschaulicht den Sachverhalt. Es wird angenommen, dass der Inlandspreis auf die Höhe des durchschnittlichen Weltmarktpreises festgelegt wird und Schwankungen der Weltmarktpreise durch positive Abschöpfungen oder Importsubventionen ausgeglichen werden. Die Inlandspreise sind demnach – wie generell beim Abschöpfungssystem – voll von Schwankungen der Weltmarktpreise abgekoppelt. Sinken die Weltmarktpreise von p_{w0} auf p_{w1}, so sinkt die inländische Wohlfahrt um die vertikal schraffierte Fläche. Das Land verzichtet, sich an die verbesserte Versorgungslage auf dem Weltmarkt anzupassen. Der Gewinn an Produzentenrente ist geringer als der Verzicht auf Konsumentenrente. Steigen die Weltmarktpreise bei unveränderten Inlandspreisen, so haben die Produzenten auf einen Zuwachs an Produzentenrente zu verzichten, und die Konsumenten genießen eine höhere Konsumentenrente als bei gestiegenen Inlandspreisen. Als Saldo ergibt sich die schräg gestrichelte Fläche. Es ist ersichtlich, dass die vertikal gestrichelte Fläche größer ist als die schräg gestrichelte Fläche. Die unterlassene Anpassung führt daher im Durchschnitt zu Wohlfahrtsverlusten, selbst wenn in einzelnen Jahren die Weltmarktpreise über den Inlandspreisen liegen sollten. Diese Aussage gilt auch dann, wenn die Inlandspreise – wie beim Abschöpfungssystem – in der Regel immer über den Weltmarktpreisen liegen oder wenn die Anpassung der Inlandspreise an geänderte Weltmarktpreise – wie beim Wert- oder Mengenzoll – unvollkommen ist.

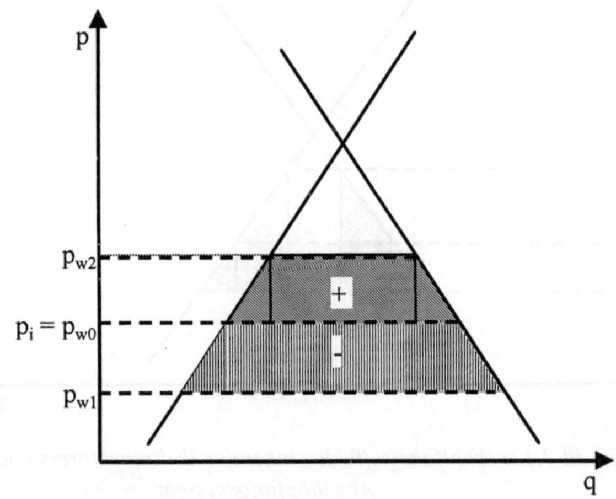

Schaubild 7.13: Wohlfahrtsverluste durch unterlassene Anpassung an Weltmarktpreise

Wohlfahrtseffekte ungleicher Protektionsraten

Wohlfahrtseffekte staatlicher Eingriffe werden umso größer sein, je ungleicher die Protektionsraten zwischen substitutiven Produkten sind. Bei gleichen Protektionsraten gilt:

$$p_{ij} = (1+t)p_{wj} \tag{7.13}$$

wobei j für die unterschiedlichen Produkte steht.

Aus Gleichung (7.13) folgt für die Preisrelationen zweier Produkte

$$\frac{p_{i1}}{p_{i2}} = \frac{p_{w1}}{p_{w2}}. \tag{7.14}$$

Die Preisrelationen werden in diesem Fall nicht verändert, und es entsteht damit zwischen den betrachteten Produkten keine Änderung der Wettbewerbsfähigkeit in der Produktion oder im Verbrauch.

Werden dagegen die Preise von engen Substituten unterschiedlich angehoben, so führt die Partialanalyse wie oben ausgeführt zu höheren Wohlfahrtsverlusten.

Aus diesen Überlegungen folgt eine Empfehlung für die praktische Agrarpolitik: Will man das Einkommen der Landwirte durch Protektion anheben, ist es günstiger, die Preise in der Produktion und/oder im Verbrauch substitutiver Produkte prozentual gleich anzuheben anstatt unterschiedlich. Daraus folgt:

Die Wohlfahrtsverluste der Protektion werden größer sein, wenn ein Land einige Produkte aufgrund internationaler Abkommen nicht mit Einfuhrabgaben belasten kann oder wenn eine Subvention von Exporten wegen internationaler Abkommen nicht erlaubt ist. Die Agrarprotektion der EU ist daher durch die Vereinbarung im GATT/WTO, keine Abgaben auf importierte Futtermittel zu erheben (siehe unten zum Problem der Getreidesubstitute), aus wohlfahrtstheoretischer Sicht kostspieliger als bei Einfuhrabgaben auf Kraftfutterimporte.

Die zu erwartende Einigung in der laufenden WTO-Runde, der Doha-Runde, auf Exporterstattungen zu verzichten, macht die Einfuhrabgaben aus wohlfahrtstheoretischer Sicht teurer. Durch den Verzicht auf Exporterstattungen werden bei gleicher Einkommenswirkung der Agrarprotektion durch Außenschutz die Preisrelationen im Inland notgedrungen stärker von den Weltmarktpreisrelationen abweichen müssen als bei Importabgaben und Exporterstattungen.

Verteilungswirkungen der Einfuhrabgaben

Die Verteilungswirkungen von Einfuhrabgaben sollen mit Hilfe von *Schaubild 7.14* dargestellt werden. Zur Vereinfachung wird unterstellt, dass das Auslandsangebot vollkommen elastisch ist.

Zunächst sollen die Wirkungen auf die Einkommen der Produzenten untersucht werden.

Unter Freihandelsbedingungen sind die Erlöse der Produzenten gleich dem Weltmarktpreis multipliziert mit der im Inland angebotenen Menge $(p_w \cdot q_w^S)$.

Als Folge der Preisanhebung auf p_i steigen die Erlöse auf $(p_i \cdot q_i^S)$. Die Erlössteigerung der Produzenten ergibt sich somit aus zwei Komponenten:

Zum einen wird für die unter Weltmarktbedingungen produzierte Menge ein höherer Preis erzielt, und damit steigt für diese Menge der Erlös um die Fläche GDEF. Zum anderen wird aber auch die Produktion ausgedehnt, und die Erlöse steigen aus diesem Grund um die Fläche ABCE. Die gesamte Erlössteigerung ist aber nicht identisch mit der Einkommenssteigerung der Produzenten, da eine Erhöhung der Produktion mit einer Steigerung der Kosten einhergeht.

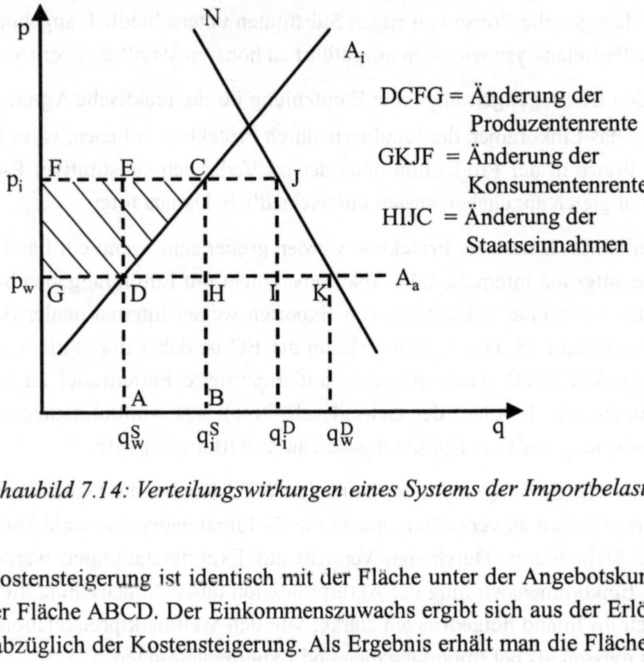

Schaubild 7.14: Verteilungswirkungen eines Systems der Importbelastung

Die Kostensteigerung ist identisch mit der Fläche unter der Angebotskurve, also mit der Fläche ABCD. Der Einkommenszuwachs ergibt sich aus der Erlössteigerung abzüglich der Kostensteigerung. Als Ergebnis erhält man die Fläche DCFG. Um diesen Betrag steigt die Produzentenrente als Folge der Preisanhebung.

Berücksichtigt man, dass die kurzfristige Angebotskurve in der Regel weniger elastisch ist als die mittel- und langfristige, so könnte man auf der Grundlage von *Schaubild 7.14* zu dem Ergebnis kommen, dass die einkommenserhöhende Wirkung einer Preisanhebung mittel- und langfristig größer als kurzfristig ist. Diese Folgerung ist jedoch fraglich.

Wie bereits oben angesprochen, führt eine Preisanhebung zu einer unterschiedlichen Verlagerung der Angebotskurven im Zeitablauf. Insbesondere ist der Faktoreinsatz in der Landwirtschaft und hier wiederum der Einsatz der Arbeitskräfte von der Einkommenshöhe und der Einkommensdisparität abhängig. Verringert man die Einkommensdisparität, so führt das gleichzeitig zu einer Verringerung der Abwanderungsrate. Die Preisanhebung hemmt damit den marktwirtschaftlichen Mechanismus, der über die Abwanderung der Arbeitskräfte zu einer Anhebung der Einkommen im Agrarsektor führt. In der Tat gibt es eine Vielzahl von empirischen Belegen dafür, dass durch eine Preisanhebung, wie sie durch Einfuhrabgaben vorgenommen wird, das Problem der Einkommensdisparität nicht gelöst werden kann. So hat z.B. die Getreidepreissenkung zu Beginn der Europäischen Gemeinschaft in Deutschland nicht zu einer Erhöhung der Einkommensdisparität geführt, sondern lediglich zu einer Erhöhung der Abwanderungsrate aus der Landwirtschaft. Ob somit die Preisanhebung langfristig die Pro-Kopf-Einkommen in der Landwirtschaft erhöht hat, kann ohne empirischen Test nicht gesagt werden. Auf jeden Fall kann aber festgestellt werden, dass Einfuhrabgaben in der Vergangenheit zu einem erhöhten Faktoreinsatz im Agrarsektor und zu einer erhöhten Produktionsmenge geführt haben.

Die Verteilungswirkungen von Einfuhrabgaben sind asymmetrisch. Fraglich ist zwar, ob die durchschnittlichen Einkommen je Arbeitskraft im Agrarsektor erhöht werden; doch kann definitiv gesagt werden, dass die Einkommen der Konsumenten real vermindert werden. Während die Konsumenten für die nachgefragte Menge (q_i^D) bei Einfuhrabgaben den Preis p_i zu zahlen haben, hätten sie unter Weltmarktbedingungen für eine höhere Nachfragemenge (q_w^D) lediglich den Preis p_w zu entrichten. Die zusätzliche Belastung (= Verlust an Konsumentenrente) ist damit identisch mit dem Trapez GKJF. Der Verbraucher wird zum einen zugunsten der Produzenten in Höhe der Fläche DCFG belastet, zum anderen zugunsten des Staates in Höhe der Fläche HIJC und zum dritten tritt eine Fehlallokation der Ressourcen in Höhe der Flächen DHC und IKJ ein. Der Verlust an Wohlfahrt ist damit identisch mit der Summe der Änderungen von Konsumentenrente, Produzentenrente sowie den Staatseinnahmen und somit gleich den Allokationsverlusten DHC und IKJ.

Schaubild 7.14 kann auch verdeutlichen, dass Einfuhrabgaben als Mittel der Einkommensumverteilungspolitik sehr wenig effizient sind. Als effizient wäre ein Instrument dann zu bezeichnen, wenn ein Verlust von 1 € von Seiten der Konsumenten auch zu einem Gewinn von 1 € auf Seiten der Produzenten und des Staates führen würde. Die Preisanhebung aber führt zu Wohlfahrtsverlusten – für den Fall eines kleinen Landes – in Höhe der beiden beschriebenen Dreiecke. Diese Wohlfahrtsverluste zeigen an, dass die Gesellschaft durch den Einsatz dieses Verteilungsinstruments insgesamt schlechter gestellt ist. Einfuhrabgaben stellen also kein Nullsummenspiel dar, bei dem es lediglich Verlierer auf der einen und Gewinner auf der anderen Seite gibt. Die Gesellschaft verliert insgesamt, wobei ohnehin die gewünschten Effekte bezüglich der Einkommenswirkung bei den landwirtschaftlichen Produzenten zumindest langfristig sehr fraglich sind.

Budgetwirkungen von Einfuhrabgaben

Durch Einfuhrabgaben erzielt der Staat Einnahmen. Die Höhe der Einnahmen ist identisch mit der eingeführten Menge multipliziert mit der Einfuhrabgabe je Mengeneinheit. Im *Schaubild 7.14* entsprechen die Einfuhreinnahmen der Fläche HIJC.

Werden die Inlandspreise erhöht, so steigt automatisch die Einfuhrabgabe je Mengeneinheit ($p_i - p_w$). Die Änderung der Einfuhrabgabe je Mengeneinheit wird in der Regel größer sein als die Preisänderung, da die Weltmarktpreise tendenziell als Folge verringerter Importe im Fall eines relativ großen Landes sinken werden. Dennoch kann aber nicht gefolgert werden, dass eine Erhöhung der Inlandspreise stets zu einer Erhöhung der Einfuhreinnahmen führt. Die Preiserhöhung wirkt im Inland auf eine Produktionssteigerung und Nachfragesenkung hin und verringert somit die Importmenge. Ob das Produkt aus Preisdifferenz und Importmenge $(p_i - p_w)(q_i^D - q_i^S)$ steigt oder fällt, hängt von der Größe der Preiselastizitäten des Angebots und der Nachfrage auf dem Inlands- und dem Weltmarkt ab sowie von der Preisdifferenz ($p_i - p_w$) und dem Selbstversorgungsgrad in der Ausgangssituation.

Die abnehmenden Einfuhreinnahmen der EU im Zeitablauf waren zum einen die Folge des im Zeitablauf gestiegenen Selbstversorgungsgrades bei den wichtigsten Agrarprodukten, zum anderen aber auch die Folge der **offenen Flanke** in der EU-Agrarmarktpolitik.

Die EU hatte aufgrund der GATT-Vereinbarungen Beschränkungen bei der Protektion einzelner Produkte zu berücksichtigen. So hatte die EU sich gegenüber den Handelspartnern im GATT verpflichtet, die so genannten Getreidesubstitute bei der Einfuhr nicht zu belasten. Als **Getreidesubstitute** bezeichnet man kohlenhydrat- und eiweißreiche Kraftfuttermittel, durch die Getreide in der Fütterung ersetzt werden kann. Das wichtigste Getreidesubstitut ist Tapioka, das Stärkemehl aus den Wurzeln des Maniokstrauches. Eine Mischung von Tapioka und eiweißreichen Futtermitteln, insbesondere Sojaschrot oder Sojakuchen, kann als vollkommenes Substitut in der Fütterung verwendet werden. Die EU hatte Anfang der sechziger Jahre einer belastungsfreien Einfuhr dieser Produkte zugestimmt. Dafür sprach die harte Forderung der Handelspartner, die bereits vor der Gründung der EWG diese Produkte ohne Belastungen in einzelne Mitgliedsländer der EWG einführen konnten. Zum anderen war die EWG aber auch bereit zuzustimmen, weil die Einfuhr dieser Produkte zu damaliger Zeit unbedeutend war und es der EWG durch das Zugeständnis in dieser Frage möglich war, den Handelspartnern die Zustimmung zur generellen Anwendung des Abschöpfungssystems abzuringen.

Hohe EU-Preise für Getreide und relativ niedrige Preise für Getreidesubstitute führten zu starken Belastungen der EU-Haushalte und zu höheren Wohlfahrtsverlusten als bei gleichen Protektionsraten. Die privaten Nachfrage- und Angebotskurven verlagerten sich als Folge der unterschiedlichen Protektionsraten. Besonders gravierend waren die Auswirkungen auf dem Milchmarkt. Billig importierte Kraftfuttermittel senkten die Produktionskosten für Milch und das Komplementärprodukt Rindfleisch. Die Milchproduktion stieg daher. Gleichzeitig ging die Nachfrage nach Butter zurück, da Margarine durch abgabenfrei eingeführte pflanzliche Öle bedeutend billiger war als Butter. Eine ähnliche Wirkung ergab sich auf dem Getreidemarkt: Die Expansion der Fleischwirtschaft und der Eierproduktion erfolgte vornehmlich auf der Basis von Getreidesubstituten; es entstanden Überschüsse bei Getreide. Einfuhrabgaben für Milch und Getreide haben somit zwar für zusätzliche Einnahmen bei diesen Produkten geführt, haben aber gleichzeitig die Überschüsse auf anderen Märkten angeheizt und damit zusätzliche Ausgaben verursacht.

Es wurde in der EU lange Zeit diskutiert, ob das Problem der Überschüsse und der Ausgaben für Exporterstattungen nicht durch eine andere inländische Preisstruktur zu verhindern wäre. Es wurde angeraten, die Preise für Überschussprodukte zu senken und für Einfuhrprodukte zu erhöhen. Unsere bisherigen Betrachtungen erlauben bereits eine Beurteilung dieses Vorschlags. Ob die Belastung des Budgets dadurch verringert werden könnte, ist eine Faktenfrage. Wie oben ausgeführt, können höhere Belastungen je Mengeneinheit bei der Einfuhr zu steigenden, fallenden oder konstanten Einnahmen führen. Aus wohlfahrtstheoretischer Sicht wäre der Vorschlag positiv zu bewerten, wenn sich dadurch die inländischen Preisrelationen den Weltmarktpreisrelationen annähern würden. Ein solches Ergebnis wäre aber nur zufällig zu erwarten, da sich der Vorschlag lediglich an dem Kriterium 'inländische Versorgungslage' orientiert.

Effekte auf den internationalen Handel

Die tarifären Handelshemmnisse der EU haben, wie auch nicht-tarifäre Instrumente, nicht nur binnenwirtschaftliche Wirkungen, sondern auch Wirkungen auf den internationalen Handel und damit auf die Handelspartner.

Zunächst ist einleuchtend, dass immer dann, wenn durch die inländische Preisstützung als Folge der Einfuhrbelastungen im Inland mehr produziert und weniger nachgefragt wird, die Importmenge zurückgeht. Exportierende Länder können somit weniger in der EU absetzen. Es tritt demnach eine Änderung der Handelsströme auf dem Weltmarkt ein. Ob weitere Effekte auftreten, hängt davon ab, ob die EU auf dem betreffenden Markt als relativ kleines oder relativ großes Land zu betrachten ist. Bei einem relativ kleinen Land gehen von inländischen Maßnahmen keine Wirkungen auf die Weltmarktpreise aus, weil das betrachtete Land nur eine unbedeutende Rolle für den Welthandel spielt. Handelt es sich dagegen um ein relativ großes Land, führen Veränderungen der inländischen Produktions- und Verbrauchsmengen nicht nur zu einer Änderung der Importmengen, sondern auch zu Änderungen der Weltmarktpreise. Da die EU auf den meisten Agrarmärkten als relativ großes Land anzusehen ist, werden die Weltmarktpreise durch EU Einfuhrabgaben niedriger sein als sie es bei freiem Handel wären. Exportierende Länder werden daher durch das Einfuhrsystem der EU negativ betroffen und Importländer positiv. Allerdings können die einzelnen Handelspartner in der Regel nicht ohne detaillierte Berechnungen feststellen, ob sie aus der Vielzahl der agrarmarktpolitischen Eingriffe der EU auf den unterschiedlichen Agrarmärkten per Saldo positiv oder negativ betroffen werden, da die einzelnen Länder in der Regel in einer gegebenen Periode nicht auf allen Märkten gleichzeitig Importeur oder Exporteur sind. Hinzu kommt, dass einige Länder durch spezielle Handelsabkommen (z.B. AKP-Abkommen) Handelsvorteile bei bestimmten Produkten verbuchen können (siehe unten zu der Analyse der Wirkungen).

Oben wurde bereits darauf hingewiesen, dass durch die tarifären Handelshemmnisse der EU die Inlandspreise stabilisiert werden. Gleichzeitig kann aber die Stabilisierung der Inlandspreise mit einer Destabilisierung der Weltmarktpreise einhergehen. Eine Destabilisierung der Weltmarktpreise kann eintreten, weil Weltmarktpreisänderungen nicht auch zu einer Änderung der inländischen Angebots- und Nachfragemenge führen. Würden z.B. bei steigenden Weltmarktpreisen inländische Produktionsmengen zu- und inländische Nachfragemengen abnehmen, so würden gleichzeitig der Importbedarf und damit die Nachfrage auf dem Weltmarkt zurückgehen. Als Folge würden die Weltmarktpreise weniger steigen.

Die Instabilität der Weltmarktpreise kann weiterhin durch eine verringerte stabilisierende Wirkung der EU-Lagerhaltung eintreten. Weltmarktpreisinstabilitäten könnten verringert werden, wenn die Lagerhaltung in Zeiten niedriger Weltmarktpreise aufgebaut und in Zeiten hoher Weltmarktpreise abgebaut wird. Unter diesen Bedingungen kann Lagerhaltung auch gewinnbringend sein. Die EU-Lagerhalter jedoch können diese Aufgabe der Stabilisierung nicht übernehmen. Die Bewegungen der Inlandspreise sind auf den meisten Märkten – insbesondere auf dem Getreidemarkt, der für den Weltagrarhandel von größter Bedeutung ist – abgekoppelt. Die EU-Lagerhalter sind daher nicht voll in die Weltlagerhaltung integriert und haben daher nicht adäquate ökonomische Anreize, zu Zeiten niedriger Weltmarktpreise Lagerbestände aufzustocken und in Zeiten hoher Weltmarktpreise abzubauen.

Einfuhrabgaben müssen aber nicht stets auch zu einer Destabilisierung der Weltmarktpreise führen, obwohl die soeben beschriebenen Wirkungen stets auftreten. Auf eine stabilisierende Wirkung der Weltmarktpreise wirken folgende Effekte hin: Einfuhrabgaben führen zu einer Erhöhung der Inlandsproduktion und zu einer Verringerung der Produktion in den anderen Ländern der Welt. Die Weltproduktionsstruktur wird sich also als Folge der EU-Einfuhrabgaben ändern.

Somit verändert sich auch der Anteil der Produktion auf naturbedingt sicheren und unsicheren Standorten. So könnte es sein, dass der naturbedingte Schock, der auf dem Weltmarkt zu Ernteschwankungen führt, insgesamt bei einer protektionistischen EU-Politik geringer sein würde und die Weltmarktpreise weniger schwanken würden[32]. Allerdings dürfte dieser Effekt kaum groß genug sein, um die anderen negativen Effekte zu überlagern.

Weiterhin muss bedacht werden, dass die Preisschwankungen auf dem Weltmarkt nicht nur aufgrund naturbedingter Ernteschwankungen auftreten, sondern auch auf preisinduzierte Angebotsschwankungen zurückzuführen sind. Häufig kann eine Änderung der Weltmarktpreise primär auf naturbedingte Angebotsschwankungen zurückgehen. Aufgrund der Preisänderung können sich dann aber in den folgenden Perioden häufig eine Änderung der Anbauflächen und damit eine Änderung der geplanten Produktion einstellen. Diese preisinduzierten Angebotsschwankungen können in den folgenden Perioden wiederum die Ursache für Preisänderungen auf dem Weltmarkt sein. Bedingt durch das Abschöpfungssystem der EU werden die Inlandsproduzenten der EU solche preisinduzierten Angebotsschwankungen nicht verstärken, da ja im Inland die Preise stabilisiert sind. Diese Komponente der Instabilität der Weltmärkte wird daher durch das System der EU-Einfuhrabgaben geschwächt.[33] Doch dürfte dieser Effekt nur bei wenigen Produkten – wie z.B. Zucker – eine Rolle spielen und nicht bei dem wichtigsten Agrarhandelsprodukt, dem Getreide.

Probleme der administrativen Durchführbarkeit tarifärer Handelshemmnisse

Zunächst scheint es einfach, tarifäre Handelshemmnisse zu administrieren. Man kann die Produkte an den Grenzen erfassen und mit den amtlichen Abgaben belegen. In der Realität gibt es aber erhebliche Probleme.

Administrative Probleme bei Wertzöllen

In der Tat wäre die Aufgabe noch relativ einfach, wenn es nur Wertzölle geben würde und sich die Zollbehörden auf die in den Dokumenten angegebenen Werte auch verlassen könnten. In der Realität bestehen aber Anreize, Zollzahlungen zu verringern. Dies kann durch zwei Strategien geschehen: Zum einen können die Werte in den Zolldokumenten zu niedrig angegeben werden. Der Verkäufer im

---

[32] Vgl. hierzu: *Koester, U.*, Policy Options for the EU Grain Economy of the European Community: Implications for Developing Countries (Research Report Nr. 35). International Food Policy Research Institute, Washington, D.C. 1982.

[33] Vgl. hierzu *Koester, U.* und *P. M. Schmitz*, The Sugar Market Policy of the European Community and the Stability of World Market Prices for Sugar. In: *Sarris, A. H., A. Schmitz* und *G. G. Storey* (Hrsg.), International Agricultural Trade – Advanced Reading in Price Formation, Market Structure and Price Instability. Boulder/Colorado 1984, S. 235-259.

Ausland stellt eine Rechnung aus, die unter dem tatsächlichen Wert liegt. Der Verkäufer hat insbesondere in Ländern mit Devisenbewirtschaftung ein gleich gerichtetes Interesse. Er lässt sich einen Teil des Verkaufswertes auf ein anderes Konto oder auch bar zahlen. Der Käufer bzw. der Importeur hat ein Interesse an einem niedrigen offiziell deklarierten Preis, da dadurch geringe Einfuhrabgaben anfallen. Wie bedeutend das Problem des zu geringen Rechnungswertes ist, kann aus dem Vergleich der im Exportland und im Importland deklarierten Werte ersehen werden. Diese Vergleiche haben gelegentlich große Unterschiede gezeigt.

Zum anderen kann eine Falschdeklaration der Importware aber auch auf einem anderen Weg erfolgen. Da die Qualität der Produkte nicht immer sichtbar ist, wird gelegentlich eine geringerwertige Qualität angegeben, statt Fleisch hoher Qualität Fleisch niedriger Qualität. Handelt es sich um gefrorenes Fleisch, so haben die Zöllner große Schwierigkeiten, die Qualität zu überprüfen. Bei Getreide kann z.B. deklariert werden, dass es sich um Saatgut handelt, für das häufig niedrigere Zollsätzen gelten und nicht um Getreide für menschliche Ernährung, für das höhere Zollsätze erhoben werden. Es ist nahe liegend, dass bei solchen Produkten die Versuchung zur Bestechung der Zollbeamten besonders groß ist. Dem Zollbeamten kann kaum nachgewiesen werden, dass er bei der Überprüfung der Qualität etwas großzügig war. Wie bedeutend das Problem der Falschdeklaration der Produkte sein kann, wird ersichtlich, wenn man sich die unterschiedlichen Zolltarife für im Verbrauch weitgehend substitutive Produkte anschaut. Der EU-Zolltarif zeigt z.B. für Weizen sehr unterschiedliche Produkte (siehe *Tabelle 7.2*). Es ist leicht vorstellbar, vor welche Probleme die Zollbeamten bei der Überprüfung der Waren gestellt sind, wenn der "richtige" Warenwert festgestellt werden soll.

Administrative Probleme bei spezifischen Zöllen für Agrarrohprodukte

Bei spezifischen Zöllen muss lediglich die Produktqualität festgestellt werden. Da es aber in den einzelnen Produktgruppen sehr große Unterschiede in der Qualität gibt und unterschiedliche Zollsätze angewendet werden, ergibt sich das gleiche Problem, wie es oben für den Wertzoll beschrieben wurde. An der Grenze muss die Produktqualität eindeutig erkannt werden.

Administrative Probleme bei spezifischen Zöllen für verarbeitete Agrarprodukte

Bei der Einfuhr von landwirtschaftlichen Erzeugnissen des Anhangs I zum EU-Vertrag (Grunderzeugnisse und Produkte der ersten Verarbeitungsstufe) aus Drittländern werden zum Schutz der festgelegten EU-Binnenmarktpreise spezifische Agrarzölle erhoben. Für die Einfuhr von Produkten, die in mehreren Verarbeitungsstufen aus vorstehenden Erzeugnissen hergestellt werden (**Nicht-Anhang I-Waren**), gelten ebenfalls spezielle Einfuhrregelungen.

Tabelle 7.2: Klassifizierung von Weizenprodukten in den Zolltarifen der EU

- GETREIDE

TARIC-Code	**Warenbezeichnung**
1001	Weizen und Mengkorn
- 1001 10	- Hartweizen
- 1001 90	- andere
- - 1001 90 10	- - Spelz zur Aussaat
- - 1001 90 91	- - anderer Spelz, Weichweizen und Mengkorn
- - - 1001 90 91	- - - Weichweizen und Mengkorn, zur Aussaat
- - - 1001 90 99	- - - andere
- - - - 1001 90 99 12	- - - - Weichweizen und Spelz hoher Qualität
- - - - 1001 90 99 20	- - - - Weichweizen und Spelz mittlerer Qualität
- - - - 1001 90 99 30	- - - - Weichweizen und Spelz niederer Qualität
- - - - 1001 90 99 90	- - - - andere

Quelle: EU Zolltarif 2004.

Ein besonderes Problem stellt die Ermittlung der **Rohstoffinzidenz** dar. Will man im Inland den Preis für das Agrarrohprodukt durch Einfuhrabgaben über den Weltmarktpreis anheben, dann genügt es nicht, nur Abgaben für Agrarrohprodukte bei der Einfuhr zu erheben, sondern man muss dieses auch für alle verarbeiteten Produkte tun, in denen Agrarprodukte enthalten sind. Aus diesem Grund müssen für alle verarbeiteten Produkte die Rohstoffinhalte je Mengeneinheit bekannt sein. Doch der Rohstoffgehalt eines verarbeiteten Produkts stellt nicht nur eine technische Relation dar, sondern hängt auch von den Preisrelationen ab. Relativ einfach zu lösen sind die Probleme bei Anhang I Produkten, doch auch hier gibt es erhebliche Probleme.

Bei **Anhang I-Waren** ergibt sich die Belastung der Importe vornehmlich aus einem einzigen Agrarrohprodukt im verarbeiteten Produkt. Die Zollbehörde muss somit Informationen darüber haben, wie viel des Rohstoffes in den verarbeiteten Produkten enthalten ist. Wird z.B. die Einfuhrbelastung für Mehl festgelegt – einem Anhang I Produkt –, so wird unterstellt, dass eine bestimmte Menge Getreide im Mehl enthalten ist. Wie viel Getreide aber tatsächlich benötigt wird, hängt u.a. von der Qualität des Getreides, der Mahltechnik und der Qualität des Mehls ab. Es ist der Zollbehörde wohl kaum möglich, für jede Charge des importierten Mehls annähernd exakt den Getreidegehalt zu ermitteln. Es ist daher nahe liegend, dass die staatlichen Stellen die benötigten Informationen von den Mühlen erhalten. Ob diese Informationen aber die Realität exakt widerspiegeln, kann bezweifelt werden. Warum sollten wohl die Mühlen daran interessiert sein mitzuteilen, dass technische und biologische Fortschritte zu einem geringeren Rohstoffgehalt im Mehl geführt haben? Tatsächlich gibt es einige Hinweise, dass die unterstellte Rohstoffinzidenz gelegentlich erheblich von der tatsächlichen Inzidenz abweicht. So hat die EU in einzelnen Jahren einen Exportanteil für Weizenmehl bis zu über 60 % erzielen können. Natürlich war der Mehlexport nur möglich, weil Exporterstattungen gezahlt wurden. Subventionen wurden zwar auch für den Export von Weizen gezahlt, doch hatte die EU bei diesem Produkt lediglich einen Exportanteil von unter 20 %. Die Mehlexporteure waren offensichtlich international wettbewerbsfähiger als die Weizenexporteure. Der Grund hierfür lag vornehmlich daran, dass die Rohstoffinzidenz zu großzügig festgelegt war. Die Mehlexporteure hatten im Mehl weniger Weizen exportiert, als von den Zollbehörden angenommen wurde. Dieses Beispiel veranschaulicht, welche administrativen Probleme bei der Festlegung der Einfuhrbelastungen für verarbeitete Agrarprodukte bestehen.

Besondere Probleme entstehen bei der Ermittlung der Einfuhrbelastung für Nicht-Anhang I-Waren. In diesen Waren sind häufig mehrere Agrarrohstoffe enthalten. Als Beispiel kann das Produkt Teigwaren angeführt werden. Teigwaren können sowohl mit Hartweizen als auch – zumindest teilweise – unter Zumischung von Eigelb mit Weichweizen hergestellt werden. Je nach den Preisrelationen werden die Hersteller mehr den einen oder den anderen Rohstoff bevorzugen. Der Administration ist es unmöglich, im Einzelfall zu ermitteln, welche Rohstoffgehalte im verarbeiteten Produkt enthalten sind. Notgedrungen ist somit mit fest vorgegebenen Rohstoffkoeffizienten zu arbeiten. Hierdurch kann aber eine Bevorzugung oder Benachteiligung der inländischen Verarbeitungsindustrie eintreten. Eine Verzerrung der Handelsströme wird die Folge sein.

Selbstverständlich erfordert die Durchführung der Einfuhrabgaben für Agrarprodukte die Kontrolle des internationalen Warenverkehrs. Hierbei gilt, dass die Kontrollmaßnahmen umso kostspieliger sein werden, je größer die Differenz zwischen dem Inlandspreis und dem Weltmarktpreis ist. In einem solchen Fall besteht für den Händler ein besonders großer Anreiz, die Waren vom Weltmarkt ohne Belastung mit Abschöpfungen zu importieren. Die administrativen Probleme bei verarbeiteten Produkten wären natürlich geringer, wenn es nur Wertzölle geben würde und diese für alle Produkte gleich hoch wären.

Diese Ausführungen sollten deutlich gemacht haben, dass der Außenschutz für Agrarrohprodukte erhebliche Wirkungen auf den Handel mit verarbeiteten Produkten hat. Diese Produkte sind aber in den letzten Jahren auf dem Weltmarkt bedeutender geworden als Agrarrohprodukte. Verarbeitete Agrarprodukte spielen insbesondere eine Bedeutung in entwickelten Volkswirtschaften wie der EU, da diese verstärkt Kapital und Innovationen in neuen verarbeiteten Agrarprodukten einsetzen.

7.3.2.2. Nicht-tarifäre Handelshemmnisse

Nicht-tarifäre Handelshemmnisse (NTH) sind alle Maßnahmen, die den internationalen Warenaustausch beschränken und keine Zölle sind. Es ist somit für die Klassifizierung eines Instruments als 'nicht-tarifäres Handelshemmnis' nicht konstitutiv, dass die Absicht besteht, den internationalen Handel zu beschränken. So hatte die EU vor 1993 z.B. die inländischen Produzenten von Ölsaaten durch produktgebundene Beihilfen gefördert. Diese Maßnahme wurde vom GATT als handelsbeschränkend interpretiert. Die Folge war, dass die EU die Ölsaatenmarktordnung als Ergebnis des so genannten Blair House Kompromisses geändert hat.

NTH haben weltweit im letzten Quartal des vorigen Jahrhunderts zugenommen. Ein Grund hierfür mag sein, dass die Handelsrunden im GATT zu einer erheblichen Senkung der Zölle führten und die Länder die politisch gewünschten Effekte über den verstärkten Einsatz von nicht-tarifären Handelshemmnissen zu erreichen versuchten. Der Agrarhandel wurde darüber hinaus aber auch aus anderen Gründen durch nicht-tarifäre Handelshemmnisse eingeschränkt. Agrarprodukte sind zunehmend heterogener geworden. Einzelne Länder legen verstärkte Bedeutung auf die Produktionsherstellung, z.B. Nichtverwendung von gentechnisch veränderten Organismen (GVO), Nichtverwendung von bestimmten chemischen Wirkstoffen in der Pflanzenproduktion (Pflanzenschutzmittel und Wachstumsregler) oder auch bezüglich der Nichtverwendung von Hormonen in der Tierfütterung. Auch hat aus Sicht einiger Länder die Multifunktionalität der Landwirtschaft und die Umweltwirkung der landwirtschaftlichen Produktion eine größere Bedeutung erlangt und damit den Einsatz von NTH verstärkt.

Die Rechtsgrundlagen zu den NTH finden sich in den einschlägigen Artikeln der WTO. Die Artikel sind für Deutschland bindend über seine eigene Mitgliedschaft in der WTO sowie seine Mitgliedschaft in der Europäischen Union, die ihrerseits ebenfalls Mitglied der WTO ist.

Das **General Agreement on Tariffs and Trade** (GATT) 1947, das einschließlich der nachträglichen Erweiterungen und Präzisierungen in die WTO-Vorschriften übernommen wurde, erklärte in Art. XI (1) lapidar: "Außer Zöllen… darf eine Vertragspartei bei der Einfuhr einer Ware oder der Ausfuhr einer Ware Verbote oder Beschränkungen… weder erlassen noch beibehalten". Demnach waren NTH verboten. Die WTO lässt in dem Abkommen über Landwirtschaft explizit NTH unter bestimmten Bedingungen zu.

1. Auf dem Getreidemarkt wurden der EU variable Zölle zugestanden, die in ihrer Funktion gleichbedeutend den früheren variablen Abschöpfungen sind und daher als NTH eingestuft werden können.

2. Es wurden generell Importquoten zur Sicherung eines Mindestmarktzugangs beschlossen.

3. Es wurden unterschiedliche Präferenzabkommen zugelassen.

4. Nach Artikel 13 sind Ausnahmen für den Gebrauch von inländischen Schutzmaßnahmen erlaubt, wenn diese keine oder minimale handelsverzerrende Wirkungen haben – so genannte 'Grüne Box'-Maßnahmen. Das Abkommen über technische Handelshemmnisse erlaubt in Artikel 2 ebenfalls NTH, wenn diese nicht übermäßig den Handel beschränken. Gründe für die NTH können z.B. sein: Schutz von menschlicher Gesundheit und Sicherheit, Schutz von Pflanzen und Tieren und Schutz der Umwelt. Für den Agrarhandel ist neben dem Abkommen über technische Handelshemmnisse auch das Abkommen über 'sanitäre und phytosanitäre Handelshemmnisse' von Bedeutung.

5. Exporterstattungen sind im vorgegebenen Rahmen möglich.

Die ersten drei Formen von NTB lassen sich relativ leicht mit dem oben dargestellten Rahmen bewerten. Schwieriger fällt die Bewertung der vierten Form von NTB, die allerdings eine zunehmende Bedeutung für den internationalen Handel einnimmt. Im Folgenden soll eine Wirkungsanalyse der genannten Gruppen von NTH vorgenommen werden.

Zu 1: Variable Zölle

Nicht-tarifäre Handelshemmnisse sollten eigentlich in der Uruguay-Runde in Zolltarife umgewandelt werden, d.h. tarifiziert werden. Dieses Vorhaben konnte tatsächlich für das bis dahin wichtigste nicht-tarifäre Handelshemmnis der EU, das Abschöpfungssystem, verwirklicht werden. Lediglich bei Getreide konnte die EU ein System der Importbelastung beibehalten, das in seiner Ausgestaltung und Wirkung identisch mit dem Abschöpfungssystem ist. Allerdings spricht man nun nicht mehr von variablen Abschöpfungen, sondern von variablen Zöllen. Die EU hat aber bei der Gestaltung des Systems der variablen Zölle im Vergleich zum Abschöpfungssystem Freiheitsgrade verloren. Beim Letzteren konnte sie die politisch gewünschten Preise in Form der **Schwellenpreise** als Mindesteinfuhrpreis frei festlegen. Beim neuen System wurde in der WTO festgeschrieben, dass die **Einfuhrschwelle** nicht mehr als 150 % der Interventionspreise betragen darf. Die Differenz zwischen dem Einfuhrpreis für die einzelnen Getreidearten und dem Weltmarktpreis wird als Zoll (früher Abschöpfung) erhoben. Der repräsentative Weltmarktpreis wird dabei nicht direkt an der EU-Grenze (wie beim früheren Abschöpfungssystem) ermittelt, sondern aus den beobachteten Preisen an den Börsen in den USA zuzüglich der Kosten für die Bewegung der Ware in den USA und für die Seefracht mit Versicherung abgeleitet.

Preis-Mengeneffekte variabler Zölle

Die Preis-Mengeneffekte der variablen Zölle (Abschöpfungen) sind identisch mit den Effekten, die oben für die Einfuhrbelastungen durch Zölle dargestellt wurden.

Ordnungspolitische Einordnung variabler Zölle

Ordnungspolitisch sind variable Abschöpfungen in der Form wie sie bis 1995 angewandt wurden, negativer zu beurteilen als gebundene Zölle. Zum einen kann dieses Instrument zu einer vollkommenen Abkopplung der Inlandspreise von den Weltmarktpreisen führen und damit verhindern, dass die weltwirtschaftlichen Knappheiten sich als Signale bei Produzenten und Konsumenten bemerkbar machen. Zum anderen eröffnet dieses Instrument Ansatzpunkte für Lobbyismus. Da die Schwellenpreise vor 1995 jährlich neu festgelegt wurden, konnten Interessenvertreter jedes Jahr auf die Festlegung der Schwellenpreise und damit auf die Höhe der Protektionsraten Einfluss nehmen.

Die neue Form der variablen Zölle ist ordnungspolitisch günstiger als das alte System zu beurteilen, da die Einfuhrpreise in Höhe von 150 % der Interventionspreise festgeschrieben sind und die EU sich verpflichtet hat, die Interventionspreise nicht zu erhöhen. Lobbyisten sind somit entmachtet worden. Allerdings verbleibt der zweite negative Effekt der variablen Abschöpfungen.

Im Vergleich zu spezifischen Zöllen und Wertzöllen ist das Instrument der variablen Zölle aus ordnungspolitischer und wohlfahrtstheoretischer Sicht negativer zu beurteilen, da eine vollkommene Abkopplung der Inlandspreise von den Weltmarktpreisen erfolgt.

Die Effekte der variablen Zölle auf Wohlfahrt, Einkommensverteilung, Budget und internationalen Handel sind implizit bereits oben bei der Darstellung der Effekte von spezifischen Zöllen und Wertzöllen dargestellt worden. Es sind daher lediglich einige Anmerkungen zu den administrativen Problemen zu ergänzen.

Administrative Probleme variabler Zölle

Das Instrument der variablen Zölle gibt es zurzeit (2005) nur bei der Einfuhr von Getreide. Die Verwaltung hat die Aufgabe, den Weltmarktpreis für die einzelnen Getreidearten täglich zu ermitteln und alle 14 Tage die Höhe der Importbelastung festzulegen. Man kann sich leicht vorstellen, welche Probleme für eine Administration bei der Ermittlung der Weltmarktpreise bestehen. Man hat sich daher auf ein einfaches Verfahren für die Ermittlung der Importpreise geeinigt. Die Notierungen auf den ausgewählten Börsen in den USA können zwar als repräsentative Preise in den entsprechenden Regionen angesehen werden, doch kann die administrative Ableitung der möglichen Importpreise im Hafen Rotterdam für die Händler ein Problem darstellen. Die Preise sind in US$ notiert und müssen von der Administration in € umgerechnet werden. Natürlich ist die Umrechnung kein Problem, doch kann für den Importeur ein Problem entstehen, wenn der Wechselkurs sich während der Gültigkeit der fixierten variablen Zölle ändert. Noch problematischer ist es, die Kosten der Bewegung der Waren von den US-amerikanischen Börsen zum Einfuhrhafen der EU, Rotterdam, zu ermitteln. Transportpreise ändern sich schnell im Zeitablauf und variieren stark zwischen den Transportunternehmern und Reedern. Es ist daher nicht unwahrscheinlich, dass gelegentlich die tatsächlichen Bewegungskosten der Ware höher oder niedriger liegen als von der EU-Kommission unterstellt. Somit ergibt sich für die Importeure neben den Marktunsicherheiten eine zusätzliche Unsicherheit durch die Administrierung des Importregimes für Getreide. Bei Zöllen gibt es diese Unsicherheit nicht.

Zu 2: Importquoten

Importquoten sind nach Abschluss der Uruguay-Welthandelsrunde von größerer Bedeutung für den Agrarhandel geworden. Alle Mitgliedsländer der WTO mussten sich verpflichten, unabhängig von der inländischen Versorgungslage eine Mindesteinfuhr in Höhe von 5 % des Verbrauchs der Basisperiode von 1986/88 zu gewährleisten. Einfuhren müssen demnach auch zugelassen werden, wenn auf einem bestimmten Markt bereits ein hoher Exportüberschuss besteht, der mit Exporterstattungen auf dem Weltmarkt abgesetzt werden muss. Dieser so genannte Mindestmarktzugang musste für einzelne relativ eng definierte Produktgruppen quantifiziert werden. So wurden z.B. für Milchprodukte vier Produktgruppen spezifiziert. Diese enge Definition der Produkte hat erhebliche Implikationen für die praktische Agrarpolitik, insbesondere auch, weil es gleichzeitig auch für jede Produktgruppe eine Begrenzung der subventionierten Exportmengen gibt. Hierauf wird unten bei der Darstellung der Außenhandelsregelungen detaillierter eingegangen.

Die Implementierung erfolgt in der EU durch Vergabe von Einfuhrlizenzen für die als Mindestmarktzugang festgelegte Menge. Für Mengen, die als Teil des Mindestmarktzugangs (q_q) eingeführt werden, wird ein ermäßigter Zoll erhoben. Die Preis- und Mengenwirkung wird im *Schaubild 7.15* jeweils für eine Produktgruppe mit Einfuhrbedarf (SVG < 100 %), mit 100%igem Selbstversorgungsgrad und mit Exportüberschüssen (SVG > 100 %) dargestellt. Dabei ist der gebundene Zoll t_b und der Präferenzzoll t_p.

Bei einem SVG < 100 % (vgl. *Schaubild 7.15* a) muss die EU auf Zolleinahmen in Höhe der horizontal schraffierten Fläche verzichten. Es hängt von der Implementierung des Systems ab, wem die entgangenen Zolleinnahmen zufließen. Würden keine Transaktionskosten entstehen, so würde dieser Betrag voll den Importeuren zufließen. Die Exportländer hätten daher in einer Welt ohne Transaktionskosten keine Vorteile durch den Mindestmarktzugang. In der Realität können aber erhebliche Transaktionskosten entstehen. Da die Importeure eine Lizenz beantragen müssen, bei der Antragstellung aber zum einen nicht wissen, wie viel der beantragten Menge ihnen zugeteilt wird und sie zum anderen mit der Beantragung der Lizenz eine Kaution hinterlegen müssen, entsteht Unsicherheit, die neben den direkten Kosten der Kaution auch indirekte Kosten verursachen. Die tatsächliche Zuteilung erfolgt in der EU gemäß dem Quotienten aus beantragter Menge zu gesamter zu verteilender Menge. Es ist daher möglich, dass die dem einzelnen Antragsteller zugeteilte Menge sehr klein ist und unterhalb der Menge liegt, die im normalen Handel als Mindestladung bei der Einfuhr gilt. Der Antragsteller wird daher versuchen, über Tochterunternehmen zahlreiche Lizenzen zu beantragen und später die zugeteilten Mengen bündeln. Es entstehen demnach Kosten für die Kaution und für die Organisation des Imports. Größere Unternehmen mit Tochterunternehmen sind im Vergleich zu kleineren Unternehmen bevorteilt. Ein Teil der maximal möglichen Rente wird demnach zum Ausgleich der Transaktionskosten benötigt. Den ausländischen Exporteuren dürfte von der Rente gar nichts oder wenig zukommen. Sie könnten etwas von der Rente erhalten, wenn die EU-Lizenzen für den Import bestimmter Qualitäten vergeben werden und daher in den Exportländern die Preise für diese Waren steigen oder wenn Lizenzen für den Import aus bestimmten Ländern vergeben werden und dort tatsächlich die Preise steigen.

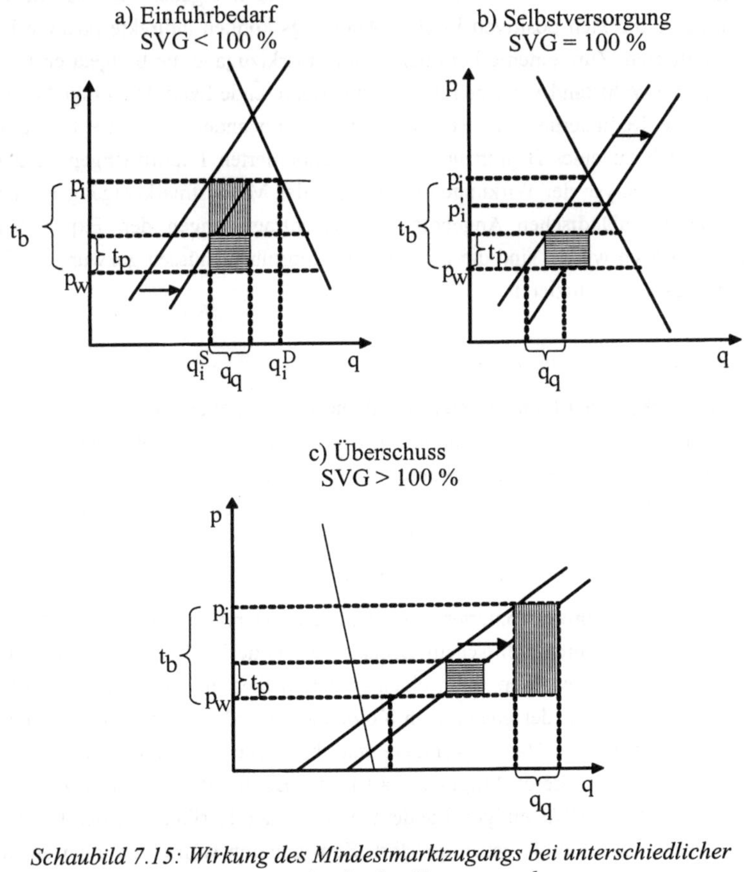

Schaubild 7.15: Wirkung des Mindestmarktzugangs bei unterschiedlicher inländischer Versorgungslage

In der Situation b) führen die Importe zu einer Senkung der Inlandspreise und damit zu einer sinkenden Protektionsrate. Die Folge ist eine Erhöhung der inländischen Wohlfahrt. In der Situation c) steigt der Exportüberschuss mit der Folge, dass bei unveränderten Inlandspreisen die budgetäre Belastung des Landes steigt. Gleichzeitig sinkt die Wohlfahrt. Das Land hat aufgrund der WTO-Regel den Importeuren Zugang zu den Inlandsmärkten zu eröffnen und diese erhalten höhere Preise als auf dem Weltmarkt gezahlt werden. Es entsteht demnach – wie oben bereits ausgeführt – zum Teil eine Rente und zum Teil höhere Transaktionskosten. Selbst wenn die Rente vollkommen den inländischen Importeuren zufällt, entsteht für die Gesellschaft insgesamt wegen der erhöhten Transaktionskosten ein Wohlfahrtsverlust.

Zu prüfen bleibt, wie der Mindestmarktzugang mit der Zielsetzung, den Welthandel zu liberalisieren, zu vereinbaren ist. Die obige Analyse hat gezeigt, dass sich zwar die Handelsströme verändern, aber sich nicht auch denjenigen annähern, die sich bei Freihandel ergeben würden. Somit ergeben sich aus dieser Sicht keine direkten positiven Effekte. Allerdings können indirekte positive Effekte auftreten. Zum einen erhöht der Mindestmarktzugang die budgetären Kosten und die Wohlstandsverluste für das protektionierende Land. Die Folge könnte daher eine Reduzierung der Protektion sein. Zum anderen hat die Uruguay-Runde auch zu einer Begrenzung der subventionierten Exportmengen geführt (siehe die Analyse der Wirkungen unten). Da der Mindestmarktzugang bei unveränderten inländischen Angebots- und Nachfragemengen den Exportüberschuss erhöhen würde, sind die Länder mit Exportüberschüssen gezwungen, die Überschüsse zu reduzieren.

Zu 3: Präferenzabkommen

Präferenzabkommen können unterschiedliche Inhalte haben, aber sie zielen alle darauf ab, bestimmte Handelspartner zu bevorzugen. Daraus folgt bereits, dass solche Abkommen nur dann abgeschlossen werden, wenn nationale Märkte durch tarifäre oder nicht tarifäre Handelshemmnisse geschützt werden. Gleichzeitig folgt aus der Intention der Abkommen, dass andere Handelspartner, die nicht die Vorteile von Präferenzabkommen erhalten, benachteiligt werden.

Die EU als hoch protektionierter Wirtschaftsraum stand von Beginn der Agrarmarktordnungen unter politischem Druck, präferentiellen Zugang zu den EU-Agrarmärkten zu gewähren. Zum einen forderten dies die Entwicklungsländer, die Nachfolgestaaten der ehemaligen Kolonien geworden waren. Diese Länder hatten zunächst enge Handelskontakte mit ihren ehemaligen Kolonialstaaten, verloren aber durch deren Mitgliedschaft in der EU traditionelle Absatzmärkte. Es wurden daher 1975 einigen Ländern Afrikas, der Karibik und des Pazifiks (AKP-Abkommen) Präferenzen gewährt. Zum anderen wünschten auch andere Entwicklungsländer präferenziellen Zugang zu den EU-Märkten, weil sie sich durch den EU-Agrarprotektionismus besonders benachteiligt sahen. So wurde 2001 mit den ärmsten Entwicklungsländern das so genannte **'Everything but Arms'** (EBA) Abkommen unterzeichnet. Zum dritten verlangten aber auch Industrieländer Präferenzabkommen, weil sie durch die Erweiterung der EU traditionelle Absatzmärkte verloren. So erhielt Neuseeland nach dem Beitritt Großbritanniens zur EU (1973) präferenziellen Zugang für Milchprodukte. Die Transformation in Mittel- und Osteuropa gab in den neunziger Jahren Anlass für eine Reihe weiterer Präferenzabkommen. Diese Abkommen hatten in der Regel nur eine begrenzte Laufzeit, wurden aber immer wieder erneuert.

Die Abkommen beinhalten entweder einen abgabenfreien Zugang zu den EU-Märkten für eine bestimmte Menge (Quote) spezieller Produkte oder aber auch den unbegrenzten Zugang zu den EU-Märkten für einzelne oder auch für nahezu alle Produkte agrarischen und industriellen Ursprungs. Die Wirkung von Präferenzabkommen mit Quoten ist identisch mit den oben dargestellten Wirkungen für den Mindestmarktzugang. Die Wirkung von Präferenzabkommen mit unbegrenztem Zugang zu den EU-Märkten für bestimmte oder nahezu alle Produkte ist grundsätzlich identisch, lediglich das Ausmaß der Wirkungen ist unterschiedlich. Die EU hat sich z.B. mit dem EBA-Abkommen verpflichtet, für die 49 ärmsten Ländern ab März 2001 den EU-Markt für alle Agrarprodukte, außer frischen Bananen, Reis und Zucker, vollkommen zu öffnen. Für die genannten drei Produkte gilt eine Übergangszeit mit gleitender Liberalisierung. Bei Zucker wird ab 2009 der Zugang voll unbegrenzt sein. Die Wirkung soll für den EU-Zuckermarkt kurz aufgezeigt werden. Für die präferierten Länder wird ein großer Anreiz bestehen, ihre eigene Produktion in der EU zu verkaufen, wenn der EU-Zuckerpreis weiterhin auf dem dreifachen Niveau der Weltmarktpreise (wie 2004/05) gehalten wird. Es ist aus Sicht dieser Länder ökonomisch rational, ihre Inlandsproduktion an den fob-Preisen für Exporte in die EU auszurichten und die inländische Versorgung durch Importe vom Weltmarkt zu sichern. Es ist daher verständlich, dass die EU-Kommission 2004 Vorschläge zur grundlegenden Reform der EU-Zuckermarktordnung vorlegte. Es ist aber auch nachvollziehbar, dass nicht nur die EU-Rübenanbauer und EU-Zuckerrübenverarbeiter die Vorschläge ablehnen, sondern auch die Entwicklungsländern, die bereits bisher durch das AKP-Abkommen von den Exporten in die EU profitierten und die Entwicklungsländer, die zukünftig aufgrund des EBA-Abkommens zu gewinnen hoffen. Erstaunlich ist dabei, dass die Entwicklungsländer vehement gegen die Reform opponieren, selbst wenn der größte Teil der Kontingentsrente wahrscheinlich den EU-Importeuren zufiel. Es scheint aber genügend einflussreiche Gruppen in den Entwicklungsländern zu geben, die von den gegenwärtigen Präferenzabkommen der EU Vorteile haben.

Zusammenfassend kann zu den Wirkungen der Präferenzabkommen gesagt werden, dass diese Abkommen zwar für einzelne Länder vorteilhaft sein können. Die Weltwohlfahrt wird aber durch diese Abkommen verringert, da die präferierten Länder sich nicht an den Weltmarktpreisen orientieren, sondern an den politisch festgelegten höheren EU-Preisen. Nicht präferierte Exportländer werden durch die Abkommen benachteiligt, da bei Produktionsausweitung in den präferierten Ländern die Weltmarktpreise gedrückt werden. Allerdings verursachen die Präferenzabkommen der EU budgetäre und volkswirtschaftliche Kosten, die höher sind als die potentiellen Vorteile der präferierten Länder. Es ist daher wahrscheinlich, dass die EU aufgrund der Präferenzabkommen zu einer weiteren Liberalisierung des Agraraußenhandels bereit ist.

Zu 4: Sanitäre und phytosanitäre Handelshemmnisse

Durch sanitäre und phytosanitäre Maßnahmen kann erheblich in den Handel eingegriffen werden. So kann z.B. die Einfuhr bestimmter Produkte verboten werden; die EU hat z.B. die Einfuhr von Hormonfleisch und von nicht gekennzeichneten GVO-Produkten verboten. Weiterhin können erhebliche Auflagen für Produktionsmethoden, z.B. bei Schlachthöfen, im Ausland gefordert werden, bevor eine Einfuhrerlaubnis erteilt wird. Die WTO-Vereinbarungen erlauben grundsätzlich Einfuhrverbote oder erhebliche Auflagen. Hierdurch ist es möglich, dass einzelne Länder nationale Standards im Inland durchsetzen können und ausländische Produkte auch diese Standards einzuhalten haben. Offensichtlich hat man bei den WTO-Verhandlungen erkannt, dass es erhebliche Unterschiede in den gewünschten Standards der einzelnen Länder gibt. Es kann daher der Erhöhung der nationalen Wohlfahrt dienen, wenn einzelne Länder die Möglichkeit haben, aus sanitären und phytosanitären Gründen in den Außenhandel einzugreifen.

Am Rande sei vermerkt, dass es in der EU keine so weit reichenden Zugeständnisse an die Mitgliedsländer gibt, in den Handel aus sanitären oder phytosanitären Gründen einzugreifen. Der Europäische Gerichtshof (EuGH) hat bereits 1979 in einem grundlegenden Urteil, dem so genannten **Cassis dc Dijon-Urteil**, ein allgemeines Prinzip formuliert. Das Prinzip besagt, dass Waren, die in einem Mitgliedstaat der Europäischen Union rechtmäßig hergestellt worden sind, auch in allen andern EU-Staaten verkauft werden dürfen. Dem deutschen Lebensmittelkonzern REWE war von der Bundesmonopolverwaltung für Branntwein die Einfuhr des französischen Likörs Cassis de Dijon (20 % Alkoholgehalt) verboten worden, weil die deutschen Gesetze einen Mindestgehalt von 32 % vorgeschrieben haben. Der Konzern klagte daraufhin beim EuGH. Der Gerichtshof sah im Einfuhrverbot der Bundesmonopolverwaltung einen Verstoß gegen Artikel 30 des EU-Vertrages und hieß die Klage gut. Nach Artikel 30 müssen Hemmnisse für den Warenverkehr, die sich aus einer unterschiedlichen Regelung der Herstellung und Vermarktung von Weingeist ergeben, nur dann hingenommen werden, wenn sie notwendig sind, um zwingenden Erfordernissen gerecht zu werden. Solche Erfordernisse sind: Wirksame steuerliche Kontrolle, Schutz der öffentlichen Gesundheit, Lauterkeit des Handelsverkehrs, Verbraucherschutz. Den Erfordernissen der Lauterkeit des Handelsverkehrs und des Verbraucherschutzes lässt sich durch das weniger weitgehende Mittel einer Kennzeichnungspflicht hinreichend gerecht werden. Ein völliges Verkehrsverbot ist daher nicht notwendig. Das Urteil des EuGH erwies sich als grundlegend für die Verwirklichung des freien Warenverkehrs im Europäischen Binnenmarkt.

Natürlich dürfen die einzelnen EU-Länder auch weiterhin durch gezielte Maßnahmen unter bestimmten Bedingungen – wie z.B. Ausbruch einer gefährlichen Tierkrankheit in einem Land – den Binnenhandel beschränken. Diese Maßnahmen müssen aber explizit begründet und von der EU-Kommission akzeptiert werden.

Im internationalen Handel hat man auf das Beispiel der EU nicht zurückgreifen können, da man keine Übereinkunft zwischen den Ländern hat, um Standards auf supranationaler Ebene festzulegen und Verstöße zu sanktionieren.

Einerseits ist das Zugeständnis, Handelshemmnisse aus sanitären und/oder phytosanitären Gründen zuzulassen, ein Widerspruch zu der Freihandelsidee, die GATT und WTO leitet, andererseits drückt die Regelung eine Erkenntnis aus, dass Lebensmittel zunehmend nicht mehr reine Suchgüter sind und dass die Präferenzen der Bewohner bezüglich gesundheitlicher Standards unterschiedlicher Länder sehr unterschiedlich sein können.

Diese Maßnahmen sind daher grundsätzlich geeignet, die Wohlfahrt in einzelnen Ländern zu erhöhen. Allerdings kann nicht erwartet werden, dass dadurch auch – wie im Außenhandel mit reinen Suchgütern – die Weltwohlfahrt erhöht wird. Dennoch können diese Maßnahmen zu erheblichen Problemen führen:

(a) Es ist notwendig, dass man sich in der WTO auf Kriterien für erlaubte Eingriffe einigt. Bei der Überprüfung der Berechtigung zur Errichtung von Handelshemmnissen aus sanitären oder phytosanitären Gründen hat man sich geeinigt, wissenschaftliche Beurteilungen zu akzeptieren. Leider gibt es aber nicht stets eindeutige wissenschaftliche Beurteilungen, die sich auch im Zeitablauf nicht ändern. Länder dürfen daher, z.B. dann, wenn neue wissenschaftliche Untersuchungen Zweifel an der bisherigen Beurteilung aufkommen lassen, Handelshemmnisse bis zu einer erneuten Klärung errichten.

(b) Es besteht die Gefahr, dass diese Maßnahmen zwar offiziell aus sanitären und phytosanitären Gründen eingesetzt werden, in der Realität aber die inländischen Produzenten geschützt werden sollen. Es kann eine neue Form des Protektionismus entstehen.

(c) Der Hormonstreit zwischen der EU und den USA hat sogar gezeigt, dass die EU gegen den Schiedsspruch der WTO entschied und den Import von Fleisch, das von mit Hormonen behandelten Tieren stammte, zu verbieten. Die EU war bereit, eine monetäre Kompensation zu zahlen. Es lässt sich aus wohlfahrtstheoretischer Sicht nicht eindeutig sagen, ob diese Maßnahme für die EU zu einem

Wohlfahrtsgewinn oder -verlust führt. Offensichtlich sind die Präferenzen der Europäer anders als die der US-Amerikaner. Es könnte sein, dass die Zahlungsbereitschaft der EU-Bürger so hoch ist, dass das Verbot des Imports von dem betreffenden Fleisch – trotz wissenschaftlicher Unbedenklichkeit, aber dennoch möglicherweise mit einem geringen Gesundheitsrisiko behafteten Lebensmittels – wohlfahrtserhöhend ist. Der Mangel einer eindeutigen wissenschaftlichen Beurteilung öffnet natürlich das Tor für versteckten Protektionismus.

(d) Sanitäre und phytosanitäre Handelshemmnisse können zu erheblichen Transaktionskosten für internationale Händler führen. Dies ist offensichtlich, wenn einzelne Länder wie die EU eine Kennzeichnung einzelner Inhaltsstoffe verlangen – wie z.B. Bestandteile an genetisch veränderten Organismen – und die Überprüfung des Gehalts dieser Inhaltsstoffe für den Handel sehr kostenaufwendig ist. Kosten für den Handel entstehen insbesondere auch durch die erhöhte Unsicherheit. So kann z.B. die Feststellung der Überschreitung des Grenzwertes eines bestimmten Inhaltsstoffes in Teilen der Ladung an der Grenze zur Ablehnung der gesamten Charge führen. Ebenso kann an der Grenze der Import völlig unerwartet untersagt werden, weil im Exportland z.B. in einer bestimmten Region, die nicht mit der Exportregion identisch zu sein braucht, eine bestimmte Pflanzenkrankheit oder Tierkrankheit aufgetreten ist oder weil es inzwischen neuere wissenschaftliche Untersuchungen gibt, die Zweifel an der bisherigen Unbedenklichkeit einzelner Inhaltsstoffe oder Produktionsverfahren aufkommen lassen. Diese Beispiele zeigen wiederum, dass es einerseits unvermeidbare zunehmende Unsicherheiten für den Handel gibt, aber andererseits auch Unsicherheiten, die dadurch entstehen, dass die Länder aus protektionistischen Gründen in den Handel kurzfristig und unvorhersehbar eingreifen.

Zu 5: Exporterstattungen

Exporterstattungen (Ausfuhrsubventionen) waren nach GATT, Artikel XVI, für primäre Produkte, zu denen auch Agrarprodukte gehören, erlaubt. Allerdings durfte durch Zahlung von Exporterstattungen nicht ein mehr als angemessener Anteil an den Weltexporten erreicht werden. Da der Begriff 'angemessen' nicht eindeutig definiert wurde, konnte die Zunahme von Exporterstattungen, insbesondere der EU, nicht verhindert werden. Es war daher nahe liegend, dass in der Uruguay-Runde eine Lösung gesucht wurde. Man hatte sich zunächst auf eine prozentuale Reduktion der Exportzahlungen und der subventionierten Exportmengen geeinigt. Die Menge der subventionierten Exporte musste um 21 % reduziert werden und die Ausgaben für Exporterstattungen um 36 %. In der laufenden Doha-Runde (Beginn 2001) wird man aber wahrscheinlich ein vollständiges Verbot von Exportsubventionen vereinbaren.

Exporterstattungen sind das Spiegelbild der Einfuhrbelastungen. Die Wirkungen sind daher analog. Die Wirkungsanalyse kann daher kurz gehalten werden; es werden lediglich Besonderheiten im Unterschied zur Einfuhrbelastung dargestellt.

Preis- und Mengeneffekte von Exporterstattungen

Exporterstattungen müssen gezahlt werden, wenn Produkte, deren Preis im Inland über dem Weltmarktpreis liegt, auf dem Weltmarkt verkauft werden. Somit sind Exporterstattungen nur dann zu zahlen, wenn der Selbstversorgungsgrad im Inland über 100 % ist.

$$\text{Selbstversorgungsgrad} = \frac{\text{im Inland produzierte Menge}}{\text{im Inland verbrauchte Menge}} \cdot 100$$

Exporterstattungen können, selbst wenn die Zahlungen für ein Produkt insgesamt nur relativ gering sind, einen großen Effekt auf die Höhe der Inlandspreise haben. Diese Aussage wird mit *Schaubild 7.16* verdeutlicht. Der Weltmarktpreis liegt bei p_w und der inländische Interventionspreis, zu dem der Staat sich verpflichtet hat, die gesamte den Interventionsstellen angediente Menge aufzukaufen, liegt bei p_i. Natürlich setzt das Interventionssystem voraus, dass Einfuhren durch einen hohen Außenschutz, der größer als $p_i - p_w$ sein muss, abgesichert werden. Ohne Exporterstattungen würde sich demnach im Inland der Preis p_i ergeben. Ohne Interventionsaufkäufe und ohne Exporterstattungen aber mit Importbelastungen, die höher sein müssten als $p_{aut} - p_w$, würde sich im Inland der Autarkiepreis p_{aut} einstellen. Es würde Autarkie im Inland bestehen; der Selbstversorgungsgrad wäre 100 %. Exporterstattungen können demnach dazu führen, dass die Inlandspreise über dem Autarkiepreis und auch über dem Interventionspreis liegen. Tatsächlich ist diese Situation auf den meisten Märkten mit Interventionspreisen häufig anzutreffen. Die EU-Kommission will vermeiden, dass die Interventionsstellen Produkte aufkaufen müssen, die dann ohnehin später exportiert werden. Daher hat die Kommission sich in den letzten Jahren zunehmend entschieden, direkt aus dem Markt zu exportieren. Eine von der Administration gewünschte Exportmenge wird ausgeschrieben und die potentiellen Exporteure machen Angebote über die von ihnen gewünschte Exportsubvention. Die Kommission entscheidet dann, wer von den Bietern die gewünschte Exporterstattung und eine Lizenz zum Export erhält. Wird die Exporterstattung höher als $p_i - p_w$ festgelegt, ergibt sich im Inland ein Preis oberhalb von p_i. Die Exporterstattung je Mengeneinheit führt demnach dazu, dass die Weltnachfragekurve, die in Höhe p_w als vollkommen elastisch angesehen wurde, parallel nach oben um den Erstattungssatz verlagert wird. Der potentielle Exporteur tritt auf dem Inlandsmarkt als Grenznachfrager auf. Seine marginale Zahlungsbereitschaft ergibt sich aus dem erzielten Preis auf dem Weltmarkt und dem Erstattungssatz.

Diese Analyse zeigt, dass die Inlandspreise nur dann über den Interventionspreisen oder Autarkiepreisen liegen können, wenn der Exporterstattungssatz über

$p_i - p_w$ bzw. über $p_{aut} - p_w$ liegt. Verknappungen auf dem Inlandsmarkt, z.B. durch schlechte Ernten, Flächenstilllegungen oder Produktionskontingentierungen, können keine direkten Wirkungen auf die Inlandspreise haben, wenn auch mit diesen Maßnahmen noch ein Exportüberschuss besteht. Entscheidend für die Höhe der Inlandspreise in einer Exportsituation ist grundsätzlich die Höhe des Exporterstattungssatzes. Dabei ist völlig unbedeutend, wie hoch die Exportmengen sind. *Schaubild 7.16* zeigt z.B., dass die Überschussmenge relativ gering ist, aber dennoch liegt der Inlandspreis erheblich über dem Weltmarktpreis und auch über dem Autarkiepreis.

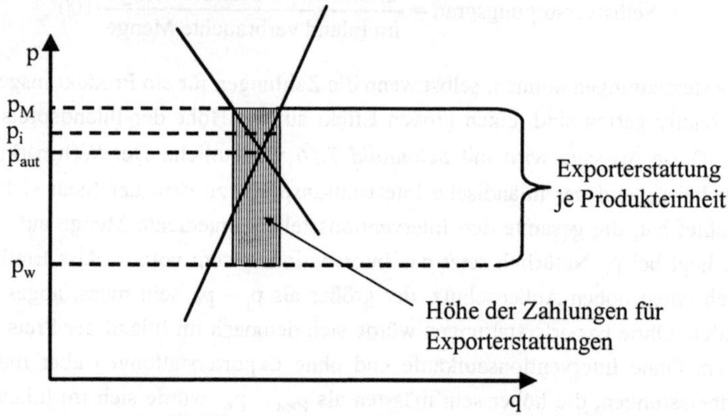

Schaubild 7.16: Bedeutung der Exporterstattungen für die Höhe der Inlandspreise

Wohlfahrtseffekte von Exporterstattungen

Ermittelt man die Wohlfahrtseffekte mit Hilfe eines Partialmodells für den Fall eines relativ kleinen Landes, so lässt sich leicht zeigen, dass die reinen wohlfahrtsökonomischen Wirkungen (ohne Berücksichtigung der administrativen Kosten) identisch sind mit den oben für eine Importsituation dargestellten; dies scheint nicht ohne weiteres einsichtig. Dieser Sachverhalt soll daher mit *Schaubild 7.17* veranschaulicht werden.

Im *Schaubild 7.17* wird angenommen, dass zunächst beim Inlandspreis von p_i die im Inland nachgefragte Menge q_i^D größer ist als die im Inland angebotene Menge $q_{i_0}^S$. Der Selbstversorgungsgrad des betrachteten Produkts liegt also unter 100 %. In diesem Fall fallen Abschöpfungseinnahmen in Höhe von BDFC an. Die negativen Wohlfahrtseffekte der Preisstützungspolitik sind, entsprechend der obigen Darstellung, identisch mit den Flächen ABC und DEF.

Nun wird im *Schaubild 7.17* angenommen, dass sich eine Verschiebung der Angebotskurve von A_0 auf A_1 durch exogene Einflüsse (z.B. Änderung der Technologie) einstellt. Es verändert sich daher die Situation für das betrachtete Produkt, und zwar entsteht ein Selbstversorgungsgrad von über 100 %. Der Staat hat also Exporterstattungen in Höhe von DHGF zu zahlen. Durch die Änderung des Selbstversorgungsgrades haben sich aber nicht auch unbedingt die volkswirtschaftlichen Kosten verändert. Auf der Nachfrageseite sind sie auf jeden Fall unverändert in Höhe der Fläche DEF geblieben. Auf der Angebotsseite werden sie unverändert sein, wenn die Verschiebung der Angebotskurve parallel verläuft; dann entspricht die Fläche DHG der Fläche ABC.

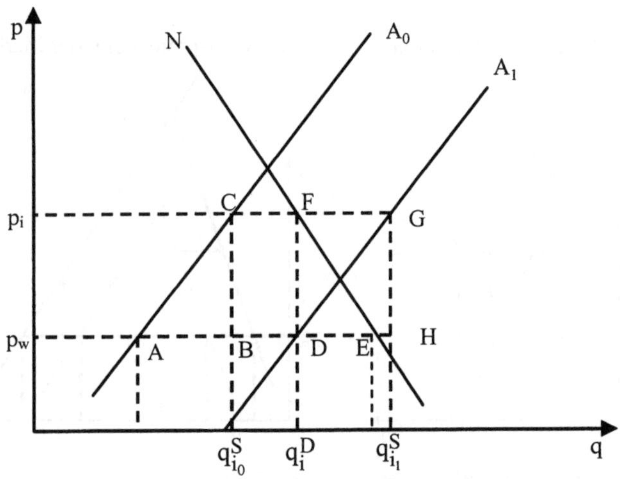

Schaubild 7.17: Wohlfahrtseffekte der Preisstützung in Abhängigkeit von der Versorgungslage im Fall eines relativ kleinen Landes

Die Nettoposition für Produzenten wie Konsumenten ist also unabhängig vom Selbstversorgungsgrad, nicht jedoch diejenige des Staates. Die Berücksichtigung des Selbstversorgungsgrades bei der Bewertung der Preisstützungspolitik ist also nur dann notwendig, wenn ein relativ kleines Land vorliegt und/oder falls die Wirkung auf Budget und Einkommensverteilung von Interesse ist; sie ist nicht notwendig, wenn nur die Änderung der Wohlfahrt der Gesellschaft insgesamt (ohne Berücksichtigung der Kosten der Administration) interessiert.

Die Wohlfahrtseffekte des Erstattungssystems sind allerdings stärker negativ als die der Einfuhrbelastung, wenn ein relativ großes Land vorliegt. Protektion eines relativ großen Landes führt – wie oben bereits gezeigt – zu sinkenden Weltmarktpreisen. Liegt eine Einfuhrsituation vor, so stellt sich ein positiver Terms of Trade-Effekt ein. Liegt ein Exportüberschuss vor, so ist der Terms of Trade-Effekt negativ. Im ersten Fall werden somit die volkswirtschaftlichen Kosten geringer ausfallen als für ein relativ kleines Land und im zweiten Fall werden sie höher ausfallen.

Weniger eindeutig fällt die Beurteilung der Wohlfahrtseffekte des Exporterstattungssystems aus, wenn Interdependenzen zwischen den Märkten berücksichtigt werden und andere Märkte ebenfalls protektioniert sind. Dieser Sachverhalt soll mit Hilfe von *Schaubild 7.18* dargestellt werden. Ohne Protektion würde auf beiden Märkten zu Weltmarktpreisen produziert werden. Auf beiden Märkten bestände ein Importbedarf. Es wird angenommen, dass nur der Markt a) protektioniert wird. Aus einer Einfuhrsituation entsteht eine Überschusssituation wie z.B. auf dem Getreidemarkt. Die Protektion auf diesem Markt hat aber Konsequenzen

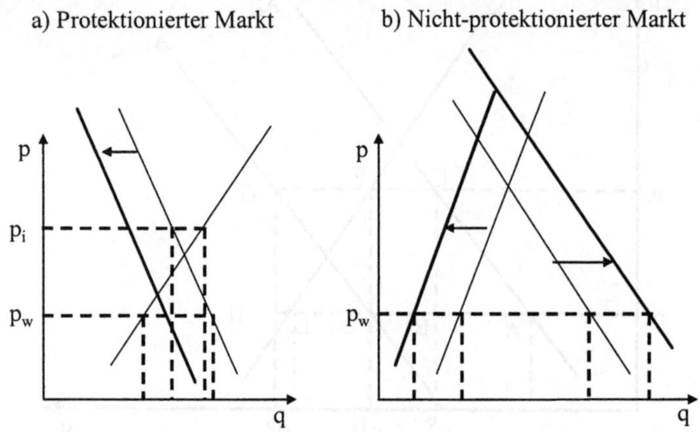

Schaubild 7.18: Wohlfahrtseffekte des Exporterstattungssystems auf interdependenten Märkten

für benachbarte Märkte, z.B. den Markt für Soja. Wird dieser Markt nicht protektioniert, so verlagert sich die Angebotskurve nach links (die Opportunitätskosten steigen, weil es rentabler ist, das protektionierte Produkt zu produzieren). Gleichzeitig verlagert sich auf dem nicht protektionierten Markt die Nachfragekurve nach rechts, weil die Nachfrager – d.h. im Fall von Soja die Futtermittelindustrie – auf das billigere Produkt ausweichen. Der Importbedarf auf dem nicht protektionierten Markt steigt. Auf dem protektionierten Markt steigt durch die Verlagerung der Nachfragekurve nach links (wegen des Substitutionseffektes) der Exportüberschuss. Es wäre offensichtlich irreführend würde man die Wohlfahrtseffekte auf dem protektionierten Markt nur mit Hilfe eines partiellen Marktmodells ermitteln. Eine exakte Ermittlung ist in diesen Fällen nur mit Hilfe interdependenter Modelle möglich. Für die Politikanalyse ist es aber häufig ausreichend zu wissen, in welche Richtung sich Politikänderungen auswirken. So ist leicht einsehbar, dass der Abbau der Protektion auf dem protektionierten Markt zu höheren Wohlfahrtsgewinnen führt als mit Hilfe eines partiellen Marktmodells quantifiziert. Es kann sogar gezeigt werden, dass die Einführung von Protektion auf dem nicht protektionierten Markt zu positiven Wohlfahrtseffekten führen würde, wenn es nicht möglich ist, die Protektion auf dem anderen Markt zu senken. Die Produktionsstruktur könnte sich derjenigen, die unter Weltmarktbedingungen bestehen würde, annähern. Allerdings dürfte die neue Protektionsrate nicht so hoch sein wie auf dem bisher protektionierten Markt. Es sind zwei Effekte zu bedenken: Neue Protektion führt zu einer Entzerrung der Produktionsstruktur (das ist ein positiver Effekt), aber auch zur Erhöhung der durchschnittlichen Protektionsrate (das ist ein negativer Effekt). Es sind hier also die gleichen Überlegungen anzustellen, wie sie oben bereits bei der Darstellung der Bedeutung der Terms of Trade-Effekte präsentiert wurden.

Budgetwirkungen von Exporterstattungen

Da die Exporterstattungen für Agrarprodukte im Kreuzfeuer der öffentlichen Kritik stehen, soll im Folgenden beispielhaft aufgezeigt werden, welches die Bestimmungsgründe für die Höhe der Exporterstattungen sind.

Grundsätzlich gilt für die Exporterstattungen folgende Definitionsgleichung:

$$A_{St} = (p_i - p_w)(q^S - q^D).$$

Die Höhe der Exporterstattungen kann also aus dem Erstattungssatz (= Differenz zwischen Inlands- und Weltmarktpreis) und der Höhe der zu exportierenden Menge (= Differenz zwischen der im Inland produzierten und nachgefragten Menge) berechnet werden.

Das gegenwärtige System der Agrarmarktordnungen bedeutet, dass neben den Marktpartnern, also den Produzenten auf der Angebotsseite und den Verbrauchern auf der Nachfrageseite, der Staat als zusätzlicher Nachfrager zu berücksichtigen ist. Der Staat garantiert, dass die Produzenten ihre gesamte Menge zu vorgegebenen Preisen verkaufen können. Um diese Garantie aufrechtzuerhalten, muss der Staat finanzielle Mittel bereitstellen. Mit diesen Mitteln kauft er die Differenz zwischen der im Inland angebotenen und der im Inland von den Privaten nachgefragten Menge auf. Da der Staat aber für diese Mengen selbst keine Verwendung hat, versucht er sie wiederum zu verkaufen. Dies kann durch Subventionierung des Verbrauchs im Inland geschehen oder auch durch Zuführung der Überschüsse in eine inferiore Verwendung. Zum Beispiel kann eine zweite Buttersorte zu bestimmten Zeiten verbilligt (Weihnachtsbutter) auf den Markt gebracht werden, um hierdurch die Vorratsbestände zu reduzieren. Doch haben solche Maßnahmen den Nachteil, dass die Nachfrage nach den qualitativ höherwertigen Produkten zu Garantiepreisen zurückgeht. Es kann daher der Fall eintreten, dass der Staat zu Garantiepreisen erhöhte Mengen aufkaufen muss. Um diesen Effekt zu vermeiden, wird die überschüssige Menge häufig auf dem Weltmarkt abgesetzt[34]. In der Regel ist diese Alternative aus budgetpolitischer Sicht der günstigste Absatzkanal. Im folgenden schematischen Beispiel soll unterstellt werden, dass vom Staat lediglich diese Absatzmöglichkeit gewählt wird.

Die Situation 1 (*Übersicht 7.2*) sei gekennzeichnet durch eine inländische Produktionsmenge von 100, eine Nachfragemenge von 90 und somit einen Selbstversorgungsgrad von 111 %. Der Inlandspreis sei 9 und der Weltmarktpreis 3. Diese Marktdaten entsprechen bezüglich Selbstversorgungsgrad und Relation zwischen Inlands- und Weltmarktpreis etwa der Situation, wie sie auf dem Milchmarkt der EU in den siebziger und frühen achtziger Jahren vorlag.

Bei diesen Marktdaten erhalten die inländischen Produzenten Erlöse in Höhe von 900. Gleichzeitig haben die Verbraucher Ausgaben in Höhe von 810 auf der Erzeugerstufe zu leisten. Bei dem gegebenen Preis p_i von 9 fragen die Verbraucher allerdings nur 90 Mengeneinheiten nach, die Produzenten bieten jedoch 100 an, so dass die Differenz in Höhe von 10 von den staatlichen Stellen aufgekauft werden muss. Hierfür müsste ein Betrag von $10 \cdot 9 = 90$ Geldeinheiten aufgewandt werden.

Übersicht 7.2: Beziehung zwischen Erlösen der Produzenten, Ausgaben der Verbraucher, Staatsausgaben und Erlösen auf dem Weltmarkt

	Situation		
	1	2	3
q^S	100	102	110
q^D	90	90	90
Selbstversorgungsgrad (%)	111	113,3	122,2
p_i	9	9	9,90
p_w	3	3	3
Erlöse der Produzenten	900	918	1089
Ausgaben der Verbraucher	810	810	891
Erlöse auf dem Weltmarkt	30	36	60
Netto-Ausgaben des Staates	60	72	138

Für diese Mengen kann auf dem Weltmarkt ein Erlös von 30 erzielt werden, so dass die Netto-Staatsausgaben 60 betragen.

Diese Daten machen deutlich, dass bei Überschüssen und Preisstützung folgende Gleichung gelten muss:

---

[34] Technisch kann der Absatz auf dem Weltmarkt auch ohne vorherigen Aufkauf durch die staatlichen Interventionsstellen (in der Bundesrepublik ist dies die Bundesanstalt für Landwirtschaft und Ernährung (BLE)) erfolgen, indem privaten Exporteuren direkt Exporterstattungen gezahlt werden.

Erlöse der Produzenten = Ausgaben der Verbraucher auf der Erzeugerstufe

+ Erlöse auf dem Weltmarkt

+ Netto-Ausgaben des Staates.

In der *Übersicht 7.2* ist nun dargestellt, wie sich durch eine Änderung der Situation die Ausgaben des Staates verändern können. Zunächst ist in Situation 2 unterstellt, dass das Angebot mit 2 % steigt, aber die Nachfrage konstant bleibt. Auch diese Konstellation war für den Milchmarkt der EU vor 1984 kennzeichnend. Hier lagen Produktionssteigerungsraten von 2 % pro Jahr vor. Als Folge dieser Angebotssteigerung steigt im Beispiel der Selbstversorgungsgrad auf 113,3 %. Zu beachten ist, dass die Überschussmenge von 10 auf 12 Einheiten und somit um 20 % steigt, obwohl sich die Angebotsmenge selbst nur um 2 % erhöht. Als Folge dieser Steigerung der Überschüsse erhöhen sich die Ausgaben des Staates von 60 auf 72 Geldeinheiten und somit um 20 %. Die prozentuale Steigerung der Ausgaben des Staates ist bei konstanten Erstattungssätzen identisch mit der prozentualen Änderung der Überschüsse. Relativ kleine prozentuale Steigerungen der Produktion können bei unveränderten Inlands- und Weltmarktpreisen somit zu einer relativ großen prozentualen Steigerung der Staatsausgaben führen.

In Situation 3 wurde unterstellt, dass der Inlandspreis um 10 % von 9 auf 9,90 Geldeinheiten angehoben wird. Gleichzeitig wird angenommen, dass das Inlandsangebot mit einer Elastizität von Eins reagiert. Sicher gilt dieses nur bei mittel- bis langfristiger Betrachtung. Kurzfristig wäre die Reaktion wesentlich geringer. Als Folge der Preisänderung steigt daher das Angebot von 100 auf 110 im Vergleich zur Situation 1. Bei unveränderter Nachfrage (vollkommen preisunelastische Nachfrage nach Milch und Milchprodukten unterstellt) erhöht sich somit der Selbstversorgungsgrad auf 122,2 %. Gleichzeitig erhöhen sich die Ausgaben des Staates im Vergleich zur Situation 1 von 60 auf 138, demnach um 130 %. Diese Ausgabensteigerung geht zum einen auf die Erhöhung der Erstattungssätze von 6 auf 6,90 Geldeinheiten zurück und zum anderen auf die Zunahme der Überschüsse. Dabei ist zu bemerken, dass die prozentuale Änderung der Ausgaben stets bedeutend stärker ausfällt als die prozentuale Preisänderung und auch als die prozentuale Änderung der Erlöse der Produzenten. So sind z.B. die Erlöse der Produzenten in Situation 3 im Vergleich zur Situation 1 um 189 Geldeinheiten oder um 21 % gestiegen. Die Ausgaben der Verbraucher haben sich um 81 Geldeinheiten oder 10 % erhöht, während die Ausgaben des Staates um 78 Geldeinheiten bzw. um 130 % gestiegen sind. Von der Erlössteigerung, die die Produzenten in Höhe von 189 Geldeinheiten erhalten, haben die Verbraucher 81 Geldeinheiten zu tragen. Das Ausland finanziert 30 Geldeinheiten, und der Staat hat 78 Geldeinheiten aufzubringen. Diese kurze schematische Darstellung macht deutlich, wie relativ kleine Veränderungen von Angebot und Nachfrage zu relativ großen Änderungen der Staatsausgaben führen können. Sie erklärt auch, warum Ende der 70er Jahre die Ausgaben auf dem Milchmarkt in der EU durchschnittlich um 30 % pro Jahr gestiegen sind.

Dieses Beispiel veranschaulicht, welche Probleme der Politik entstehen können, wenn politisch Preise gesetzt werden und diese Preise nicht auf Änderung der Marktdaten reagieren.

Exporterstattungen und internationaler Handel

Exporterstattungen haben grundsätzlich die gleichen Wirkungen wie Importbelastungen. Die Protektion erhöht das Angebot auf dem Weltmarkt und trägt zu niedrigeren Weltmarktpreisen bei. Einfuhrbelastungen verringern die Nachfrage auf dem Weltmarkt mit der Wirkung niedriger Weltmarktpreise. Handelspartner werden daher durch Exporterstattungen ähnlich beeinflusst wie durch Einfuhrbelastungen. Exportländer verlieren an Wohlfahrt und Importländer gewinnen. Dennoch wird aber von den Handelspartnern und der WTO das Instrument der Exporterstattungen stärker angeprangert als das der Importbelastung. Dafür können die folgenden Gründe sprechen:

(1) Exporterstattungen machen deutlich, dass sich ein Land durch staatliche Unterstützung höhere Marktanteile auf einzelnen Importmärkten verschafft. Andere exportierende Länder sehen direkt die negativen Wirkungen und üben politischen Druck auf ihre nationalen Regierungen aus. Da es bei einer Reihe von Produkten nur wenige Länder mit hohen Exportanteilen gibt, ist es leichter, den Protest der sichtbar negativ betroffenen Länder zu organisieren.

(2) Es ist verständlich, dass einem Land aus politischen Gründen zugestanden wird, durch Importbelastungen seinen Selbstversorgungsgrad an Nahrungsmitteln zu erhöhen. Das Versorgungsargument ist bei Exporterstattungen nicht haltbar.

(3) Die Quantifizierung von Exporterstattungen ist schwieriger als die Festlegung der Einfuhrbelastung (siehe unten). Exporterstattungen enthalten daher ein größeres diskretionäres Element der Administration. Es ist für die konkurrierenden Länder nicht immer nachvollziehbar, warum die Höhe der Exporterstattungssätze geändert oder (trotz geänderter Weltmarktpreise) nicht geändert wurde.

Trotz dieser besonderen Einwände gegen Exporterstattungen muss aber bedacht werden, dass ein Verzicht auf Exporterstattungen und Beibehaltung von Einfuhrbelastungen zu stärkeren Verzerrungen der Weltmarktpreise führen können. Die einzelnen Länder können sich dann bei der Gestaltung der Preisrelation im Inland weniger an den Weltmarktpreisrelationen orientieren; sie müssen verstärkt die inländische Versorgungslage als Kriterium der Beeinflussung der Inlandspreise verwenden. Die Folge kann dann sein, dass die Inlandspreisrelationen zu einem erhöhten Selbstversorgungsgrad auf den einzelnen Märkten führen. Dieser Sachverhalt soll mit *Schaubild 7.19* verdeutlicht werden. Es wird davon ausgegangen, dass auf den beiden betrachteten Märkten die Inlandspreisrelationen gleich den Weltmarktpreisrelationen sind. Die Protektionsrate für beide Produkte ist zwar gleich, aber für das Produkt im linken Teil des Schaubildes liegt ein Einfuhrbedarf vor und für das andere Produkt eine Exportsituation. Wird es dem Land untersagt, Exporterstattungen zu zahlen, so muss der Preis für das Überschussprodukt so weit gesenkt werden, dass im Inland zumindest eine Autarkie besteht. Besteht zwischen den Produkten sowohl in der Produktion als auch im Verbrauch eine Interdependenz, so ist die Folge, dass sich die Angebots- und Nachfragekurven auf dem Markt für das Importprodukt verlagern und sich die Marktsituation ebenfalls dem Autarkiepunkt annähert. Es entsteht eine Verzerrung der inländischen Produktionsstruktur und auch eine zusätzliche Verzerrung der Weltmarktpreise.

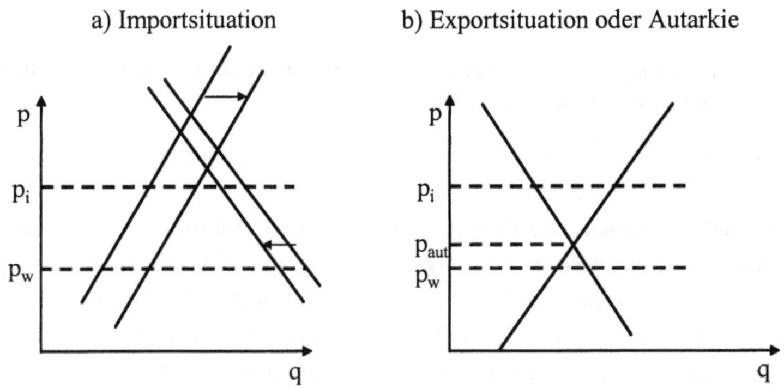

Schaubild 7.19: Autarkietendenz durch Verzicht auf Exporterstattungen

Der Verzicht auf Exporterstattungen – wie wahrscheinlich in der Doha-Runde vereinbart – wird erhebliche Effekte auf die Verarbeiter von Agrarrohprodukten haben. Bekanntlich steigt der internationale Handel bei verarbeiteten Produkten sehr viel stärker als bei Rohstoffen. Liegt zukünftig eine Situation vor – wie z.B. auf dem Milch- oder Zuckermarkt – mit einer relativ hohen Protektion für Agrarprodukte, so sind die Verarbeiter dieser Produkte auf dem Weltmarkt ohne Exporterstattungen zum Ausgleich der höheren Rohstoffkosten nicht wettbewerbsfähig. Es kann daher ein politischer und ökonomischer Druck entstehen, auch die Protektion für Einfuhrprodukte zu senken.

Probleme der administrativen Durchführung des Exporterstattungssystems

Das Exporterstattungssystem erfordert einen höheren administrativen Aufwand als das Abschöpfungssystem, bietet ein höheres Betrugspotential und stößt auf größere Widerstände bei den Handelspartnern.

Sowohl beim Abschöpfungs- als auch Exporterstattungssystem benötigt die Administration Informationen über die Höhe der Weltmarktpreise an der Grenze der EU (im Allgemeinen werden die Weltmarktpreise nur für den größten Einfuhr- und Ausfuhrhafen Rotterdam ermittelt). Für den Fall der Einfuhr müssen die cif-Preise bekannt sein, für den Fall der Ausfuhr die fob-Preise. Eine Erfassung der fob-Preise bereitet erheblich höhere Kosten und ist mit größerer Unsicherheit behaftet als eine Erfassung der cif-Preise. Die fob-Preise müssen von den Importpreisen anderer Länder durch Subtraktion der Kosten für den Transport abgeleitet werden. Die Administration hat häufig unzureichende Informationen sowohl über die Importpreise anderer Länder als auch über die Transportkosten. Weiterhin kann sie nicht stets sicherstellen, dass die Exporte auch tatsächlich in die Länder gehen, für die Exporterstattungen gezahlt werden. Tatsächlich haben einzelne Exporteure in der Vergangenheit Exporterstattungen erhalten, ohne auch Waren zu exportieren. Sie legten zum Beweis des Exports lediglich abgestempelte Einfuhrdokumente vor, die aber von ihnen selbst abgestempelt waren.

7.3.2.3. Wirkung der Vereinbarungen der Uruguay-Runde auf die Gestaltung der EU-Agrarpolitik

Die ökonomische Analyse der Außenhandelsinstrumente dürfte deutlich gemacht haben, dass die EU-Agrarpolitiker Freiheitsgrade bei der Gestaltung der Agrarpolitik verloren haben. Die Zeiten, in denen sich die Agrarminister jährlich trafen, um die Agrarpreise in Form von Interventions-, Schwellen-, Richt-, Einschleusungspreisen usw. festlegen konnten, sind vorbei. Alle Maßnahmen, die negative Handelswirkungen für die Handelspartner haben, sind grundsätzlich untersagt. Eine Ausnahme verbleibt lediglich für Maßnahmen, die eine sanitäre oder phytosanitäre Begründung haben. Die laufende Doha-Runde wird weitere Beschränkungen für die Gestaltung der Inlandspolitiken haben. Im Folgenden soll kurz gezeigt werden, welche Beschränkungen die Uruguay-Runde der Inlandspolitik auferlegte.

Da die EU – wie andere Mitglieder der WTO – unabhängig von der inländischen Versorgungslage auch eine bestimmte Menge einer jeden Produktgruppe einführen muss und nur eine bestimmte Menge mit Unterstützung von Exportsubventionen exportieren darf, muss auf jedem einzelnen Markt, der eine Produktgruppe umfasst, für den die Restriktionen definiert sind, folgende Gleichung gelten:

$$q^S = q^D - q^{MIN} + q^{SEX} \tag{7.15}$$

mit

q^S = Inlandsproduktion

q^D = Inlandsverbrauch

q^{MIN} = Mindestmarktzugang

q^{SEX} = maximal erlaubte subventionierte Exportmenge.

Aus Gleichung (7.15) folgt wegen der Konstanz des Mindestmarktzugangs und der maximal subventionierten Exportmenge für die prozentuale Änderung der Inlandsproduktion

$$\frac{dq^S}{q^S} = \frac{q^D}{q^S} \cdot \frac{dq^D}{q^D}. \tag{7.16}$$

Da der Quotient aus $q^D/q^S < 1$, folgt, dass die prozentuale Änderung der inländischen Produktionsmenge von Jahr zu Jahr geringer sein muss als die prozentuale Änderung der Inlandsnachfrage. Die EU-Agrarpolitiker stehen somit unter dem Zwang, das bisherige Wachstum der Inlandsproduktion erheblich einzuschränken, wenn die Inlandspreise zukünftig weiterhin oberhalb der Weltmarktpreise bleiben sollen.

Besondere Probleme bereitet die Differenzierung der Exportregeln für Agrarrohprodukte und verarbeitete Produkte. Bei verarbeiteten Produkten wurde in der Uruguay-Runde vereinbart, die Ausgaben für Exporterstattungen um 36 % zu reduzieren. Es kann daher sein, dass das Budget ausgeschöpft ist und Exporteure von verarbeiteten Produkten nicht mehr mit Unterstützung von Exporterstattungen exportieren können. Tatsächlich ist eine solche Situation in einzelnen Jahren bereits eingetreten. Es ist daher verständlich, dass die verarbeitende Ernährungswirtschaft sich bereits für eine Liberalisierung der Agrarmärkte einsetzt.

Diese Erfahrung zeigt, welche Kräfte auf dem politischen Markt aktiv werden, wenn zukünftig Exporterstattungen gar nicht mehr erlaubt sein werden. Es wird ein starker politischer Druck in Richtung weiterer Liberalisierung des Außenhandels auftreten.

7.3.3 Wirkungsanalyse ausgewählter Instrumente binnenwirtschaftlicher Regelungen

In der Agrarmarktpolitik beschränken sich die meisten Länder nicht lediglich auf außenwirtschaftliche Regelungen, sondern intervenieren auch mehr oder weniger intensiv direkt auf den Inlandsmärkten. Hierdurch wird zum einen versucht, zusätzlich die Inlandspreise zu stabilisieren und die Einkommen der Landwirte zu stützen. Insbesondere werden inländische Stabilisierungsmaßnahmen bei gegebenem Außenhandelsschutz durchgeführt, um funktionslose Preisschwankungen zu vermeiden. Als funktionslos werden Preisschwankungen bezeichnet, die sich lediglich durch zufallsbedingte Mengenschwankungen ergeben und nicht eine Änderung des Ressourceneinsatzes anregen sollen. Zum anderen wird aber auch zunehmend in der EU und im Besonderen in Deutschland angestrebt, umweltpolitische und gesundheitliche Zielsetzungen zu verwirklichen und bestimmte Produktionsweisen und Tierhaltungsformen durchzusetzen. Die erste Gruppe von Maßnahmen sind vergleichbar mit tarifären Handelshemmnissen im internationalen Handel, weil direkt in den Markt- und Preismechanismus eingegriffen wird; die zweite Gruppe von Maßnahmen ist vergleichbar mit nicht-tarifären Handelshemmnissen, da das Marktergebnis durch indirekt wirkende Maßnahmen beeinflusst wird.

Im Folgenden soll zunächst die erste Gruppe von Maßnahmen in ihren Wirkungen analysiert werden. Zu dieser Gruppe gehören Instrumente der Stabilisierung der Märkte und Preise; daran anschließend werden Instrumente der Kontingentierung und der Subventionierung dargestellt.

7.3.3.1. Instrumente der Stabilisierung

Auf den EU-Märkten werden unterschiedliche binnenwirtschaftliche Maßnahmen zur Stabilisierung der Marktpreise eingesetzt. Ein wichtiges Instrument sind Interventionspreise. Die EU-Interventionsstellen - in der Bundesrepublik werden diese Stellen von der Bundesanstalt für Ernährung und Landwirtschaft (BLE) verwaltet - sind verpflichtet, exakt definierte Qualitäten einzelner Produkte unter bestimmten Bedingungen zu garantierten Preisen aufzukaufen. Der Aufkauf kann obligatorisch sein, wie auf den Märkten für Getreide, Zucker, Butter und Magermilchpulver; für diese Märkte werden Interventionspreise festgelegt. Der Aufkauf kann aber auch fakultativ, in diesen Fällen (Rindfleisch-, Schweine-, Obst- und Gemüsemarkt) kann unter bestimmten Bedingungen entweder Ware aufgekauft werden oder auch eine Beilhilfe für private Lagerhaltung gezahlt werden.

Auf dem Getreidemarkt gibt es einen einzigen Interventionspreis für Weizen, Gerste und Mais. Dieser Preis ist für alle Interventionsstellen in der EU gleich; die Interventionsverpflichtung gilt bei Getreide von November bis Mai. Die monatlichen Interventionspreise unterscheiden sich durch so genannte Reports, d.h. Preisunterschiede zur Berücksichtigung der Lagerkosten.

Interventionspreise bestimmen weitgehend den Marktpreis auf der Großhandelstufe, wenn in der EU der Interventionspreis über dem Weltmarktpreis (fob-Preis) liegt und eine Überschusssituation vorliegt. In diesem Fall übernehmen die Interventionspreise nicht nur die Funktion der Stabilisierung, sondern auch der Preisstützung. Beim Interventionspreis wird die Nachfrage vollkommen Dieser Preis ist daher in einer Ausfuhrsituation entscheidend für die Höhe der Inlandspreise auf der Großhandelsstufe. Die Bedeutung der Interventionspreise hat sich somit im Zeitablauf gewandelt. Als die EU noch einen Einfuhrbedarf für Getreide hatte (bis Ende der siebziger Jahre) wirkten die Interventionspreise vornehmlich stabilisierend. Nach Erreichen der Überschusssituation wirken sie dagegen Marktpreis bestimmend. Allerdings können die aktuellen Marktpreise auch in einer Überschusssituation von den Interventionspreisen abweichen, da die gehandelten Qualitäten von den interventionsfähigen Qualitäten abweichen und die Interventionspreise nur auf der Großhandelsstufe gelten.

Auch wenn die Intervention auf dem Getreidemarkt zeitlich auf die Monate November bis Mai eingeschränkt ist, wirken diese Preise auch in den anderen Monaten stabilisierend. Die Marktteilnehmer erhalten auch in den interventionsfreien Monaten weitgehende Planungssicherheit. Sie kennen zu jedem Zeitpunkt den aktuellen Marktpreis und den zukünftigen Interventionspreis. Diese beiden Preise bestimmen mit den Lagerkosten die Entscheidung auf dem Markt, Getreide anzubieten oder auf Lager zu nehmen. Somit wird der aktuelle Preis auch vom zukünftigen Interventionspreis bestimmt.

Auf dem Milchmarkt gibt es Interventionspreise für Butter und Magermilchpulver und in Italien für bestimmte Käsesorten. Der Butterpreis bestimmt die Bezahlung des Fettgehaltes in der Milch durch die Molkereien und der Preis für Magermilchpulver bestimmt die Bezahlung des Proteingehaltes der Milch. Der Milchauszahlungspreis der Landwirte wird damit durch den Butter- und Magermilchpreis weitgehend bestimmt. Im Zeitablauf wurde die Intervention bei Milchprodukten stark abgebaut. Es gilt zwar noch ein Interventionspreis, aber es wird erst bei Marktpreisen, die darunter liegen, eine nach oben begrenzte Menge aufgekauft. Die Marktnachfragekurve wird somit nicht beim Interventionspreis vollkommen elastisch, sondern nur vollkommen elastisch im Ausmaß der Interventionsmenge (siehe *Schaubild 7.20*). Der Marktpreis wird daher noch unter dem Aufkaufpreis liegen.

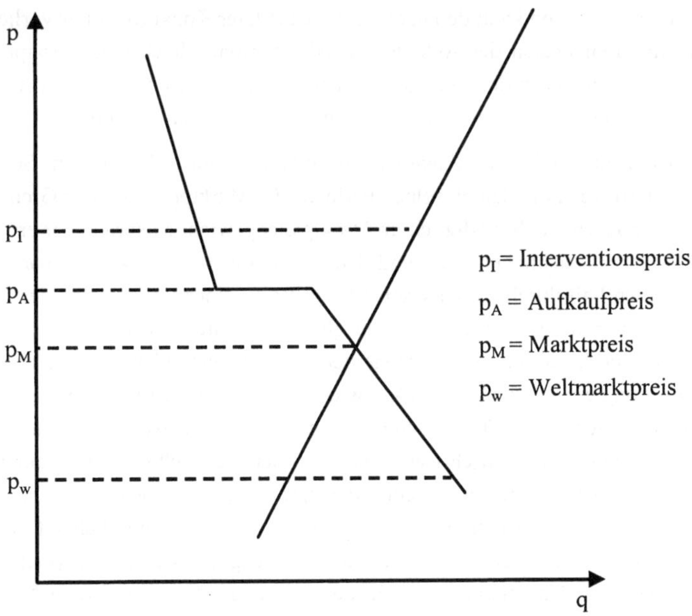

Schaubild 7.20: Bedeutung quantitativ begrenzter Intervention für die Höhe der Marktpreise

Die fakultative Intervention führt noch zu einer geringeren Stabilisierung der Marktpreise als die obligatorische Intervention auf dem Milchmarkt, da ein Aufkauf von Produkten oder eine Förderung von privater Lagerhaltung nur bei bereits stark gesunkenen Marktpreisen vorgesehen ist, aber nicht zwingend ist.

Mit Instrumenten der Stabilisierung soll die Verstetigung der zeitlichen Entwicklung bestimmter Variablen erreicht und damit die Instabilität verringert werden. Da dieser Zweck nicht stets erreicht werden kann, soll durch die Instrumente der Stabilisierung zumindest die mögliche negative Wirkung der Instabilität abgebaut werden.

Eine Begründung für den Instrumenteneinsatz wurde oben bereits bei der Diskussion des Ziels der Stabilität gegeben. Zunächst ist aufzuzeigen, unter welchen Bedingungen aus gesamtwirtschaftlicher Sicht eine Stabilisierung wünschenswert ist. Hierbei knüpfen wir direkt an die Ausführungen über Agrarpreisschwankungen in Kapitel 4.5 an. Anschließend ist zu zeigen, wovon die Wirkung der Stabilisierungsmaßnahmen abhängt.

Sollen durch die Stabilisierung intertemporale Marktungleichgewichte abgebaut werden, so muss zunächst geklärt werden, ob eine Instabilität einzelner Marktgrößen im Zeitablauf stets intertemporale Marktungleichgewichte andeutet. Von einem intertemporalen Marktgleichgewicht soll dann gesprochen werden, wenn die erwarteten Marktgrößen mit den tatsächlichen Marktgrößen übereinstimmen. Eine solche Situation kann demnach bei vollständiger Konkurrenz nur vorliegen, wenn die Grenzkosten der Anbieter in jeder Periode gleich den Marktpreisen sind. Die Grenzkosten der Anbieter ergeben sich dabei aus den Grenzkosten der Produktion einerseits und den Grenzkosten der Lagerhaltung andererseits.

Liegen z.B. preisinduzierte Angebotsschwankungen vor (z.B. auf dem Schweinemarkt), so weicht in den einzelnen Perioden der Marktpreis von den Grenzkosten der Produzenten ab. Lediglich im Marktgleichgewicht entspricht der erwartete Preis dem tatsächlichen Preis und damit den Grenzkosten. Würde man in einem solchen Fall durch administrative Eingriffe zu einer Verstetigung der Preiserwartungen beitragen, so könnte man gleichzeitig die Ursache der Instabilität und damit die Instabilität selbst sowie deren Wirkungen abbauen. Eine absolute Stabilisierung einzelner Marktgrößen, wie z.B. der Preise, ist in diesem Fall aber dennoch problematisch. Da die Schwankungen durch eine exogene Störung eines ursprünglichen Gleichgewichts entstehen und der Staat selbst keine exakten Informationen über den neuen Gleichgewichtspreis hat, ist es nicht möglich, genau den neuen Gleichgewichtspreis zu stabilisieren. Die Wahrscheinlichkeit ist sehr groß, dass der stabilisierte Preis nicht dem Gleichgewichtspreis entspricht. Die Folge sind dann Ungleichgewichte in den folgenden Perioden. Dieser Nachteil eines nicht im Gleichgewicht stabilisierten Preises ist umso größer, je elastischer Angebot und Nachfrage reagieren. In diesem Fall bedeutet bereits eine geringfügige Abweichung von dem Marktgleichgewichtspreis eine erhebliche Differenz zwischen angebotener und nachgefragter Menge. Es ist daher verständlich, dass z.B. auf dem Schweinemarkt in der EU mit einem relativ elastischen Angebot nicht versucht wird, durch direkte Markteingriffe einen bestimmten Marktpreis zu stabilisieren.

Weniger problematisch hingegen ist es, wenn durch das staatliche Stabilisierungsinstrumentarium angestrebt wird, auf den Märkten mit preisinduzierten Angebotsschwankungen lediglich Preisausschläge nach oben oder unten zu begrenzen. Werden z.B. in der EU bei einem relativ starken Preisverfall Produkte aus dem Markt genommen und bei relativ starkem Preisanstieg Einfuhren aus Drittländern zugelassen, so verringert man die Amplituden der Preisaufschläge und trägt damit zu einer Verstetigung der Marktdaten bei.

Wie oben gezeigt, spielen auf den Agrarmärkten insbesondere naturbedingte Ernteschwankungen eine relativ große Rolle. Auch bei solchen Ursachen der Schwankungen ist eine Verstetigung der Marktpreise nicht stets identisch mit einem Abbau intertemporaler Preisungleichgewichte (vgl. Kapitel 4). Intertemporale Ungleichgewichte, die auf exogene Störungen wie Witterungseinflüsse zurückgehen, können bei unserem heutigen Stand der Erkenntnis nicht vermieden werden. Aus gesamtwirtschaftlicher Sicht kann jedoch nur nachteilig sein, dass der einzelne Betriebsinhaber das Risiko der naturbedingten Angebots- und Preisschwankungen anders bewertet als es gesamtwirtschaftlich wünschenswert wäre. Das kann daran liegen, dass ein Anbieter grundsätzlich durch das Produktionsrisiko stärker berührt wird als die Gesellschaft insgesamt. Für den einzelnen Anbieter spielt die Produktion eines einzelnen Agrarprodukts eine bedeutend größere Rolle als für die Gesellschaft insgesamt. Für die Gesellschaft können sich deshalb Risiko und Gewinnchancen bei verschiedenen Produkten eher ausgleichen als für einen Betriebsinhaber, der nur eine sehr begrenzte Zahl von Produkten herstellt. Da der Betriebsinhaber bei der Kalkulation seiner Kosten das Risiko mitberücksichtigen muss, kann vermutet werden, dass er das Risiko stärker beachtet als es aus gesamtwirtschaftlicher Sicht optimal wäre. Daraus kann gefolgert werden, dass die soziale Grenzkostenkurve bei Produkten mit naturbedingten Ernteschwankungen unterhalb der privaten Grenzkostenkurve liegt. Das Angebot von Produkten mit naturbedingten Ernteschwankungen wird daher bei freiem Wirken der Marktkräfte geringer sein als es dem sozialökonomischen Optimum entspricht. Eine Risikoreduzierung für den einzelnen Betriebsinhaber wird tendenziell die private Grenzkostenkurve an die soziale Grenzkostenkurve annähern und damit die Divergenz verringern oder beseitigen.

Es wäre jedoch in einem solchen Fall nicht sinnvoll, wenn der Staat durch Aufkauf und Verkauf von Produkten den mittel- oder langfristigen Gleichgewichtspreis stabilisieren wollte. Unterschiedliche Erntemengen in einzelnen Perioden bedeuten unterschiedliche Grenzkosten des Angebots in einzelnen Perioden und erfordern daher im Optimum auch intertemporale Preisunterschiede. Oben wurde gezeigt, dass bei intertemporalem Marktgleichgewicht die Preisunterschiede zwischen einzelnen Perioden den Lagerkosten entsprechen müssen. Sollte sich z.B. herausstellen, dass die Lagerkosten von dem Jahr einer guten Ernte bis zu Jahren mit mittlerer oder unterdurchschnittlicher Ernte größer sind als die Preisdifferenz, so ist die intertemporale Preisabstufung ungleichgewichtig. Diese Ausführungen machen deutlich, dass bei unterschiedlichem Ernteergebnis Preisunterschiede zwischen einzelnen Perioden im Marktgleichgewicht vorhanden sein müssen, wenn die Lagerkosten nicht Null sind. Wird also in einem solchen Fall eine Stabilisierung eines bestimmten Preises vorgenommen (**absolute Stabilisierung**), so bedeutet dieses die Herbeiführung intertemporaler Marktungleichgewichte.

Grundsätzlich wäre es denkbar, dass sich durch das Wirken der Marktkräfte ein gleichgewichtiger intertemporaler Preiszusammenhang einstellt. Private Lagerhaltung könnte zu einer solchen zeitlichen Preisentwicklung beitragen. Doch muss bedacht werden, dass für die privaten Lagerhalter das Risiko relativ hoch ist. Wenn z.B. in einem Jahr eine überdurchschnittliche Ernte anfällt, so ist durchaus nicht sicher, ob nicht auch in den nächsten Jahren überdurchschnittliche Ernten realisiert werden können. Zur Zeit des Aufkaufs der Produkte wissen daher die privaten Lagerhalter nicht mit Gewissheit, wann sie die Lagerbestände gewinnbringend abbauen können. Das Risiko der privaten Lagerhalter wird daher bei unvorhersehbaren Angebotsmengen aus laufender Produktion relativ hoch sein.

Auch hier gilt das gleiche Argument wie oben bei der Diskussion des Risikos der Produzenten: Es ist zu erwarten, dass das Risiko aus gesamtwirtschaftlicher Sicht eine geringere Bedeutung als aus privatwirtschaftlicher Sicht hat. Es kann daher sinnvoll sein, durch staatliche Eingriffe die Lagerhaltung in ihrem Umfang zu beeinflussen.

Bei der Analyse der Möglichkeit der Stabilisierung naturbedingter Ernteschwankungen ist zu bedenken, dass der Staat in der Regel keine Information über die exakten Gleichgewichtspreise hat. Bereits aus diesem Grund ist eine absolute Stabilisierung kaum zu empfehlen. In der Realität zeigt sich, dass aus einer Preisstabilisierung in der Regel eine Preisstützung wird. Empfehlenswert ist auch in einem solchen Fall deshalb lediglich eine **relative Stabilisierung**, bei der die Preisausschläge nach oben und unten durch staatliche Eingriffe begrenzt werden. Solche Möglichkeiten sind z.B. auf den Agrarmärkten grundsätzlich geschaffen worden: Nach oben werden die Preisausschläge durch die Einfuhrbelastungen begrenzt. Nach unten tritt der Staat in Höhe der Interventionspreise durch direkten Aufkauf, z.B. auf dem Getreidemarkt durch die Bundesanstalt für Landwirtschaft und Ernährung, als Nachfrager auf. Für den Fall von Einfuhrprodukten kann daher das Interventionsinstrumentarium der EU als ein adäquates Stabilisierungsinstrument bezeichnet werden. Indessen bleibt festzuhalten, dass für den

Fall naturbedingter Ernteschwankungen die Ursache der Instabilität nicht abgebaut, allenfalls deren Wirkung kompensiert werden kann. Ob aber tatsächlich durch staatliche Lagerhaltungspolitik das Risiko der Produzenten verringert werden kann, hängt von der Marktkonstellation ab. Dieser Frage soll im Folgenden nachgegangen werden.

Das Risiko für den einzelnen Produzenten ergibt sich nicht lediglich durch Preisschwankungen, sondern durch Erlösschwankungen. Es ist daher zu prüfen, ob eine Stabilisierung der Preise bei gegebenen Ernteschwankungen auch zu einer Stabilisierung der Erzeugererlöse führt.

Wirkung naturbedingter Angebotsschwankungen auf die Schwankungen der Erlöse bei absoluter Preisstabilisierung

Für die Erlöse gilt laut Definition:

$$E = p \cdot q^S. \tag{7.17}$$

Werden die Preise absolut stabilisiert, so gilt:

$$p=\overline{p}. \tag{7.18}$$

Setzt man diese Gleichung in die Definitionsgleichung für die Erlöse ein, so erhält man:

$$E=\overline{p} \cdot q^S. \tag{7.19}$$

Nach totaler Differenzierung ergibt sich:

$$dE=\overline{p} \cdot dq^S. \tag{7.20}$$

Die prozentuale Erlösschwankung ist somit:

$$\frac{dE}{E} = \frac{dq^S}{q^S}. \tag{7.21}$$

Bei garantierten Preisen ist nach Gleichung (7.21) die prozentuale Änderung der Erlöse gleich der prozentualen Änderung der Mengen. Eine Stabilisierung der Preise führt somit nicht auch zu einer Stabilisierung der Erlöse. Allenfalls kann die Instabilität der Erlöse reduziert werden. Der Sachverhalt soll durch *Übersicht 7.3* mit einem schematischen Beispiel veranschaulicht werden:

In *Übersicht 7.3* haben wir angenommen, dass in der Periode 1 eine normale Erntesituation vorliegt mit einer Angebotsmenge von 100 und garantierten Preisen von 10; daraus ergibt sich ein Erlös von 1 000. In Periode 2 soll dagegen die Ernte überdurchschnittlich groß und in Periode 3 überdurchschnittlich klein sein. Es wurde jeweils angenommen, dass die Erntemenge 10 % ober- oder unterhalb der normalen Ernte liegt. Wie die *Übersicht 7.3* zeigt, führt diese 10%ige Abweichung der Erntemenge vom Normaljahr jeweils auch zu einer 10%igen Abweichung der Erlöse.

Übersicht 7.3: Beziehung zwischen Angebotsschwankungen und Erlösschwankungen bei stabilisierten Preisen

Periode	q^S	p	E	$\frac{dE}{E}$ im Vergleich zu Periode 1	$\frac{dq^S}{q^S}$ im Vergleich zu Periode 1
1	100	10	1 000		
2	110	10	1 100	+ 10 %	+ 10 %
3	90	10	900	- 10 %	- 10 %

Bei freier Marktpreisbildung würde sich eine solche Situation nur im Ausnahmefall ergeben. Um diesen Sachverhalt darzustellen, gehen wir wieder von obiger Definitionsgleichung aus:

$$E = p \cdot q^S . \tag{7.22}$$

In diesem Fall erhält man als totales Differential:

$$dE = dp \cdot q^S + p \cdot dq^S . \tag{7.23}$$

Dividiert man Gleichung (7.23) durch Gleichung (7.22), so erhält man die relative Erlösänderung bei freier Preisbildung:

$$\frac{dE}{E} = \frac{dp}{p} + \frac{dq^S}{q^S} . \tag{7.24}$$

Nach Gleichung (7.24) ergibt sich die prozentuale Änderung der Erlöse aus der prozentualen Änderung des Preises und der prozentualen Änderung der Angebotsmenge. Dabei gilt bei einer normalen Nachfragekurve, dass als Folge einer Angebotsverknappung stets eine Preiserhöhung auftreten wird, dass also die beiden Komponenten in Gleichung (7.24) entgegengerichtet sind.

Wollen wir demnach ermitteln, wie sich als Folge einer Angebotsänderung die Erlöse verändern, so brauchen wir Informationen über die Wirkung einer Angebotsänderung auf den Preis. Offensichtlich hängt die prozentuale Preisänderung sowohl von der Änderung der Angebotsmenge als auch von der Preiselastizität der Nachfrage ab[35]. Für die Preiselastizität der Nachfrage gilt:

[35] Es wird unterstellt, dass das Angebot kurzfristig vollkommen preisunelastisch reagiert.

$$\varepsilon^D = \frac{\frac{dq^D}{q^D}}{\frac{dp}{p}}. \tag{7.25}$$

Da bei dem Übergang von der einen zur anderen Situation stets die prozentuale Änderung der nachgefragten Menge gleich der prozentualen Änderung der angebotenen Menge sein muss, gilt:

$$\frac{dq^S}{q^S} = \frac{dq^D}{q^D}. \tag{7.26}$$

Wir können daher für die prozentuale Änderung der Preise auch schreiben:

$$\frac{dp}{p} = \frac{1}{\varepsilon^D} \cdot \frac{dq^S}{q^S}. \tag{7.27}$$

Setzt man Gleichung (7.26) und Gleichung (7.27) in Gleichung (7.24) ein, so erhält man:

$$\frac{dE}{E} = \frac{1}{\varepsilon^D} \cdot \frac{dq^S}{q^S} + \frac{dq^S}{q^S} \tag{7.28}$$

und durch Ausklammern:

$$\frac{dE}{E} = \frac{dq^S}{q^S}\left(1 + \frac{1}{\varepsilon^D}\right). \tag{7.29}$$

Gleichung (7.29) gibt die Beziehung zwischen der prozentualen Angebotsänderung und der prozentualen Erlösänderung an. Offensichtlich hängt diese Beziehung von der Preiselastizität der Nachfrage ab. Ist der Klammerausdruck in Gleichung (7.29) absolut größer als Eins, so ist die prozentuale Änderung der Erlöse absolut größer als die prozentuale Änderung der Angebotsmenge. Ist der Klammerausdruck absolut kleiner als Eins, so ist die prozentuale Änderung der Erlöse absolut kleiner als die prozentuale Änderung der Angebotsmenge. Es kann leicht abgeleitet werden, unter welchen Bedingungen der Klammerausdruck absolut größer oder kleiner als Eins ist.

Es gilt:

$$\left|\frac{dE}{E}\right| < \left|\frac{dq^S}{q^S}\right|, \text{ falls } \varepsilon^D < -0{,}5 \text{ bzw. } \left|\varepsilon^D\right| > 0{,}5 \tag{7.30}$$

und

$$\left|\frac{dE}{E}\right| > \left|\frac{dq^S}{q^S}\right|, \text{ falls } \varepsilon^D > -0{,}5 \text{ bzw. } \left|\varepsilon^D\right| < 0{,}5. \tag{7.31}$$

Nach Gleichung (7.30) werden die Erlöse weniger schwanken als die Angebotsmenge, wenn die Preiselastizität der Mengennachfrage absolut größer als 0,5 ist[36]. Wäre z.B. die Preiselastizität der Mengennachfrage gleich minus Eins, so würde die Mengenschwankung zu keiner Erlösschwankung führen. In diesem Fall wäre der Klammerausdruck in Gleichung (7.29) gleich Null. Für einen Wert von $\varepsilon^D = -2$ würden wir z.B. einen Klammerausdruck von 0,5 erhalten. In diesem Fall würde z.B. eine 10%ige Angebotsänderung zu einer 5%igen Erlösänderung führen. Nach Gleichung (7.31) wird die Erlösschwankung größer sein als die Angebotsschwankung, wenn die Preiselastizität absolut kleiner ist als 0,5. Bei einer Preiselastizität der Mengennachfrage von -0,25 würde sich z.B. ein Klammerausdruck von -3 ergeben. Somit würde eine 10%ige Angebotsänderung zu einer 30%igen Erlösänderung führen, wobei Angebots- und Erlösänderung entgegengerichtet sind.

Diese Darstellungen zeigen, dass offensichtlich eine Preisstabilisierung nur dann zu einer Verringerung der Schwankungen der Erlöse führen kann, wenn die Preiselastizität der Nachfrage größer ist als -0,5 (absolut kleiner als 0,5).

Zwar ist es richtig, dass die Höhe der Preiselastizität nur auf der Grundlage von Fakten ermittelt werden kann, doch sind bereits Aussagen aufgrund theoretischer Überlegungen möglich. Wird z.B. eine offene Volkswirtschaft betrachtet, so ist die Preiselastizität der Nachfrage im Fall eines relativ kleinen Landes unendlich und im Fall eines relativ großen Landes auch mit größter Wahrscheinlichkeit absolut größer als 0,5. Selbst in einer geschlossenen Volkswirtschaft kann nicht angenommen werden, dass die Preiselastizität der Nachfrage für alle Produkte absolut kleiner als 0,5 ist. Als Nachfrager treten nicht nur Konsumenten auf, die die Produkte in der laufenden Periode konsumieren wollen und deren Nachfrage relativ preisunelastisch sein kann, sondern auch Lagerhalter. Durch private Lagerhalter könnte die Nachfrage bei Preissenkungen – selbst bei preisunelastischer Nachfrage der Konsumenten – preiselastisch werden. Dies wird bei leicht lagerfähigen Produkten, wie z.B. Getreide, eher der Fall sein als bei schlecht lagerfähigen Produkten, wie z.B. Frischgemüse und Obst. Es ist daher nicht eindeutig, dass preisstabilisierende Maßnahmen auf den EU-Agrarmärkten auch zu einer Stabilisierung der Erlöse der Produzenten beitragen.

Wirkung einer Preisstabilisierung auf die Einkommen der Landwirte

Die Wirkung einer Preisstabilisierung auf die Erzeugereinkommen kann ermittelt werden, wenn gezeigt wird, wie sich eine Preisstabilisierung auf die Erlöse (E)

[36] $\varepsilon^D > -0{,}5$ ist eine notwendige Bedingung. Nur bei vollkommen preisunelastischem Angebot ist es zugleich auch eine ausreichende Bedingung. Vgl. *Koester, U.*, National and International Aspects of Commodity Stabilization Schemes. "European Review of Agricultural Economics", Bd. 6, 1979, S. 239.

und Kosten (K) der Produzenten auswirkt. Laut Definition gilt für das Einkommen (Y):

$$Y = E - K. \tag{7.32}$$

Im Fall einer naturbedingten Angebotsschwankung hat die Preisstabilisierung keinen Einfluss auf die Kosten. Lediglich die Erlöse werden verändert. Ob die Erlöse mit einer Stabilisierung mehr oder weniger als ohne Stabilisierung schwanken, hängt – wie oben gezeigt – von den Elastizitäten der Nachfrage und des Angebots ab. Die Wirkung von schwankenden Erlösen auf das Einkommen kann durch folgendes Vorgehen gezeigt werden.

Aus Gleichung (7.32) erhält man durch totales Differenzieren:

$$dY = dE - dK. \tag{7.33}$$

Dividiert man diese Gleichung durch die Ursprungsgleichung, so ergibt sich:

$$\frac{dY}{Y} = \frac{E}{Y} \cdot \frac{dE}{E} - \frac{K}{Y} \cdot \frac{dK}{K} \tag{7.34}$$

Beeinflusst die Erlösstabilisierung die Kosten nicht, so ist dK/K gleich Null; somit gilt Gleichung:

$$\frac{dY}{Y} = \frac{E}{Y} \cdot \frac{dE}{E}. \tag{7.35}$$

Die Relation E/Y hängt offensichtlich davon ab, welchen Anteil der Erlöse Landwirte für Kosten aufzuwenden haben und welcher Anteil der Erlöse einkommenswirksam ist. Interpretiert man K als Vorleistungen, d.h. als Zahlungen an andere Wirtschaftssektoren, so ist E/Y für die Bundesrepublik etwa Zwei. Daraus folgt, dass eine 1%ige Erlösschwankung im Durchschnitt des Sektors Landwirtschaft zu einer 2%igen Einkommensschwankung führt. Eine Verringerung der Erlösinstabilität bedeutet damit eine Verringerung der Einkommensinstabilität.

Ob sich allerdings bei einer Stabilisierung naturbedingter Angebotsschwankungen die Durchschnittseinkommen des Sektors erhöhen, hängt davon ab, ob die Durchschnittserlöse über mehrere Jahre hinweg als Folge der Stabilisierung ansteigen. Dies wiederum ist eine Frage der Elastizitäten der Nachfrage. Wenn die Preiselastizität der Nachfrage mit steigenden Mengen und fallenden Preisen absolut abnimmt und das Angebot vollkommen unelastisch ist, dann führt eine Stabilisierung der Preise gleichzeitig zu einer Erhöhung der Durchschnittserlöse. Dies soll mit *Schaubild 7.21* gezeigt werden.

Es wird davon ausgegangen, dass bei nicht schwankenden Angebotsmengen und -preisen die Anbieter in allen Perioden das Angebot q_0 erstellen und den Preis p_0 und die Erlöse E_0 erhalten. Nehmen wir nun an, dass die Angebotsmenge einmal auf q_1 zurückgeht und das andere Mal auf q_2 steigt, so erhalten die Produzenten einmal den Erlös E_1 und das andere Mal den Erlös E_2. Aus *Schaubild 7.21* wird deutlich, dass der Durchschnittserlös $(E_1+E_2)/2$ kleiner ist als der Erlös, der sich bei unveränderten Mengen ergeben würde. Eine Stabilisierung der Mengen und Preise führt somit dazu, dass die Erlöse der Produzenten höher sind als sie es im Durchschnitt bei schwankenden Mengen und Preisen sein würden.

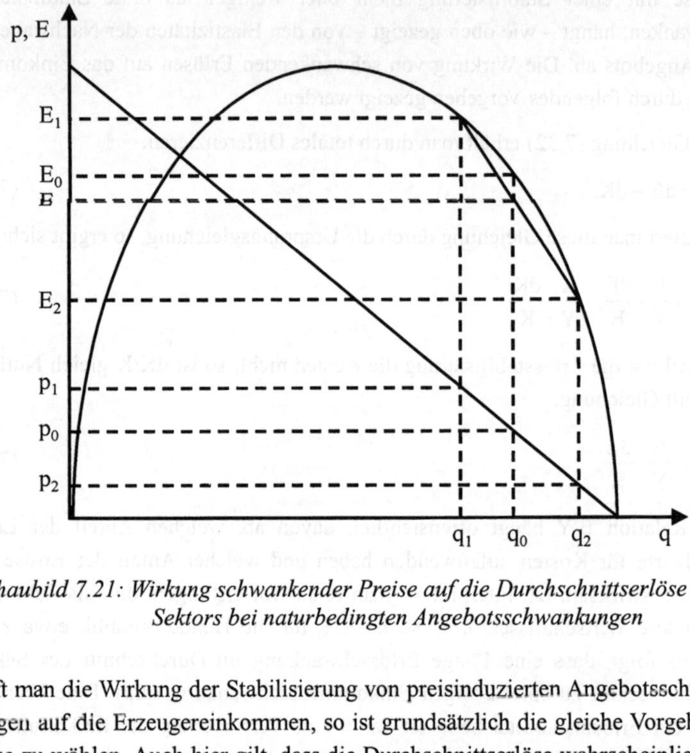

Schaubild 7.21: Wirkung schwankender Preise auf die Durchschnittserlöse des Sektors bei naturbedingten Angebotsschwankungen

Prüft man die Wirkung der Stabilisierung von preisinduzierten Angebotsschwankungen auf die Erzeugereinkommen, so ist grundsätzlich die gleiche Vorgehensweise zu wählen. Auch hier gilt, dass die Durchschnittserlöse wahrscheinlich als Folge der Stabilisierung steigen werden. Die Wirkung auf die Kosten kann bereits durch einfache Überlegungen abgeleitet werden: Bei konstanter Produktionsmenge wird die Auslastung der Kapazitäten im Zeitablauf gleich bleiben, und somit werden die Durchschnittskosten der Produktion geringer sein als für den Fall, in dem man teils unausgelastete, teils überlastete Kapazitäten in einzelnen Perioden hat.

Wenn die totale Durchschnittskostenkurve gegen den Ursprung konvex verläuft (was als realistisch unterstellt werden kann), dann gilt, dass bei einer im Zeitablauf konstanten Produktionsmenge die Durchschnittskosten geringer sein werden als bei schwankenden Produktionsmengen (vgl. *Schaubild 7.22).*

Somit folgt, dass die Erzeugereinkommen bei stabilisierten Preisen und Mengen aus zwei Gründen höher sein werden als bei schwankenden Preisen und Mengen:

Einmal, weil die Erzeugererlöse höher sind, und zum anderen, weil die Durchschnittskosten niedriger ausfallen.

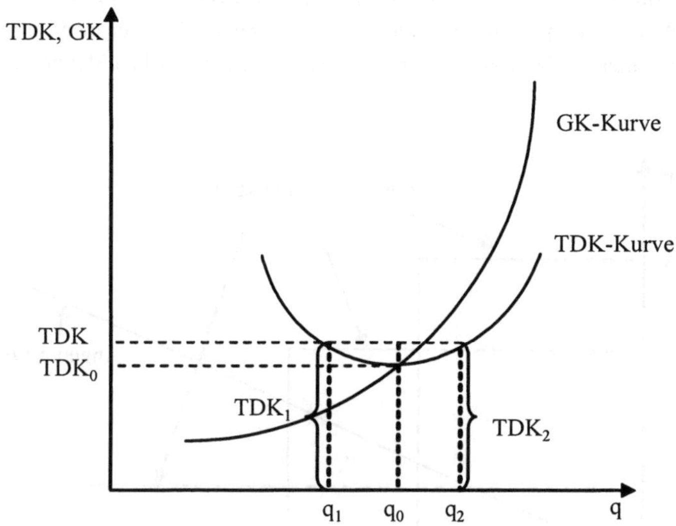

Schaubild 7.22: Wirkung schwankender Produktionsmengen auf die Durchschnittskosten

7.3.3.2. Kontingentierungsmaßnahmen

Die Quotierung (Kontingentierung) der Produktion ist auf dem EU-Zuckermarkt und dem EU-Milchmarkt von erheblicher Bedeutung für die Landwirtschaft. Die Zuckerproduktion ist von Beginn der gemeinsamen Marktordnung 1967/68 quotiert. Da die Bundesrepublik Deutschland bereits vor Gründung der EU die Zuckerproduktion quotierte, wurde ein solches System auch für die sechs Gründungsmitglieder der EU eingeführt und auch trotz geänderter Rahmenbedingungen weiter geführt. So ist die Zuckermarktordnung bis 2005 nahezu unverändert geblieben, obwohl andere Marktordnungen grundlegend reformiert wurden.

Die Quoten werden von der EU den Mitgliedsländern zugewiesen, diese verteilen sie an die Zuckerrübenfabriken und diese vergeben die Produktionsrechte an die Landwirte.

Für die an die Fabriken gelieferten Zuckerrüben gilt ein Drei-Preissystem. Es wird ein relativ hoher Preis für Mengen innerhalb der A-Quote gezahlt (fette Rüben), ein etwas geringerer Preis für Lieferungen innerhalb der B-Quote (halbfette Rüben) und für Lieferungen oberhalb der B-Quote, d.h. für C-Rüben gilt ein Preis, der sich am Weltmarktpreis orientiert. Es gilt demnach für den einzelnen Landwirt eine Preis-Absatzfunktion wie sie in *Schaubild 7.23* dargestellt ist. Die

Preis-Absatzfunktion ist identisch mit der Grenzerlöskurve. Ist der Landwirt Gewinnmaximierer und sind seine Grenzkosten steigend, so wird der Landwirt die Rübenmenge anbieten, bei der die Grenzkosten gleich oder niedriger als der Grenzerlös sind. Bei dem im *Schaubild 7.23* unterstellten Verlauf der Grenzkosten würde der Betrieb die B-Quote voll ausschöpfen. Würde er mehr produzieren, so wären die Grenzkosten höher als der für die zusätzlichen Mengen erzielte Preis.

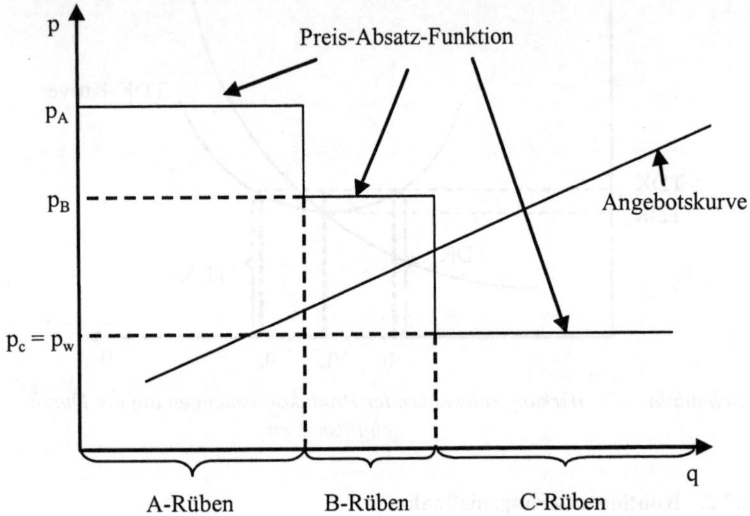

Schaubild 7.23: Preisbildung auf dem Markt für Zuckerrüben

Auf dem Milchmarkt ist mit der so genannten Garantiemengenregelung am 2.4. 1984 eine Kontingentierung der Produktion eingeführt worden. Für eine bestimmte Produktionsmenge, die Garantiemenge bzw. Quote, wird ein festgelegter Preis garantiert. Lieferungen, die oberhalb dieser Menge liegen, werden mit einer Superabgabe belegt. Die Höhe dieser Abgabe variierte im Zeitablauf; sie kann zu einem negativen Grenzerlös für zusätzlich angelieferte Milch führen. Landwirte sind daher bemüht, die Quote strikt einzuhalten.

Eine **Kontingentierung (Quotierung)** der Inlandsproduktion wird aus Sicht der Politiker nur dann erwogen, wenn entweder durch diese Maßnahme der Inlandspreis angehoben oder ein bereits über dem Weltmarktpreis liegender Preis mit geringeren Staatsausgaben verwirklicht werden kann. Da Inlandspreise bei handelsfähigen Produkten nur über dem Niveau der Weltmarktpreise liegen können, wenn Einfuhren belastet werden, ergänzen Kontingentierungsmaßnahmen den außenwirtschaftlichen Instrumenteneinsatz. In der Regel wird die Kontingentierung der Produktion nur erwogen, wenn bei geltenden Preisen die Inlandsproduktion die Inlandsnachfrage übersteigt und daher Exporterstattungen gezahlt werden müssen.

Preis- und Mengeneffekte

Eine Kontingentierung zielt darauf ab, die im Inland produzierte Menge zu verringern. Dies ist aus Sicht der Politiker notwendig, weil bei politisch gesetzten Preisen mehr produziert als im Inland nachgefragt wird und eine Preissenkung den Produzenten nicht zugemutet wird. Da eine Einschränkung der Produktionsmenge mit Einkommenseinbußen für die Landwirte einhergeht, wird der politisch gesetzte Preis zum Ausgleich der Einkommensverluste in der Regel auf quotierten Märkten höher liegen als auf nicht quotierten Märkten.

Ordnungspolitische Einordnung

Maßnahmen der Kontingentierung der Produktion verstoßen gegen die Prinzipien eines marktwirtschaftlichen Systems. Hier wird in die individuelle Entscheidungsfreiheit der Produzenten stark eingegriffen. Besonders nachteilig ist, dass mit dieser Maßnahme gleichzeitig Barrieren für neue Produzenten aufgebaut werden, der Marktzugang also erschwert wird. Sind die Kontingente, die Produktionsrechte darstellen, nicht handelbar, so hängt der Marktzugang von Entscheidungen der Administration ab. Die Administration hat zu entscheiden, ob ein gegenwärtiger Produzent die Produktion ausweiten und ob ein potentieller Produzent die Produktion aufnehmen darf. Offensichtlich kann bei diesen Entscheidungen nicht auf Effizienzkriterien zurückgegriffen werden, da man damit ja marktwirtschaftliche Kriterien anwenden würde, die durch die Kontingentierung und das Verbot der Handelsfähigkeit ausgeschaltet wurden. Bei Verzicht auf wirtschaftliche Kriterien für die Neuzuteilung von Quoten oder die Erhöhung der Quote verbleibt der Administration ein hoher Ermessensspielraum. Hierdurch fühlen sich die Betroffenen zunehmend abhängiger von administrativen Entscheidungen. Diese Abhängigkeit kann geringer gehalten werden, wenn die Quoten handelbar sind.

Ein besonderer Nachteil der Quotierung ist, dass von dem partiellen Einsatz auf einem Markt Rückwirkungen auf andere Märkte eintreten. Hierdurch kann der Staat zu weiteren Eingriffen verleitet werden; der 'Weg zur Knechtschaft' (nach *F. A. Hayek)* wird damit konsequent beschritten.

Quotierungen sind ordnungspolitisch auch problematisch, weil es in der Regel schwierig ist, Quotierungsmaßnahmen zurückzunehmen. Da durch solche Maßnahmen für einen genau bestimmbaren Kreis von Personen durch höhere Einkommen neue Vermögenswerte in Form der Kontingente geschaffen werden, werden die Begünstigten sich organisieren und auf einen Fortbestand einmal geschaffener Quotierungssysteme hinwirken. Die Kontingentierung der Zuckerproduktion in der EU belegt diese Erfahrung. Die Zuckermarktordnung wurde immer wieder verlängert, obwohl sie ebenso wie die Milchmarktordnung gegen die Grundprinzipien eines einheitlichen Marktes in der EU verstößt und eine mögliche soziale Rechtfertigung nicht mehr vorliegt. Während die Zuckerrübenproduktion zu Beginn der gemeinsamen Marktordnung noch relativ arbeitsintensiv war und sich auf bäuerliche Familienbetriebe konzentrierte, ist sie inzwischen kapitalintensiv und auf landwirtschaftliche Großbetriebe verlagert. Die Einkommensunterschiede innerhalb der Landwirtschaft werden daher durch diese Quotierung noch vergrößert.

Wohlfahrtseffekte

Die Wirkung auf die Wohlfahrt soll zunächst mit Hilfe einer komparativ-statischen Analyse dargestellt werden. Hierbei gehen wir von *Schaubild 7.24* aus. Vor der Einführung der Quotierung ist die Produktionsmenge beim Inlandspreis p_i q_0^S. Die Kontingentsmenge ist q_K. Die Verringerung der Produktionsmenge wird aber bei einem System der Kontingentierung nicht dadurch erreicht, dass

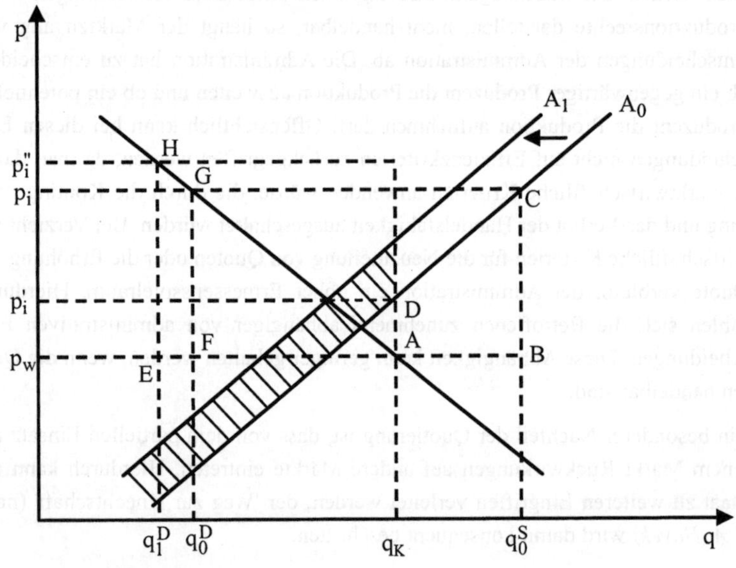

Schaubild 7.24: Wirkung einer Kontingentierung der Produktion

die Grenzanbieter, d.h. die ineffizientesten Anbieter, aus der Produktion ausscheiden. Stattdessen wird in der Regel von allen Produzenten eine Einschränkung der Produktion verlangt; häufig wird – wie bei der Einführung der Milchquotierung – von den größeren und in der Regel effizientesten Produzenten eine stärkere Einschränkung der Erzeugung erzwungen. Die Aggregation der individuellen Angebotskurven führt daher nach Einführung der Quotierung zu einem anderen Verlauf der Marktangebotskurve. Die Kontingentsmenge q_K wird als Folge der Maßnahme mit höheren Kosten erstellt als bei einer Preissenkung auf p_i'. Die schraffierte Fläche zwischen den beiden Angebotskurven stellt demnach zusätzliche Kosten und damit Wohlfahrtsverluste dar. Gleichzeitig werden aber auch die Verluste durch Verzicht auf Spezialisierungsgewinn verringert (die Fläche ABCD) und damit die Wohlfahrtsverluste des Preisstützungssystems. Wird der Preis zum Ausgleich der Einkommensverluste auf p_i'' angehoben, so treten zusätzliche Wohlfahrtsverluste auf der Nachfrageseite in Höhe der Fläche EFGH auf. Als Ergebnis dieser einzelnen Effekte könnte sich bei kurzfristiger Betrachtung ein positiver Wohlfahrtseffekt im Vergleich zu einem unveränderten Preisstützungssystem ergeben. Bei langfristiger Betrachtung treten aber verstärkt negative Effekte auf. Der Strukturwandel wird gehemmt (bei handelbaren Quoten weniger als bei nicht handelbaren) und die Rückwirkungen auf andere Märkte treten verstärkt auf.

Verteilungseffekte

Die Kontingentierungsmaßnahmen zielen darauf ab, das Einkommen der Landwirte zu erhöhen. Dies ist kurzfristig auch möglich. Doch langfristig, nach erfolgter Anpassung, werden die Arbeitsentgelte kaum höher sein als ohne Kontingente. Bei langfristig elastischem Angebot von Arbeit und Kapital führt die Einführung eines zusätzlichen Produktionsrechtes, wie es die Quotierung darstellt, lediglich zu Preisen für Quoten, die voll zu Lasten des Faktors Boden gehen.

Da eine Quotierung aber in der Regel mit erhöhten Verbraucherpreisen einhergeht, werden die Verbraucher zugunsten der ursprünglichen Inhaber von Quoten belastet.

Budgetäre Effekte

Quoten werden in der Regel eingeführt, um die Höhe der Staatsausgaben zu reduzieren. Tatsächlich kann auch die Exportmenge eingeschränkt werden. Wenn dennoch die Staatsausgaben weniger sinken als erwartet oder gar steigen, liegt es an der mangelnden politischen Durchsetzbarkeit von Quotenkürzungen. Nimmt der Staat die Reduzierung der Produktionsmenge nicht durch Verordnung, sondern durch Aufkauf von Produktionsrechten vor, können zumindest in der Einführungsphase die Staatsausgaben noch höher sein als bei einer unveränderten Preisstützung. Diese Erfahrung musste bei der Einführung der Milchquotierung gemacht werden.

Zusätzliche Staatsausgaben kann das Quotensystem auch durch die steigende Verwaltungsarbeit erfordern.

Effekte auf den internationalen Handel

Mit der Quotierung wird eine stärkere Abkopplung der inländischen Sektoren von den Weltmärkten vorgenommen als mit einem reinen Preisstützungssystem. Die zukünftige Integration der kontingentierten Sektoren in die Weltwirtschaft wird politisch weniger wahrscheinlich als bei einem reinen Preisstützungssystem. Dennoch wird von Handelspartnern die Einführung eines solchen Systems in der Regel wenig kritisiert. Kurzfristig erwachsen den konkurrierenden Exportländern Vorteile. Eine Reduzierung der Exportmenge des kontingentierenden Landes führt zu einer tendenziellen Anhebung der Weltmarktpreise und verbessert damit die wirtschaftliche Situation in den übrigen Exportländern.

Administrative Durchführbarkeit

Politiker bevorzugen häufig Kontingentierungsmaßnahmen vor Preissenkungen, weil damit relativ schnell sichtbare Effekte erreicht werden können und weil gehofft wird, das Einkommen der Landwirte ohne zusätzliche Staatsausgaben erhöhen zu können. Zusätzliche Wohlfahrtsverluste wirken dagegen weniger abschreckend, da diese für den normalen Staatsbürger nicht erkennbar sind. Wenn dennoch diese Maßnahme bisher lediglich auf dem Zucker- und Milchmarkt eingeführt wurde, liegt es vornehmlich an den erwarteten Kosten der Administration von Quotensystemen. Die Kosten der Administration können begrenzt sein, wenn ein Flaschenhals beim Absatz des kontingentierten Produktes vorliegt. Dies ist auf dem Zucker- und Milchmarkt gegeben. Da die Landwirte Zuckerrüben und Milch nur in begrenzten Mengen auf den Betrieben verarbeiten und stattdessen an die Verarbeitungsunternehmen liefern, kann sich die Kontrolle der Produktionsmengen auf die Verarbeitungsunternehmen beschränken.

Verwaltungskosten entstehen aber nicht nur durch die Kontrolle der Produktionsmengen, sondern auch durch Entscheidungen über Zuweisungen von neuen oder erweiterten Produktionsrechten. Dieses Problem tritt insbesondere auf dem Milchmarkt auf. Will man das Recht, Milch zu produzieren, nicht lediglich auf die Personen beschränken, die entweder zu Beginn des Systems die Quoten zugeteilt erhielten oder erbten, will man aber keine Handelbarkeit zulassen, so muss die Administration über Anträge auf Zuteilung von neuen oder erweiterten Produktionsrechten entscheiden. Diese Entscheidungen verursachen hohe administrative Kosten, wenn der Eindruck von Willkür bei den Entscheidungen vermieden werden soll. Diese Zuteilungsprobleme sind zunächst nur in den ersten Jahren nach der Einführung der Quote entstanden. Inzwischen hat man die Übertragung der Quote erlaubt, d.h. man hat sie handelbar gemacht. Allerdings hat man in der Bundesrepublik die Handelbarkeit nur auf Kauf und Verkauf über Börsen begrenzt und die zwischenzeitliche Möglichkeit der Übertragung durch Pacht untersagt.

7.3.3.3. Das Instrument der Subventionen

Subventionen sind Zahlungen der öffentlichen Hand an Unternehmen ohne marktmäßige Gegenleistung. Die Zahlung wird an solche Unternehmen geleistet, die bestimmte festgelegte Merkmale aufweisen. Solche Zahlungen spielen im Bereich der landwirtschaftlichen Markt- und Preispolitik eine zunehmende Rolle. Diese Zahlungen werden in den offiziellen Veröffentlichungen nicht immer als Subventionen bezeichnet. Es wird stattdessen z.B. von Flächenprämien, Tierprämien, Preisausgleichszahlungen, Anpassungsbeihilfen, Investitionsbeihilfen, sozioökonomischem Einkommensausgleich, direkten Einkommensübertragungen oder Dieselölverbilligung gesprochen. Doch alle diese Zahlungen sind Subventionen, wenn auch besonderer Art.

Je nach ihrem Ansatzpunkt kann man zwischen produkt-, faktor-, betriebs- und personengebundenen Subventionen differenzieren. Die wichtigste **produktgebundene Subvention** in der EU-Markt- und Preispolitik war bis zum Jahr 1991 eine Zahlung, die an die Produktionsmenge von Ölsaaten gebunden war. Grundsätzlich galt der Weltmarktpreis für Ölsaaten in der EU, doch den Landwirten wurde die Differenz zwischen einem politisch festgelegten Zielpreis und dem Weltmarktpreis als Subvention gezahlt. Zahlungsempfänger waren die Ölmühlen, die den Landwirten aufgrund dieser Zahlungen höhere Preise gewähren konnten. **Faktorgebundene Subventionen** werden seit langem (1975) im Rahmen der Förderung benachteiligter Regionen in Form von Tierprämien und Zahlungen je Flächeneinheit gezahlt. Ebenfalls gibt es bereits seit 1971 im Rahmen des einzelbetrieblichen Förderungsprogramms Investitionszuschüsse oder Kreditverbilligungen für Investitionen in landwirtschaftliche Betriebe. Seit 1993 spielen Zahlungen als Kompensation für die Senkung administrierter Preise (Interventionspreise) eine zunehmende Rolle. Diese Zahlungen waren zunächst an die Bodennutzung oder Viehzahl gebunden, werden aber zukünftig in der EU grundsätzlich an die Betriebe gebunden oder aber wie in der Bundesrepublik Deutschland an die Fläche, aber unabhängig von der Flächennutzung. Ausgleichszahlungen für Preissenkung für Milch werden in der Bundesrepublik zunächst an die Quote und ab 2005 auch an die Fläche gebunden. Weiterhin werden Subventionen für Flächenstilllegungen sowie für Investitionen geleistet. In der Bundesrepublik spielen seit 2002 Subventionen für eine bestimmte Produktionsweise, und zwar die des ökologischen Landbaus, oder für umweltfreundliche Produktion, eine große Rolle. Die EU hat mit der Reduzierung der externen Protektion die so genannte **zweite Säule** der Agrarpolitik mit diversen Subventionen für die Förderung ländlicher Räume, insbesondere der landwirtschaftlichen Betriebe ausgebaut. **Personengebundene Subventionen** spielen dagegen eine geringere Rolle; sie werden vornehmlich im Rahmen nationaler Programme geleistet, z.B. im Rahmen der Vorruhestandsregelung oder Landabgaberente.

Im Folgenden ist es nicht möglich, jeden einzelnen Typ von Subventionszahlungen detailliert zu analysieren. Stattdessen soll der oben aufgezeigte Bewertungsrahmen lediglich für die wichtigsten Subventionen in der EU-Agrarmarktpolitik angewendet werden.

Preis- und Mengeneffekte von Subventionen

Die Preis- und Mengeneffekte der einzelnen Subventionen sind natürlich von der Ausgestaltung der Subvention abhängig. Im Folgenden soll daher der Preis- und Mengeneffekt für alternative Ausgestaltungen der Subvention aufgezeigt werden.

Die Wirkung einer Produktsubventionierung auf das Marktgleichgewicht kann mit Hilfe von *Schaubild 7.25* dargestellt werden.

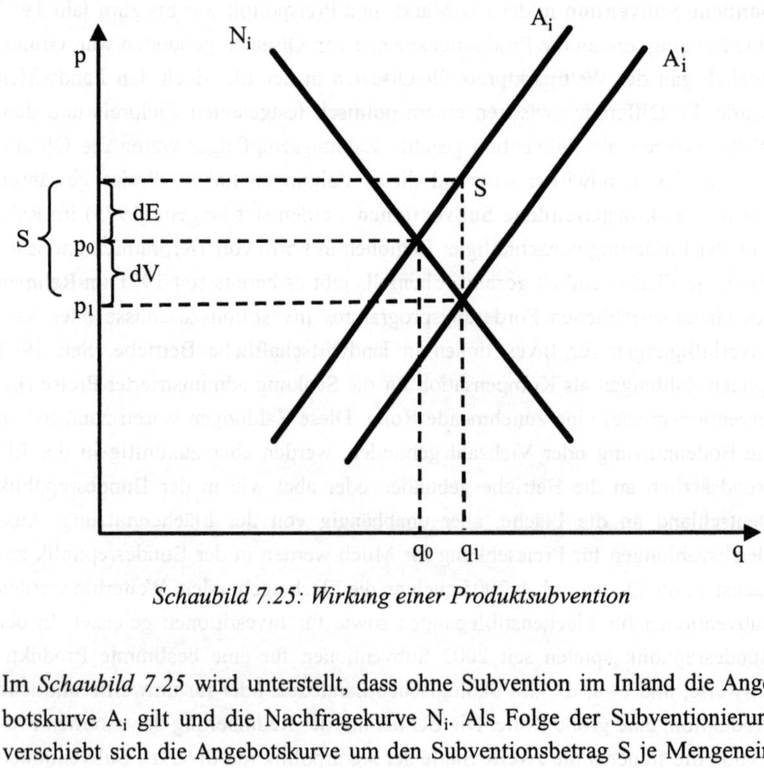

Schaubild 7.25: Wirkung einer Produktsubvention

Im *Schaubild 7.25* wird unterstellt, dass ohne Subvention im Inland die Angebotskurve A_i gilt und die Nachfragekurve N_i. Als Folge der Subventionierung verschiebt sich die Angebotskurve um den Subventionsbetrag S je Mengeneinheit vertikal nach unten. Für den einzelnen Anbieter gilt im Gewinnmaximum nicht mehr die Bedingung Grenzkosten = Marktpreis, sondern

Grenzkosten = Marktpreis + Stücksubvention.

Für den einzelnen Anbieter ist es unerheblich, ob er den Erlös für sein Produkt über den Markt oder direkt durch die öffentliche Hand bekommt. Er wird sich dabei rational verhalten, wenn die Summe der Zahlungen pro Produkteinheit identisch mit den Grenzkosten ist. Zu der neuen Angebotskurve gelangt man somit, indem man von der ursprünglichen Angebotskurve A_i die Stücksubvention vertikal subtrahiert.

Als Folge der Verlagerung der Angebotskurve nach rechts wird sich ein neues Marktgleichgewicht einstellen; im *Schaubild 7.25* ist das der Preis p_1 und die Menge q_1.

Das macht deutlich, dass als Folge der Subventionszahlungen bei normalem Verlauf von Angebots- und Nachfragekurve der Marktpreis sinkt und die angebotene Menge steigt. Die Aufteilung der Subvention auf Anbieter und Nachfrager kann wie folgt gezeigt werden:

Es verändert sich der Marktpreis von p_0 zu p_1 und die Gleichgewichtsmenge von q_0 zu q_1; die Anbieter erhalten demnach von der Subvention den Betrag dE und die Nachfrager dV. Dabei gilt:

$$S = dE + dV \tag{7.36}$$

mit

S = Subvention pro Mengeneinheit
dE = Teil der Subvention zugunsten des Anbieters
dV = Teil der Subvention zugunsten des Nachfragers.

Für die Änderung der Marktgleichgewichtsmenge gilt unter Berücksichtigung der Definition für die Preiselastizität des Angebots und der Nachfrage:

$$dq = \varepsilon^S \frac{dE \cdot q_0}{p_0} \tag{7.37}$$

und auch

$$dq = \varepsilon^D \frac{dV \cdot q_0}{p_0}. \tag{7.38}$$

Durch Gleichsetzen von (7.37) und (7.38) erhält man

$$\frac{dE}{dV} = \frac{\varepsilon^D}{\varepsilon^S}. \tag{7.39}$$

Von einer gegebenen Höhe einer Subvention pro Mengeneinheit erhält der Anbieter umso mehr, je unelastischer sein Angebot ist und umso elastischer die Preiselastizität der Nachfrage ist. Wird z.B. der Marktpreis vollkommen durch das ausländische Angebot oder die ausländische Nachfrage bestimmt, so kommt die Subvention voll den inländischen Anbietern zugute.

Die Aufteilung einer Verbrauchersubvention auf Anbieter und Nachfrager ergibt sich analog. Hier verlagert sich die Nachfragekurve horizontal um den Betrag der Subvention je Mengeneinheit. Die Aufteilung hängt aber wiederum von den Preiselastizitäten des Angebots und der Nachfrage ab. Wird z.B. der Verbrauch eines Gutes – wie z.B. früher bei Butter oder Magermilchpulver –, bei dem die Marktpreise durch die Interventionspreise determiniert sind, subventioniert, so kommt die Subvention voll den Nachfragern zugute.

Die gleichen Überlegungen gelten bezüglich der Aufteilung einer Produktsteuer oder einer anderen Belastung der Produzenten. Da die Marktpreise in den einzelnen EU-Ländern eng an die Preise in den anderen Ländern gebunden sind (die Märkte sind integriert), wirkt sich eine nationale Produktsteuer voll zulasten der inländischen Produzenten aus.

Besondere Bedeutung haben in der EU-Agrarmarktpolitik Subventionen oder Abgaben, die an Produktionsfaktoren oder an Betriebsmittel gebunden sind. Die Preis- und Mengeneffekte einiger solcher Maßnahmen sollen daher kurz dargestellt werden.

1. Beispiel: Dieselsteuerermäßigung: Wenn Landwirte geringere Steuern für den Verbrauch von Dieselkraftstoff zu zahlen haben, verschiebt sich ihre Nachfragekurve nach oben. Die Wirkung ist daher analog zur Zahlung einer Subvention. Da der Marktpreis für Dieselkraftstoff sich aber wohl aufgrund der Änderung der Nachfrage der Landwirte kaum verändern dürfte, kommt die Steuerermäßigung voll den Landwirten zugute.

2. Beispiel: Flächenprämien als Instrument des sozioökonomischen Ausgleichs: Da die Prämie an die Fläche gebunden ist, steigt die Nachfrage nach landwirtschaftlich genutzter Fläche. Streben die Landwirte Gewinnmaximierung an, so verlagert sich die Nachfragekurve vertikal um den Betrag der Flächenprämie. Da die Flächen insgesamt in den benachteiligten Regionen, für die die Prämie gezahlt wird, vollkommen unelastisch angeboten werden, schlägt sich die Flächenprämie voll in höheren Pachtpreisen und entsprechend höheren Bodenpreisen nieder. Es entstehen unter diesen Bedingungen keine Produktionswirkungen. Auch wird die Wettbewerbsfähigkeit der Landwirtschaft durch diese Maßnahme nicht verändert. Allerdings wird der Strukturwandel negativ beeinflusst, da landwirtschaftliche Betriebe mit Eigentumsflächen ein höheres Einkommen erzielen und daher ein geringerer Druck zur Aufgabe der Bewirtschaftung des Betriebes besteht. Der Anreiz aus der landwirtschaftlichen Erwerbstätigkeit auszuscheiden wird allerdings durch die Flächenprämien verstärkt. Ein Anreiz besteht offensichtlich, wenn die Alternativeinkommen einer Tätigkeit außerhalb der Landwirtschaft höher sind als die Einkommen der Tätigkeit in der Landwirt-

schaft. Das Alternativeinkommen der Tätigkeit außerhalb der Landwirtschaft ist gleich dem Arbeitseinkommen plus dem Einkommen aus der Verwertung des bisher in der Landwirtschaft eingesetzten Eigenkapitals und der landwirtschaftlichen Eigentumsflächen. Da die Verwertung der Eigentumsflächen als Folge der Flächenprämie steigt, erhöht sich auch das Alternativeinkommen und damit der Anreiz, aus der Landwirtschaft abzuwandern. Da der verringerte Abwanderungsdruck eher die kurzfristigen Wirkungen zeigt und der Anreiz die langfristigen Wirkungen, kann die Flächenprämie in den benachteiligten Regionen kurzfristig zwar die Entleerung ländlicher Regionen hemmen, aber sie langfristig sogar verstärken.

3. Beispiel: Preisausgleichszahlungen für Preissenkungen im Rahmen der *MacSharry*-Reform: Die *MacSharry*-Reform, wie auch die weitere Reform des Getreidemarktes mit der Agenda 2000, sah vor, dass die Einkommensverluste der Landwirte voll (*MacSharry*-Reform) oder weitgehend (Agenda 2000) durch Direktzahlungen (Preisausgleichszahlungen), die an die Nutzung der Flächen gebunden waren, kompensiert wurden. Es wurde also eine Senkung der Interventionspreise für Getreide beschlossen und die Einkommensverluste durch Zahlungen an die z.B. mit Getreide genutzte Fläche kompensiert. Die Wirkung soll zunächst auf dem Produktmarkt und dann auf dem Bodenmarkt aufgezeigt werden. Die Preissenkung hätte ohne Preisausgleichszahlungen zu einem Rückgang der Getreideproduktion von q_0 auf q_1 geführt (vgl. *Schaubild 7.26*). Da die Landwirte aber für die Nutzung der Flächen im Getreidebau eine Direktzahlung erhielten,

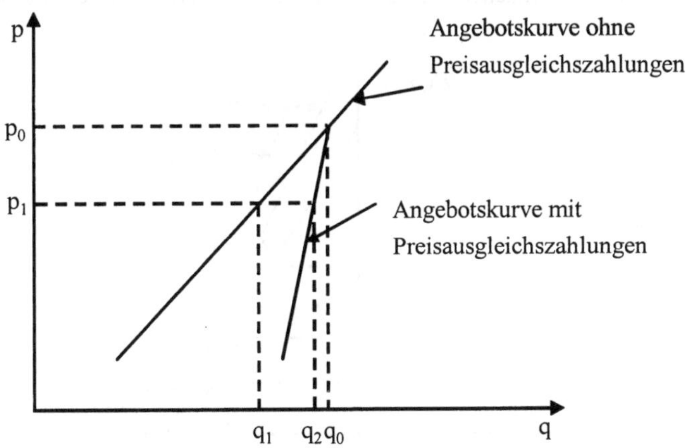

Schaubild 7.26: Wirkung von Preissenkungen und Preisausgleichszahlungen auf dem Getreidemarkt

wurde diese Zahlung in den Deckungsbeitrag der Getreideproduktion voll eingerechnet. Die Getreideproduktion sank als Folge der Preissenkung und Direktzahlung nur auf q_2. In der Realität stieg die Getreideproduktion sogar nach der *MacSharry*-Reform, da zum einen bei einigen Betrieben und in einigen Regionen der durch die Preissenkung entstandene Einkommensverlust durch die Direktzahlungen überkompensiert wurde und zum anderen technische Fortschritte zu einer Verlagerung der Angebotskurve nach rechts beitrugen.

Preis-Mengeneffekte der Preissenkung und Preisausgleichszahlung führten zu folgenden Änderungen auf den Faktormärkten:

Die Faktornachfragekurven verlagerten sich als Folge der Preissenkung nach unten. Der vertikale Abstand zwischen der alten und der neuen Faktornachfragekurve war ohne Anpassung für alle Faktoren gleich und entsprach der prozentualen Preissenkung (siehe *Schaubild 7.27*). Auf dem Markt für variable Inputs ging daher die Nachfrage zurück; der Preis sank aber nicht, da ein vollkommen elastisches Angebot angenommen wird. Die Einsatzmenge des Faktors sank daher von x_0 auf x_1. Anders war dagegen die Situation auf dem Pachtmarkt. Im *Schaubild 7.27* wird angenommen, dass das Angebot an Pachtflächen vollkommen unelastisch ist. Als Folge der Produktpreissenkung sank daher der Pachtpreis auf r_1. Die Preisausgleichszahlung verlagerte aber die Nachfrage nach Pachtflächen nach oben. Es hätte sich ohne Anpassung der Pachtpreise r_2 eingestellt. Dieser Pachtpreis musste höher sein als vor der Agrarreform, da die Einkommensverluste, die durch den Einsatz aller Faktoren entstehen, als Preisausgleichszahlungen voll an die Bodennutzung gebunden waren. Der verringerte Einsatz der variablen Faktoren führte als Folge von Anpassungen zu einer weiteren Verlagerung der Nachfragekurve nach Pachtflächen nach unten. Als Ergebnis ergab sich der Pachtpreis r_3.

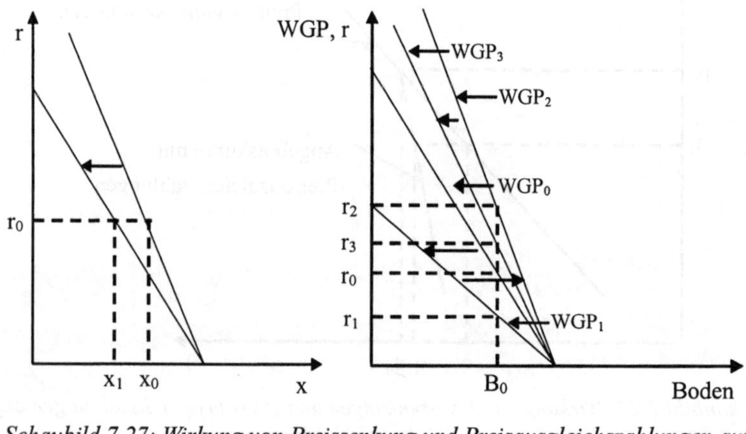

Schaubild 7.27: Wirkung von Preissenkung und Preisausgleichszahlungen auf den Faktormärkten

Preissenkung und Preisausgleichszahlungen führen damit zu einer Änderung der funktionalen Einkommensverteilung. Im *Schaubild 7.28* wird gezeigt, wie sich die funktionale Einkommensverteilung veränderte. Die Preissenkung führte zu einer Verringerung aller Faktoreinkommen, und zwar wie oben gezeigt um den gleichen Prozentsatz ohne Anpassung. Die Direktzahlung erhöhte aber lediglich das Bodeneinkommen (BE). Folglich veränderte sich die funktionale Einkommensverteilung zugunsten des Faktors Boden.

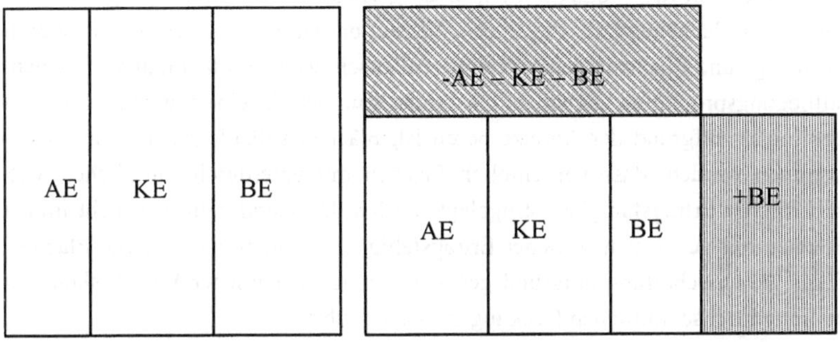

AE = Arbeitseinkommen; KE = Kapiteleinkommen; BE = Bodeneinkommen

Schaubild 7.28: Wirkung von Preissenkungen und Preisausgleichszahlungen

Die Bundesregierung hat vorgesehen, alle Preisausgleichszahlungen in Direktzahlungen, die an die bewirtschaftete Fläche gebunden sind, umzuwandeln. Wenn dieses Vorhaben wirklich ohne regionale Differenzierung vorgenommen wird, werden sich erhebliche Änderungen für die Landwirte ergeben. Da die Transfers unabhängig von der Produktionsstruktur und Produktionsmenge geleistet werden sollen, wird sich die Produktion zukünftig an den dann geltenden abgesenkten Marktpreisen orientieren. Kurzfristig werden sich wahrscheinlich wenige Änderungen ergeben, da der Anpassungsdruck durch die Flächenprämien gemindert wird. Die Änderung wirkt sich aber sofort für Neuinvestitionen und für Entscheidungen von Betriebsübernahmen durch Hofnachfolger aus. Langfristig ist zu erwarten, dass sich die Agrarstruktur regional und auch bezüglich der Betriebsgrößenstruktur grundlegend ändern wird. Ertragsschwache Standorte in der Getreideproduktion werden wahrscheinlich die Intensität der Bodenutzung durch extensive Viehhaltung ändern oder aber prämierte Flächenstilllegung bevorzugen.

4. Beispiel: Prämien für Flächenstilllegung: Flächenstilllegungsprogramme gibt es in der EU bereits seit 1988, aber zunächst nur auf freiwilliger Basis. Mit der *MacSharry*-Reform wurde die Flächenstilllegung ein festes Element der Getreide- und Ölsaatenmarktordnung. Landwirte erhalten nur dann die Preisausgleichszahlungen oder zukünftig die Flächenprämien, wenn sie einen bestimmten Prozentsatz der Ackerfläche still gelegt haben. Die Prämie für die Stilllegung soll den entgangenen Deckungsbeitrag ausgleichen. Hierdurch erhofft man sich

einen Rückgang der Produktion, insbesondere von Getreide. Der Produktionseffekt soll mit Hilfe von *Schaubild 7.29* dargestellt werden.

Im *Schaubild 7.29* wird eine nichtlineare Beziehung zwischen der Produktionsmenge und dem Flächeneinsatz unterstellt. Damit wird impliziert, dass Boden kein homogener Produktionsfaktor ist und abnehmende Grenzerträge erzielt. Je mehr Boden in der Produktion ist, umso geringer ist der Grenzertrag einer zusätzlichen Flächeneinheit. Ein solcher Verlauf der Beziehung zwischen Produktionsmenge und Fläche ist insbesondere realistisch, wenn ein fakultatives Flächenstilllegungsprogramm angeboten wird; hier kann der einzelne Landwirt entscheiden, ob er aufgrund der Anreize bereit ist, Flächen stillzulegen. Es kann angenommen werden, dass vornehmlich Flächen mit unterdurchschnittlicher wirtschaftlicher Ertragsfähigkeit stillgelegt werden. Dies sind natürlich nicht immer Flächen mit geringer natürlicher Ertragsfähigkeit, sondern auch solche Flächen, deren Bewirtschaftung aufgrund gegebener innerbetrieblicher Verkehrslage nur zu unterdurchschnittlichen Deckungsbeiträgen führt.

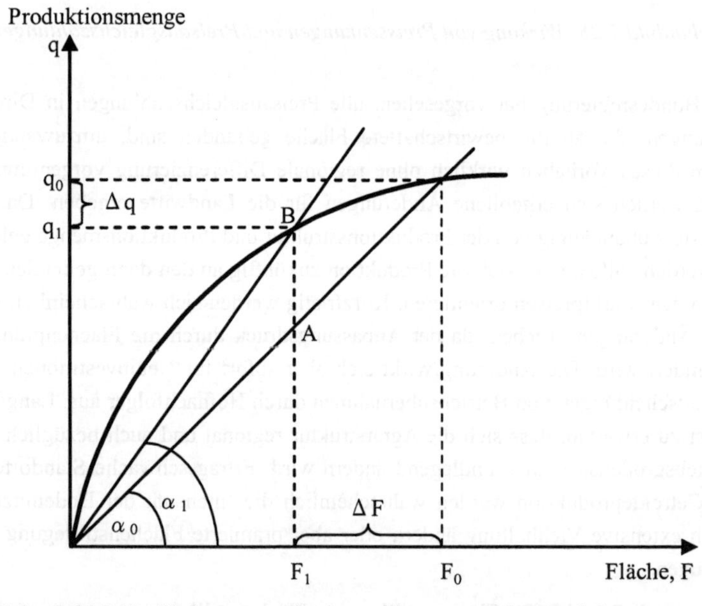

Schaubild 7.29: Wirkung von Flächenstilllegung auf die Produktionsmenge

Schaubild 7.29 macht deutlich, dass eine 1%ige Einschränkung der Anbaufläche zu einer weniger als 1%igen Reduktion der Produktionsmenge führt. Unterstellt man dagegen, dass die durchschnittlichen Erträge gleich bleiben, so würde der Rückgang der Produktionsmenge als Folge der Flächenstilllegung von F_0 auf F_1, um die Produktionsmenge $\overline{AB}$ überschätzt. Gleichzeitig kann man dem *Schaubild 7.27* entnehmen, dass die Durchschnittserträge mit der Flächenstilllegung steigen. Der Tangens des Winkels α_1 ist größer als der Tangens des Winkels α_0. Die Steigung der Durchschnittserträge ergibt sich nicht nur aufgrund der Stilllegung unterdurchschnittlich ertragsfähiger Flächen, sondern auch durch die tendenziell steigende Intensität auf den verbleibenden Flächen. Mit der Flächenstilllegung werden gleichzeitig auch andere betriebliche Produktionsfaktoren freigesetzt, die auf den verbleibenden Restflächen genutzt werden können. Diese Effekte mögen dazu beigetragen haben, dass seit Beginn der Flächenstilllegung 1988/89 die Getreideerträge in der EU überdurchschnittlich ausgefallen sind.

Flächenstilllegungsprogramme können natürlich auch einen Effekt auf die Bodenpreisbildung und die Faktoreinkommen im Agrarsektor haben, selbst wenn der Einkommensverlust als Folge der Stilllegung voll durch die Prämien ausgeglichen werden sollte. Zunächst könnte erwartet werden, dass die verordnete Verknappung der landwirtschaftlichen Nutzfläche zu einer Erhöhung der Boden- und Pachtpreise führt. Dieser Effekt wird sich aber nur kurzfristig einstellen. Die langfristigen Wirkungen können wir mit Hilfe von *Schaubild 7.30* darstellen. In der Ausgangssituation wird die Bodenmenge B_0 eingesetzt und von den anderen

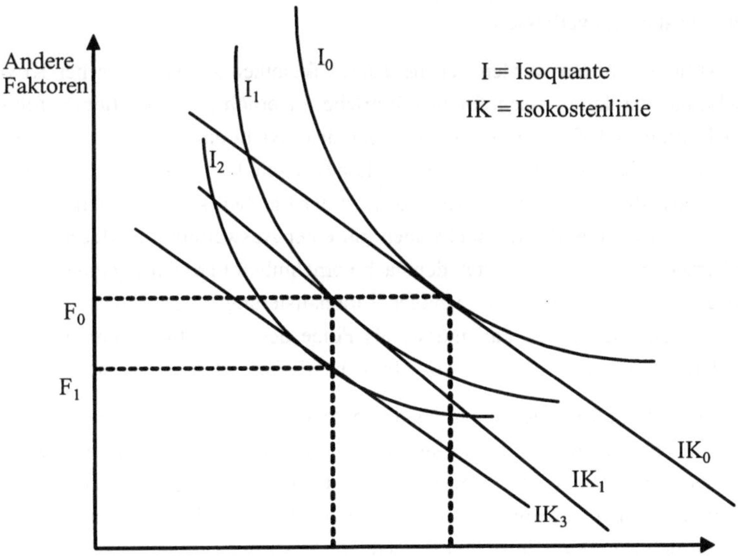

Schaubild 7.30: Wirkung der Flächenstilllegung auf den Faktoreinsatz in der Landwirtschaft

Faktoren die Menge F_0. Es wird unterstellt, dass ein Gleichgewicht besteht und daher das Einkommen dieser anderen Faktoren identisch ist mit den Alternativeinkommen. Wird der Bodeneinsatz aufgrund der Flächenstilllegungsprogramme auf B_1 verringert, würde sich die Produktion bei unverändertem Einsatz der anderen Faktoren verringern. Es würde von der äußersten Isoquante I_0 auf die mittlere Isoquante I_1 übergegangen werden. Doch bei verringertem Bodeneinsatz würden die anderen Faktoren nicht mehr das gleiche Einkommen wie zuvor erzielen. Ihre Wertgrenzproduktivität wäre reduziert. Wenn die anderen Faktoren das gleiche Einkommen wie zuvor erhalten wollen, muss ihre Einsatzmenge verringert werden. Um welchen Prozentsatz die Faktoreinsatzmenge verringert werden müsste, hängt vom Typ der zugrunde liegenden Produktionsfunktion ab. Wenn eine so genannte *Cobb-Douglas*-Produktionsfunktion gelten würde, müsste der Einsatz der anderen Faktoren prozentual genauso verringert werden wie der Bodeneinsatz, so dass im neuen Optimum die Faktormenge F_1 eingesetzt werden würde. Diese Überlegungen zeigen, dass die Flächenstilllegungsprogramme den Abwanderungsdruck aus der Landwirtschaft erhöhen.

5. Beispiel: Investitionsbeihilfen: Wie bereits oben ausgeführt, werden im Rahmen des einzelbetrieblichen Förderungsprogramms und auch als Teil der so genannten zweiten Säule der EU-Agrarpolitik Investitionshilfen an landwirtschaftliche Unternehmen gewährt. Ziel der Programme ist es, durch Förderung der Investitionen die Wettbewerbsfähigkeit der Landwirtschaft und auch deren Einkommenslage zu verbessern.

Investitionsbeihilfen werden bei nicht unvollkommen zinsunelastischer Kreditnachfrage der landwirtschaftlichen Betriebe zu erhöhten Investitionen führen. Der Kapitalstock der Landwirtschaft steigt also. Nicht eindeutig ist zunächst die Wirkung auf die Beschäftigung in der Landwirtschaft und auf das Einkommen der Landwirte. Der Arbeitseinsatz würde in der Landwirtschaft steigen, wenn eine Ausweitung des Kapitalstocks auch mit einer Ausweitung der Beschäftigung einhergehen würde. Es müssten demnach vornehmlich Erweiterungsinvestitionen mit erhöhter Produktion und weniger Rationalisierungsinvestitionen vorgenommen werden. Im ersten Fall müsste als Folge der Investition mehr produziert werden, im zweiten Fall würde vornehmlich Arbeit durch Kapital ersetzt.

Gesamtwirtschaftlich geht man allgemein davon aus, dass erhöhte Investitionen auch zu erhöhter Beschäftigung und damit Wachstum des Sozialproduktes führen. Diese Überlegung kann man aber auf die Wirkung landwirtschaftlicher Investitionen nicht unbedingt übertragen. Investitionsbeihilfen wurden vornehmlich für den Bau von Kuhställen verwendet. Da aber die gesamte Milchproduktion durch die Quotierung nicht ausgeweitet werden kann, müssen die Investitionen zu einer verringerten Beschäftigung in der Milchproduktion geführt haben. Die Abwanderung aus der Landwirtschaft wurde also durch die Investitionsbeihilfen verstärkt. Nicht eindeutig ist die Wirkung auf die Einkommenslage der Betriebe, die investiert haben. Empirische Untersuchungen von landwirtschaftlichen Betrieben in Schleswig-Holstein zeigten, dass trotz der Kreditverbilligung von der Hälfte der Betriebe nur eine negative Kapitalverzinsung erwirtschaftet wurde.

Ordnungspolitische Einordnung von Subventionen

Die ordnungspolitische Einordnung von Subventionen hängt zum einen von der Zielsetzung der speziellen Subvention und zum anderen von der Ausgestaltung dieses Instrumentes ab. Grundsätzlich sind Subventionen mit dem System der sozialen Marktwirtschaft vereinbar, und zwar, wenn die Zielsetzung entweder darin besteht, Marktversagen zu beseitigen oder die primäre Einkommensverteilung aufgrund sozialpolitischer Erwägungen zu korrigieren. Marktversagen liegt vor – wie oben gezeigt –, wenn z.B. die sozialen Grenzkosten der Produktion von den privaten Grenzkosten abweichen. Liegen die sozialen Grenzkosten unter den privaten, kann eine Subvention zu einer Annäherung der beiden führen und damit die Wohlfahrt erhöhen. Es ist daher im Einzelfall zu prüfen, ob ein Marktversagen vorliegt. Wenn Subventionen aus sozialpolitischen Gründen geleistet werden, sind sie mit dem System der sozialen Marktwirtschaft nur vereinbar, wenn sie an der sozialen Lage der Begünstigten ansetzen und ein Transfer von Personen mit höheren Einkommen zu sozial Bedürftigen bewirkt wird.

Je nach Ausgestaltung können Subventionen erstens zu einer Erhaltung bzw. Konservierung bestehender wirtschaftlicher Strukturen führen oder zweitens auch die Anpassung von Sektoren und Betrieben an geänderte ökonomische Rahmenbedingungen unterstützen. Im zweiten Fall könnten Subventionszahlungen zu einer Steigerung der wirtschaftlichen Effizienz in der Volkswirtschaft beitragen. Im ersten Fall dagegen würden sie die Effizienz mindern. Im Rahmen der landwirtschaftlichen Markt- und Preispolitik spielt eine entscheidende Rolle, ob Subventionen produktionsneutral oder produktionsstimulierend wirken. Nur wenn sie produktionsneutral sind, sollen sie z.B. nach den Vereinbarungen der WTO erlaubt sein.

Prüft man die vielfältigen Subventionszahlungen in der EU im Hinblick auf Erhaltungs- und Anpassungscharakter bzw. Produktionsneutralität oder Produktionsstimulierung, so kommt man zu dem Ergebnis, dass die Subventionen weitgehend Erhaltungscharakter haben und produktionsstimulierend wirken.

Die Subventionszahlungen an die Landwirtschaft haben vor allen Dingen deswegen einen Erhaltungscharakter, weil sie nicht nur befristet gezahlt werden. Anpassungssubventionen werden in der Regel so ausgestaltet, dass sie im Zeitablauf reduziert werden und schließlich auslaufen. Bei den Subventionszahlungen an die Landwirtschaft ist das aber nicht der Fall.

Ordnungspolitische Einordnung ausgewählter Subventionen

Da einige Subventionsarten, wie insbesondere die Preisausgleichszahlungen, Flächen-, Tier- und Stilllegungsprämien, erst im letzten Jahrzehnt eingeführt oder generell an Bedeutung gewonnen haben, kann man die ordnungspolitische Einordnung zum einen im Vergleich zu einer Situation ohne Subvention oder zum anderen auch im Vergleich zu der Situation zuvor vornehmen. Da ein Teil der Subventionen die bisherige Preisstützung ersetzen, kann man sie mit deren Wirkungen vergleichen. Hier fällt der Vergleich grundsätzlich positiv aus. Die Transfers zugunsten der Landwirtschaft wurden durch den Übergang zu Direktzahlungen sichtbar; erhöhte Transparenz wird in einem demokratischen System als positiv betrachtet. Darüber hinaus ist aus ordnungspolitischer Sicht auch eine Verbesserung durch die geänderte Finanzierung eingetreten. Beim Preisstützungssystem wurden die Konsumenten von Lebensmitteln zugunsten der Landwirte belastet. Da ärmere Haushalte einen höheren Anteil ihres Einkommens für Lebensmittel ausgeben als wohlhabendere Haushalte, sind bei dem Instrument der Preisstützung die ärmeren Haushalte relativ stärker belastet als bei durch Steuern finanzierten Subventionen in unterschiedlicher Form.

Vergleicht man die Subventionen mit einem System ohne Subventionen, so ist die ordnungspolitische Bewertung eindeutig, wenn die Subventionen lediglich darauf abzielen, die Einkommen der Landwirte zu erhöhen. Dieses Instrument setzt nicht am sozialen Status der Empfänger an und kann daher nicht den gewünschten Transfer zielsicher und zu geringsten Kosten vornehmen. Flächenprämien sind aus ordnungspolitischer Sicht allenfalls vertretbar, wenn dadurch Anpassungsprozesse an abrupte Änderungen der Agrarpolitik erleichtert werden. Wollte man diesen Zweck erreichen, hätte man aber sofort eine zeitliche Degression der Zahlungen einführen müssen.

Politisch wird zugunsten von Flächenprämien z.B. angeführt, dass die Landwirte für die Produktion von positiven Umweltleistungen honoriert werden sollen. In der Tat ist es ordnungspolitisch vertretbar, Landwirte für bereits bisher unentgeltlich bereit gestellte positive Umweltleistungen zu entgelten. Dies setzt aber voraus, dass diese Umweltleistungen zunächst definiert und quantifiziert werden und geklärt wird, ob diese Umweltleistungen nicht ohnehin in ausreichender Menge anfallen würden. Koppelprodukte erzielen in marktwirtschaftlichen Systemen nur dann einen Preis, wenn die angebotene Menge geringer als die Sättigungsmenge ist. Gegen diese Rechtfertigung der Flächenprämien spricht auch, dass die Höhe sich insgesamt und auf regionaler Ebene an den bisherigen Transferzahlungen in Form der Preisstützungspolitik orientiert. Der auf regionaler Ebene produzierte Wert der Umweltleistung ist aber nicht mit der bisherigen Transferzahlung korreliert.

Ein weiteres politisches Argument für Flächenprämien ist, dass man mit diesem Instrument umweltfreundliche Produktionsweisen fördern und damit zusätzliche Umweltleistungen erhalten kann. Landwirte, die definierte Standards nicht einhalten, verlieren den Anspruch auf Flächenprämien. Hier ist aber zu bedenken, dass mit dieser Argumentation gegen ein wichtiges Prinzip marktwirtschaftlicher und demokratischer Ordnungen verstoßen wird. Grundsätzlich kann der Verursacher eines Schadens mit Strafe belegt werden; mit obiger Argumentation will man denjenigen, der keinen Schaden verursacht, belohnen. Eine solche Vorgehensweise ließe sich wohl kaum in andere Bereiche der Wirtschaft und Gesellschaft übertragen.

Flächenprämien als Instrument des sozioökonomischen Ausgleichs sind ordnungspolitisch ebenfalls bedenklich. Die Intention ist, naturbedingte Nachteile in einzelnen Regionen auszugleichen. Marktwirtschaftliche Systeme sollen es aber gerade erlauben, dass eine regionale Spezialisierung entsprechend komparativer Kostenvorteile erfolgt. Wenn im Zuge der Anpassung soziale Härten entstehen, kann im Rahmen der Sozialstaatlichkeit erwogen werden, Anpassungshilfen zu geben. Flächenprämien sind aber weder geeignet, die Anpassung zu erleichtern, noch führen sie zu einem sozialpolitisch begründbaren Einkommensausgleich. Der Umfang des Landeigentums sagt nichts über die soziale Lage der Eigentümer aus, schon gar nicht kann eine negative Korrelation angenommen werden.

Besonders bedenklich sind Subventionen, die eindeutig zu einer Verschlechterung der Ressourcennutzung führen. Dies trifft z.B. für die Prämien für die Flächenstilllegung zu. Hier wird ein knapper Produktionsfaktor durch Verordnung nicht genutzt. Dass dieser Faktor knapp ist, zeigt sich an den hohen Marktpreisen. Die Maßnahme wurde 1988 eingeführt, um die EU-Getreideüberschüsse zu reduzieren. Flächenstilllegungen sollten somit dazu beitragen, weiterhin die Inlandspreise über den Weltmarktpreisen halten zu können. Flächenstilllegungen sind natürlich ein Fremdfaktor in einem marktwirtschaftlichen System. Das Instrument verschlechtert die Allokation und hat keine Einkommensverteilungseffekte, die aus sozialpolitischer Sicht akzeptabel sein könnten.

Wohlfahrtseffekte von Subventionen

Subventionszahlungen können sowohl positive als auch negative gesamtwirtschaftliche Wohlfahrtseffekte bewirken. Positive Effekte können auftreten, wenn die Subvention darauf abzielt, eine Divergenz zwischen privaten und sozialen Grenzkosten oder privaten und sozialen Grenznutzen abzubauen und wenn die Ausgestaltung der Subvention zu einer Angleichung von privaten und sozialen Grenzkosten bzw. Grenznutzen führt. Da aber die Subventionen in der EU-Agrarmarktpolitik vornehmlich Erhaltungscharakter haben, führen sie überwiegend zu negativen Wohlfahrtseffekten. Dies soll im Folgenden für einzelne Spezialfälle grafisch aufgezeigt werden.

Wohlfahrtseffekte produktgebundener Subventionen

Im *Schaubild 7.31* sei die Angebotskurve ohne Subvention A_0 und die mit Subvention A_1. Die Angebotskurve mit Subvention liegt im Fall einer konstanten

Stücksubvention parallel unterhalb der Angebotskurve ohne Subvention, weil der Anbieter zu den alternativen Marktpreisen stets die Stücksubvention addiert, um den von ihm relevanten Erlös je Mengeneinheit zu ermitteln. Die Subventionszahlung pro angebotener Menge beträgt im *Schaubild 7.31* $\overline{BC}$. Wenn unterstellt werden kann, dass die private und soziale Grenzkostenkurve identisch sind, müsste im Optimum die Menge q_0 produziert werden. Bei dieser Menge sind die sozialen Grenzkosten gleich den Weltmarktpreisen und damit gleich den gesamtwirtschaftlichen Schattenpreisen. Der Wohlstandsverlust für die Gesellschaft ist identisch mit der Fläche ABC.

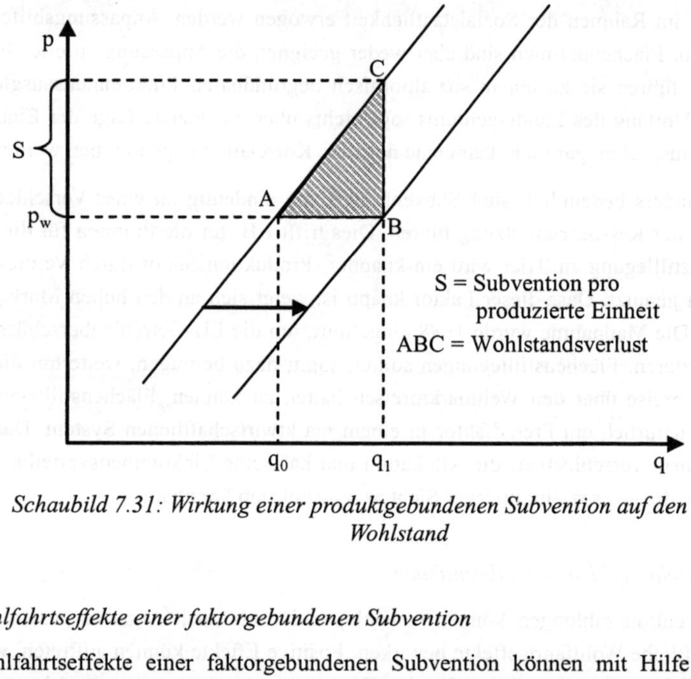

Schaubild 7.31: Wirkung einer produktgebundenen Subvention auf den Wohlstand

Wohlfahrtseffekte einer faktorgebundenen Subvention

Wohlfahrtseffekte einer faktorgebundenen Subvention können mit Hilfe von *Schaubild 7.32* veranschaulicht werden. Würden auf den Produktmärkten Weltmarktpreise gelten, so würde sich der landwirtschaftliche Produzent an der Faktornachfragekurve $\partial q/\partial x \; p_w$ bei der Planung seines Faktoreinsatzes orientieren. Er würde dann bei dem Faktorpreis r_0 die Faktormenge x_0 einsetzen. Durch die Zahlung der Subvention verringert sich der Faktorpreis auf r_1; der Betrieb wird daher unter Weltmarktbedingungen die Faktormenge x_1 einsetzen. Da aber bei dieser Faktoreinsatzmenge die Wertgrenzproduktivität unter dem Faktorpreis r_0 liegt, entsteht ein Wohlfahrtsverlust in Höhe der Fläche ABC.

Die Faktorsubvention wird zu höheren Wohlstandverlusten führen, wenn gleichzeitig auf den Produktmärkten die Produktpreise über dem Niveau der Weltmarktpreise liegen. Dies wird im *Schaubild 7.32* veranschaulicht durch den Verlauf der Wertgrenzproduktivitätskurve $\frac{\partial q}{\partial x} \cdot p_i$. Bei dieser Wertgrenzproduktivitätskurve wird ohne Faktorsubvention die Faktormenge x_2 eingesetzt. Die Faktorsubvention führt zu einer Erhöhung des Faktoreinsatzes auf x_3. Es entsteht damit ein zusätzlicher Wohlfahrtsverlust in Höhe von GDEF. Es wird deutlich, dass Eingriffe auf den Faktormärkten zu erhöhten Wohlstandsverlusten führen können, wenn gleichzeitig auch auf den Produktmärkten interveniert wird.

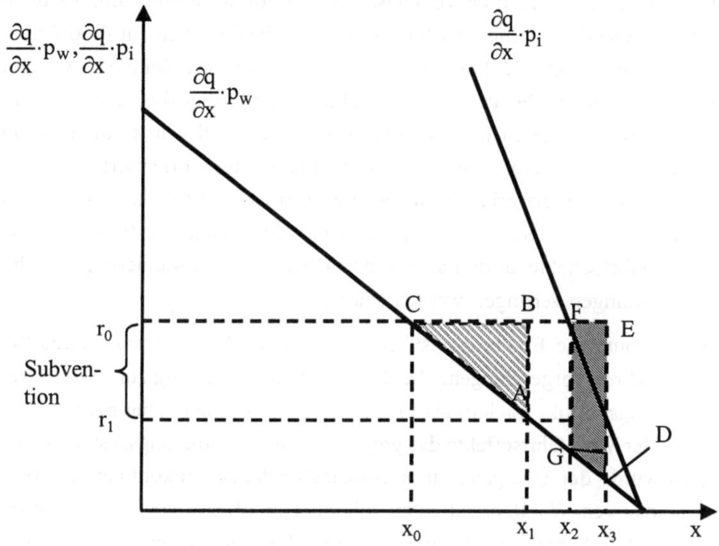

ABC = Wohlfahrtsverlust durch Faktorsubvention beim Produktpreis p_w

GFC = Wohlfahrtsverlust durch Preisstützung

DEC = Wohlfahrtsverlust durch Preisstützung und Faktorsubvention

Schaubild 7.32: Wohlfahrtseffekte einer faktorgebundenen Subvention

Kreditverbilligungen im Rahmen des einzelbetrieblichen Förderungsprogramms sind eine besondere Form der Faktorsubvention. Die negativen Wohlfahrtseffekte sind umso höher, je höher die Produktmärkte protektioniert sind. So sind Kredite in die Milchviehhaltung oder in den Bodenkauf besonders negativ. Bei Kreditverbilligungen ist darüber hinaus zu bedenken, dass es der Administration kaum möglich ist, selbst die privatwirtschaftliche Rendite von geplanten einzelbetrieblichen Investitionen zu überprüfen[37].

---

[37] Vgl. hierzu *Striewe, L., J.-P. Loy, und U. Koester,* Analyse und Beurteilung der einzelbetrieblichen Investitionsförderung in Schleswig-Holstein. "Agrarwirtschaft", Jg. 45, 1996, Heft 12, S. 423-434.

Wohlfahrtseffekte personengebundener Subventionen

Subventionen führen nur dann zu Wohlfahrtseffekten, wenn sie Produktions- oder Konsumeffekte bewirken. Personengebundene Subventionen, auch personengebundene Einkommensübertragungen genannt, würden demnach keine Wohlfahrtseffekte aufweisen, wenn sie nicht gleichzeitig den Faktoreinsatz und den Verbrauch von Gütern veränderten. Dies wird aber nur in Ausnahmefällen eintreten. Erhalten Personen eine Zahlung allein deswegen, weil sie im Sektor tätig sind, so werden sie dadurch veranlasst, im Sektor weiterhin tätig zu bleiben. Damit wird von der Zahlung der Subvention gleichzeitig auch ein Produktionseffekt ausgehen. Anders sieht es dagegen aus, wenn man die Zahlung zwar an den gegenwärtigen Kreis der Personen im Sektor knüpft, aber die Zahlungen unabhängig von ihrer weiteren Tätigkeit leistet. In diesem Fall würden die Erwerbstätigen, wenn sie sich nur an ökonomischen Erwägungen orientierten, durch die Zahlung keinen Anreiz erhalten, im Sektor zu bleiben. Produktionseffekte würden dann nicht auftreten. Kurzfristig würden allerdings auch in diesem Fall negative Wohlfahrtseffekte auftreten, da der Druck zur Abwanderung durch die Transferzahlungen verringert werden würde.

Personengebundene Einkommensübertragungen werden von wissenschaftlicher Seite seit Jahren vorgeschlagen, allerdings nicht in Ergänzung zur gegenwärtigen Preisstützungspolitik, sondern als Ersatz dafür. Wählt man daher bei der Quantifizierung der Wohlfahrtseffekte das gegenwärtige Preisstützungssystem als Referenz, so würde der Übergang zu personengebundenen Einkommensübertragungen zu positiven Wohlfahrtseffekten führen. Die Effekte sind umso größer, je größer die Möglichkeit der Kapitalisierung zukünftiger Übertragungen besteht, je weniger die Zahlung an die Erwerbstätigkeit im Sektor gebunden wird und je mehr die Zahlungen zeitlich auf eine Anpassungsphase beschränkt bleiben.

Wohlfahrtseffekte konstanter Betriebsprämien

Die EU-Agrarreform von 2003 sieht vor, dass zukünftig grundsätzlich die bisherigen Einkommensübertragungen in einer Betriebsprämie zusammengefasst werden und zukünftige Zahlungen gleich der Höhe der Zahlung in einer Basisperiode sein sollten. Darüber hinaus ist vorgesehen, dass der Anspruch auf Betriebsprämie auch ohne Transfer von Boden handelbar ist. Diese Form der Subvention würde langfristig, wenn sich die Landwirte tatsächlich als Gewinnmaximierer verhalten, keine Produktionswirkungen zeigen. Die Wohlfahrtseffekte wären daher im Vergleich zu der bisherigen Form der Subventionen positiv[38].

[38] Vgl. hierzu *Koester, U.*, Auswirkungen vorgeschlagener Änderungen in der EU-Agrarpolitik auf die Märkte für tierische Produkte. Vorträge zur Hochschultagung 2003 der Agrar- und Ernährungswissenschaftlichen Fakultät der Christian-Albrechts-Universität zu Kiel. Schriftenreihe der Agrar- und Ernährungswissenschaftlichen Fakultät der Universität Kiel, Heft 98, 2003, S. 125-133.

Verteilungseffekte von Subventionen

Subventionen führen, da sie staatliche Zahlungen darstellen, zu einer Belastung der Steuerzahler. Doch Begünstigter ist nicht stets auch der Empfänger der Subvention. Oben bei der Darstellung der Effekte auf die Marktpreisbildung wurde gezeigt, dass z.B. eine produktgebundene Subvention zu einer Verlagerung der Angebotskurve nach rechts führt; damit kann sie zu sinkenden Marktpreisen beitragen. Je nach den Preiselastizitäten von Angebot und Nachfrage wird die Subvention mehr zu einer Begünstigung der Konsumenten oder Produzenten führen. Ohnehin muss bedacht werden, dass eine Subventionierung – selbst wenn sie zu keinen Preis- und Mengeneffekten führt – nicht einfach eine durch den Staat induzierte Umverteilung der Einkommen darstellt. In der Regel wird die Finanzierung mit Kosten verbunden sein. Diese Kosten entstehen zum einen bei der Erhebung der Steuern oder bei der Finanzierung des notwendigen Staatsbudgetdefizits und zum anderen, weil Subventionsempfänger ihre Verhaltensweise aufgrund der nicht leistungsgebundenen Einkommen verändern können. Insgesamt kann daher die Gesellschaft durch diese Umverteilung an Wohlstand verlieren. Die Kosten der Umverteilung mit Hilfe des Instruments der Subventionierung sind insbesondere auf den Agrarmärkten ausgeprägt. Sind die Systeme so ausgestaltet, dass sie ein Betrugspotential beinhalten, so kann in der Regel auch erwartet werden, dass es zu Betrugsfällen kommt. Diese Betrügereien führen nicht einfach nur zu einer geänderten Einkommensverteilung in der Gesellschaft, sondern auch zu einem verringerten Wohlstand für die Gesellschaft insgesamt. Es werden einige wirtschaftliche Aktivitäten unternommen, die vornehmlich darauf abzielen, ohne Leistung zusätzliche Einkommen zu erhalten.

Budgetäre Wirkungen von Subventionen

Zunächst scheint es einleuchtend, dass Subventionen stets eine Belastung des Staatsbudgets bedeuten. In der Tat ist es auch so, dass zusätzliche Subventionen zusätzliche Zahlungen des Staates bewirken. Doch je nach Ausgestaltung der Subvention und der Zielsetzung können in Einzelfällen die durch die Subventionierung entstehenden zusätzlichen Staatseinnahmen größer sein als die zusätzlichen Staatsausgaben. So könnte z.B. bei hohen Inlandspreisen für Getreide und niedrigen Weltmarktpreisen eine Subvention für Flächenstilllegungen die Kasse entlasten, weil die Exporterstattungen verringert werden würden[39]. Auf den EU-Agrarmärkten ist aber bei der gegenwärtigen Ausgestaltung der Subventionen nicht mit einem solchen Effekt zu rechnen.

---

[39] Vgl. hierzu *Koester, U.*, Financial Implications of the EC Set-aside Programme. "Journal of Agricultural Economics", Bd. 40, 1989, Nr. 2, S. 240-248.

Effekte auf den internationalen Handel

Effekte auf den internationalen Handel werden von Subventionszahlungen immer dann ausgehen, wenn inländische Verbrauchs- oder Produktionsmengen durch die Zahlungen verändert werden. Produkt- und faktorgebundene Subventionen werden dabei stärkere Effekte auf den internationalen Handel ausüben als personengebundene oder betriebsgebundene Einkommensübertragungen. Es ist daher selbstverständlich, dass man in der Uruguay-Runde besonderen Wert auf die Klassifizierung der Subventionen legte. Lediglich solche, die keine Produktions- und Verbrauchseffekte ausüben, sollen zulässig sein.

Administrative Durchführbarkeit

Die obige Wohlfahrtsanalyse führte zu dem Ergebnis, dass Divergenzen in der Produktion oder im Verbrauch durch Subventionszahlungen oder Steuern auszugleichen sind und nicht durch das Instrument der Preisstützung. Schwierigkeiten bei der administrativen Durchführbarkeit können aber dafür sprechen, dass man auf eine spezielle Ausgestaltung von Subventionen verzichtet. Hierauf wurde oben bei der Diskussion der Effekte eines Systems produktgebundener Beihilfen bereits hingewiesen. Der administrative Aufwand ist besonders groß, wenn die Subventionszahlungen an eine Vielzahl von Merkmalen der Subventionsempfänger geknüpft sind. So sah z.B. die EU-Agrarreform von 1992 vor, dass flächengebundene Subventionen auf der Grundlage der Flächennutzung einzelner Betriebe gezahlt wurden. Dies implizierte, dass man von einer Kontrolle der Produktmärkte, wie sie beim Preisstützungssystem notwendig war, zu einer Kontrolle der Betriebe übergehen musste. Ein drastisch steigender Verwaltungsaufwand und ein zunehmendes Betrugspotential war die Folge.

Kapitel 8: Zur politischen Ökonomie der EU-Agrarmarktpolitik: Warum ist die Politik wie sie ist?

Bisher wurde untersucht, wie sich die Agrarpreise bei Verwirklichung einer gesamtwirtschaftlichen Zielfunktion bilden sollten und welche gesamtwirtschaftlichen Wirkungen durch einzelne staatliche Eingriffe eintreten. Die Analyse war somit normativ. Die Realität zeigt, dass die Agrarpreise in fast allen Ländern stark durch staatliche Eingriffe bestimmt werden. Damit werden offensichtlich die von Ökonomen aufgezeigten negativen Wohlfahrtswirkungen in Kauf genommen. Es mag sein, dass die Gesellschaft oder Politiker etwas anderes unter Wohlfahrt verstehen. Es kann aber auch sein, dass diejenigen, die Entscheidungen über Agrarpreise zu fällen haben, sich nicht an gesamtwirtschaftlichen Wohlfahrtswirkungen orientieren. Die letzte Hypothese ist von der Neuen Politischen Ökonomie aufgegriffen worden. Es wird versucht, politische Entscheidungen mit dem Instrumentarium der Wirtschaftstheorie zu erklären. Ein solcher Ansatz bietet sich auch für die Erklärung der Agrarpreisbildung an.

Ausgangspunkt der Erklärung ist die Grundhypothese, dass alle an politischen Entscheidungen Mitwirkenden versuchen, ihre persönlichen Ziele im Rahmen ihrer Möglichkeiten zu verwirklichen. Das Treffen politischer Entscheidungen kann mit einem Spiel verglichen werden. Verlauf und Ergebnis eines Spieles hängen zum einen von den Spielern ab und zum anderen von den Spielregeln. Die Spieler sind die Akteure in der Politik. Das können Träger der Politik gemäß der traditionellen Definition sein, aber auch Organisationen und Personen, die auf Verlauf und Ergebnis der Politik Einfluss nehmen.

Die Spielregeln schränken das Verhalten der Akteure ein. Zu diesen Regeln gehören z.B., wer worüber offiziell entscheiden darf, wie die Entscheidenden legitimiert sind, wie die Kompetenzen verteilt sind, nach welchen Regeln abgestimmt wird, wie gemeinsam beschlossene Maßnahmen finanziert und kontrolliert werden. Diese Regeln (Institutionen) werden teilweise durch Gesetze festgelegt, teilweise ergeben sie sich aber auch als ungeschriebener Verhaltenskodex. So ist es z.B. in kleineren Gruppen üblich, dass einzelne Mitglieder der Gruppe sich der Stimme enthalten, wenn sie persönlich stark von dem Entscheidungsergebnis betroffen werden.

Nach dem Ansatz der Neuen Politischen Ökonomie verhält sich demnach der einzelne Akteur völlig analog zu einem Unternehmer, der seinen Gewinn unter Zielbeschränkungen maximiert oder auch einem Haushalt, der seinen Nutzen bei gegebenen Zielbeschränkungen maximiert. Diese Analogie im Verhalten der Akteure scheint auch berechtigt. Es gibt jedoch sicher auch Unternehmer, die auf Gewinn zugunsten von sozialen Wirkungen verzichten. Dennoch kann aber als brauchbare Arbeitshypothese angenommen werden, dass Politiker ihren Eigennutzen maximieren wollen.

Aus dem Ansatz der Neuen Politischen Ökonomie folgt, dass man keine allgemeingültigen Erklärungen für die Agrarpreisbildung geben kann. Sowohl Akteure als auch Institutionen sind land- und zeitspezifisch. Man hat daher für jedes Land die Akteure und Regeln zu identifizieren. Dabei ist zu beachten, dass die Entscheidungen auch zeitabhängig sind. Entscheidungen in der Vergangenheit haben eine bestimmte Situation für Entscheidungen in der Gegenwart geschaffen. Auch in dieser Erkenntnis unterscheidet sich die Neue Politische Ökonomie von der traditionellen normativen Politikanalyse. Beim normativen Vorgehen wird unterstellt, dass sich jede Entscheidung an einer gegebenen Zielfunktion und den Zielbeschränkungen orientiert. Der Politiker braucht sich danach weder an seine Versprechungen von gestern zu halten, noch auf zeitliche Konsistenz seiner Entscheidungen zu achten. Stattdessen versucht der Politiker nach dem normativen Ansatz zu jedem Zeitpunkt die gesellschaftliche Wohlfahrt zu maximieren.

Im Folgenden wird zunächst aufgezeigt, warum man aufgrund der Erkenntnisse der Neuen Politischen Ökonomie eine direkte und indirekte Subventionierung der Landwirtschaft in Industrieländern und eine Besteuerung der Landwirtschaft in Entwicklungsländern erwarten kann. Danach wird aufgezeigt, warum ein hohes Agrarprotektionsniveau aufgrund der politischen Rahmenbedingungen in der Europäischen Gemeinschaft zu erwarten ist. Daran anschließend wird die unterschiedliche Protektion für einzelne Agrarprodukte und die Präferenzen der Politiker für die Wahl und Dosierung einzelner Instrumente analysiert. Das Kapitel endet mit einer Diskussion der möglichen Weiterentwicklung der EU-Agrarmarktpolitik unter politikökonomischen Gesichtspunkten.

8.1 Gründe für einen unterschiedlichen Protektionsgrad in Industrie- und Entwicklungsländern

Der folgende politikökonomische Erklärungsansatz basiert weitgehend auf der zusammenfassenden Darstellung von *Tyers* und *Anderson*[40]. Die Autoren unterscheiden lediglich drei Akteure in der Agrarpolitik: die Politiker, die landwirtschaftlichen Interessengruppen und die Verbraucher.

[40] *Tyers, R.* and *K. Anderson*, Disarray in World Food Markets. A Quantitative Assessment. Cambridge 1992.

Die grundlegende Hypothese der Analyse ist, dass sich alle Gruppen rational verhalten. Sie versuchen, ihre Zielfunktion zu maximieren. Bei diesem Bestreben unterliegen sie aber Beschränkungen.

Für die Politiker wird angenommen, dass sie sich in regelmäßigen Abständen der Wiederwahl stellen müssen. Der Entscheidungsprozess wird damit in einem demokratischen System erklärt. Als Ziel der Politiker wird unterstellt, dass sie Einkommen, persönliches Ansehen und Macht maximieren wollen und dass sie die Ziele am besten durch die Ausübung eines politischen Amtes erreichen können. Ob Politiker nicht bei alternativen Beschäftigungen ein höheres Einkommen erhalten würden, hängt von der Ausgestaltung des politischen Systems ab. Unterstellt man aber nicht-altruistische Verhaltensweisen, dann haben Politiker durch die Amtsübernahme ihre Präferenzen enthüllt. Es kann dann angenommen werden, dass Einkommen, Macht, persönliches Ansehen und andere Variablen, die in ihre Zielfunktion eingehen mögen, besser bei der Ausübung eines politischen Amtes als bei alternativer Tätigkeit verwirklicht werden können.

Aus der Zielfunktion und den Beschränkungen kann abgeleitet werden, dass die Politiker versuchen werden, die Stimmen bei der nächsten Wahl zu maximieren. Wären alle Bürger voll informiert und würden sich als mündige Bürger verhalten, würde jede Wahl die Präferenzen der Bürger enthüllen. Es würde der Politiker gewählt werden, der die Wohlfahrt der Mehrheit der Bürger am stärksten erhöht. Politiker, die sich der Wahl stellen, wissen aber, dass die Bürger nicht voll informiert sind. Politiker können daher durch Wohltaten für einzelne Gruppen das Wahlergebnis zu ihren Gunsten entscheiden. Dies wird dann eintreten, wenn die Begünstigten durch Stimmabgabe stärker als die Benachteiligten reagieren.

Nach *Downs* ist zu beobachten, dass demokratisch gewählte Regierungen stärker die Interessen der Produzenten als der Konsumenten berücksichtigen[41], weil Produzenten besser über die Wohltaten der Politiker informiert sind als die Konsumenten über die Nachteile. Diese zunächst plausible Hypothese muss offensichtlich revidiert werden. In Entwicklungsländern werden die Agrarproduzenten tendenziell eher zugunsten der Konsumenten besteuert. Es kann daher nur die grundlegende Aussage von *Downs* übernommen werden, dass sich die Protektion oder auch die Besteuerung der Landwirte als Ergebnis der Kräfte auf einem **politischen Markt** einstellen.

Die Politiker bieten Protektion an. Sie müssen aber damit rechnen, dass sie durch die Verwirklichung eines bestimmten Protektionsgrades auch Nachteile in Kauf nehmen müssen. Konsumenten können die Politiker z.B. durch Stimmenthaltung oder Wahl der Gegenpartei bestrafen. Es ist damit zu rechnen, dass die Grenzkosten eines zunehmenden Protektionsgrades steigen. Je höher der Protektionsgrad, umso mehr Konsumenten werden darüber informiert sein oder auch bei

---

[41] *Downs, A.*, An Economic Theory of Democracy. New York 1957.

gleicher Information den Protektionsgrad für übertrieben erachten und daher den Politiker durch Stimmentzug bestrafen. Trägt man demnach in einem Diagramm auf der Ordinate die Grenzkosten in Abhängigkeit vom Protektionskoeffizienten ein, so wird man einen steigenden Verlauf der Angebotskurve von Protektion unterstellen können. Der Protektionskoeffizient gibt die Relation zwischen Inlands- und Weltmarktpreisen an (p_i/p_w). Im *Schaubild 8.1* ist sowohl die Situation für Industrieländer als auch für Entwicklungsländer angegeben. Es wird angenommen (siehe auch weiter unten), dass die Politiker in Entwicklungsländern negative und in Industrieländern positive Protektion für Agrarproduzenten anbieten.

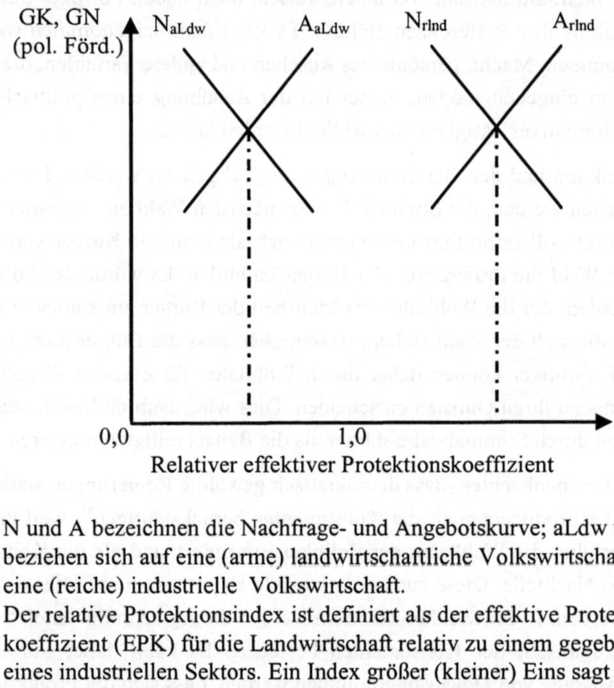

N und A bezeichnen die Nachfrage- und Angebotskurve; aLdw und rInd beziehen sich auf eine (arme) landwirtschaftliche Volkswirtschaft und eine (reiche) industrielle Volkswirtschaft.
Der relative Protektionsindex ist definiert als der effektive Protektionskoeffizient (EPK) für die Landwirtschaft relativ zu einem gegebenen EPK eines industriellen Sektors. Ein Index größer (kleiner) Eins sagt aus, dass staatliche Eingriffe eine effektive Subventionierung (Besteuerung) der Landwirtschaft relativ zum industriellen Sektor darstellt.

Quelle: *Tyers, R.* and *K. Anderson,* Disarray in World Food Markets. A Quantitative Assessment. Cambridge 1992, S. 85.

Schaubild 8.1: Der politische Markt für Agrarprotektion

Die Nachfrager nach Agrarprotektion bzw. Besteuerung sind in Industrieländern die Landwirte und in Entwicklungsländern die Konsumenten. Es kann angenommen werden, dass eine fallende Nachfragekurve existiert. Mit zunehmender

Protektion wird z.B. der einzelne Landwirt einen abnehmenden Nutzenzuwachs verbuchen können. Je höher der Protektionskoeffizient ist, umso größer wird die Gruppe der Landwirte. Die Abwanderungsrate sinkt und von dem erhöhten Agrareinkommen verbleibt für den einzelnen Landwirt ein sehr kleiner Teil. Der Grenznutzen nimmt daher aus Sicht der begünstigten Landwirte ab.

In Entwicklungsländern sind Landwirte weder gut informiert, noch gut organisiert. Es scheint daher verständlich, dass eigennützige Politiker weniger daran denken, Landwirte in Entwicklungsländern zu begünstigen. Wichtiger ist hier die Gruppe der Konsumenten; sie sind besser informiert und organisiert als Landwirte. Der Politiker wird daher bei den unterstellten Hypothesen dazu neigen, die Landwirte zugunsten der Verbraucher zu besteuern. Es ergibt sich eine negative Protektion bzw. ein Protektionskoeffizient von kleiner als Eins. Im Folgenden werden die Bestimmungsgründe des Protektionskoeffizienten diskutiert.

8.1.1 Einkommensverteilungswirkungen

Die Begünstigung der einen Gruppe und die Benachteiligung der anderen Gruppe ist an den Verteilungswirkungen abzulesen. Die Verteilungswirkungen der Agrarprotektion werden von folgenden Variablen bestimmt:

a) Die Bedeutung des Anteils der im Agrarsektor Beschäftigten an der Gesamtzahl der Beschäftigten

In den Entwicklungsländern ist der Anteil der in der Landwirtschaft Beschäftigten sehr viel höher als in den Industrieländern. Eine marginale Erhöhung des Agrarpreisniveaus (Steigerung des Protektionskoeffizienten) wird daher in den Industrieländern das Einkommen eines einzelnen Landwirtes sehr viel mehr erhöhen als in den Entwicklungsländern. Folglich kann erwartet werden, dass der Grenznutzen der Agrarprotektion für einzelne Landwirte in Industrieländern größer ist als in Entwicklungsländern. Politiker werden daher Landwirte in den Industrieländern eher begünstigen als in den Entwicklungsländern.

b) Die Bedeutung des Anteils der Ausgaben für Nahrungsmittel an den Gesamteinkommen

Wie durch das *Engel*sche Gesetz dargestellt, sinkt mit steigendem Einkommen der Anteil der Nahrungsmittelausgaben. Daraus folgt, dass die Nahrungsmittelpreise für die Konsumenten in den Entwicklungsländern eine größere Bedeutung haben als in den Industrieländern. Konsumenten haben daher auch in Entwicklungsländern ein größeres Interesse, sich über die Höhe der Nahrungsmittelpreise zu informieren und politisch Einfluss zu nehmen. Wenn Politiker in diesen Ländern die Agrarpreise zugunsten der Landwirte verändern würden, hätten sie mehr mit Gegenreaktionen der Konsumenten zu rechnen als Politiker in Industrieländern. Die politische Bedeutung der Nahrungsmittelpreise verändert sich somit mit der wirtschaftlichen Entwicklung eines Landes. Bei niedrigem Gesamteinkommen sind die Preise für die Grundnahrungsmittel aus Sicht der städtischen Bevölkerung bzw. der Industriearbeiter von Bedeutung; mit höherem Einkommen der Bevölkerung werden die Agrarpreise aus Sicht der Landwirte von großer Bedeutung.

c) Die Bedeutung der Vorleistungsintensität

Das Sektoreinkommen (Y) ergibt sich aus folgender Gleichung:

$$Y = pq - rV \tag{8.1}$$

mit

p = Produktpreisniveau

q = Menge der Agrarproduktion

r = Preis für Vorleistungsgüter und

V = Menge der Vorleistungsgüter.

Die prozentuale Änderung des Einkommens ergibt sich demnach aus:

$$\frac{dY}{Y} = \frac{pq}{Y} \cdot \left(\frac{dp}{p} + \frac{dq}{q} \right) - \frac{rV}{Y} \cdot \left(\frac{dr}{r} + \frac{dV}{V} \right). \tag{8.2}$$

Eine 1%ige Erhöhung des Agrarpreisniveaus würde als direkte Wirkung, d.h. ohne Anpassung des Vorleistungseinsatzes und damit der Agrarproduktion, zu einer Einkommenssteigerung gemäß Gleichung (8.3) führen.

$$\frac{dY}{Y} = \frac{pq}{Y} \cdot \frac{dp}{p}. \tag{8.3}$$

Die prozentuale Einkommenssteigerung als Folge einer 1%igen Agrarpreisanhebung ist somit umso größer, je größer pq/Y ist und damit umso größer, je höher der Anteil des Vorleistungswertes am Produktionswert ist. Da in Entwicklungsländern der Anteil des Vorleistungswertes am Produktionswert der Landwirtschaft bedeutend kleiner ist als in Industrieländern, führt eine 1%ige Anhebung des Agrarpreisniveaus als direkte Wirkung zu einer prozentual stärkeren Anhebung der Agrareinkommen in Industrieländern als in Entwicklungsländern. Politiker können daher mit geringeren Nachteilen für die Verbraucher Wohltaten für die Produzenten in Industrieländern verteilen. Die differenzierte Wirkung auf die Agrareinkommen wird durch unterschiedliche Anpassungsreaktionen in den Industrie- und Entwicklungsländern noch verstärkt.

Aus Gleichung (8.2) folgt, dass bei gegebener Vorleistungsintensität in der Ausgangsperiode die prozentuale Steigerung des Agrareinkommens umso größer ist, je stärker dq/q als Folge der Preisanhebung steigt. Schreibt man für

$$\frac{dq}{q} = \varepsilon^S \frac{dp}{p} \tag{8.4}$$

mit ε^S für die Preiselastizität des Angebots und fügt man dies in Gleichung (8.2) ein, so erhält man:

$$\frac{dY}{Y} = \frac{pq}{Y}\frac{dp}{p}(1+\varepsilon^S) - \frac{rV}{Y}\left(\frac{dr}{r} + \frac{dV}{V}\right). \tag{8.5}$$

Die prozentuale Einkommenssteigerung wird als Folge der Anpassung umso größer sein, je größer die Preiselastizität des Angebotes ist, je geringer die Vorleistungspreise steigen und je geringer der Vorleistungseinsatz steigt. Da die Landwirtschaft in Industrieländern ein relativ kleiner Sektor ist, wird hier die erhöhte Nachfrage nach Vorleistungsgütern als Folge der Agrarproduktpreissteigerung weniger zu einer Minderung der positiven Einkommenseffekte führen als in Entwicklungsländern. Es kann daher vermutet werden, dass auch die Einkommenswirkung der Anpassung in Industrieländern positiver ausfällt als in Entwicklungsländern.

d) Die Bedeutung der Unterschiede in der Entwicklung der komparativen Kosten

Staatliche Eingriffe mit einkommenspolitischer Zielsetzung hängen auch davon ab, wie sich die Einkommensverteilung ohne staatliche Eingriffe als Folge der Marktkräfte verändern würde. Im Verlauf der wirtschaftlichen Entwicklung einer Volkswirtschaft wird zunehmend Kapital akkumuliert. Die Bedeutung des Bodenkapitals für den gesamtwirtschaftlichen Kapitalstock sinkt daher. Damit führt die veränderte relative Faktorausstattung in der Volkswirtschaft auch zu einer Änderung der relativen internationalen Wettbewerbsfähigkeit der Sektoren. Die komparativen Kostenvorteile der Landwirtschaft sinken mit der Entwicklung. Die Landwirtschaft wird daher in der Mehrzahl der Industrieländer zu einem schrumpfenden Sektor. Unter marktwirtschaftlichen Bedingungen steigen die Faktoreinkommen in den schrumpfenden Sektoren weniger als in anderen Wirtschaftszweigen. Eingriffe zugunsten der Landwirte können daher verteilungspolitisch leichter begründet werden.

e) Bedeutung der Unterschiede in der Besteuerung

Die Landwirtschaft wird in vielen Entwicklungsländern nur marginal direkt besteuert, da die Einkommen einer weitgehend auf Subsistenz ausgerichteten kleinstrukturierten Landwirtschaft nur schwer zu erfassen sind. Auch wenn es in Industrieländern in der Regel eine Vielzahl von Steuervergünstigungen gibt, ist die marginale Steuerquote von Bedeutung. Wenn Politiker Landwirte in Industrieländern begünstigen, wird den Landwirten ein Teil in Form der Steuern wieder entzogen. Es fällt dem Politiker daher leichter, den Landwirten in Industrieländern Wohltaten zukommen zu lassen als in Entwicklungsländern.

Zusammenfassend kann demnach vermutet werden, dass Politiker dazu tendieren werden, eher Landwirte in Industrieländern als in Entwicklungsländern zu begünstigen.

8.1.2 Die politische Macht von Interessengruppen

a) Die Bedeutung der Landwirte als Wählergruppe

Landwirte sind in den meisten Industrieländern eine relativ homogene Wählergruppe. Politische Parteien bemühen sich daher häufig, diese Wählergruppe anzusprechen. Erstaunlicherweise nehmen auch die Parteien, die in der Regel nur wenig Stimmen aus dem Kreis der Landwirte erhalten, Rücksicht auf die Landwirte bei der Gestaltung ihrer Politik oder bei der Formulierung ihrer Parteiprogramme. Zum einen scheinen die bisher in der Gunst der Landwirte wenig geschätzten Parteien auf einen Umschwung in der Meinung zu hoffen; zum anderen kann aber auch eine Stimmenthaltung der Landwirte bereits eine entscheidende Rolle für das Wahlergebnis spielen. Die Geschichte der Bundesrepublik mit häufigen Wahlen auf Landes-, Bundes- und EU-Ebene zeigt, dass Landwirte insbesondere in Wahljahren in den Genuss von besonderen Vergünstigungen kamen. Auch kann am Beispiel der Bundesregierung gezeigt werden, dass Wahlenthaltungen der Landwirte auf Landesebene zur Ablösung von Regierungen geführt haben.

In Entwicklungsländern sind dagegen die Landwirte als Wählergruppe von geringerer Bedeutung. Zwar leben in den Entwicklungsländern mehr Menschen von einer Tätigkeit in der Landwirtschaft, doch ist der größte Teil von ihnen arm und nicht gut organisiert. Landwirte können sich daher in diesen Ländern weniger gut in der Politik durchsetzen als in den Industrieländern.

b) Die Bedeutung der Organisationsfähigkeit der Wählergruppen

Es scheint erstaunlich, dass eine kleine Wählergruppe, wie die der Landwirte, in Industrieländern eine größere Bedeutung für das Verhalten der Politiker haben soll als größere Wählergruppen, wie z.B. die Gruppe der Konsumenten, der Verband der Industrie oder auch die Gruppe der Landwirte in Entwicklungsländern. Eine Erklärung bietet die bahnbrechende Arbeit von *Olson*[42]. Die Bedeutung von

---

[42] *Olson, M.*, The Logic of Collective Actions. Cambridge, MA 1965.

Wählergruppen hängt nach *Olson* von zwei Bestimmungsgründen ab: Der Größe einer Gruppe und deren Organisationsstärke.

Nach *Olson* gibt es eine negative Korrelation zwischen den beiden Bestimmungsgründen. Je größer eine Gruppe ist, umso schwerer ist es, sie zu organisieren. Die Organisationsstärke einer Gruppe hängt davon ab, welche Vorteile sich der Einzelne durch die Mitgliedschaft und möglicherweise aktive Teilnahme versprechen kann. Kommen Einzelne auch in den Genuss der Aktivitäten der Gruppe, ohne Mitglied zu sein, so ist die Neigung, sich als **Free rider** zu verhalten, groß. Man schätzt zwar die Aktivität der Gruppe, ist aber nicht bereit, auch dafür zu zahlen. Die Mitgliedschaft in einer Gruppe kann attraktiver werden, wenn die Mitglieder **selektive Anreize** erhalten oder wenn zwischen der Mitgliedschaft und dem individuellen Nutzen eine direkte Beziehung besteht. Selektive Anreize können z.B. durch Weitergabe von wichtigen Informationen nur an Mitglieder der Gruppe oder durch spezielle Beratung gegeben werden. Der Bauernverband kann z.B. durch eine intransparente, protektionistische Agrarpolitik gestärkt werden. Der hohe Informationsbedarf des einzelnen Landwirtes kann anderweitig als durch eine Mitgliedschaft im Bauernverband nicht günstiger befriedigt werden.

In einer kleinen Gruppe ist es für den Einzelnen auch sichtbarer, dass seine Aktivität für die Gruppe – die mindestens in der Zahlung des Mitgliedsbeitrags besteht – die Durchsetzungskraft der Gruppe im politischen Raum stärkt und daher zu persönlichem Nutzen führt. Solidarisches Verhalten ist eher in kleinen als in großen Gruppen zu erwarten.

Durch das kollektive Verhalten ist demnach zu erklären, dass die Gruppe der Landwirte in Entwicklungsländern trotz eines relativ großen Anteils an der Gesamtbevölkerung ein relativ geringes politisches Gewicht hat, während die Landwirte in Industrieländern trotz eines relativ geringen Anteils an der Gesamtbevölkerung ein relativ großes politisches Gewicht haben können.

Aus den Ausführungen *Olson*s folgt natürlich nicht, dass das politische Gewicht einer Gruppe mit abnehmender Gruppengröße stetig steigt. Sowohl Gruppengröße als auch Organisationsstärke spielen eine Rolle. *Anderson* und *Hayami* haben die Beziehung zwischen Gruppengröße und politischem Gewicht in einer Länderquerschnittsanalyse untersucht[43]. Sie kommen zu dem Ergebnis, dass die politische Durchsetzungsfähigkeit der Landwirte sinkt, wenn ihr Anteil an den Beschäftigten in der Volkswirtschaft auf unter 5 % sinkt. Natürlich gilt diese Prozentzahl nicht für jedes Land. Wie oben ausgeführt, kann eine unterschiedlich ausgestaltete Agrarpolitik zu einer – im internationalen Vergleich – überdurchschnittlich hohen Mitgliederzahl führen. Auch ist die Form der Organisation von

---

[43] *Anderson, K.* und *Y. Hayami*, The Political Economy of Agricultural Protection. Sydney 1986.

Bedeutung. Ein zentraler Verband wird z.B. in der Regel eine höhere Durchsetzungskraft haben, als eine Vielzahl von Verbänden.

8.1.3 Die sozialen Präferenzen der Gesellschaft

Die Grenzkosten des Angebots von Agrarprotektion sind für den Politiker umso niedriger, je mehr die Gesellschaft akzeptiert, dass Agrarproduktion etwas Besonderes darstellt, die Gruppe der Landwirte eine besondere Rolle in der Gesellschaft einnimmt und daher auch eine besondere Förderung erhalten sollte.

Es kann in der Tat beobachtet werden, dass die Präferenzen der Gesellschaft in vielen Ländern der Agrarprotektion förderlich sind. Bürger können begründet befürchten, dass die Inlandspreise ohne Agrarprotektion stärker als mit Protektion schwanken würden. Auch wenn gezeigt werden kann, dass die gesellschaftliche Wohlfahrt höher sein kann, wenn die Inlandspreise an schwankende Weltmarktpreise angepasst werden, können Mitglieder der Gesellschaft dennoch für stabile Preise votieren. Stabilität der Preise verringert die Unsicherheit und kann daher ein Element der Wohlfahrtsfunktion sein.

Mitglieder einer Gesellschaft können bereit sein, die volkswirtschaftlichen Kosten des Agrarprotektionismus in Kauf zu nehmen, weil sie sich dadurch eine größere Versorgungssicherheit mit Nahrungsmitteln erhoffen. Es ist dabei unerheblich, ob der Agrarprotektionismus wirklich zu einer größeren Versorgungssicherheit beitragen kann. Wichtig ist, welche Argumente die Bürger für die Rechtfertigung des Agrarprotektionismus akzeptieren.

In der politischen Diskussion wird in den Industrieländern auch gelegentlich die besondere Rolle des Agrarprotektionismus für die politische Stabilität auf dem Land betont. In Entwicklungsländern ist dagegen ein niedriges Niveau der Nahrungsmittelpreise – und damit eine Besteuerung der Landwirte – für die politische Stabilität in den Städten von Bedeutung. Der Übergang zu Freihandel kann in Entwicklungsländern den Verlust des politischen Mandats der Regierungen bedeuten.

In Industrieländern wird gelegentlich angeführt und auch durch Umfragen belegt, dass Stadtbewohner dem Leben auf dem Land einen besonderen Wert beimessen und sie daher auch bereit sind, einen Preis für die Erhaltung der von ihnen unterstellten ländlichen Idylle zu zahlen.

Mit diesen Ausführungen kann erklärt werden, dass Entwicklungsländer dazu neigen, ihre Landwirtschaft zu besteuern und die Industrie eher stützen. Im Folgenden soll mit Hilfe der gleichen Grundüberlegungen dargestellt werden, warum einzelne Industrieländer bei gleicher Bedeutung der Landwirte als Wähler unterschiedliche Protektionsniveaus wählen.

8.2 Gründe für einen unterschiedlichen Protektionsgrad zwischen Industrieländern

Auf die Bedeutung der Landwirte als Wählergruppe wurde bereits oben eingegangen. Es sind daher im Folgenden weitere Bestimmungsfaktoren darzustellen.

a) Die Bedeutung der Ausgangslage

Es kann beobachtet werden, dass die grundlegenden Weichen für protektionistische Agrarpolitiken in einzelnen Ländern in der Regel in Krisenzeiten gestellt wurden oder sich als Ergebnis einer besonderen Konstellation in der Vergangenheit ergaben. So sind zum Beispiel die Grundelemente der US-Agrarpolitik in der Weltwirtschaftskrise eingeführt worden. Die heutige EU-Agrarpolitik ist weitgehend auf die Grundkonzeption der Gemeinsamen Agrarmarktordnungen, die in den sechziger Jahren entworfen wurden, zurückzuführen. Es gibt offensichtlich eine starke Überlebensfähigkeit protektionistischer Politiken auch bei grundlegender Änderung der Rahmenbedingungen. Wenn man also die heutige Politik in einem Land erklären will, ist ein Rückblick unerlässlich. Das Beharrungsvermögen protektionistischer Politiken kann mit einem Sperrklinkeneffekt verglichen werden. Einzelne protektionistische Maßnahmen ziehen eher weitere staatliche Eingriffe nach sich als eine Rücknahme.

Das Fortbestehen des Protektionismus kann insbesondere durch das Wirken der Interessengruppen erklärt werden. Einzelne protektionistische Maßnahmen schaffen häufig eine relativ klar identifizierbare Gruppe von Begünstigten. Die Gruppen erhalten ökonomische Renten. Sie werden sich daher relativ leicht organisieren lassen und für ein Fortbestehen der Maßnahmen kämpfen. Die europäische Zuckermarktordnung kann als ein Beispiel zitiert werden. Die Quotierung der Zuckerrübenproduktion zu Beginn der EU-Zuckermarktordnung im Jahr 1967/68 war zu damaliger Zeit vielleicht noch zu vertreten. Zuckerrüben wurden arbeitsintensiv in kleinen und mittelbäuerlichen Betrieben produziert. Der Schutz der Zuckerrübenproduktion kam damit dem Ziel der Politiker, eine bäuerliche Landwirtschaft zu fördern, entgegen. Inzwischen hat sich die Technologie der Zuckerrübenproduktion aber grundlegend gewandelt. Zuckerrüben werden heute kapitalintensiv vornehmlich in überdurchschnittlich großen Betrieben erzeugt. Empirische Untersuchungen zeigen zum Beispiel, dass ein großer Teil der betrieblichen Einkommensunterschiede durch die Höhe der Zuckerrübenquote erklärt werden kann. Dennoch wird die Zuckermarktordnung der EU immer wieder verlängert. Politiker haben es offensichtlich schwer, sich gegen Interessengruppen durchzusetzen und den Status quo zu ändern.

b) Die Bedeutung der inländischen Versorgungslage und der Höhe der Staatsausgaben

Oben wurde bereits ausgeführt, dass Politiker bei der Wahl bestimmter Politiken auch die Reaktion der benachteiligten Bürger berücksichtigen. Es kann davon ausgegangen werden, dass die Verbraucher als Benachteiligte des Agrarprotektionismus insbesondere über die Wirkung von agrarpolitischen Maßnahmen auf die Staatsausgaben informiert sind. Zwar sind die Staatsausgaben weder ein sinnvoller Indikator für die gesamtwirtschaftlichen Effekte einer Politikmaßnahme, noch geben sie an, wie die Verbraucher insgesamt durch Politiken belastet werden. Dennoch sind Staatsausgaben ein sichtbarer Effekt staatlicher Eingriffe und werden daher von den Verbrauchern eher beachtet als Maßnahmen, die zwar unsichtbar die Wohlfahrt verringern, nicht aber Staatsausgaben beanspruchen.

Aus der Bedeutung der Staatsausgaben folgt, dass Industrieländer mit einem Einfuhrbedarf von Agrarprodukten eher dazu neigen, ihre Landwirtschaft durch Preisstützung zu fördern.

c) Die Bedeutung der relativen Einkommenslage der Landwirtschaft

Es ist einleuchtend, dass sich Interessengruppen bei der Forderung nach Protektionismus umso eher durchsetzen werden, je besser sie ihre Forderung durch eine "unzureichende" Einkommenslage belegen können. Agrarpolitiker in Industrieländern begründen staatliche Eingriffe in die Agrarpreisbildung vornehmlich durch den Einkommensanspruch der Landwirte. Ob durch Beeinflussung der Produktpreisbildung auch tatsächlich das Einkommen der Landwirte mittel- und langfristig angehoben werden kann, ist eine Faktenfrage, die bei der Politikgestaltung bisher eine geringe Rolle gespielt hat. Wichtig für die Politik ist demnach, dass Landwirte und Politiker der Meinung sind, dass durch Eingriffe auf den Produktmärkten die Einkommenslage der Landwirte verbessert werden kann.

Erstaunlich mag auch sein, dass Politiker in Industrieländern in der Regel nur unzureichend über die personelle Einkommenslage der Landwirte informiert sind. Auch hier scheint lediglich wichtig zu sein, dass die Landwirte den Politikern ihre unzureichende Einkommenslage glaubhaft vermitteln können.

Munk versuchte, die Entwicklung der **Produzentensubventionsäquivalente (Producer Subsidy Equivalents, PSE)** in den einzelnen OECD-Ländern durch die beiden Variablen Exportabhängigkeit und relative Einkommensposition zu erklären und fand eine signifikante Beziehung[44]. Die Producer Subsidy Equiva-

[44] *Munk, K.*, Explaining Agricultural Policy. In: *A. Larsen* et al., EC Agricultural Policy for the 21st Century. European Commission. "European Economy", Reports and Studies Nr. 4. Brüssel 1994, S. 113 ff.

lents sind ein Maßstab dafür, um welchen Betrag die Einkommen der Landwirte höher sind als in einer Situation ohne staatliche Eingriffe. Als Variable für die relative Einkommenslage wurde die Relation der Wertschöpfung pro Arbeitskraft in der Landwirtschaft zur Gesamtwirtschaft gewählt.

Die Bedeutung dieser beiden Variablen, relative Einkommenslage und Exportabhängigkeit (bzw. inländische Versorgungslage), für die Intensität staatlicher Eingriffe zugunsten der Landwirte wird durch *Schaubild 8.2* und *Schaubild 8.3* untermauert. Je schlechter die relative Einkommenslage ist, umso höher ist der Anteil der Producer Subsidy Equivalents am Wert der Agrarproduktion. Je höher der Anteil der Agrarexporte an der Agrarproduktion ist, umso geringer ist der Anteil der Producer Subsidy Equivalents.

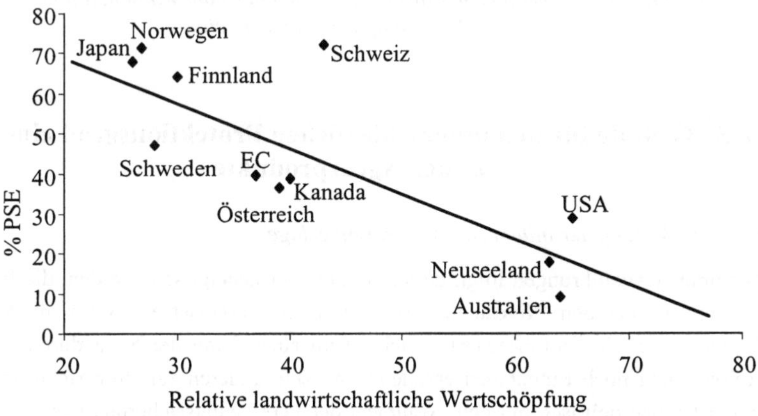

Wertschöpfung in der Landwirtschaft je Erwerbstätigen in der Landwirtschaft dividiert durch Wertschöpfung der Volkswirtschaft je Erwerbstätigen in der Volkswirtschaft.

Quelle: *Munk, K.*, a.a.O., S. 111.

Schaubild 8.2: Einkommenstransfer zugunsten der Landwirtschaft und relative Einkommenslage

Auch wenn man mit den beiden Variablen das Niveau der Förderung der Landwirtschaft relativ gut erklären kann, gibt es doch große Unterschiede in der Förderung der Protektion einzelner Agrarprodukte. Den Bestimmungsgründen für die produktspezifische Förderung soll im Folgenden nachgegangen werden.

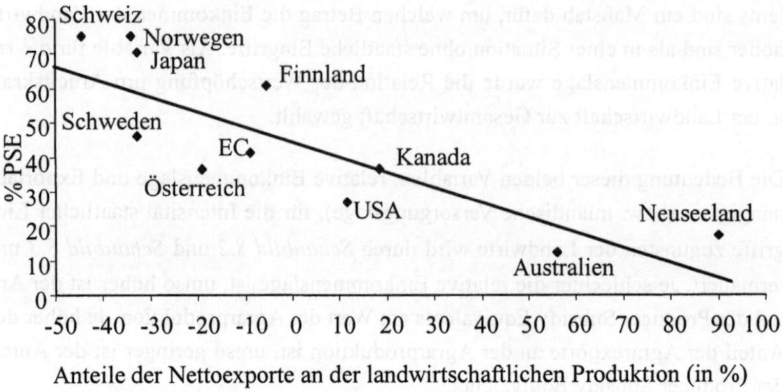

Quelle: *Munk, K.*, a.a.O., S. 112.

Schaubild 8.3: Einkommenstransfer zugunsten der Landwirtschaft und Bedeutung des Exportanteils

8.3 Gründe für den unterschiedlichen Protektionsgrad einzelner Agrarprodukte

a) Die Bedeutung der inländischen Versorgungslage

Aus obigen Ausführungen folgt, dass Politiker eher geneigt sein werden, die Inlandspreise über dem Niveau der Weltmarktpreise festzusetzen, wenn für das Produkt noch ein Einfuhrbedarf besteht. Zum einen kann der Staat durch die Preisstützung noch Einnahmen erzielen[45] und zum anderen kann die Belastung an der Grenze politisch mit dem Argument der Versorgungssicherung begründet werden. Weiterhin scheinen Außenhandelspartner weniger staatliche Maßnahmen zur Begrenzung der Einfuhren als der Förderung der Exporte zu kritisieren[46].

In der Europäischen Gemeinschaft wurde in den siebziger Jahren häufig von **strukturellen Überschüssen** auf den Agrarmärkten gesprochen: Bei einigen Produkten wurde im Inland mehr produziert als nachgefragt, es lag also ein ex-

[45] Beachte: Eine stetige Anhebung der inländischen Preise über das Niveau der Weltmarktpreise führt selbst bei weiterhin bestehendem Einfuhrbedarf nicht zu einer stetigen Steigerung der Staatseinnahmen. Es steigt zwar stetig die Belastung je eingeführter Produkteinheit an der Grenze, aber es geht auch stetig der Einfuhrbedarf zurück. Entscheidend ist daher die Preiselastizität der Einfuhrmenge.

[46] Diese Beobachtung mag erstaunen, da sowohl von Belastungen der Einfuhren als auch von Förderungen der Exporte ein gleicher Terms of Trade Effekt zum Nachteil der Exportländer ausgehen kann. Die Effekte werden aber unterschiedlich wahrgenommen. Außerdem ist die Begrenzung der Einfuhren als Maßnahme, die von der Mehrzahl der Länder angewendet wird, international leichter zu rechtfertigen als eine Förderung der Exporte.

portierbarer Überschuss vor, während bei anderen Produkten noch ein Einfuhrbedarf bestand. Mit der Begriffswahl sollte angedeutet werden, dass durch Änderung der inländischen Produktionsstruktur die Ausgaben hätten reduziert werden können. Ob dies tatsächlich möglich wäre, ist eine Faktenfrage. Auch wohlfahrtstheoretisch wäre eine solche Politik bedenklich. Eine Beseitigung der strukturellen Überschüsse bedeutet implizit eine Bewegung in Richtung Autarkie (d.h. einen Selbstversorgungsgrad von 100 %) auf einzelnen Agrarmärkten und hätte daher negative Wohlstandswirkungen zur Folge. Dennoch kann beobachtet werden, dass der Protektionsgrad in der Regel für Einfuhrprodukte höher als für Ausfuhrprodukte ist.

b) Die Bedeutung von Angebots- und Nachfrageelastizitäten

Eine Anhebung einzelner Inlandspreise über das Niveau der Weltmarktpreise führt je nach Preiselastizitäten der Inlandsnachfrage und des Inlandsangebots zu einer Erhöhung des inländischen Selbstversorgungsgrades. Die negativen Wohlfahrtseffekte steigen progressiv mit der Zunahme des Protektionsgrades.

Dies kann wie folgt gezeigt werden: Annäherungsweise gilt für den Verlust auf der Nachfrageseite:

$$\Delta W = \frac{1}{2}\Delta p \Delta q \tag{8.6}$$

mit

ΔW = Wohlstandsänderung

Δp = Differenz zwischen Inlands- und Weltmarktpreis und

Δq = Nachfrageänderung.

Unter Berücksichtigung der Definition der Preiselastizität der Nachfrage,

$$\varepsilon^D = \frac{\Delta q}{q} \div \frac{\Delta p}{p} = \frac{\Delta q}{q}\frac{p}{\Delta p} \tag{8.7}$$

mit

q = Nachfragemenge,

p = Weltmarktpreis,

bzw. unter Einsetzen der Definition der nominalen Protektionsrate

$$t = \frac{\Delta p}{p} \tag{8.8}$$

erhält man:

$$\Delta W = \frac{1}{2}\Delta p \Delta q = \frac{1}{2}\Delta p \varepsilon^D \frac{\Delta p}{p} q = \frac{1}{2} pq \left(\frac{\Delta p}{p}\right)^2 \varepsilon^D = \frac{1}{2} pqt^2 \varepsilon^D. \tag{8.9}$$

Auf der Nachfrageseite steigen Wohlfahrtsverluste mit steigendem Protektionsgrad progressiv an (quadrierte, nominale Protektionsrate, t^2) und sinken mit abnehmender Preiselastizität der Nachfrage. Eine ähnliche Beziehung kann für die Angebotsseite abgeleitet werden. Da der Politiker bei sinkenden Wohlfahrtsverlusten mit geringeren Stimmenverlusten auf der Seite der betroffenen Konsumenten rechnen kann, ist es verständlich, dass der Protektionsgrad in der Regel umso höher ist, je geringer die nummerischen Werte der Angebots- und Nachfrageelastizitäten sind. Daraus folgt, dass bei bodenabhängigen Produkten die Protektionsraten bei gleicher inländischer Versorgungslage tendenziell höher sind als bei bodenunabhängigen Produkten. Die bodenunabhängige tierische Veredelungsproduktion wurde z.B. in der EU stets sehr viel weniger gestützt als die Getreideproduktion.

8.4 Bestimmungsgründe der Wahl und der Dosierung des Instrumenteneinsatzes

Aus der oben unterstellten Zielfunktion der Politiker kann eine bestimmte Präferenz für die Auswahl und Dosierung der Instrumente abgeleitet werden.

a) Die Bedeutung der Lagerfähigkeit der Produkte

Staatliche Eingriffe auf den Agrarmärkten beschränken sich in den meisten Industrieländern nicht nur auf Maßnahmen an der Grenze, sondern beziehen auch Maßnahmen im Inland mit ein, zum Beispiel in der Form staatlicher Aufkäufe. Maßnahmen im Inland können eher und mit größerer Intensität bei Produkten erwartet werden, die relativ geringe Lagerkosten verursachen. So gibt es zum Beispiel wegen der relativ hohen Lagerkosten das System der Interventionsaufkäufe nicht auf den Obst- und Gemüsemärkten.

b) Die Bedeutung der Kontingentierungsfähigkeit

Durch Kontingentierung der Produktion kann erreicht werden, dass Produktpreisanhebungen keine Wirkung auf die produzierte Menge haben. Die Angebotselastizität wird durch Kontingentierung auf Null reduziert.

Theoretisch kann man natürlich das Angebot aller Produkte durch Kontingentierungen beschränken. Doch sind die administrativen Kosten und die Reaktionen auf der Nachfrageseite bei einzelnen Produkten unterschiedlich. Ein Flaschenhals bei der Vermarktung oder Verarbeitung begünstigt Kontingentierungsmaßnahmen. Es ist daher auch weitgehend die Administrierbarkeit, die den unterschiedlichen Instrumenteneinsatz bei einzelnen Produkten bestimmt und weniger die Notwendigkeit, die Einkommen der Produzenten unterschiedlich zu stützen. Im Gegenteil, Produzenten von Produkten, die kontingentierungsfähig sind, werden tendenziell eher stärker im Einkommen gestützt als Produzenten anderer Produkte.

c) Bevorzugung weniger transparenter Maßnahmen

Politiker können ohne Stimmenverluste bei der nächsten Wahl einzelne Gruppen umso mehr begünstigen, je weniger die benachteiligten Gruppen die Politikwirkungen wahrnehmen. Daraus folgt z.B., dass Preisstützungsmaßnahmen im Vergleich zu direkten Transferzahlungen aus Sicht der Politiker und auch aus Sicht der Begünstigten zu präferieren sind. Bei Preisstützungsmaßnahmen werden die Verbraucher durch politisch gesetzte Preise indirekt besteuert, ohne dass ihnen das Ausmaß der Besteuerung einerseits und der Begünstigung andererseits bekannt ist. Maßnahmen der Preisstützung gewinnen bei sinkenden Weltmarktpreisen an relativer Vorzüglichkeit. Der Verbraucher ist in der Regel nicht über die Höhe der Weltmarktpreise informiert. Er vergleicht daher eher die Entwicklung der Nahrungsmittelpreise im Zeitablauf mit der Entwicklung anderer Preise. Sind die Nahrungsmittelpreise relativ wenig gestiegen, so kann es dem Verbraucher verborgen bleiben, dass er dennoch durch die Preisstützung im Zeitablauf einen höheren Transfer zugunsten der Landwirte geleistet hat. Dieser Sachverhalt wird durch *Schaubild 8.4* für die EU aufgezeigt. Die Agrarpreise in der EU sind von

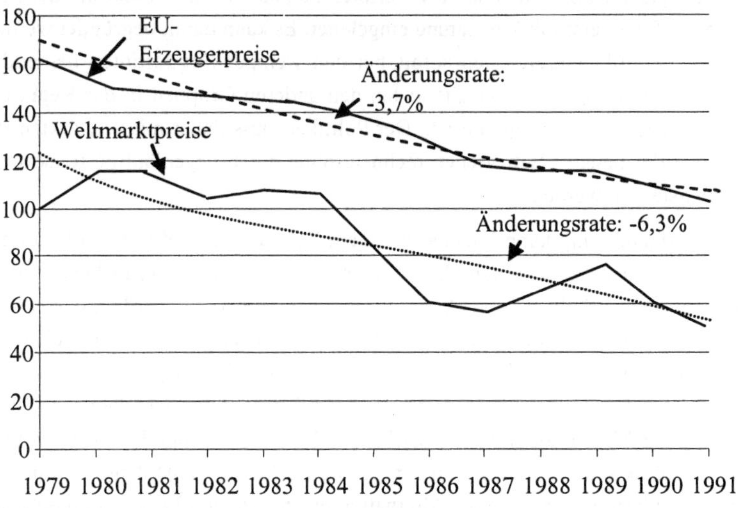

Quelle: *Larsen, A.* et al., EC Agricultural Policy for the 21st Century. European Commission. „European Economy“, Reports and Studies No. 4. Brüssel 1994, S. 17.

Schaubild 8.4: Entwicklung der landwirtschaftlichen Erzeugerpreise in der EU und auf dem Weltmarkt (Index: 1979 = 100)

1979 bis 1991 zwar gesunken, aber weniger als die Weltmarktpreise. Folglich ist die nominale Protektionsrate für Agrarprodukte gestiegen.

Es ist auch verständlich, dass die Begünstigten Maßnahmen der Preisstützung im Vergleich zu Transferzahlungen präferieren. Sie wissen bei der Preisstützung meist nicht, wie stark ihre Einkommenssituation von politischen Entscheidungen abhängt. Sie sind der Meinung, dass Marktpreise ihr Einkommen bestimmen. Direkte Transferzahlungen lassen bei den Begünstigten den Eindruck entstehen, dass sie staatliche Almosen erhalten. Der Fortbestand dieser Zahlungen wird in der Regel eher angezweifelt als der Fortbestand von Preisstützungsmaßnahmen. Diese Einschätzung ist sicher auch nicht unrealistisch. Es kann beobachtet werden, dass Transferzahlungen in einzelnen Ländern mit einer Begrenzung der Zahlung je Berechtigten verbunden sind (Prosperitätsklausel). Die Bezieher hoher Markteinkommen, wie z.B. die Inhaber großer landwirtschaftlicher Betriebe, müssen daher begründet befürchten, dass sie bei Transferzahlungen nicht im gleichen Ausmaß begünstigt werden wie bei Preisstützungsmaßnahmen[47].

d) Verzögerung des Einsatzes von sachgerechten Maßnahmen

Oben wurde bereits allgemein auf den Sperrklinkeneffekt von Politikmaßnahmen hingewiesen. Zeigt sich z.B., dass die Begünstigung einer Gruppe durch die Änderung der ökonomischen Rahmenbedingungen an relativer Vorzüglichkeit zugunsten anderer Politikmaßnahmen verloren hat, so wird die Änderung der Politik in der Regel erst mit Verspätung eingeleitet. Es kann damit begründet werden, dass die Politikänderung sich sofort bei den weniger Begünstigten bemerkbar macht, während der positive Effekt bei den anderen Gruppen in der Regel erst mit zeitlicher Verzögerung auftritt. Der Politiker muss daher mit verstärkten Reaktionen der negativ Betroffenen rechnen, ohne durch gegenläufige Reaktionen kompensiert zu werden.

Die Politikänderung kann leichter zu einem Zeitpunkt eingeführt werden, wenn auch den bisher Begünstigten klar ist, dass eine Fortführung der bisherigen Politik nicht mehr möglich ist. Es kann daher sogar beobachtet werden, dass Politiker bewusst eine Situation schaffen, die einen drastischen Kurswechsel in der Politik erlaubt. Die Milchmarktpolitik der EU kann als Beispiel angeführt werden. So wurde z.B. der Interventionspreis für Butter in den vier Jahren vor Einführung der Milchquotierung um 23,7 %, 9,0 %, 10,0 % und 2,3 % angehoben. Die Einführung der Garantiemengenregelung für Milch wurde dann als Notmaßnahme deklariert, weil man als Alternative nur mit einer 12%igen Preissenkung

[47] Wenn auch verständlich ist, dass sich die Landwirte eine bestimmte Einkommenshöhe lieber durch Preisstützung als durch Transferzahlungen gewähren lassen, folgt daraus natürlich nicht eine gleiche Einschätzung aus gesamtwirtschaftlicher Sicht. Hier ist entscheidend, wie eine gesellschaftlich gewünschte Transferwirkung zugunsten einer Gruppe mit minimaler Belastung für die Benachteiligten geleistet werden kann.

die Produktion hätte ausreichend begrenzen können. Hätte man mit der Preisanhebung vorher nicht so starke Produktionsanreize gegeben, hätte die Marktsituation 1984 auch mit einer geringeren Preissenkung im gewünschten Ausmaß verbessert werden können.

e) Bevorzugung von Instrumenten mit schneller Wirkung

Aus den Wahlzyklen folgt, dass Politiker Maßnahmen mit schneller Wirkung gegenüber Maßnahmen mit langsamer Wirkung bevorzugen. Dies folgt insbesondere auch aus der Tatsache, dass Politiken in der Regel Verteilungswirkungen haben. Es zeigen sich aber bei einzelnen Gruppen schneller, sichtbarer und eindeutig zurechenbarer die negativen Verteilungswirkungen. Allokationswirkungen von Politiken treten dagegen in der Regel erst verzögert auf und wenn sie zu einer allgemeinen Einkommenserhöhung führen, wird diese von den Begünstigten häufig nicht der Politikänderung zugeordnet. Es ist daher verständlich, dass Politiker bei der Auswahl der Instrumente weniger auf Allokationseffekte als auf sichtbare Verteilungseffekte achten.

Wegen der Verzögerung des Mitteleinsatzes und der Bevorzugung von Maßnahmen folgt auch, dass gewählte Maßnahmen häufig zu stark dosiert werden. Durch eine stärkere Dosierung kann eine schnellere Wirkung erzielt werden.

f) Bevorzugung von Maßnahmen, die eine Erhöhung der Regelungsintensität bewirken

Bereits aus der Verzögerung eines sachgerechten Mitteleinsatzes folgt, dass eher eine Tendenz zur Zunahme als zur Abnahme der Regelungsintensität zu beobachten ist. Markwirtschaftliche Maßnahmen werden in der Regel nur eine spätere Wirkung zeigen, während staatliche Regulierungen schneller wirken.

Für eine Bevorzugung von Maßnahmen mit höherer Regelungsintensität spricht auch, dass der Politiker damit seine sichtbare Einflussnahme auf das Wohlergehen der Begünstigten vergrößert und damit auch seine Macht ausweitet.

Die bisherige politökonomische Erklärung ging davon aus, dass die Gruppe der Akteure in der Agrarpolitik (die Spieler) zusammengefasst werden kann und dass länderspezifische Institutionen (die Spielregeln) vernachlässigt werden können. Es wurde gezeigt, dass man sogar unter diesen vereinfachten Annahmen einen Beitrag zur Erklärung agrarpolitischer Entscheidungen leisten kann. Will man aber konkret das agrarpolitische Geschehen in einem Land erklären, so ist eine differenzierte Analyse notwendig. Im Folgenden soll ein Erklärungsansatz für die agrarmarktpolitischen Entscheidungen der Europäischen Union dargestellt werden.

8.5 Politökonomische Analyse der EU-Agrarmarktpolitik

Die Entwicklung auf den Agrarmärkten der EU ist vornehmlich durch Entscheidungen auf EU-Ebene beeinflusst worden. Es sind daher zunächst die Akteure zu identifizieren, die auf die politischen Entscheidungen auf der EU-Ebene einwirken.

8.5.1 Akteure in der EU-Agrarmarktpolitik

Die wichtigsten Akteure in der Gemeinsamen Agrarpolitik (GAP) sind die EU-Kommission, der Agrarministerrat, das Europäische Parlament, der Europäische Gerichtshof und nationale Regierungen (vgl. hierzu auch Kapitel 6.4). Weiterhin nehmen Interessenverbände und internationale Handelspartner auf das Ergebnis der Entscheidungen Einfluss (siehe *Schaubild 8.5*). Der Aktionsspielraum der einzelnen Akteure wurde weitgehend zu Beginn der GAP in den sechziger Jahren festgelegt. Die beiden wichtigsten Akteure agrarpolitischer Entscheidungen auf EU-Ebene sind der Agrarministerrat und die EU-Kommission.

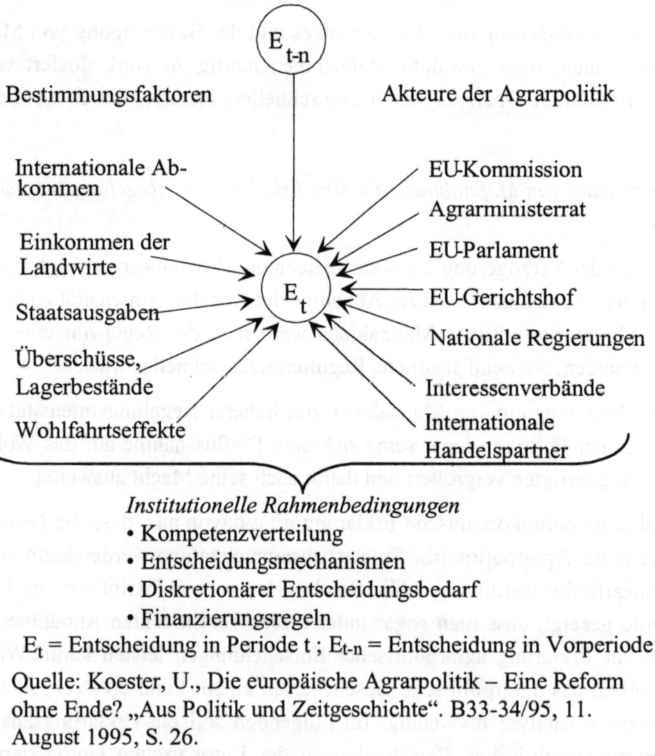

E_t = Entscheidung in Periode t ; E_{t-n} = Entscheidung in Vorperiode

Quelle: Koester, U., Die europäische Agrarpolitik – Eine Reform ohne Ende? „Aus Politik und Zeitgeschichte". B33-34/95, 11. August 1995, S. 26.

Schaubild 8.5: Akteure und Bestimmungsfaktoren agrarpolitischer Entscheidungen

Der Agrarministerrat mit Vertretern der einzelnen Mitgliedsländer und Stimmrecht in loser Beziehung zur Größe der Länder soll auf EU-Ebene die Interessen der Mitgliedsländer einbringen. Hiermit wird einem föderativen Prinzip entsprochen, wie es z.B. in der Bundesrepublik durch den Bundesrat zum Ausdruck kommt. Die Gemeinschaftsinteressen sollen dagegen durch die EU-Kommission vertreten werden. Die Kommissare der Kommission, die eine vergleichbare Verantwortung zu tragen haben wie die Minister in einem nationalen Kabinett, werden zwar von den Regierungen der Mitgliedsländer vorgeschlagen, sie sind aber keinen Weisungen der Regierungen unterworfen und müssen mit dem gesamten Kabinett vom Europäischen Parlament bestätigt werden.

Das Europäische Parlament mit demokratisch gewählten Mitgliedern hat dagegen nur begrenzten Einfluss auf das agrarpolitische Geschehen auf EU-Ebene. Der Europäische Gerichtshof hat zwar nicht die Aufgabe, Agrarpolitik zu gestalten, hat aber durch Auslegung der EU-Gesetze gelegentlich erheblichen Einfluss auf die Gestaltung der Agrarpolitik.

Nationale Regierungen haben weitgehend ihre Kompetenzen in der Agrarpolitik an EU-Organisationen abgegeben. Ihnen verbleibt aber noch die Implementierung der Politiken, die Gestaltung einiger Teilbereiche im Rahmen vorgegebener Rahmenrichtlinien durch die EU sowie die Einflussnahme auf die Entscheidungen auf EU-Ebene.

Während diese fünf Akteure eine gesetzlich festgelegte Aufgabenstellung in der Agrarpolitik haben, versuchen Interessenverbände, wie z.B. europäische und nationale Bauernverbände, Industrieverbände, Verbraucherverbände oder Umweltschutzverbände, indirekt durch Beeinflussung der Entscheidungsträger Einfluss auf das Ergebnis der Entscheidungen zu nehmen. Handelspartner können eine wichtige Rolle bei der Gestaltung nationaler und der EU-Agrarpolitik spielen. Zum einen können sie durch multinationale Verträge, wie zum Beispiel im GATT/WTO, nationalen und supranationalen Entscheidungsträgern mögliche Entscheidungsalternativen einschränken, zum anderen können sie darüber hinaus ebenso wie nationale Interessenvertreter versuchen, Entscheidungen zu beeinflussen.

Der Entscheidungsspielraum der einzelnen Akteure in der europäischen Agrarpolitik ist bereits weitgehend bei der Festlegung der Grundelemente der Gemeinsamen Agrarpolitik, der GAP, in den sechziger Jahren festgelegt worden. Da die damals festgelegten Institutionen (Spielregeln für die Akteure) eine große Bedeutung für die Evolution der EU-Agrarpolitik hatten, wird hierauf im Folgenden eingegangen.

a) Bedeutung der Aufgabenteilung in der Agrarpolitik zwischen Europäischer Gemeinschaft und Mitgliedsländern

Ausgehend von der Vorstellung, dass eine GAP auch gleiche Preise in allen Mitgliedsländern erfordert, wurden die Kompetenzen für die Markt- und Preispolitik auf die EU-Ebene übertragen. In nationaler Zuständigkeit verblieb dagegen lediglich die Durchführung der Agrarstruktur- und -sozialpolitik im Rahmen supranationaler Vorgaben. Da vor Einführung der GAP die Markt- und Preispolitik in den einzelnen Mitgliedsländern das Ziel verfolgte, den Landwirten ein "angemessenes Einkommen" zu garantieren, versuchten die Mitgliedsländer nach der Supranationalisierung der Markt- und Preispolitik weiterhin, auf EU-Ebene das nationale Einkommensziel zu verwirklichen. Es war offensichtlich, dass die nationale Interessendivergenz bei der Verwirklichung dieser Zielsetzung relativ groß war. Man orientiert sich in einem gegebenen Mitgliedsland weniger an dem Einkommen der Landwirte in anderen Mitgliedsländern als an dem Einkommen anderer Sektoren im gleichen Mitgliedsland. Es war daher nicht verwunderlich, dass auf europäischer Ebene unterschiedliche nationale Forderungen bezüglich der Preisfestsetzung für Agrarprodukte angemeldet wurden.

Für die weitere Entwicklung der GAP war von besonderer Bedeutung, dass sie so konzipiert war, dass alljährlich über das Preisniveau und damit über den Außenhandelsschutz entschieden werden konnte. Im Gegensatz zum gewerblichen Sektor, wo ein Außenschutz im Handel mit Drittländern in Form von Wertzöllen festgeschrieben war, war es auf EU-Ebene möglich, für Agrarprodukte jährlich über die Höhe der Zölle und somit Einfuhrpreise zu entscheiden. Die Agrarpreise waren daher von Beginn der GAP an politische Preise. Es sollte daher nicht verwundern, dass die gesetzten Preise nicht Ausdruck der ökonomischen Knappheiten in der Volkswirtschaft waren und sie daher auch nicht zur effizienten Produktion in der EU beitragen konnten.

Die Realität der GAP zeigt deutlich, dass der Agrarministerrat fast ohne Ausnahme bei der Festlegung des jährlichen Preispakets produzentenfreundlicher war, als es der Vorschlag der EU-Kommission vorsah. Die nominale Protektionsrate stieg daher im Zeitablauf.

b) Die Rolle des Agrarministerrats

Der Agrarministerrat hat legislative Aufgaben auf EU-Ebene zu erfüllen. Er kann daher als der wichtigste Akteur in der GAP bezeichnet werden. Es hätte erwartet werden können, dass das legislative Verfahren auf EU-Ebene zu Politikversagen führen würde. Die Minister im Rat sind in der Regel mehr am Wohlergehen der Landwirte als an gesamtwirtschaftlichen Wohlfahrtswirkungen interessiert. Die deutschen Agrarminister bis zur 'Wende' 2000 mögen als ein herausragendes Beispiel zitiert werden. Sie waren fast ausnahmslos starke Vertreter landwirtschaftlicher Interessen. Es war daher auch keine Seltenheit, dass der Bundesminister vor oder nach seiner Tätigkeit als Minister hohe Ämter in landwirtschaftlichen Berufsorganisationen innehatte, so z.B. als Vizepräsident des Deutschen Bauernverbandes oder als Präsident der Deutschen Landwirtschaftsgesellschaft. Nach Presseberichten wurde sogar dem Präsidenten des Bauernverbandes vor einigen Jahren das Amt des Bundesministers für Ernährung, Landwirtschaft und Forsten angetragen. Zwar müssen die Agrarminister wie andere Bundesminister auch bei ihrer Amtsübernahme eidlich versichern, dass sie zum Wohl des gesamten deutschen Volkes tätig sein werden. Es kann aber wohl kaum erwartet werden, dass jemand, der seine politische Unterstützung vornehmlich von einer bestimmten Gruppe in der Gesellschaft erhält, bei der Interpretation des Gesamtwohls völlig unparteiisch ist. Natürlich kann es häufig Interessenkonflikte zwischen einzelnen Gruppen in der Gesellschaft geben, doch wird ein Schlichter mit eindeutigen persönlichen Interessen wohl kaum zu ausgewogenen Kompromissen beitragen. Tatsächlich gibt es eine Reihe von Hinweisen dafür, dass der deutsche Agrarminister öffentlich verkündete, deutsche Interessen seien bei den Entscheidungen gefährdet. In Wirklichkeit war aber nur das Interesse der deutschen Landwirte gefährdet, während die Nicht-Landwirte Vorteile gehabt hätten. Das offensichtlichste Beispiel ist das Verhalten des deutschen Bundesministers Kiechle bei den Preisverhandlungen 1985. Er behauptete, dass die von der EU-Kommission vorgeschlagene 1,8%ige Preissenkung für Getreide deutsche Interessen gefährde. Tatsächlich wäre aber dadurch die Wohlfahrt der deutschen Gesellschaft gestiegen[48].

Es kann aufgrund der Zusammensetzung des Agrarministerrates vermutet werden, dass Entscheidungen des Rates eher Politikversagen als eine adäquate Beseitigung von Divergenzen anzeigen. Es könnte argumentiert werden, dass der Spielraum des Agrarministerrates durch den anderen großen Akteur auf EU-Ebene, die EU-Kommission, genügend ausgeglichen wird. Gemäß dem föderativen Konzept sollen sich die unterschiedlichen nationalen Interessen im Ministerrat niederschlagen, während die Kommission als Hüterin der Verträge das EU-Gesamtwohl zu vertreten hat.

Die Entwicklung der GAP belegt, dass die Kommission nicht in der Lage war, das Gesamtwohl ausreichend gegenüber Partialinteressen durchzusetzen. Die Besonderheiten der GAP erfordern permanente diskretionäre Entscheidungen des Ministerrates, insbesondere Entscheidungen in der jährlichen Agrarpreisrunde. Der Zwang, im Rat in begrenzter Zeit zu einer Entscheidung zu kommen, bedeutet eine erhebliche Beschränkung für das Verhalten der EU-Kommission. So müssen jeweils Vorschläge unterbreitet werden, die wahrscheinlich auch im Rat nach wenigen Modifikationen konsensfähig sind. Der Vorschlag ist daher weniger auf gesamtwirtschaftliche Wohlfahrtsüberlegungen für die EU insgesamt aus-

---

[48] Vgl. *Kirschke, D.* und *U. Koester*, Die hausgemachte Krise in der Agrarpolitik. "Wirtschaftsdienst", Jg. 65, 1985, S. 337.

gerichtet, als auf einen Kompromiss der divergierenden Agrarinteressen in der EU. Die Rolle des Agrarministerrats ist nicht vereinbar mit einem wichtigen Prinzip guter **Governance**[49], der Verantwortlichkeit der Entscheidungsträger.

Diejenigen, die im Rat entscheiden, können für das Ergebnis der Entscheidungen kaum verantwortlich gemacht werden. Erstens ist der Öffentlichkeit nicht bekannt, wer im Rat wofür gestimmt hat. Hiermit wird ein anderes wichtiges Grundprinzip guter Governance verletzt, nämlich die Transparenz von Entscheidungen. Andere legislative Organisationen in Demokratien tagen in der Regel öffentlich, nicht so der Rat. Dennoch wird im Rat über Gesetze mit großer gesamtwirtschaftlicher Bedeutung beschlossen. Zweitens schließt Transparenz auch Informationen über die Wirkung von getroffenen und alternativen Entscheidungen ein. Es kann bezweifelt werden, ob selbst die Ratsmitglieder über Konsequenzen ihrer Entscheidungen und über Wirkungen von alternativen Entscheidungen ausreichend informiert sind. Noch unwahrscheinlicher ist es, dass die Öffentlichkeit ausreichend informiert ist. So wird z.B. nach deutscher Gesetzgebung für alle Maßnahmen von erheblicher finanzieller Bedeutung die Vorlage einer Kosten-Nutzen-Analyse gefordert. Solche Informationen werden in der Regel dem Rat weder vor den Entscheidungen gegeben, noch gibt es eine permanente Kosten-Nutzen-Analyse nach den Entscheidungen und als Erfolgskontrolle (vgl. auch Kapitel 6). Es wäre daher zufällig, wenn der Rat die erstbeste Politikmaßnahme aus gesamtwirtschaftlicher Sicht wählte. Drittens sind die Ratsmitglieder nicht durch Wahlen in den Ländern ausgewählt worden. Sie können daher auch kaum durch demokratische Wahlen kontrolliert werden.

Abschließend kann zu diesem Abschnitt festgehalten werden: Es ist sehr wahrscheinlich, dass der Rat, mehr als von demokratischen Regierungen allgemein erwartet, bei seinen Entscheidungen landwirtschaftliche Interessen berücksichtigt. Die Zusammensetzung des Rats sowie der Mangel an Transparenz und Kontrolle führen zu dieser Aussage.

In den letzen Jahren ist diese tendenzielle Entwicklung etwas abgeschwächt worden. In der Bundesrepublik Deutschland hat es durch den Wechsel im obersten Amt des Bundesministeriums für Ernährung, Landwirtschaft und Forsten eine grundlegende Änderung gegeben. Die Umbenennung in 'Bundesministerium für Verbraucherschutz, Ernährung und Landwirtschaft' deutet auf die geänderte Schwerpunktsetzung hin. Es werden seit dem Ende des Jahres 2000 mehr Verbraucherinteressen als Interessen der Landwirtschaft berücksichtigt. Auf EU-Ebene hat diese Änderung aber nicht zu einer grundlegenden Änderung in der Haltung des Agrarministerrats geführt.

---

[49] Unter Governance versteht man die Art und Weise, wie Macht in einem Land bei der Steuerung der ökonomischen und sozialen Ressourcen ausgeübt wird. Vgl. World Bank, Governance and Development. Washington, D.C. 1992, S. 1.

c) Die Rolle der Kommission der Europäischen Gemeinschaft

Oben wurde bereits betont, dass die Kommission die nationalen Interessen zu harmonisieren hat. Sie wirkt selbst gestaltend auf die Agrarpolitik ein, weil sie das alleinige Vorschlagsrecht für die EU-Gesetzgebung hat und weil sie teilweise den Einsatz der Instrumente selbst vornimmt (z.B. die Festsetzung der Exporterstattungen) oder zu überwachen hat. Es ist im Folgenden zu prüfen, ob die Kommission ihre Aufgabe im gesamtwirtschaftlichen Interesse vornimmt.

Die Kommission ist von ihrer Zusammensetzung her eine typische supranationale Organisation, die übliche Eigenschaften einer Bürokratie aufweist. Nach den Erkenntnissen der Neuen Politischen Ökonomie verfolgen sowohl die Leiter von Bürokratien als auch einzelne Angestellte von bürokratischen Organisationen ihre eigenen persönlichen Ziele unter Berücksichtigung der ihnen auferlegten Beschränkungen. Es ist daher nur verständlich, dass die Kommission eher zu mehr als zu weniger dirigistischen Maßnahmen neigt. Es gilt als allgemein akzeptierte Erkenntnis der Neuen Politischen Ökonomie, dass Bürokraten aus eigennützigen Gründen Politikmaßnahmen bevorzugen, die zu höherer Regelungsintensität und höheren Staatsausgaben führen. Hierdurch kann die Zahl der Bürokraten steigen und auch die Verantwortung einzelner. Somit erhöht eine höhere Regelungsintensität auch die Chancen des einzelnen Bürokraten, die Macht auszuweiten. Eine größere Verantwortung, die durch die Anzahl der Untergebenen angedeutet wird, erhöht auch die Chancen der Beförderung. Natürlich ist die Kommission wie andere Bürokratien in ihrem Verhalten eingeschränkt. Es ist aber wahrscheinlich, dass die Kommission eher weniger als nationale Bürokratien kontrolliert wird. Die Öffentlichkeit ist nicht genug über das, was auf europäischer Ebene geschieht, informiert. Darüber hinaus hat der einzelne Bürger eher ein Interesse, Informationen über die Arbeit nationaler Bürokratien einzuholen, da er mit diesen direkter konfrontiert wird als mit der EU-Bürokratie. Dagegen kann angenommen werden, dass die Arbeitsweise der Kommission mehr von den landwirtschaftlichen Interessenverbänden beobachtet und kontrolliert wird, da die Mitglieder dieser Verbände stärker direkt von der Arbeit der Kommission betroffen werden als andere Bürger. Darüber hinaus ist die Kommission zum Teil auch auf die Zusammenarbeit mit den Bauernverbänden angewiesen. Vorbereitung von Gesetzen und Verwaltung erfordern häufig spezielle Informationen, die nur oder schneller von den Bauernverbänden zu erhalten sind. Die Kommission ist daher gut beraten, sich mit der landwirtschaftlichen Berufsvertretung so gut wie möglich zu stellen und die Interessen der Landwirte sowohl bei der Vorbereitung von Gesetzen als auch bei der Durchführung von Verwaltungsmaßnahmen weitgehend zu berücksichtigen.

Für eine landwirtschaftsfreundliche Haltung der Kommission spricht auch die notwendige Zusammenarbeit mit dem Ministerrat. Oben wurde auf die interessenorientierte Ausrichtung des Ministerrats hingewiesen. Die Kommission kann sich die Arbeit erleichtern, wenn sie bei ihren Vorlagen landwirtschaftsfreundlich ist.

Es dürfte auch einsichtig sein, dass die Interessenorientierung der Kommission umso stärker ausgeprägt sein wird, je weniger transparent die Politik ist. In diesem Fall sind einerseits die Informationskosten für Nicht-Landwirte besonders hoch und andererseits erfordert eine intransparente Politik, die stets mit dirigistischen Eingriffen verbunden ist, eine besonders intensive Zusammenarbeit zwischen Berufsverbänden und Bürokratie. Dieser Zusammenhang unterstützt die Verharrungstendenz von protektionistischen Maßnahmen. Diese Überlegungen führen zu dem Ergebnis, dass die Kommission eher noch stärker als nationale Bürokratien geneigt ist, eine landwirtschaftsfreundliche Politik zu unterstützen.

Natürlich gibt es auch auf EU-Ebene institutionalisierte Kontrollorgane, wie z.B. den Europäischen Rechnungshof und den Europäischen Gerichtshof. Aber diese haben nur zu überprüfen, ob die Aktivitäten der Kommission finanziell richtig abrechnet wurden[50] und ob die Gesetze und Durchführungsmaßnahmen mit dem EU-Vertrag vereinbar sind. Der Europäische Gerichtshof hat nicht die Aufgabe zu überprüfen, ob die Kommission oder der Ministerrat genügend gesamtwirtschaftliche Interessen berücksichtigt hat. Somit gibt es keine ausreichende Kontrolle der Kommission.

d) Die Bedeutung des Europäischen Parlamentes

Formal hat das Europäische Parlament wenig Einfluss auf die Agrarpolitik. Es beschränkt sich auf die Genehmigung des Haushalts der EU, auf die Ernennung der Kommissionsmitglieder (d.h. der Kommissare, die von den Ländern dem Präsidenten vorgeschlagen werden), sowie auf das Recht, eine Stellungnahme vor Beschlussfassung im Ministerrat abgeben zu können. Informal kann das Parlament aber verstärkt auf die Agrarpolitik Einfluss nehmen, da es jederzeit Anfragen an die Kommission richten darf und eine Antwort zu bekommen hat.

Tatsächlich zeigt sich aber auch hier, dass das Europäische Parlament eher landwirtschaftsfreundlich eingestellt ist. Die Parlamentsarbeit erfolgt in der Regel in Ausschüssen. Im Landwirtschaftsausschuss arbeiten verstärkt Vertreter der Landwirtschaft oder ihr nahe stehende Parlamentsmitglieder mit. Es ist daher nicht verwunderlich, dass die dem Parlament vom Landwirtschaftsausschuss vorgelegten Stellungnahmen zu den Ministerratsvorlagen oder offiziellen Anfragen an die

---

[50] Es ist ungeklärt, ob der Europäische Rechnungshof über eine Überprüfung der kameralistischen Buchführung hinaus auch eine Kosten-Nutzen-Analyse vornehmen darf. Die Kommission ist nicht der Meinung.

Kommission landwirtschaftsfreundlich sind[51]. Wegen der geringen Transparenz der bisherigen Politik hinsichtlich einzelner Förderungsmaßnahmen und deren Wirkungen ist eine Sachdiskussion im Parlament in der Regel auf die so genannten Experten beschränkt. Diese sind aber weitgehend interessengebunden.

e) Die Bedeutung des Europäischen Gerichtshofes

Der Europäische Gerichtshof hat zwar nicht die Aufgabe, Agrarpolitik zu gestalten, er kann aber durch Rechtsprechung erheblichen Einfluss auf die Agrarpolitik nehmen. Es sind insbesondere zwei Urteile, die auf die europäische Agrarpolitik erheblich Einfluss genommen haben: Das Cassis de Dijon-Urteil von 1978 und das Urteil zur Nichtvermarktungsprämie für Milchproduzenten.

Mit dem Cassis de Dijon-Urteil wurde festgelegt, dass Mitgliedsländer der EU alle Produkte auf ihrem Inlandsmarkt zulassen müssen, wenn diese Produkte auf einem der anderen EU-Teilmärkte zugelassen sind[52]. Nach dieser Entscheidung war es Deutschland nicht mehr möglich, die Einfuhren von pflanzlichen Milchsubstituten zu verhindern. Nach einem deutschen Gesetz war der Inlandsabsatz von Milchsubstituten nicht erlaubt. Die Rechtsprechung des Europäischen Gerichtshofes hatte damit erhebliche Auswirkungen für die Situation auf dem EU-Milchmarkt.

Die Klage der Nichtvermarkter von Milch beruhte auf dem Sachverhalt, dass sich eine Reihe von Landwirten in den Jahren 1977 bis 1980 gegen Zahlung einer Nichtvermarktungsprämie verpflichtet hatten, für fünf Jahre keine Milch auf dem Markt anzubieten. Bei der Einführung der Garantiemengenregelung für Milch im April 1984 wurde diesen Produzenten keine Quote zugewiesen, da sie im Referenzjahr keine Milch angeliefert hatten. Der Europäische Gerichtshof entschied zugunsten der Kläger.

Der Europäische Gerichtshof kann auch den Einsatz einzelner agrarpolitischer Instrumente auf seine Rechtmäßigkeit überprüfen. Nach herrschender Auffassung kann aber der Mitteleinsatz nur als unrechtmäßig erklärt werden, wenn er mit dem EU-Vertrag nicht vereinbar ist. Dies wäre dann gegeben, wenn alle im Vertrag genannten agrarpolitischen Ziele eindeutig negativ durch den Instrumenteneinsatz beeinflusst würden. Eine solche Situation wurde wegen der sehr weit

---

[51] Dies ist auch an den Stellungnahmen zu den Preisvorschlägen der Kommission abzulesen. Zwischen 1966 und 1980 hat der Landwirtschaftsausschuss des Parlaments stets eine höhere Preissetzung gefordert, als von der Kommission vorgeschlagen. Das Parlament hat in 11 von 14 Fällen ebenfalls höhere Preise als die Kommission gefordert (vgl. *Neville-Rolfe, E.*, The Politics of Agriculture in the European Community. London 1984, S. 247).

[52] Deutschland hatte sich gegen die Einfuhren von Cassis gesperrt, weil Cassis nach deutscher Definition kein Likör sei und daher nicht als solcher dem Konsumenten angeboten werden dürfte.

definierten und teilweise widersprüchlichen Ziele des Vertrages bisher noch nicht nachgewiesen.

f) Die Bedeutung nationaler Regierungen

Nationale Regierungen können auf dreifache Art Einfluss auf die Agrarpolitik in Europa nehmen.

Erstens können sie ihre Vorstellungen im Ministerrat und – inoffiziell – auch in der Kommission zum Ausdruck bringen. Es ist dabei von Bedeutung, dass ein erheblicher Teil der Entscheidungen im Agrarministerrat inoffiziell im Vorfeld durch die Ständigen Vertretungen der Regierungen[53] vorentschieden wird. Zweitens haben die nationalen Regierungen die Aufgabe, die im Ministerrat beschlossenen Maßnahmen zu implementieren und zu kontrollieren. Hierbei steht ihnen gelegentlich, wie z.B. bei der Strukturpolitik, ein Spielraum zu. So wurde z.B. das erste Flächenstilllegungsprogramm der EU im Jahr 1988 beschlossen. Die Mitgliedsländer waren verpflichtet, das Programm anzubieten, hatten aber so viel Spielraum bei der Ausgestaltung, dass das Programm in der Mehrzahl der Länder bedeutungslos blieb[54]. Die unterschiedliche Implementierung der Quotierung der Milch zeigt deutlich den Einfluss nationaler Regierungen auf die europäische Agrarpolitik. So hatte z.B. Italien die bereits für 1984 beschlossene Quotierung bis zum Jahr 1994 nicht eingeführt. Drittens ist den nationalen Mitgliedsländern ein eigenständiger Bereich der Agrarpolitik verblieben, insbesondere in den Bereichen Agrarstrukturpolitik und Agrarsozialpolitik.
Nationale Regierungen können insbesondere wegen der institutionellen Rahmenbedingungen Einfluss auf die Entscheidungen im Agrarministerrat nehmen. Hierauf wird weiter unten näher eingegangen. Für das Entscheidungsergebnis ist von Bedeutung, dass nationale Regierungen nach den Erkenntnissen der Neuen Politischen Ökonomie ebenso wie der Ministerrat und die Kommission an einer landwirtschaftsfreundlichen Politik interessiert sind.

g) Die Bedeutung der Interessenverbände

Es ist legitim, dass sich in einer demokratischen Gesellschaft Interessengruppen formieren und Einfluss auf die Politik nehmen. Die Macht der einzelnen Interes-

---

[53] Die Ständige Vertretung ist vergleichbar mit einer Botschaft eines Landes in Brüssel. Es ist Aufgabe der Vertretung, die nationalen Regierungen über die Situation in Brüssel zu informieren und Entscheidungen im Agrarministerrat vorzubereiten. Das Letztere setzt voraus, dass eine Vielzahl von inoffiziellen Treffen sowohl zwischen den Vertretungen als auch zwischen Vertretungen und Kommission stattfinden. Gibt es einen Konsens der Vertretungen über einzelne im Rat zu entscheidende Sachfragen, so entscheidet der Rat hierüber nicht einzeln, sondern als Paket. Die Ständigen Vertretungen können daher eine bedeutende Rolle in der europäischen Agrarpolitik spielen.

[54] Vgl. hierzu *Koester, U.*, Financial Implications of the EC Set-aside Programme. "Journal of Agricultural Economics", Bd. 40, 1989, S. 240-248.

sengruppen hängt dabei von den ökonomischen und politischen Rahmenbedingungen ab. Es kann angenommen werden, dass die mangelnde Transparenz der Entscheidungen in der europäischen Agrarpolitik die Macht der landwirtschaftlichen Interessenverbände eher stärken und die der anderen Verbände eher schwächen wird.

h) Die Bedeutung der Handelspartner

Handelspartner sind ebenso wie die Interessenverbände nicht bei den Entscheidungen in der GAP beteiligt. Dennoch spielen sie eine entscheidende Rolle für die Gestaltung der GAP. Handelspartner haben im GATT und seit Juli 1995 in der Welthandelsorganisation (WTO) die Spielregeln für den Agrarhandel festgelegt und damit der Gestaltung der inländischen Agrarpolitiken Beschränkungen auferlegt. Die so genannte offene Flanke der EU-Agrarpolitik[55] hat zu der Ausgabensteigerung für die GAP erheblich beigetragen und damit sicherlich auch die Bereitschaft der EU, die GAP zu reformieren, beeinflusst.

Es kann erwartet werden, dass die neuen Beschränkungen im Agrarhandel – wie sie in der Uruguay-Runde beschlossen wurden und seit dem 1. Juli 1995 in Kraft sind – den Handlungsspielraum für die EU-Agrarpolitiker zukünftig noch mehr als in der Vergangenheit einschränken werden.

Handelspartner drängen nicht stets auf eine Liberalisierung der Handelspolitik. Wenn man unterstellt, dass nationale Regierungen lediglich am nationalen Interesse orientiert sind, kann vermutet werden, dass Agrarexportländer an höheren und Agrarimportländer an niedrigeren Weltmarktpreisen interessiert sind. Da im GATT die Agrarexportländer eine stärkere Stellung hatten als die Agrarimportländer, ist es nicht verwunderlich, dass die Uruguay-Runde auf eine Anhebung der Weltmarktpreise hinzielte. Ob die Anhebung der Weltmarktpreise durch eine Liberalisierung der Inlandspolitiken oder lediglich durch eine Begrenzung der subventionierten Exportmengen zustande kommt, scheint den Handelspartnern von untergeordneter Bedeutung. Es ist daher ebenso wenig verwunderlich, dass die Implementierung des Ergebnisses der Uruguay-Runde zu einer Zunahme der internen Regulierungsintensität in der EU geführt hat.

8.5.2 Institutionen in der Gemeinsamen Agrarpolitik

Die Entwicklung der GAP ist nicht nur durch die Existenz der wichtigsten Akteure in der EU-Agrarpolitik zu erklären. Von entscheidender Bedeutung sind auch die Institutionen (rules of the game). Einige Regeln sollen im Folgenden unter dem Gesichtspunkt der Neuen Politischen Ökonomie analysiert werden.

[55] Vgl. Kapitel 9.

Die Marktordnungen für Agrarprodukte basieren auf drei Prinzipien: der allgemeinen Präferenz für Agrarprodukte, der finanziellen Solidarität und der Einheit der Märkte. Die ersten beiden Prinzipien können für das Verhalten der Akteure in der GAP eine bedeutende Rolle spielen.

a) Die Bedeutung des Prinzips "Präferenz für Agrarprodukte"

Die Durchsetzung dieses Prinzips zielt darauf ab, die Nachfrage der inländischen Konsumenten zunächst durch Güter aus Inlandsproduktion zu befriedigen. Vermutlich glaubte man hierdurch, die Nahrungsmittelversorgung in der EU besser sichern zu können[56]. Da Präferenzen für Inlandsprodukte und die Produktpreise bei den Entscheidungen der Verbraucher eine Rolle spielen, sind Politiker von Beginn der GAP an offensichtlich der Überzeugung gewesen, dass das Angebot aus dem Ausland verteuert werden sollte. Die Verwirklichung des Prinzips "Präferenz für Agrarprodukte" wurde daher gleichgesetzt mit einem Außenschutz für EU-Produkte.

Von besonderer Bedeutung für die Entwicklung der GAP war, dass bereits bei der Gründung der GAP eine ganz bestimmte Form des Außenschutzes festgelegt wurde, nämlich das System der variablen Abschöpfungen[57]. Dieses System, das bis zum 1. Juli 1995 in Kraft war, erforderte vom Ministerrat alljährlich die Festlegung der Einfuhrpreise und damit die Bestimmung der nominalen Protektionsrate. Es ist einleuchtend, dass es über die Höhe des "optimalen" Außenschutzes zwischen den Mitgliedern in der EU eine große Interessendivergenz gab[58]. Es ist auch einleuchtend, dass ein solches System Ansatz für starken Lobbyismus bietet. Wenn man institutionell verankert hat, dass die Inlandspreise über den Weltmarktpreisen liegen dürfen, kann man über die "notwendige" Höhe des Außenschutzes sehr unterschiedlicher Meinung sein. Eine "objektive Methode" für die Festlegung der Höhe der Inlandspreise[59] existiert nicht.

Es ist daher nicht verwunderlich, dass der für die Agrarminister bestehende Entscheidungszwang zu einer Externalisierung der Kosten führte. Nicht bei den Entscheidungen Beteiligte (Verbraucher, Steuerzahler, Außenhandelspartner) hatten in der Regel die Kosten der Einigung zu tragen. Es kann somit angenommen

[56] Vgl. hierzu auch Kapitel 5.

[57] Zur Funktionsweise des Abschöpfungssystems siehe Kapitel 7.3.2.2.

[58] Vgl. zum optimalen Außenhandelsschutz aus Sicht eines einzelnen EU-Landes *Kirschke, D.*, Maximizing Welfare in Customs Union: The Case of Agricultural Price Policy within the EC. "American Journal of Agricultural Economics", Bd. 65, 1983, S. 791-795.

[59] Die Kommission wollte zeitweilig ihre Preisvorschläge an einer so genannten "objektiven Methode" orientieren. Dies sollte die Preisänderung sein, die den Landwirten eine gleiche Einkommensentwicklung wie außerhalb der Landwirtschaft ermöglichte. Vgl. hierzu auch *de Veer, J.*, The Objective Method: An Element in the Process of Fixing Prices within the Common Agricultural Policy. "European Review of Agricultural Economics", Bd. 6, 1979, S. 279-301.

werden, dass die Verwirklichung des Prinzips der Gemeinschaftspräferenz zu einer Begünstigung protektionistischer Maßnahmen in der GAP beitrug und beiträgt.

b) Die Bedeutung des Prinzips der "finanziellen Solidarität"

Es kann durchaus sinnvoll sein, gemeinsame Aktivitäten einer Staatengemeinschaft gemeinsam zu finanzieren. Gemeinsame Aktivitäten sind ohnehin vornehmlich dann sinnvoll, wenn ein öffentliches Gut mit länderübergreifenden Wirkungen erstellt wird. Die GAP wurde zu Beginn wahrscheinlich als die Bereitstellung eines öffentlichen Gutes angesehen. Zu einem Problem kann die gemeinsame Finanzierung (Finanzielle Solidarität) aber werden, wenn dadurch zusätzliche nationale Interessendivergenzen geschaffen werden. Dies ist bei der Finanzierung der GAP der Fall. Dies soll im Folgenden für drei Fälle gezeigt werden.

(1) Eine solche Interessendivergenz entsteht insbesondere durch die Verfolgung des Prinzips der Präferenz für Agrarprodukte in Verbindung mit der finanziellen Solidarität. Werden z.B. die Gemeinschaftspreise angehoben, so wird die Wohlfahrt der einzelnen Länder in Abhängigkeit von den Finanzierungsanteilen und der nationalen Versorgungslage unterschiedlich verändert[60]. Einfuhrländer werden z.B. ihre Verbraucher verstärkt zur Finanzierung steigender Überschüsse oder abnehmender Abschöpfungseinnahmen belasten müssen (direkte Besteuerung, die in allen EU-Ländern eintritt). Darüber hinaus tritt in den Einfuhrländern aber auch eine indirekte Besteuerung der Verbraucher durch höhere Preise zugunsten der Produzenten in den Überschussländern auf. In diesen Ländern ist die Preisanhebung daher mit einem Sozialprodukttransfer zugunsten der Überschussländer verbunden. Es ist verständlich, dass die gemeinsame Finanzierung in Verbindung mit dem Außenschutz (Gemeinschaftspräferenz) die Entscheidungsfindung auf europäischer Ebene erschwert.

(2) Einzelne Länder haben unterschiedliche Anreize, durch inländische Maßnahmen die Agrarproduktion zu steigern oder zu verringern[61]. Für alle Länder gilt, dass der nationale Schattenpreis zusätzlicher Agrarproduktion über dem Weltmarktpreis liegt, weil die zusätzlichen Überschüsse gemeinschaftlich finanziert werden. Es hängt von der nationalen marginalen Finanzierung des Gemeinschaftshaushalts ab, wie weit der nationale Schattenpreis unter dem gemeinsamen Stützpreis liegt. Es gilt, dass die nationalen Schattenpreise umso weiter über dem Weltmarktpreis liegen, je höher der Protektionsgrad für das Produkt ist. So

[60] Vgl. *Koester, U.*, The Redistributional Effects of the EC Common Agricultural Policy. "European Review of Agricultural Economics", Bd. 4, 1977, S. 328-345.

[61] Solche Maßnahmen können z.B. durch das einzelbetriebliche Förderungsprogramm in der Bundesrepublik oder auch durch Steuererleichterungen (z.B. Erlass der Steuer für Dieselöl) eingesetzt werden.

ist z.B. bei Milch als Folge des überdurchschnittlich hohen Protektionsgrades die Divergenz zwischen nationalem und EU-Interesse besonders groß. Es kann daher gefolgert werden, dass durch das gewählte System der gemeinsamen Finanzierung und den Außenschutz besondere nationale Anreize bestehen, durch den Einsatz nationaler Mittel gegen das Gemeinschaftswohl zu verstoßen.

(3) Weiterhin können einzelne Mitgliedsländer unterschiedliche Interessen bei der Implementierung und Kontrolle von Gemeinschaftspolitiken haben. Ein besonders gutes Beispiel war das erste Flächenstilllegungsprogramm der EU. Die Länder haben den Spielraum bei der Implementierung teilweise so ausgenutzt, dass die Landwirte nur wenig Interesse an dem Angebot zeigten[62]. Geringes nationales Interesse an der Kontrolle von Gemeinschaftspolitiken kann vermutet werden, wenn die Finanzierung durch den Gemeinschaftshaushalt erfolgt und eine strenge nationale Kontrolle eine geringe Zuweisung von Mitteln aus dem Gemeinschaftshaushalt bedingt. Es ist zu erwarten, dass die durch die Agrarreform eingeleiteten Maßnahmen zu erheblichen Kontrollproblemen führen werden.

Zusammenfassend kann festgehalten werden, dass das Prinzip der Gemeinschaftspräferenz und das Prinzip der finanziellen Solidarität die Integration der Volkswirtschaften in der EU schwächen und zu einer Stärkung der protektionistischen Kräfte führen.

c) Die Bedeutung der Kompetenzzuweisung in der Agrarpolitik

Oben wurde bereits angesprochen, dass die Kompetenz für die Markt- und Preispolitik von den nationalen Regierungen auf die EU-Ebene verlagert wurde, während die Regierungen Gestaltungsmöglichkeiten in der Agrarstrukturpolitik und noch weitergehender in der Agrarumwelt- und Agrarsozialpolitik haben. Diese Kompetenzverteilung hat insbesondere bei den verfolgten Zielen in der Agrarpolitik eine große Bedeutung für die europäische Agrarpolitik.

Eine Entscheidungsfindung wird auf supranationaler Ebene umso schwieriger sein, je mehr die Interessen der Mitgliedsländer divergieren. Wird die Markt- und Preispolitik gemeinschaftlich beschlossen und setzt man diese Instrumente zur Verwirklichung des Einkommenszieles in der Landwirtschaft ein, wie es in der EU der Fall ist, muss man mit großen Interessendivergenzen rechnen. Preisanhebungen zur Verwirklichung der landwirtschaftlichen Einkommenszielsetzung werden sich vornehmlich an einem Vergleich der Einkommen in der Landwirtschaft und der Einkommen außerhalb der Landwirtschaft in der nationalen Volkswirtschaft orientieren. Ist die Einkommensdisparität in der Ausgangslage

[62] Vgl. hierzu *Koester, U.*, Financial Implications of the EC Set-aside Programme. "Journal of Agricultural Economics", Bd. 40, 1989, S. 240-248.

unterschiedlich in den Mitgliedsländern und/oder steigen die außerlandwirtschaftlichen Einkommen unterschiedlich, so werden die Mitgliedsländer unterschiedliche Forderungen auf Preisanhebungen stellen. Hinzu kommt, dass die Erhöhung der Marktordnungspreise in den einzelnen Ländern zu unterschiedlichen Steigerungen der Erzeugerpreise in den Mitgliedsländern führt[63]. Es kann daher erwartet werden, dass einzelne Länder recht unterschiedliche Vorstellungen darüber haben, wie stark die Agrarpreise verändert werden sollen. Wird dann noch über das Finanzierungssystem eine weitere Interessendivergenz geschaffen, so wird die Entscheidungsfindung zusätzlich erschwert. Haben die Entscheidungsträger die Möglichkeit, sich auf Kosten anderer zu einigen, wie z.B. auf Kosten der Steuerzahler und Drittländer, so werden sie hiervon Gebrauch machen. Die Folge wird dann ein steigendes Protektionsniveau in der EU sein.

d) Die Bedeutung der Abstimmungsregeln

Es ist einleuchtend, dass Abstimmungsregeln für die Entscheidungen eines Kollektivs bedeutend sind[64]. Auch wenn der EWG-Vertrag Mehrheitsvoten als Regelfall von Anfang an vorsah, wurde im Ministerrat bis 1982/83 einstimmig abgestimmt. Es ist unbestritten, dass die Einstimmigkeitsregel im Fall heterogener Kollektive besondere Vorteile hat, weil dadurch die Ausbeutung von Minoritäten durch Mehrheiten verhindert wird. Doch beinhaltete diese Abstimmungsregel eine große Macht für den einzelnen Agrarminister, da er Entscheidungen blockieren konnte. Dies war für die Entwicklung der GAP von besonderer Bedeutung, weil die Agrarmarktordnungen eine Vielzahl von diskretionären Entscheidungen erfordern. Die Abstimmungsregel konnte sogar dazu beitragen, dass einzelne Bundesländer auf das Entscheidungsergebnis in Brüssel einen großen Einfluss nehmen konnten. Es war nur notwendig, den nationalen Minister, der über viele Jahre hinweg aus einem bestimmten Bundesland kam, entsprechend unter Druck zu setzen. Es ist auch unmittelbar einsichtig, dass die institutionellen Rahmenbedingungen auch die Macht des Bauernverbandes stärkten. COPA, der Europäische Bauernverband, brauchte sich nur die nationalen Agrarminister heraussuchen, die wahrscheinlich am leichtesten zu überzeugen waren. Anstehende nationale Wahlen haben bei der Wahl des am leichtesten zu beeinflussenden Ministers sicher auch eine Rolle gespielt.

Zusammenfassend kann festgehalten werden, dass die Aufgabenverteilung in der Agrarpolitik in Verbindung mit den geltenden Institutionen die Tendenz zu protektionistischen Maßnahmen in der EU gestärkt haben. Der Entscheidungsspiel-

---

[63] Vgl. hierzu *Koester, U.*, Agrarpreisbeschlüsse 1980/81. Ein Beitrag zur Konfliktlösung? "Agra-Europe", Nr. 24, 1980, Markt und Meinung; *Coleman, D.*, Imperfect Transmission of Policy Prices. "European Review of Agricultural Economics", Bd. 12, 1985, S. 171-187.

[64] Siehe hierzu auch Kapitel 4.7.

raum der Akteure in der europäischen Agrarpolitik ist vor allem durch Agraraußenhandelsregelungen und Budgetwirkungen beschränkt. Diese beiden Beschränkungen sollen im Folgenden dargestellt werden.

e) Die Bedeutung von Agrarhandelsbeschränkungen

Es wurde oben bereits (Kapitel 7) angesprochen, dass die so genannte "offene Flanke" der EU-Agrarmarktordnungen erhebliche Rückwirkungen auf die Märkte für Getreide, Milch, Fett und Fleisch hat. Preisanhebungen für diese Produkte führen daher wegen der offenen Flanke zu höheren Wohlfahrtsverlusten und höheren Ausgabensteigerungen.

Agrarhandelsbeschränkungen haben seit dem 1. Juli 1995 noch eine größere Bedeutung für die EU-Agrarmarktpolitik als in der Vergangenheit. Da man sich in der Uruguay-Runde auf eine Begrenzung der subventionierten Exportmengen, auf eine Reduzierung der Ausgaben für Exporterstattungen, eine Mindestimportmenge für einzelne Produkte sowie auf eine Reduzierung der Zolltarifäquivalente geeinigt hatte, ist der Handlungsspielraum der EU-Agrarpolitiker wesentlich eingeschränkt. Sie haben nun nicht mehr die Möglichkeit, durch jährliche Anpassung des Außenhandelschutzes für Agrarprodukte die Einkommen der Landwirte anzuheben. Damit hat sich aus Sicht der Politiker offensichtlich auch die relative Vorzüglichkeit des Instrumenteneinsatzes geändert. Direkte Transferzahlungen haben an relativer Vorzüglichkeit gewonnen.

f) Die Bedeutung von Budgetbeschränkungen für die EU-Agrarpolitik

Die EU verfügt zwar über so genannte Eigenmittel, doch beinhalten diese lediglich eine gesetzlich geregelte Finanzzuweisung der Mitgliedsländer. Ist eine Ausweitung des Finanzrahmens notwendig, so muss von allen nationalen Parlamenten der Mitgliedsländer eine Erhöhung der Finanzzuweisungen beschlossen werden. Es dürfte daher keine Zweifel geben, dass die Kommission bei ihren Vorschlägen und der Ministerrat bei seinen Entscheidungen die Auswirkungen auf die Ausgaben zu beachten hat.

Es mag erstaunlich sein, dass der Finanzrahmen im Zeitablauf immer wieder ausgeweitet wurde. Offensichtlich hat es die Eurobürokratie gut verstanden, die Notwendigkeit der Ausgabensteigerung den Parlamentariern glaubhaft zu machen. Dies wurde wahrscheinlich auch durch die geringe Transparenz der Verteilungswirkungen der EU-Agrarpolitik begünstigt. Es kann vermutet werden, dass zukünftig wegen der erhöhten Transparenz der Transferzahlungen als Ersatz für Preisstützungsmaßnahmen eine Ausgabenausweitung schwerer möglich sein wird.

g) Die Bedeutung von Agrarüberschüssen und Lagerbeständen

In der Öffentlichkeit spielen Agrarüberschüsse und Lagerbestände eine große Rolle. Auch Politiker weisen gern auf diese beiden Indikatoren hin, wenn sie Erfolge von Politikänderungen verkünden[65].

Aus wohlfahrtstheoretischer Sicht sind diese Indikatoren ohne Aussage. Überschüsse bedeuten nur, dass im Inland bei geltenden Preisen mehr produziert als nachgefragt wird. Ein solcher Sachverhalt liegt auf allen Märkten vor, wo eine Volkswirtschaft Nettoexporteur ist. Zu einem Problem werden Überschüsse lediglich dann, wenn die Inlandspreise über den Weltmarktpreisen liegen und daher die Überschüsse nur durch Zahlung von Subventionen exportiert werden können. Überschüsse können z.B. durch Kontingentierung reduziert werden. Dadurch wird aber die Wohlfahrt der Gesellschaft in der Regel negativ verändert.

Ähnlich irreführend ist es, Änderungen in den Lagerbeständen als Kriterium für die Bewertung von Politikänderungen heranzuziehen. Die Lagerbestände können bei gegebenem Protektionsgrad durch subventionierte Exporte verringert werden. Dadurch haben sich aber nicht die volkswirtschaftlichen Kosten der Agrarpolitik geändert. Entscheidend für die volkswirtschaftlichen Kosten sind vor allem die Protektionsraten und diese sind nicht mit den Lagerbeständen korreliert.

Diese Ausführungen machen deutlich, dass sich öffentliche Beurteilungen von Politiken nicht stets an gesamtwirtschaftlich sinnvollen Indikatoren orientieren. Es ist daher verständlich, dass sich auch Politiker an solchen Indikatoren ausrichten. Es ist somit offensichtlich, dass eine Verbesserung politischer Entscheidungen aus gesamtwirtschaftlicher Sicht nur zu erwarten ist, wenn Wähler und Politiker über Politikwirkungen informiert werden. Eine solche Aufgabe kann im Bereich der Agrarpolitik die agrarökonomische Forschung übernehmen. Es ist daher abschließend zu prüfen, welche Bedeutung diese Forschung für die agrarpolitische Willensbildung und Entscheidungen in der Bundesrepublik und EU hat.

h) Die Bedeutung agrarökonomischer Forschung für die Gestaltung der EU-Agrarpolitik

Es dürfte in der EU wohl kaum einen anderen Sektor geben, für den solch umfangreiche ökonomische Forschung durch die Gesellschaft finanziert wird wie für den Agrarsektor. Agrarökonomische Forschung könnte sicher auch zur Gestaltung einer GAP beitragen, die mehr an Wohlfahrtswirkungen orientiert ist. Bisher scheint der Beitrag eher gering zu sein. Die Gründe sind im Folgenden darzustellen.

---

[65] Siehe z.B. die Erfolgsmeldungen des Bundesministers für Ernährung, Landwirtschaft und Forsten zu den Wirkungen der Agrarreform im Jahr 1995.

(1) Ein beträchtlicher Teil agrarökonomischer Forschung ist nicht darauf ausgerichtet, politisch relevante Forschung zu betreiben. Dies betrifft z.B. große Teile der Forschung in der landwirtschaftlichen Betriebslehre und im Agribusiness. Der Adressat dieser Forschung ist nicht der Politiker. Daher kann der Politiker nur gelegentlich auf diese Forschungsergebnisse zurückgreifen.

(2) Weiterhin scheint die Hypothese nahe zu liegen, dass Forscher bei der Auswahl ihrer Forschungsfragen nicht stets nach der gesamtwirtschaftlichen Bedeutung der potenziellen Forschungsergebnisse fragen, sondern mehr nach den persönlichen Vorteilen, die sie sich von den jeweiligen Forschungsgebieten erhoffen. Die im Grundgesetz der Bundesrepublik verankerte Freiheit von Forschung und Lehre gibt einzelnen Forschern auch häufig einen großen Spielraum bei der Wahl der Forschungsobjekte. Persönliche Vorteile als Folge von Forschungsergebnissen können weit von den gesamtwirtschaftlichen Vorteilen abweichen. Dies gilt wahrscheinlich besonders für Nachwuchswissenschaftler. Wollen diese wissenschaftliche Karriere machen, so sind sie gut beraten, wenn sie die älteren Kollegen in kurzer Zeit durch herausragende Forschungsergebnisse beeindrucken. Dies wird in der Regel eher durch methodisch-theoretisch ausgerichtete Forschung möglich sein und weniger durch oft langwierige empirisch ausgerichtete Arbeiten. Hinzu kommt, dass der einzelne Forscher sich durch angewandte politisch ausgerichtete Forschung politisch unbeliebt machen kann. Er kann daher – ob berechtigt oder nicht – befürchten, seiner Karriere durch politisch verwendbare Forschung zu schaden.

(3) Es gibt eine Gruppe von Forschern, die zwar politökonomisch relevante Forschung betreiben, aber die Bedeutung der Forschungsergebnisse kann aus gesamtwirtschaftlicher Sicht sogar negativ sein. Dies kann insbesondere bei Auftragsforschung eintreten. Werden Forschungsprojekte von Politikern bzw. Organisationen (z.B. Ministerien, EU-Kommission) vergeben, ist eher nach Forschungsergebnissen gefragt, die die bisherige Politik rechtfertigen, und weniger nach Ergebnissen, die bessere Alternativen oder auch nur die Transparenz der Verteilungswirkungen oder die Einflussnahme von Interessenverbänden aufzeigen.

(4) Es gibt natürlich auch einen Teil der agrarökonomischen Forschung, der von Politikern zur gesamtwirtschaftlichen Verbesserung der Politik verwendet werden könnte. Doch ein Teil dieser Forschung bleibt dem Politiker wahrscheinlich verborgen. Es ist einleuchtend, dass Politiker sich aufgrund zeitlicher Restriktionen nur begrenzt selbst über Forschungsergebnisse informieren können. Sie werden daher in der Regel auf eine Information durch ihre Behörden angewiesen sein. Folgt man der Hypothese, dass die Bürokraten, die Forschungsergebnisse im Hinblick auf eine Weiterreichung an den Politiker sichten, am Eigeninteresse orientiert sind, so werden sie nur selektiv Forschungsergebnisse weiterleiten. Ihrer Karriere ist es sicherlich mehr zuträglich, wenn sie die Politiker über For-

schungsergebnisse informieren, die die bisherige Politik bestätigen und daher auch gut in der politischen Tagesdiskussion verwendet werden können. Forschungsergebnisse werden wahrscheinlich verstärkt nur dann weitergeleitet, wenn sie in der Öffentlichkeit oder auch nur von Interessengruppen genügend wahrgenommen werden und daher zu politischem Handlungsbedarf führen. Dieser Handlungsbedarf kann darin bestehen, dass eine verstärkte Rechtfertigung bisheriger Politik notwendig wird oder gar eine Politikänderung unvermeidlich ist.

Zusammenfassend kann festgehalten werden: Die agrarökonomische Forschung spielt auf dem politischen Markt für Agrarprotektionismus wahrscheinlich eher eine bescheidene Rolle. Durch Erhöhung der Transparenz agrarpolitischer Entscheidungen und Aufklärung über die Wirkungen wird eher eine lang- als eine kurzfristige Wirkung zu erwarten sein.

8.5.3 Politökonomischer Erklärungsansatz und reale Entwicklung der EU-Agrarmarktpolitik

Die reale Entwicklung der EU-Agrarmarktpolitik ist weitgehend so verlaufen, wie man es aufgrund des politökonomischen Erklärungsansatzes erwarten konnte. Es erfolgte eine Zunahme der Regelungsintensität:

(1) Die Zahl der Produkte, die von Marktordnungen erfasst wurden, stieg im Zeitablauf.

(2) Das Volumen der erfassten Produkte stieg im Zeitablauf beträchtlich, insbesondere weil die Erweiterungen der Gemeinschaft im Jahr 1973 um Großbritannien, Irland und Dänemark, im Jahr 1981 um Griechenland und 1986 um Spanien und Portugal, im Jahr 1995 um Österreich, Finnland und Schweden und schließlich im Jahr 2004 um Polen, Ungarn, Tschechische Republik, Slowakische Republik, Slowenien, Lettland, Litauen, Estland, Malta und Zypern stets lediglich eine regionale Ausweitung der EU-Agrarmarktordnungen beinhalteten.

(3) Der Instrumenteneinsatz wurde ausgeweitet, z.B. durch die Einführung von Währungsausgleichsbeträgen 1969, durch die Einführung der Mitverantwortungsabgabe (erstmals für Milch im Jahr 1977), durch die Einführung der Garantiemengenregelung für Milch (1984), durch die freiwillige Flächenstilllegung im Jahr 1988 und die quasi-obligatorische Flächenstilllegung im Jahr 1993, durch die Einführung direkter Preisausgleichszahlungen mit dem Jahr 1993, durch die Einführung der EU-weiten Förderung von Extensivierungsmaßnahmen 1993 und der Förderung nachwachsender Rohstoffe auf stillgelegten Flächen sowie durch die EU-weite Förderung der Vorruhestandsregelung für Landwirte 1993.

(4) Während sich die Agrarpolitik der Gemeinschaft zunächst "nur" auf die Regelung der Produktmärkte beschränkte, ist sie heute auf Regelung der Betriebe und Faktormärkte ausgeweitet.

Die Entwicklung der Staatsausgaben ist aus *Schaubild 8.6* ersichtlich. Es ging im Trend stetig aufwärts.

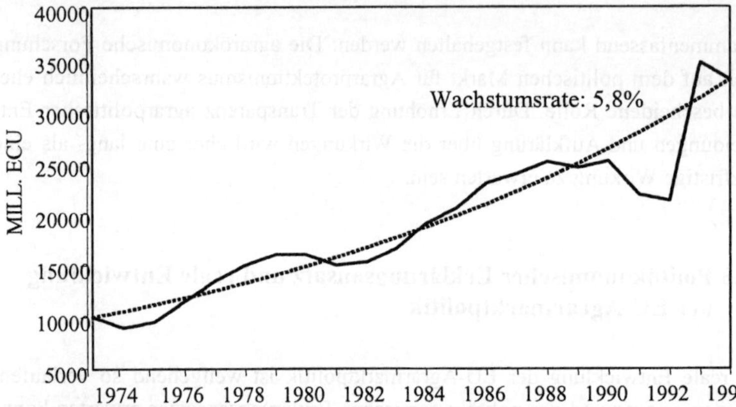

Quelle: *Larsen, A.*, et al., EC Agricultural Policy for the 21st Century. European Commission, „European Economy", Reports and Studies No. 4. Brüssel 1994, S. 14. Finanzierung der GAP in: Lage der Landwirtschaft, Kommission der EU, 1991-94. Eigene Darstellung.

Schaubild 8.6: Entwicklung der EU-Ausgaben

Auch sind die Producer Subsidy Estimates (PSE) und **Producer Nominal Assistance Coefficients** (NAC) im Zeitablauf tendenziell gestiegen (siehe *Tabelle 8.1*). In der *Tabelle 8.1* sind die PSE in Prozent des Produktionswertes zu Inlandspreisen angegeben. Der NAC gibt die Relation zwischen Weltmarktpreis plus PSE zu Weltmarktpreisen an. Ein Wert von 1,44 besagt, dass der PSE je Produkteinheit um 44 % über dem Weltmarktpreis liegt. Dabei ist zu beachten, dass die EU mit Beginn der Uruguay-Runde 1986 ein Stillhalteabkommen unterzeichnet hatte. Danach sollte bis zum Abschluss der Verhandlungen keine Ausweitung des Agrarschutzes erfolgen.

Allerdings muss auch festgestellt werden, dass sich die anderen OECD-Länder etwa genauso verhalten haben wie die EU (vgl. *Tabelle 8.2*). Lediglich in Neuseeland und Australien ist der Agrarschutz im Zeitablauf anhaltend zurückgegangen.

Tabelle 8.1: Producer Support Estimates and Nominal Assistance Coefficients nach Produkten in der EU

	1986-88	2000-2002	2000	2001	2002 [1]
Weizen					
PSE in %	47	37	40	36	36
Producer NAC[2]	1,92	1,60	1,66	1,56	1,57
Mais					
PSE in %	40	27	35	27	20
Producer NAC	1,67	1,39	1,54	1,38	1,25
Sonstiges Getreide					
PSE in %	52	41	43	40	42
Producer NAC	2,13	1,71	1,74	1,68	1,71
Reis					
PSE in %	81	81	82	81	80
Producer NAC	5,22	5,24	5,60	5,25	4,88
Ölsaaten					
PSE in %	26	25	29	28	18
Producer NAC	1,36	1,34	1,42	1,38	1,22
Zucker					
PSE in %	54	47	50	45	48
Producer NAC	2,18	1,91	2,00	1,81	1,91
Milch					
PSE in %	59	46	45	46	48
Producer NAC	2,47	1,87	1,81	1,85	1,93
Rind- und Kalbfleisch					
PSE in %	32	33	30	31	37
Producer NAC	1,46	1,49	1,43	1,45	1,60
Schaffleisch					
PSE in %	55	34	40	35	27
Producer NAC	2,23	1,52	1,66	1,54	1,37
Wolle					
PSE in %	7	6	6	5	6
Producer NAC	1,07	1,06	1,07	1,06	1,07
Schweinefleisch					
PSE in %	18	21	20	18	24
Producer NAC	1,23	1,26	1,25	1,22	1,32
Geflügel					
PSE in %	20	17	17	15	18
Producer NAC	1,25	1,20	1,21	1,18	1,21
Eier					
PSE in %	17	10	10	10	10
Producer NAC	1,20	1,11	1,11	1,11	1,11
Sonstige Erzeugnisse					
PSE in %	30	26	26	25	25
Producer NAC	1,43	1,35	1,36	1,34	1,34
Alle Produkte					
PSE in %	38	31	32	31	31
Producer NAC	1,61	1,46	1,48	1,44	1,46

[1] vorläufig [2] NAC: Nominal Assistance Coefficient

PSE für "sonstige Erzeugnisse" wurde aus PSE "alle Produkte" minus der Summe der einzelnen PSE errechnet. Österreich, Finnland und Schweden sind in "alle Produkte" für alle Jahre enthalten; in den einzelnen Erzeugnissen nur ab 1995.

Quelle: OECD Secretariat, Agricultural Policies in OECD Countries, Monitoring and Evaluation. Paris 2003, S. 215f.

Tabelle 8.2: Producer Support Estimate nach Ländern in %

	1986-88	2000-2002	2000	2001	2002 [1)]
Australien	9	4	5	4	4
Kanada	34	19	19	17	20
Tschechische Republik [2)]	31	23	17	23	28
EU	40	35	34	34	36
Ungarn [2)]	16	24	22	19	29
Island	75	63	64	60	63
Japan	61	59	60	59	59
Korea	70	66	67	63	66
Mexiko	0	22	24	21	22
Neuseeland	11	1	1	1	1
Norwegen	70	68	68	67	71
Polen [2)]	11	15	15	15	14
Slowakische Republik [2)]	28	21	25	16	21
Schweiz	76	73	72	72	75
Türkei	15	18	21	10	23
USA	25	21	22	23	18
OECD	38	31	32	31	31

[1)] vorläufig

[2)] die Zahl in der ersten Spalte bezieht sich auf die Zeitspanne 1991-93

Österreich, Finnland und Schweden wurden in OECD (gesamt) für alle Jahre miteinbezogen, in die EU ab 1995

Quelle: OECD Secretariat, Agricultural Policies in OECD Countries, Monitoring and Evaluation. Paris 2003, S. 213f.

Es hat sich zwar gezeigt, dass die Ergebnisse der Uruguay-Runde zu einem weltweiten Rückgang des externen Agrarschutzes geführt haben, der Agrarschutz insgesamt hat sich weltweit aber nur wenig verringert. Die bisherige Entwicklung und die Erkenntnisse der Neuen Politischen Ökonomie geben wenig Grund für Optimismus. Zwar gibt es neue Außenhandelsrestriktionen für die Länder, doch haben sie bei der Bemessung von inländischen Transferzahlungen noch Freiheitsgrade; außerdem können sie verstärkt sanitäre und phytosanitäre Handelshemmnisse einsetzen.

Kapitel 9: Grundprinzipien der EU-Agrarmarktordnungen, Entwicklung und Perspektiven

9.1 Grundprinzipien der EU-Marktordnungen

Trotz beträchtlicher Unterschiede zwischen den einzelnen Marktordnungen bauen die Marktordnungen auf drei Prinzipien auf, der Einheit der Märkte, der Gemeinschaftspräferenz für Agrarprodukte und der finanziellen Solidarität.

9.1.1 Das Grundprinzip "Einheit der Märkte"

Das Prinzip der Einheit der Märkte folgt aus der Zielsetzung der Integration der Volkswirtschaften. Innergemeinschaftliche Arbeitsteilung erfordert gleiche politische Rahmenbedingungen für Produzenten in den Mitgliedsländern. National unterschiedliche Preise als Ergebnis politischer Eingriffe sind mit optimaler innergemeinschaftlicher Arbeitsteilung nicht vereinbar. Ebenso widerspricht es dem Prinzip der Arbeitsteilung, nationale oder gar regionale und betriebliche Produktionsrechte (Quoten) einzuführen. Die Verwirklichung des Prinzips setzt nicht nur voraus, dass es beim innergemeinschaftlichen Handel keine Beschränkungen gibt. Es darf auch keinen gemeinschaftlichen Instrumenteneinsatz geben, der zu Produktionsstrukturen führt, die einer optimalen Allokation zuwiderlaufen.

Die EU-Agrarmarktpolitik wird aber dieser Forderung nicht gerecht.

(1) Dies betrifft insbesondere Quotensysteme auf dem Milch- und Zuckermarkt. Die EU-Quote wird den Mitgliedsländern zugeteilt und diese verteilen sie entweder an die Zuckerrübenfabriken (bei Zucker) oder an die landwirtschaftlichen Betriebe (bei Milch). Handel der Produktionsrechte selbst innerhalb der Mitgliedsländer ist nur begrenzt erlaubt[66] (Stand 2005). Es ist daher noch nicht einmal möglich, dass sich die nationale Produktionsstruktur an den komparativen Kosten orientiert.

---

[66] In den Mitgliedsländern der EU sind die Regeln nicht einheitlich. In der Bundesrepublik ist Leasing und Verpachtung zurzeit nicht erlaubt. Kauf und Verkauf ist nur über Milchbörsen möglich. Anbieter und Nachfrager müssen in den politisch festgelegten regionalen Einzugsgebieten angesiedelt sein.

(2) Wie bei der Instrumentenanalyse dargestellt, gibt es eine spezielle Förderung wirtschaftlich benachteiligter Regionen. Diese Förderung benachteiligter Regionen hemmt die Entwicklung zu Kosten minimierenden Produktionsstrukturen.

(3) Im Rahmen der *MacSharry*-Agrarreform wurden nationale Garantiemengen für Getreide und Ölsaaten eingeführt. Werden die vorgegebenen Produktionsmengen überschritten, kann es eine Kürzung der Prämien geben.

(4) Es gibt unverändert nicht harmonisierte nationale Maßnahmen in der Agrarpolitik, die die Produktionsstrukturen und Wettbewerbsverhältnisse zwischen den Ländern und Regionen beeinflussen. Hierunter fallen Unterschiede in der Steuerpolitik, in Umweltauflagen und einzelbetrieblicher Förderung. Die Bundesrepublik Deutschland ist z.B. nach dem Jahr 2000 besonders aktiv bei der Förderung des ökologischen Landbaus geworden und hat auch engere Grenzen als die anderen EU-Mitgliedsländer für die Tierhaltung und für die Produktion von genetisch veränderten Organismen beschlossen.

(5) Besonders eklatant war der Verstoß gegen das Prinzip 'Einheit der Märkte' durch den Einsatz von Grenzausgleichsmaßnahmen für den innergemeinschaftlichen Handel mit Agrarprodukten und Ernährungsgütern. Da nach Auf- und Abwertungen von nationalen Währungen eine Anpassung der nationalen Marktordnungspreise aus politischen Gründen vermieden werden sollte, wurden für die Umrechnung der nationalen Marktordnungspreise nicht die aktuellen, sondern historische Wechselkurse verwendet. Es war daher notwendig, beim innergemeinschaftlichen Handel mit Agrargütern an der Grenze eine Be- oder Entlastung der Warenwerte vorzunehmen. Dieses System wurde von 1969 bis 1993 verwirklicht.

9.1.2 Das Grundprinzip "Gemeinschaftspräferenz für Agrarprodukte"

Inländische EU-Konsumenten sollen den Kauf von in der EU produzierten Produkten importierten Produkten vorziehen. Ausländische Anbieter sollen daher zumindest teilweise vom EU-Markt verdrängt werden. Dies wird mit Hilfe der Marktordnungen verwirklicht, indem ein Außenschutz vorgesehen wird. Potentielle Vorteile einer regionalen wirtschaftlichen Integration werden aber reduziert, wenn ein Außenschutz der Gemeinschaft vorliegt. Das Prinzip "Gemeinschaftspräferenz für Agrarprodukte" ist mit dem Grundgedanken des EWG-Vertrages nicht vereinbar.

Für die Entwicklung der Marktordnungen war aus gesamtwirtschaftlicher Sicht besonders nachteilig, dass der Außenschutz zur Verwirklichung des Prinzips der "Präferenz für Agrarprodukte" nicht durch eine einmalige Entscheidung zu Beginn der Marktordnungen festgeschrieben wurde. Stattdessen haben die Agrarminister im Ministerrat bis zur Agrarreform 1992 in der jährlichen Preisrunde über die Höhe der Einfuhrpreise entschieden. Da auf dem Weltmarkt das Agrarpreisniveau seit Beginn der Gemeinsamen Agrarpolitik im Trend fällt, die Agrarminister aber bis Mitte der achtziger Jahre jährlich nominale Preissteigerungen beschlossen haben, erhöhte sich die nominale Protektionsrate im Zeitablauf. Doch selbst bei unveränderter nominaler Protektionsrate wäre die Verwirklichung des Prinzips aus folgenden Gründen mit steigenden volkswirtschaftlichen Kosten verbunden gewesen:

(1) Die Versorgungssituation auf den inländischen Agrarmärkten hat sich im Zeitablauf grundlegend geändert. Zu Beginn war die EWG noch Importeur für die wichtigsten Agrarprodukte. Mitte der achtziger Jahr war die EU dagegen bereits einer der größten Agrarexporteure bei den wichtigsten Agrarprodukten. Die geänderte Versorgungslage trug dazu bei, dass sich das Vorzeichen der Terms of Trade-Effekte für die EU umkehrte. Zwar hat die EU stets als Folge des Agrarprotektionismus das Niveau der Weltmarktpreise gedrückt, doch war dies in den ersten Jahren aus Sicht der EU möglicherweise noch positiv, weil sich die Importe verbilligten. Mit Beginn der Exportsituation wurde der Effekt jedoch negativ, da zu niedrigeren Weltmarktpreisen exportiert werden musste. Hinzu kam, dass die Europäische Gemeinschaft sich durch Aufnahme neuer Mitgliedsländer vergrößerte und damit zu einem stärkeren Terms of Trade-Effekt beitrug.

(2) Die Verwirklichung des Prinzips der Präferenz für Agrarprodukte wurde auch deswegen aus gesamtwirtschaftlicher Sicht teurer, weil sich als Folge der GATT-Runden das Protektionsniveau für gewerbliche Produkte im Zeitablauf verringerte und sich damit bei gegebener nominaler Protektion des Agrarsektors die relative Protektionsrate mit der Folge zusätzlicher Fehlallokation erhöhte.

(3) Die Auswirkungen der nominalen Protektionsraten haben sich im Zeitablauf auch verstärkt, weil die nationalen Agrarsektoren in den Mitgliedsländern zunehmend in die nationalen Volkswirtschaften integriert wurden. Dies ist z.B. an der wachsenden Vorleistungsintensität abzulesen. Während zu Beginn der EWG die Landwirte in der BRD nur etwa 40 % ihrer Erlöse für den Kauf von Vorleistungen ausgaben, lag der Anteil 1995 für die alten Bundesländer bereits über 57 %. Eine gegebene nominale Protektionsrate erhöhte demnach die effektive Protektionsrate 1995 sehr viel mehr als 1967. Die zunehmende Integration der Agrarsektoren in die nationalen Volkswirtschaften hat auch zu einer elastischeren Faktorangebotskurve geführt. Landwirtschaftliche Arbeitskräfte orientieren sich verstärkt an ihren Opportunitätskosten, d.h. den Arbeitseinkommen in anderen Sektoren. Daher hat ein gegebener Außenschutz im Zeitablauf zu einer stärkeren Verzerrung des Arbeitseinsatzes in der Volkswirtschaft geführt.

(4) Die volkswirtschaftlichen Kosten des Agraraußenschutzes sind im Zeitablauf auch deshalb gestiegen, weil sich die so genannte "offene Flanke" der Agrarmarktordnungen zunehmend negativ auswirkte.

(5) Die Verwirklichung des Prinzips "Gemeinschaftspräferenz für Agrarprodukte" erhöhte im Zeitablauf weiterhin die volkswirtschaftlichen Kosten, weil sich die Gemeinschaft zunehmend veranlasst sah, den Außenschutz durch Einräumung von Präferenzen für einzelne Exportländer partiell zu senken (siehe Kapitel 7 Präferenzabkommen). Diese Abkommen erhöhen die volkswirtschaftlichen Kosten des EU-Agrarprotektionismus; bei Produkten, bei denen noch ein Einfuhrbedarf besteht, werden höhere Preise für Importe bezahlt als bei der Einfuhr vom Weltmarkt (es wird auf Abgaben bei der Einfuhr ganz oder teilweise verzichtet), bei Überschussprodukten werden die Ausfuhrmengen erhöht und dafür aber geringere Preise erzielt, als bei der Einfuhr gezahlt wurden.

Nach Abschluss der Uruguay-Runde hat sich der Protektionsgrad für Agrarprodukte erheblich vermindert. Offensichtlich haben die EU-Agrarpolitiker dem Druck der Handelspartner nicht widerstehen können.

9.1.3 Das Grundprinzip "Finanzielle Solidarität"

Das Prinzip "Finanzielle Solidarität" folgt aus der Überlegung, dass die Gemeinsame Agrarpolitik, über deren Gestaltung gemeinschaftlich entschieden wird, auch gemeinschaftlich zu finanzieren ist. Es wird implizit unterstellt, dass mit der Gemeinsamen Agrarpolitik ein EU-weites öffentliches Gut geschaffen wurde, wie z.B. die Sicherung der Ernährung. Kann man annehmen, dass alle Mitgliedsländer einen Nutzen aus der Sicherung der Ernährung haben und dass die Zielverwirklichung bei Verfolgung einer nationalen Strategie mit höheren Kosten verbunden ist als bei einer kollektiven Ernährungssicherung, liegt eine gemeinsame Finanzierung nahe.

Es ist allerdings zu bezweifeln, ob die Gemeinsame Agrarpolitik wirklich zu einer Ernährungssicherung beiträgt (siehe Kapitel 5). Zwar wurde erreicht, dass der Selbstversorgungsgrad in der Gemeinschaft im Zeitablauf gestiegen ist, doch ist ein gestiegener Selbstversorgungsgrad nicht identisch mit einer Erhöhung der Ernährungssicherung. Hinzu kommt, dass die einzelnen Mitgliedsländer wahrscheinlich ein unterschiedliches Interesse an staatlicher Aktivität zur Verwirklichung des Ernährungssicherungsziels haben. Die inländische Versorgungslage zeigte vor Beitritt zur Gemeinschaft in den einzelnen Ländern große Unterschiede. Es gab Länder wie Frankreich mit großen nationalen Agrarüberschüssen und Länder wie Italien, Deutschland und Großbritannien mit einem hohen Einfuhrbedarf. Große nationale Interessendivergenzen bei der gemeinschaftlichen Verwirklichung des Selbstversorgungsziels können demnach erwartet werden. Eine national unterschiedliche Zahlungsbereitschaft wird die Folge sein.

Ähnliche Unterschiede in der nationalen Zahlungsbereitschaft kann man auch erwarten, wenn durch die Gemeinsame Agrarpolitik andere agrarpolitische Ziele, die in Artikel 33 des EU-Vertrags aufgeführt sind, verwirklicht werden sollen.

Zu einem besonderen Problem wurde die gemeinsame Finanzierung wegen der unsichtbaren Transferströme. Mitgliedsländer müssen zum einen Zahlungen an die EU abführen, die sich in etwa an der Zahlungsfähigkeit der Länder orientieren, d.h. am Bruttosozialprodukt pro Kopf; zum anderen müssen sie aufgrund der Verwirklichung der Gemeinschaftspräferenz ihren Importbedarf durch Bezug von Waren aus den Mitgliedsländern befriedigen. Da die EU-Preise normalerweise erheblich über den Weltmarktpreisen liegen, werden die Importländer im Vergleich zum Kauf vom Weltmarkt höhere Importpreise zahlen. Die Agrar-Importländer der EU werden daher indirekt zusätzlich zu den sichtbaren Einzahlungen in die Gemeinschaftskasse besteuert. Agrar-Exportländer hingegen können bei der Finanzierung der Exporterstattungen, die notwendig sind, um die Differenz zwischen EU-Preisniveau und Weltmarktpreisniveau auszugleichen, auf Zahlungen aus der Gemeinschaftskasse zurückgreifen oder ihre Überschüsse in Mitgliedsländern absetzen. Sie werden also durch die Gemeinschaft durch sichtbare und unsichtbare Finanzströme entlastet.

Die nationalen Kosten einer EU-Marktordnung für ein bestimmtes Produkt – definiert als Verzicht an Sozialprodukt – können durch folgende Gleichung veranschaulicht werden:

$$C_i = a_i(p_i - p_w)q_{ü} + (p_i - p_w)q_{IM} - (p_i - p_w)q_{EX} \qquad (9.1)$$

mit

C_i = nationale Kosten eines Landes i

a_i = nationaler Finanzierungsbeitrag eines Landes i

p_i = Inlandspreis

p_w = Weltmarktpreis

$q_{ü}$ = EU-Überschuss

q_{IM} = nationale Importmenge

q_{EX} = nationale Exportmenge.

Der erste Ausdruck in Gleichung (9.1) ist für alle Länder positiv, falls Preisstützung für ein Produkt mit Überschüssen in der EU verwirklicht wird. Diese Kosten erhöhen sich, wenn das betrachtete Land ein Importeur ist (der zweite Term in der Gleichung) oder verringern sich, wenn das Land ein Exporteur ist. Die nationalen Kosten sind also nicht identisch mit den Einzahlungen in die Gemeinschaftskasse. Sie sind niedriger für Länder mit Überschussprodukten und höher für Länder mit Nettoimporten. Es ist daher verständlich, dass das EU-Agrarpreisstützungsniveau in Verbindung mit den Finanzierungsregeln zu einer Verstärkung der nationalen Interessendivergenz beiträgt.

Die hier dargestellte Berechnung der nationalen Kosten der Marktordnungen unterscheidet sich erheblich von der Methode, die zu den in offiziellen Dokumenten ausgewiesenen **Nettozahler- oder Nettoempfängerpositionen** führt. In den offiziellen Berechnungen werden nur die sichtbaren Zahlungsströme erfasst. Der erste Term in Gleichung (9.1) geht somit voll als nationale Zahlung in die Berechnungen ein. Ebenso wird als nationale Zahlung verbucht, wenn ein Mitgliedsland von Drittländern importiert und die an der Grenze in Höhe von p_i - p_w erhobenen Abgaben nach Abzug einer Gebühr für Verwaltungskosten in die Gemeinschaftskasse überweist. Da aber der größte Teil der nationalen Importe aufgrund der Gemeinschaftspräferenz von Mitgliedsländern eingeführt wird, wird der zweite Term in Gleichung (9.1) in der Regel unterschätzt. Gelegentlich kann er aber auch überschätzt werden, wenn das Einfuhrland – wie z.B. die Niederlande – aufgrund der regionalen Lage nur ein Durchgangsland ist und die vom Weltmarkt importierten Mengen in andere EU-Länder exportiert und dort verbraucht werden. Gleichermaßen wird in offiziellen Berechnungen der dritte Term in Gleichung (9.1) verzerrt erfasst. Es werden grundsätzlich nur die in Drittländer exportierten Mengen erfasst, weil nur hierfür Exportsubventionen gezahlt werden. Exportländer haben aber auch durch die Gemeinschaft einen Gewinn an Sozialprodukt zu verzeichnen, wenn sie in andere Mitgliedsländer zu Preisen, die über den Weltmarktpreisen liegen, exportieren. Die offiziell ausgewiesenen Nettoempfängerpositionen einzelner Länder – wie sie z.B. jährlich in Berichten der EU und der Mitgliedsländer ausgewiesen werden – geben somit eine verzerrte Schätzung der nationalen Transfersalden an. So muss insbesondere der offiziell ausgewiesene Nettogewinn Frankreichs, dem größten Gewinner des Systems, wegen der großen positiven Agrarhandelsbilanzen nach oben korrigiert werden. Andererseits ist der negative Transfer Großbritanniens noch größer als offiziell ausgewiesen.

Besonders deutlich werden die nationalen Interessendivergenzen in der jährlichen Agrarpreisrunde. Preiserhöhungen führen je nach Protektionsgrad, Versorgungslage und Finanzierungsbeitrag zu unterschiedlichen nationalen Vor- oder Nachteilen. Besonders hoch sind die nominalen Protektionsraten für Milch und Zucker. Preisänderungen für diese Produkte initiieren daher besonders große Änderungen der Transferströme und erschweren die Konsensfindung bei Preisanhebungen. Generell werden traditionelle Importländer wie Großbritannien und Italien bei Preisanhebungen zusätzlich belastet, während traditionelle Exportländer wie Frankreich entlastet werden. Die Effekte können durch folgende Darstellung verdeutlicht werden. Es wird von Gleichung (9.1) ausgegangen. Nimmt man an, dass die Preisanhebung für das betrachtete EU-Agrarprodukt keine (direkte) Wirkung auf die Weltmarktpreise hat, so ist das totale Differential von Gleichung (9.1):

$$\begin{aligned} dC_i = a_i[dq_{ü}(p_i - p_w) + q_{ü}dp_i] + [dq_{IM}(p_i - p_w) + q_{IM} \cdot dp_i] \\ -[dq_{EX}(p_i - p_w) + q_{EX}dp_i]. \end{aligned} \tag{9.2}$$

Es folgt:

$$dC_i \gtreqless 0. \tag{9.3}$$

für

$$a_i[dq_{ü}(p_i - p_w) + q_{ü}dp_i] \lesseqgtr [dq_{IM}(p_i - p_w) + q_{IM}dp_i] \\ -[dq_{EX}(p_i - p_w) + q_{EX}dp_i]. \tag{9.4}$$

Aus (9.4) erhält man für ein Land i, das bei dem betrachteten Produkt einen Überschuss produziert (dann entfällt der erste Term auf der rechten Seite der Ungleichung (9.4)), und unter Berücksichtigung von

$$\varepsilon^{ü} = \frac{\frac{dq_{ü}}{q_{ü}}}{\frac{dp_i}{p_i}} \text{ und } \varepsilon^{EX} = \frac{\frac{dq_{EX}}{q_{EX}}}{\frac{dp_i}{p_i}} \tag{9.5}$$

und

$$\frac{p_i - p_w}{p_i} = 1 - \frac{p_w}{p_i} = 1 - \frac{1}{T_N} \tag{9.6}$$

mit

T_N = nominale Protektionsrate:

$$\frac{q_{ü}}{q_{EX}} a_i[\varepsilon^{ü}(1 - \frac{1}{T_N}) + 1] \lesseqgtr \varepsilon^{EX}(1 - \frac{1}{T_N}) + 1. \tag{9.7}$$

Aus Gleichung (9.7) erhält man unter Berücksichtigung von

$$\varepsilon^{ü} = \frac{S}{S-1} \cdot \varepsilon^S - \frac{1}{S-1} \varepsilon^D \tag{9.8}$$

und

$$\varepsilon^{EX} = \frac{S_i}{S_i - 1} \varepsilon_i^S - \frac{1}{S_i - 1} \cdot \varepsilon_i^D \tag{9.9}$$

mit

S, S_i = Selbstversorgungsgrad der EU und des Landes i

$\varepsilon^D, \varepsilon_i^D$ = Preiselastizitäten der Nachfrage der EU und des Landes i

$\varepsilon^S, \varepsilon_i^S$ = Preiselastizitäten des Angebots der EU und des Landes i

und der Annahme, dass ε^D und ε_i^D Null ist

$$\frac{q_{ü}}{q_{EX}} a_i[\frac{S}{S-1} \cdot \varepsilon^S(1 - \frac{1}{T_N}) + 1] \gtreqless \frac{S_i}{S_i - 1} \cdot \varepsilon_i^S(1 - \frac{1}{T_N}) + 1. \tag{9.10}$$

Eine Preisanhebung ist somit aus nationaler Sicht umso positiver zu beurteilen,

- je kleiner die nationale Finanzierungsquote (a_i) ist,
- je größer der Anteil der nationalen Überschussmenge an der Überschussmenge der EU ist,
- je kleiner der Selbstversorgungsgrad der EU ist,
- je größer der Selbstversorgungsgrad des Landes ist und
- je größer der Protektionsgrad bei dem betrachteten Agrarprodukt ist.

Aus der Gleichung (9.10) kann daher auch gefolgert werden, dass die nationalen Schattenpreise, d.h. die Bewertung von Produktionsmengenänderungen aus gesamtwirtschaftlicher Sicht, bei gemeinsam beschlossenen Preisanhebungen differieren. Die Interessengegensätze werden somit institutionell, d.h. durch die Wahl des Finanzierungssystems und durch den Agrarprotektionismus, verstärkt. Hierdurch erhöhen sich die Konsensfindungskosten.

Das Finanzierungssystem führt weiterhin zur Möglichkeit der Externalisierung nationaler Kosten der Agrarpolitik durch nationale Aktivitäten. So wird z.B. die relative Vorzüglichkeit von Förderungen des Agrarsektors verändert. Bei Kosten-Nutzen-Analysen von produktionssteigernden Maßnahmen hat man aus nationaler Sicht nicht vom Weltmarktpreis auszugehen, sondern vom inländischen Stützpreis, der um den nationalen Finanzierungsanteil zu verringern ist. Der Sachverhalt kann durch folgendes Gleichungssystem veranschaulicht werden. Für den nationalen Erlös gilt:

$$E_i = p_i q_i - a_i (p_i - p_w) q_i. \tag{9.11}$$

Für den nationalen Schattenpreis (dE_i/dq_i), d.h. die marginale Bewertung einer produktionssteigernden Maßnahme, die nur die Produktion im Land i erhöht, gilt damit aus gesamtwirtschaftlicher Sicht des Landes i:

$$\frac{dE_i}{dq_i} = p_i - a_i (p_i - p_w). \tag{9.12}$$

Für die Relation von Schattenpreisen zu Weltmarktpreisen gilt:

$$\frac{\frac{dE_i}{dq_i}}{p_w} = \frac{p_i}{p_w}(1 - a_i) + a_i. \tag{9.13}$$

Gleichung (9.12) zeigt, dass die nationalen Schattenpreise für alle Länder unterhalb der inländischen Stützpreise, aber oberhalb der Weltmarktpreise liegen. Die Schattenpreisen liegen umso dichter am Stützpreis, je kleiner die nationale Finanzierungsquote ist. Gleichung (9.13) informiert über die Relation von Schattenpreisen und Weltmarktpreisen. Die Schattenpreise weichen um so mehr von den Weltmarktpreisen ab, je höher der Protektionsgrad ist. Daraus folgt, dass die relative Vorzüglichkeit nationaler produktionssteigernder Maßnahmen umso größer ist, je höher die Protektionsrate ist. Es werden durch das Finanzierungssystem nationale Anreize für eine weitere Verzerrung der Produktionsstruktur ausgeübt. Das gemeinsame Finanzierungssystem trägt also auch dazu bei, dass die nationalen Interessen bei der Implementierung agrarmarktpolitischer Maßnahmen verstärkt divergieren. Wenn ein Teil der mit den Maßnahmen verbundenen Ausgaben aus der Gemeinschaftskasse bezahlt wird, verändern sich die Kosten-Nutzen-Berechnungen auf nationaler Ebene.

Die *MacSharry*-Reform und die folgenden Reformen von 1999 und 2003 haben die bisher zum Teil unsichtbaren Transferströme sichtbar gemacht, weil produktgebundene Transfers zum Teil durch Direktzahlungen ersetzt wurden. Diese Änderung hat allerdings die Entwicklung zu effizienterer Verwendung der EU-Mittel nicht erleichtert. Die Mitgliedsländer versuchen ihre Anteile an den Auszahlungen der EU aufrecht zu halten, auch wenn aus Sicht der EU eine Änderung der Verteilung sinnvoll wäre. So ist der Übergang zu einer mehr an Umweltzielen orientierten Agrarpolitik mit den bisherigen Auszahlungsströmen an die Mitgliedsländer nicht vereinbar.

9.2 Entwicklung der EU-Agrarmarktpolitik

Es kann beobachtet werden, dass grundlegende Weichen für protektionistische Agrarpolitiken in einzelnen Ländern in der Regel in Krisenzeiten gestellt wurden oder sich als Ergebnis einer besonderen Konstellation in der Vergangenheit ergaben. So sind z.B. die Grundelemente der US-Agrarpolitik in der Weltwirtschaftskrise eingeführt worden. Das Beharrungsvermögen protektionistischer Politiken kann mit einem Sperrklinkeneffekt verglichen werden. Staatliche Eingriffe in den Markmechanismus schaffen eine Gruppe von begünstigten Wirtschaftssubjekten, die sich für das Fortbestehen der Politikmaßnahme einsetzen, selbst wenn sich die Rahmenbedingungen grundlegend geändert haben. Die Geschichte der Agrarpolitik in der BRD und EU zeigt, dass einzelne Maßnahmen nur selten suspendiert wurden. Stattdessen kam es im Zeitablauf bis 1993 zu einer Ausweitung des Instrumenteneinsatzes mit einer zunehmenden Abkehr von den Prinzipien der 'sozialen Marktwirtschaft'.

Die starke Regelungsintensität auf den Agrarmärkten der Bundesrepublik Deutschland ist durch entscheidende Weichenstellungen zu bestimmten Zeitpunkten in den letzten fünfzig Jahren historisch gewachsen. Diese Weichenstellungen führten zu einem Entwicklungspfad der Agrarpolitik, der im Widerspruch zu den Prinzipien der sozialen Marktwirtschaft steht. Solche grundlegenden Weichenstellungen erfolgten mit

1. der Einführung von Sonderregelungen für den Agrarsektor zum Zeitpunkt der Einführung der sozialen Marktwirtschaft in der Bundesrepublik Deutschland,
2. der Verabschiedung des Landwirtschaftsgesetzes im Jahr 1955,
3. der Sonderstellung der Agrarpolitik im EWG-Vertrag von 1957,
4. der Einführung der Zuckermarktkontingentierung im Jahre 1958/59,
5. der Schaffung von EWG-Agrarmarktordnungen mit den allgemeinen Grundprinzipien 'Finanzielle Solidarität', 'Gemeinschaftspräferenz für Agrarprodukte' und 'Einheit der Märkte' im Jahr 1962,
6. der Einführung des 'Einzelbetrieblichen Förderungsprogramms' im Jahr 1971,
7. der Einführung der Milchkontingentierung im Jahr 1984,
8. der Einführung der freiwilligen Flächenstilllegung 1988 und der quasi-obligatorischen Flächenstilllegung mit der Agrarreform vom Mai 1992,
9. der Einführung von einzelbetrieblichen Kontrollen bezüglich der Flächennutzung mit der Agrarreform von 1992,
10. der zeitlich unbegrenzten Einführung von Kompensationszahlungen mit der Agrarreform von 1992,
11. der Agrarreform von 2003.

Zu 1: Der Übergang von der Bewirtschaftungspolitik der Nachkriegszeit zur sozialen Marktwirtschaft

Kurz nach der Währungsreform vom 21. Juni 1948 wurde am 24. Juni 1948 ein so genanntes "Leitsätzegesetz" erlassen, ein Gesetz über Leitsätze für die Bewirtschaftung und Preispolitik nach der Geldreform. Danach wurde die Bewirtschaftung im industriell gewerblichen Bereich weitgehend aufgehoben[67]. *Ludwig Erhardt* lehnte aber im Widerspruch zu diesem Gesetz eine Liberalisierung des Agrar- und Ernährungssektors von vornherein ab. Im Jahr 1949 wurden dann preis- und marktwirtschaftliche Grundsatzentscheidungen gefällt, die die weitere Entwicklung der Agrarpolitik in der Bundesrepublik grundlegend beeinflussten.

Bemerkenswert ist, dass in dem Ausschuss für landwirtschaftliche Marktordnung die Gruppe der Agrarwissenschaftler (mit den Professoren *Niehaus*, *von Dietze*, *Wöhrmann*, *Hanau* und dem Vertreter des deutschen Gewerkschaftsbundes *Teichmann*) erhebliche Bedenken gegen den Vorschlag, die Märkte für Hauptnahrungsgüter zu organisieren, äußerte. Dagegen setzten sich die Vertreter der staatlichen Ernährungsverwaltung und der Wirtschaftsverbände (insbesondere auch der Präsident des Institutes für Weltwirtschaft *Baade* sowie sein Stellvertre-

[67] *Kluge, U.*, 40 Jahre Agrarpolitik in der Bundesrepublik Deutschland. Bd. 1 und 2. Hamburg und Berlin 1989.

ter *Stisser*) für eine intensive Regelung der Agrarmärkte durch Agrarordnungen ein[68]. Die Regierung entschied sich für den Vorschlag Marktordnungen; im Parlament wurden die Gesetze für Marktordnungen 1950/51 verabschiedet. Von besonderer Bedeutung war das Getreidegesetz[69]. Hiernach hatte das Bundesministerium für Ernährung, Landwirtschaft und Forsten jährlich einen Versorgungsplan aufzustellen; Bundesregierung und Parlament legten durch Bundesgesetz die inländischen Erzeugerpreise fest. Die Preise für die anderen Agrarprodukte wurden in Anlehnung an den Getreidepreis ebenfalls jährlich festgelegt.

Für die weitere Entwicklung der Agrarpolitik war von besonderer Bedeutung, dass diese Marktordnungen einen jährlichen diskretionären Entscheidungsbedarf von Regierung und Parlament vorsah. Hierdurch war es möglich, dass sich die Interessenvertreter im politischen Raum stärker durchsetzen konnten. Die Entwicklung hat gezeigt, dass die Marktordnungen im Zeitablauf sowohl im Umfang als auch in der Regelungsintensität zugenommen haben.

Zu 2: Die Bedeutung des Landwirtschaftsgesetzes von 1955

Nach § 1 des Landwirtschaftsgesetzes vom September 1955 ist die Landwirtschaft mit den Mitteln der allgemeinen Wirtschafts- und Agrarpolitik, insbesondere der Handels-, Steuer-, Kredit- und Preispolitik in den Stand zu setzen, die für sie bestehenden naturbedingten und wirtschaftlichen Nachteile gegenüber anderen Wirtschaftsbereichen auszugleichen und ihre Produktivität zu steigern. Damit soll gleichzeitig die soziale Lage der in der Landwirtschaft tätigen Menschen an die vergleichbarer Berufsgruppen angeglichen werden.

Mit dem Landwirtschaftsgesetz wird demnach dem Agrarsektor eine Sonderrolle in der Volkswirtschaft eingeräumt[70]. Für keinen anderen Sektor gilt im System der sozialen Marktwirtschaft, dass die Regierung für die soziale Lage der im Sektor tätigen Menschen verantwortlich ist. Zwar wird im Landwirtschaftsgesetz noch nicht präzisiert, wie die soziale Lage zu messen ist, doch wird in § 4 aufgeführt, dass die Bundesregierung bis zum 15. Februar eines jeden Jahres dem Bundestag und dem Bundesrat einen Bericht über die Lage der Landwirtschaft vorzulegen hat (siehe hierzu oben Kapitel 5).

Zu 3: Die Sonderstellung der Agrarpolitik im EWG-Vertrag von 1957

Bei der Gründung der Europäischen Wirtschaftsgemeinschaft waren sich die sechs Gründerstaaten einig, dass auch der Agrarsektor in den Integrationsprozess einbezogen werden sollte. Der EWG-Vertrag räumte daher dem Agrarsektor einen besonderen Abschnitt mit den Artikeln 38 bis 47 ein. In Artikel 40 wurde

---

68 *Kluge, U.*, a.a.O., S. 116.

69 *Modest, F.*, Kommentar zum Getreidegesetz. Heidelberg 1953; *Plate, R.* und *W. Fischer*, Landwirtschaftliche Marktkunde. Hiltrup 1964.

70 Vgl. *Puvogel, C.*, Der Weg zum Landwirtschaftsgesetz. Bonn, München, Wien 1957.

darauf hingewiesen, dass eine gemeinsame Organisation der Agrarmärkte geschaffen werden sollte. Man legte sich jedoch noch nicht auf eine spezielle Organisationsform fest. Stattdessen wurde explizit genannt, dass folgende Organisationsformen möglich sind:

a) Gemeinsame Wettbewerbsregeln,
b) eine bindende Koordinierung der verschiedenen einzelstaatlichen Marktordnungen sowie
c) eine europäische Marktordnung.

Somit hatte man wiederum im EWG-Vertrag die Möglichkeit eröffnet, dass die Interessenvertreter gezielt Einfluss auf die Gestaltung der Agrarpolitik nehmen konnten. Es war nahe liegend, dass sich die Interessenvertreter für eine hohe Regelungsintensität einsetzten und – wie die Entwicklung zeigte – auch ihre Wünsche durchsetzten.

Zu 4: Die Einführung der Zuckermarktkontingentierung im Jahr 1958/59

Obwohl der EWG-Vertrag bereits unterzeichnet war und obwohl sich die Bundesregierung im Klaren darüber sein musste, dass eine Vereinheitlichung der nationalen Agrarpolitik bevorstand, führte man auf dem Zuckermarkt ein Instrument ein, dass mit den Prinzipien der Marktwirtschaft nicht vereinbar ist. Der Zuckerrübenanbau wurde quotiert, indem den Zuckerrübenfabriken Quoten zugeteilt wurde. Hierdurch wurde es möglich, den Landwirten höhere Zuckerrübenpreise zu garantieren. Besonders bemerkenswert ist hierbei, dass es nicht die soziale Lage der Zuckerrübenproduzenten war, die zu diesem marktfremden Instrument greifen ließ. Im Gegenteil, die Einkommen der Zuckerrübenproduzenten waren zur damaligen Zeit – und sind es auch heute noch – verglichen mit den Produzenten anderer landwirtschaftlicher Güter überdurchschnittlich hoch. Die Quotierung wurde eingeführt, weil es technisch relativ leicht möglich war. Da die Zuckerrüben zur Verarbeitung an Zuckerfabriken geliefert werden, liegt quasi ein Flaschenhals im Vermarktungsprozess vor, und eine Erfassung der Produktionsmengen ist daher verwaltungstechnisch relativ einfach möglich.

Mit der Quotierung der Zuckerrübenproduktion hat man einen eng begrenzten Kreis von Begünstigten geschaffen, die darauf hinwirkten, dass die Quotierung der Zuckerrübenproduktion bis zum heutigen Tag in der EU (2005) fortgeführt wurde. Die Zuckerrübenproduktion ist überdurchschnittlich hoch protektioniert.

Zu 5: Die Schaffung von EWG-Agrarmarktordnungen mit den allgemeinen Grundprinzipien 'Finanzielle Solidarität', 'Gemeinschaftspräferenz für Agrarprodukte' und 'Einheit der Märkte' im Jahr 1962

Auch wenn der EWG-Vertrag noch keine eindeutige Organisationsform der Agrarmärkte vorsah, so konnte man erwarten, dass aufgrund des politischen Einflusses der Interessengruppen eine bestimmte der drei Alternativen durchgesetzt werden würde. So wurde im Januar 1962 entschieden, dass man gemeinsame Agrarmarktordnungen schaffen wollte. Für die weitere Entwicklung der Agrarpolitik war hier von besonderer Bedeutung, dass man als die Grundpfeiler der Agrarmarktordnungen die drei Grundprinzipien 'Finanzielle Solidarität', 'Gemeinschaftspräferenz für Agrarprodukte' und 'Einheit der Märkte' ansah. Besonders nachteilig war, dass die Gemeinschaftspräferenz durch ein System von variablen Abschöpfungen durchgesetzt werden sollte. Der Agrarministerrat konnte demnach jährlich die Protektionsrate für Agrarprodukte neu festlegen. Wenn man unterstellt, dass die Mitglieder des Agrarministerrates in der Regel mehr am Wohl der Landwirte als am Gesamtwohl interessiert sind, so ist es nicht verwunderlich, dass der Agrarprotektionismus im Zeitablauf zugenommen hat. Hierzu hat allerdings auch beigetragen, dass auf dem Weltmarkt die Preise im Zeitablauf tendenziell gesunken sind.

Grundlegende Weichen wurden zu Beginn der gemeinsamen Marktordnungen mit der Festlegung des Getreidepreises gestellt. Da die Getreidepreise, wie auch die Preise für andere landwirtschaftliche Produkte, in den Mitgliedsländern der EWG unterschiedlich hoch waren, war es notwendig, sich auf ein gemeinsames Preisniveau zu einigen. So belief sich z.B. die Differenz zwischen dem französischen und deutschen Weizenpreis im Jahr 1958/59 auf etwa 45 %[71]. Hätte man sich bei der Festlegung des gemeinsamen Preisniveaus an den Regeln des GATT orientiert, hätte das durchschnittliche Protektionsniveau nicht angehoben werden dürfen. Auf Druck der deutschen Landwirtschaft und gegen die Empfehlungen des Wissenschaftlichen Beirates beim Bundesministerium für Ernährung, Landwirtschaft und Forsten einigte man sich jedoch auf einen Getreidepreis, der erheblich über dem Durchschnitt lag. Hiermit wurde eine Ausgangssituation geschaffen, die zu weiteren Produktionssteigerungen in der Gemeinschaft führte und eine Erweiterung des Instrumentariums in den Folgejahren bewirkte.

Zu 6: Die Einführung des einzelbetrieblichen Förderungsprogramms im Jahr 1971

Mit dem einzelbetrieblichen Förderungsprogramm wurde anerkannt, dass es einen fortwährenden Strukturwandel in der Landwirtschaft geben würde. Der strukturelle Anpassungsprozess sollte gefördert werden, indem man entwicklungsfähigen Betrieben durch zinsverbilligte Kredite Anpassungshilfen gab und nicht entwicklungsfähige Betriebe zum Ausscheiden aus der Produktion anregte.

Mit diesem Programm wurde wiederum gegen den Geist des marktwirtschaftlichen Systems verstoßen. Der Staat maßte sich an zu entscheiden, welche Betriebe als entwicklungsfähig zu bezeichnen sind und welche nicht. Es ist nicht ver-

[71] *Scholz, H.*, 30 Jahre Vorschläge der Wissenschaft zur Agrarpolitik. Berichte über Landwirtschaft – Zeitschrift für Agrarpolitik und Landwirtschaft, Bd. 66, 1988, S. 117.

wunderlich, dass die Erfahrungen mit den einzelbetrieblichen Förderungsprogrammen aus gesamtwirtschaftlicher Sicht negativ sind (siehe oben Kapitel 7).

Zu 7: Die Einführung der Milchkontingentierung im Jahr 1984

Die Kontingentierung der Milchproduktion beinhaltete eine weitere Abkehr von marktwirtschaftlichen Prinzipien für einen relativ großen Anteil des landwirtschaftlichen Produktionswertes. So entfällt z.B. in der Bundesrepublik Deutschland etwa 26 % der Enderzeugung auf Milch. In der EU-15 waren es 18 %. Da aber die Milchkontingentierung einen großen Einfluss auf den Rindfleischmarkt hat, hat man durch dieses Instrument in der Bundesrepublik zusätzlich 12,3 % der Enderzeugung nahezu direkt erfasst. In der EU-15 waren es weitere 12,1 %. Zusammen mit der Zuckerrübenproduktion sind damit in der Bundesrepublik Deutschland etwa 40 % der landwirtschaftlichen Enderzeugung durch Quotierung direkt beeinflusst. Das Jahr 1984 kann damit als ein Jahr mit besonders starker Abkehr von den Prinzipien der sozialen Marktwirtschaft bezeichnet werden.

Zu 8: Einführung von Flächenstilllegungen 1988 auf freiwilliger Basis und quasi-obligatorisch mit der Agrarreform im Mai 1992

Während der Amtszeit des Bundesministers für Ernährung, Landwirtschaft und Forsten *Kiechle* (1983 bis 1993) kam es zu einer besonders starken Zunahme der Regelungsintensität im Agrarsektor. Nach Vorstellungen *Kiechles* bestand das Hauptproblem in der Agrarpolitik zum einen in den Überschüssen bei den gestützten Preisen und zum anderen in den zu niedrigen Einkommen der Landwirte. Er strebte daher an, durch angebotsbeschränkende Maßnahmen Überschussprobleme zu beseitigen, um dadurch einen vergrößerten Spielraum für Preisanhebungen zu erhalten. Nachdem bereits zu Beginn seiner Amtszeit die Milchkontingentierung zumindest das weitere Wachsen der Überschüsse auf dem Milchmarkt verhindern konnte, versuchte er durch die freiwillige Flächenstilllegung 1988, die Überschüsse bei Ackerbauprodukten zu reduzieren. Er setzte auf EU-Ebene durch, dass alle Mitgliedsländer verpflichtet wurden, ein Flächenstilllegungsprogramm anzubieten. Allerdings waren die Mitgliedsländer weitgehend frei in der Festlegung der Prämie für die stillgelegten Flächen. Lediglich die Bundesrepublik Deutschland machte das Programm für die Landwirte so attraktiv, dass z.B. im Jahr 1990/91 der Umfang der stillgelegten Flächen in der Bundesrepublik größer war als in allen übrigen Mitgliedsländern insgesamt. Das Programm war insbesondere für die neuen Bundesländer sehr attraktiv. Es wurden z.B. in Brandenburg 18,9 % der Getreidefläche stillgelegt.

Da das freiwillige Flächenstilllegungsprogramm nach Meinung der Agrarminister nicht zu einer genügenden Marktentlastung führte, wurde es mit der Agrarreform von 1992 zu einem quasi-obligatorischen Flächenstilllegungsprogramm ausgeweitet (siehe zu den Wirkungen Kapitel 7). Bei dem freiwilligen Flächenstilllegungsprogramm war eine Überkompensation des Einkommensverlustes durch die Prämienzahlungen implizit eingebaut. Es kann davon ausgegangen werden, dass die Landwirte nur dann Flächen stillgelegt haben, wenn die Prämienzahlung zumindest den Einkommensausfall kompensierte. Für einen Teil der Landwirte erfolgte damit mit Sicherheit eine Überkompensation.

Zu 9: Die Einführung von einzelbetrieblichen Kontrollen bezüglich der Flächennutzung seit dem Wirtschaftsjahr 1993/94

Mit der Agrarreform von 1992 wurde ab dem Wirtschaftsjahr 1993/94 eine Quotierung der nationalen und regionalen Anbauflächen für Getreide, Ölsaaten und Eiweißprodukte explizit eingeführt. Kompensationszahlungen als Ersatz für Preissenkungen wurden nur für eine Grundfläche gezahlt. Bei Überschreiten der Grundfläche auf regionaler Ebene wurde die Kompensationszahlung für die Landwirte in dieser Region gesenkt und der Flächenstilllegungssatz erhöht. Somit hat man den Anbau in den einzelnen Regionen quasi kontingentiert. Eine Wanderung der Produktion an die Standorte mit komparativen Vorteilen wird damit unterbunden.

Da die Kompensationszahlungen an die Flächennutzung gebunden sind, benötigt die Administration Informationen über die einzelbetriebliche Flächennutzung. Mit der Agrarreform von 1992 hat man damit die Regelungsintensität von den Produktmärkten auf die Faktormärkte und die einzelnen Betriebe erheblich ausgeweitet. Diese Maßnahme widerspricht sowohl marktwirtschaftlichen Prinzipien als auch der Sozialstaatlichkeit.

Zu 10: Zeitlich unbegrenzte Einführung von Kompensationszahlungen mit der Agrarreform von 1992

Mit der Agrarreform von 1992 wurden unter anderem die Interventionspreise für Getreide um etwa 30 % gesenkt. Der Außenschutz wurde dementsprechend reduziert. Als Ersatz für die Preissenkung erhalten die Landwirte seit dem Wirtschaftsjahr 1993/94 Kompensationszahlungen, die im Durchschnitt die Einkommensminderung kompensieren sollen. Wie oben bereits ausgeführt, waren diese Kompensationszahlungen bis 2004 aber an die Flächennutzung gebunden.

Die Transferwirkungen der Ausgleichszahlungen stehen im Widerspruch zu sonstigen Verteilungszielen im System der sozialen Marktwirtschaft. Es werden vornehmlich die Eigentümer von Boden begünstigt, ohne dass deren soziale Bedürftigkeit belegt wird. Auch ist eine zeitliche Befristung der Zahlung explizit nicht vorgesehen. Hier wird implizit zugestanden, dass die Landwirte einen Anspruch darauf haben, dass der Status quo, der durch einen hohen Protektionsgrad in der Vergangenheit gekennzeichnet war, auch zukünftig aufrechterhalten bleibt. Offensichtlich widerspricht dieses den Prinzipien der sozialen Marktwirtschaft.

Solche Zahlungen wären nur dann zu rechtfertigen, wenn dadurch die sozialen Härten des Anpassungsprozesses an das niedrigere Preisniveau gemindert und/oder der Anpassungsprozess beschleunigt werden würde. Es wäre daher zumindest eine zeitliche Begrenzung der gegenwärtigen Transferzahlungen zu fordern.

Zu 11: Die Agrarreform von 2003

Die Agrarreform von 2003 hätte eine grundlegende Weichenstellung beinhalten können. Der Vorschlag der Kommission hätte zu einem Paradigmenwechsel in der Agrarpolitik führen können.

Der Vorschlag beinhaltete eine drastische Senkung der Interventionspreise für Butter und Magermilchpulver mit einer Ausgleichzahlung und eine Zusammenlegung aller Ausgleichszahlungen zu einer Betriebsprämie. Die Höhe der Betriebsprämie sollte sich an der Höhe der Zahlungen in einer Basisperiode orientieren und zukünftig vollkommen unabhängig von der Flächenausstattung und der Produktionsstruktur und –höhe sein. Außerdem war vorgesehen, dass die Ansprüche auf Prämien auch ohne Bodentransfer handelbar sein sollten. Die Verwirklichung dieses Vorschlags hätte zu einer grundlegenden Reform der Agrarpolitik geführt. Prämien wären weitgehend produktionsneutral geworden, und gewinnmaximierende Landwirte hätten sich nur noch an den geltenden Marktpreisen orientiert; Bodenrenten, die aufgrund der Preisstützung über den gesamtwirtschaftlichen Schattenpreisen liegen, wären reduziert worden.

Der Ministerrat hat auf Drängen einzelner Länder den Vorschlag erheblich modifiziert. So haben einzelne Länder die Möglichkeit, in einer relativ langen Übergangszeit auf dem Milchmarkt die Prämie auch an die Quote zu binden; sie können besondere Maßnahmen ergreifen, wenn es einen relativ starken Abfall der regionalen Produktionshöhe gibt; sie können statt einer Betriebsprämie auch eine Flächenprämie einführen. Die Folge ist eine Stabilisierung der Grundrenten. Da die Zahlung der Prämie an Bewirtschaftungsauflagen gebunden werden kann und die Länder bei der Definition und Durchsetzung der Auflagen einen Spielraum haben, ist es möglich, dass die Regelungsintensität weiter steigt und darüber hinaus die nationalen Agrarpolitiken zwischen den EU-Ländern weiter auseinander driften und daher die Agrarmärkte in der EU weniger statt stärker integriert werden.

9.3 Perspektiven der EU-Agrarmarktpolitik

Die bisherige Entwicklung der EU-Agrarmarktpolitik hat gezeigt, dass die treibende Kraft für Änderungen von den internationalen Handelsvereinbarungen ausging. WTO und Präferenzabkommen werden auch zukünftig die EU zu Änderungen der Agrarmarktpolitik zwingen. So wird das 'Everything but Arms' Abkommen zu einer Änderung der Zuckermarktordnung führen. Ebenso wird die laufende Doha-Runde zu einem Auslaufen der Möglichkeit, Exportsubventionen zu zahlen, führen. Es kann daher mit großer Wahrscheinlichkeit prognostiziert werden, dass die externen Protektionsraten weiter sinken werden und sich die Marktordnungen für einzelne Erzeugnisse angleichen werden. Weniger sicher kann prognostiziert werden, ob Welt- und EU-Agrarmärkte auch tatsächlich stärker integriert werden und sich die internationale Arbeitsteilung in der Weltlandwirtschaft verbessern wird.

Einer intensiveren Integration der Weltlandwirtschaft steht entgegen, dass nicht absehbar ist, wie in der WTO die unterschiedlichen Interessen der Länder bezüglich sanitärer und phytosanitärer Vorstellungen und bezüglich der Förderung einer multifunktionalen Landwirtschaft harmonisiert werden können. Es ist zu befürchten, dass insbesondere die divergierenden nationalen Vorstellungen der Behandlung genetisch veränderter Organismen (GVO) nicht nur die Weltproduktionsstruktur erheblich verändern werden, sondern auch den Handel. Es scheint sich eine Differenzierung von Teilmärkten im Welthandel abzuzeichnen; auf einem Markt werden GVO-Produkte gehandelt und auf dem anderen Markt GVO-freie Produkte. Es wird dabei entscheidend sein, wie GVO-freie Produkte definiert werden. Wird gefordert, dass die GVO-freien Produkte vollkommen frei von GVO sind, so wird dies den Handel mit GVO-freien Produkten mit erheblichen Transaktionskosten belasten. Insbesondere bei Schüttgütern, wie bei Getreide und Sojaschrot oder Sojabohnen, ist ein völliger Ausschluss von GVO in GVO-freien Produkten nur bei hohen Kosten möglich. Zu diesen Kosten gehört natürlich auch die zu erwartende Sanktion, falls trotz aller Bemühungen dennoch eine "Verunreinigung" mit GVO festgestellt wird. Die EU-Handelsunternehmen könnten sich daher veranlasst sehen, nur von Ländern zu importieren, die keine GVO-Produkte produzieren. Diese Alternative wird aber zunehmend eingeschränkt, da sich insbesondere bei Soja und Mais in den Hauptexportländern, den USA und Brasilien, der Anteil von GVO-Mais und -Soja in den letzten Jahren drastisch erhöht hat.

Gegen eine abnehmende Regelungsintensität auf den EU-Märkten spricht die geänderte Konstellation auf dem Markt für politischen Protektionismus. Während bis zur Uruguay-Runde sich vornehmlich Agrarproduzenten für Protektionismus einsetzten, gibt es inzwischen eine breitere, allerdings heterogene Front. Neben Agrarproduzenten setzen sich auch Globalisierungsgegner, Tierschützer, Umweltschützer und Gegner von Gesundheitsrisiken für Protektionismus ein. Die neue Allianz wird wahrscheinlich zu einer neuen Form des Protektionismus führen. In der Vergangenheit wurde über die Höhe der externen Protektionsraten auf zentraler Ebene im Agrarministerrat entschieden. Zukünftig werden Mitgliedsländer wahrscheinlich durch Auflagen für den Umweltschutz, für die Tierhaltung und wegen gesundheitlicher Risiken in die Märkte eingreifen. Hinter manch einer offiziellen Begründung kann sich allerdings ein nicht-tarifäres Handelshemmnis zum Schutz der Landwirtschaft verbergen.

Es besteht die Gefahr, dass der neue Protektionismus auch wegen eines differenzierten Instrumenteneinsatzes ein neues Gesicht erhält. Es werden zunehmend differenzierte Maßnahmen auf regionaler und/oder betrieblicher Ebene eingesetzt. Einerseits ist eine solche Entwicklung insbesondere im Umweltbereich sachgerecht, doch stellen sich für die Administration wahrscheinlich zukünftig größere Probleme als in der Vergangenheit. Der Entscheidungs- und Kontrollaufwand nimmt zu. Es ist leichter, Märkte zu regulieren als Auflagen für einzelne Betriebe zu überwachen. Die Überwachung der Betriebe wird umso schwieriger und korruptionsanfälliger, je höher der diskretionäre Entscheidungsspielraum des Bürokraten ist und je weniger die Einhaltung der Auflagen zu kurzfristig sichtbaren Merkmalen führt. Die EU-Agrarmarktpolitik scheint sich mit den differenzierten Umweltprogrammen und den Maßnahmen der Förderung ländlicher Entwicklung in diese Richtung zu entwickeln. Zwar gibt es bisher eine Überprüfung der Programme, doch wird dies nicht mit dem Instrumentarium der Kosten-Nutzen-Analyse durchgeführt.

Hinzu kommen zwei weitere Probleme: Zum einen hat die EU-Erweiterung von Mai 2004 zu einer heterogeneren Gemeinschaft geführt, die sich auch in sehr großen nationalen Unterschieden in der Effizienz der Administration und der Korruptionsanfälligkeit zeigen[72]. Zum anderen wird bei der regionalen oder nationalen Durchführung der Maßnahmen transparent, dass die Maßnahmen zu einem bestimmten Prozentsatz von der Gemeinschaft finanziert werden. Es besteht daher die Gefahr, dass die Mischfinanzierung zu einem Korruptionsansatzpunkt führt und teils unabhängig davon auch zu stark divergierenden regionalen und nationalstaatlichen Mitteleinsätzen. Eine Entwicklung der Produktionsstruktur im Einklang mit nationalen Kostenvorteilen könnte somit gehemmt werden. Es ist leider nicht sichtbar, dass die Regelungsintensität auf den Agrar- und Lebensmittelmärkten abgenommen hat, und es ist nicht zu erwarten, dass es in der Zukunft anders werden wird.

---

[72] *Brümmer, B.* und *U. Koester*, EU-Enlargement and Governance of the Common Agricultural Policy. "Intereconomics", Bd. 38, 2003, Nr. 2, S. 86-93.

Literaturverzeichnis

Bei der Auswahl der Literatur wurde weitgehend versucht, den studentischen Bedürfnissen zu entsprechen: Es wurden vornehmlich nur deutsche Beiträge berücksichtigt, die eine Ergänzung und Vertiefung des Lehrstoffes bieten. Englische Literatur wurde nur dann berücksichtigt, wenn es keine vergleichbaren deutschen Quellen gibt.

1. Allgemeine Literatur

1.1 Empirische Informationen

Bundesministerium für Ernährung, Landwirtschaft und Forsten, bzw. Bundesministerium für Verbraucherschutz, Landwirtschaft und Ernährung: http://www.verbraucherministerium.de/index-008ACB8722C1F60AD976521C0A8D816.html

- Agrarbericht, bzw. Ernährungs- und agrarpolitischer Bericht bzw. Agrarpolitischer Bericht. Erscheint jährlich.
- Gesetze und Verordnungen.
- Pressemitteilungen.
- Statistisches Jahrbuch über Ernährung, Landwirtschaft und Forsten der Bundesrepublik Deutschland. Erscheint jährlich.

Deutscher Bauernverband, Der Situationsbericht der Landwirtschaft. Fakten zur Landwirtschaft. Erscheint jährlich, online verfügbar: http://www.bauernverband.de/

Information.medien.agrar e.V. (i.m.a.), Agrimente, Zahlen, Daten und Fakten. Erscheint jährlich, online verfügbar: http://www.ima-agrar.de/index_2551.htm

- Agrilexikon. Online verfügbar: http://www.ima-agrar.de/index_Material_Agrilexikon.htm

Kommission der Europäischen Gemeinschaften, Die Lage der Landwirtschaft in der Europäischen Union. Erscheint jährlich, online verfügbar: http://europa.eu.int/comm/agriculture/publi/agrep2002/index_de.htm

- Europäischer Agrarhandel. Online verfügbar: http://europa.eu.int/comm/agriculture/publi/index_de.htm

Statistisches Amt der Europäischen Gemeinschaft, (EUROSTAT). Vielzahl von statistischen Informationen auch online verfügbar: http://europa.eu.int/comm/eurostat/newcronos/reference/display.do?screen=welcomeref&open=/agric/agri&language=de&product=EU_agriculture_forestry_fisheries&root=EU_agriculture_forestry_fisheries&scrollto=0

Töpfer International, Marktbericht. Erscheint monatlich, online verfügbar: http://www.acti.de/frameset.html

1.2 Gesamtdarstellungen

Ackrill, A., The Common Agricultural Policy. Sheffield 2001.

Burrel, A. und *A. Oskam* (Hrsg.), Agricultural Policy and Enlargement of the European Union. Wageningen 2000.

Corden, W. M., Trade Policy and Economic Welfare. 2. Auflage, Oxford 1997.

Europäische Kommission, GAP - Die Gemeinsame Agrarpolitik erklärt. Brüssel 2004; online verfügbar: http://europa.eu.int/comm/agriculture/publi/capexplained/cap_de.pdf

- Directorate General for Economic and Financial Affairs. EC Agricultural Policy for the 21st Century. Reports and Studies, Nr. 4. 1994.

Henrichsmeyer, W. und *H. B. Witzke,* Agrarpolitik. Bd. 1: Agrarökonomische Grundlagen. Stuttgart 1991.

- Agrarpolitik. Bd. 2: Bewertung und Willensbildung. Stuttgart 1994.

Henze, A., Die Produktionsmittel der Landwirtschaft. Theorie der Faktornachfrage, Faktoreinsatz und Faktormärkte (Lehrbuch), Stuttgart 1987.

- Marktforschung. Grundlage für Marketing und Marktpolitik, Stuttgart 1994.

Kirschke, D. und *K. Jechlitschka,* Angewandte Mikroökonomie und Wirtschaftspolitik mit Excel. München 2002.

Koester, U. und *A. El-Agraa*, The Common Agricultural Policy. In: A. *El-Agraa* (Hrsg.), The European Union. Economics and Policies. Essex, UK, 2003.

Koester, U., Market integration: How it Works. In: *Burrell, A.* und *A. Oskam* (Hrsg.), Agricultural Policy and Enlargement of the European Union. Wageningen 2000, S. 21-34.

Koester, U., Europäische Agrarpolitik. In: *Ohr, R.* und *T. Theurl* (Hrsg.), Kompendium Europäische Wirtschaftspolitik. München 2001, S. 309-362.

Raffée, H. und *B. Abel* (Hrsg.), Wissenschaftstheoretische Grundfragen der Wirtschaftswissenschaften. München 1979.

Ritson, C., Agricultural Economics. Principles and Policy. London, Toronto, Sydney, New York 1977.

- und *D. R. Harvey* (Hrsg.), The Common Agricultural Policy. 2. Auflage, Oxon und New York 1997.

Tomek, W. G. und *K. L. Robinson*, Agricultural Product Prices. 4. Auflage, Ithaca und London 2003.

Tracy, M., Government and Agriculture in Western European Countries 1980-1988. New York 1989.

Tangermann, S., F. Kuhlmann, P. M. Schmitz und T. Seegers (Hrsg.), Agriculture in Germany, Frankfurt, DLG-Verlag, 2000.

Weltbank, Weltentwicklungsbericht 1986. Washington, D.C. 1986.

2. Spezielle Literaturhinweise zu den einzelnen Kapiteln

Kapitel 1: Einführung

Brandes, W., Über die Grenzen der Schreibtisch-Ökonomie. Tübingen 1985.

Giersch, H., Allgemeine Wirtschaftspolitik. Grundlagen. Wiesbaden 1960.

- On Being a Public Economist. Institut für Weltwirtschaft, Kiel 1990, S. 15-31.

Hamm, U., Agrarmarketing. Stuttgart 1991.

Hanau, A., Arbeitsziele der landwirtschaftlichen Marktforschung. "Agrarwirtschaft", Jg. 5, 1956, S. 33-38.

Hanau, A. und *A. Weber*, Aufgaben im Bereich des landwirtschaftlichen Marktwesens der Bundesrepublik Deutschland. "Agrarwirtschaft", Jg. 11, 1962, S. 237-264.

Herrmann, R., Werturteile und wissenschaftliche Agrarpolitik. "Agrarwirtschaft", Jg. 40, 1991, S.199-205.

Kastening, W., Die Werturteilsproblematik in den Wirtschafts- und Sozialwissenschaften. Eine vergleichende Darstellung der bekanntesten wissenschaftstheoretischen Positionen. "Das Wirtschaftsstudium (WiSu)", Jg. 7, 1978, S. 71-77.

Koester, U., Entwicklung der landwirtschaftlichen Marktlehre nach der Hanau-Ära. Vortrag auf der Gedenkfeier Prof. *Hanau* am 6. Dezember 2002 in Göttingen. In: Forschungsgesellschaft für Agrarpolitik und Agrarsoziologie e.V., Bonn (Hrsg.), *Arthur Hanau*. Bonn 2003, S. 17-30.

Marggraf, R., Methoden der Normenbegründung - Anmerkungen aus der Sicht der konstruktiven Wissenschaftstheorie. In: *Hanf, C.-H.* und *W. Scheper* (Hrsg.), Neuere Forschungskonzepte und -methoden in den Wirtschafts- und Sozialwissenschaften des Landbaues. Münster-Hiltrup 1989, S. 59-66.

Popper, K. R., Logik der Forschung. 2. erweiterte Auflage, Tübingen 1966.

Schanz, G., Einführung in die Methodologie der Betriebswirtschaftslehre. (Pockets Wissenschaft), Köln 1975.

Schmitt, G., Zur frühen Geschichte der landwirtschaftlichen Marktforschung in Deutschland. In: *Schmitt, H.* (Hrsg.), Landwirtschaftliche Marktforschung in Deutschland. *Arthur Hanau* zum 65. Geburtstag. München, Basel, Wien 1967, S.17-40.

- Zur Methodologie der agrarsozialökonomischen Forschung. "Agrarwirtschaft", Jg. 14, 1965, S. 32-41.

Schneider, H. K., Methoden und Methodenfragen der Volkswirtschaftstheorie. In: *Ehrlicher, W.* u.a. (Hrsg.), Kompendium der Volkswirtschaftslehre, Bd. 1. Göttingen 1967, S. 1-51.

Strecker, O., *J. Reichert* und *P. Pottebaum*, Marketing für Lebensmittel. Grundlagen und praktische Entscheidungshilfen. Frankfurt am Main o. J.

Strecker, O., *J. Reichert*, *P. Pottebaum*, *R. Wege* und *H. Frohn*, Agrarmarktforschung. Ein Kompendium für die Agrarwirtschaft. Bonn 1980.

Streit, M., Theorie der Wirtschaftspolitik. 5. Auflage, Düsseldorf 2000.

Wirthgen, B. und *O. Maurer*, Direktvermarktung. 2. Auflage, Stuttgart 2000.

Woll, A., Allgemeine Volkswirtschaftslehre. 13. Auflage, München 2000.

Kapitel 2: Die Nachfrage nach Agrarprodukten

Ahrens, H., A New Look at Giffen's Paradox, in: Jahrbücher für Nationalökonomie und Statistik, Bd. 198, 1983, S. 37-47.

Becker, T., Quality Policy and Consumer Behavior. In: *Schiefer, G.* und *R. Helbig* (Hrsg.), Quality Management and Process Improvement for Competitive Advantage in Agriculture and Food. Volume I. Proceedings of the 49th Seminar of the European Association of Agricultural Economists (EAAE), February 19-21, 1997, Bonn, Germany. Bonn 1997, S. 7-28.

Bundesministerium für Verbraucherschutz, Ernährung und Landwirtschaft (Hrsg.), Bewertung von Lebensmitteln verschiedener Produktionsverfahren. Statusbericht 2003 vorgelegt von der Senatsarbeitsgruppe "Qualitative Bewertung von Lebensmitteln aus alternativer und konventioneller Produktion". Schriftenreihe des Bundesministeriums für Verbraucherschutz, Ernährung und

Landwirtschaft. Angewandte Wissenschaft Heft 499. Landwirtschaftsverlag Münster-Hiltrup 2003, S. 69.

Burk, M. C., Das Engelsche Gesetz: hundert Jahre später. "Agrarwirtschaft", Jg. 11,1962, S. 323-330.

de Haen, H., Struktureller Wandel der Landwirtschaft aus ökonomischer und ökologischer Sicht. "Agrarwirtschaft", Jg. 34, 1985, Heft 1, S. 6.

Henning, C. und *J. Michalek,* Innovatives Konsumverhalten für Nahrungsmittel? - Ableitung und Schätzung eines auf Nahrungsmittel fokussierten kompletten Nachfragesystems unter Berücksichtigung von zeitlichen Präferenzenänderungen. "Agrarwirtschaft", Jg. 41, 1992, S. 330-342.

Henning, C., Lebensmittelqualität heute Perspektiven und Chancen für die moderne Landwirtschaft. In: Schriftenreihe der Agrar- und Ernährungswissenschaftlichen Fakultät der Universität Kiel 2002, S. 25-37.

Herrmann, R., D. Kirschke und *P. M. Schmitz,* Möglichkeiten der Nachfragesteigerung nach konventionellen und nichtkonventionellen Milchprodukten. Schriftenreihe des Agrarwissenschaftlichen Fachbereichs der Universität Kiel, H. 60, 1979, S. 183-195.

Herrmann, R. und *C. Röder,* Some Neglected Issues in Food Demand Analyis: Retail-Level Demand, Health Information and Product Quality. "The Australien Journal of Agriculture and Resource Economics", Bd. 42, 1998, Nr. 4, S. 341ff.

Koester, U., BSE – Anlass zur Wende in der Agrarpolitik? „Volkwirtschaftliche Korrespondenz der *Adolf Weber*-Stiftung", Bd. 40, 2001, Nr. 6/01.

Richter, R. und *E. Furubotn,* Neue Institutionenökonomik. 2. Auflage, Tübingen 1999.

Simons, J., C. *Verboom, C.* und *I. Härlen,* Einfluss des Images von Bio-Produkten auf den Absatz der Erzeugnisse. "Agrarwirtschaft", Jg. 50, 2001, Nr. 5, S. 286-292.

Meyer, H., Analyse der Nachfrage nach Nahrungs- und Genußmitteln in der Bundesrepublik Deutschland auf der Basis der Einkommens- und Verbrauchsstichproben von 1962/63 und 1973. (Agrarwirtschaft, Sh. 76), Hannover 1978.

Mönning, B., Nachfrage nach Nahrungsmitteln in der EG. Analyse und Projektion. Dissertation Gießen 1975.

Ott, A.E., Grundzüge der Preistheorie. Göttingen 1970.

- Vertikale Preisbildung und Preisbindung. Göttingen 1966.

Röder, C., Determinanten der Nachfrage nach Nahrungsmitteln und Ernährungsqualität in Deutschland. Eine ökonometrische Analyse af der Grundlage der Nationalen Verzehrsstudie. (Agrarwirtschaft, Sh. 161), Bergen/ Dumme 1998.

Schmidt, E., Möglichkeiten und Grenzen absatzpolitischer Maßnahmen auf dem Buttermarkt der BR Deutschland. "Agrarwirtschaft", Jg. 33, 1984, Heft 6, S. 174-183.

Streissler. E. und *M. Streissler* (Hrsg.), Konsum und Nachfrage. (Neue Wissenschaftliche Bibliothek, Bd. 13), Köln 1966.

Thiele, S., Ausgaben und Preiselastizitäten der Nahrungsmittelnachfrage auf Basis von Querschnittsdaten: Eine Systemschätzung für die Bundesrepublik Deutschland. "Agrarwirtschaft", Jg. 50, 2001, Heft 2, S. 108-115.

Wirthgen, B., E. Schmidt und J. Gewer, Möglichkeiten und Grenzen regionaler Vermarktungskonzepte am Beispiel Minimarkthallen in loser Kooperation mit Verbrauchermärkten und Einkaufszentren. Schriftenreihe der Landwirtschaftlichen Rentenbank, Bd. 13, Frankfurt/M. 1999, S. 142-177.

Wirthgen, A. und E. Schmidt, Verbraucherpräferenzen für „naturschutzgerecht" erzeugte Lebensmittel aus dem Elbetal in Niedersachsen. In: *Werner, W.* et al. (Hrsg.): Regionale Vermarktungssysteme in der Land-, Ernährungs- und Forstwirtschaft – Chancen, Probleme und Bewertung. "agrarspectrum", Bd. 30, Frankfurt/M. 2000, S. 67-93.

Kapitel 3: Das Angebot von Agrarprodukten

Andresen, H.-H., Preis- und Angebotsbewegungen auf dem Schlachtrindermarkt. (Agrarmarkt-Studien, H. 9), Hamburg und Berlin 1969.

Bauer, S., Quantitative Sektoranalyse als Entscheidungshilfe für die Agrarpolitik. Ein dynamisches Analyse- und Prognosesystem für die Landwirtschaft in der Bundesrepublik Deutschland (DAPS). Volkswirtschaftliche Schriften, Heft 280, Berlin 1979.

Bauersachs, F. und *W. Henrichsmeyer* (Hrsg.), Beiträge zur quantitativen Sektor- und Regionalanalyse im Agrarbereich. Bd. I: Sektorale und interregionale Analyse mit prozeßanalytischen Modellsystemen. (Agrarwirtschaft, Sh. 80), Hannover 1979.

- und *J. Niebuhr*, Perspektiven der längerfristigen Einkommensentwicklung. (Landwirtschaft-Angewandte Wissenschaft, H. 235), Münster-Hiltrup 1980.

Cowling, K. und *T. W. Gardner*, Analytical Models for Estimating Supply Relations in the Agricultural Sector. A Survey and Critique. "Journal of Agricultural Economics", Bd. 15, 1963, S. 439-450.

French, B. C., The Analysis of Productive Efficiency in Agricultural Marketing: Models, Methods, and Progress. In: *Martin, L. R.* (Hrsg.), A Survey of Agricultural Economics Literature, Vol 1. Minneapolis 1977, S. 94-206.

Hanf, C.-H. und *U. Koester*, Milchpreissenkungen und Einkommensübertragungen. Wirkungsanalyse von Milchpreissenkungen und Möglichkeiten der Anwendung direkter Einkommensübertragungen. (Landwirtschaft-Angewandte Wissenschaft, H. 236), Münster-Hiltrup 1980.

Hartmann, M. und *M. Müller*, Tierproduktion im ökonomischen, ökologischen und ethischen Spannungsfeld. In: *Lode, E.-J.* und *F. Ellendorff*, (Hrsg.), Perspektiven der Tierproduktion. Landbauforschung Völkenrode, Sonderheft 23, 2003, S. 3-14.

Köhne, M., Ziele, Probleme und Möglichkeiten langfristiger Vorausschätzungen des Angebots von Agrarprodukten. "Berichte über Landwirtschaft", Bd. 47, 1969, S. 241-267.

Salhofer, K., Elasticities of Substitution and Factor Supply Elasticities in European Agriculture: A Review of Past Studies. OECD. Market Effects of Crop Support Measures. Paris 2001, S. 89-119.

Steinhauser, H., *C. Langbehn* und *U. Peters*, Einführung in die landwirtschaftliche Betriebslehre. Bd. 1: Allgemeiner Teil. (UTB, Nr. 113), 5. Auflage, Stuttgart 1992.

Tangermann, S., Gemeinsame Agrarpreispolitik und nationale Wirtschaftpolitik in der EWG. (Schriften zur Angewandten Wirtschaftsforschung, Bd. 33), Tübingen 1974.

Tomek, W. G. und *K. L. Robinson*, Agricultural Price Analysis and Outlook. In: *Martin, L. R.* (Hrsg.), A Survey of Agricultural Economics Literature, Bd. 1. Minneapolis 1977, S. 329-389.

Wöhlken, E., Zum wirtschaftlichen Verhalten der Landwirte. In: *Schlotter, H. G.* (Hrsg.), Landwirtschaft und ländliche Gesellschaft in Geschichte und Gegenwart. Festschrift für *Wilhelm Abel*. (Schriftenreihe für ländliche Sozialfragen, H. 44), Hannnover 1964, S. 120-130.

Kapitel 4: Agrarpreisbildung

Bauersachs, F., Interregionaler Wettbewerb der Produktionsstandorte: Ein Versuch zur Quantifizierung der Wirkung der Standortfaktoren in der BR Deutschland. In: *Andreae, B.* (Hrsg.), Standortprobleme der Agrarproduktion. (Schriften der Gesellschaft für Wirtschafts- und Sozialwissenschaften des Landbaues e.V., Bd. 14), München, Bern, Wien 1977, S. 192.

Bressler, R. G. und *R. A. King*, Markets, Prices, and Interregional Trade. Raleigh 1978.

Cramon-Taubadel, von S. und *J. Meyer*, Asymmetric Price Transmission: A Survey. "Journal of Agricultural Economics", Bd. 55, 2004, Nr. 3, S. 581-611.

Coleman, D., Imperfect Transmission of Policy Prices. "European Review of Agricultural Economics", Bd. 12, 1985, S. 171-187.

Frey, B. S., Moderne Politische Ökonomie. Die Beziehungen zwischen Wirtschaft und Politik. München, Zürich 1977.

Glauben, T. und *J.-P. Loy*, Pricing-to-Market versus Residual Demand Elasticity Analysis of Imperfect Competition in Food Exports: Evidence from Germany. "The Journal of Agricultural and Food Industrial Organization", Bd. 1, 2003, Heft 3.

Glauben, T. und *J.-P. Loy*, Marktmacht ausgewählter Branchen der deutschen Ernährungswirtschaft auf internationalen Märkten. "Agrarwirtschaft", Jg. 50, 2001, Nr. 2, S. 100-108.

Hanau, A., Die Prognose der Schweinepreise. (Vierteljahreshefte zur Konjunkturfoschung, Sh 18), 3. vollst. neu bearbeitete Auflage des Sonderheftes 2, Berlin 1930.

- Schweinezyklus. In: Handwörterbuch der Sozialwissenschaften, Bd. 9. Suttgart, Tübingen und Göttingen 1956, S.171-173.
- The Disparate Stability of Farm and Non-Farm Prices. Proceedings of the Tenth International Conference of Agricultural Economists. London 1960.

Henning, C., Unternehmens-Haushalts-Modelle - Eine sinnvolle Erweiterung traditioneller Partialmodelle? "Agrarwirtschaft", Bd. 41, 1992, S. 99-106.

- Grenzen und Möglichkeiten des Ausschlusses inverser Reaktionen in Unternehmens-Haushalts-Modellen. "Agrarwirtschaft", Bd. 42, 1993, S. 210-212.
- Unternehmens-Haushalts-Modelle - Eine theoretische und empirische Analyse. Berlin 1994.

Henrichsmeyer, W., Das sektorale und regionale Gleichgewicht der landwirtschaftlichen Produktion. Theorie und Ermittlung. Hamburg und Berlin 1966.

Kirschke, D. und *K. Jechlitschka*, Angewandte Mikroökonomie und Wirtschaftspolitik mit Excel. München 2002.

Koester, U., Faktormobilität und Faktorentlohnung in einer wachsenden Volkswirtschaft unter besonderer Berücksichtigung des technischen Fortschritts. In: *Schmitt, G.*, (Hrsg.), Mobilität der landwirtschaftlichen Produktionsfaktoren und regionale Wirtschaftspolitik. München, Bern, Wien 1972, S. 161-197.

- National and International Aspects of Commodity Stabilisation Schemes. "European Review of Agricultural Economics", Bd. 6, 1980, S. 233-255.

Nuppenau, E.-A., Minimal Cost Transport of Agricultural Products between Malawi, Zambia, and Zimbabwe - Results from a Case Study of Intra-Regional

Trade in Maize. "Quarterly Journal of International Agriculture", Bd. 30, 1991, Nr. 1, S. 51-66.

Purcell, W. D., Agricultural Marketing: Systems, Coordination, Cash and Futures Prices. Reston, Virginia 1979.

Schmidt, E., Gemeinsame Agrarpolitik und Unternehmenspolitik von Verarbeitungsbetrieben landwirtschaftlicher Produkte. "Agrarwirtschaft", Jg. 30, 1981, H. 11, S. 317-327.

Tomek, W. G. und *K. L. Robinson*, Agricultural Product Prices. 4. Auflage, Ithaca und London 2000.

Wöhlken., E., Schweinezyklus. "Wirtschaftswissenschaftliches Studium", Jg. 5, 1976, S. 26-28.

- Cobweb Theorem. "Wirtschaftswissenschaftliches Studium", Jg. 6, 1977, S. 27-31.

Woodworth, R. C., Agricultural Production Function Studies. In: *Judge, G. G.* u.a. (Hrsg.), A Survey of Agricultural Economics Literature, Bd. 2. Minneapolis 1977, S. 128-144.

Kapitel 5: Agrarmärkte als Problem der Politik

Ahrens, H., Ökonomische Instrumente der Agrarpolitik zur Durchsetzung umweltpolitischer Belange. In: *Urff, W. v. und R. Zapf* (Hrsg.), Landwirtschaft und Umwelt, Fragen und Antworten aus der Sicht der Wirtschafts- und Sozialwissenschaften des Landbaues. Schriften der Gesellschaft für Wirtschafts- und Sozialwissenschaften des Landbaues e.V., Bd. 23, Münster-Hiltrup 1987, S. 387-400.

Ahrens, H., Lippert, C. und M. Rittershofer, Überlegungen zu Umwelt- und Einkommenwirkungen von Agrarumweltprogrammen nach VO (EWG) Nr. 2078/92 in der Landwirtschaft. "Agrarwirtschaft" Jg. 49, 2000, S. 99-115.

Alston, J. M. u.a., A Meta-Analysis of Rates of Return to Agricultural R&D: Ex Pede Herculem? Research Report Nr. 113. International Food Policy Research Institute. Washington, D.C. 2000.

Brümmer, B., T. Glauben und *G. Thijssen*, Decomposition of Productivity Growth using Distance Functions: The Case of Dairy Farms in three European Countries. "American Journal of Agricultural Economics", Bd. 84, 2002, Nr. 3, S. 88-104.

- Estimating Confidence Intervals for Technical Efficiency: The Case of Private Farms in Slovenia. "European Review of Agricultural Economics", Bd. 28, 2001, Nr. 3, S. 285-306.

- und *J.-P. Loy*, The Technical Efficiency Impact of Farm Credit Programs: A Case Study of Northern Germany. "Journal of Agricultural Economics", Bd. 51, 2000, Nr. 3, S. 405-418.

Hartmann, M., The Effects of Environmental Policies in Europe and in North "American, Journal of Economic Integration", Bd. 8, 1993, Nr. 2, S. 219-244.

Josling, T., D. Roberts und *D. Orden* (2004) Food Safety, Food Regulation and Trade. Washington 2004.

Leetmaa, S., Krissoff, B. und *Hartmann, M.*, Competitiveness and Environmental Quality: The Role of Export Subsidies. "Agricultural and Resource Economics Review", Bd. 25, 1996, Nr. 2, S. 232-240.

Stobbe, A., Volkswirtschaftliches Rechnungswesen. 7. Auflage, Berlin, Heidelberg, New York 1994.

Striewe, L., V. Galuschko und *S. von Cramon-Taubadel*, Promoting Food Security in Ukraine. In: *Cramon-Taubadel, S. von, Zorya, S.* und *L. Striewe*: Policies and Agricultural Development in Ukraine. Aachen, 2001, S. 114-133.

Thomsen, M., Untersuchung zur historischen und künstigen Entwicklung der Getreideerträge in Schleswig-Holstein. Arbeit aus dem Institut für Agrarpolitik der Christian-Albrechts-Universität zu Kiel. Kiel 1987.

Williamson, O.E., Die ökonomischen Institutionen des Kapitalismus. Tübingen 1990.

Kapitel 6: Ziele und Träger der EU-Agrarmarktpolitik

Becker, H. und *U. Koester*, Besonderheiten im Produktionsbereich des Agrarsektors als Problem der Agrarpolitik. "Berichte über Landwirtschaft", Bd. 53, 1975, S. 583-609.

Becker, T., Markt versus Staat – Ein Vergleich unvollkommener Mechanismen. In: *Herrmann, R., D. Kirschke* und *P.M. Schmitz* (Hrsg.): Landwirtschaft in der Weltwirtschaft, Festschrift anläßlich des 60. Geburtstages von Prof. Dr. *Ulrich Koester*, Agrarwirtschaft Sonderheft 158, Frankfurt: Agrimedia, 1998, S. 2-36.

Behrens, R. und *H. de Haen*, Aggregate Factor Input and Productivity in Agriculture: A Comparison for the EC-Member Countries, 1963-1976. "European Review of Agricultural Economics", Bd. 7, 1980, S. 109-146.

Fritsch, M., T. Wein und *H.-J. Ewers*, Marktversagen und Wirtschaftspolitik. Mikroökonomische Grundlagen staatlichen Handelns. 4. Auflage, 2001, S. 21-27, 96-112, 186-198.

Gans, O. und *W. Henrichsmeyer*, EG-Agrarmarktordnungen und internationale Währungspolitik. "Das Wirtschaftsstudium (WiSu)", Jg. 8, 1979, S. 192-200.

Grosskopf, W. und *R. Alter*, Die Marktstruktur im Ernährungssektor unter besonderer Beachtung der landwirtschaftlichen Marktstellung. (Landwirtschaft-Angewandte Wissenschaft, H. 212), Münster-Hiltrup 1978.

Heckelei, T., Quantitative Modelle als Grundlage des Politikdialogs. In: Agrarwirtschaft in der Informationsgesellschaft. Schriften der Gesellschaft für Wirtschafts- und Sozialwissenschaften des Landbaues e.V., Band 35, Münster-Hiltrup 1998, S. 39-47.

Jahnke, H. und *D. Kirschke*, The Self-Sufficiency Syndrome in Agricultural Policy. "Quarterly Journal of International Agriculture", Bd. 27, 1988, S. 125-135.

Koester, U., EWG-Agrarpolitik - Ziele und Zielverwirklichungen beim derzeitigen Stand der Integration. "Agrarwirtschaft", Jg. 18, 1969, S. 283-291.

- Ziele sektoraler Globalsteuerung. "Agrarwirtschaft", Jg. 22, 1973, S. 81-87.
- Grundsätze für eine Neuausrichtung der Agrarpolitik. "Agrarwirtschaft", Bd. 50, 2001, S. 229-231.
- und *S. Tangermann*, Alternativen der Agrarpolitik. (Landwirtschaft-Angewandte Wissenschaft, H. 182), Münster-Hiltrup 1976.

o.V., Die gemeinsame Agrarpolitik und ihre Reform: Europäische Dokumentation, Zeitschrift 1187, S. 65.

Schmitt, G., Landwirtschaft in der Sozialen Marktwirtschaft: Neu betrachtet. "Berichte über Landwirtschaft", Bd. 66, 1988, S. 210-235.

Tangermann, S., Landwirtschaft im Wirtschaftswachstum. Hannover 1975.

Winters, L.A., The 'So-Called Non-Economic Objectives' of Agricultural Policy, OECD Economic Studies Nr. 13, Winter 1989-1990, S. 237-266.

Wissenschaftlicher Beirat beim Bundesministerium für Ernährung, Landwirtschaft und Forsten. Kompetenzverteilung für die Agrarpolitik in der EU.

Schriftenreihe (Landwirtschaft-Angewandte Wissenschaft, Heft 48) Bonn 1998.

Kapitel 7: Instrumente der Agrarmarktpolitik

Bullock, D. S., K. Salhofer, und *J. Kola*, The Normative Analysis of (Agricultural) Policy. A General Framework and a Review. "Journal of Agricultural Economics", Bd. 50, 1999, Nr. 3, S. 512-535.

Bullock, D. S. und *K. Salhofer,* Judging Agricultural Policies: A Survey. "Agricultural Economics", Bd. 28, 2003, Nr. 3, S. 225-243

Corden, W. M., Trade Policy and Economic Welfare. Oxford 1996, S. 7 – 100.

El-Agraa, A. (Hrsg.), The Economics of the European Community. Oxford 2004.

Glauben, T., Besteuerung im Agrarsektor: Eine theoretische und empirische Analyse auf der Grundlage von Unternehmens-Haushalts-Modellen. Agrarökonomische Studien, Band 21. Kiel, 2000.

Gans, O. und *R. Marggraf,* Wirtschaftstheoretische Grundlagen der Kosten-Nutzen-Analyse. In: *Gans, O.* und *I. Evers* (Hrsg.), Handbuch der volkswirtschaftlichen Beratung. Baden-Baden 1990, Anhang 13.

- und *W. Henrichsmeyer*, EG-Agrarmarktordnungen und internationale Währungspolitik. "Das Wirtschaftsstudium (WISU)", 1979, S. 192-200.

Hanusch, H., Nutzen-Kosten-Analyse. 2. überarbeitete Auflage, München 1994.

Hartmann, M. und *P. M. Schmitz*, Allokations- und Verteilungswirkungen von Quotenregelungen. In: *Henrichsmeyer, W.* und *C. Langbehn* (Hrsg.), Wirtschaftliche und soziale Auswirkungen unterschiedlicher agrarpolitischer Konzepte. Münster-Hiltrup 1988, S. 137-153.

- Neuere Entwicklungen in der angewandten Wohlstandsökonomie. In: *Hanf, C.-H.* und *W. Scheper* (Hrsg.), Neuere Forschungskonzepte und -methoden in den Wirtschafts- und Sozialwissenschaften des Landbaues. Münster-Hiltrup 1989, S. 67-76.

Hartwig, B. und *S. Tangermann*, Die Stellung des Agrarhandels im GATT am Beginn der Uruguay - Runde. "Agrarwirtschaft", Jg. 36, 1987, S. 69-80.

Hayek, F. A., Der Weg zur Knechtschaft. In: *Röpke, W.* (Hrsg.), Erlenbach-Zürich 1952.

Henze, A., Agrarpolitische Alternativen zur direkten Mengenbegrenzung der Produktion. "Berichte über Landwirtschaft", Bd. 64, 1986, S. 371-396.

- und *J. Zeddies*, Nutzen-Kosten-Untersuchung über Angebotskontingentierung in der Landwirtschaft, dargestellt am Beispiel des Milchmarktes. (Landwirtschaft-Angewandte Wissenschaft, H. 217), Münster-Hiltrup 1979.

Herrmann, R. und *P. M. Schmitz*, Auswirkungen der EG-Agrarpreispolitik auf die Instabilität landwirtschaftlicher Erlöse. In: *Grosskopf, W.* und *M. Köhne* (Hrsg.), Einkommen in der Landwirtschaft. Entstehung, Verteilung, Verwendung und Beeinflussung. Münster-Hiltrup 1984, S. 653- 671.

Herrmann, R., Methoden zur Messung von Agrarprotektion. "Das Wirtschaftsstudium (wisu)", Jg. 22, 1993, Heft 10, S. 861-874.

- Ausmaß und Struktur der Agrarprotektion im internationalen Vergleich. "Das Wirtschaftsstudium (wisu)", Jg. 23, 1994, Heft 4, S. 377-386.

Josling, T., A Formal Approach to Agricultural Policy. "Journal of Agricultural Economics", Bd. 20, 1969, S. 175-191.

Josling, T., S. Tangermann und *T. K. Warley,* Agriculture in the GATT. London, and New York, 1996.

Kirschke, D., Wohlstandstheoretische Analyse der Agrarpreispolitik in der EG auf der Grundlage des Konzepts der Zahlungsbereitschaft. Kiel 1981.

- und *P. M. Schmitz*, Grundlagen der angewandten Wohlstandsökonomie. "Wirtschaft und Studium (WIST)", Jg. 19, 1990, S. 328-333.

- und *K. Jechlitschka,* Angewandte Mikroökonomie und Wirtschaftspolitik mit Excel. München 2002.

Koester, U., Auswirkungen vorgeschlagener Änderungen in der EU-Agrarpolitik auf die Märkte für tierische Produkte. Vorträge zur Hochschultagung 2003 der Agrar- und Ernährungswissenschaftlichen Fakultät der Christian-Albrechts-Universität zu Kiel. Schriftenreihe der Agrar- und Ernährungswissenschaftlichen Fakultät der Universität Kiel, Heft 98 (2003), S. 125-133.

- Reform der EU-Agrarpolitik: Agenda 2000 auf dem Prüfstand. „WiSt" – Wirtschaftswissenschaftliches Studium. Zeitschrift für Ausbildung und Hochschulkontakt. Jg. 29, April 2000, Nr. 4, S. 194-200.

- The Experience with Liberalization Policies - The Case of the Agricultural Sector -. "European Economic Review", Bd. 35, 1991, S. 1-9.

- Economy-Wide Costs of Farm - Support Policies in the Major Industrial Countries. In: *Burger, K.* et al. (Hrsg.), Agricultural Economics and Policy: International Challenges for the Nineties. Amsterdam, Oxford, New York, Tokyo 1991.

- Financial Implications of the EC Set-aside Programme. "Journal of Agricultural Economics", Bd. 40, 1989, Nr. 2, S. 240-248.

- The Role of CAP in the Process of European Integration. "European Review of Agricultural Economics", Bd. 11, 1984, Nr. 2, S. 129-140.

- Policy Options for the EU Grain Economy of the European Community: Implications for Developing Countries (Research Report Nr. 35). International Food Policy Research Institute. Washington, D.C. 1982.

- National and International Aspects of Commodity Stabilization Schemes. "European Review of Agricultural Economics", Bd. 6, 1979, S. 239.

- The Redistributional Effects of the EC Common Agricultural Policy. "European Review of Agricultural Economics", Bd. 4, 1977, Nr. 4, S. 321-345.

- EG-Agrarpolitik in der Sackgasse. Divergierende nationale Interessen bei der Verwirklichung der EWG-Agrarpolitik. Baden-Baden 1977.

- Zur Legitimation der Agrarpolitik als spezielle Wirtschaftspolitik. "Das Wirtschaftsstudium (wisu) ", Bd. 5, 1976, Nr. 7, S. 313-319.

- und *P. M. Schmitz*, The Sugar Market Policy of the European Community and the Stability of World Market Prices for Sugar. In *Sarris, A. H., A. Schmitz* und *G. G. Storey* (Hrsg.), International Agricultural Trade – Advanced Reading in Price Formation, Market Structure and Price Instability. Boulder/Colorado 1984, S. 235-259.

- und *S. Tangermann*, Supplementing Farm Price Policy by Direct Payments: Cost-Benefit-Analysis of Alternative Farm Policies with a Special Application to German Agriculture. "European Review of Agricultural Economics", Bd. 4, 1977, Nr. 1, S. 7-31.

- und *S. Tangermann*, Alternativen der Agrarpolitik. (Landwirtschaft-Angewandte Wissenschaft, H. 182), Münster-Hiltrup 1976.

Molle, W., The Economics of the European Integration. Theory, Practice, Policy. Darmouth 1990.

Petit, M. et al., Agricultural Policy Formation in the European Community: The Birth of the CAP Reform. Amsterdam 1987.

Pütz, Th., Grundlagen der theoretischen Wirtschaftspolitik, Bd. 1. 3. neubearbeitete und erweiterte Auflage, Stuttgart 1975.

Ritson, C. und *S. Tangermann*, The Economics and Politics of Monetary Compensatory Amounts. "European Review of Agricultural Economics", Bd. 6, 1979, S. 119-164.

Ryll, E., Abschöpfungs- Angebotskontingentierung, produktneutrale und produktgebundene staatliche Einkommensübertragungen als agrarmarktpolitische Instrumente. Kiel 1981.

Salhofer, K., Efficient Income Redistribution for a Small Country Using Optimal Combined Instruments. "Agricultural Economics", Bd. 13, 1996, Nr. 3, S. 191-199.

Salhofer, K. und *E. Schmid*, Distributive Leakages of Agricultural Support: Some Empirical Evidence. "Agricultural Economics", Bd. 30, 2004, Nr. 1, S. 51-62.

Schmidt, E., Möglichkeiten und Grenzen absatzpolitischer Maßnahmen auf dem Buttermarkt der BR Deutschland. - Agrarwirtschaft 33, 1984, S. 174-183.

Schmidt, E., Proposal for a Basic and Practical Reform of the EU Sugar Market Regime. Kiel 2004. 99 S.

Schmitz, P. M., Gesamtwirtschaftliche Beurteilung einer EG-Agrarpreisharmonisierung durch Abbau des Grenzausgleichs. "Agrarwirtschaft", Jg. 28, 1979, S. 1-10.

- Wohlfahrtsökonomische Beurteilung preis- und währungspolitischer Interventionen auf EG-Agrarmärkten. (Europäische Hochschulschriften, Bd. 272), Frankfurt 1980.

Stiglitz, J., The Economic Role of the State. Oxford 1989, ins. S. 38-51.

Streit, M., Theorie der Wirtschaftspolitik. 5. Auflage, Düsseldorf 2000.

Striewe, L., *J.-P. Loy* und *U. Koester*, Analyse und Beurteilung der einzelbetrieblichen Investitionsförderung in Schleswig-Holstein. "Agrarwirtschaft", Jg. 45, 1996, Heft 12, S. 423-434.

Tangermann, S., Gemeinsame Agrarpreispolitik und nationale Wirtschaftspolitik in der EWG. (Schriften zur angewandten Wirtschaftsforschung, 33), Tübingen 1974.

- Tariff Escalation in Agricultural Trade. "forum" Nr. 19. Kiel 1989.
- Implementation of the Uruguay-Round Agreement by Major Developed Countries: UNCTAD, Genf; UNCTAD/ITD/16, Oktober 1995.
- An Ex-post Review of the 1992 *MacSharry* Reform. In: *Ingersent K. A.*, *A. J. Rayner* und *R. C. Hine* (Hrsg.). The Reform of the Common Agricultural Policy. Houndmills, London, New York, 1998.

Wissenschaftlicher Beirat beim Bundesministerium für Ernährung, Landwirtschaft und Forsten, Gutachten über die mengenmäßige Beschränkung der Produktion oder des Absatzes von Agrarprodukten durch Kontingente vom 27.6.1970. In: Bundesministerium für Ernährung, Landwirtschaft und Forsten (Hrsg.), Sammelband der Gutachten von 1949 bis 1974. Münster-Hiltrup 1975, S. 386-394.

- Gutachten über die Auswirkungen von Wechselkursänderungen auf die Lage und die Wettbewerbsverhältnisse der Landwirtschaft in den EWG-Ländern unter dem System der gemeinsamen Agrarpreise vom 6.11.1969. In: Bundesministerium für Ernährung, Landwirtschaft und Forsten (Hrsg.), Sammelband der Gutachten von 1949-1974. Münster-Hiltrup 1975, S. 382-385.
- Gutachten zur Reform der Agrarpolitik der EWG vom 29. Juni 1973. In: Bundesministerium für Ernährung, Landwirtschaft und Forsten (Hrsg.), Sammel-

band der Gutachten von 1949 bis 974. Münster-Hiltrup 1975, S. 430-460.

Witzke, H. von, Open Economy: International Trade and Policy. - A Multimedia Learning Tool. Berlin: MHSG, 2003.

Kapitel 8: Zur politischen Ökonomie der EU-Agrarmarktpolitik: Warum ist die Politik wie sie ist?

Ahrens, H. und C. Lippert, Tinbergen-Regel und Agrarpolitik. In: *Hagedorn, K. et al.* (Hrsg.),Gesellschaftliche Forderungen an die Landwirtschaft, Schriften der Gesellschaft für Wirtschafts- und Sozialwissenschaften des Landbaues e.V. Bd.30, Münster-Hiltrup 1994, S.151-160.

Ahrens, H. und C. Lippert, Agrarpolitische Interessen Frankreichs und Deutschlands - Gemeinsamkeiten und Divergenzen unter sich ändernden Rahmenbedingungen, "Agrarwirtschaft" Jg. 50, 2001, S. 136-142.

Ahrens et al., Professoren mahnen zur Vernunft in der Agrarpolitik. Öffentliche Stellungnahme von 42 Professoren der deutschen Agrarökonomie. 2001. http://www.uni-goettingen.de/show_pi.php?id=56&start=0

Anderson, K. und *Y. Hayami*, The Political Economy of Agricultural Protection. Sydney, London, Boston 1986.

Becker, G., A Theory of Competition among Pressure Groups for Political Influence. "Quarterly Journal of Economics", Bd. 98, 1983, S. 371-400.

Binswanger, H. P. und *K. Deininger*, Explaining Agricultural and Agrarian Policies in Developing Countries. "Journal of Economic Literature", Bd. 35, 1997, S. 1958-2005.

- und *G. Feder*, Power, Distortions, Revolt and Reform in Agricultural Land Relations. Handbook of Development Economics, Bd. 3B, Chapter 42, 1995.

Brümmer, B. und *U. Koester*, EU-Osterweiterung: Probleme bei der Implementierung der Gemeinsamen Agrarpolitik. „Zeitschrift für Wirtschaftspolitik“, Bd. 52, 2003, Nr. 1, S. 32-42.

Bullock, D. S. und *K. Salhofer,* Is Government Efficient? An Illustration from U.S. Agricultural Policy. "Austrian Journal of Agricultural Research", Bd. 46, 1995, Heft 4, S. 379-391.

Coleman, D., Imperfect Transmission of Policy Prices. "European Review of Agricultural Economics", Bd. 12, 1985, S. 171-187.

Downs, A., An Economic Theory of Democracy. New York 1957.

Hagedorn, K. und *G. Schmitt,* Die politischen Gründe für eine wirtschaftspolitische Vorzugsbehandlung der Landwirtschaft. - In: *Boettcher, E., P. Herder-Dorneich* und *K.-E. Schenk* (Hrsg.), Jahrbuch für Neue Politische Ökonomie, Bd. 4., Tübingen 1985, S. 250-295.

Hagedorn, K, Das Institutionenproblem in der agrarökonomischen Politikforschung. - Schriften zur Angewandten Wirtschaftsforschung, Bd. 72. Tübingen 1996.

Hagedorn, K., Politische Institutionen und Entscheidungsprozesse in der agrarökonomischen Politikforschung. Landbauforschung Völkenrode 37, 1988, H. 3, S. 290-303.

Hagedorn, K, Property Rights Reform on Agricultural Land in Central and Eastern Europe. "Quarterly Journal of International Agriculture" Bd. 4, 2004, S. 409-438.

Hartmann, M., W. Henrichsmeyer und *P. M. Schmitz,* Political Economy of the Common Agricultural Policy in the European Community. In: *Dasgupta, P.* (Hrsg.), Issues in Contemporary Economics, Worcester 1991, S. 72-97.

Henning, C., Macht und Tausch in der europäischen Agrarpolitik. Eine positive Theorie kollektiver Entscheidungen. Frankfurt, New York. 2000.

Henning, C., *Krause, K.C.*, und *C. Struve*, Institutionelle Grundlagen der Agrarprotektion: Eine politökonomische Analyse der Agrarpolitik in den Mittel- und Osteuropäischen Ländern. "Agrarwirtschaft", Jg. 52, 2003, S. 289-299.

- *Glauben, T.* und *A. Wald*, Die Europäische Agrarpolitik im Spannungsfeld von Osterweiterung und WTO-Verhandlungen: Eine politökonomische Analyse der jüngsten Agrarreform. "Agrarwirtschaft", Bd. 50, 2001, S. 1-6.
- Agrarsubventionen: Politikversagen oder politökonomische Rationalität. In: *Färber, G.* et al (Hrsg.), Subventionsabbau: Führt eine andere Subventionspolitik endlich zum Erfolg? Schnittpunkte von Forschung und Politik. Waxmann, Münster 2002, S. 115-129.
- und *A. Wald*, Zur Theorie der Interessenvermittlung. Ein Netzwerkansatz dargestellt am Beispiel der Gemeinsamen Europäischen Agrarpolitik. "Politische Vierteljahreszeitschrift", Bd. 41, 2000, S. 647-676.

Hofreither, M. F., *K. Salhofer* und *F. Sinabell*, Der Agrarsektor Österreichs. Stützung und politische Macht. In: *Neck, R.* und *F. Schneider* (Hrsg.), Politik und Wirtschaft in den neunziger Jahren: Empirische Untersuchungen zur Neuen Politischen Ökonomie. Mainz, Wien 1996, Kapitel 6, S. 117-138.

Kirschke, D., Maximizing Welfare in Customs Union: The Case of Agricultural Price Policy within the EC. "American Journal of Agricultural Economics", Bd. 65, 1983, S. 791-795.

- und *U. Koester*, Die hausgemachte Krise in der Agrarpolitik. "Wirtschaftsdienst", Jg. 65, 1985, S. 337.

Koester, U., Europäische Agrarpolitik: Ein Spannungsfeld divergierender Interessen. In: *Ohr, R.* und *T. Theurl* (Hrsg.), Kompendium Europäische Wirtschaftspolitik. München 2001, S. 315-329.

- Die europäische Agrarpolitik – Eine Reform ohne Ende? "Aus Politik und Zeitgeschichte", B33-34/95, 11. August 1995.
- Financial Implications of the EC Set-aside Programme. "Journal of Agricultural Economics", Bd. 40, 1989, Nr. 2, S. 240-248.
- Agrarpreisbeschlüsse 1980/81. Ein Beitrag zur Konfliktlösung? "Agra-Europe", Nr. 24, 1980, Markt und Meinung.
- The Redistributional Effects of the EC Common Agricultural Policy. "European Review of Agricultural Economics", Bd. 4, 1977, S. 328-345.
- Zur Legitimation der Agrarpolitik als spezielle Wirtschaftspolitik. "Das Wirtschaftsstudium (WiSu)", Jg. 5, 1976, S. 313-319.
- und *S. Brunner*, Die Wirkung von Flächenstilllegungen auf Bodennutzungspreise und Faktorintensitäten. "Agrarwirtschaft", Jg. 44, 1995, Nr. 6, S. 221-230.

Munk, K., Explaining Agricultural Policy. In: *A. Larsen et al.*, EC Agricultural Policy for the 21st Century. "European Economy", Report and Studies Nr. 4, 1994, S. 113 ff.

Neville-Rolfe, E., The Politics of Agriculture in the European Community. London 1984.

Olson, M., The Logic of Collective Actions. Cambridge, MA 1965.

- Die Logik kollektiven Handelns. Deutsche Übersetzung. Tübingen 1968.
- Macht und Wohlstand, Tübingen 2002.
- Distinguished Lecture on Economics in Government. Big Bills Left on the Sidewalk: Why Some Nations are Rich, and Others Poor. "Journal of Econo-

mic Perspectives“, Vol 10, 1996, S. 3-24.
Pappi, F.-U. und *C. Henning*, Die Logik des Entscheidens im EU-System. In: *Jachtenfuchs, M.* und *B. Kohler-Koch* (Hrsg), Europäische Integration. Leske + Buderich, Opladen 2003, S. 287-316.
Rodrik, D., Understanding Economic Policy Reform. "Journal of Economíc Literature", Bd. XXXIV, March 1996, S. 9-41.
Tangermann, S., International Co-ordination of Agricultural Policy Adjustments. "European Review of Agricultural Economics" Bd. 15, 1989, S. 309-325.
Tangermann, S. und *W. D. Coleman*, The 1992 CAP Reform, the Uruguay Round and the Commission. "Journal of Common Market Studies", Bd. 37, 1999, Nr. 3, S. 385-405.
Tangermann, S., Das GATT und die EG-Agrarpolitik: Versäumte Hausarbeiten. "Agrarwirtschaft", Jg. 40, 1991, Heft 4, S. 97-98.
Tangermann, S., Die Millenniums-Runde der WTO-Verhandlungen und die Zukunft der EU-Agrarpolitik, "Agrarwirtschaft" Jg. 50, 2001, Heft 3.
Tyers, R. und *K. Anderson,* Disarray in World Food Markets. A Quantitative Assessment. Cambridge 1992.
de Veer, J., The Objective Method: An Element in the Process of Fixing Prices within the Common Agricultural Policy. "European Review of Agricultural Economics", Bd. 6, 1979, Nr. 3, S. 279-301.
Winters, L.A., The Political Economy of the Agricultural Policy of Industrial Countries. "European Review of Agricultural Economics", Bd. 14, 1987, S. 285-304.
- The Economic Consequences of Agricultural Support: a Survey. OECD Economic Studies Nr. 9, Autumn 1987. S. 7-54.
Witzke, H. von, Open Economy: International Trade and Policy.- A Multimedia Learning Tool. Berlin: MHSG, 2003.
- *D. Kirschke, H. Lotze-Campen* und *S. Noleppa*, The Economics of Alternative Strategies for the Reduction of Food-borne Diseases in Developing Countries: The Case of Diarrhea in Developing Counries. Berlin: Institut für Wirtschafts- und Sozialwissenschaften des Landbaues der Humboldt-Uni-versität zu Berlin, 2005.
World Bank, Governance and Development. Washington, D.C. 1992.

Kapitel 9: Grundprinzipien der EU Agrarmarktordnungen, Entwicklung und Perspektiven

Brümmer, B. und *U. Koester*, Governance of the Common Agricultural Policy in the New Member States. "EuroChoices", Bd. 3, Nr. 1, 2004, S. 18-22.
- EU-Enlargement and Governance of the Common Agricultural Policy. "Intereconomics", Bd. 38, 2003, Nr. 2, S. 86-93.
- *J.-P. Loy* und *C. Struve*, Beurteilung des Milchquotenbörsensystems in Deutschland. "Agrarwirtschaft", Jg. 52, 2003, Nr. 6, S. 275-288.
Bullock, D. S. and *K. Salhofer*, Measuring the Social Costs of Suboptimal Combination of Policy Instruments - A General Framework and an Example. "Agricultural Economics", Bd. 18, 1998, Nr. 3, S. 249 - 259.
- *Salhofer, K.* und *J. Kola*, The Normative Analysis of (Agricultural) Policy. A General Framework and a Review. "Journal of Agricultural Economics", Bd. 50, Nr. 3, 1999, S. 512-535.
- und *K. Salhofer*, Judging Agricultural Policies: A Survey. "Agricultural Economics", Bd. 23, 2003, Nr. 3, S. 225-243.

Ehlermann, C. D., Die wichtigsten Steuerungsmechanismen der gemeinsamen Organisation der Agrarmärkte in der EWG. "Integration", 1969, S. 294-313.

Fennel, R., The Common Agricultural Policy of the European Community. 2. Auflage, Oxford 1987.

Grethe, H., *A. Häger* und *D. Kirschke*, Aspekte der Agrarpolitik 2004. "Agrarwirtschaft", Jg. 54, 2005, S. 1-13.

Hill, B., *A. Greer*, *T. Heckelei* und *P. Witzke*, Agriculture, Forestry and Fishery. In: *Compston, H.* (Hrsg.) Handbook of Public Policy in Europe – Britain, France and Germany. Basingstoke 2004.

Josling, T., *D. Roberts* und *D. Orden*, Food Regulation and Trade. Towards a Safe and Open Global System. Washington 2004.

Kirschke, D. und *G. Weber*, Die Luxemburger Beschlüsse zur Reform der Gemeinsamen Agrarpolitik in der EU. Bundesministerium der Finanzen. Berlin: Bundesministerium der Finanzen (BMF) (Monatsbericht 10-2004), 2004, S. 63-75.

Kluge, U., 40 Jahre Agrarpolitik in der Bundesrepublik Deutschland, Bd. 1 und 2. Hamburg und Berlin 1989.

Kommission der Europäischen Union, EC Agricultural Policy for the 21st century. European Economy. Reports and Studies. Nr. 4, 1994.

Koester, U., EG-Agrarpolitik in der Sackgasse. Divergierende nationale Interessen bei der Verwirklichung der EWG-Agrarpolitik. Baden-Baden 1977.

- Die Finanzierung der gemeinsamen Agrarpolitik: Funktionsweise und Wirkungen. In: *Schmitt, G.* und *H. Steinhauser* (Hrsg.), Planung, Durchführung und Kontrolle der Finanzierung von Landwirtschaft und Agrarpolitik. München, Bern, Wien 1978, S. 163-181.
- und *S. Tangermann*, Agricultural Protectionism in the European Community. In: *Sanderson, F.* (Hrsg.) Agricultural Protectionism in the Industrialized World. Washington, D.C. 1990, S. 64-111.
- Agrarpolitik im Dauerkonflikt mit Prinzipien der Sozialen Marktwirtschaft. In: *Lenel, O.* u.a. (Hrsg.), ORDO, Jahrbuch für die Ordnung von Wirtschaft und Gesellschaft, Bd. 48: Soziale Marktwirtschaft: Anspruch und Wirklichkeit seit fünfzig Jahren. Stuttgart 1997, S. 341–362.

Modest, F., Kommentar zum Getreidegesetz. Heidelberg 1953.

Plate, R. und *W. Fischer*, Landwirtschaftliche Marktkunde. Hiltrup 1964.

Puvogel, C., Der Weg zum Landwirtschaftsgesetz. Bonn, München, Wien 1957.

Scholz, H., 30 Jahre Vorschläge der Wissenschaft zur Agrarpolitik. Berichte über Landwirtschaft – Zeitschrift für Agrarpolitik und Landwirtschaft. Bd. 66, 1988, S. 117.

Stichwortverzeichnis

Berichtigung zu

Koester, U.
Grundzüge der landwirtschaftlichen Marktlehre
3. Auflage, 2005

1. S. 50, Gleichung 2.29 muss lauten $\frac{dA}{dq} = q \cdot \frac{dp}{dq} + p$

2. Seite 67, 14. Zeile von unten $q_{D0}*(p_i-p_d)$ muss durch $q_{D1}*(p_i-p_d)$ ersetzt werde. In der 13. Zeile von unten muss $(q_{D1}-q_{D0})*p_w$ durch $(q_{D1}-q_{D0})*(p_i-p_w)$ ersetzt werden.

3. Seite 121, 6. Zeile von oben: q_0 muss durch q_2 ersetzt werden.

4. S. 233. Der Satz unter Gleichung 5.15 ist beim Drucken verrutscht. Er lautet: Für die Angebotsfunktion soll gelten, dass sie kurzfristig (d.h. innerhalb eines Jahres) vollkommen unelastisch ist. Es gilt demnach

5. S. 271, die vierte Zeile der Legende zu Schaubild 7.5 muss ΔW=CDH+HJI durch ΔW=ECD+HJI+ E´J´JE" ersetzt werden.

6. S. 298, Der Text oberhalb des Schaubildes muss wie folgt lauten: Es wird angenommen, dass der Inlandspreis stets dem Weltmarktpreis gleich ist. Sinkt der Weltmarktpreis auf p_{w1}, so steigt die Wohlfahrt des Landes um die vertikal schraffierte Fläche. Der Gewinn an Konsumentenrente ist höher als der Verlust an Produzentenrente. Steigt der Weltmarktpreis auf p_{w2}, so sinkt die Wohlfahrt des Landes um die horizontal schraffierte Fläche. Der Verlust an Konsumentenrente ist höher als der Gewinn an Produzentenrente. Eine Stabilisierung der Preise bei $p_{w0} = p_i$ würde daher zu Wohlfahrtsverlusten jeweils in Höhe der Dreiecke unter der Angebots- und Nachfragekurve führen.

7. S. 312, 11. Zeile von untern: das Wort „vertikal" muss durch „horizontal" ersetzt werden.

Verlag Franz Vahlen München